1 **Die Erde bei Tag und bei Nacht**

Inhalt

Erdaltzeit (Paläozoikum)

Periode	Abteilung	Lebewelt	Geologische Entwicklung
Perm	Zechstein / Rotliegendes	- Erscheinen hochentwickelter Reptilien und Fische, großwüchsiger Foraminiferen und Ammoniten - Trilobiten sterben aus - Auftreten erster Nacktsamer (Nadelbäume, Baumfarne) allmähliche Vegetationsabnahme ← früher Saurier	- variszische Gebirgsbildung klingt mit starkem Vulkanismus aus - Abtragungsschutt des Gebirges füllt die Innensenken mit mächtigen Rotsedimenten (Rotliegendes) - Absinken weiträumiger Becken und Bildung Kohle führender Schichten - Eindringen des Zechsteinmeeres und Ausfällung von mehreren Salzschichten und Kupferschiefer Klima: zunehmend heiß, arid > Steinkohle (Döhlener Becken), Kali- und Steinsalze (Werragebiet, Südharz), Kupferschiefer (Mansfeld)
299			
Karbon	Oberkarbon / Unterkarbon	- erste Reptilien und zahlreiche Insekten entwickeln sich - Lurche und Foraminiferen erreichen ihren Höhepunkt - starke Entfaltung der Pflanzenwelt (Bärlappgewächse, Schachtelhalme, Farngewächse) ← Riesenlibelle, Bärlapp, Schachtelhalme, Schlangenamphibien, frühes Insekt	- Herausbildung des variszischen Gebirges in Mittel- und Westeuropa - Meer ist nur noch in den Innensenken des Gebirges vorhanden Klima: warm und humid > Entstehung mächtiger Steinkohleschichten (Aachen, Ruhrgebiet, Saargebiet)
359			
Devon		- Pionierzeit der Besiedelung des Festlandes und damit Herausbildung neuer Tierklassen (Insekten) und Pflanzenklassen (Bärlapp-, Schachtelhalm- und Farngewächse) - Fische und Korallen im marinen Bereich ← Uramphibien, Panzerfisch, frühe Landpflanzen	- Weiterentwicklung des variszischen Sedimentationraumes und damit Meeresbedeckung - kristalline Aufbrüche und Hebungsvorgänge im Odenwald, Spessart, Kyffhäusergebiet Klima: wärmer und humider > Schiefer, Tonschiefer (Rheinisches und Thüringer Schiefergebirge)
416			
Silur		- wirbellose Meerestiere erreichen größten Artenreichtum und weiteste Verbreitung (Korallen, Riesen- und Schalenkrebse) - Weiterentwicklung der Fische - erste Landpflanzen treten in Uferbereichen auf (Algen, Pilze, Flechten)	- Höhepunkt und Abschluss der kaledonischen Gebirgsbildung weitest gehende Meeresbedeckung durch Ausbildung des variszischen Sedimentationsraumes - starke Bewegungen der Erdkruste Klima: wärmer und arider
444			
Ordovizium		- Entwicklung der Flora und Fauna vollzieht sich weiterhin im Meer - wirbellose Meerestiere entfalten sich (Trilobiten, Schnecken, Schwämme, Muscheln) - Graphtoliten sind Leitfossilien - Algen weit verbreitet ← Graphtoliten (Schrifttiere)	- Hauptfaltung und Heraushebung des kaledonischen Gebirges weitest gehende Meeresbedeckung, Bildung mächtiger Sedimente - hohe tektonische und magmatische Aktivitäten Klima: mild, Temperatur allmählich steigend > Schiefer im Thüringer Schiefergebirge
488			
Kambrium		- Lebewesen auf Meere beschränkt wirbellose Meerestiere: - Trilobiten (Dreilappkrebse), Schwämme - Würmer, Armfüßer erster Nachweis der Foraminiferen (Wurzelfüßer mit Kalkschale; wichtiges Leitfossil) Algen ← Trilobiten, Brachiopoden, Dikelocephalen, Archäocyathiden	- Ausbreitung des kaledonischen Sedimentationsraumes vom norwegischen Hochgebirge bis Großbritannien Mitteleuropa teilweise meeresbedeckt Klima: kühl, Temperatur allmählich steigend
542			

1 Geodynamische Prozesse

1 Lavafluss im Kilauea-Krater auf Hawaii

1.1 Aufbau des Erdkörpers

Kenntnisse über den Aufbau des Erdkörpers helfen, erdinnere Prozesse und die Entstehung von Oberflächenformen zu verstehen. Ein direkter Einblick in das Erdinnere ist jedoch nur sehr begrenzt möglich. Das bisher tiefste Bohrloch wurde auf der Halbinsel Kola (Russland) mit 12 260 Meter niedergebracht. Das entspricht einem winzigen Nadelstich von 0,3 Millimeter Tiefe in einen Globus von 33 Zentimeter Durchmesser (Erddurchmesser 12 756 km). In Deutschland erreichte die Kontinentale Tiefbohrung zur Erforschung der Erdkruste bei Windischeschenbach in der Oberpfalz in den 1990er-Jahren eine Tiefe von 9101 Meter.

Rückschlüsse auf den Aufbau und die stoffliche Zusammensetzung des Erdkörpers müssen hauptsächlich mit indirekten Methoden gezogen werden. Vulkane oder heiße Quellen fördern zähflüssige und gasförmige Materie ans Tageslicht, die punktuelle Hinweise auf die stoffliche Zusammensetzung tiefer gelegener Erdbereiche gibt. Experimentelle Hochdruck-Hochtemperatur-Untersuchungen unter ähnlichen Bedingungen wie im Erdinneren bringen Aufschluss über das Verhalten verschiedener Gesteine. Auch die physikalischen und chemischen Eigenschaften von Meteoriten liefern wichtige Informationen, denn sie sind Zeugen aus der Zeit der Entstehung der Erde.

Die entscheidenden Erkenntnisse über den Erdaufbau brachte jedoch die Seismologie. Darunter wird im weiteren Sinne die Erdbebenkunde und Erdbebenforschung verstanden, im engeren Sinne geophysikalische Aufschlussmethoden bei der Erforschung des Erdinneren mithilfe von Erdbebenwellen.

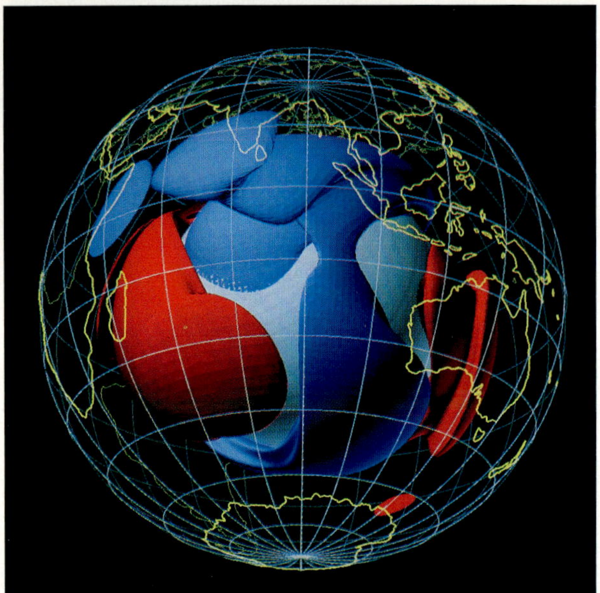

Computer-Tomographie erzeugt aus den Messdaten von Erdbebenwellen ein dreidimensionales Bild unseres Planeten. Hier ein Blick vom Indischen Ozean auf Geschwindigkeits-Anomalien im Erdmantel.
Rot: langsamere Geschwindigkeiten in relativ warmen Zonen.
Blau: schnellere Geschwindigkeiten in relativ kalten Zonen.
Unter dem Ostteil des Indischen Ozeans liegen demnach Inseln kalten Materials – vermutlich Reste abgesunkenen Meeresbodens.
Die innere hellblaue Kugelfläche ist die Grenze zum Erdkern.

1 Fenster ins Erdinnere

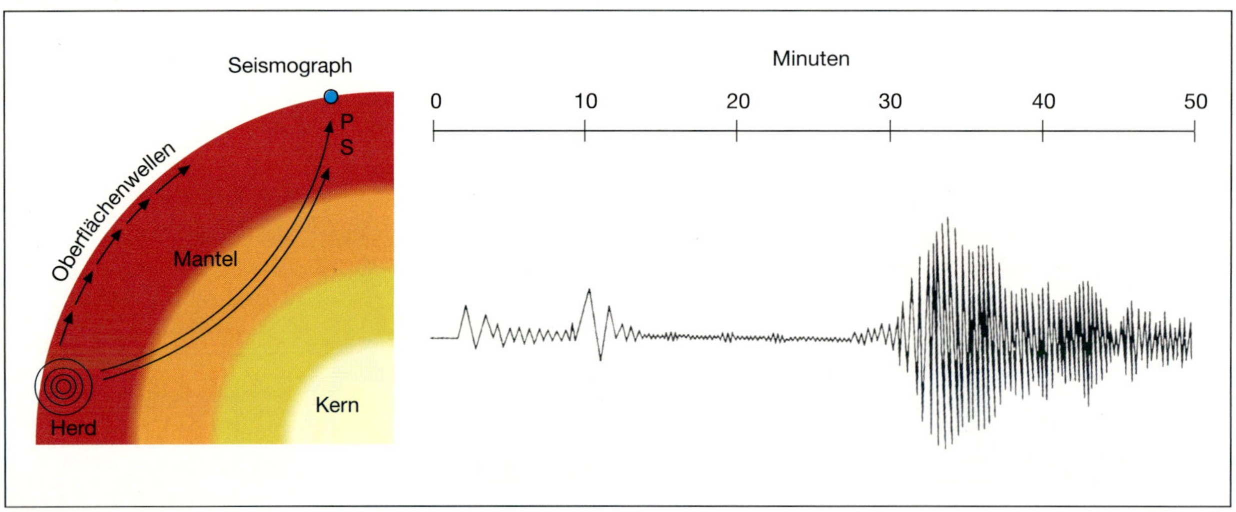

2 Seismogramm

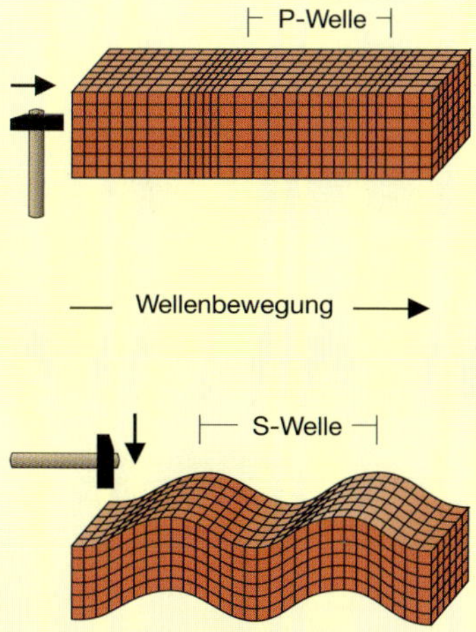

Fortpflanzungsgeschwindigkeiten von Primärwellen (Vp) in km/s:

Schotter (trocken)	0,6-0,9
Schotter (nass)	1,5-2,5
Sandstein	1,4-4,5
Kalk	3,0-6,0
Basalt	4,9-6,4
Granit	4,0-5,7
Gneis	3,1-5,4
Gabbro	6,7-7,3

3 P- und S-Wellen

Seismologie erlaubt Blick ins Erdinnere

Täglich gibt es auf der Erde größere oder kleinere Erdbeben. Die meisten davon werden vom Menschen nicht bemerkt. Sie lassen sich nur mit hochempfindlichen Messgeräten, sogenannten Seismographen, registrieren. Vom Erdbebenherd (**Hypozentrum**) aus pflanzen sich Erdbebenwellen verschiedener Art fort. Bei starken Beben können Oberflächenwellen verheerende Schäden hervorrufen, die senkrecht über dem Bebenherd an der Erdoberfläche, im **Epizentrum**, am stärksten sind.
Für die Erforschung des Untergrundes sind aber weniger die Oberflächenwellen als vielmehr die in die Erde eindringenden und die Erde durchdringenden P- und S-Wellen bedeutsam (M3). Sie werden für Forschungszwecke auch künstlich durch Sprengungen erzeugt. P- und S-Wellen erreichen zeitlich getrennt die Seismographen (M2). **P-Wellen** (primäre Wellen) werden dabei in **Seismogrammen** zuerst aufgezeichnet. Sie sind physikalisch gesehen Longitudinalwellen (Teilchen schwingen in Ausbreitungsrichtung). **S-Wellen** (sekundäre Wellen) werden erst danach registriert. Sie sind Transversalwellen (Teilchen schwingen senkrecht zur Ausbreitungsrichtung).
Durch Vergleiche von Seismogrammen verschiedener Orte können seismische **Diskontinuitäten** (Unstetigkeiten) ausfindig gemacht werden. In solchen Bereichen werden die Wellen gebrochen beziehungsweise reflektiert. Dabei ändert sich ihre Ausbreitungsgeschwindigkeit, was auf eine Veränderung der physikalischen Eigenschaften des Materials im Erdinneren (v.a. Dichte und Temperatur) schließen lässt (M1, M4). Die Entdeckung solcher Diskontinuitäten führte zur Vorstellung vom **Schalenbau der Erde**. Aus seismischen Untersuchungen leiteten Wissenschaftler auch Hypothesen über die stoffliche Zusammensetzung der einzelnen Schalen ab, da die Fortpflanzungsgeschwindigkeit seismischer Wellen von physikalischen und chemischen Eigenschaften des Gesteins abhängig ist.

a) P-Wellen

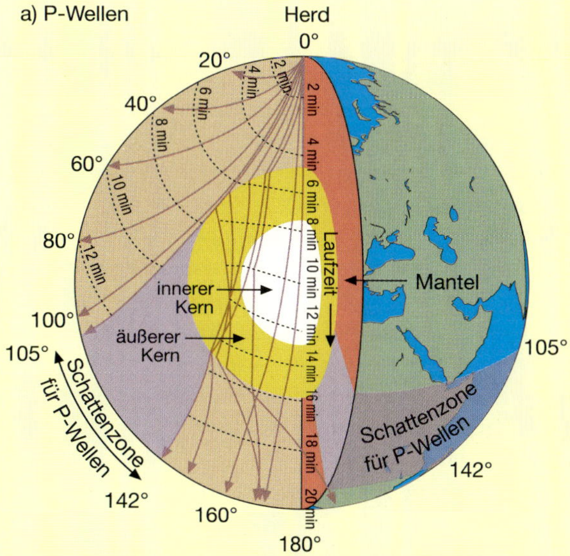

Die Schattenzone für P-Wellen erstreckt sich ausgehend vom Erdbebenherd über einen Winkelbereich von 105° bis 142°. Die P-Wellen erreichen innerhalb dieser Zone nicht die Oberfläche, weil sie beim Eintritt in den Kern und beim Verlassen des Kerns entsprechend abgelenkt werden.

b) S-Wellen

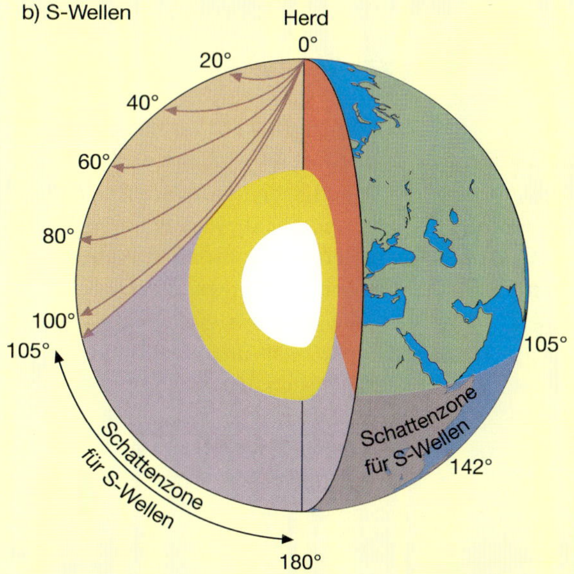

Die Schattenzone der S-Wellen erstreckt sich über einen Winkelbereich von 105° bis 180°. Die S-Wellen können sich im flüssigen Kern nicht ausbreiten; sie fehlen daher in einem Winkelbereich von über 105°.

Die gestrichelten Linien zeigen die Ausbreitung der Wellenfronten in Zwei-Minuten-Intervallen.

4 Ausbreitung von P- und S-Wellen

Schalenbau der Erde

Der Erdkörper weist eine schalenförmige Struktur auf. Die am deutlichsten ausgeprägten Diskontinuitäten in der Ausbreitungsgeschwindigkeit von P-Wellen lassen eine grobe Gliederung in drei Schalen zu: Erdkruste, Erdmantel, Erdkern. Durch weitere, zum Teil später entdeckte Diskontinuitäten sind feinere Untergliederungen vorgenommen worden (M1).

Die **Erdkruste** gliedert sich in eine kontinentale und eine ozeanische Kruste. Die schwerere ozeanische Kruste weist eine höhere Dichte als die leichtere kontinentale Kruste auf. In der kontinentalen Kruste trennt die Conrad-Diskontinuität eine obere von einer unteren Kruste (M1). Sie unterscheiden sich neben ihrer unterschiedlichen Dichte vor allem in der stofflichen Zusammensetzung (M4).

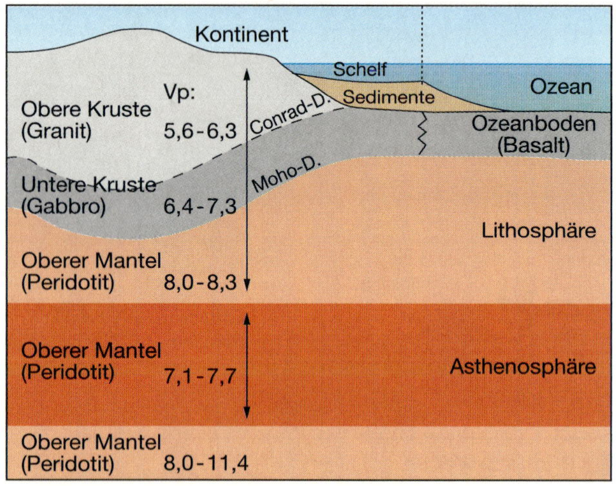

Die **Mohorovičić-Diskontinuität** (Moho-Diskontinuität) ist eine der ausgeprägtesten und seit langer Zeit bekannten Unstetigkeiten. Sie trennt die Erdkruste vom Erdmantel. In ihr steigt die Geschwindigkeit der P-Wellen von circa 6,5 auf circa 8,0 Kiliometer pro Sekunde an.

Der **Erdmantel** untergliedert sich in den oberen Erdmantel, die Übergangszone und den unteren Erdmantel. Die Erdkruste bildet zusammen mit dem oberen Teil des oberen Erdmantels die **Lithosphäre**, die feste Gesteinshülle der Erde.

Aus dem Ausbreitungsverhalten seismischer Wellen kann geschlussfolgert werden, dass der Erdmantel sich im Wesentlichen in festem Zustand befindet. Jedoch ist er zu Fließbewegungen von bis zu mehreren Zentimetern pro Jahr fähig. Hohe Temperaturen und hoher Druck bewirken geringe Schmelzanteile im Gestein, die sich wie ein dünner Film um die festen Mineralkörper legen und sie trennen. Dadurch werden Gleitvorgänge an den Mineralkorngrenzen ermöglicht. Für die unter der Lithosphäre folgende **Asthenosphäre** (Fließzone) wird ein Schmelzanteil von nur wenigen Prozent angenommen. Das ist ausreichend, damit sich darüberliegende Lithosphärenplatten bewegen können.

Die Übergangszone (Mesosphäre) bildet den mittleren Erdmantel mit einer auffallend starken Zunahme sowohl der P- als auch der S-Wellen-Geschwindigkeit.

Im unteren Erdmantel befindet sich in einer Tiefe von 2700 bis 2890 Kilometern die sogenannte D''-Schicht. Es handelt sich um eine meist 200 bis 250 Kilometer dicke Schale, die wahrscheinlich aus Resten abgetauchter ozeanischer Kruste besteht, die unter dem hohen Druck des unteren Erdmantels umgewandelt wurden und aufgrund ihrer hohen Dichte bis an die Mantelbasis absanken oder sich aus äußerem Kernmaterial zusammensetzt.

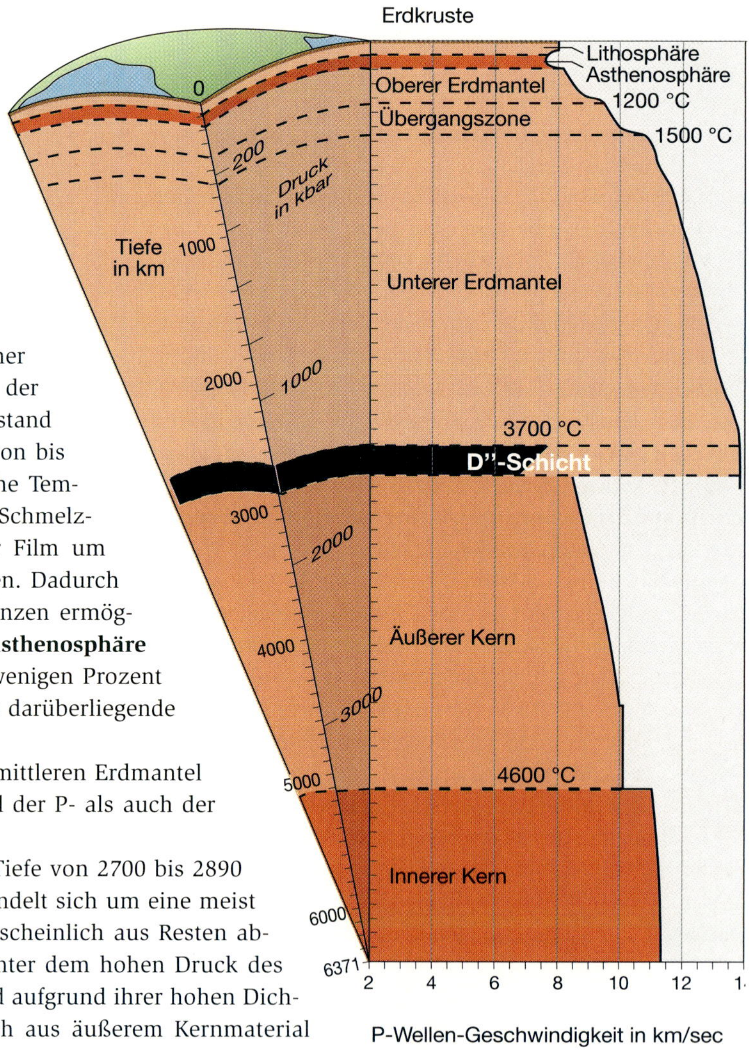

1 **Schalenbau der Erde**

	Volumen (in %)	Masse (in %)	mittlere Dichte (in g/cm³)
Erdkruste	0,8	0,4	2,8
Erdmantel	83,0	67,2	4,5
Erdkern	16,2	32,4	11,0
Gesamterde	100,0	100,0	5,5

Quelle: Matthes, S.: Mineralogie. Berlin 2005, S. 434

2 Volumen, Masse und Dichte der Erdschalen

Den Übergang vom Erdmantel zum **Erdkern** markiert die Mantel-Kern-Diskontinuität. Die Dichte steigt an der Mantel-Kern-Grenze unvermittelt stark an, was aus den Aufzeichnungen der P-Wellen, die den Kern durchdringen, abgeleitet werden kann. Die S-Wellen können jedoch nicht in den äußeren Erdkern eindringen. Daraus ist zu schließen, dass dieser wahrscheinlich flüssig ist. Er soll aus einer heißen, elektrisch leitenden Flüssigkeit (metallisch liquid) bestehen. Diese bewirkt zusammen mit der Erdrotation einen Dynamoeffekt, der ein System elektrischer Ströme auslöst (Erdmagnetfeld).
Der innere Kern ist wahrscheinlich fest. Er weist die höchsten Dichten auf.

Aufgaben

1. Erläutern Sie die Bedeutung der Seismologie für die Erforschung des Erdinneren.
2. Tragen Sie tabellarisch Diskontinuitäten in der Ausbreitung von Erdbebenwellen zusammen. Ordnen Sie ihnen den jeweiligen Ort und die Veränderungen in der P-Wellen-Geschwindigkeit zu.
3. Erklären Sie den Schalenaufbau der Erde. Gehen Sie dabei auf wesentliche Unterschiede in der stofflichen Zusammensetzung der einzelnen Schalen ein (M1, M4).
4. Stellen Sie Zusammenhänge zwischen Erdtiefe, Dichte, Druck und Temperatur dar (M 1 – M3).

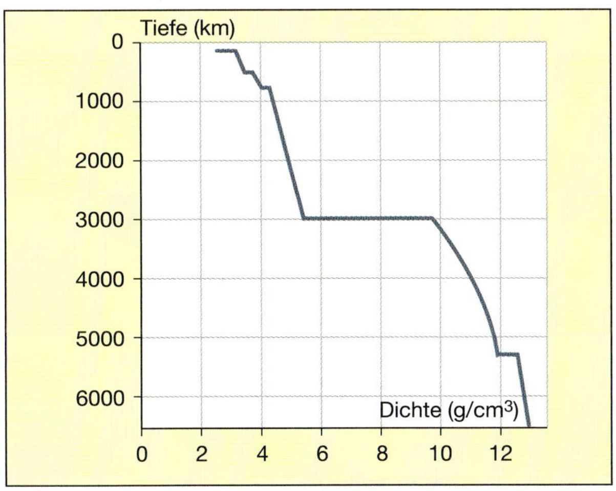

3 Zunahme der Dichte mit der Tiefe

Erdkruste

kontinentale Kruste: kristallines Gestein; leichte Mineralien geringer Dichte, dominiert von Quarz (SiO_2) und Feldspaten (metallarme Silikate)

obere kontinentale Kruste: hauptsächlich Silizium und Aluminium als Bestandteile von überwiegend sauren Gesteinen, z.B. Granit, Granodiorit und Gneis

Conrad-Diskontinuität

untere kontinentale Kruste: hauptsächlich Silizium und Magnesium als Bestandteile von überwiegend basischen Gesteinen, z.B. Gabbro, Diorit und Basalt

ozeanische Kruste: basische Gesteine, z.B. Basalt

Mohorovičić-Diskontinuität

Erdmantel

oberer Erdmantel: ultrabasisches Material (Peridotit); wesentliche Mineralien sind Olivin $(Mg,Fe)_2SiO_4$ und Pyroxin $(Mg,Fe)SiO_3$

unterer Erdmantel: setzt sich wahrscheinlich im Wesentlichen aus Silizium, Magnesium und Sauerstoff zusammen; enthält auch Eisen, Kalzium und Aluminium. Wissenschaftler leiten dies von der Annahme ab, dass sich die Erde aus ähnlichen Elementen nach Art und Umfang zusammensetzt wie die Sonne und Meteoriten.

D''-Schicht

Mantel-Kern-Diskontinuität

Erdkern

klassische Ansicht: besteht aus Nickel und Eisen. Da insbesondere der äußere Erdkern nicht so dicht wie reines geschmolzenes Eisen ist, gehen Vermutungen heute davon aus, dass eine Kombination mit leichteren Elementen (Schwefel, Sauerstoff) vorhanden sein muss. Diese Elemente sind reichlich im Kosmos vorhanden und lösen sich leicht in geschmolzenem Eisen.

4 Stoffliche Zusammensetzung der Erdschalen

Alfred Wegener, 1929: „Nur durch Zusammenfassung aller Geowissenschaften dürfen wir hoffen, die Wahrheit zu ermitteln.“

1 **Alfred Wegener**

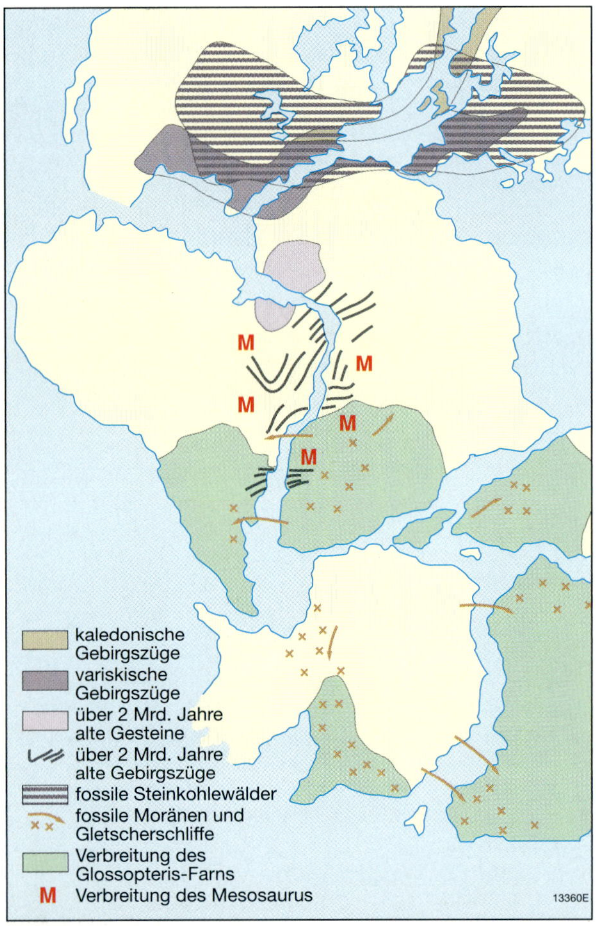

2 **Wegeners Indizien zur Kontinentalverschiebung**

1.2 Theorie der Plattentektonik

Im Zeitalter der großen Entdeckungen im 15./16. Jahrhundert entstand ein immer genaueres Bild von der Erde. Landkarten bildeten schon damals recht genau die Umrisse der meisten Kontinente ab. So wurde die Ähnlichkeit der Küstenlinien beiderseits des Atlantischen Ozeans erkannt. Bereits frühzeitig wurde nach Erklärungen dafür gesucht. Aus heutiger Sicht ist eine Aufzeichnung des flämischen Kartographen Abraham Ortelius aus dem Jahre 1596 bemerkenswert. Er vermutete, dass Amerika von Europa und Afrika durch „Erdbeben und Fluten weggerissen“ wurde.

Der Meteorologe, Astronom und Geophysiker Alfred Wegener (1880 – 1930) war es dann, der die Wanderung von Erdteilen in seiner **Theorie der Kontinentalverschiebung** zu beweisen versuchte. Er sammelte Belegmaterialien aus verschiedenen Wissenschaftsbereichen (M2) und erkannte, dass alle Kontinente am Ende des Paläozoikums und am Beginn des Mesozoikums vereint waren. Er nahm an, dass dieser Superkontinent „Pangäa“ (griech. = die ganze Erde) zerbrach. Die aus spezifisch leichterem Material zusammengesetzten Kontinente drifteten dann auf dem dichteren Material des Erdmantels und der Ozeanböden. Nach Wegeners Auffassungen erzeugte die Drift der Kontinente die Auffaltungen der Gebirge durch Stauchung. Als Ursache für die Kontinentverschiebung nahm er vor allem solche Kräfte wie die Erdrotation an.

Die Kritiker der Theorie von Wegener waren zahlreich. Nach seinem Tod führte zunächst niemand die Forschungen auf dem Gebiet der Kontinentverschiebung systematisch weiter. Dabei war man der Lösung des Problems bereits zu Wegeners Zeiten sehr nahegekommen. Eduard Suess sah in den Tiefseerinnen am Rande des Pazifiks bereits Zonen, in denen Ozeanboden unter die Kontinente abtaucht („Das Antlitz der Erde“, 1885 – 1909). Zu dieser Zeit wurde auch eine Theorie der gebirgsbildenden Kräfte durch Unterströmungen im Erdinneren entwickelt sowie der Begriff „Verschluckung“ geprägt (Otto Ampferer, 1906). Robert Schwinner entwickelte 1920 die Unterströmungstheorie von Otto Ampferer weiter. Er nahm an, dass Massenströme im Erdinneren durch konvektiven Wärmetransport erzeugt würden. Der britische Geologe Arthur Holmes machte Konvektionsströme im Erdmantel zum Motor seines Modells über die Kontinentaldrift (1944).

Die Vorstellungen von Ampferer, Suess, Schwinner, Wegener, Holmes und anderer gingen in die moderne **Theorie der Plattentektonik** ein, die aber erst in den 1960er-

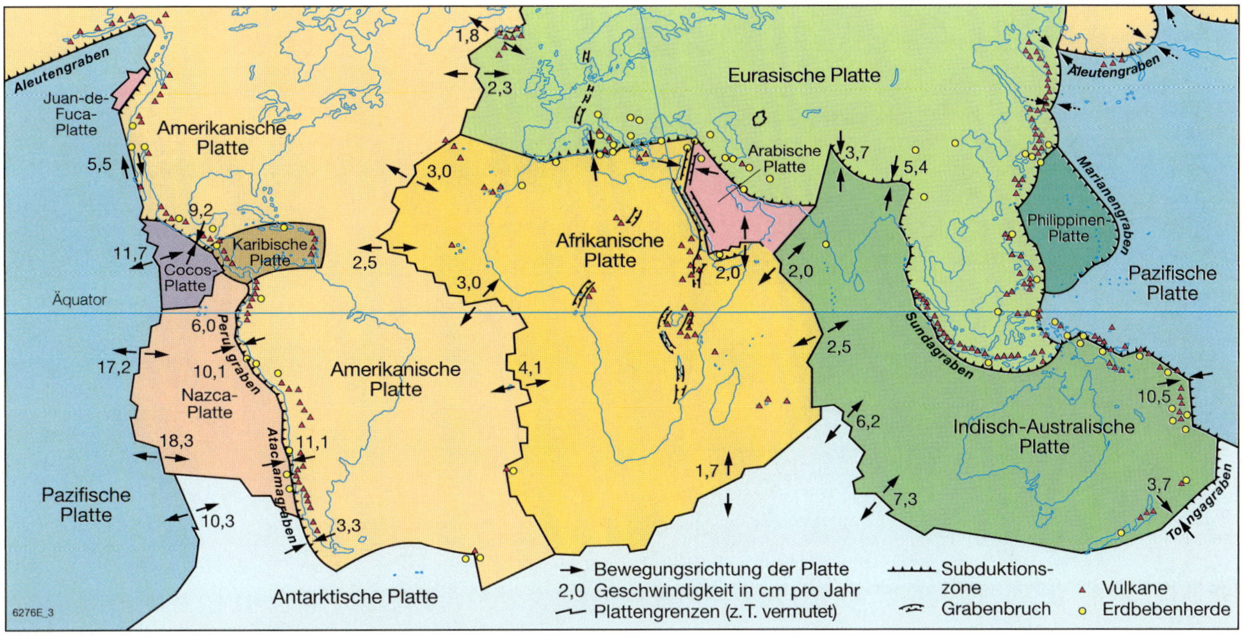

3 **Das Plattenmosaik der Lithosphäre**

Jahren allgemeine Anerkennung fand. Der Durchbruch gelang mit Untersuchungen des Ozeanbodens. Die Entdeckung magnetischer Streifenmuster (M4) zu beiden Seiten der Mittelozeanischen Rücken führten zum Konzept des **Sea floor spreading** (Ozeanboden-Spreizung). Demnach wird der Meeresboden in den sogenannten Riftzonen der mittelozeanischen Rücken durch aufsteigende basaltische Schmelzen ständig erneuert und breitet sich beidseitig dieser Riftzonen symmetrisch aus. Die erstarrenden Gesteinsschmelzen werden durch das jeweilig herrschende Magnetfeld der Erde magnetisiert. Da sich dieses im Laufe erdgeschichtlicher Zeiträume wiederholt umgepolt hat, wechselt die Magnetisierungsrichtung dieser Streifen. Damit war eine überzeugende Grundlage für die Theorie der Plattentektonik gelegt. Das führte zu einem Paradigmenwechsel (= Wechsel von einer wissenschaftlichen Grundauffassung zu einer anderen). Alle Erklärungen zu dynamischen Phänomenen unseres Erdkörpers können nun zu einer einheitlichen globalen Theorie vereint werden (Neue Globaltektonik). Eine prozessorientierte, auf ursächliche Zusammenhänge abzielende Betrachtungsweise hat sich endgültig durchgesetzt. Längst sind aber nicht alle Fragen geklärt. Neue Hypothesen und die Diskussion unterschiedlicher Auffassungen entwickeln das Modell der Plattentektonik ständig weiter.

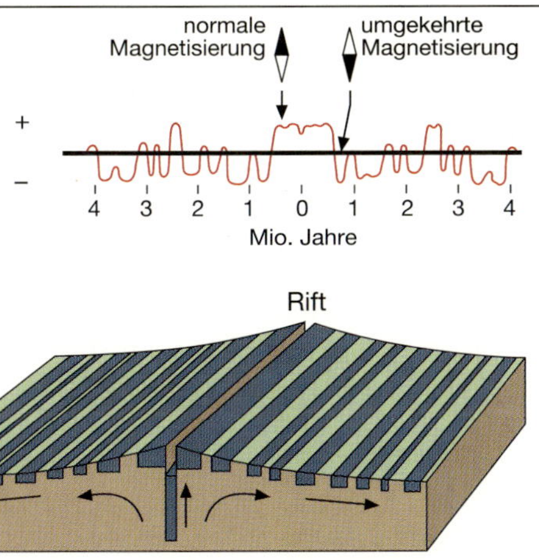

Die Entdeckung der Magnetisierungsmuster auf dem Meeresboden war Ausgangspunkt für die endgültige Anerkennung der Theorie der Plattentektonik. Geophysiker stellten fest, dass die Gesteine des Meeresbodens parallel und zugleich spiegelbildlich-symmetrisch zu den Rifts ein eigenartiges magnetisches Verhalten zeigen. Streifen einer Magnetisierung, die mit dem gegenwärtigen Erdmagnetfeld übereinstimmt, wechseln mit solchen, die umgekehrt magnetisiert sind. Aus diesen und anderen Beobachtungen entstand in den Jahren 1961 bis 1965 die Hypothese der Ozeanbodenausbreitung (sea floor spreading). Durch den Vergleich des magnetischen Streifenmusters mit einem magnetischen Standardprofil erfolgt die Datierung des Ozeanbodens, der mit zunehmender Entfernung vom mittelozeanischen Rücken älter wird (S. 14, M2).

4 **Sea floor spreading und Magnetisierung der Gesteine des Ozeanbodens**

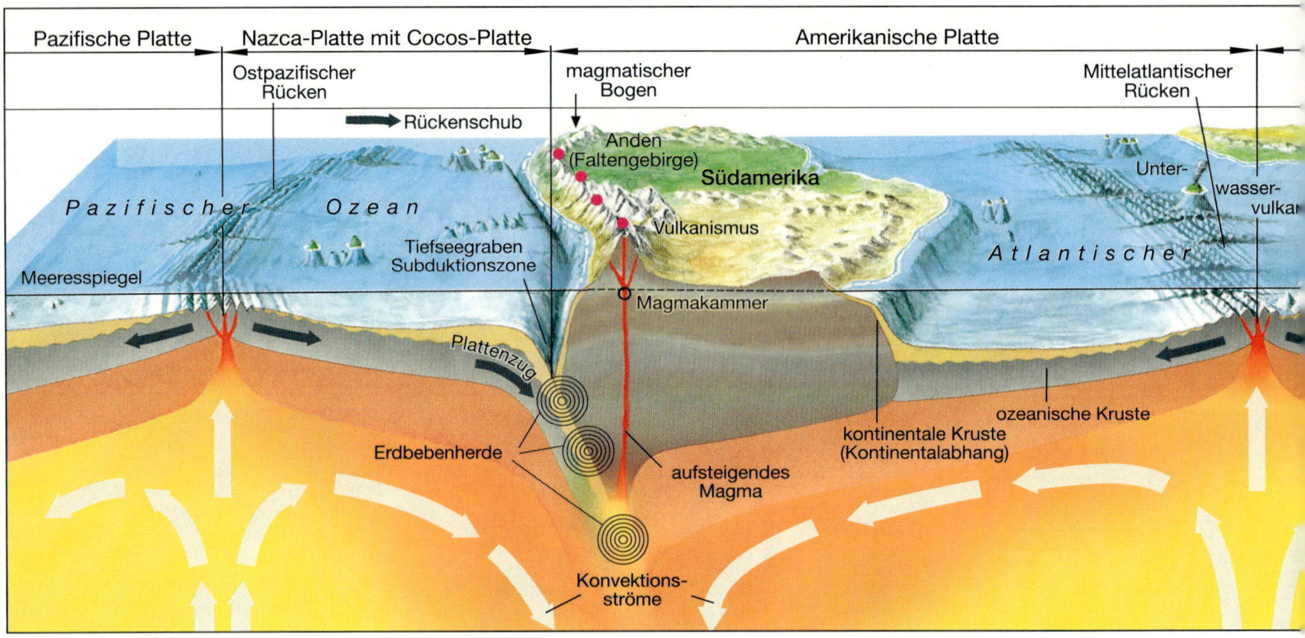

1 Modell der Plattentektonik

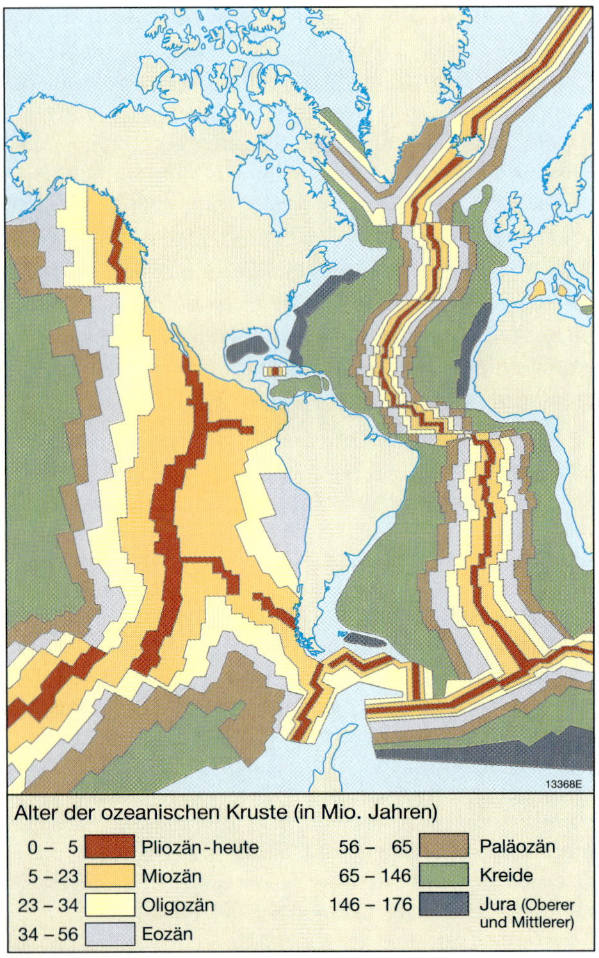

2 Alter ozeanischer Kruste

Vorgänge an Plattengrenzen

Nach der Theorie der Plattentektonik besteht der äußere Teil der Erde aus relativ starren, verschieden großen Lithosphärenplatten. Sie bewegen sich auf der Asthenosphäre mit unterschiedlichen Richtungen und Geschwindigkeiten. Die Plattengrenzen gehören zu den tektonisch aktivsten Gebieten der Erde (M1). Drei Arten von Plattengrenzen werden unterschieden: divergierende (konstruktive), konvergierende (destruktive) und konservative.

An **divergierenden Plattengrenzen** bewegen sich die Platten voneinander weg. In den dadurch entstehenden Riftzonen wird neues Lithosphärenmaterial gebildet. Deshalb werden sie auch konstruktive Plattengrenzen genannt. Sie finden sich vor allem entlang der mittelozeanischen Rücken. Aus dem Erdmantel aufdringende Schmelzen erstarren zu ozeanischer Kruste. Vulkanreihen längs dieser **Riftzonen** bilden Rücken oder Schwellen. Beiderseits der Riftzonen driften die Platten auseinander (Sea floor spreading). Längs der Rifts austretende Laven werden an beiden Seiten der auseinanderstrebenden Platten angelagert, neuer Ozeanboden wird gebildet. Die jüngeren Laven befinden sich dabei unmittelbar an den Rifts, die älteren hingegen in größerer Entfernung davon (M2). Auch innerhalb der kontinentalen Kruste treten Riftsysteme auf. Beispiele dafür sind das ostafrikanische Riftsystem, der Oberrheingraben und der Oslograben. Diese Grabensysteme sind tektonisch und magmatisch aktive Zonen innerhalb der sonst weitgehend inaktiven kontinentalen Plattenteile.

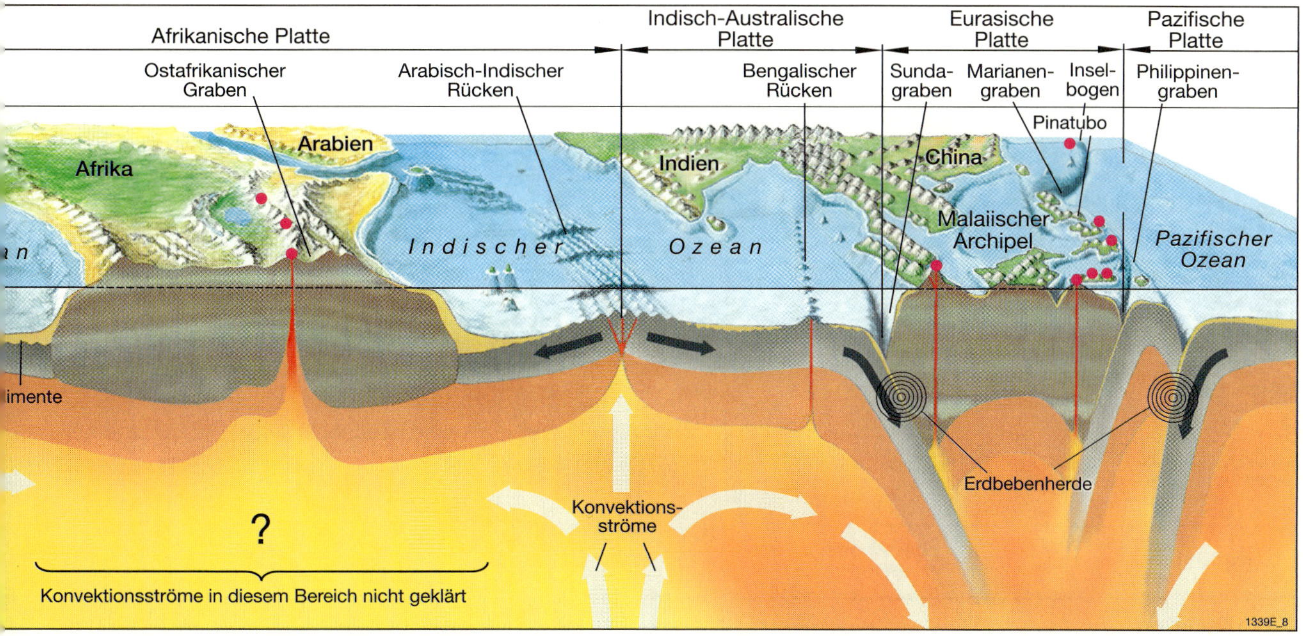

An **konvergierenden Plattengrenzen** bewegen sich Lithosphärenplatten aufeinander zu. Die Kruste engt sich ein, was dadurch ausgeglichen wird, dass eine Platte unter die andere hinabgebogen und in der sogenannten **Subduktionszone** in den Mantel gezogen wird. Bei Kollision zweier ozeanischer Platten sinkt in der Regel die ältere der beiden Platten wegen ihrer größeren Dichte in den Mantel ein. Kollidiert eine ozeanische mit einer kontinentalen Platte, wird die ozeanische Platte wegen ihrer größeren Dichte unter die kontinentale gedrückt und taucht in den Erdmantel ab. Die subduzierten Plattenteile werden dabei unter hohem Druck und hoher Temperatur verändert, in den Mantel eingegliedert und auf diese Weise zerstört. Deshalb werden diese Regionen auch destruktive Plattengrenzen genannt.
An konvergierenden ozeanischen oder ozeanisch-kontinentalen Plattengrenzen bilden sich Tiefseerinnen wie der Atacamagraben oder der Sundagraben. Im Marianengraben befindet sich mit 11 034 Metern die größte Meerestiefe (Witjas-Tief).
Konvergieren zwei kontinentale Platten miteinander, so bilden sich nur kurzzeitig Subduktionszonen aus, bevor die Kontinentalränder gegeneinandergepresst, deformiert und gefaltet werden. Mächtige Gebirge, wie der Himalaya, können sich dabei herausheben.

An **konservativen Plattengrenzen** (Transformstörungen) wird Lithosphäre weder neu gebildet noch zerstört. Vielmehr gleiten Platten aneinander vorbei, wie an der San-Andreas-Störung in Kalifornien oder der Nordanatolischen Störung in Kleinasien.

Antriebskräfte der Plattenbewegungen

Der Plattenantrieb wird durch verschiedene Kräfte gesteuert. In der Subduktionszone sinkt die spezifisch schwere ozeanische Lithosphärenplatte durch ihr Eigengewicht ab. Der dadurch entstehende Plattenzug wird durch die größere Dichte der erkalteten ozeanischen Lithosphäre gegenüber dem darunterliegenden Mantel hervorgerufen. Die absinkende Platte zieht die gesamte Platte mit sich und öffnet den mittelozeanischen Rücken.
Beim Rückenschub (Rückendruck) bewegt sich die Platte durch ihr Eigengewicht von den Aufwölbungen des mittelozeanischen Rückens weg. Erst in den 1990er-Jahren setzte sich die Auffassung durch, dass nicht die Platten aktiv durch aufsteigendes Magma auseinandergedrückt werden. Vielmehr kommt es durch den Rückenschub zu einer Druckentlastung und partiellen Aufschmelzung. Große Magmamengen werden dadurch gefördert.
Eine weitere Kraft ist die Plattenschleppung. Strömungen im oberen Erdmantel führen die Platten auf der Asthenosphäre mit sich oder bremsen die Bewegung ab.

Aufgaben

1. Erläutern Sie die Entwicklung der Theorie der Plattentektonik.
2. Beschreiben und begründen Sie das Alter der Ozeanböden in Abhängigkeit von den Entfernungen zu mittelozeanischen Rücken (Seite 13, M4).
3. Erklären Sie Vorgänge an verschiedenartigen Plattengrenzen. Nutzen Sie dazu auch M1.

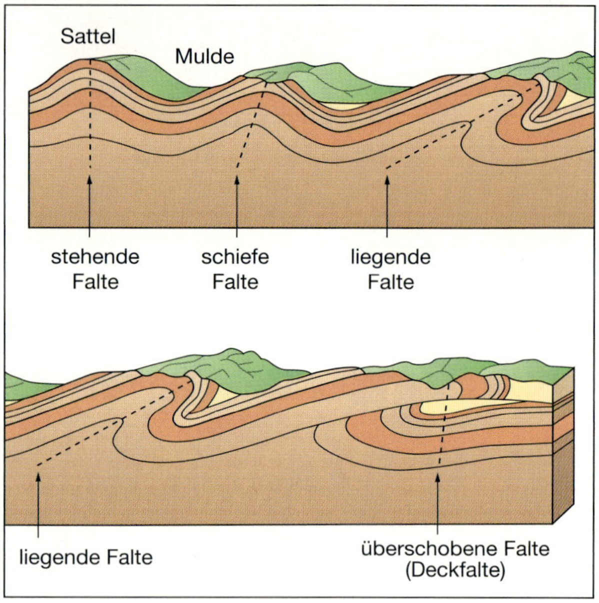

1 Faltenarten

1.3 Orogenese von Falten- und Deckengebirgen

Mit plattentektonischen Vorgängen können alle aus dem Erdinneren herrührenden Prozesse (endogene Prozesse) erklärt werden. Dazu zählt neben Erdbeben (Seite 22 f.), Vulkanismus (Seite 24 f.) und Gesteinsentstehung (Seite 26 f.) auch die Orogenese.
Unter Orogenese (griechisch: oros = Gebirge; genese = Entstehung) werden die geotektonischen Prozesse verstanden, die eine Änderung im Gefüge der Erdkruste im Sinne einer Gebirgsbildung darstellen. Dabei kollidieren kontinentale Plattenteile, Erdkruste wird über- und untereinander- sowie ineinandergeschoben, gestapelt, verformt und umgewandelt. Diese Prozesse laufen in der Tiefe ab und müssen nicht unmittelbar an der Erdoberfläche sichtbar sein. Erst in einer zweiten Phase werden Gebirge topographisch sichtbar herausgehoben. Das Ergebnis sind Falten- beziehungsweise Deckengebirge. Deckengebirge bestehen aus Teilen von sogenannten Überschiebungsdecken. Das sind bewegte Gesteinspakete, die auf eine neue Unterlage geschoben wurden und die Verbindung zu ihrem Herkunftsgebiet verloren haben (M1).
Aus plattentektonischer Sicht werden verschiedene Typen der Gebirgsbildung unterschieden, die jeweils eigenständig, aber auch in einer zeitlichen Reihung nacheinanderfolgend auftreten können: Inselbogentyp, Andiner Typ und Alpiner Typ (Himalayatyp).

Inselbogentyp

Beim Inselbogentyp bilden sich am Rand oder innerhalb eines Ozeans durch lang anhaltende Subduktionstätigkeit magmatische Inselbögen und Randbecken, wie es heute zum Beispiel im westlichen Pazifik der Fall ist. Die überfahrene Platte wird in den Erdmantel subduziert und aufgeschmolzen (Seite 15). Es bilden sich auf dem Meeresboden Ketten von Vulkaninseln, sogenannte Inselbögen (M2). Begleitet wird diese Kollision aber auch von zusammengeschobenen und gefalteten Sedimenten, die in den Bau der Inselketten einbezogen werden. So sind beispielsweise die japanischen und die philippinischen Inseln entstanden.

Andiner Typ

Der andine Typ der Orogenese wird durch die Anden und die nordamerikanischen Kordilleren repräsentiert. Charakteristisch ist, dass über sehr lange Zeiträume ein Subduktionsvorgang bestehen bleibt. Dabei wird ozeanische Kruste unter kontinentale Kruste gezogen.

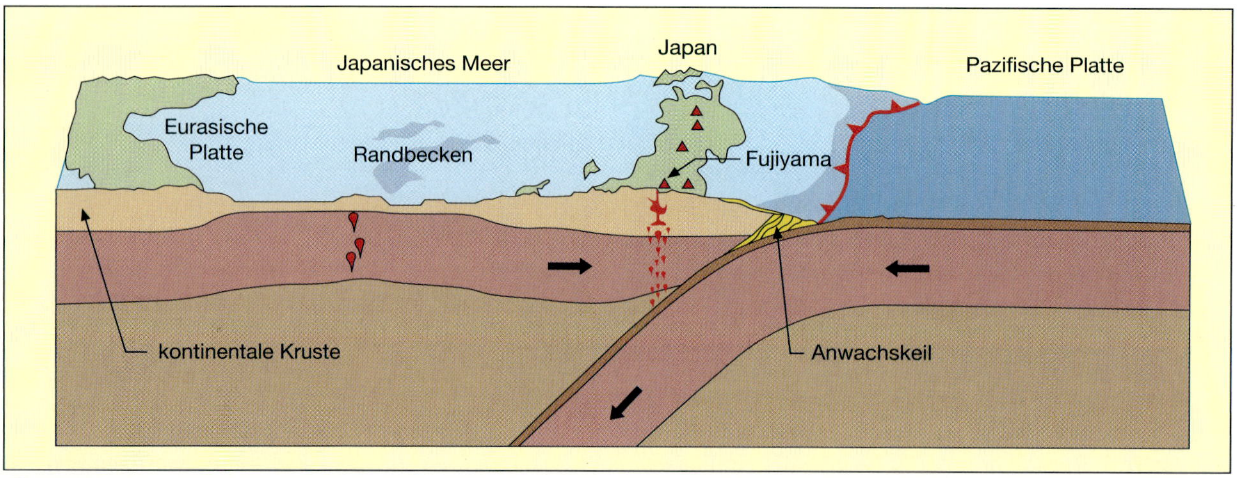

2 Inselbogentyp der Orogenese

Erstellen und Auswerten plattentektonischer Profilskizzen

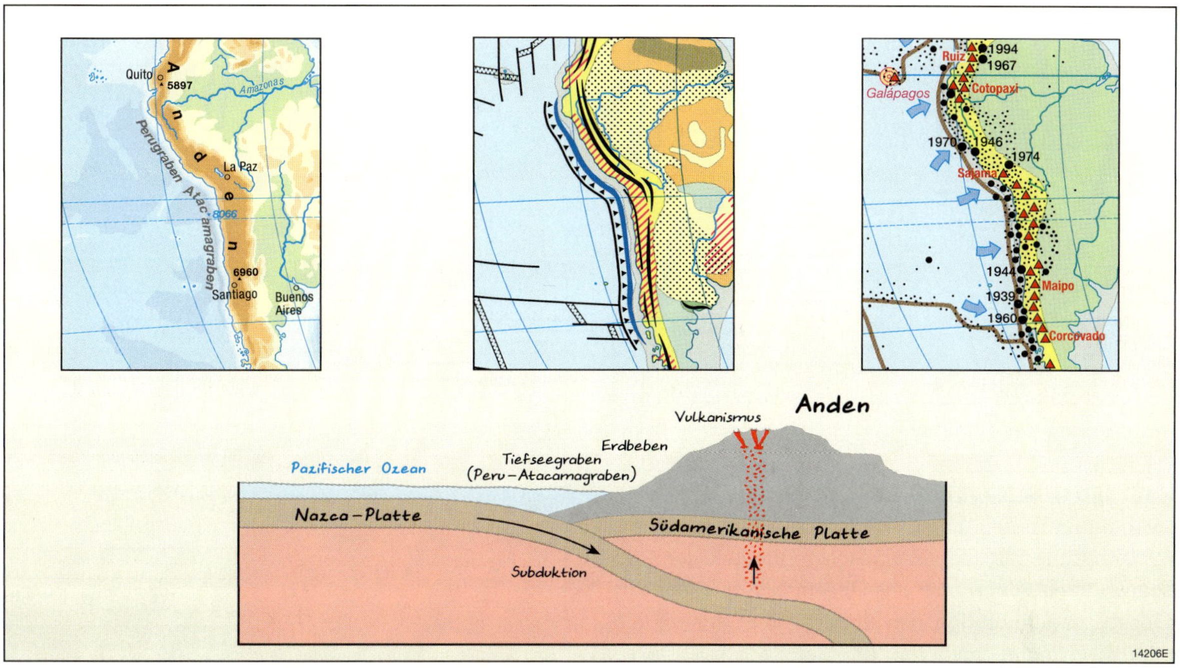

3 **Erstellen einer plattentektonischen Profilskizze**

Schrittfolge – Erstellen einer Profilskizze

1. Ziel festlegen: Profilskizze mit wesentlichen Tiefenstrukturen, welche Prozesse nachvollziehen lässt
2. Informationsgewinnung: Analyse der Oberflächenformen, der tektonischen Verhältnisse, Vorgänge etc. durch Auswerten von Materialien (Texte, Karten, …)
3. Thema und (evtl. ausgewählte) Inhalte festlegen
4. Profilskizze anfertigen:
   a) wesentliche Strukturen skizzieren
   b) Bezeichnen (Platten, Richtungspfeile …)
5. Reflexion: Kritische Auswertung / Interpretation der Skizze und Vergleich mit dem Ausgangsmaterial
6. eventuell Korrektur der Profilskizze

Skizzieren Sie plattentektonische Profile:
a) Nord-Süd-Profil durch Java und angrenzende Meeresregionen,
b) West-Ost-Profil entlang 12° n.B. im Pazifik zwischen Südchinesischem Meer und 160° ö.L.,
c) West-Ost-Profil entlang 18° n.B. zwischen Mittelamerika und Afrika.

Schrittfolge – Auswertung einer Profilskizze

1. räumliche Einordnung
2. zeitliche Einordnung (geologische Tabelle)
3. Beschreibung der einzelnen Phasen
4. Zusammenschau, Zusammenhänge
5. Interpretation (Ursachenklärung)
6. Ergebnisdarstellung (Stichwortliste, Tabelle, Zeitstrahl …)

Die kontinentale Kruste wird gestaucht, Sedimente des Meeresbodens und auch darunterliegende ursprünglich an der Riftzone gebildete Basalte werden verfestigt, gefaltet, gekippt, zerbrochen und übereinandergestapelt. Durch die Subduktion schmelzen Teile der ozeanischen Kruste in der Tiefe auf. Magma dringt nach oben und bewirkt gemeinsam mit dem Zusammenschub der Gesteinspakete eine Krustenverdickung. Dadurch wird leichteres Material in den spezifisch schwereren Erdmantel gedrückt, wodurch dieses durch den Auftrieb bedingt „aufschwimmt“. Somit heben sich die Falten- beziehungsweise Deckenstrukturen über ihre Umgebung heraus. Gleichzeitig mit der Heraushebung fließt in der Tiefe Material nach, die Randbereiche des Gebirges sinken ab. Mit der Gebirgshebung setzt gleichzeitig seine Abtragung ein. In den Senken sammeln sich Sedimente an, die teilweise wiederum in die Gebirgsbildung einbezogen werden.

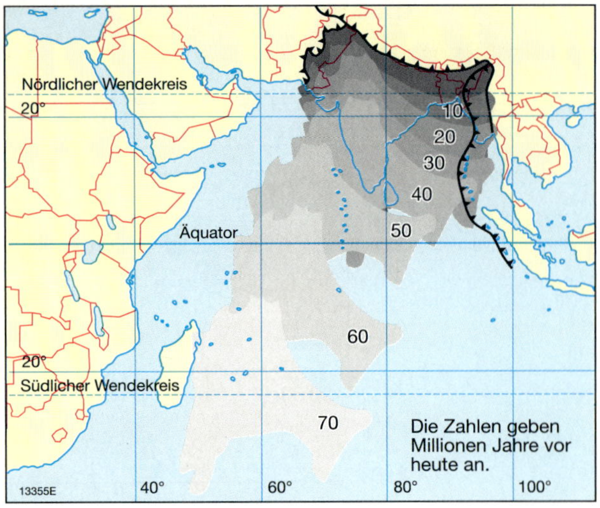

1 Entstehung des Himalaya

Alpiner Typ (Himalayatyp)

Die Subduktionsrate eines Plattenrandes kann höher als die Ausbreitungsrate am ozeanischen Rücken sein. In diesem Fall verkleinert sich das Ozeanbecken. Das führt zunächst zur Subduktion des Rückens und schließlich zur Kollision angrenzender kontinentaler Massen. Durch das geringe spezifische Gewicht des subduzierten Kontinentteils kann dieser nicht beliebig tief nach unten gezogen werden. Er erfährt einen Auftrieb in dem ihm umgebenden dichteren Mantelgestein. Durch die Kontinent-Kontinent-Kollision werden Teile der Erdkruste oft in großer Tiefe gefaltet, über- und untereinandergeschoben. An der Oberfläche noch nicht sichtbare Falten- und Deckengebirge entstehen. Schließlich reißt die noch anhängende subduzierte ozeanische Lithosphäre unter ihrem Eigengewicht ab (M2). Durch Wegfallen dieses Gegengewichts setzt ein verstärkter Aufstieg der kontinentalen Kruste ein. Oftmals erfolgt diese Heraushebung mit einer Verzögerung von vielen Millionen Jahren auf die Gebirgsbildung in der Tiefe.
Vor etwa 50 Millionen Jahren kollidierte der indische Subkontinent mit Eurasien. Er driftete weiter nach Norden, besaß jedoch zu viel Auftrieb, um in den Mantel subduziert zu werden. So schob er sich bis heute etwa 2500 Kilometer weit in die eurasische Platte.
Der so entstehende Himalaya besteht aus Einheiten des Nordteils von Indien, die übereinandergestapelt wurden (Deckenfaltengebirge). Horizontal gerichteter Druck setzte sich nördlich davon in Vertikalbewegung um und trug zum Aufstieg des höchstgelegenen Hochlandes der Erde (Tibet) bei. Der andauernde Druck bewirkte sogar Überschiebungen und Horizontalverschiebungen bis weit in das Innere von Asien hinein.
Auch die Alpen sind durch eine Kontinent-Kontinent-Kollision entstanden.

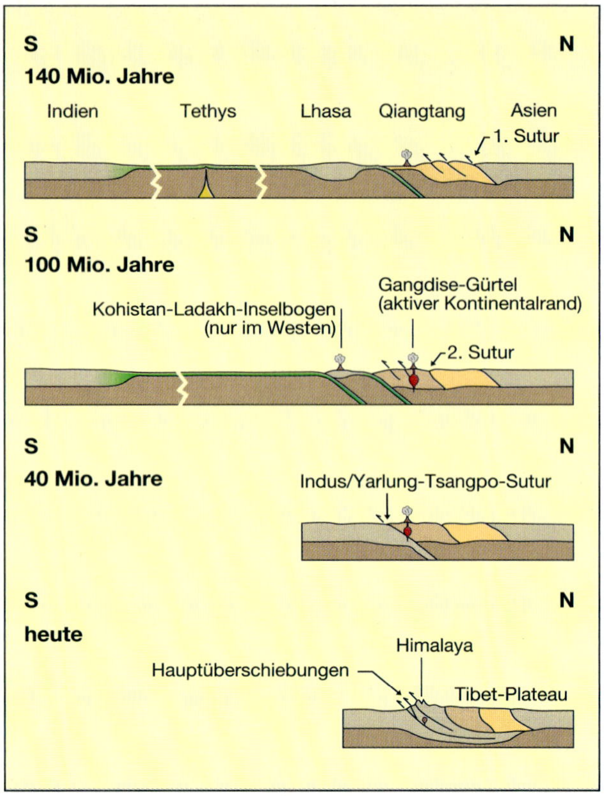

2 Entstehung des Himalaya / des Hochlands von Tibet

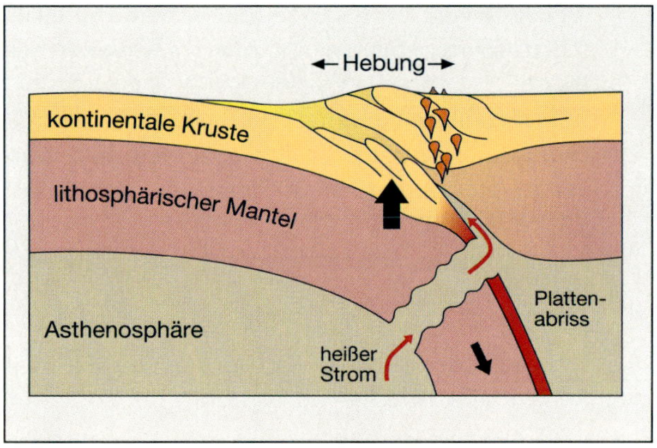

3 Plattenabriss und Gebirgshebung

Aufgaben

1. Erläutern Sie die Begriffe Faltengebirge und Deckengebirge.
2. Vergleichen Sie Inselbogentyp, Andinen Typ und Alpinen Typ der Orogenese.
3. Werten Sie die Karte zur Erdgeschichte Europas (M4) aus. Ordnen Sie Gebirge Europas den verschiedenen Gebirgsbildungen zu (siehe auch vorderer Einband).
4. Erklären Sie die Entstehung des Himalaya mithilfe des Textes Seite 18 und M1 bis M3.

Geo-Exkurs

Orogenesen in der Erdgeschichte

Vor Kurzem fanden Geologen eine 3,8 Milliarden Jahre alte Felsformation auf Grönland. Sie sehen dies als Beweis dafür, dass Plattentektonik und Orogenesen schon zu dieser Zeit im Gange waren. Das ist wesentlich früher als bisher vermutet. Es wurde angenommen, dass erst in der zweiten Hälfte der 4,5 Milliarden Jahre alten Erdgeschichte die Plattentektonik einsetzte.

In Europa und anderen Erdteilen lassen sich Gesteine nachweisen, die aus der kaledonischen Gebirgsbildungsphase (Ordovizium/Silur) stammen, wie in Skandinavien, auf den Britischen Inseln und in den Appalachen. Das variskische Gebirge (Devon bis Perm) bildete sich durch Kollision des Nordkontinents (Laurasia) mit dem Südkontinent (Gondwana). Dabei entstand Pangäa.

Sowohl die kaledonischen als auch variskischen Gebirge waren durch exogene Kräfte eingeebnet worden. Darauf folgende Hebungs- und Abtragungsprozesse (Bruchschollengebirgsbildung) brachten Gesteine dieser Gebirgsbildungsphasen aus dem Untergrund an die Oberfläche. An ihnen lässt sich beispielsweise die Existenz einer ehemaligen Subduktionszone im Bereich der deutschen Mittelgebirge belegen.

5 Kaledonisch gefaltetes Gebirge (Norwegen)

Die alpidische Gebirgsbildungsphase begann mit der Auffaltung in der Kreidezeit. Die Heraushebung dauert bis heute an. Die Gebirge rings um den Pazifik sowie der eurasische Faltengebirgsgürtel mit den Alpen und dem Himalaja gehören dazu.

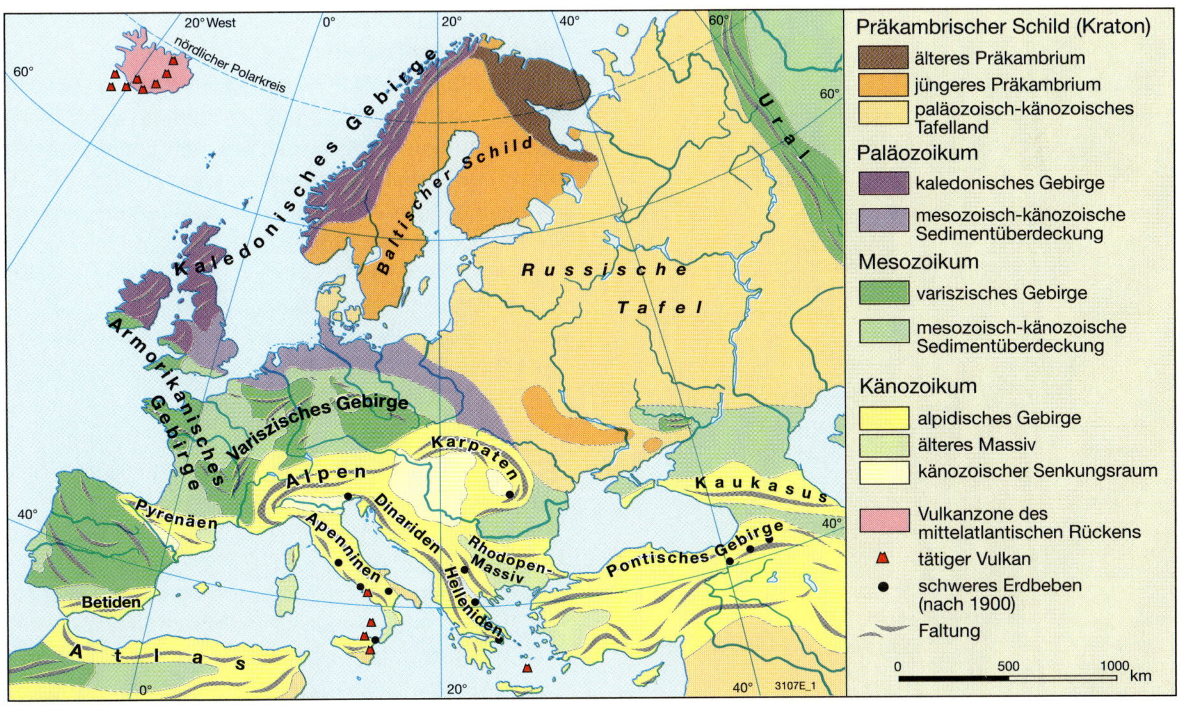

4 Aus der Erdgeschichte Europas

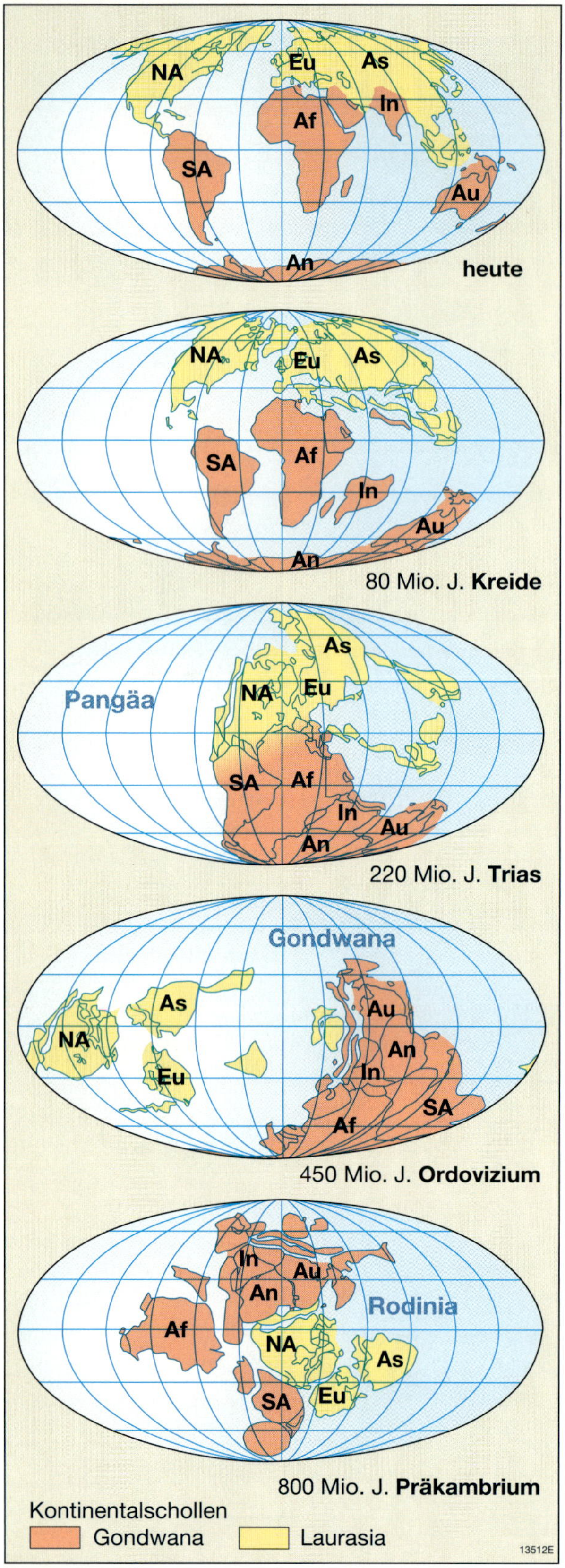

1 Kontinente in der Erdgeschichte

Wilson-Zyklus

Als Wilson-Zyklus wird eine Hypothese nach dem Kanadischen Geophysiker J.T. Wilson benannt, die die globale Plattentektonik als eine zyklische Abfolge des Entstehens und Vergehens von Gräben, Ozeanen und Gebirgen beschreibt. Einzelne Phasen des Wilson-Zyklus können heute auf der Erde beobachtet werden (M2). Ein Ozean entwickelt sich demnach aus einer kontinentalen Riftzone, öffnet sich unter Bildung ozeanischer Kruste schließlich zu einem Ozean, der von passiven Kontinentalrändern gesäumt wird, geht über in einen Ozean mit randlichen Subduktionszonen und aktiven Kontinentalrändern und verschwindet schließlich durch Kollision seiner Ränder mit der Vereinigung aller Kontinente zu einem Großkontinent (M1). Dadurch kommen Subduktion und Ozeanbodenspreizung zum Erliegen. Unter der kontinentalen Kruste des Großkontinents entwickelt sich ein Wärmestau. Tief aus dem Mantel steigen Diapire auf. Ein Manteldiapir (Plume) ist eine Zone von einigen Hundert Kilometern Durchmesser, in der heißes Mantelmaterial, wahrscheinlich von der Mantel-Kern-Grenze, nach oben steigt. An der Oberfläche entsteht ein hoher Wärmefluss und Vulkanismus, der aus Kratern und Spalten Lava fördert. Solche Wärmedome unter dem Großkontinent und infolge von Auskühlung einsinkende ozeanische Randbereiche üben Kräfte aus, die wiederum ein Aufbrechen des Superkontinents und Auseinanderdriften der neu entstehenden Teilkontinente bewirken. Ein weiterer Zyklus wird somit eingeleitet. Seit dem frühen Proterozoikum kann man Wilson-Zyklen nachweisen, die jeweils 300 bis 500 Millionen Jahre dauern.

Superkontinente bilden sich vermutlich in Abständen von einigen Hundert Millionen Jahren, bestehen 150 bis 250 Millionen Jahre und zerfallen dann wieder. Der älteste nachweisbare Superkontinent, Rodinia, entstand vor einer Milliarde Jahren durch Aufspaltung eines alten Kontinents und anschließenden Kollisionen von Krustenteilen. Er umfasste alle großen Landmassen. Rodinia zerfiel vor rund 750 Millionen Jahren. Vor 550 Millionen Jahren wurde dann der Großkontinent Gondwana gebildet, der die heutigen Südkontinente einschließlich Indien umfasste. Gondwana wurde durch mehrere Kontinentkollisionen vor etwa 300 Millionen Jahren in den Superkontinent Pangäa eingeschlossen. Später zerfiel Pangäa wieder.

Aufgaben

1. Beschreiben Sie die räumliche Verteilung der Landmassen zu verschiedenen Zeitabschnitten der Erdgeschichte (M1). Berücksichtigen Sie dabei deren Lage zum Äquator und vergleichen Sie diese mit der heutigen Lage der Kontinente.
2. Erläutern Sie die Phasen des Wilson-Zyklus (M2).

A Öffnungsprozess

1. Graben- oder Riftstadium: Innerhalb einer kontinentalen Platte bilden sich Aufwölbungen, zum Beispiel über einem Diapir beziehungsweise hot spot. Der Scheitelbereich der Aufwölbung bricht ein, es entsteht ein Grabenbruch (Rift) mit häufigem Vulkanismus. Beispiele: Oberrheingraben, Ostafrikanisches Grabensystem und Baikalrift.
2. Rotes-Meer-Stadium: Das Rift senkt sich ab und verbreitert sich. Dabei strömt zum einen aus dem Erdmantel Magma nach und bildet zwischen den beiden Teilen der ehemals zusammenhängenden kontinentalen Platte eine schwere ozeanische basaltische Kruste. Zum anderen sammelt sich in dieser Senke Wasser an beziehungsweise es dringt Meerwasser ein. Ein neuer Ozean entsteht. Beispiel: Rotes Meer.
3. Atlantik-Stadium: Die Ozeanbodenneubildung und -ausbreitung setzt sich fort. Ein Ozean mit einem zentralen (mittelozeanischen) Rückensystem entsteht. An den Rändern des Ozeans findet noch keine Gebirgsbildung statt, weil sich die Kontinente um den Betrag des jeweils neu gebildeten Ozeanbodens mitbewegen (passiver Kontinentrand). Beispiel: Alantik.

B Schließungsprozess

4. Pazifik-Stadium: Kommt die Ausdehnung zum Stillstand, kehrt sich der Ausbreitungsprozess in eine Einengung um. Der Ozean wird nun wieder kleiner. Dabei entsteht am Rand des Ozeans eine Subduktionszone (aktiver Kontinentrand). Die schwerere ozeanische Kruste wird unter die leichtere kontinentale Kruste gezogen. Tiefseegräben, Inselbögen und Faltengebirge entstehen. Durch Aufschmelzung von Gestein und Magmaaufstieg tritt Vulkanismus auf. Beispiel: Pazifik.
5. Mittelmeerstadium: Die Einengung des Ozeans setzt sich fort. Kontinentalblöcke driften aufeinander zu. Dazwischen befindliche ozeanische Sedimente werden in die „Zange" genommen. Beispiele: Europäisches Mittelmeer und Schwarzes Meer.
6. Kollisionsstadium: Der Ozean wird durch Kollidieren der kontinentalen Krustenteile geschlossen. Es entstehen Deformationen, Faltungen und Deckenbildungen. Gebirge heben sich heraus. Beispiele: Alpen und Himalaya.

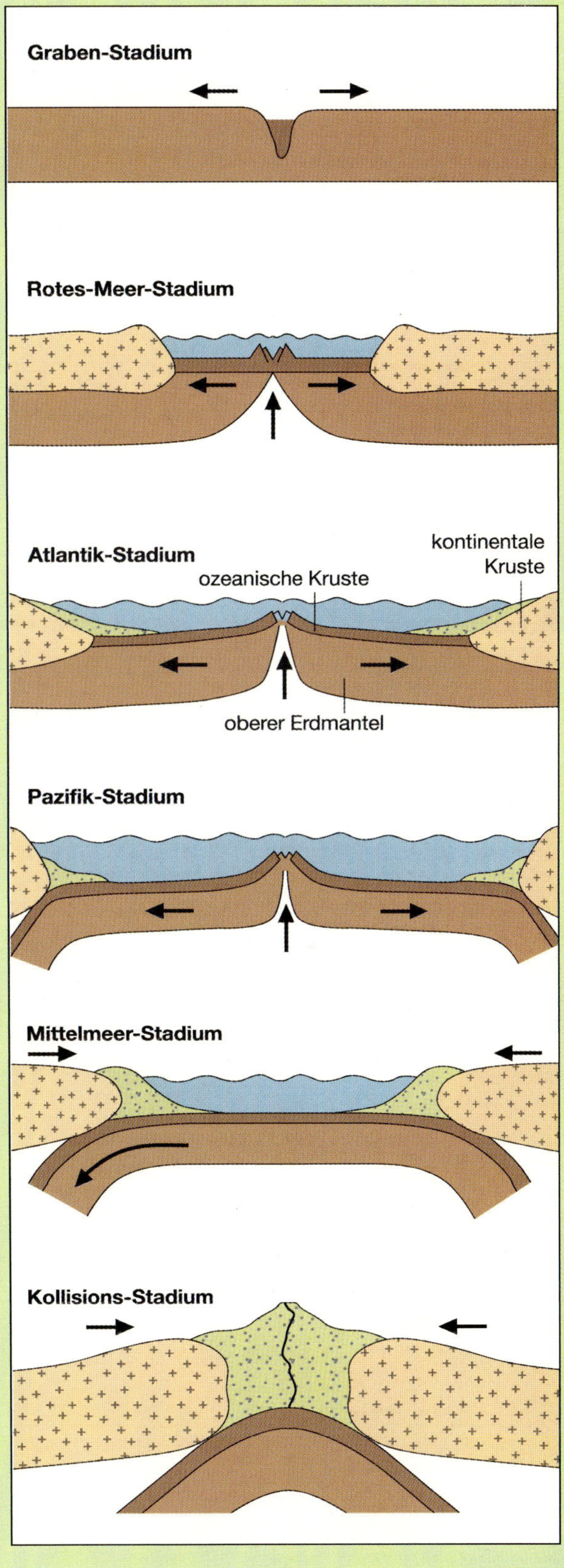

2 Phasen des Wilson-Zyklus

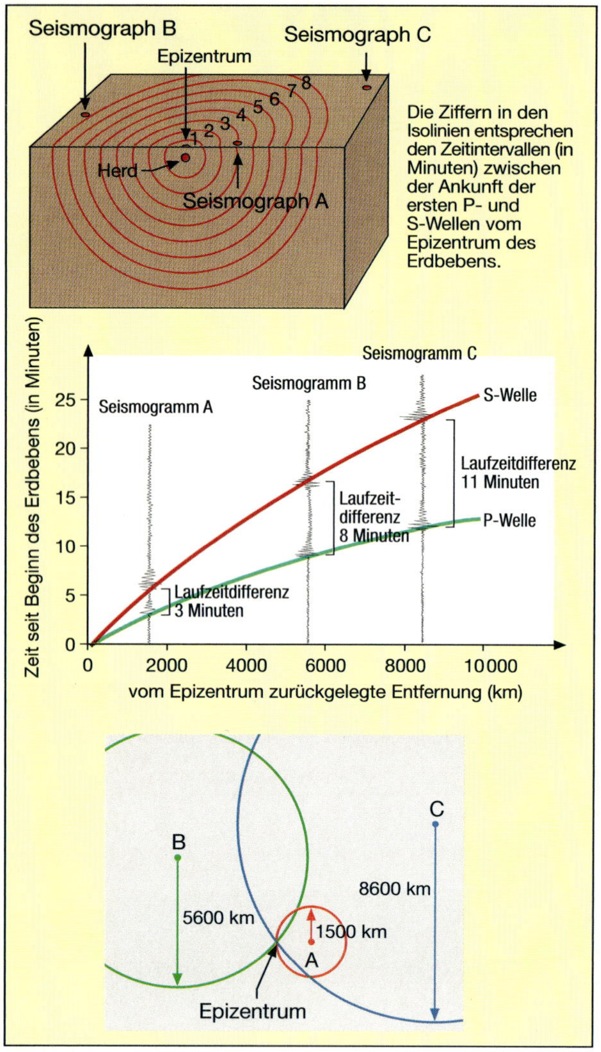

1 **Lokalisieren von Erdbeben**

1.4 Erdbeben

Erdbeben sind Erschütterungen in der festen Erdkruste. Neben lokalen Einsturzbeben unterirdischer Hohlräume und vulkanischen Beben im Zusammenhang mit Vulkanausbrüchen treten tektonische Beben am häufigsten auf. Diese entstehen durch Gesteinsbewegungen im Untergrund infolge plötzlicher Auslösung gewaltiger Druckspannungen. Benachbarte Erdschollen werden dabei ruckartig gegeneinander versetzt.

Erforschung von Erdbeben

Mithilfe von Seismogrammen (vgl. Seite 8) lässt sich die Lage der Erdbebenherde lokalisieren und die Art der tektonischen Bewegungsform im Erdbebenherd bestimmen. Die Zeitdifferenz zwischen dem Eintreffen der P- und der S-Wellen am Ort des Seismographen hängt von der Entfernung ab, die die Wellen jeweils vom Erdbebenherd aus zurückgelegt haben. Aus mehreren an verschiedenen Orten aufgezeichneten Seismogrammen kann somit der genaue Ort des Epizentrums bestimmt werden (M1).
Neben der Lokalisierung des Epizentrums kann auch die Stärke des Bebens ermittelt werden, die einen Hinweis auf die Zerstörungskraft liefert. Bebenstärken wurden früher in der Mercalli-Stufe, heute manchmal noch auf der Richter-Skala angegeben (M2). Die Richter-Skala ist nicht linear, sondern logarithmisch zur Basis 10 aufgebaut. Beispielsweise entspricht die Stufe 6 einer zehnmal größeren Erdbebenstärke als die Stufe 5. Derzeit setzt sich immer mehr die Berechnung einer Moment-Magnitude (Mw) durch, die direkt mit den physikalischen Vorgängen am Erdbebenherd in Beziehung gesetzt werden kann. Darin gehen die Größe des Bebenherdes, die Verschiebung im Gestein und die Gesteinsfestigkeit ein.

M	Wirkung	R
I	nicht vom Menschen spürbar	1
II	kaum spürbar, höchstens in hohen Gebäuden	2
III	wird von vielen bemerkt, in Räumen schwanken Lampen	3
IV	wird allgemein bemerkt, Geschirr klappert, parkende Autos ruckeln	4
V	Menschen werden geweckt, Türen gehen von selbst auf, Geschirr zerbricht	5
VI	jeder bemerkt das Beben, Möbel bewegen sich, schwierig aufrecht zu gehen, keine strukturellen Schäden an Gebäuden	5,3–5,9
VII	Stehen macht Schwierigkeiten, leichte Gebäudeschäden	6,0–6,9
VIII	Autos kaum noch steuerbar, Türme können einstürzen, Baumwipfel können brechen, Wasserstand in Brunnen kann sich ändern	7,0–7,3
IX	deutliche Gebäudeschäden, einige unterirdische Versorgungsleitungen werden zerstört, Spalten im Boden	7,4–7,7
X	massive Gebäudeschäden, Brücken können einstürzen, Dämme werden schwer beschädigt, größere Landrutschungen treten auf	7,8–8,4
XI	die meisten Gebäude werden zerstört, Brücken stürzen ein, große Spalten im Boden, alle unterirdischen Leitungen sind zerstört	8,5–8,9
XII	alles wird zerstört, Gegenstände werden durch die Luft geschleudert, große Bodenbewegungen	ab 9

2 **Modifizierte Mercalli-Stufe (M) und Richter-Skala (R)**

Plattenbewegungen und tektonische Erdbeben

Gleitvorgänge zwischen den Lithosphärenplatten bewirken Spannungen in den bis zu einem gewissen Grade elastisch verformbaren Gesteinskörpern. Ist ein gewisser Grenzwert überschritten, entladen sie sich ruckartig, ein tektonisches Erdbeben wird ausgelöst. Erdbeben sind auf schmale Zonen konzentriert, die oft Plattengrenzen nachzeichnen. Tief liegende Erdbebenherde treten nur entlang der Subduktionszonen auf, flach liegende an allen Plattengrenzen. Darüber hinaus gibt es auch innerhalb der Platten Erdbeben. Sie belegen, dass die Platten auch in ihrem Inneren von großen Störungszonen durchzogen werden.

Die meisten Erdbeben sind an destruktive Plattenränder gebunden (vgl. Seite 15). Die Zonen der Epizentren sind hier relativ breit, weil die subduzierenden Platten schräg abtauchen. Diese seismischen Zonen werden nach dem Geophysiker Hugo Benioff (1899 – 1968) benannt, der sie rund um den Pazifik erkannte und untersuchte. Anhand der Benioff-Zonen lassen sich abtauchende Plattenränder bis in eine Tiefe von fast 700 Kilometer nachweisen. Unter dem Meeresboden ausgelöste Erdbeben können gewaltige Meereswellen (Tsunami) erzeugen, die noch in großer Entfernung Küsten zerstören.

An Transformstörungen sind die Bebenzentren viel stärker auf die Plattengrenzen konzentriert, weil die Störungszonen vertikal verlaufen. Durchschneiden Transformstörungen die kontinentale Kruste, können sie katastrophale Erdbeben auslösen. Dies ist auf das Aneinanderreiben der mächtigen, starren Platten zurückzuführen und unter anderem von der Bewegungsgeschwindigkeit abhängig. Ein Beispiel ist die San-Andreas-Störung in Kalifornien.

Die mittelozeanischen Rücken weisen eine viel schwächere Bebentätigkeit auf. Aufwärts gerichtete Ströme bringen hier geschmolzenes Gesteinsmaterial bis an die Erdoberfläche. Dementsprechend ist die feste Schale, in der sich Spannungen aufbauen und entladen können, sehr dünn. Das heiße, gerade erst erstarrte Gestein ist noch zu plastischen Verformungen fähig.

Junge, tektonisch noch aktive Gebirge wie im Alpen-Himalaya-Gürtel sind durch rege Bebentätigkeit gekennzeichnet. Durch Kontinent-Kontinent-Kollision entstehen Verformungszonen mit zahlreichen Bruchflächen. Hier sind daher besonders breite Gürtel seichter Erdbeben zu finden. Einzelne tiefere Beben zeugen von vorangegangener Subduktionstätigkeit.

Aufgaben

1. Erläutern Sie die Lokalisierung von Erdbebenzentren mittels Seismogrammen (M1).
2. Ordnen Sie Erdbeben aus M4 in eine plattentektonische Karte ein. Erklären Sie die Ursachen dieser Beben.
3. Verfolgen Sie aktuelle Erdbebenereignisse online: www.gfz-potsdam.de/geofon/seismon/globmon.html.

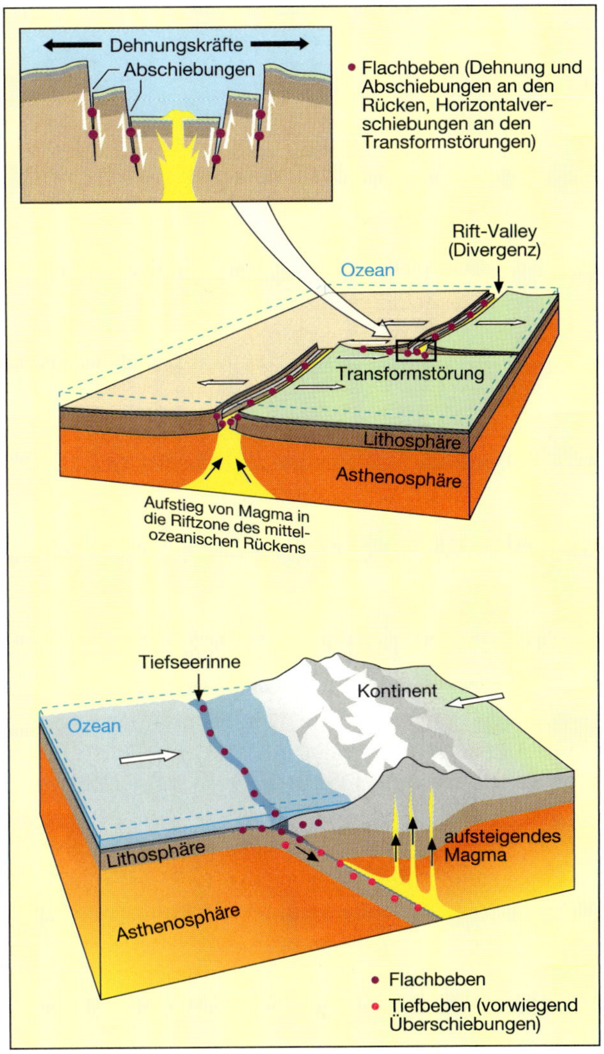

3 **Entstehung von Erdbeben**

Jahr	Ort	Tote	Stärke (R)
1908	Messina, Italien	110 000	7,2
1915	Abruzzo, Italien	35 000	7,5
1920	Auton. Gebiet Ningxia, China	200 000	7,8
1923	Tokio, Japan	142 807	7,9
1927	Provinz Qinghai, China	200 000	7,9
1932	Provinz Gansu, China	70 000	7,6
1935	Quetta, Pakistan	30 000	7,5
1939	Chillán, Chile	28 000	8,3
1939	Erzincan, Türkei	32 700	7,8
1970	Departamento Huánuco, Peru	66 794	7,9
1976	Tangshan, Prov. Hebei, China	255 000	7,5
1988	Spitak, Armenien	25 000	6,8
1990	Manjil, Iran	50 000	7,7
2003	Bam, Iran	26 271	6,6
2004	vor Sumatra, Indischer Ozean	250 000	9,0
2005	Pakistan	80 000	7,6

4 **Die Erdbeben mit den meisten Toten (1900 – 2005)**

1.5 Vulkanismus und Plattentektonik

Lange bevor die Theorie der Plattentektonik aufkam, war den Geologen eine Konzentration von Vulkanen rings um den Pazifischen Ozean herum aufgefallen. Sie bezeichneten diesen Raum als „Zirkumpazifischen Feuerring". Offensichtlich sind die Vulkane nicht wahllos über die Erde verteilt. Die Theorie der Plattentektonik gibt eine Antwort darauf, warum die aktiven Vulkane der Erde ein bestimmtes Verteilungsmuster zeigen. Etwa 80 Prozent von ihnen treten an konvergierenden, 15 Prozent an divergierenden Plattengrenzen und der Rest innerhalb der Platten auf.
Vulkanismus entsteht, wenn Magma aus der Tiefe bis an die Erdoberfläche aufsteigt und als Lava aus Spalten oder Schloten herausfließt (effusiver Vulkanismus). Das kann mit explosionsartigen Eruptionen von Gas und Wasserdampf sowie festen Lockermaterialien (Bomben, Lapillis, Asche) verbunden sein (explosiver Vulkanismus).

Die größte Magmaförderung findet an den Riftzonen der mittelozeanischen Rücken statt. Heiße dünnflüssige Basaltlaven treten aus Spaltensystemen aus, verbreiten sich flächenhaft und bilden neuen Ozeanboden. Auch untermeerische Vulkane sind im Bereich der Riftzonen zu finden, die bisweilen als Inseln über den Meeresspiegel hinausragen. An Riftzonen innerhalb der Kontinente kommt es durch Zerrungsvorgänge zu Horst- und Grabenbildungen. Reißt die kontinentale Lithosphärenplatte dabei auf, setzen magmatische Aktivitäten ein. Das ostafrikanische Riftsystem, das Baikal-Riftsystem und der Oberrheingraben gehören zu solchen kontinentalen Riftzonen.

An Subduktionszonen sind Andesit fördernde, meist hochexplosive Vulkane am häufigsten. Sie sind entlang des Randes der abtauchenden Platte angeordnet und bilden parallele Reihen von hoch aufragenden Stratovulkanen (Schichtvulkanen) wie in den südamerikanischen Anden, den japanischen Inselbögen oder den Sunda-Inseln.

Innerhalb der Platten tritt Intraplattenvulkanismus auf. Derartige vulkanische Erscheinungen werden auf **Hot Spots** zurückgeführt. Sie werden von Manteldiapiren gespeist. Das sind vertikale, verhältnismäßig eng begrenzte Zonen, in denen heißes Mantelmaterial von der Kern-Mantelgrenze mit großer Geschwindigkeit nach oben steigt. Hot Spots können mehrere Millionen Jahre an der gleichen Stelle verweilen oder sich langsam bewegen, während die darüber liegende Lithosphärenplatte allmählich über sie hinweg driftet. Beispiele für kontinentale Hot Spots sind das Französische Zentralmassiv, die Vulkaneifel, das Tibesti-Gebirge und der Ahaggar. Das bekannteste Beispiel aus dem ozeanischen Bereich ist die Kette der Hawaii-Inseln (M3). Im Laufe von drei Millionen Jahren verlagerte sich der Vulkanismus von der Insel Kauai im Nordwesten über Oahu und Maui bis zur großen Insel Hawaii mit heutigem aktivem Vulkanismus nach Südosten. Südöstlich von Hawaii wächst sogar schon ein neuer untermeerischer Vulkan, der Loihi, zur nächsten Insel heran. Verfolgt man die Hawaii-Kette in nordwestliche Richtung bis zu den Midway-Inseln und darüber hinaus zu den heute unter dem Meeresspiegel liegenden Emperor-Seebergen (M2), so lässt sich die Richtung und die Geschwindigkeit der Plattenbewegung bis viele Millionen Jahre zurückrekonstruieren.

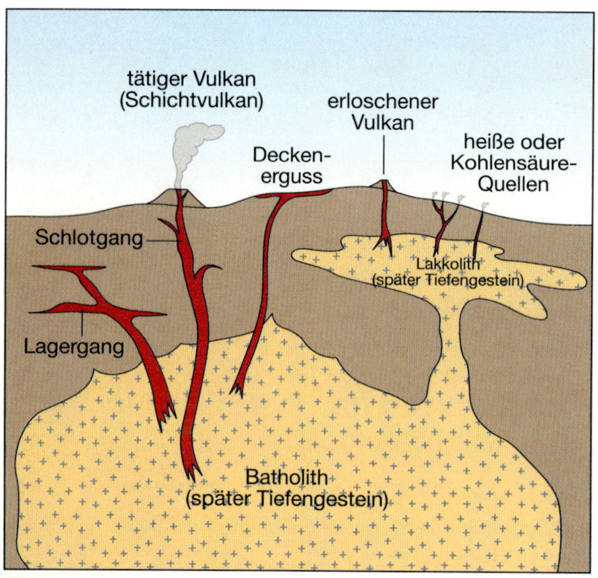

1 Aufsteigendes Magma in der Erdkruste

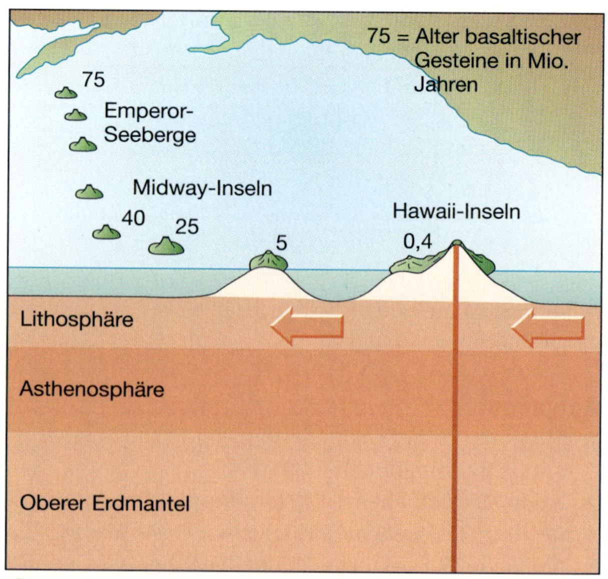

2 Lebenslauf einer Vulkaninsel (Hawaii)

Zur Quantifizierung der Explosionsstärke wird der Vulkanische-Explosivitäts-Index (VEI) verwendet, der sich zusammensetzt aus:

- dem Volumen der Förderprodukte,
- der Förderrate, die aus der Austrittsgeschwindigkeit und der Höhe der Explosionssäule bestimmt wird,
- der Reichweite der Eruption, die auch aus der Höhe der Eruptionssäule ermittelt wird,
- der Heftigkeit von einzelnen Eruptionen und
- dem Potenzial der Zerstörung.

Beim VEI bedient man sich der Zahlen 1 – 8, die Differenz zwischen zwei Zahlen entspricht dabei einem Faktor 10 in der Explosionsstärke.

3 Vulkanischer Explosivitäts-Index (VEI)

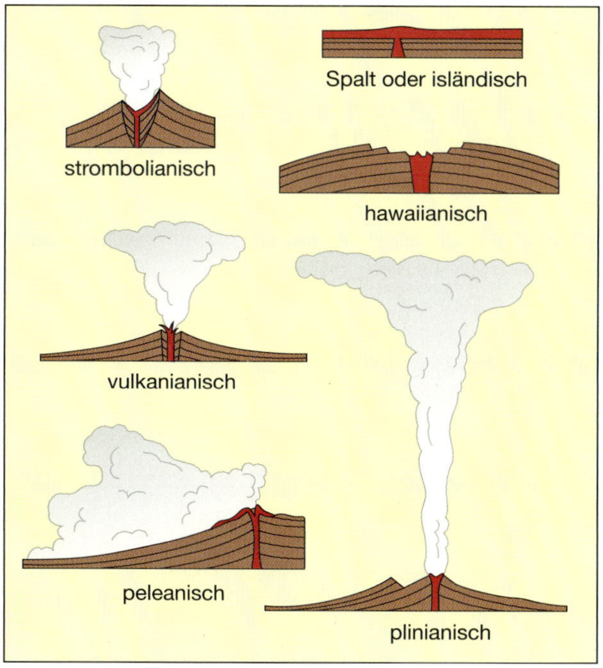

4 Haupttypen vulkanischer Eruptionen

Aufgaben

1. Erstellen Sie eine Mindmap zu Zusammenhängen zwischen Vulkanismus und Plattentektonik. Berücksichtigen Sie dabei die Entstehungsorte vulkanischer Aktivitäten.
2. Erläutern Sie den Intraplatten-Vulkanismus am Beispiel der Hawaii-Inseln (M2).
3. Ordnen Sie den Vulkan Merapi hinsichtlich seiner Entstehung in die Theorie der Plattentektonik ein. Informieren Sie sich über den aktuellen Stand der Forschungen an diesem Hochrisikovulkan.

Geo-Exkurs

Hochrisikovulkan Merapi

Der Merapi in Zentraljava gehört zu den aktivsten Vulkanen der Erde. Alle 2 bis 3 Jahre kommt es zu kleineren Ausbrüchen, alle 10 bis 15 Jahre zu einem größeren Ausbruch. Der Merapi wechselt zwischen Aschen-Ausbrüchen und Lava-Ausflüssen. Besonders gefährlich sind aber pyroklastische Ströme und Lahare. Pyroklastische Ströme sind eine Mischung aus vulkanischer Asche, Bruchstücken von vulkanischen Gesteinen und Gasen, die sich bei einem Vulkanausbruch mit Geschwindigkeiten von bis zu 200 km/h hangabwärts ausbreiten. Lahare sind Schlammströme aus lockerer vulkanischer Asche, Staub, Gesteinstrümmern und Blöcken vermischt mit Regenwasser, geschmolzenem Schnee und Eis oder mit dem Wasser eines Sees, der durch den Lavaausbruch verfüllt wird. Lahare erreichen je nach Hangneigung hohe Geschwindigkeiten.

Am Merapi läuft ein interdisziplinäres Projekt mit dem Ziel, das Verständnis vulkanologischer Prozesse zu vertiefen, Methoden zur Gefährdungsabschätzung zu verbessern, Vorhersagestrategien zu entwickeln und die Erkenntnisse in ein Frühwarnsystem einzubringen. Daran sind auch mehrere geowissenschaftliche Einrichtungen in Deutschland beteiligt. Relevante Parameter wie seismische Signale, Temperatur und chemische Zusammensetzung austretender Gase, Deformationen der Vulkanflanken und meteorologische Messgrößen werden langfristig aufgezeichnet. Zurzeit befindet sich ein Netzwerk aus acht Seismographen um den Vulkan herum. Das ermöglicht den Forschern die exakte Feststellung der Bebenherde. Man fand heraus, dass 1,5 km unter dem Gipfel sich eine Zone befindet, in der es bisher keine Erdbebenherde gab. Dort vermutet man das Magma-Reservoir, von dem aus die Eruptionen gespeist werden. Durch seismische Überwachungen können auch Lahare aufgespürt werden.

1.6 Entstehung von Gesteinen

Die Lithosphäre besteht aus verschiedenartigen Gesteinen. Sie werden über Millionen von Jahren hinweg gebildet, umgewandelt und wieder zerstört. Über die Kenntnis wesentlicher Gesteinsmerkmale, wie etwa die enthaltenen Minerale, können Geologen den Entstehungsort und die Entwicklungsgeschichte von Gesteinen ableiten. So gelangen sie zu Erkenntnissen über das Alter und die zeitliche Abfolge erdgeschichtlicher Ereignisse sowie über die Struktur und die Entwicklung einzelner Krustenteile. Mit der Untersuchung von Gesteinseigenschaften und Gesetzmäßigkeiten ihrer Lagerungsverhältnisse schafft die Geologie auch wesentliche Voraussetzungen zur Erkundung nutzbarer Mineral- und Energieressourcen wie Erdöl, Kohle oder Erze.
Das Wissen, wie Gesteine entstehen und wie sie sich unter bestimmten Bedingungen verhalten, kann ebenfalls zur Lösung von Umweltproblemen führen. Durch Gesteinsuntersuchungen kann beispielsweise herausgefunden werden, welche Gesteine anfällig sind für Hangrutschungen, wie ein bestimmtes Gestein verunreinigtes Wasser in den Untergrund leitet oder welche Gesteine sich für die unterirdische Lagerung von Abfällen eignen.
Gesteine können in drei Hauptarten unterteilt werden, die sich nach Herkunft des Materials und den gesteinsbildenden Prozessen unterscheiden (M1).

Magmatite (Erstarrungsgesteine)
Plutonite (Tiefengesteine): Granit, Gabbro, Diorit
Vulkanite (Ergussgesteine): Basalt, Rhyolith, Andesit, Tuff, Obsidian
Ganggesteine: Pegmatit
Sedimentite (Ablagerungsgesteine)
Mechanische (klastische) Sedimentgesteine
- unverfestigt: Kies, Sand, Ton, Löss
- verfestigt: Konglomerat, Sandstein, Tonstein, Tillit

Chemische Sedimentgesteine
- unverfestigt: Kalkschlamm, Kalktuff
- verfestigt: Kalkstein, Travertin
- fest abgelagert: Kalksinter, Kieselsinter, Steinsalz, Gips, Kalisalze

Biogene Sedimentgesteine
Torf, Kohle, Erdöl, Bernstein, Asphalt, Korallen- und Schwammkalk
Metamorphite (Umwandlungsgesteine)
Gneis, Schiefer, Marmor, Quarzit

1 Einteilung der Gesteine

Magmatische Gesteine

Magmatische Gesteine (**Magmatite**) entstehen durch Abkühlung und Erstarrung von Gesteinsschmelzen (M2). Dabei erfolgt z.T. eine Kristallisation, die je nach Abkühlungsort und -dauer für diese Gesteinsart typische Kristalle ausbildet. Die Förderung magmatischer Schmelzen ist weitgehend an die Plattengrenzen gebunden. An konstruktiven Plattenrändern werden jährlich weltweit mehr als 20 km^3 ozeanische Kruste neu gebildet. Durch die hohe Temperatur der Konvektionsströme im Erdmantel und die Druckentlastung (Rückenschub) nahe der Oberfläche wird Mantelgestein aufgeschmolzen. Aus diesen Schmelzen entstehen die Gesteine der ozeanischen Kruste.
An destruktiven Plattenrändern entstehen jährlich weltweit fast zehn Kubikkilometer magmatischer Gesteine. Durch das Abtauchen subduzierender Platten kommt es zur Bildung von Gesteinsschmelzen. Sie dringen in die darüberliegende Platte ein und bilden riesige Intrusivkörper (Intrusion [lat.]: Eindringen einer Gesteinsschmelze in die Erdkruste, ohne die Erdoberfläche zu erreichen). Diese speisen Vulkanketten über der Subduktionszone. Daraus bilden sich **Vulkanite** (Ergussgesteine).
Die weitaus größten Magmenanteile erreichen jedoch nicht die Erdoberfläche, sondern bleiben in der Kruste als Plutone (eine Art von Intrusionen) stecken und bilden **Plutonite** (Tiefengesteine) aus. Subduktionsgebundener Magmatismus tritt z.B. in den ostasiatischen Inselbögen und den Anden auf. Aber auch innerhalb der Platten gibt es magmatische Tätigkeit, doch werden hier nur etwa vier Kubikkilometer an magmatischen Gesteinen im Jahr gebildet. Dieser Intraplatten-Magmatismus ist im Allgemeinen an Grabenbruchsysteme und Hot Spots gebunden.

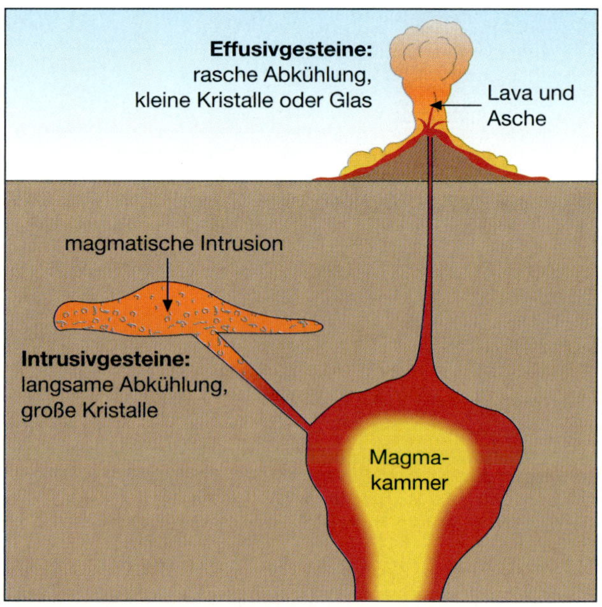

2 Entstehung magmatischer Gesteine

Sedimentgesteine

Sedimentite bilden sich an der Erdoberfläche in Form von Schichten aus locker gelagerten Teilchen wie Sand, Schluff oder aus Skelettbruchstücken von Organismen. Es werden nach ihrer Entstehungsart drei Arten von Sedimentiten unterschieden, klastische, chemische und biogene Sedimente.

Klastische Sedimente bestehen aus Sedimentteilchen wie Quarzkörnern, Feldspatkörnern oder Tonteilchen, die durch fließendes Wasser, Wind oder Eis transportiert, abgelagert und später verfestigt worden sind. **Chemische Sedimente** entstehen durch Ausfällungen, zum Beispiel Steinsalz (Natriumchlorid) und Calcit (Calciumcarbonat). **Biogene Sedimentite** entstehen auf pflanzlicher und tierischer Basis.

Die Sedimentbildung ist ein lange währender Prozess, bei dem sich mächtige Schichten unterschiedlicher Ausgangsmaterialien übereinander ablagern. Die Gesteinsbildung erfolgt durch **Diagenese**. Darunter wird die Kompaktion (Zusammenpressung) als Folge des Gewichts der übereinanderlagernden Sedimente und die Zementation (Verkittung) durch Ausfällung neu gebildeter Minerale in den Räumen zwischen den einzelnen Sedimentteilchen verstanden. Sedimente unterliegen der Diagenese im Allgemeinen jedoch erst nach der Überdeckung durch weitere Schichten und Versenkung (M3).

Etwa 90 Prozent der Festländer und Meeresböden sind durch Sedimente bedeckt. Insgesamt betrachtet bilden sie in weiten Gebieten der Erde jedoch nur eine dünne Deckschicht über den magmatischen und metamorphen Gesteinen, die die Hauptbestandteile der Erdkruste darstellen.

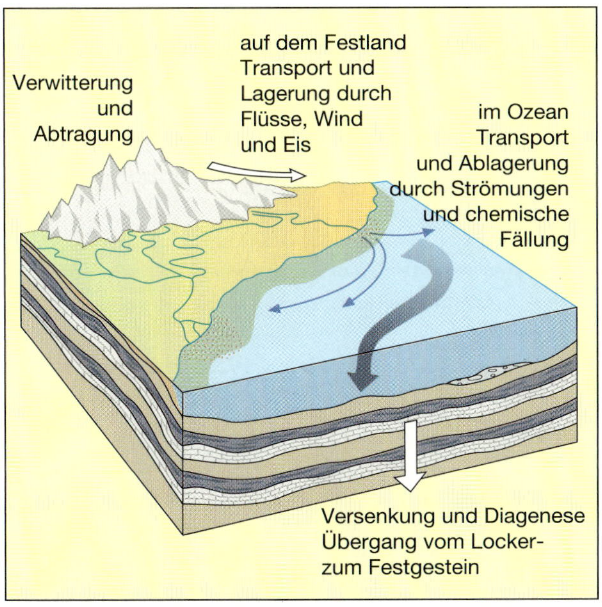

3 Entstehung von Sedimentgesteinen

Metamorphe Gesteine

Metamorphe Gesteine (**Metamorphite**) entstehen durch Umwandlung von Mineralen aus allen Gesteinsarten. Es wird zwischen Regional- und Kontaktmetamorphose unterschieden (M4).

Die Regionalmetamorphose tritt insbesondere bei der Kollision von Lithosphärenplatten auf. In Subduktionszonen werden durch den Plattenzug (vgl. Seite 15) relativ kühle Gesteine rasch in große Tiefen geführt. Magmatische ozeanische Kruste, Sedimente des Ozeanbodens und Teile kontinentaler Kruste werden dabei unter vorwiegend hohem Druck in metamorphe Gesteine umgewandelt. Bei Kontinent-Kontinent-Kollisionen verursachte Überschiebungen und Versenkungen kontinentaler Krustenteile bewirken eine großräumige Umwandlung von Gesteinen in Metamorphite.

Da bei der Regionalmetamorphose hoher Druck und eine intensive Durchbewegung des Gesteinskörpers erfolgt, bilden sich zumeist Schiefer.

Die Kontaktmetamorphose ist weniger an hohe Drücke als vielmehr an hohe Temperaturen gebunden. Die bis in wenige Kilometer Tiefe aufsteigenden magmatischen Intrusionen erzeugen in ihrem Dachbereich sogenannte Kontakthöfe. Dabei wirkt die Hitze des Intrusivkörpers auf das kühlere Nebengestein, verändert die in ihm enthaltenen Minerale und wandelt es in ein metamorphes Gestein um. Die Gesteine werden dabei nicht geschiefert.

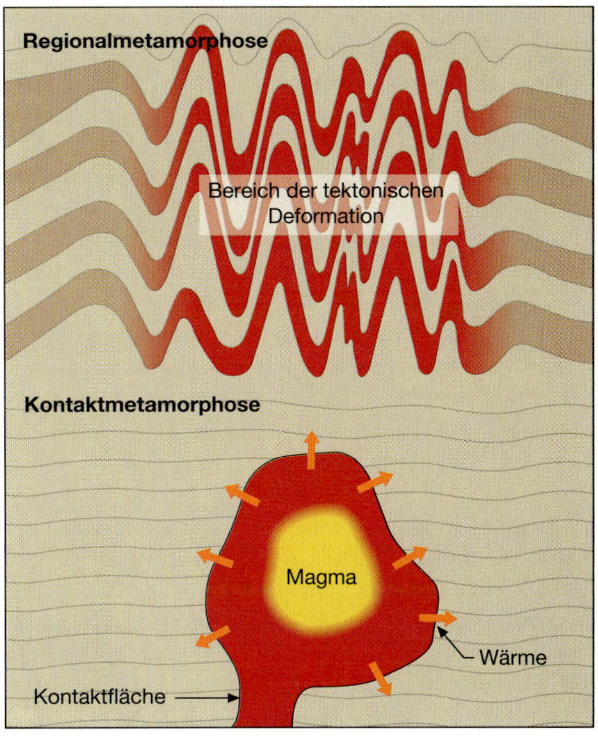

4 Entstehung metamorpher Gesteine

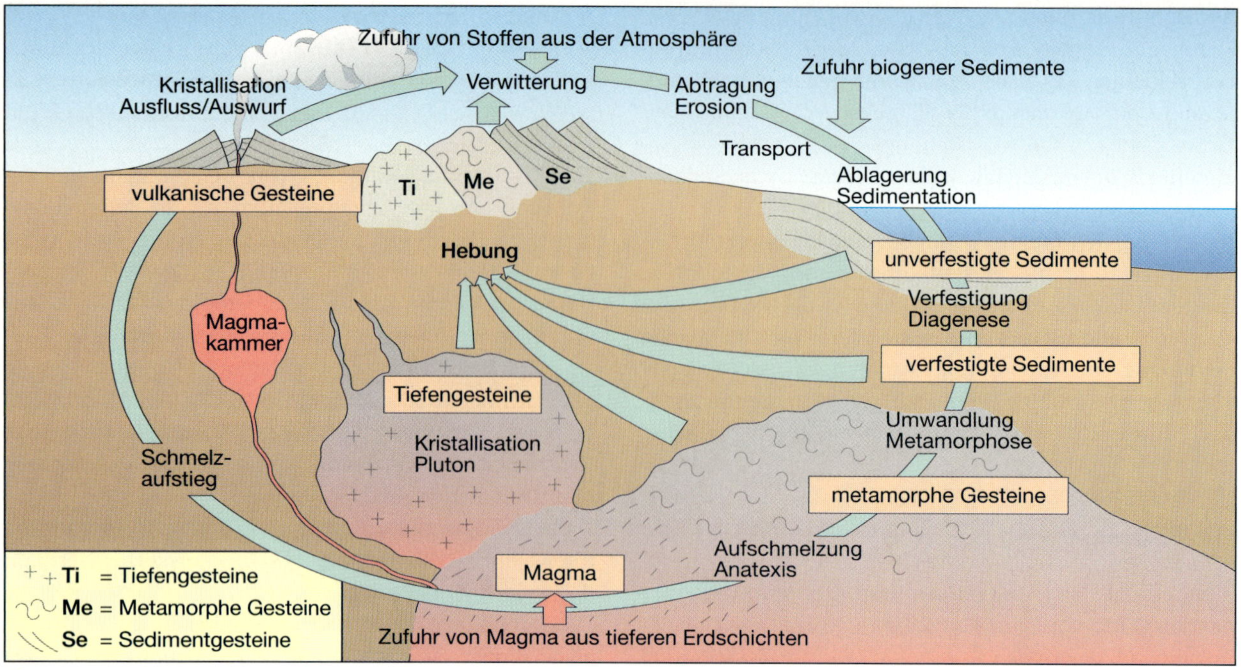

1 Gesteinskreislauf

Der Kreislauf der Gesteine

Die drei großen Gesteinsgruppen Magmatite, Metamorphite und Sedimentite stehen über den Gesteinskreislauf miteinander in Beziehung. In diesem Prozess gehen Gesteine durch fortwährende Veränderungen aus anderen hervor (M1). Im Erdinneren schmilzt jedes Gestein unter Druck- und Temperatureinfluss. Der Schmelzvorgang zerstört sämtliche Minerale. Kühlt das Magma ab, zum Beispiel als Plutonit, bilden sich durch Kristallisation neue Minerale, ein neues magmatisches Gestein entsteht. Magmatische Gesteine, die während einer Plattenkollision entstehen, werden nachfolgend zusammen mit Sedimentgesteinen und Metamorphiten zu hohen Gebirgsketten herausgehoben. Gleichzeitig mit der Heraushebung setzt eine Verwitterung und Abtragung der Gesteine ein.

Gesteinsschutt unterschiedlicher Art und Korngröße sowie gelöstes Material wird auf dem Festland durch Wasser, Wind und Eis verfrachtet und gelangt zum überwiegenden Teil ins Meer. Wie die im Meer gebildeten Sedimente werden auch die auf dem Festland abgesetzten Lockersedimente im Laufe der Zeit von weiteren Sedimentschichten überdeckt. Das durch Diagenese verfestigte Sedimentgestein gelangt durch Absenkung in immer tiefere Bereiche. Unter zunehmenden Druck- und Temperaturverhältnissen wird es zu metamorphem Gestein umgewandelt. Bei weiterer Aufheizung können die Gesteine schließlich aufschmelzen. Es entsteht neues Magma, aus dem wiederum Magmatite gebildet werden können. Der Kreislauf ist geschlossen.

In einem derartigen Gesteinskreislauf können auch manche Schritte übersprungen werden. Wenn ein Sedimentgestein herausgehoben, verwittert und erneut zu einem Sedimentgestein wird, wird beispielsweise das Stadium der Metamorphose und Aufschmelzung ausgelassen. Einzelne Stadien können auch außerhalb der Reihenfolge auftreten. So kann ein Magmatit vor der Heraushebung bereits wieder der Metamorphose unterzogen werden.

Der Kreislauf der Gesteine ist kontinuierlich im Gange. Zu jedem Zeitpunkt entstehen auf der Erde Gebirge und werden wieder abgetragen, werden Sedimente abgelagert und von nachfolgenden überdeckt. Sämtliche Stadien des Kreislaufs – Verwitterung, Erosion, Ablagerung, Absenkung, Metamorphose und Aufschmelzung – sind letztlich Anpassung an die in diesen Bereichen der Erdkruste herrschenden physikalisch-chemischen Gegebenheiten.

Aufgaben

1. Erläutern Sie den Gesteinskreislauf (M1) als Ergebnis des Zusammenwirkens endogener und exogener Prozesse.
2. Gestalten Sie verschiedene Varianten von Teil-Gesteinskreisläufen und beschreiben Sie diese mithilfe plattentektonischer Vorgänge:
   a) Sedimentgestein – Metamorphit – Sedimentgestein,
   b) Magmatit – Sedimentgestein – Magmatit – Sedimentgestein,
   c) Metamorphit – Magmatit – Metamorphit – Sedimentgestein – Metamorphit – Sedimentgestein – Magmatit.

Geo-Exkurs

Gesteinsnutzung in Bauwerken

Gesteine eignen sich vielfach als Baustoffe. Eine Gesteinsbestimmung kann also auch an oder in Gebäuden vorgenommen werden, die mit Natursteinen erbaut oder dekoriert wurden. Zudem lässt sich die Herkunft der Steine oft nachvollziehen. In der Regel wurden Gesteine der näheren Umgebung verwendet. Alte Steinbrüche, Restlöcher oder noch funktionierende Tagebaue zeugen vom damit verbundenen Eingriff in die Landschaft. Steine für Bauzwecke werden aber auch über sehr weite Strecken transportiert. So besteht beispielsweise das Grabmal des US-Präsidenten Lincoln in Springfield (Illinois, USA) aus Zöblitzer Serpentinit.

Erkunden Sie in ihrem näheren Heimatgebiet die Verwendung heimischer Gesteine in früheren Bauten und im heutigen Bauwesen.

5 Völkerschlachtdenkmal in Leipzig

Nordwestsächsischer Vulkanitkomplex (Wurzener Senke, Colditzer Senke): Porphyrdecken aus Perm (Geithain - Wurzen - Oschatz - Leisnig)
Erzgebirge: Granite, Gneise, gefaltete Schiefer, Glimmerschiefer, Phyllite, Granite
Östliches Erzgebirge: Gneis (Geisingberg)
Westliches Erzgebirge: Basalt (Bärenstein, Pöhlberg, Scheibenberg)
Elbsandsteingebirge: Sandsteine aus der Oberkreide
Lausitzer Bergland: Granitmassiv
Zittauer Gebirge: Basalt- und Phonolith-Kuppen

3 Beispiele für Gesteinsvorkommen in Sachsen

6 Ehemaliger Steinbruch in Beucha für das Völkerschlachtdemkmal

Formation	Gesteine	Lagerstätten	Bauwerke
Kreide	Sandsteine	Elbsandsteingebirge (Pirna)	Dresdener Barockbauten, Freiberger Dom (Goldene Pforte)
Perm	Porphyr (Porphyrtuffe)	Rochlitzer Berg Chemnitz (Zeisigwald)	Leipzig: Teil des alten Rathaus, Bürgerhäuser, Thomaskirche, Neues Grassi-Museum Schloss Augustusburg, Freiberger Dom (Tulpenkanzel)
Perm	Granitporphyr	Beucha	Leipzig: Völkerschlachtdenkmal
Karbon	Kalksteine	Wildenfels	Werksteine, z.B. Freiberger Dom
Metamorphite	Gneis Serpentinit	Erzgebirge Erzgebirge (Zöblitz)	Annenkirche Annaberg Innenarchitektur, z.B. Leipzig (Neues Rathaus, Deutsche Bücherei), Dresden: Hofkirche (Ballustraden)
Magmatite	Roter Meißener Granit Lausitzer Granodiorit	Meißen Demitz-Thumitz	Neue Elbbrücke Meißen Finanzamt Dresden, neues Freiberger Krankenhaus

4 Ausgewählte Werks- und Dekorationssteine und ihre Verwendung in Bauwerken

Methode

Minerale	chemische Verbindung	Vol.-%
Feldspäte	$Ca[Al_2Si_2O_8]$, $Na[AlSi_3O_8]$, $K[AlSi_3O_8]$	51
Quarz	SiO_2	12
Pyroxene	$(Ca,Mg,Fe)_2[Si_2O_6]$	11
Amphibole	$Ca_2(Mg,Fe)_5[OH/Si_4O_{11}]_2$	5
Glimmer	z.B. $K(Mg,Fe,Mn)_3[(OH)_2/AlSi_3O_{10}]$	5
Olivine	$(Mg,Fe)_2[SiO_4]$	3
Tonminerale	z.B. $Al_4[(OH)_8/Si_4O_{10}]$	4,6
Kalzit	$CaCO_3$	1,5
Dolomit	$CaMg(CO_3)_2$	0,5
Magnetit	Fe_3O_4	1,5

1 Häufigkeit von Mineralarten in der Erdkruste

- Magmatische Gesteine: Quarz, Feldspat, Glimmer, Pyroxen, Amphibol, Olivin
- Sedimentgesteine: Quarz, Tonminerale, Feldspat, Kalzit, Dolomit, Gips, Steinsalz
- Metamorphe Gesteine: Quarz, Feldspat, Glimmer, Granat, Pyroxen, Staurolith, Disthen

2 Häufige Minerale in Gesteinsarten

Härte	Mineral	Bemerkungen
1	Talk	mit Fingernagel ritzbar
2	Gips	
3	Kalkspat	
4	Flussspat	mit Stahlnagel ritzbar
5	Apatit	
6	Orthoklas	
7	Quarz	
8	Topas	Fensterglas wird geritzt
9	Korund	
10	Diamant	

3 Mohs'sche Härteskala

1. chemische Zusammensetzung – vor Ort schwierig
2. Mineralbestand (qualitativ, quantitativ) – vor Ort grob möglich
3. Gefüge (Struktur, Textur, Porosität) – vor Ort grob möglich
4. physikalische Eigenschaften, vor allem Festigkeit – vor Ort grob möglich
5. geologischer Verband, originale Lagerungsverhältnisse – bei Handstücken ohne Herkunftskenntnis nicht einschätzbar

4 Gesteinsbeschreibung

Gesteinsbestimmung

Gesteine sind verschieden stark verfestigte Mineralgemenge der Erdkruste, seltener aus einer Mineralart bestehend (M1). Sie werden charakterisiert durch ihre mineralogische und chemische Zusammensetzung, ihr Gefüge (M7), ihre physikalischen Eigenschaften und ihre geologischen Lagerungsverhältnisse. Die exakte Bestimmung eines Gesteins stellt eine wissenschaftliche Aufgabe dar, die nur von erfahrenen Fachleuten nach eingehender mikroskopischer Untersuchung, nach der Bestimmung von qualitativem und quantitativem Mineralbestand sowie des Gefüges erfolgreich gelöst werden kann. Vor Ort lässt sich oft nur eine vorläufige Bestimmung treffen (M4). Mit wenigen Hilfsmitteln kann jedoch meist eine grobe Zuordnung zu einer der Gesteinsgruppen Magmatite, Sedimentite oder Metamorphite erfolgen. Der Umfang der Mineralkenntnisse und die Sicherheit bei der Bestimmung wachsen erst mit einiger Übung. Ein Gesteinsbestimmungsbuch ist in jedem Fall ein unerlässliches Hilfsmittel.

1. Beschreiben Sie verschiedene Gesteine aus Ihrem Heimatraum: Mineralbestand, Gefüge, physikalische Eigenschaften und – soweit möglich – geologische Lagerungsverhältnisse. Ordnen Sie die Gesteine in eine der drei Hauptgruppen ein.
2. Bestimmen Sie mithilfe eines Gesteinsbestimmungsbuches Ihre gesammelten Gesteine genauer. Gehen Sie dabei wie in M6 vor.

Hilfsmittel: Gesteinsbestimmungsbuch, Lupe, Hammer, zehnprozentige Salzsäure, Stahlnagel
1. frische Bruchfläche schaffen (zerschlagen)
2. beim Zerschlagen Härte abschätzen; der eine Stein zerbricht beim leichten Hammerschlag, der andere lässt sich sehr schwer zerschlagen
3. Gefüge bestimmen (Anordnung der Minerale), Vermutung ableiten, ob magmatisches, metamorphes oder sedimentäres Gestein
4. Bestimmung der Minerale:
   a) Untersuchung auf Quarz
   b) Untersuchung auf Feldspäte: Wie viele verschiedene? Welche sind es?
   c) Untersuchung auf Mineraliengruppe der Karbonate (mit verdünnter Salzsäure); Karbonate lösen sich in verdünnter Salzsäure (Bläschenbildung)

5 Algorithmus zur Bestimmung von Gesteinen

Hellgraues Gestein, dichtes Gefüge, Korngröße nicht erkennbar, mit Messer ritzbar, mit Fingernagel nicht ritzbar, braust auf mit kalter Salzsäure, Reste von Muschelschalen erkennbar. Sedimentgestein: Kalkstein

Richtungslos-körniges Gestein, mittel- bis grobkörnig (Korngröße 1 bis 3 mm); mit Messer nicht oder schwer ritzbar; zu 90 % helle Gemengeteile mit Quarz und Feldspat, 10 % dunkles Biotit (Glimmergruppe): magmatisches Tiefengestein der Granitgruppe (Granit – „Feldspat, Quarz und Glimmer, das vergess ich nimmer“)

Helles, glimmerglänzendes Gestein, mit Messer ritzbar, mit Fingernagel nicht ritzbar, mit kalter Salzsäure nicht brausend, Hauptkorngröße erkennbar, Textur: schiefrig-plattig, (enthält Feldspat, Quarz, Glimmer): metamorphes Gestein (Glimmerschiefer)

6 Beispiele für Gesteinsbestimmung

Gesteinsgefüge = innerer Bau eines Gesteins, charakterisiert durch die Struktur (Größe, Form, Kristallentwicklung der mineralischen Gemengeteile) und die Textur (Verbindungsart und räumliche Anordnung der mineralischen Gemengeteile)

Gefüge magmatischer Gesteine:
Das Gefüge ist massig, richtungslos und körnig. Das Gestein baut sich aus meist unterschiedlich gefärbten Mineralkörnern auf. Es enthält nur selten Hohlräume und niemals Fossilien. Die Korngröße reicht von extrem klein (auch mit der Lupe nicht erkennbar) bis einige Zentimeter groß. Entscheidend für die Größe der Minerale ist die Abkühlungszeit der Schmelze: Tiefengesteine (Plutonite) hatten Zeit zum Abkühlen. Sie zeigen große, gut entwickelte Mineralkörner. Vulkanische Gesteine (Vulkanite) werden durch Lavaaustritt oder dicht unter der Erdoberfläche gebildet, kühlen rasch ab und haben keine Zeit für eine Mineralbildung. Ihr Gefüge ist dicht, das heißt, es sind in der Regel keine Minerale erkennbar.
Ganggesteine stehen zwischen den beiden ersten Gruppen. Sie haben einige gut entwickelte Kristalle in einer feinkörnigen Grundmasse. Die Kristallisation hatte begonnen, wurde aber abgebrochen.

Gefüge von Sedimentgesteinen:
Beim Ablagern bildet sich eine charakteristische Schichtung. Sie entsteht zum Beispiel durch verschieden große und unterschiedlich farbige Körner. Sedimentgesteine sehen deswegen oft gestreift aus. Mit einem Tropfen verdünnter Salzsäure können Quarze von den Kalziten (Kalzite schäumen auf) unterschieden werden. Viele Sedimentite sind nicht sehr hart. Sie lassen sich mit einem Stahlnagel leicht ritzen. Besteht ein Sedimentgestein aus groben, gerundeten Stücken, wird es als Konglomerat, sind die Bestandteile eher eckig, als Brekzie bezeichnet.

Gefüge metamorpher Gesteine:
Ein wichtiges Kennzeichen vieler metamorpher Gesteine ist ihr deformiertes Gefüge. Zu erkennen ist es an den eingeregelten, parallel liegenden und verformten Mineralkörnern. Das ganze Gestein wirkt gestreift oder lagig, wobei dieses lagige Gefüge nicht mit der Schichtung in Sedimentiten verwechselt werden darf. Hier handelt es sich um eine Einregelung der Minerale oder, wenn die Verformung stark genug war, um Schieferung. Schieferung bedeutet, dass sich das Gestein plattig spalten lässt.

7 Gefüge von Gesteinen

2 Atmosphärische Prozesse

1 Gewitterfront im Süden der Vereinigten Staaten

Die Atmosphäre besteht aus den Hauptbestandteilen:
Stickstoff (N_2, 78,08 Vol.-% = 75,46 Gewichts-%),
Sauerstoff (O_2, 20,95 Vol.-% = 23,19 Gewichts-%),
Argon (Ar, 00,94 Vol.-% = 01,30 Gewichts-%).
Diese Zahlen ergeben zusammen nahezu 100%. Die Atmosphäre enthält jedoch noch zahlreiche weitere Gase, die meist nach Millionstel oder Milliardstel gemessen werden (ppm bzw. ppb = parts per million bzw. billion). Sie werden daher als Spurengase bezeichnet:
Kohlendioxid (CO_2, 00,03 Vol.-% = 00,05 Gewichts-%), Neon (Ne, 18,2 ppm), Helium (He, 5,2 ppm), Methan (CH_4, 1,5 ppm), Krypton (Kr, 1,14 ppm), Wasserstoff (H_2, 0,5 ppm), Lachgas (N_2O, 0,5 ppm), Xenon (Xe, 0,08 ppm), Kohlenmonoxid (CO, 0,05 ppm), Ozon (O_3, 20 – 50 ppb), Schwefelwasserstoff (H_2S, 0,10 ppb).
Seit Beginn der Industrialisierung (Bildung von CO_2 bei Verbrennung fossiler Brennstoffe) und der Intensivierung der Landwirtschaft (Freisetzung von Methan aus Reisfeldern und aus Massentierhaltungen) verändern sich die Konzentrationen von CO_2 und einigen Spurengasen. Auch künstlich hergestellte Stoffe wie z. B. Fluorchlorkohlenwasserstoffe (FCKW) oder Chlorfluormethane (CFM) sind in die Atmosphäre gelangt.

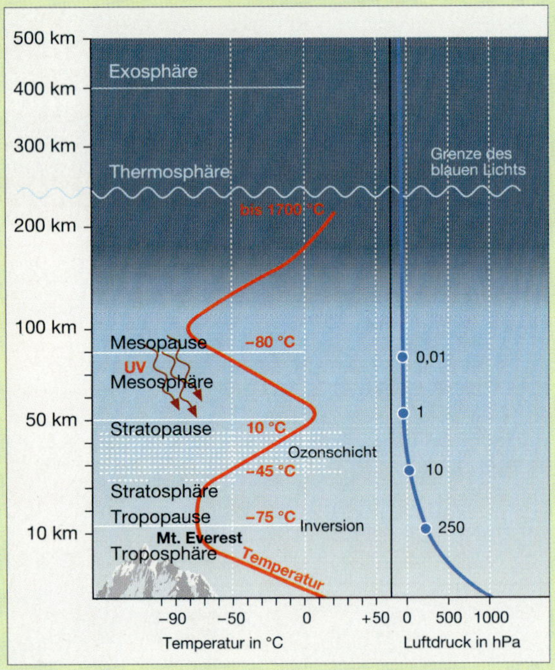

1 Zusammensetzung und Stockwerkbau der Atmosphäre

2.1 Aufbau der Atmosphäre

Die Erde wird von einem nur wenige Hundert Kilometer mächtigen Gemisch aus Gasen, Flüssigkeiten und festen Stoffen umhüllt, das die Rotation des Planeten mitvollzieht: die Atmosphäre. Sie ist die an Masse ärmste Hülle der Erde und hat im Vergleich zu allen anderen Sphären auch die geringste Dichte (griech.: atmos = Dunst). Hätte die Atmosphäre die Dichte von Wasser, wäre sie nur etwa 10,13 Meter mächtig. Der von einer Wassersäule dieser Dicke ausgeübte Druck entspricht daher in Meereshöhe exakt dem Luftdruck der Luftsäule in Meeresspiegelniveau. Dieser sogenannte Normaldruck beträgt im Mittel 1013 Hektopascal (hPa). Da die Atmosphäre von der Schwerkraft der Erde festgehalten wird, ist der größte Teil ihrer Bestandteile in den untersten Schichten konzentriert; nach oben wird der Luftdruck geringer, da immer weniger Masse auflastet.
Mit abnehmendem Luftdruck nimmt auch die Temperatur mit der Höhe ab. Die Temperaturveränderungen verlaufen jedoch nicht gleichmäßig. Daher lässt sich die bis etwa 1000 km Höhe reichende Atmosphäre in verschiedene Stockwerke gliedern, die durch sogenannte Pausen (= Bereiche mit mehr oder weniger raschen Temperaturwechseln) gegeneinander abgegrenzt sind (M1).
Die unterste Schicht, die Troposphäre, reicht an den Polen bis in 8 Kilometer, am Äquator bis 18 Kilometer Höhe. Innerhalb der Troposphäre nimmt die Temperatur im Mittel um 0,65 Kelvin je 100 Meter ab und erreicht an der Tropopause Werte unter –60 Grad Celsius. Die an der Tropopause einsetzende Temperaturumkehr (= Inversion) verhindert weitgehend vertikale Luftströmungen. Dadurch kann besonders der Wasserdampf aus der Troposphäre nicht in den Weltraum entweichen. Das Wettergeschehen findet daher hauptsächlich in der Troposphäre („Wetterschicht") statt, in der aufwärtsgerichtete und horizontale Luftbewegungen ständig für kräftige Durchmischungen sorgen.
Oberhalb von circa 25 Kilometer steigt die Temperatur bis zur Stratopause wieder kräftig an, weil dort O_2 und O_3 einen Großteil der für alle Lebewesen gefährlichen UV-Strahlung der Sonne absorbieren. Da das Ozon durch die UV-Absorption wieder zerfällt, unterliegt die Ozonschicht einem ständigen Wandel von Auf- und Abbau.

Aufgaben

1. Erläutern Sie den Aufbau und die Schichtung der Atmosphäre (M1).
2. Stellen Sie die chemische Zusammensetzung der Atmosphäre in einem Kreisdiagramm dar (M1).
3. Erklären Sie die Bedeutung der Troposphäre für das menschliche Leben auf der Erde.
4. Erläutern Sie, warum Leistungssportler im Hochgebirge trainieren.

2.2 Vom Strahlungs- und Wärmehaushalt zur Lufttemperatur

Von der Sonne, unserer Energiequelle, wird seit Milliarden von Jahren elektromagnetische Strahlung in den Weltraum abgegeben. Wegen ihrer hohen Oberflächentemperatur von etwa 5700 °C strahlt sie überwiegend im kurzwelligen Bereich. Damit erzeugt sie an der Außenseite der Atmosphäre, wo die Sonnenstrahlen aufgrund der großen Entfernung zur Sonne praktisch parallel ankommen, einen als Solarkonstante bezeichneten Strahlungsenergiefluss von 1360 W/m². Aber auch die Erde und die Atmosphäre sind „Körper mit Temperatur“, auch sie strahlen daher. Beide geben wegen ihrer im Vergleich zur Sonne weit geringeren Temperaturen jedoch nur langwellige Strahlung im Infrarotbereich ab.

Das System Erde nimmt die ankommende kurzwellige Strahlung (Globalstrahlung) auf, wodurch sich ihr Energiegehalt ändert. Sie gibt die aufgenommene Energie in Form von langwelliger Strahlung (Wärmestrahlung) wieder ab. Die Atmosphäre wirkt wie ein Fenster aus Glas: Sie lässt den größten Teil der kurzwelligen solaren Strahlung zur Erdoberfläche durchdringen, absorbiert jedoch weitgehend die langwellige terrestrische Ausstrahlung. Dieser natürliche Treibhauseffekt der Atmosphäre verhindert die ausstrahlungsbedingte Abkühlung der Erdoberfläche. Die Erde gibt zusätzlich Energie in Form von Konvektions- und Verdunstungswärme (fühlbare und latente Wärme) an die Atmosphäre ab. Der Transport dieser Wärme erfolgt auch in horizontaler Richtung und kann damit die Strahlungsbilanzüberschüsse oder -defizite einzelner Orte oder Regionen der Erdoberfläche ausgleichen (M2).

Für den Strahlungs- und Wärmehaushalt der Erdoberfläche ist nicht die auftreffende Globalstrahlung $\mathbf{Q_G}$ entscheidend, sondern die tatsächliche Energieeinnahme nach Abzug der Reflexion (abhängig vom Albedowert **a**). Man bezeichnet diese als absorbierte Globalstrahlung. Sie wird durch die Differenz $\mathbf{Q_G - a\,Q_G}$ bestimmt, die sich auch als Produkt $\mathbf{Q_G\,(1 - a)}$ schreiben lässt. Die effektive Ausstrahlung der Erdoberfläche $\mathbf{A_E}$ wird als Differenz von Wärmestrahlung $\mathbf{A_O}$ und Gegenstrahlung $\mathbf{A_G}$ berechnet: $\mathbf{A_E = A_O - A_G}$. Sie ist der Nettoenergieverlust der Erdoberfläche durch infrarote Strahlung. Die Nettostrahlung **R** ist die Differenz zwischen absorbierter Globalstrahlung und effektiver Ausstrahlung: $\mathbf{R = Q_G\,(1 - a) - A_E}$. Sie kann positive oder negative Werte annehmen, je nachdem, ob die absorbierte Globalstrahlung oder die Ausstrahlung überwiegt.

Für den Wärmehaushalt sind die durch die strahlungsbedingten Energiegewinne oder -verluste entstehenden Wärmeströme zu berücksichtigen: der Wärmestrom **H** zwischen Erdoberfläche und Atmosphäre, der Wärmestrom **B** zwischen der Oberfläche und den tieferen Schichten des Festlandes / Meeres, der Verdunstungswärmestrom **V** und die Wärmezufuhr **W** durch Meeresströmungen. Damit ergibt sich die Wärmehaushaltsgleichung der Erdoberfläche:

$$\mathbf{Q_G\,(1 - a) - A_E = R = H + B + V + W}$$

3 Globale Strahlungs- und Wärmehaushaltsgleichung

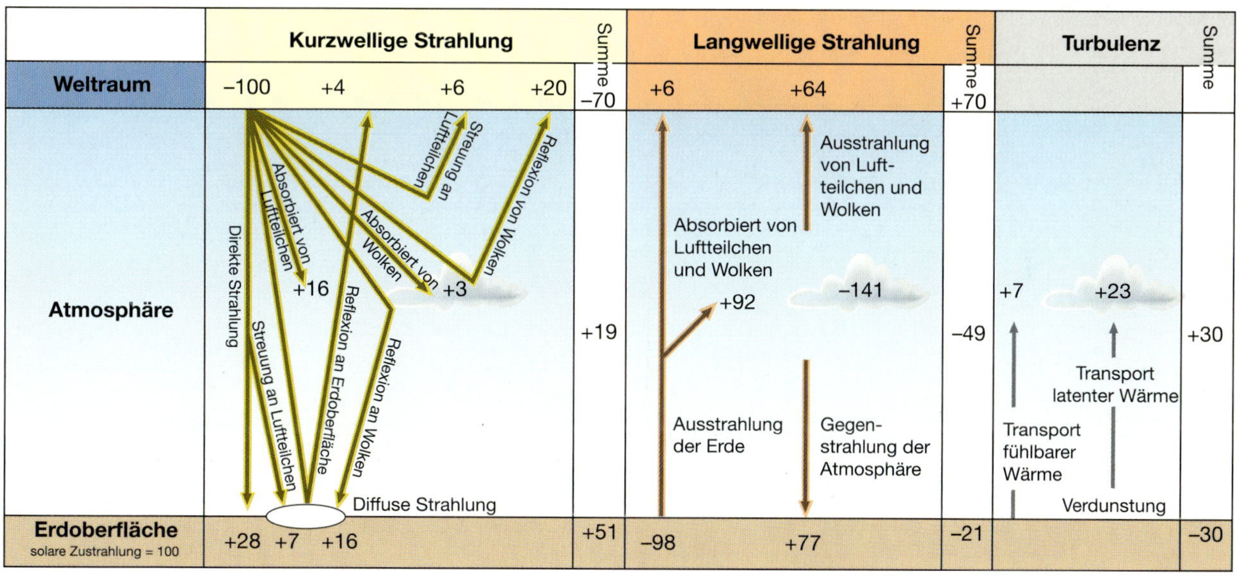

2 Strahlungs- und Wärmehaushalt des Systems Erde – Atmosphäre – Weltraum

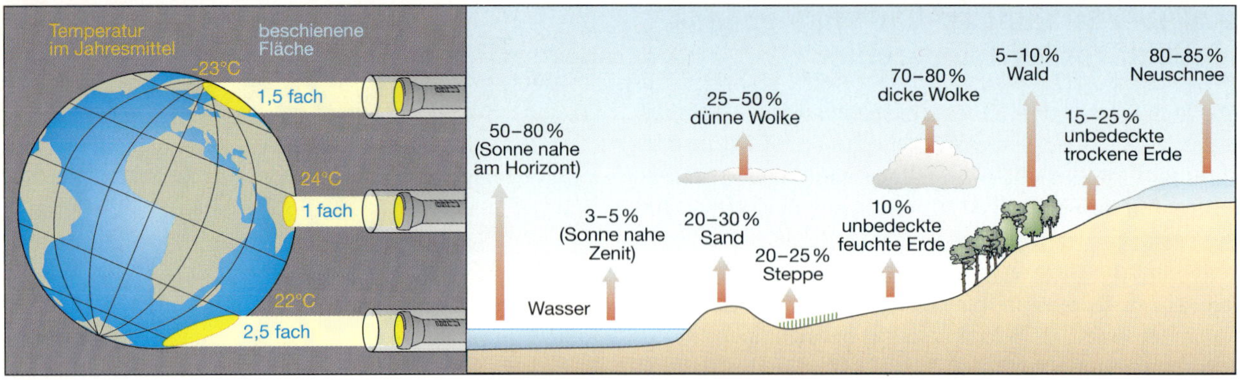

1 Strahlungsverhältnisse am 21. Juni und Albedo-Werte

Lufttemperatur

Nahe dem Erdboden ist die Luft sehr dicht und damit die „Kollisionsgefahr" der Luftteilchen sehr hoch. Stoßen die angeregten Luftteilchen zusammen, wird Bewegungsenergie in Form von Wärme freigesetzt. Diese fühlbare Wärme wird auch als Konvektionswärmestrom bezeichnet. In höheren Lagen ist die Luft dünner und damit die „Kollisionsgefahr" der Luftteilchen geringer. Deshalb erwärmt sich die Luft im Hochgebirge geringer als im Tiefland, obwohl die Zufuhr von kurzwelliger Strahlung größer ist. Daraus leitet sich die Eigenschaft der Atmosphäre ab, dass die Temperatur mit größerer Höhe abnimmt.

Mit einsetzender Sonneneinstrahlung beginnt morgens die Erwärmung der Erdoberfläche und der Luft. Die Lufttemperatur steigt aber verzögert an, da noch bis eine Stunde nach Sonnenaufgang die Nettostrahlung negativ ist. Die höchsten Lufttemperaturen werden nach dem mittäglichen Sonnenhöchststand erreicht. Mit abnehmender Sonneneinstrahlung gegen Abend setzt die Abkühlung ein, wobei die niedrigsten Werte erst am frühen Morgen gemessen werden (M2). Besonders bei klarem Wetter ist nachts die Luft am Boden deutlich kühler als in größerer Höhe. Bewölkung mindert sowohl die Einstrahlung am Tag als auch die Abkühlung der bodennahen Luftschichten unterhalb der Wolkendecke in der Nacht. In welchem Umfang sich bei den gegebenen Ein- und Ausstrahlungsbedingungen ein bestimmter Ausschnitt der Erdoberfläche erwärmen kann, hängt aber nicht nur von der Intensität und der Dauer der kurzwelligen Zustrahlung ab, sondern auch davon, in welchem Umfang diese jeweils reflektiert wird. Das Verhältnis von reflektierter zu einfallender Strahlung in Prozent der einfallenden Strahlung wird als Albedo bezeichnet. Ihre Größe wird von den physikalischen und chemischen Oberflächeneigenschaften, zum Beispiel der Farbe, beeinflusst (M1).

Seen und Ozeane können viel Energie aufnehmen und über längere Zeit speichern, da die Sonnenstrahlen tief eindringen, ein großes Volumen erwärmen und die Wärme durch Konvektionsvorgänge eventuell noch in tiefere Wasserschichten eingemischt wird. Landoberflächen werden dagegen meist rasch, aber nur oberflächlich erwärmt, kühlen daher auch schnell wieder ab. Dies macht sich besonders im Jahresgang der Lufttemperatur (Land- bzw. Seeklima) bemerkbar (M3).

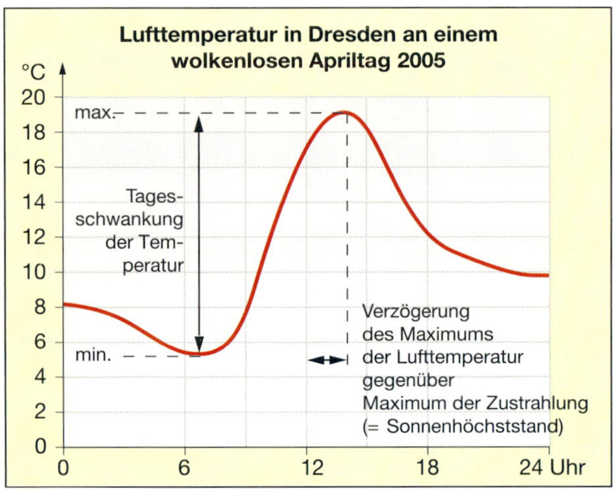

2 Tagesgang der Temperatur

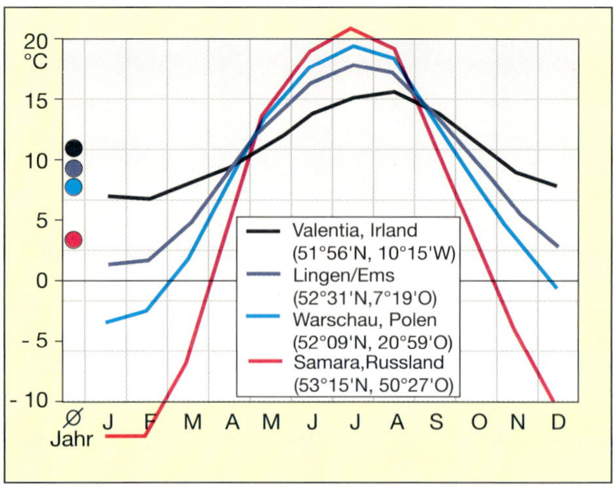

3 Jahresgang der Temperatur in den Mittelbreiten

Beleuchtungszonen und Wärmetransport

Aufgrund der Kugelgestalt der Erde und der Neigung der Erdachse von 23,5 Grad gegenüber der Senkrechten zur Erdbahnebene ändern sich die Einstrahlungsdichte und -dauer der Sonne beständig. Die Sonnenhöhe (Einstrahlungswinkel) und die Tageslänge unterliegen starken Schwankungen in Abhängigkeit von den Jahreszeiten und der geographischen Breitenlage. Die sich daraus ergebenden Beleuchtungsverhältnisse im Jahresgang führen zu einer Einteilung in fünf breitenkreisparallele, durch Wende- und Polarkreise abgegrenzte Zonen:

- Die Tropen erhalten die größte Energiezufuhr; sie schwankt, da die Sonne im Jahresverlauf zwischen den Wendekreisen scheinbar wandert, zudem nur wenig und erzeugt ganzjährig einen Energieüberschuss.
- Die beiden Polarzonen besitzen trotz hoher Energiegewinne während der halbjährigen Polartagphase im Jahresmittel eine negative Strahlungsbilanz.
- Die mittleren (gemäßigten) Breiten bilden jeweils die Übergangszone zwischen diesen extremen Zonen. Sie zeigen strahlungsklimatisch und thermisch deutlich unterscheidbare Jahreszeiten und werden in niedere (Subtropen) und hohe Mittelbreiten untergliedert. Die Subtropen besitzen im Sommer hohe Sonnenstände und relativ lange Nächte, im Winter dagegen relativ lange Tage mit immer noch wärmender Sonne. Die zwischen 45 Grad Breite und den Polarzonen gelegenen hohen Mittelbreiten haben im Sommer dagegen lange Tage mit hohem Sonnenstand und im Winter kurze Tage mit tiefem Sonnenstand (M4).

Ohne Wärmeenergietransporte würden die Polarzonen dauernd kälter, die Tropen immer wärmer werden (M5). Die mittleren Breiten sind damit die Zone, in der der notwendige Energieaustausch zwischen Tropen und Polarzonen durch Luftmassen- und Meeresströmungen stattfinden muss.

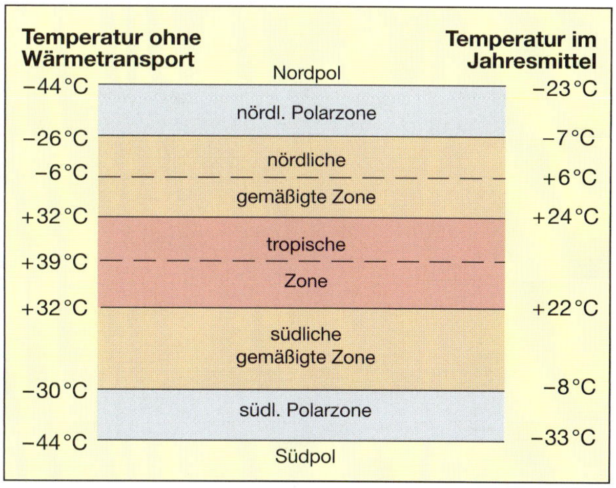

5 **Strahlungstemperatur und tatsächliche Temperatur**

Aufgaben

1. Erläutern Sie das Schema des Strahlungs- und Wärmehaushalts (M2, Seite 35).

2. Entscheiden und begründen Sie, wann die Ausstrahlung der Erde größer ist: bei Tage oder in der Nacht?

3. Erklären Sie die Entstehung des natürlichen Treibhauseffekts (M2, Seite 35).

4. Entscheiden und begründen Sie, wo eine größere Absorption von Globalstrahlung (gleiche Einstrahlung vorausgesetzt) erfolgt: a) über Meereis oder Wüsten, b) über Wasserflächen oder Wald (M1)

5. Erklären Sie die Bedeutung der fühlbaren und latenten Wärmeströme. Berücksichtigen Sie dabei, dass 75 % der Erdoberfläche von Wasser bedeckt sind.

6. Erklären Sie, wodurch sich jahreszeitliche Wechsel und Veränderungen in den Beleuchtungszonen ergeben (M4). Erklären Sie, weshalb die Dämmerung in den Tropen nur kurz ist.

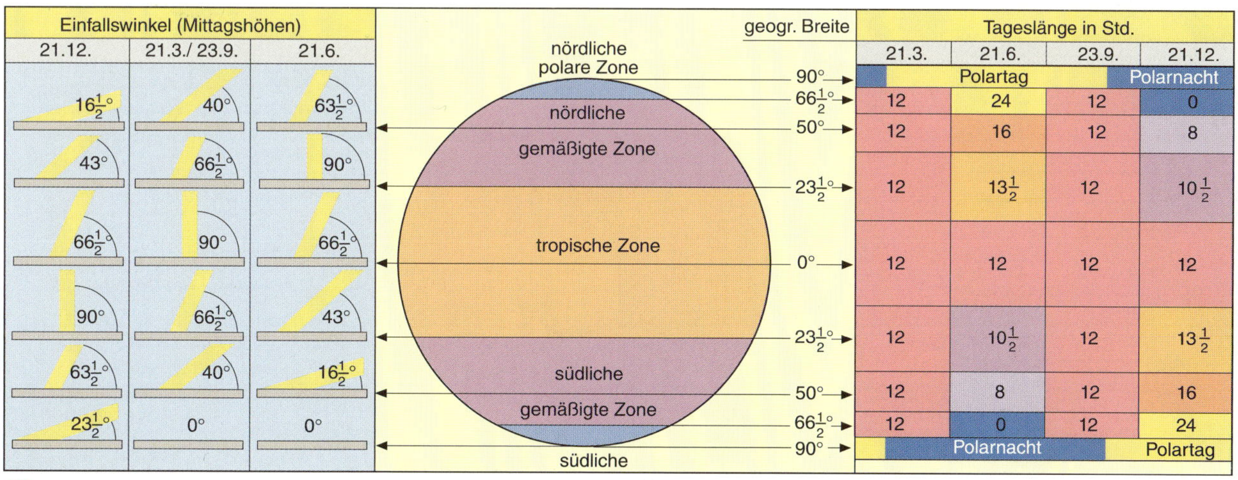

4 **Beleuchtungszonen der Erde**

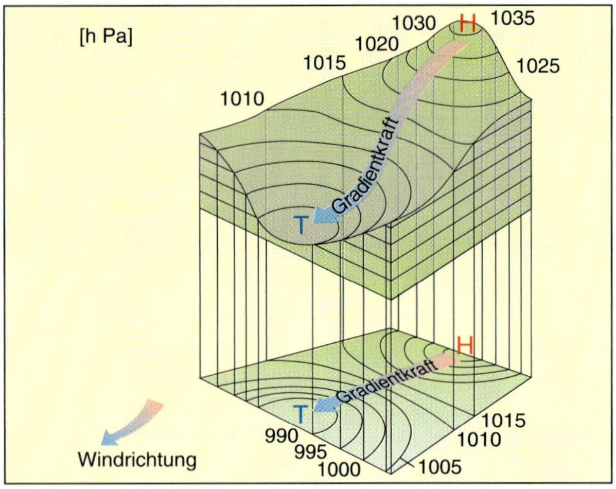

1 Luftdruckunterschiede

Windstärke	Bezeichnung	Windgeschwindigkeit
1	leiser Zug	2 – 6 km/h
2	leichte Brise	7 – 12 km/h
3	schwache Brise	13 – 19 km/h
4	mäßige Brise	20 – 28 km/h
5	frische Brise	29 – 39 km/h
6	starker Wind	40 – 50 km/h
7	steifer Wind	51 – 61 km/h
8	stürmischer Wind	62 – 74 km/h
9	Sturm	75 – 87 km/h
10	schwerer Sturm	88 – 102 km/h
11	orkanartiger Sturm	103 – 117 km/h
12	Orkan	›118 km/h

2 Beaufort-Skala

2.3 Luftdruck und Wind

„Luft" ist nicht sichtbar, aber überall auf der Erde vorhanden. Bereits Demokrit (460 – 371 v. Chr.) bezeichnete die Luft als Körper, dem eine gewisse Schwere zugeschrieben werden müsse. Luft übt durch ihr Gewicht auf jede gewählte Bezugsfläche einen Druck aus, den Luftdruck. Im Meeresspiegelniveau beträgt der Luftdruck der gesamten darüberstehenden Luftsäule durchschnittlich 1013 Hektopascal (hPa) beziehungsweise 1013 Millibar (mb). Ein Pascal entspricht dem Druck, den eine Kraft von 1 N (Newton) auf einen Quadratmeter ausübt. Lebewesen auf dem Land bauen einen Gegendruck auf, der dem Druck der Luft am Boden in Meeresspiegelniveau entspricht (1013 hPa).

Um den Luftdruck an verschiedenen Orten vergleichbar zu machen, wird der gemessene Stationsdruck jeweils auf das Meeresniveau (Normalnull, NN) umgerechnet und als Normaldruck in Wetterkarten eingetragen. Orte mit gleichem Druck werden dabei durch sogenannte Isobaren verbunden. In Blockbildern oder Vertikalprofilen der Atmosphäre werden dagegen isobare Flächen, das heißt Höhenniveaus mit jeweils gleichem Luftdruck, dargestellt (M1). In kalter Luft, in der die Moleküle dicht beisammen sind, liegen die isobaren Flächen enger geschart als in warmer, weniger dichter Luft (M3). Im Blockbild entsteht dadurch plastisch das Bild eines Druckgefälles, welches im frei beweglichen Gasgemisch der Atmosphäre zu einer horizontalen Druckausgleichsströmung, einem Wind, führt. Die Kraft, welche die Luft dabei in Bewegung setzt, wird als Gradientkraft bezeichnet. Sie ist stets vom hohen zum tiefen Druck gerichtet und steht senkrecht auf den Isobaren. Je geringer der Abstand der Isobaren ist, desto stärker ist der Wind.

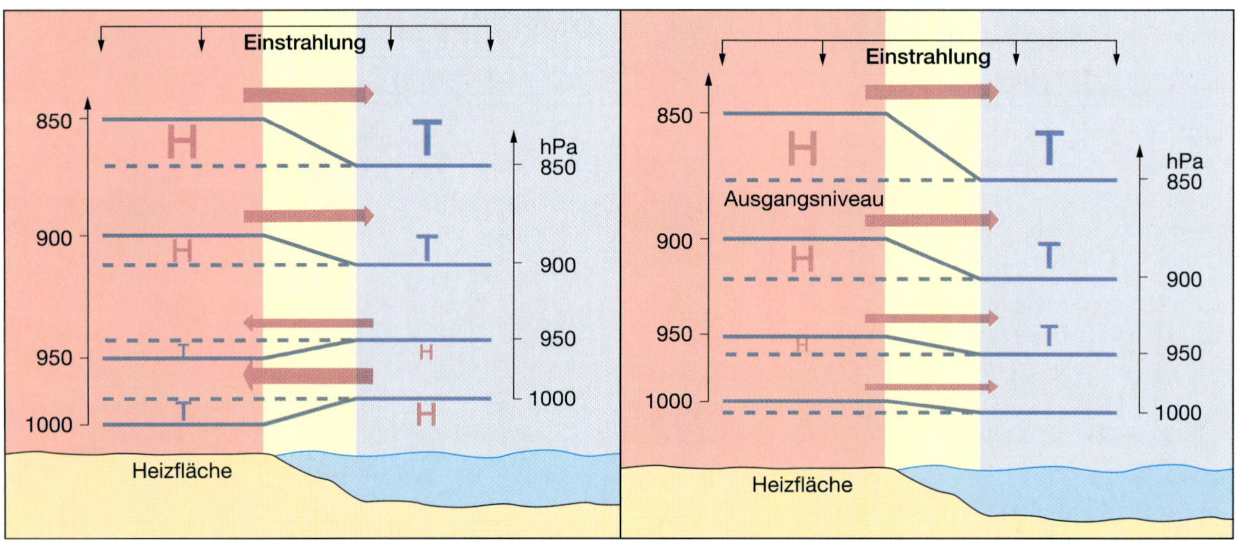

3 Land-See-Windsystem (Darstellung mit Isobarenflächen)

Luftdruckunterschiede und die von ihnen ausgelösten Winde entstehen meist durch unterschiedliche Erwärmung der Luft. Die im Kerzenexperiment zum Zentrum gerichteten Flammen zeigen diese Luftmassenströmung (M5). Sie weist auf einen geringeren Luftdruck (= Tief) in der Kreismitte hin, der durch das Aufsteigen der von den Kerzen erwärmten Luft entsteht.

Auch in der freien Natur wird die Luft stets von unten durch die von der Erdoberfläche ausgehende Wärmestrahlung angeheizt. Über Land geschieht dies bei Tage weitaus intensiver als über einer Wasserfläche. Helle Sandflächen erhitzen sich mehr und geben daher mehr langwellige Strahlung ab, wogegen im benachbarten Wasser viel Energie für Verdunstungsvorgänge verbraucht wird. Die Erwärmung führt zu einer – nur nach oben möglichen – Volumenausdehnung der Luft, und zwar umso mehr, je geringer der auflastende Druck ist. Es entstehen Luftdruckunterschiede in jeweils gleichem Höhenniveau. Über Land liegen die isobaren Flächen dabei zunächst generell höher als über dem Wasser, das heißt, in gleichem Höhenniveau herrscht über Land ein höherer Luftdruck (= Hoch) als über dem Wasser. Als Folge entsteht eine in der Höhe seewärts gerichtete Luftmassenströmung, die über dem Wasser insgesamt zu mehr Luftmasse führt. Nahe der Wasseroberfläche entsteht so ein Bodenhoch, über dem Land ein Bodentief und damit der landwärts gerichtete Seewind als Druckausgleichsströmung. Die aus dem Bodenhoch ausfließenden Luftmassen werden durch von oben absinkende ständig ergänzt.

Dieses regionale Zirkulationssystem, das Land-See-Windsystem, resultiert aus rein thermisch bedingten Druckgebilden. Daher kehren sich nachts die Luftdruckverhältnisse und damit die Luftmassenströmungen um (M4).

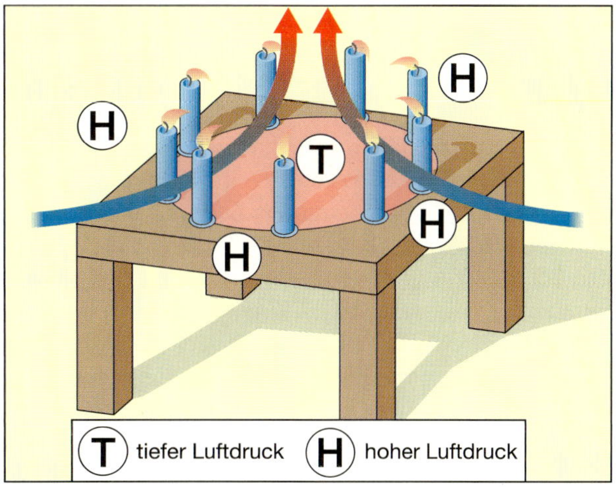

5 Luftdruckunterschiede

Aufgaben

1. Begründen Sie, warum der vertikale Isobarenabstand mit der Höhe zunimmt.
2. Beschreiben Sie den Zusammenhang zwischen Windgeschwindigkeit und Abstand der Isobaren in einer Bodenwetterkarte (M1).
3. Erklären Sie das Kerzenexperiment (M5). Übertragen Sie dieses auf die Vorgänge in der Natur.
4. Erläutern Sie, warum sich eine sogenannte Weihnachtspyramide dreht.
5. Erläutern Sie das Land-See-Windsystem (M4). Erklären Sie, warum nachts am Boden ein Landwind weht.
6. Das Kontinentalklima ist gekennzeichnet durch große Amplituden im täglichen und jährlichen Temperaturverlauf. Begründen Sie.
7. Begründen Sie Tages- und Jahresgang der Temperatur beim ozeanischen Klima.

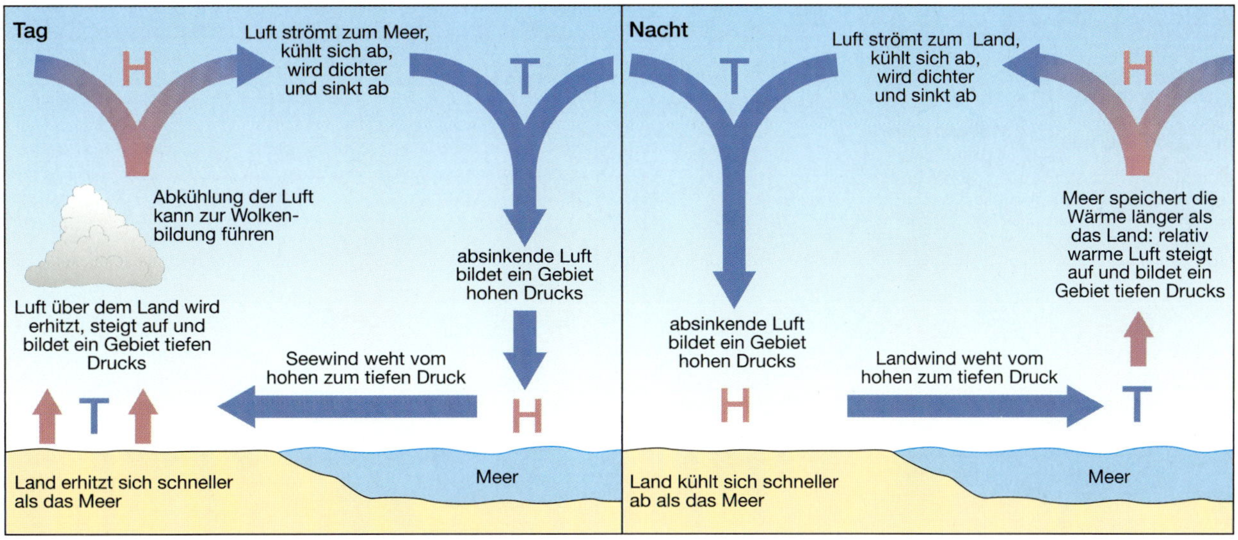

4 Land-See-Windsystem (Tag-/Nachtsituation)

2.4 Wasser in der Atmosphäre

Die irdische Atmosphäre enthält im Durchschnitt etwa 15 Billiarden Liter Wasser – genug, um den Bodensee rund 300-mal zu füllen. Statistisch gesehen wird diese riesige Wassermenge in zehn bis elf Tagen einmal völlig umgewälzt. Wasser kommt in der Lufthülle des Planeten in allen drei Aggregatzuständen vor. Da jeder Wechsel des Aggregatzustandes mit einem Energieumsatz verbunden ist, trägt der dabei ausgelöste latente Wärmestrom entscheidend zum horizontalen und vertikalen Energietransport innerhalb der Atmosphäre bei (M1).

Die Menge des in der Luft enthaltenen Wasserdampfs wird in g/m³ angegeben und heißt absolute Feuchte. Die größtmögliche Menge Wasserdampf, die 1 m³ Luft bei einer bestimmten Temperatur aufnehmen kann, heißt maximale Feuchte. Sie wird ebenfalls in g/m³ angegeben und lässt sich aus der sogenannten Taupunktkurve entnehmen. Der Taupunkt ist diejenige Temperatur, bei der Wasserdampf kondensiert. Das Verhältnis von absoluter zu maximaler Feuchte wird als relative Feuchte bezeichnet und in Prozent angegeben. Beim Erreichen des Taupunktes beträgt die relative Feuchte somit 100 % (M2).

Föhn und Schichtungstypen

Die wetterwirksamen Folgen von Kondensations- und Verdunstungsvorgängen lassen sich anschaulich am Beispiel des Föhns verfolgen (M3): Im Luv des Gebirges wird ein Luftvolumen höher in die Atmosphäre gehoben, sein Volumen dehnt sich aufgrund des geringer werdenden Luftdrucks aus und kühlt sich dadurch ab. Ohne Wärmeaustausch mit der Umgebung (adiabatisch) beträgt die Temperaturabnahme 1 K / 100 m (trockenadiabatischer Temperaturgradient). Wird der Taupunkt unterschritten, kondensiert der mitgeführte Wasserdampf. Dabei wird Kondensationswärme frei. Diese frei werdende Energie bewirkt, dass die weiter aufsteigende Luft bis zum Kamm nur noch um 0,5 K/ 100 m abkühlt (feuchtadiabatischer Temperaturgradient). Dabei kommt es zu intensivem Steigungsregen. Jenseits des Kamms wird die Luft beim Absinken durch Kompression wieder erwärmt. Nach einer kurzen Phase der Wolkenauflösung erfolgt der Abstieg ausschließlich trockenadiabatisch, die relative Feuchte sinkt dadurch rasch. Die Leeseite des Gebirges hat durch den trockenen und warmen Fallwind, den Föhn, auf gleichem Höhenniveau daher höhere Temperaturen als die Luvseite. Während die Wolken der Luvseite wie eine Mauer über dem Hauptkamm scheinbar stehen bleiben („Föhnmauer“, M3), bildet sich im Regenschatten eine kammparallele, mehr oder weniger breite wolkenlose Zone („Föhnlücke“). Da der Staub mit dem Steigungsregen ausgewaschen wurde, herrscht in der dunstfreien Luft der Leeseite zudem eine gute Fernsicht. Föhneffekte entstehen immer dann, wenn beiderseits von Gebirgen unterschiedlicher Luftdruck herrscht. Zum Massenausgleich wird dann Luft selbst über die höchsten Erhebungen hinweg von der Seite mit dem jeweils geringeren Luftdruck angesaugt.

Aber auch in der freien Atmosphäre werden Luftvolumen ständig vertikal verlagert, zum Beispiel wenn am Tage bodennahe Luftschichten erwärmt werden. Mehr oder weniger große Warmluftblasen lösen sich dann vom Untergrund und schlingern in die Höhe. Zum Ausgleich sinkt in ihrer Umgebung Luft ab, sodass sich – ausgelöst durch die Thermik – überall kleine Konvektionszellen bilden. Innerhalb der aufsteigenden Warmluftblase ändert sich die Temperatur rein adiabatisch. Die Temperaturverhältnisse ihrer Umgebung sind davon unberührt, entscheiden aber über den weiteren Weg des Luftvolumens (M4).

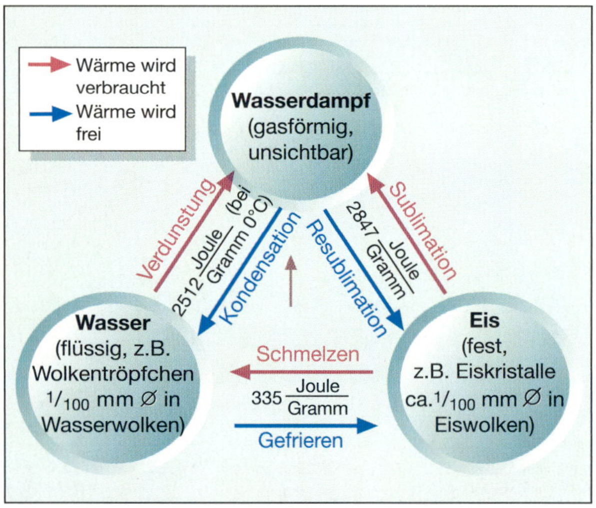

1 Wasser in der Atmosphäre

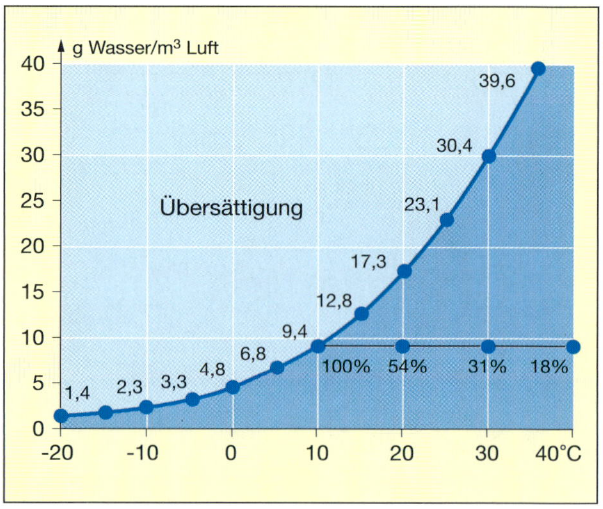

2 Taupunktkurve

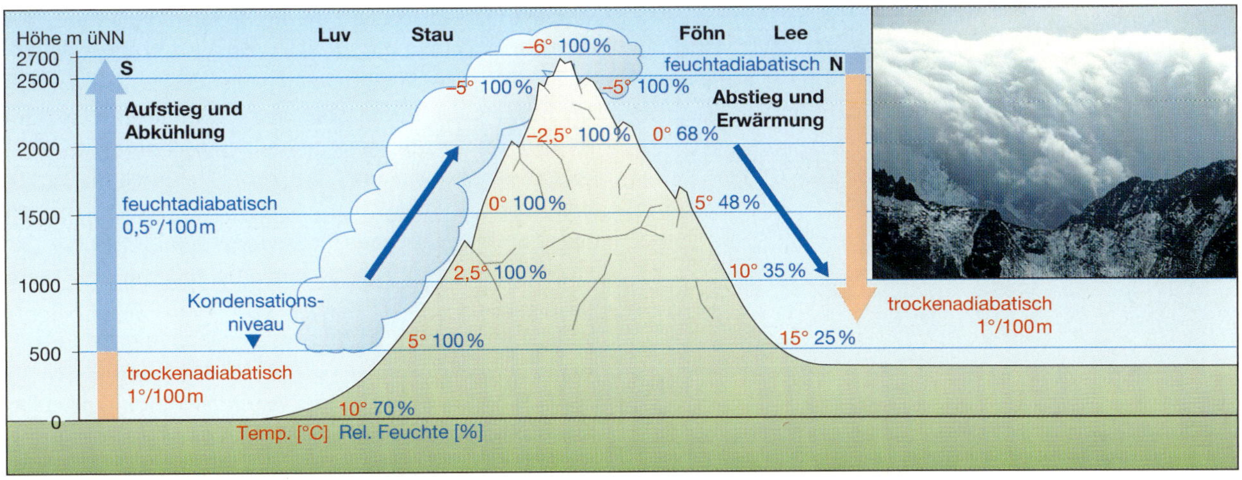

3 **Steigungsregen und Föhn / Föhnmauer**

Im Normalfall kann dieses Luftvolumen nur so weit aufsteigen, bis es eine Luftschicht gleicher Dichte erreicht. Ist die umgebende Luftschicht kälter, bleibt der Auftrieb der Warmluftblase wegen ihrer noch geringeren Dichte erhalten und es steigt weiter auf (labile Schichtung). Ist die Umgebung dagegen wärmer, sinkt sie wegen ihrer größeren Dichte zurück (stabile Schichtung); eine äußerst stabile Schichtung liegt bei einer Temperaturumkehr (Inversion) vor. Sie wirkt als Sperre und erlaubt Vertikalbewegungen nur bis zu ihrer Unterseite, sodass sich dort zum Beispiel Luftverunreinigungen ansammeln.

Wolken und Niederschlag

Bei labiler Schichtung der Atmosphäre können Warmluftblasen bis in große Höhen aufsteigen. Kommt es dabei zur Kondensation, verstärkt die frei werdende Energie den Auftrieb. Im Inneren der so entstehenden blumenkohlförmigen Quell- und Haufenwolken (Cumulus – Cu) steigt die warmfeuchte Luft aber nicht nur nach oben. Sie sinkt an den Rändern auch wieder nach unten, bevor sie von nachrückender Warmluft wieder in die Höhe getrieben wird. Weil sich die Wolke dadurch immer weiter aufbläht, verdrängt sie kältere Luft zur Seite, wo diese absinkt und so die Zwischenräume zwischen den einzelnen Wolkentürmen erhält. Ein völlig anderer Wolkentyp, eine geschlossene Wolkendecke (Stratus – St) bildet sich dadurch, dass warmfeuchte Luft großflächig über schwerere, am Boden liegende Kaltluft aufgleitet. Als Nimbus werden hochreichende, vom Boden daher dunkel erscheinende Schicht- oder Haufenwolken bezeichnet, als Federwolken (Cirrus – Ci) dagegen dünne, durch Luftströmungen in großer Höhe auseinandergezogene Eiswolken. Die mögliche Vertikalerstreckung einer Wolke wird durch die Höhe des Kondensationsniveaus, durch ihren Energieinhalt sowie durch die Temperaturschichtung der umgebenden Atmosphäre bestimmt. Spätestens

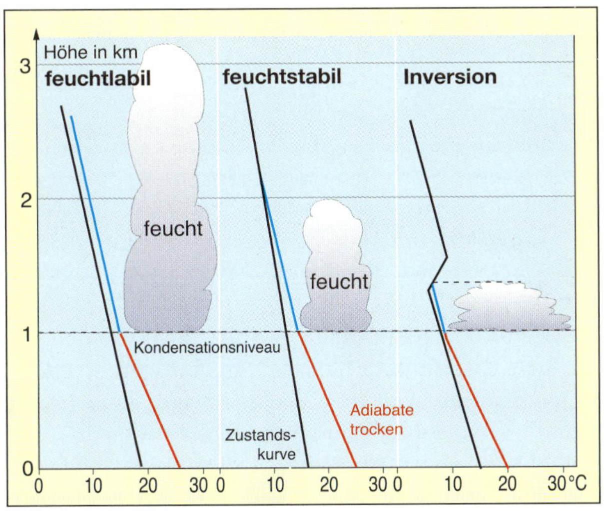

4 **Schichtungstypen**

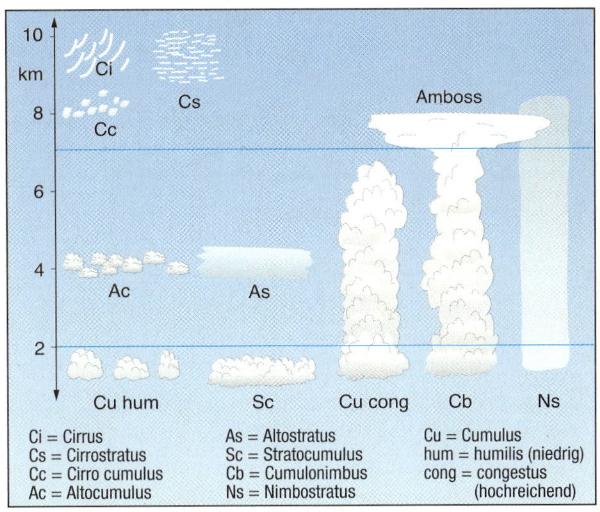

5 **Wolkengattungen**

Geo-Exkurs

Gewitter

In der Mythologie verfügen nur mächtige Götter wie Zeus oder Jupiter über den vernichtenden Blitzstrahl. Noch heute erinnert der Donnerstag an den germanischen Gott Thor, der im Zorn oder im Kampf den glühenden Blitzhammer Malmer schwang und dessen Wagenräder mit Donnerhall rasselten. Aus heutiger Sichtweise ist das Gewitter der Ausdruck sehr heftiger Turbulenzen innerhalb der Atmosphäre und damit eine häufige Erscheinung: 2000 Gewitter gibt es pro Stunde auf der Erde, 200 Gewittertage im Bereich der tropischen Regenwälder, 20 bis 30 in Mitteleuropa.
Gewitter entstehen immer dann, wenn bei labiler Schichtung der Atmosphäre wasserdampfreiche Warmluft sehr rasch aufsteigt und durch frei werdende Kondensationswärme geradezu explosiv weiter nach oben getrieben wird. Die dadurch ausgelöste, heftige Turbulenz führt sogar zur Trennung elektrischer Ladungen zwischen Erdoberfläche und Wolke sowie innerhalb der Wolke: Die sich in großer Höhe bildenden Eiskristalle werden positiv aufgeladen, die Wassertropfen im mittleren und unteren Teil negativ. Die Erdoberfläche bleibt positiv. Übersteigt die Aufladung einer solchen Gewitterwolke eine bestimmte Stärke, erfolgt ein Überschlag, ein Blitz. Etwa zwei Drittel der Spannungsausgleiche erfolgen dabei innerhalb der Wolke, ein Drittel zwischen Wolkenunterseite und Erde. Die explosionsartige Ausdehnung der plötzlich auf 5000 – 10 000 °C erhitzten Luft innerhalb des nur 0,5 Meter breiten Blitzkanals erzeugt den Donner. Die Schallgeschwindigkeit beträgt etwa 0,3 km/s, der Blitz besitzt dagegen Lichtgeschwindigkeit (300 000 km/s). Die Zeit zwischen Blitz und Donner in Sekunden durch drei geteilt ergibt die Entfernung des Gewitters in Kilometern.

an der Inversionsschicht der Tropopause endet aber die Vertikalbewegung; die Wolke muss seitlich ausweichen. Nicht aus jeder Wolke fallen Niederschläge. Aber je höher eine Wolke aufragt, desto wahrscheinlicher ist dies der Fall. In den mittleren und höheren Breiten entstehen Regentropfen meist aus Eiskörnern, die durch die Turbulenz innerhalb der Wolke hochgerissen werden, zurückfallen und wieder hochgerissen werden etc. Durch das Anfrieren von Wolkentröpfchen oder anderen Eiskörnern wachsen sie dabei Schicht um Schicht, bis sie durch den Auftrieb nicht mehr im Schweben gehalten werden können. Die Art des Niederschlags, der dann den Boden erreicht, hängt von den Temperaturen zwischen Wolkenbasis und Boden ab. Im Extremfall fallen Hagelkörner mit fast 100 Kilometer pro Stunde zu Boden. Nur Nieselregen, der aus tiefen Schichtwolken fällt, entsteht aus ungefrorenen Wolkentröpfchen, die beim Fallen innerhalb der Wolke andere an sich reißen und dadurch wachsen. Dieser Vorgang überwiegt auch bei der Niederschlagsbildung in den Tropen. Da Warmluft sehr viel Wasser enthalten kann, bringen die überwiegend thermisch bedingten Regenfälle in den Tropen – im Regenwald wie in der Wüste – mit großen Tropfen in kurzer Zeit meist sehr hohe Niederschlagssummen (Platzregen).
Schnee bildet sich beim Gefrieren von unterkühlten Wassertropfen bei Temperaturen von – 12 bis – 16 °C. Dabei entstehen Schneekristalle mit exakten geometrischen Formen, die sich nahe des Nullpunkts zu Schneeflocken verketten. Da kalte Luft nur wenig Feuchtigkeit enthält, treten ergiebige Schneefälle nicht in den Polarregionen, sondern vor allem in meernahen Regionen der mittleren Breiten auf.

Aufgaben

1. Berechnen Sie: Wie viel Prozent relative Feuchte hat Luft mit 9,4 g Wasser pro cm^3 bei 0, 10, 25 und 35 °C (M2, Seite 40)?
2. Erläutern Sie Entstehung, Merkmale und Auswirkungen des Föhns (M3, Seite 41).
3. Erläutern Sie die Begriffe labile und stabile Schichtung sowie Schichtung mit Inversion (M4, Seite 41). Finden Sie Auswirkungen von häufig auftretenden Inversionswetterlagen, zum Beispiel für die Entwicklung der touristischen Infrastruktur in den Alpentälern.
4. Nennen Sie ein Regionalbeispiel für besonders inversionsgefährdete Gebiete. Begründen Sie, warum Temperaturinversionen in Ballungsgebieten häufig mit Gesundheitsgefährdung verbunden sind.
5. Erklären Sie die Entstehung von Wolken. Gehen Sie dabei auf die Unterschiede zwischen Cumulus- und Stratuswolken ein (M5, Seite 41).

2.5 Grundlagen der globalen atmosphärischen Zirkulation

Bei einer ruhenden, nicht rotierenden Erde würde sich aufgrund der Temperatur- und Luftdruckgegensätze zwischen den Tropen und den Polarregionen eine dem Land-See-Windsystem vergleichbare, aber weitaus großräumigere Zirkulation einstellen: In der Höhe jeder Halbkugel würden Luftmassen vom Äquator Richtung Pol und in Bodennähe von dort zurückfließen. Wegen der Rotation der Erde gibt es dieses einfache Zirkulationsmuster und den dadurch möglichen Energieaustausch jedoch nicht.

Jedes Luftvolumen, das aufgrund der Druckgradientkraft in meridionaler Richtung vom Äquator polwärts bewegt wird, behält als träge Masse seine am Äquator erhaltene Drehgeschwindigkeit von 465 Metern pro Sekunde bei. Bereits bei 40 Grad nördlicher Breite ist es daher um 110 Meter pro Sekunde schneller als die Luftvolumen und die Erdoberfläche dort, die wegen des geringeren Breitenkreisradius nur eine Drehgeschwindigkeit von 355 Meter pro Sekunde besitzen (M1). Das Luftvolumen eilt also der Erdoberfläche voraus und biegt von der ursprünglichen Richtung nach rechts ab. In umgekehrter Richtung bleiben Winde, die vom Pol äquatorwärts wehen, gegenüber der Erdoberfläche zurück. Die scheinbar ablenkende Kraft heißt nach ihrem Entdecker Gaspard Gustave de Coriolis „Corioliskraft", ist in Wirklichkeit aber nur eine Geschwindigkeitsüberlagerung. Sie wirkt immer im rechten Winkel zur jeweiligen Bewegungsrichtung. Auf der Nordhalbkugel bewirkt sie eine Rechts-, auf der Südhalbkugel eine Linksablenkung der Luftmassenströmungen.

Die Stärke dieser Ablenkung steigt mit der Geschwindigkeit der Strömung und der geographischen Breite. Ihre größte Stärke erreicht sie daher dort, wo bewegte Luftmassen nicht durch Reibung am Boden gebremst und durch hohe Luftdruckgegensätze (hohe Gradientkraft) stark beschleunigt werden. Diese Bedingungen sind besonders im Bereich der sogenannten planetarischen Frontalzone gegeben, die auf beiden Halbkugeln als Übergangsgebiet zwischen der hoch reichenden Warmluftsäule der Tropen und der weniger hochreichenden Kaltluftsäule der polaren Gebiete liegt (M2). Aufgrund der Coriolisablenkung entwickelt sich hier in den mittleren Breiten ein breites Band beständig wehender Westwinde, die Westwindzone. Da in der Frontalzone das Luftdruckgefälle mit der Höhe zunimmt, kommt es dort auch zu den größten Windgeschwindigkeiten. Der sich dadurch in sieben bis zwölf Kilometer Höhe entwickelnde Höhenstrahlstrom (Jetstream) umtost mit Geschwindigkeiten von 100 – 600 Kilometern pro Stunde in einer Breite von 500 – 1000 Kilometern in den mittleren Breiten die Erde (M3).

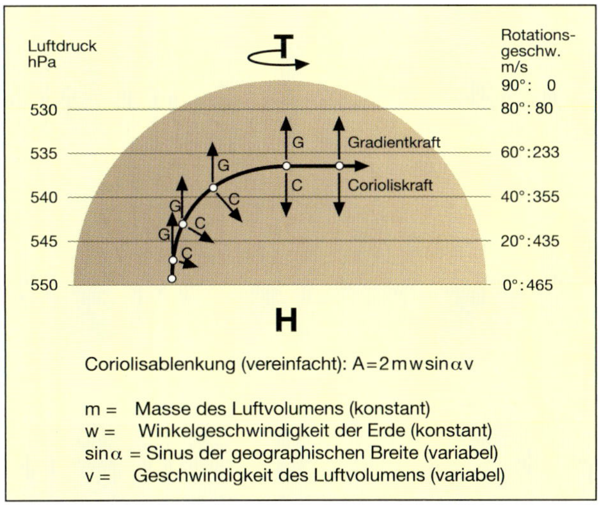

1 Ablenkung des Windes durch die Corioliskraft auf der Nordhalbkugel

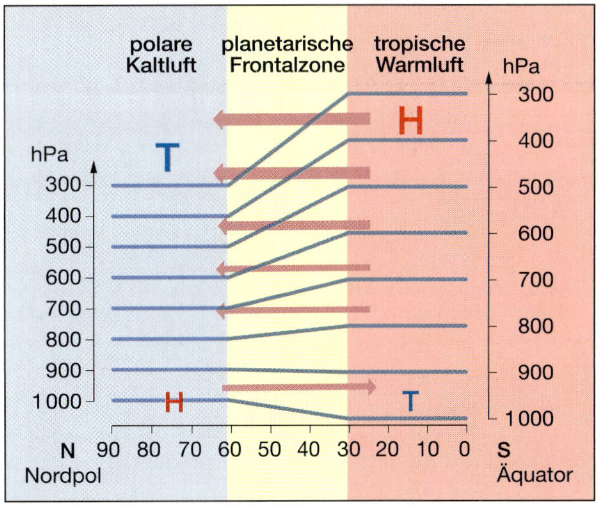

2 Planetarische Druckverteilung in der Atmosphäre

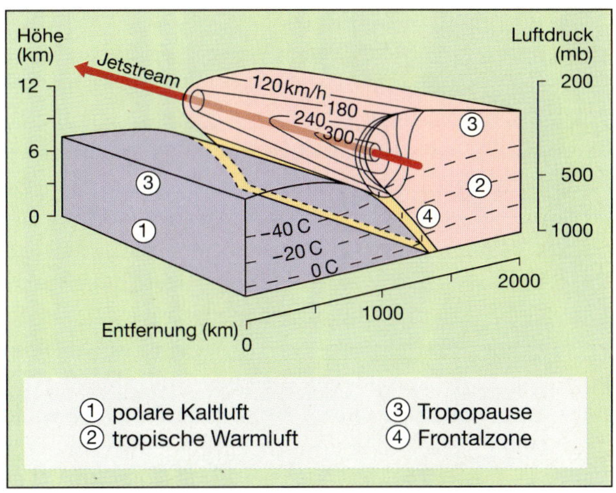

3 Planetarische Frontalzone und Jetstream

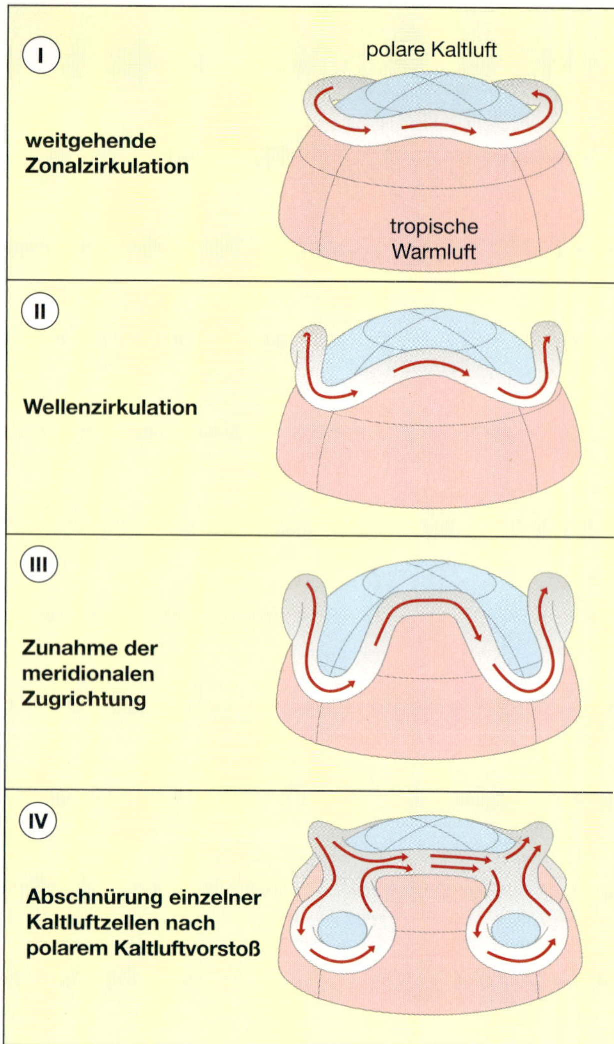

Die Westwindströmung und der darin eingebettete Jetstream blockieren auf den ersten Blick den Luftmassen- und Energieaustausch zwischen Tropen und Polargebieten. Tatsächlich verläuft dieses Windband aber nie ganz breitenkreisparallel, sondern immer in einer mehr oder weniger stark ausgeprägten Wellenbewegung. Hochragende, in meridionaler Richtung verlaufende Gebirgszüge wie z.B. die nord- und südamerikanischen Kordilleren lenken die Strömung ständig ab: Vor dem Gebirge kommt es durch erhöhte Reibung zum „Stau", zur Verringerung der Geschwindigkeit und damit auch der Coriolisablenkung. Da die Druckgradientkraft gleich bleibt, wird die Strömung polwärts ausgelenkt. Jenseits des Hindernisses kommt es dagegen wegen sinkender Reibung wieder zur Erhöhung der Strömungsgeschwindigkeit; die Coriolisablenkung wächst und die Strömung wird wieder äquatorwärts gelenkt. In unregelmäßiger Reihenfolge wird ein stärkeres Mäandrieren der Höhenströmung zudem dadurch ausgelöst, dass der Temperaturunterschied zwischen tropisch-subtropischen und polaren Luftmassen den Grenzwert von 6 K/1000 km überschreitet. Die Anzahl der Mäanderwellen pendelt so ständig zwischen drei, vier oder fünf Ausschlägen hin und her. In allen Fällen werden entlang der Wellen Luftmassen weit pol- und äquatorwärts bewegt. Gelegentlich werden durch rasche Änderungen des Wellenausschlags auch einzelne Zellen abgeschnürt und blockieren dann vorübergehend die Westströmung. Insgesamt gleicht sich die Temperatur der vorgestoßenen polaren Kaltluft und subtropischen Warmluft durch Erwärmung bzw. Abkühlung allmählich der Umgebungstemperatur an.

1 Abbau des globalen Energiegleichgewichts durch Wellenströmung

In den mittleren Breiten erfolgt ein Energieaustausch durch Umsetzung der vor allem im Wasserdampf enthaltenen latenten Wärme. Hierbei ist der Westwindstrahlstrom in entscheidender Weise beteiligt, denn er verursacht ständig starke vertikale Luftmassenbewegungen und verbindet damit die Dynamik der oberen Troposphäre mit dem Geschehen in den bodennahen Luftschichten.

Immer wenn der Jetstream langsamer wird, drücken die nachfolgenden Luftmassen infolge des „Staueffekts" Luft wie bei einer Druckpumpe bodenwärts (M2). Die so entstehenden Hochdruckgebiete (Antizyklonen) reichen also vom Boden bis in große Höhen und werden von dort ständig „nachgefüttert". Sie driften als dynamische (= ständig neu gebildete) Hochdruckwirbel mit der Weströmung mehr oder weniger schnell ostwärts. Ein Teil schert dabei äquatorwärts aus und bildet als lockere Aneinanderreihung von Hochdruckzellen den „subtropischen Hochdruckgürtel" (M3). In Bodennähe strömen die Luftmassen vom Kernbereich dieser Antizyklonen weg und werden dabei – auf der Nordhalbkugel nach rechts – abgelenkt. Ein Teil fließt als Passatströmung Richtung Äquator, ein anderer Teil wird polwärts Richtung subpolarer Tiefdruckrinne bewegt und trifft dort an der Polarfront auf Kaltluftmassen.

Beim Beschleunigen saugt der Jetstream dagegen wie ein riesiger Staubsauger Luftmassen selbst aus Bodennähe noch in die höhere Troposphäre. In Polarfrontnähe werden in die durch diese Saugwirkung des Jets ausgelösten Tiefdruckgebiete (Zyklonen) subtropische Warmluft- und polare Kaltluftmassen gegen den Uhrzeigersinn (Nordhalbkugel) eingezogen und miteinander verwirbelt. Bei diesen Verwirblungen muss die warme, leichte und meist feuchte Subtropikluft auf die kältere und daher schwere

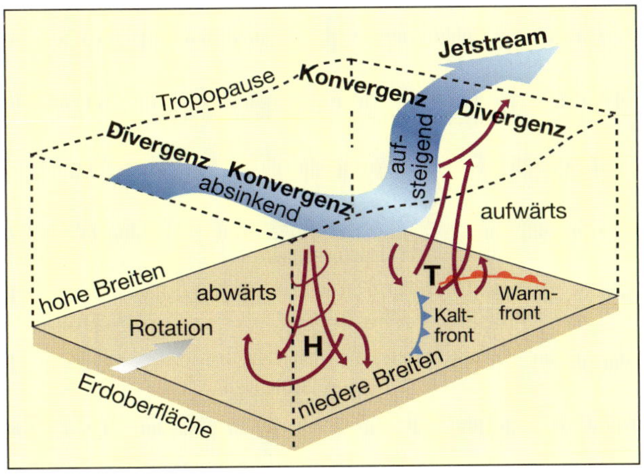

2 **Pump-Saug-Wirkung des Jetstreams**

Polarluft aufgleiten. Beim Anheben der Warmluft entlang der Warmfront kommt es zu Kondensation und Niederschlagsbildung. Das Gleiche geschieht, wenn sich an der Kaltfront schwerere Kaltluft unter die Warmluft schiebt und diese nach oben verdrängt. In beiden Fällen wird durch die Kondensation diejenige Wärmemenge freigesetzt, die in niederen Breiten zur Verdunstung benötigt wurde.
Dabei gilt generell: Je größer das meridionale Energieungleichgewicht ist, desto stärker mäandriert der Jet (M1), desto mehr Zyklonen werden gebildet, desto größer ist der Umsatz von latenter Wärme. Die Zyklonentätigkeit ist daher im Winter jeweils stärker als im Sommer und auf der Südhalbkugel wegen des „Eisschranks“ Antarktika generell stärker als auf der Nordhalbkugel.
Wie die dynamisch entstehenden Antizyklonen driften auch die dynamisch entstehenden Zyklonen mit der Westwindströmung ostwärts. Einige scheren dabei polwärts aus und bilden so als lockere Aneinanderreihung von Tiefdruckzellen die „subpolare Tiefdruckrinne“ (M3).

Aufgaben

1. Erläutern Sie die Coriolisablenkung für ein Luftpaket, welches auf der Südhalbkugel vom Äquator polwärts bewegt wird.
2. Erläutern Sie die Entstehung der planetarischen Frontalzone (M1).
3. Begründen Sie ein altes Windgesetz (Buys-Ballot): „Wenn man auf der Nordhalbkugel mit dem Rücken zum Wind steht, befindet sich links vorne tiefer Druck, rechts hinten hoher Druck.“
4. Erläutern Sie die Pump-Saug-Wirkung des Jetstreams und die Entstehung dynamischer Druckgebiete (Antizyklone, Zyklone).
5. Erklären Sie die Mechanismen des Ausgleichs der Energieunterschiede auf der Erde (M2, M3).

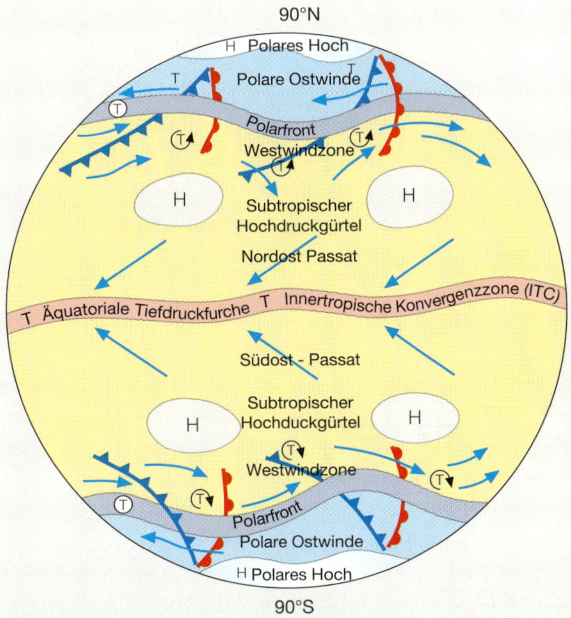

Am Äquator liegen thermische Tiefdruckzellen der innertropischen Konvergenzzone (ITC). Polwärts folgen bei etwa 35 Grad nördlicher oder südlicher Breite die Hochdruckgebiete des subtropischen Hochdruckgürtels, in dem sich dynamisch entstandene Antizyklonen an der tropischen Seite des Jetstreams (z. B. Azorenhoch, Hawaiihoch) befinden. Polwärts liegt bei etwa 60 Grad nördlicher oder südlicher Breite die subpolare Tiefdruckrinne mit dynamisch entstandenen Tiefdruckgebieten an der polwärtigen Seite des Jetstreams (z. B. Islandtief, Aleutentief). Diese jeweils nur im statistischen Mittel als „Gürtel“ vorhandene Druckverteilung wird je nach Jahreszeit über den Kontinenten durch Kältehochs bzw. Hitzetiefs unterbrochen. Schließlich folgt an beiden Polen das polare Kältehoch als thermisches Druckgebilde. Zwischen den Druckgebieten liegen in Bodennähe die Windgürtel. In den bodennahen Luftschichten wehen in den Tropen ganzjährig beständige Winde, die Passate, vom subtropischen Hochdruckgürtel zur äquatorialen Tiefdruckrinne. In den mittleren Breiten überwiegen Westwinde, die Zyklonen mit sich führen. In den polaren Gebieten entstehen durch die bodennah aus dem Kältehoch ausströmenden Luftmassen die polaren Ostwinde. Mit der Veränderung des Sonnenstandes im Jahresverlauf kommt es zu einer Verlagerung der Druck- und Windgürtel der Erde um je fünf bis acht Breitengrade nach Nord bzw. Süd. Es gibt daher Breitenzonen, die je nach Jahreszeit von unterschiedlichen Luftdruck- und Windverhältnissen geprägt werden (alternierende Klimazonen). In anderen Zonen ändern sich die dominierenden Luftdruck- und Windverhältnisse im Jahresverlauf dagegen kaum (stetige Klimazonen).

3 **Luftdruckgebiete und Windgürtel**

2.6 Tropische Passatzirkulation

Zwischen etwa 35 Grad Nord und 30 Grad Süd liegt in der Troposphäre ein Gebiet mit östlichen Winden. Die in dieser Zone der tropischen Ostwinde ablaufenden Klimaprozesse werden als Passatzirkulation bezeichnet. Sie entsteht aufgrund des Druckgefälles von den subtropischen Hochdruckgebieten zum Äquator hin und erfährt durch die Corioliskraft eine Rechtsablenkung. Die dadurch entstehende Ostströmung wird als Urpassat bezeichnet. In der durch Bodenreibung beeinflussten unteren Schicht der Troposphäre erfährt diese Strömung eine starke meridionale Komponente. Daraus resultiert auf der Nordhalbkugel eine nordöstliche, auf der Südhalbkugel eine südöstliche Windrichtung, großräumig als Nordost- beziehungsweise Südost-Passat bezeichnet.

Innerhalb der Passatströmung sinkt die Luft ab, umso stärker, je größer die Geschwindigkeit und die auf die Meridiane ausgerichtete Strömung sind. Die Abstände zwischen den Meridianen werden äquatorwärts größer, das bestehende Luftvolumen überstreicht größere Flächen, dabei sinkt die Luft ab und wird in ihrer Mächtigkeit geringer. Von oben werden neue Luftmassen angesaugt und nachgeführt. Als Ergebnis dieser Absinkbewegung bildet sich eine stabile Luftschichtung heraus. Gleichzeitig mit der Absinktendenz von oben erfolgt durch das Aufheizen am Erdboden ein trockenadiabatisches Aufsteigen der Bodenluft im Bereich der Kontinente. Beim Weg über die Ozeane kommt es zur Anreicherung mit Wasserdampf und konvektiven Aufwärtsbewegungen. Aus der Überlagerung der entgegengesetzten Bewegungen entsteht eine Inversion. Diese, als Passatinversion bezeichnete Grenzschicht trennt die Passatober- von der Passatgrundschicht. Sie steigt von etwa 800 bis 1000 Meter in den äußeren Tropen auf circa 2000 bis 2500 Meter in den inneren Tropen an. Das Ansteigen der Passatinversion äquatorwärts und die zunehmend feuchtlabil geschichtete Luft führt zum Erreichen des Taupunktes schon unterhalb der Inversion. Die dabei einsetzende Kondensation kann bei feuchtadiabatischem Aufstieg so große Kondensationswärme freisetzen, dass die Passatinversion von Quellwolken durchbrochen wird. Die Passate beider Halbkugeln müssen zwangsläufig im Äquatorbereich konvergieren und bilden dort die etwa 100 bis 200 Kilometer breite innertropische Konvergenzzone (ITC). Das Zusammenströmen der bodennahen Passate von Nordosten und Südosten in dieser „Auslaufzone“ der Passate bewirkt eine ausgeprägte Tendenz zu vertikaler Aufwärtsbewegung, was zur Auflösung der Passatinversion führt. Folge dieser Vorgänge ist die Bildung immer wieder neu entstehender Hitzetiefs in der äquatorialen Tiefdruckrinne. Die einzelnen Hitzetiefs werden wegen des hohen Druckgradienten vom Hoch zum Tief bei ganz geringer Coriolisbeschleunigung sehr rasch durch sogenannte „umlaufende Winde“, auch Mallungen genannt, aufgefüllt. Die danach herrschenden Windflauten, auch Kalmen genannt, waren ebenso wie die windstillen Zentren der subtropischen Hochdruckzellen, die Rossbreiten, von der Segelschifffahrt gefürchtet (M1).

Die ITC liegt in der Regel mit ihrer Achse etwas nördlich vom mathematischen Äquator und verlagert sich mit dem Zenitstand der Sonne im Verlaufe des Jahres. Besitzen die Luftmassen genügend Wasserdampf, dann bildet sich beim Aufsteigen und Abkühlen eine hochreichende Konvektionsbewölkung. Die feuchtheiße, labil geschichtete Äquatorialluft besitzt eine sehr turbulente Thermik und kann durch die bei der Kondensation frei werdende Wärmemenge bis an die Tropopause in 14 bis 16 Kilometer Höhe aufsteigen. Es entstehen gewaltige Wolkentür-

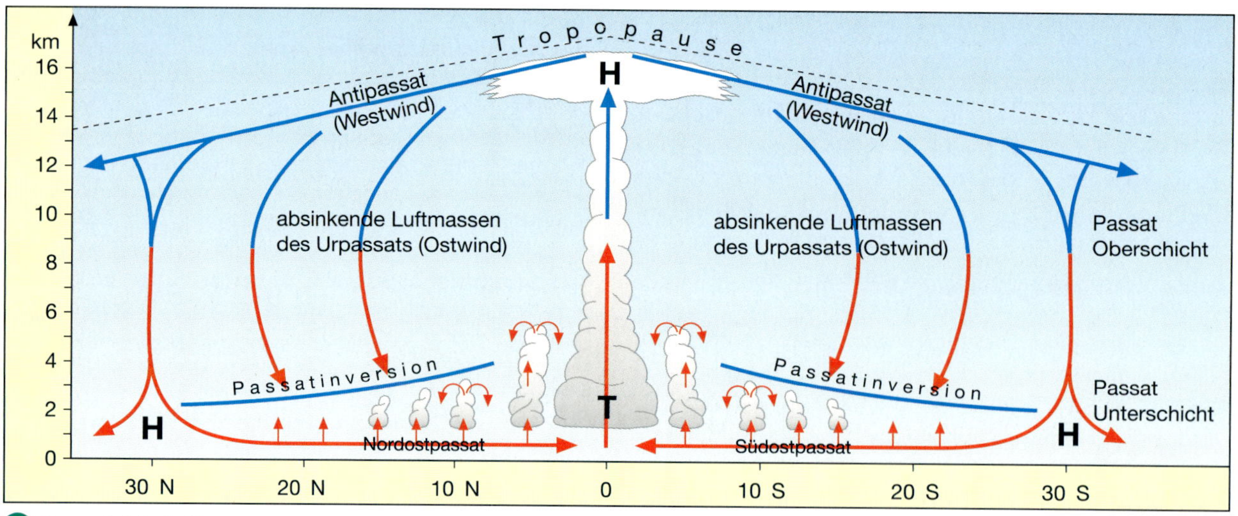

1 Passatzirkulation

me, aus denen ergiebige Gewitter- und Platzregen fallen. Die relativ regelmäßigen und sehr heftigen Niederschläge werden jedoch immer wieder von niederschlagsfreien Abschnitten unterbrochen, das heißt, auch in den äquatorialen immerfeuchten Tropen regnet es nicht an jedem Tag und überall. Die in der ITC aufsteigende Luft bildet in der Höhe ein Höhenhoch, aus dem die Luftmassen polwärts abströmen (Antipassat – Westwind durch Coriolisablenkung). Sie erreichen absinkend den subtropischen Hochdruckgürtel.

Mit dem Zenitstand der Sonne verlagern sich die einzelnen Abschnitte der Passatzirkulation nach Norden bzw. Süden. So wandert die ITC über den Kontinenten zum Beispiel bis zu über 20 Grad nördlicher Breite, über den Ozeanen werden nur etwa sechs bis acht Breitengrade überwunden. Daraus folgt in den betroffenen Regionen ein deutlicher zonaler Wechsel von Trockenzeiten (trockenstabil geschichtete Luft der Passatströmung) mit Regenzeiten (feuchtlabil geschichtete Luft im Bereich der ITC). Permanenten Niederschlag, wenn auch mit besonders niederschlagsreichen Zeiten während der Zenitstände der Sonne, gibt es nur in einer schmalen Zone entlang des Äquators. In Richtung auf die Wendekreise zu verkürzt sich zunehmend die Wirkungsdauer der ITC, damit werden die Niederschlagszeiten und die Niederschlagsmengen geringer. Gleichzeitig wächst in dieser Zone die Variabilität hinsichtlich Menge und zeitlicher Verteilung der Niederschläge, was bei besonders lang ausbleibenden Niederschlägen gefürchtete Dürreperioden nach sich zieht, wie zum Beispiel in der Sahelzone. In den Randtropen herrscht dagegen fast ganzjährig die trockenstabile Passatströmung vor, was zu ausgeprägter Trockenheit und Wassermangel führt.

Im Ergebnis aller Vorgänge in der Passatzirkulation ergibt sich eine zonale Abfolge von den immerfeuchten Tropen über die wechselfeuchten äußeren Tropen zu den immertrockenen Randtropen. Durch die unterschiedliche Lage und Ausdehnung von benachbarten Kontinenten und Ozeanen, durch die wechselnde Höhenlage und die variierenden Strömungsrichtungen in der Troposphäre erfährt diese Abfolge vielfache Abwandlungen.

Aufgaben

1. Erläutern Sie Entstehung und Merkmale der Passatzirkulation am Beispiel Nordafrikas.
2. Erklären Sie den Übergang vom Urpassat als Ostströmung in den Nordost- bzw. Südostpassat (M1).
3. Erläutern Sie die Entstehung der Passatinversion.
4. Werten Sie die Klimadiagramme von Assuan (Ägypten), Malakal (Sudan) und Eala (D.R. Kongo) aus und ordnen Sie diese den jeweiligen Abschnitten der Passatzirkulation zu (M2). Bestimmen Sie die Anzahl der humiden Monate.

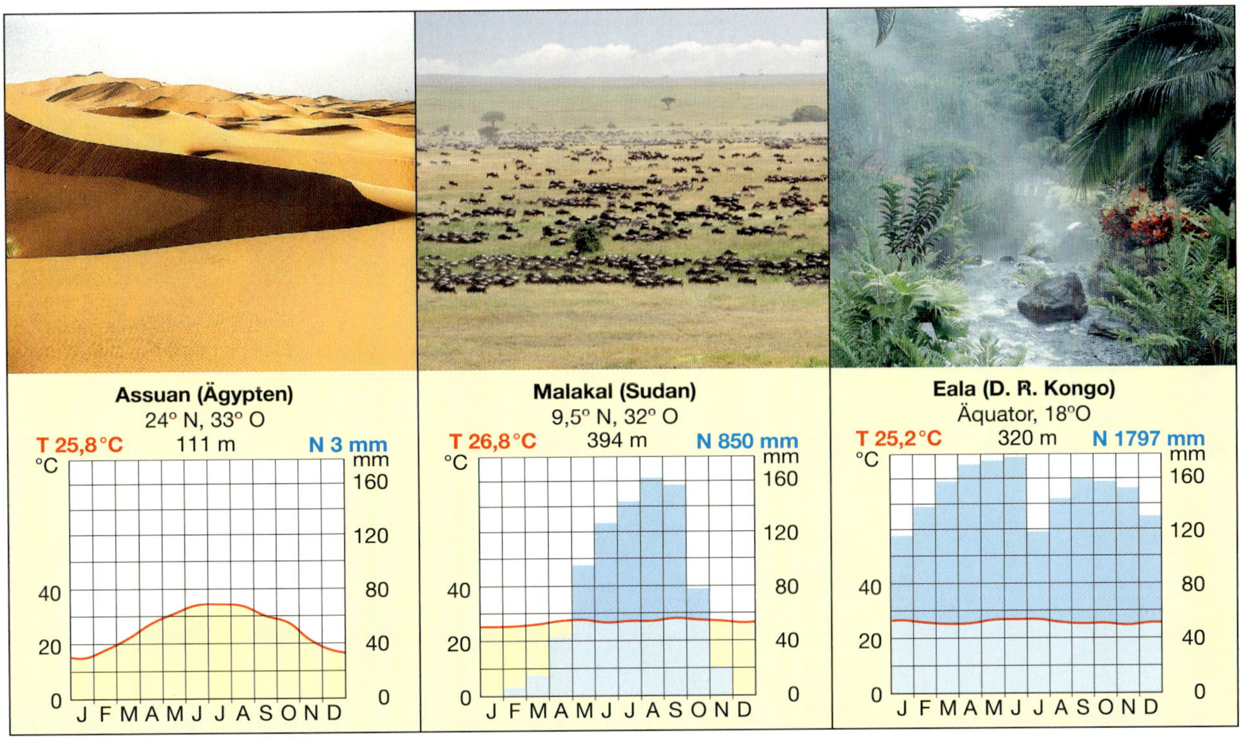

2 **Klima in den Randtropen, den wechselfeuchten Tropen und den immerfeuchten Tropen**

2.7 Tropische Monsunzirkulation

Der Wirkungsbereich der tropischen Monsunzirkulation befindet sich dort, wo große, randlich zu den Tropen gelegene Landmassen an große tropische Wasserflächen grenzen, wie zum Beispiel in Südasien. Da die Kernzone der ITC, besonders ausgeprägt über den Ozeanen, ganzjährig nördlich des Äquators bleibt, kommt es in der Auslaufzone der Passate zum Überströmen des mathematischen Äquators. Dabei liegt der thermische Äquator circa 10 Grad nördlicher als der mathematische Äquator. Klimatisch wirksam wird diese Tatsache aber erst, wenn das Überströmen über große Meridionalentfernung erfolgt. Den Anlass dafür geben die Hitzetiefs, die mit ihrem Kern jeweils am Rande der Tropen nahe dem Wendekreis über den Kontinenten liegen. Beispiel dafür ist das südasiatische Monsuntief; entsprechende sommerliche Tiefdruckgebiete gibt es aber auch über dem Inneren Südamerikas, Südafrikas und über Nordaustralien. Diese Hitzetiefs weisen einen deutlich niedrigeren Luftdruck als die äquatorialen Tiefs auf. Die Folge ist, dass die Passatströmung der Winterhalbkugel nicht in der Tiefdruckrinne nahe dem Äquator endet, sondern weiter in den Wirkungsbereich der Tiefs am Rande der Tropen fortgeführt wird. Da der tiefe Druck aber auch entlang des Äquators bestehen bleibt, kommt es zum Aufspalten der ITC in einen nördlichen (NITC) und südlichen Ast (SITC). Der noch tiefere Druck in den randtropischen Hitzetiefs führt zu einem durchgehenden Luftdruckgefälle vom winterlich stark ausgeprägten subtropischen Hochdruckgürtel der anderen Halbkugel über den Äquator hinweg bis zum betreffenden Hitzetief. Nach Überschreiten des Äquators und bei zunehmender Entfernung von diesem wächst der Einfluss der Corioliskraft der anderen Halbkugel. Aus dem Südostpassat der Südhalbkugel wird zum Beispiel über dem Indischen Ozean nördlich des Äquators eine Südwestströmung, der Südwestmonsun (M1, M3).

Auf dem Weg vom Äquator zu den Wendekreisen tritt bei zunehmendem Konvergieren der Meridiane eine Flächenkonvergenz auf. Dabei verliert die übertretende Passatströmung die für sie typische Stabilität der Luftschichtung. Abhängig vom Weg, den die Luftmasse zu den Hitzetiefs nimmt, erfolgt die Aufnahme von Wasserdampf. Aus der Monsunströmung nach Südasien fallen z. B. reichliche Niederschläge, wenn der Weg über das Arabische Meer oder den Golf von Bengalen führt, wenig beim Weg über die Arabische Halbinsel. Sowohl das zeitliche Eintreffen des Monsuns als auch seine mitgeführte Regenmenge unterliegen beträchtlichen Schwankungen (M2).

Mit dem Abbau des thermischen Hitzetiefs über den Kontinenträndern entlang der Wendekreise im Herbst löst sich auch das entscheidende Luftdruckgefälle und damit der Antrieb für die Monsunströmung auf. Der Luftdruckgradient kehrt sich um, denn über den großen Kontinentmassen Asiens baut sich zum Beispiel ein gewaltiges winterliches Kältehoch auf. Die sehr starke Aus-

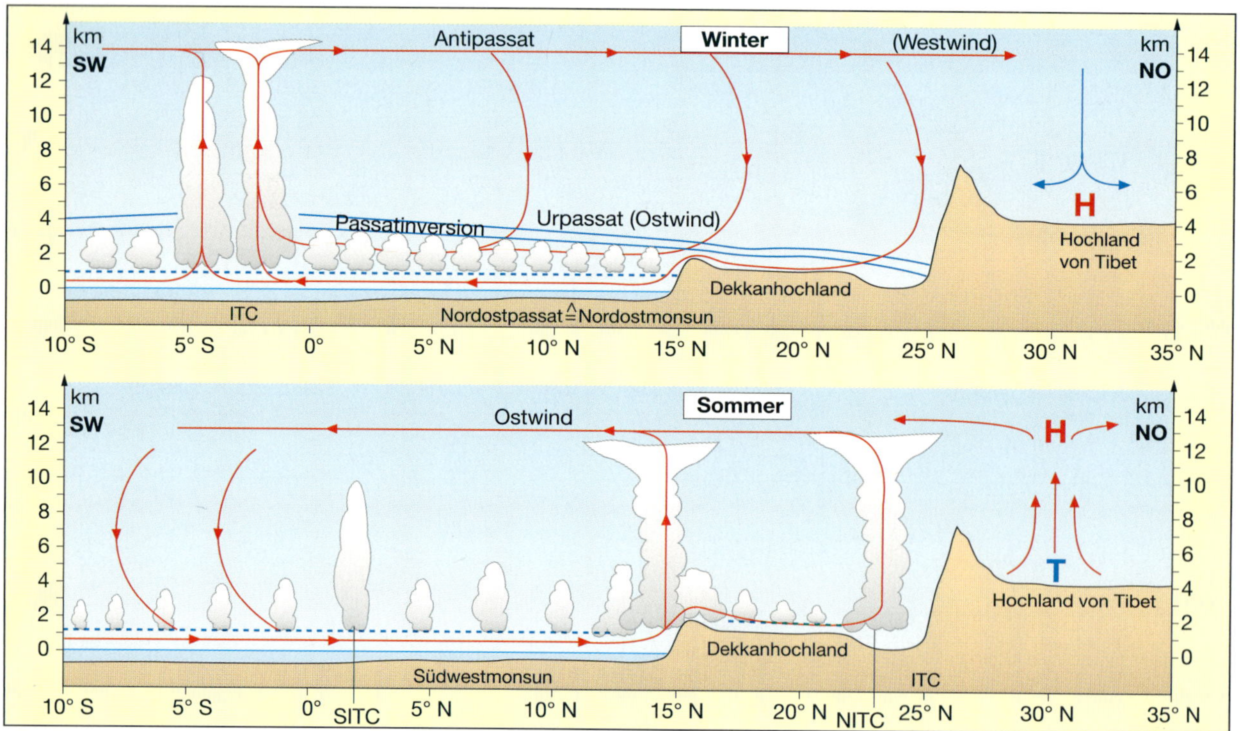

1 **Tropische Monsunzirkulation in Südasien**

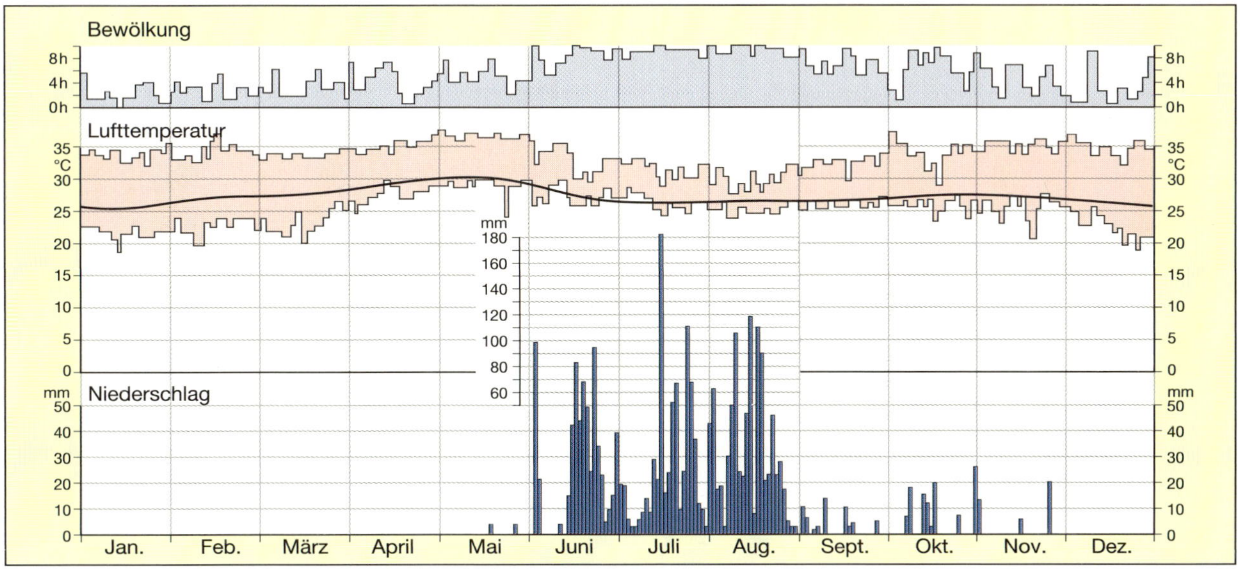

2 **Typischer Wetterablauf im Monsunklima Indiens (Beispiel Goa)**

strahlung über dem Kontinent, verstärkt durch die hohen Albedowerte über den schneebedeckten Höhenlagen Tibets, führen zu dem weltweit höchsten Luftdruck, der im Durchschnitt gemessen wurde. Über ganz Südasien entsteht eine wasserdampfarme Nordströmung, die sich beim Absteigen in die südlichen Vorländer des zentralasiatischen Hochlandes stark erwärmt und weiter austrocknet. Es bildet sich eine Inversion heraus; der winterliche Nordostmonsun nimmt die Eigenschaften eines Nordostpassats an. Die trockenstabil geschichtete Luft führt zu extremer Niederschlagsarmut über Südasien. Lediglich dort, wo die Strömung über größere Wasserflächen streicht, wird Wasserdampf in solchen Mengen aufgenommen, dass es an den Ostghats Indiens, in Sri Lanka oder an der Küste Ostafrikas zu Niederschlägen kommt (M1). Erst mit dem steigenden Sonnenstand im Frühjahr des nächsten Jahres steigen die Temperaturen z. B. über dem asiatischen Südkontinent wieder stark an. Die Vormonsunzeit ist durch zunehmende Hitze und extreme Trockenheit geprägt.

Aufgaben

1. Erläutern Sie den Zusammenhang von Passat- und Monsunzirkulation.
2. Interpretieren Sie M1. Beschreiben und begründen Sie die extremen Witterungsereignisse und ihre Auswirkung auf das Leben der Menschen.
3. Erläutern Sie Entstehung und klimatische Auswirkung der Monsunzirkulation am Beispiel Südasiens (M3).

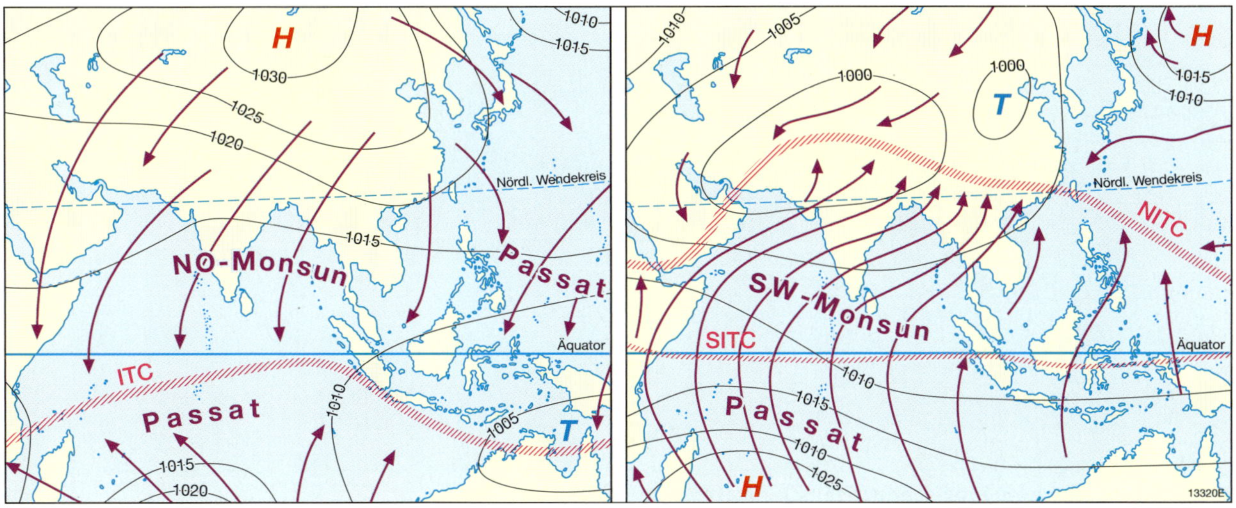

3 **Winter- und Sommermonsun**

Tropische Wirbelstürme

„*Menschen fliehen in den Superdome von New Orleans*“ (New York Times, 28.08.2005). Zu diesem Zeitpunkt war der Hurrikan „Katrina“, einer der schlimmsten tropischen Wirbelstürme, schon fünf Tage alt. Weit über tausend Tote und Schäden in einer geschätzten Höhe von über 125 Milliarden US-Dollar waren die Folge. Am 26. August erreichte „Katrina“ beim Eintreffen im Raum von New Orleans die höchste Stufe (Stufe 5). Die Aufzeichnungen registrierten mit 334 km/h die stärksten bis dahin gemessenen Sturmböen und nur 900 hPa Luftdruck.

Tropische Wirbelstürme sind frontlose Zyklonen mit einem Durchmesser von 300 bis 600 km und Wind in Orkanstärke. Sie bestehen aus einem Auge, einem Rotationsring und spiralförmigen Wolkenbändern. Das Auge ist das Wirbelzentrum mit extrem niedrigem Luftdruck, nahezu windstill, kaum Wolken und absteigender Luftbewegung mit starker Erwärmung. Der Rotationsring ist der Bereich maximaler Windgeschwindigkeit, gewaltiger Konvektion und größter Wolkenmächtigkeit (12 - 17 km), während in den Spiralen sich hohe Gewitterwolken auftürmen.

Tropische Wirbelstürme können sich nur über dem Ozean bilden und sind nur dort stabil. Beim Übertritt auf das Festland wird durch Reibung und Unterbrechung der Zufuhr warmer Luft von der Meeresoberfläche das Sturmzentrum instabil. Mit dem Einströmen von Luft ins Zentrum und Anhebung der Luft kommt es zu gewaltigen Regenfällen; das wirkt abkühlend und der Wirbel bricht zusammen.

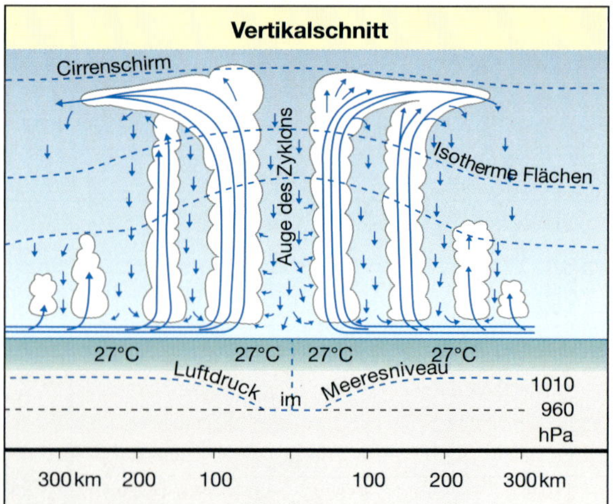

- Weite Ozeanbereiche müssen mindestens 26,5 °C, lokal 28 °C Wassertemperatur aufweisen.
- Die Mächtigkeit des warmen Wasser beträgt mindestens 60 Zentimeter.
- Es erfolgt keine Mischung mit kühlerer Luft, da keine Windscherung.
- Luft fließt in zwölf Kilometer Höhe ab, Trog im Subtropenjetstream schafft dafür Voraussetzung.
- Erst fünf bis acht Grad polwärts ist die Corioliskraft ausreichend für eine Rotation.
- Warmluft aus dem Rotationsring muss ins Auge des Wirbelsturms übertreten.
- Am Boden fließt von außen ständig neue Luft nach.

2 Bildungsbedingungen tropischer Wirbelstürme

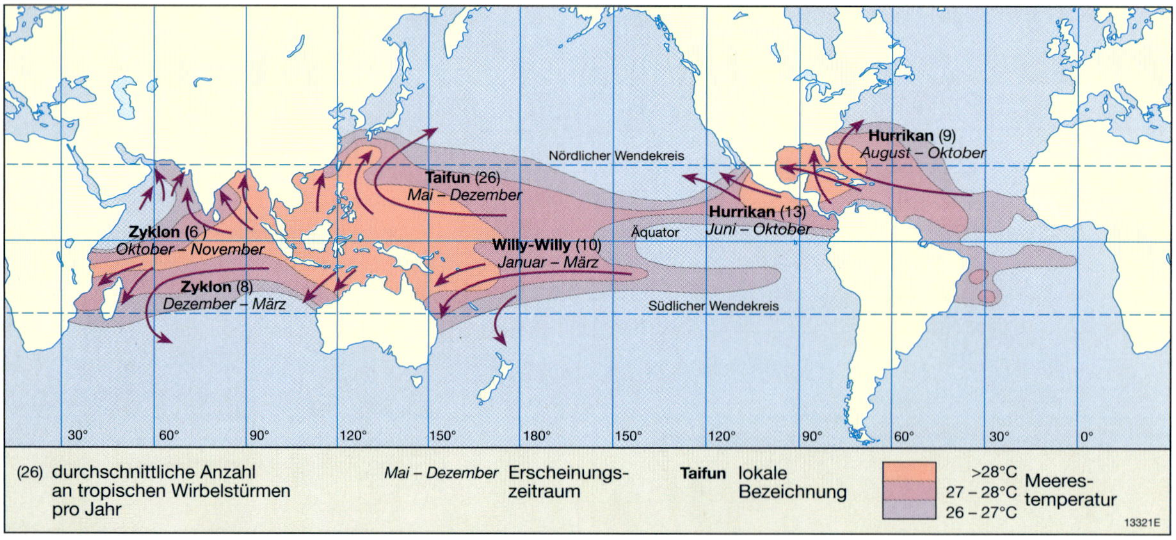

1 Verbreitung und durchschnittliches Auftreten tropischer Wirbelstürme

Geo-Exkurs

El Niño

Schon vor über 100 Jahren gaben peruanische Fischer dem Naturphänomen „El Niño“ seinen Namen. Relativ regelmäßig zur Weihnachtszeit (El Niño – der Knabe – steht für „Christkind“) gab es eine unangenehme Bescherung: Die sonst reichlichen Sardellenfänge der peruanischen Fischer blieben aus.

Das normalerweise kalte und nährstoffreiche Auftriebswasser im Humboldtstrom vor der Westküste Südamerikas kommt ins Stocken und wird zunehmend wärmer. Warmes Wasser und fehlende Nährstoffe verarmen die reichen Fischgründe, zuerst bleiben die Sardellen weg, dann die Raubfische, und auch die Seevögel haben nicht genügend Nahrung. Die Auswirkungen machen sich auf den Festländern durch extreme Trockenheit mit Dürren oder aber durch sintflutartige Regengüsse bemerkbar.

Sir Gilbert Walker, ein britischer Meteorologe, entdeckte Anfang des 20. Jahrhunderts die Southern Oscillation, einen jahreszeitlich wechselnden Luftdruckgegensatz zwischen westlichem und östlichem Pazifik. Dieser, wie eine riesige Druckwippe funktionierende Luftmassenausgleich ist die Grundlage für das El-Niño-Phänomen.

Die zugrunde liegende Zirkulation, auch WALKER-Zirkulation genannt, ist etwa parallel zum Äquator angeordnet. In ihr führen Nordost- und Südostpassat zu auflandigen Winden an der Ostseite der Kontinente. Ein Tiefdruckgebiet mit warmer, feuchter Luft entsteht über dem Westpazifik. Über dem Ostpazifik, an der Westseite des Kontinents, kommt es zu ablandigen Winden aus einem Hochdruckgebiet mit warmer, trockener Luft. Ihnen entsprechen Meeresströmungen, die von der Westküste seewärts gerichtet sind und das aufquellende kalte Wasser mit den Passatströmungen nach Osten verfrachten, was zu einer zunehmenden Erwärmung und einem Ansteigen des Meereswassers führt. Temperaturunterschiede von sechs bis acht Kelvin und Meeresspiegelhöhenunterschiede von bis zu 60 Zentimetern treten auf. Im Sommer der Südhalbkugel schwächt sich der Südostpassat durch die Verlagerung des Windgürtels nach Süden vor der Küste Perus ab und damit auch die Intensität der ablandigen Winde.

Im Abstand von mehreren Jahren erfolgt diese Abschwächung besonders stark. Wenn sie dazu führt, dass das Kaltwasser vor der Westküste durch warmes Oberflächenwasser von Osten her überdeckt wird, ist das El-Niño-Ereignis da. Die Folge sind intensive Verdunstungs- und Konvektionsvorgänge über dem warmen Wasser, die Passatinversion wird durchbrochen und aus der feuchtwarmen Äquatorialluft fallen überdurchschnittlich hohe Mengen an Niederschlag, die zu Überschwemmungen führen. Auf der anderen Seite wandelt sich das Ganze um, an den Ostküsten Indonesiens, Afrikas und Lateinamerikas gehen die normalerweise reichlichen Niederschläge zurück, Dürren mit den entsprechenden Auswirkungen sind die Folge.

Im umgekehrten Falle, wenn eine besonders starke Abkühlung des Humboldtstromes vor der Westküste Südamerikas zu verzeichnen ist, verstärken sich die Passate und die Kaltwasserströmung schiebt das warme Wasser weiter nach Osten. Über dem westlichen Pazifik treten dann stark erhöhte Niederschläge auf, während es im westlichen Südamerika extrem trocken wird. Dies wird als das La-Niña-Phänomen bezeichnet.

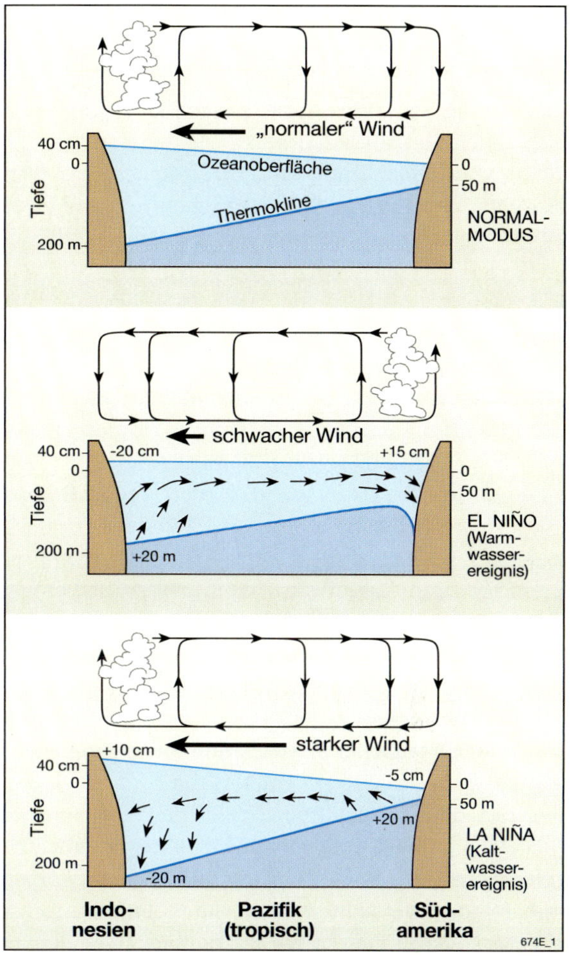

3 Normal-, El-Niño- und La-Niña-Zustand

2.8 Wettergeschehen in den mittleren Breiten

Auch in den mittleren Breiten gibt es Hagelschläge und Platzregen, Hitze-, Dürre- und Kälteperioden. Sie sind jedoch selten so stark ausgeprägt wie anderswo, meist regional begrenzt und nur von kurzer Dauer: Das Wetter ist eben gemäßigt in der gemäßigten Zone, aber es wechselt rasch. Dabei dominieren zwei ganz verschiedene Wetterlagen, die jedoch eng mit dem Jetstream verknüpft sind.

Das zyklonale Wettergeschehen

Durch die Saugwirkung des Jetstreams bilden sich entlang der Polarfront zum Beispiel über dem Nordatlantik in rascher Folge Tiefdruckgebiete. Sie driften mit der Westwindströmung nach Osten und überqueren dabei Europa auf unterschiedlichen Bahnen (M1). In diese dynamisch gebildeten Zyklonen werden subtropische Warmluftmassen und subpolare Kaltluftmassen eingesogen und entgegen dem Uhrzeigersinn miteinander verwirbelt.

Dabei wird an der Warmfront die leichtere Warmluft in schrägem Winkel über die schwerere Kaltluft gehoben, es kommt zur langsamen Abkühlung der Luft, Kondensation und allmählicher Entwicklung einer Aufgleitbewölkung. Weit vor Eintreffen der Warmfront am Boden bilden sich dabei in der Höhe Schleierwolken (Cirrus), die sich zu dünnen Schichtwolken (Altostratus), später zu mächtigeren und tiefer liegenden Schichtwolken (Nimbostratus) verdichten. Aus ihnen fällt zunächst feiner Nieselregen, der rasch in großflächigen Regen mit relativ kleinen Tropfen übergeht. Bleibt die Kaltluft ortsfest, kann dieser sogenannte Landregen tagelang andauern.

Nach dem Durchzug der Warmfront (= Aufgleitfront) gibt es keine Aufgleitbewegungen mehr. Im Warmluftsektor findet daher in der Regel keine Kondensation mehr statt. Je nach Feuchte und Temperatur der Luft können die Schichtwolken verdunsten oder noch einige Zeit als Wolkendecke erhalten bleiben.

An der Kaltfront stößt kalte Luft gegen die vorgelagerte warme Luft vor. Die schwerere Kaltluft bricht regelrecht in den Warmluftsektor ein und verdrängt die leichtere Warmluft nach oben, wobei diese rasch abkühlt: Es bilden sich hochreichende Konvektions- oder Haufenwolken (Cumulus), die zu heftigen Schauerregen mit großen Regentropfen, mitunter auch zu Hagel- und Gewitterbildung, führen. Meistens dauern diese „Wolkenbrüche" aber nicht lange. Nach dem Durchzug der Kaltfront sind die Bedingungen in der Luftsäule wieder einheitlich. Da die Feuchtigkeit der zuvor nach oben verdrängten Warmluft kondensiert und die relative Feuchte von Kaltluft gering ist, nimmt die Wolkenbildung im sogenannten Rückseitenwetter rasch ab und es herrscht eine hervorragende Fernsicht aufgrund der klaren Luft.

Auf dem Weg der Zyklone nach Osten holt die schnellere Kaltfront die Warmfront allmählich ein, weil die Warmluft bei den Aufgleitvorgängen an Bewegungsenergie verliert. Letztlich wird der Warmluftsektor in der Okklusion (Aufeinandertreffen von Kalt- und Warmfront) ganz vom Boden abgehoben und kühlt in der Höhe aus. Der Tiefdruckwirbel verliert damit an Eigendynamik; Kondensation und Niederschlagsbildung nehmen ab; die Zyklone stirbt. „Zyklonenfriedhöfe" sind Räume im Inneren der Kontinente, die daher kaum Frontalniederschläge erhalten.

Das antizyklonale Wettergeschehen

Großräumige und länger anhaltende Hochdruckwetterlagen über Europa bilden sich durch Vorstöße von Polar- oder Subtropikluftmassen. Aber auch die Druckpumpe des Jetstreams kann Antizyklonen erzeugen, die wie die dynamisch entstandenen Zyklonen mit der Westwindströmung weitergeführt werden. In allen drei Fällen sind die Wettererscheinungen gleich: Die Absinkbewegung im Hoch führt zur Erwärmung der Luftmassen, zu Verdunstung und damit zur Wolkenauflösung. Strahlender Sonnenschein beziehungsweise sternenklare Nächte mit strahlungsbedingter Abkühlung und teilweise Bildung von Bodennebel beziehungsweise Bodenfrost im Winter sind die Folgen. Wegen der aus dem Hoch ausströmenden Luft können andere, mit der Westwindströmung herbeigeführte Luftmassen nicht in dessen Zentrum vordringen. Luftmassenfronten mit ihren typischen Erscheinungen bilden sich bei Antizyklonen daher nur in deren Randbereich.

Aufgaben

1. Erläutern Sie den „Lebenslauf" (Geburt, Entwicklung, Alterung, Tod) einer Polarfrontzyklone (M1).
2. Erläutern Sie die Vorgänge, die im Bereich der aufgleitenden Warmluft an der Warmfront und an der Kaltfront ablaufen.
3. Beschreiben Sie, wie ein Beobachter in Punkt P (M2) das nachfolgende Wettergeschehen erlebt. Berücksichtigen Sie dabei Temperaturverlauf, Wind, Niederschlag und Sicht.
4. Begründen Sie, warum Schauer von kurzer, Landregen oft von sehr langer Dauer sind.
5. Vergleichen Sie zyklonales und antizyklonales Wettergeschehen.
6. Begründen Sie das Entstehen von Bodennebel beziehungsweise Bodenfrost im Winter bei antizyklonalem Wetter.

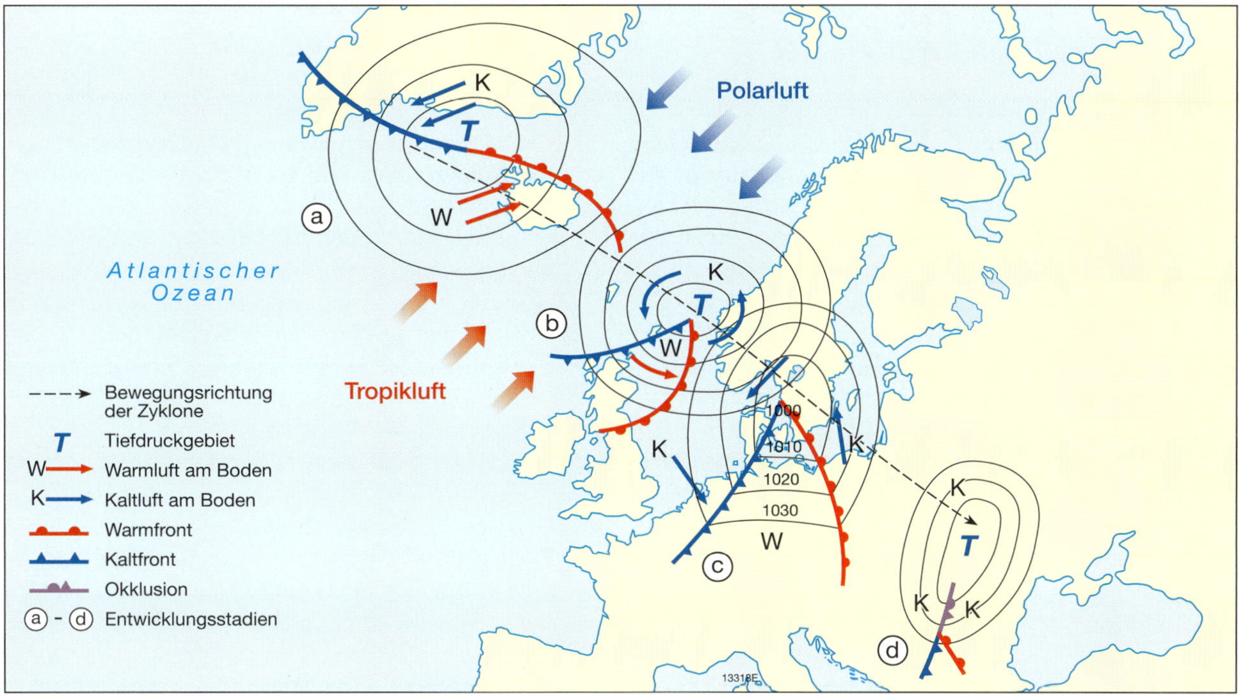

1 Bewegung und Entwicklung einer Zyklone

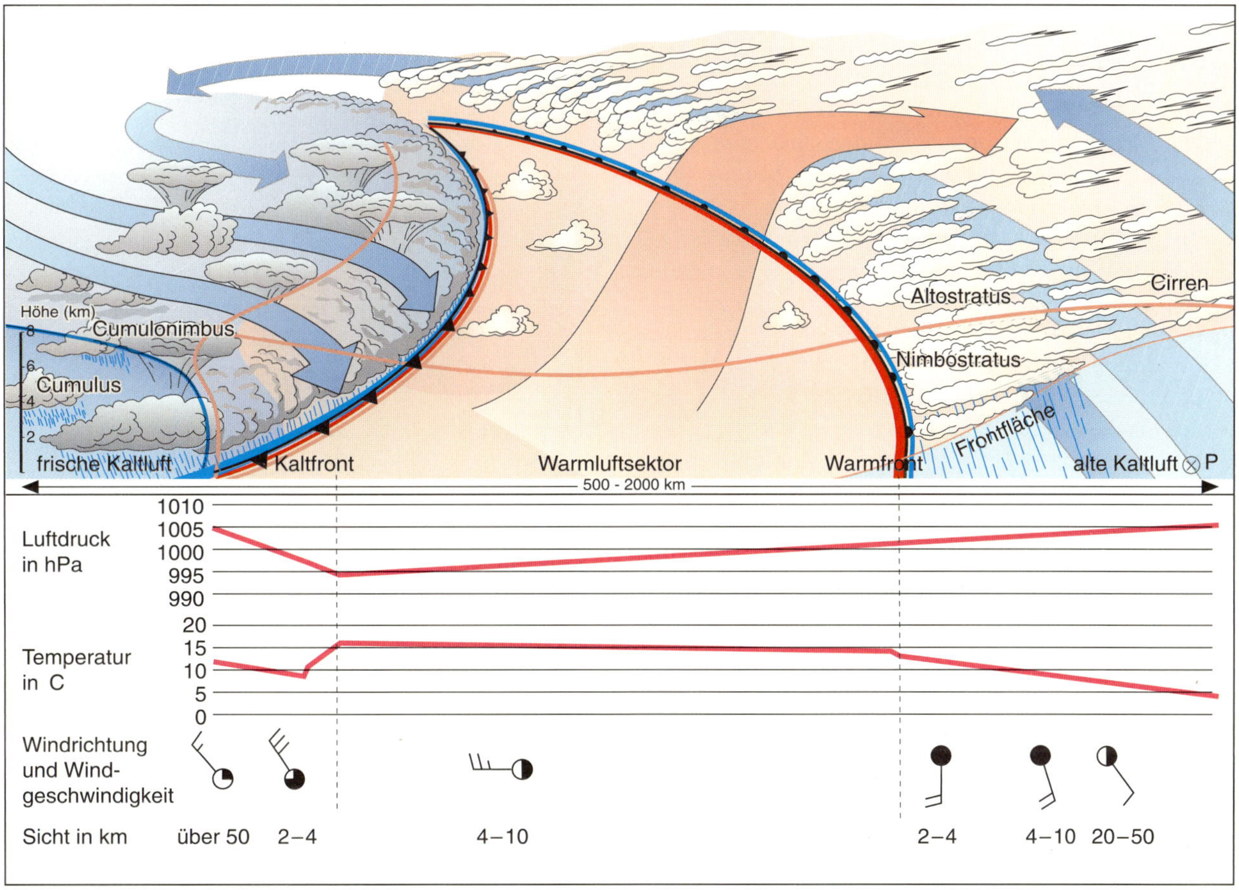

2 Durchzug einer Zyklone

Methode

Auswertung einer Wetterkarte

Ein wichtiges Hilfsmittel für Vorhersagen bilden die Wetterkarten, aus denen die Entwicklung bestimmter Wetterlagen mit charakteristischen Merkmalen, wie Temperatur, Bewölkung, Luftdruck, Niederschläge, Wind u.a. abgeleitet werden kann. Sie stellt den Zustand der Atmosphäre zu einem bestimmten Zeitpunkt für ein bestimmtes Gebiet dar und ist eine Momentaufnahme des Wetters, die eine vollständige Übersicht über die Wetterelemente an zahlreichen Stationen des Beobachtungsgebietes enthält.

Die Meteorologen benötigen nicht nur die Wetterbeobachtungen aus dem eigenen Land. Es gibt weltweit circa 10 000 Landstationen und zahlreiche Handels- und Passagierschiffe, die Wetterbeobachtungen zu festgelegten Zeiten durchführen. Außerdem werden sehr viele Daten von Wettersatelliten übermittelt. Die Informationen werden mit verschiedenen Zeichen auf Wetterkarten dargestellt. Dabei gibt es Bodenwetterkarten, wie sie aus den Medien bekannt sind, sowie Höhenwetterkarten, in denen der Verlauf der Frontalzone und damit die vorherrschende Wetterlage (M1) abgelesen werden kann. Die Auswirkungen dieser Wetterlage auf das konkrete Wettergeschehen sind in der Bodenwetterkarte (M2) zu erkennen. Die Angaben beziehen sich immer auf den angegebenen Tag (z. B. 04.01.2000) und die angegebene Uhrzeit (00.00 UTC = GMT). Das Satellitenbild der Großwetterlage, die Höhenwetterkarte und die zugehörige Bodenwetterkarte können ständig unter www.dwd.de abgefragt werden.

Um eine Bodenwetterkarte richtig lesen und interpretieren zu können, sind im Folgenden Arbeitsschritte angegeben:

1. Aus der räumlichen Verteilung der Luftdruckgebilde und dem Verlauf der Isobaren (Linien gleichen Luftdrucks) können die weitere Entwicklung der Wetterlage und die Lage Mitteleuropas zu den Hoch- und Tiefdruckgebieten abgelesen werden.

Wetterbestimmend für Mitteleuropa wird ein Tiefdruckgebiet über Skandinavien (970 hPa), dem voraussichtlich weitere aus dem Raum Island (975 hPa) folgen werden. Die Iberische Halbinsel und Nordafrika stehen unter dem Einfluss von Hochdruck mit 1030 hPa. Über Mitteleuropa liegt damit ein Bereich starker Luftdruckänderung.

Bestimmen Sie die Druckgebilde, die für Osteuropa wetterbestimmend sind.

2. Die Lage der Fronten zum Betrachtungsraum und die Abfolge der Fronten im Druckfeld lassen Schlüsse über Art und Bewegung der Luftmassen und damit Voraussagen über Temperaturveränderungen, Bewölkung, Niederschlagsbildung, Windrichtung und -geschwindigkeit zu.

Über Mitteleuropa liegt das Frontensystem einer Zyklone. Kiew, noch vor der Warmfront liegend, hat eine Temperatur von –5 °C. Dresden, nach Überstreichen der Warmfront im Warmsektor liegend, hat 5 °C. Die zur Zyklone gehörende Kaltfront liegt über den Küsten der Nord und Ostsee und bringt wieder kühlere Luft nach Mitteleuropa (Plymouth 4 °C).

Führen Sie eine Auswertung hinsichtlich Bewölkung, Niederschlag, Windrichtung, -geschwindigkeit und dazugehöriger Vorhersage durch.

3. Für einzelne Stationen sind durch Symbole Aussagen zu Lufttemperatur, Bewölkung, Art der Niederschläge, Windrichtung und -geschwindigkeit angegeben.

Station Warschau: Lufttemperatur 2 °C, bedeckt, kein Niederschlag, Wind aus SW mit 10 km/h.

Führen Sie für die Stationen Plymouth, Hannover, Paris und Kiew eine Stationsanalyse durch.

Werten Sie nach dem vorgegebenen Algorithmus die Wetterkarte aus einer Tageszeitung aus.

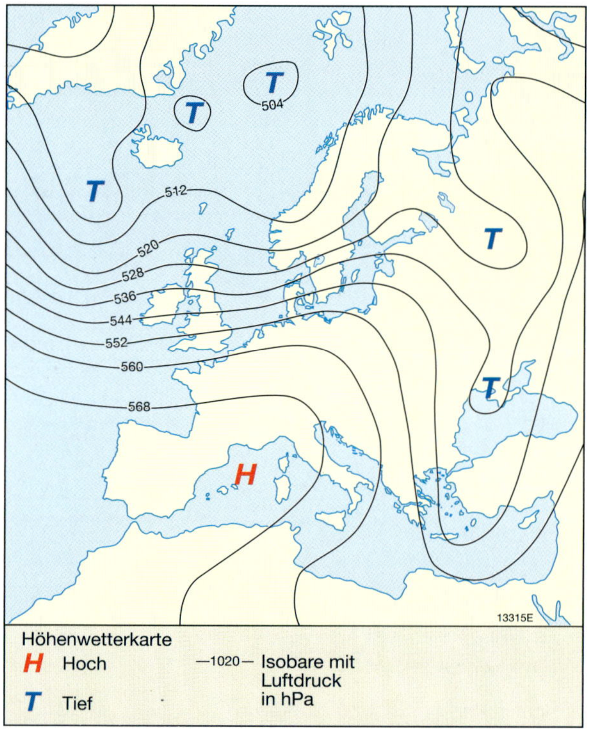

1 Höhenwetterkarte 500 hPa vom 04.01.2000

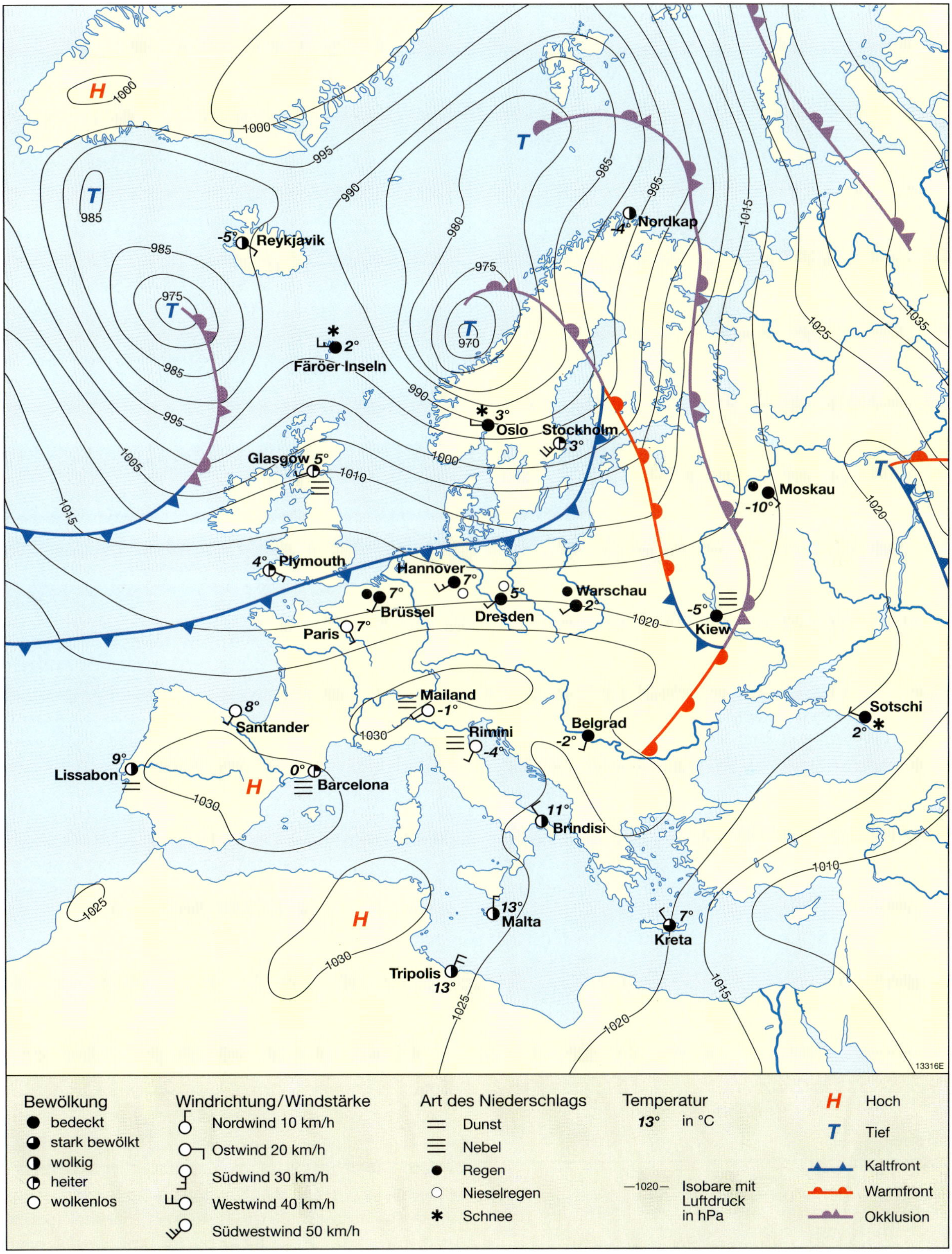

2 **Bodenwetterkarte vom 04.01.2000**

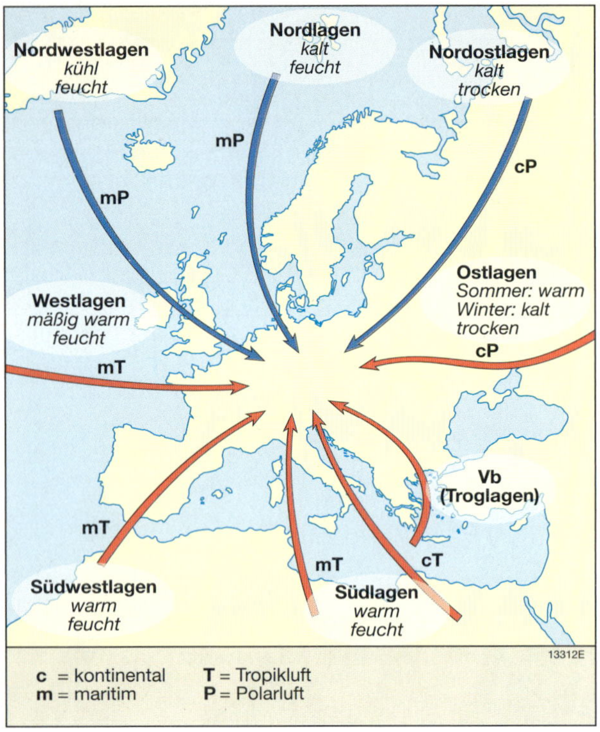

1 **Hauptluftmassen und Wetterlagen Mitteleuropas**

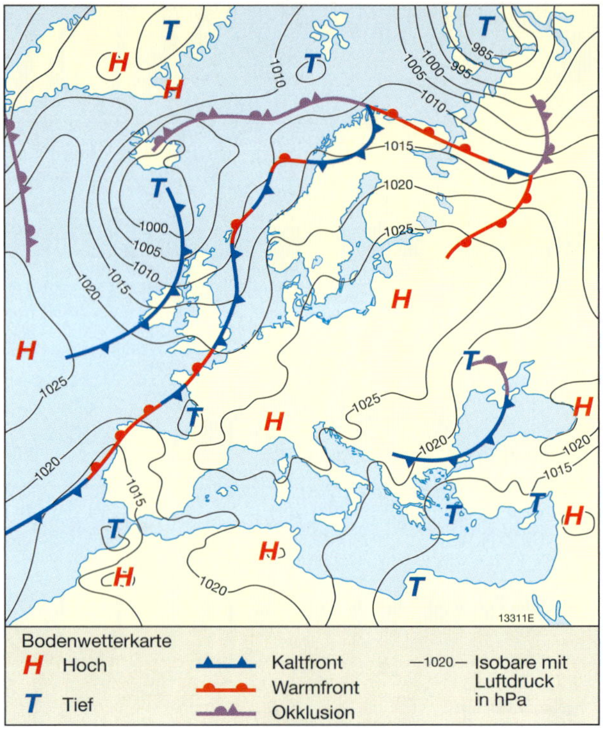

3 **Hoch über Mitteleuropa (13.06.2006)**

2.9 Großwetterlagen in Mitteleuropa

Jede Großwetterlage ist durch die Wirkung einer oder mehrerer Luftmassen gekennzeichnet, die entsprechend der Lage der planetarischen Frontalzone nach Europa herangeführt werden. Die einströmenden Luftmassen beeinflussen häufig die Temperaturen stärker als die direkte Einstrahlung durch die Sonne. Am häufigsten wird das Wettergeschehen in Mitteleuropa durch Tropikluft (warm) und Polarluft (kalt) bestimmt. Die Luftmassen unterscheiden sich noch dadurch, ob sie kontinentalen (trocken) oder maritimen (feucht) Ursprungs sind (M1).

Wetterlage	Januar	Juli	Jahr
SW-Lage	6,2	1,0	2,8
W-Lage	24,0	28,4	25,1
NW-lage	8,8	17,4	9,2
N-Lage	11,1	16,0	16,2
O-Lage	18,1	10,0	16,0
zentrales Hoch	17,6	15,2	17,3
restliche Wetterlagen	14,2	12,0	13,4

2 **Durchschnittliche Häufigkeit (%) der Hauptwetterlagen über Mitteleuropa (1890 – 1950)**

Lage und Stärke des Jetstream in der höheren Troposphäre bestimmen den Verlauf der planetarischen Frontalzone und steuern damit den Weg der großen Zyklonen und Antizyklonen. Aus der Höhenwetterkarte ist der Verlauf der planetarischen Frontalzone zu erkennen (M1, Seite 54). Verläuft die Frontalzone annähernd von West nach Ost, herrscht also eine zonale (breitenkreisparallele) Zirkulation des Jetstream vor, so werden Luftmassen vom Atlantik aus in westlicher Richtung nach Mitteleuropa transportiert. Es liegt eine Westwetterlage (M2, Seite 55) vor, die überwiegend zyklonales, wechselhaftes Wetter mit Niederschlagsbildung und sommerlicher Kühle bzw. winterlicher Milde für Mitteleuropa bringt.

Bei vorherrschender Wellenzirkulation des Jetstream treten gemischte Zirkulationsformen auf. Je nach der Lage Mitteleuropas zu diesen Wellen kann bei NW-Strömung (NW-Wetterlage) feuchte kühle maritime Polarluft oder bei SW-Strömung (SW-Wetterlage, M4) feuchte warme maritime Tropikluft herangeführt werden.

Erreicht die Wellenzirkulation Nord-Süd-Richtung, entsteht eine meridionale Zirkulation. In diesem Fall können bei Nord-Süd-Verlauf der Frontalzone N- oder NO-Wetterlagen sehr kalte feuchte oder extrem kalte trockene Luftmassen aus der Arktis nach Mitteleuropa gelangen. Verläuft die Frontalzone von Süd nach Nord, also bei S- bzw. SO-Wetterlagen, wird meist sehr trockene und heiße Luft aus dem Mittelmeerraum bzw. Nordafrika herangeführt.

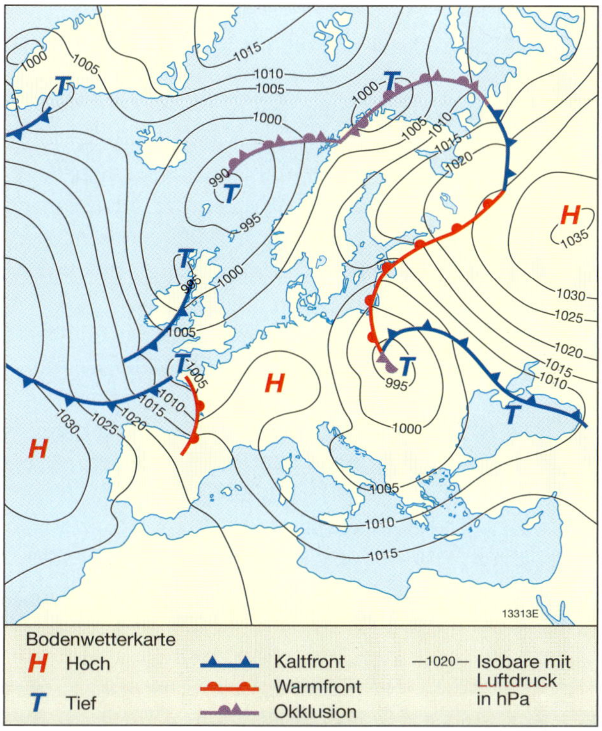

4 **SW-Lage (07.04.2004)**

Führt die Frontalzone über Skandinavien hinweg, bildet sich südlich davon über Mitteleuropa ein Hoch heraus. Diese Wetterlage Hoch über Mitteleuropa (M3) verlagert sich meistens nur wenig. Das bedeutet für längere Zeit geringe Bewölkung sowie Niederschlagsarmut. Im Sommer kann es bei hohen Temperaturen zu Wärmegewittern kommen; im Winter treten durch intensive Ausstrahlung sehr niedrige Temperaturen und Hochnebel auf.

Bei einer Ostlage blockiert ein Hoch über Skandinavien die Westwindströmung, sodass den atlantischen Tiefdruckgebieten der Weg auf den Kontinent versperrt bleibt. Die Frontalzone verläuft über den Mittelmeerraum. In Mitteleuropa kommt es zu einer Ostströmung, bei der polare Luftmassen aus Osteuropa herangeführt werden. Im Winter führt das zu strenger Kälte, im Sommer zu starker Erwärmung, jeweils bei Wolkenarmut und niederschlagsfreiem Wetter.

Aufgaben

1. Beschreiben Sie die Lage der Druckgebilde sowie die Witterungsverhältnisse (M3, M4).
2. Beschreiben Sie, wodurch Hochdruckwetterlagen im September gekennzeichnet sind.
3. Werten Sie die Tabelle zur durchschnittlichen Häufigkeit der Hauptwetterlagen über Mitteleuropa aus (M2).

Geo-Exkurs

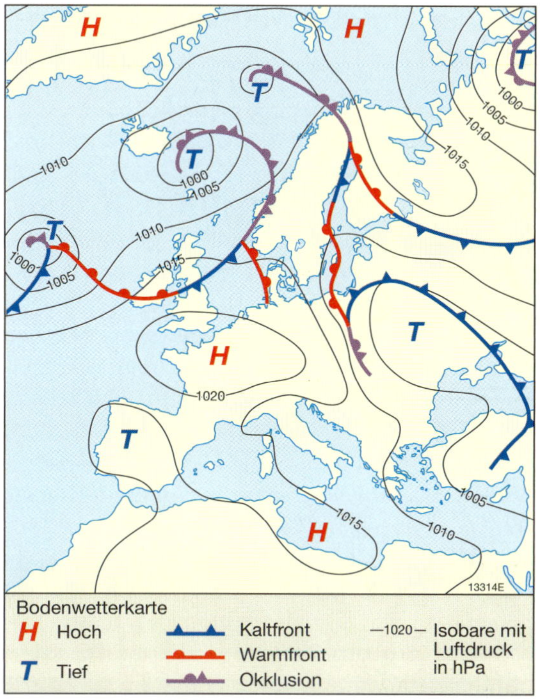

Vb-Wetterlage

Eine besondere Wetterlage ist die Vb (Fünf-B)- oder Troglage. Sie entsteht aus einem längere Zeit ortsfesten Tiefdruckwirbel über Oberitalien. Dabei wird warmfeuchte Luft aus dem Mittelmeerraum über die Alpen herangeführt. Für das östliche Mitteleuropa bedeutet das lang anhaltende und starke Niederschläge, die häufig zu Hochwasser führen. Die Bezeichnung Vb entstammt der alten Systematisierung des Wetterablaufs von W. van Berber (1881), der fünf Hauptzugstraßen der Tiefdruckgebiete über Mitteleuropa beschrieb. Die Vb-Zugstraße verläuft von Oberitalien über den Balkan, Ungarn und Polen in das Gebiet des Ladogasees.

Am 10.08.2002 zog Tief „Ilse“ von Frankreich südlich der Alpen ins nördliche Nordmeer weiter zum Balkan, dann nach Polen und in Richtung Ukraine ab (14.08.2002; vgl. Karte). Das Tief sorgte für immense Regenmengen in Ost- und Südostdeutschland sowie in Österreich und Tschechien. Die Besonderheit in Deutschland war, dass kräftige Druckunterschiede dafür sorgten, dass sich die Regenwolken des Tiefs immer wieder am Erzgebirgsnordrand stauten und starker Dauerregen ausgelöst wurde. Dies war die Ursache des Jahrhunderthochwassers an der Elbe.

Methode

Auswertung von Wettersatellitenbildern

Die für Europa relevanten Satellitenbilder stammen von dem Wettersatelliten METEOSAT-08, der in circa 37 000 km Höhe über dem Schnittpunkt des Äquators mit dem Nullmeridian steht (M3). Er ist geostationär, das heißt, er hat eine Umlaufbahn von 24 Stunden und sendet alle 30 Minuten Bilder vom gleichen Ausschnitt der Erdoberfläche. Die im Bild eingeblendete Zeit (UTC = Universal Time Coordinated) entspricht der GMT-Zeit (Greenwich Mean Time), das heißt, in Mitteleuropa ist es bereits eine Stunde später.
VIS (visible)-Bilder (im Bereich des sichtbaren Lichts) geben die Intensität der reflektierten Sonnenstrahlung wieder (M1) und sind somit während der Nachtstunden nicht verfügbar. Die unterschiedlichen Grautöne des VIS-Bildes sind ein Maß für das Reflexionsvermögen von Oberflächen und Wolken (Albedo). Wolken reflektieren viel Sonnenstrahlung, sie erscheinen im VIS-Bild je nach Dicke grau bis weiß. Land und Wasser haben ein geringeres Reflexionsvermögen, sie erscheinen daher im Bild dunkel.
IR (Infrarot)-Bilder dagegen sind 24 Stunden abrufbar und geben die Strahlungsintensität im infraroten Spektralbereich wieder. Jeder Körper sendet entsprechend seiner Temperatur Strahlung aus. Die unterschiedlichen Grautöne entsprechen den unterschiedlichen Temperaturen der strahlenden Oberflächen und Wolken. Je kälter die Strahlungsquelle, umso heller die Grautöne. Da die Temperatur mit der Höhe abnimmt, sind Wolken in großen Höhen kalt und erscheinen im IR-Bild hellgrau bis weiß. Erd- und Meeresoberflächen sind relativ warm und erscheinen dunkelgrau bis schwarz. Um eine bessere Interpretation zu ermöglichen, wurde eine farbige Darstellung der IR-Bilder entwickelt. Bewölkung wird mit weißen, wolkenfreies Land mit braunen und wolkenfreies Meer mit blauen Farbtönen dargestellt. Tiefere, also wärmere Wolken über Land oder Meer erscheinen in helleren Farbstu-

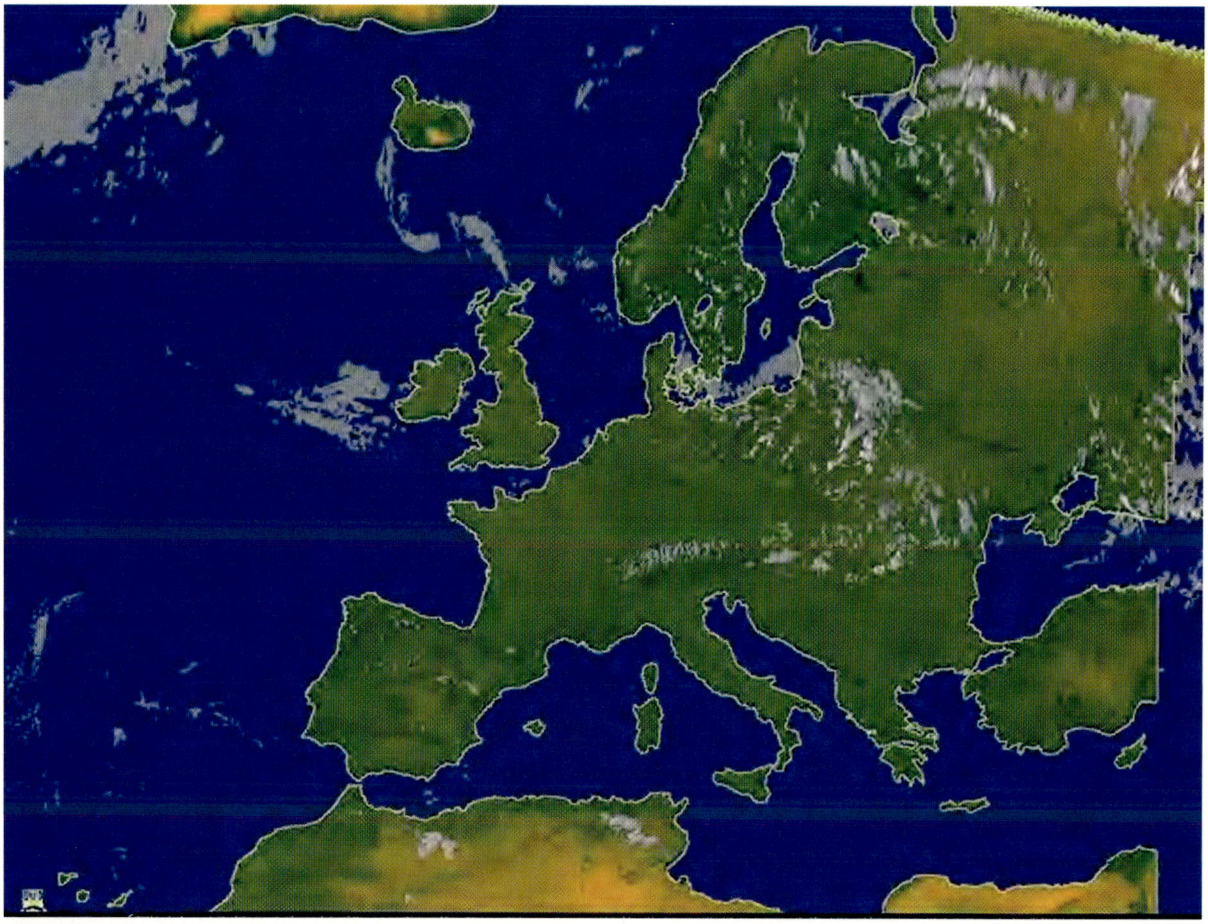

1 **METEOSAT 08 – VISUELL – 28.05.2006 – 15:00 UTC**

fen des jeweiligen Untergrundes (M2). Die Graustufen (bzw. Farbtöne) in einem IR-Bild sind ein Werkzeug für die Erkennung und Diagnose typischer Wolkensysteme. Ein Beispiel für warme Wolkenobergrenzen ist Nebel, dagegen sind kalte Wolkenobergrenzen (weiß) für Gewitterwolken, Wetterfronten und hohe Cirruswolken typisch. Die Erwärmung des wolkenfreien Landes durch die Sonneneinstrahlung im Laufe eines Tages lässt sich ebenfalls in den IR-Bildern durch das Dunklerwerden der Brauntöne bis zum frühen Nachmittag erkennen.

Neben den Graustufen sind Konfiguration und Musterung der Bewölkung ebenso wichtige Analysemerkmale. So können lange und breite Wolkenbänder, die häufig Wetterfronten begleiten, Wolkenspiralen, welche Tiefdruckwirbel anzeigen, und große Gebiete, meist in der Kaltluft auf der Rückseite der Wetterfronten, die mit kleinen Wolkenzellen gefüllt sind, erkannt werden. Letztere bilden sich, wenn die kalte Luft über einen warmen Untergrund strömt.

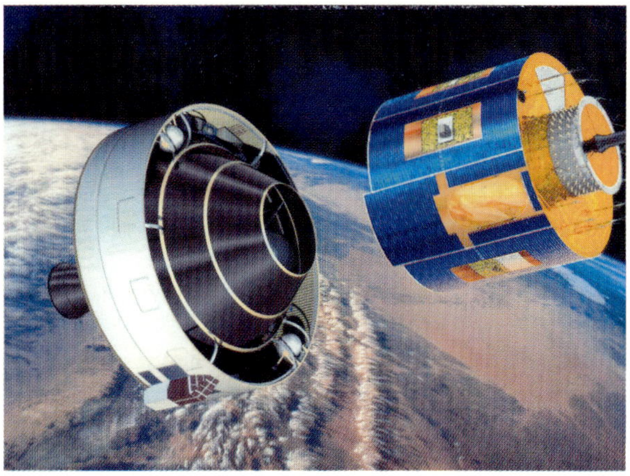

3 METEOSAT

Betrachten Sie die aktuellen Satellitenbilder des METEOSAT (z.B. www.dwd.de) und interpretieren Sie die verfügbaren IR-Bilder. Vergleichen Sie Ihr Ergebnis mit den Bodenwetterkarten und der Wettervorhersage.

2 METEOSAT 08 – INFRAROT – 28.05.2006 – 15:00 UTC

US-Studie warnt vor Anarchie durch Klimawandel
Der Klimawandel ist nach Expertenmeinung eine größere Bedrohung als der Terrorismus. Dies besagt eine interne Studie des US-Verteidigungsministeriums. (...) Die Verfasser waren zu dem Schluss gekommen, dass die internationale Sicherheit durch Folgen der Umweltveränderungen mehr gefährdet werde als duch Terroranschläge (...) In der Studie wird spekuliert, dass durch Klimawechsel entstehende Knappheit an Trinkwasser und Energie zu Anarchie und Kriegen zur Aneignung oder auch Verteidigung der kostbaren Ressourcen führen könnte. Staaten könnten sich sogar veranlasst sehen, Nuklearwaffen zum Schutz ihrer Reserven zu entwickeln. (...) Die Studie mutmaßt, dass in Großbritannien zwischen 2010 und 2020 sibirische Kälte herrschen und die Küsten Hollands durch Sturmfluten unbewohnbar werden könnten. (...)

(Quelle: Leipziger Volkszeitung, 26.02.2004, dpa, A.F.)

1 Zeitungsmeldung

2.10 Klimawandel

Der globale Klimawandel

Zeitungsmeldungen der letzten Jahre zufolge tickt scheinbar eine „Zeitbombe" für die Menschheit. Der Blick auf die Kohlenstoffdioxid-Messwertkurve vom Observatorium auf dem Mauna Loa (M4) und ein Vergleich mit der Temperaturentwicklung der letzten 150 Jahre auf der Erde (M2) verstärken diese Befürchtungen. „Die globale Erwärmung ist doch nichts Besonderes oder Außergewöhnliches", scheint dagegen die Temperaturkurve der 4,6 Milliarden Jahre dauernden Erdgeschichte zu zeigen (M3).
Und tatsächlich spalten sich auch die Wissenschaftler in zwei Lager auf, in solche, die Alarm schlagen vor den Folgen des Klimawandels aufgrund menschlicher Eingriffe in den Klimahaushalt, und jene, die gelassen bleiben: In der Erdgeschichte sei es bereits zu weitaus größeren Temperaturschwankungen gekommen, als sie derzeit auf der Erde zu registrieren sind.
Sicher ist jedoch, dass der Mensch auf die „Bühne der Klimabeeinflussung" getreten ist, denn die Anzeichen für einen verstärkten Treibhauseffekt durch das Zutun des Menschen erscheinen eindeutig.

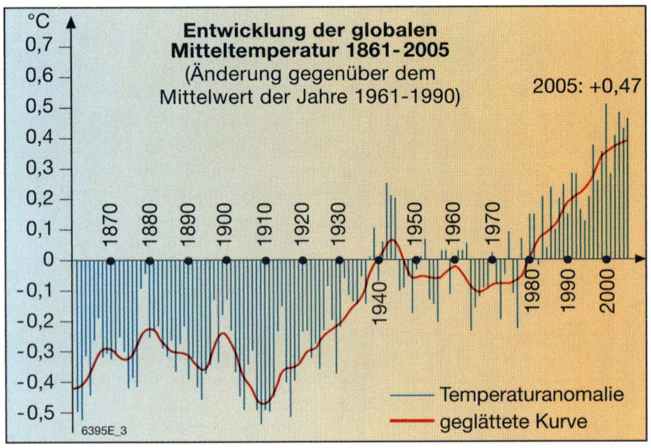

2 Global gemittelte Temperatur der Erde 1860 – 2005

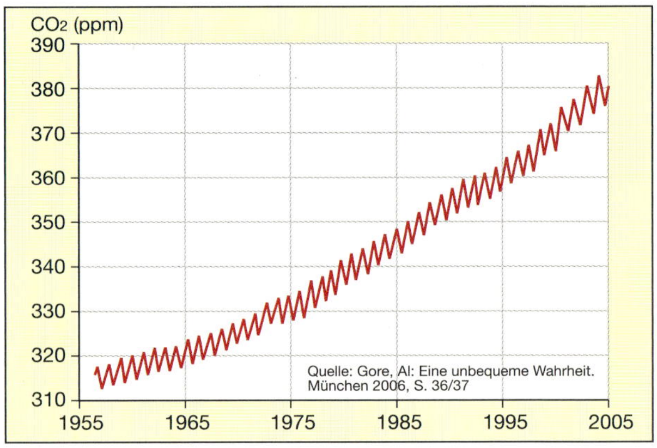

4 CO_2-Messwerte auf Mauna Loa

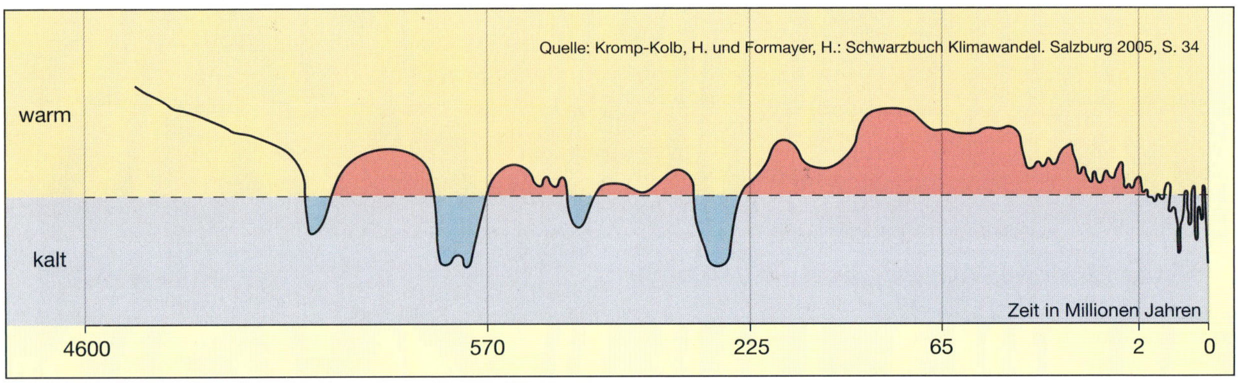

3 Verlauf der globalen Temperatur seit der Entstehung der Erde

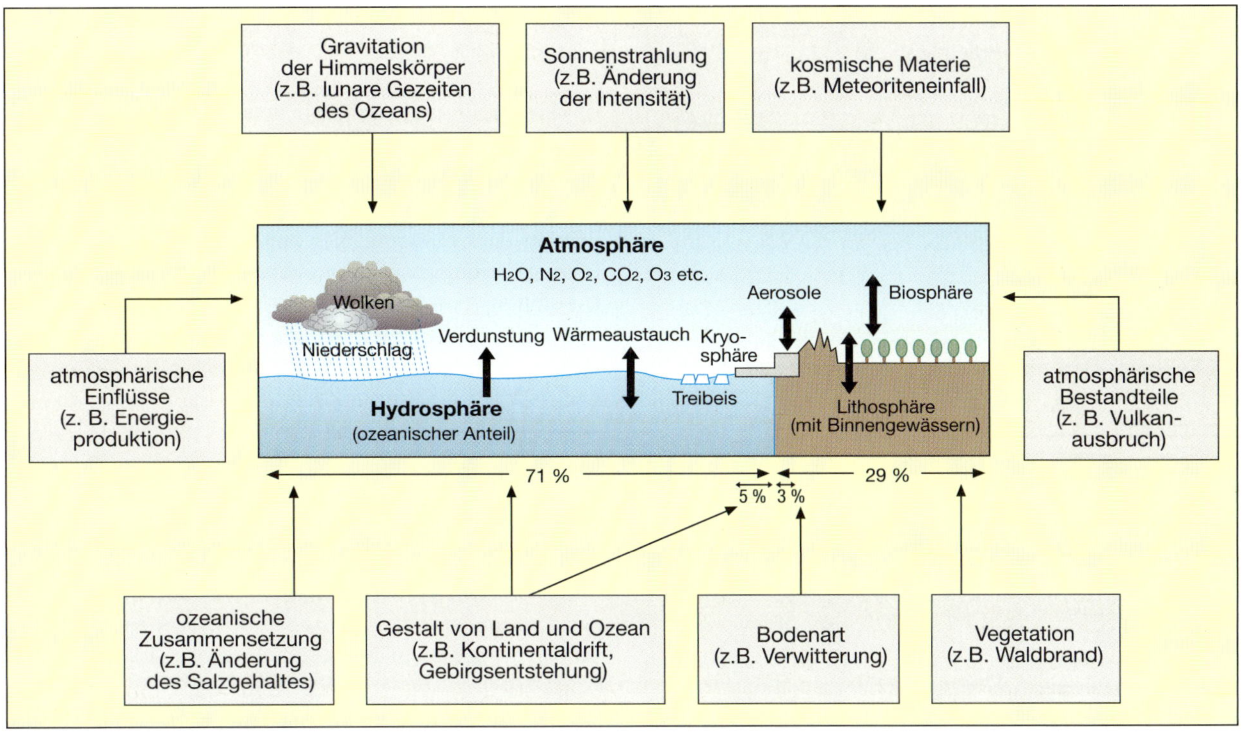

5 Das Klimasystem der Erde

Das Klimasystem der Erde

Das Klima ist der durchschnittliche Zustand der Troposphäre über einen längeren Zeitraum in einem Gebiet und stellt das durchschnittliche Witterungsgeschehen über diesen Zeitraum dar. Die Erdatmosphäre ist jedoch kein isoliertes System, sondern unterhält mit anderen Teilbereichen der Erde und des Weltalls intensive Wechselbeziehungen (M5). Diese Teilbereiche werden als Subsysteme des Klimasystems Erde bezeichnet. Dazu gehören unter anderem die Pedosphäre (Bodenhülle), die Hydrosphäre (Wasserhülle), die Kryosphäre (Eishülle), die Biosphäre (Lebenshülle) und die Lithosphäre (Gesteinshülle).

Daneben gibt es weitere terrestrische und extraterrestrische Einflussfaktoren des Erdklimas. Zu den terrestrischen Einflüssen zählen zum Beispiel die vom Menschen verursachten Emissionen von Treibhausgasen, die die Erwärmung der Atmosphäre künstlich vorantreiben, oder der Vulkanismus, der durch die Aerosole in den Aschewolken Klimaänderungen hervorruft. Extraterrestrische Einflüsse können sehr vielfältig sein. So haben Schwankungen der Sonnenstrahlung, große Meteoriteneinschläge, kosmische Materiewolken oder die Gravitationswirkungen benachbarter Himmelskörper (z.B. Mond) Einfluss auf das irdische Klima und dessen Veränderungen. Die einzelnen Subsysteme und Einflüsse wirken jedoch mit unterschiedlichen Reaktionszeiten (M6) auf das Klimasystem ein, sodass Aussagen hinsichtlich ihres Anteils am Klimawandel schwer zu treffen sind.

Prozesse	Zeit (Jahre)
Sonnenalterung (Energieabstrahlung)	Mio. bis Mrd.
Zusammensetzung der Erdatmosphäre	natürlich: Mio. bis Mrd., anthropogen: 10 – 100
Kontinentaldrift	Mio. bis Mrd.
Gebirgsbildung und Land-Meer-Verteilung	10 000 bis Mio.
Schwankungen der Erdbahnparameter	10 000 bis 100 000
Vegetationsänderungen	10 bis 1000
Sonnenfleckenzyklus	10 bzw. 22
Wirkung extremer Vulkanausbrüche	Monate bis Jahre
großräumige Luftdruckverteilung	Tage bis Jahreszeiten
Wettersysteme (z.B. Tiefdruckgebiete)	Tage bis Wochen
Gewitter, Tornados	Stunden bis 1 Tag

6 Klimarelevante Prozesse (Auswahl)

Aufgaben

1. Beschreiben Sie mithilfe von M3 und der erdgeschichtlichen Zeittafel (vorderer Einband) die Veränderungen der globalen Temperatur seit der Entstehung der Erde vor 4,6 Milliarden Jahren.
2. Weisen Sie mögliche Anzeichen einer Klimabeeinflussung durch den Menschen nach (M2, M4, M5).
3. Erläutern Sie das Klimasystem der Erde (M5, M6).

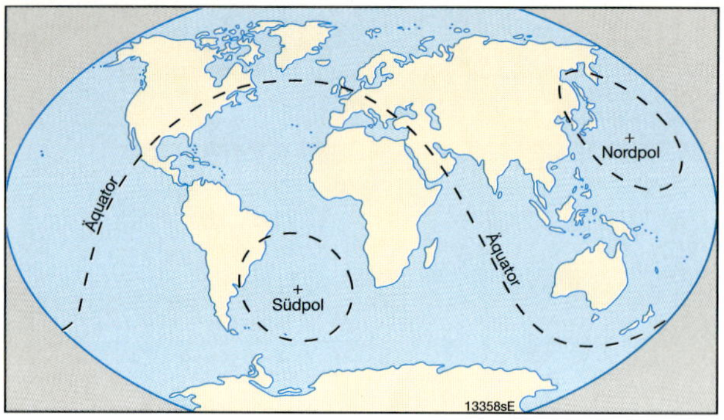

1 **Rekonstruktion der Lage des Äquators und der Pole im Devon/Karbon**

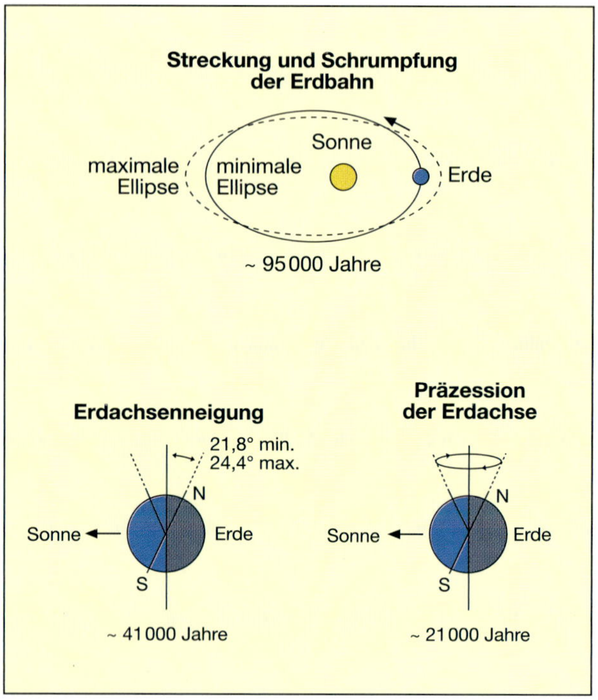

2 **Veränderung der Erdbahnparameter**

Mögliche natürliche Ursachen für den Klimawandel

Da die Erdgeschichte durch einen häufigen Wechsel von Kalt- und Warmzeiten geprägt wurde (Seite 60, M3) und der Mensch in erdgeschichtlichem Maßstab erst seit kurzer Zeit existiert und klimawirksam ist, müssen auch natürliche Ursachen für die Erklärung der Schwankungen der Erdtemperatur in der Vergangenheit herangezogen werden. Die Klimaforscher haben terrestrische und extraterrestrische Hypothesen dazu aufgestellt.

Die Reliefhypothese besagt zum Beispiel, dass Gebirgsbildungen Kaltzeiten verursachen können, da der dabei stark auftretende Vulkanismus den Strahlungshaushalt und die atmosphärische Zirkulation erheblich über lange Zeiträume beeinträchtigen kann. Die plattentektonische Hypothese sieht in der über mehrere Hundert Millionen Jahre andauernden Wanderung der Kontinentalplatten Gründe für Klimaveränderungen (M1).

Großimpakte, wie zum Beispiel der Einschlag des Yukatan-Meteoriten vor circa 65 Millionen Jahren, rufen starken Vulkanismus auf der gegenüberliegenden Seite der Erde (Antipodenvulkanismus) hervor und lösen damit Kälteperioden aus. Weiterhin werden Schwankungen der Sonneneinstrahlung (Solarkonstante, M4) auf die Erde, unregelmäßige Sonnenfleckenzyklen, Abweichungen der Erdbahnparameter und der Erdachsenneigung sowie die Präzession der Erdachse mit Klimavariationen auf der Erde in Verbindung gebracht (M2, M3).

Zeitraum	Variation
1860 – 1940	Anstieg der Solarkonstante um 0,2 Prozent
1940 – 1970	gleichbleibende Solarkonstante
seit 1970	erneuter Anstieg der Solarkonstante

4 **Variationen der Solarkonstante**

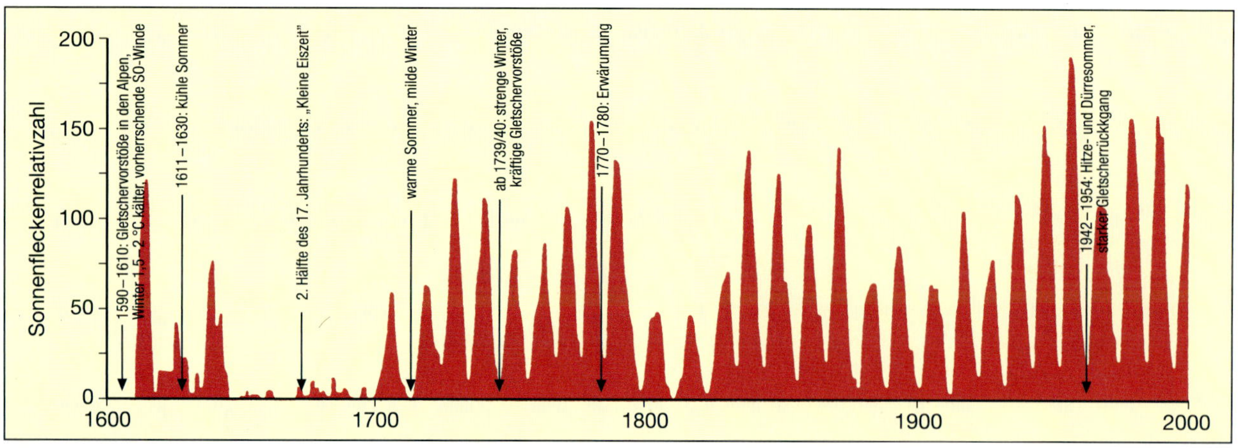

3 **Sonnenfleckenzyklen und Extremereignisse**

Anthropogene Einflüsse auf das Klima

Seit der Mensch sesshaft wurde und Ackerbau betrieb, veränderte er bewusst seine Umgebung. So kam es bereits durch die ersten großflächigen Rodungen der Wälder zugunsten der Ackerlandgewinnung zu anthropogen geprägten Klimabeeinträchtigungen.

Heute sind es in erster Linie die Emissionen von Kohlenstoffdioxid (CO_2) und anderen Treibhausgasen wie Methan (NH_4), Distickstoffoxid (N_2O) oder Fluorchlorkohlenwasserstoffe (FCKW), die den natürlichen Treibhauseffekt verstärken und so eine Klimabeeinflussung durch den Menschen bewirken. Zwar ist der CO_2-Gehalt der Atmosphäre auch dafür verantwortlich, dass die Lufthülle der Erde sich im Verlaufe ihrer Existenz von −15 Grad Celsius auf heute durchschnittlich +18 Grad Celsius erwärmt hat, was auch zur Entwicklung des menschlichen Lebens auf dem Planeten Erde führte. Seit Beginn der Industrialisierung jedoch hat der Anteil der Spurengase in der Atmosphäre bei CO_2 um 30 Prozent, bei N_2O um 10 Prozent und bei Methan sogar um 120 Prozent zugenommen.

CO_2 hat eine etwa hundertjährige Verweildauer in der Atmosphäre, bevor es abgebaut ist. Es trägt zu über 50 Prozent zu einem anthropogen verstärkten Treibhauseffekt bei (M5, M7). Bei einer weiteren durch den Menschen verursachten Steigerung des CO_2-Anteils gehen die Wissenschaftler von einer fortschreitenden intensiven Erwärmung der Erdatmosphäre aus, die das Leben auf der Erde stark beeinträchtigen könnte. So erhöhen die anhaltenden Brandrodungen in den tropischen Regenwäldern der Erde den CO_2-Gehalt der Atmosphäre und verhindern durch die massenhafte Vernichtung von Pflanzen die Sauerstoffanreicherung durch Fotosynthese. Auch das rasante globale Bevölkerungswachstum auf der Erde verschärft das CO_2-Problem. Es führt zu einem erhöhten Energie- und Brennstoffverbrauch sowie zu einer stetig ansteigenden Produktion von Nahrungsmitteln. Zur Methananreicherung in der Atmosphäre tragen unter anderem der Nassreisanbau und Massentierhaltung bei.

Aufgaben

1. Beschreiben Sie Klimaänderungen, die durch Gebirgsbildungen, Vulkanismus und plattentektonische Bewegungen hervorgerufen wurden (M1).
2. Informieren Sie sich in Lexika und der Fachliteratur über die Ihnen unbekannten astronomischen Fachbegriffe im Text auf Seite 62 und erklären Sie mögliche extraterrestrische Ursachen für einen Klimawandel (M2 bis M4).
3. Erklären Sie den natürlichen und anthropogen verstärkten Treibhauseffekt und erläutern Sie den Einfluss von Treibhausgasen auf das Erdklima (M5, M6, M7).

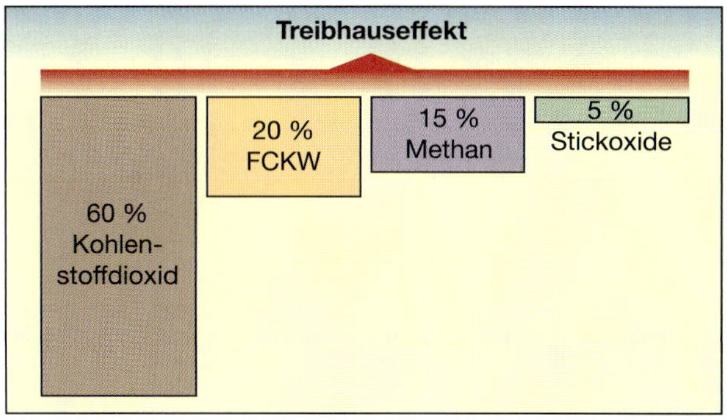

5 Anteil verschiedener Treibhausgase am Treibhauseffekt

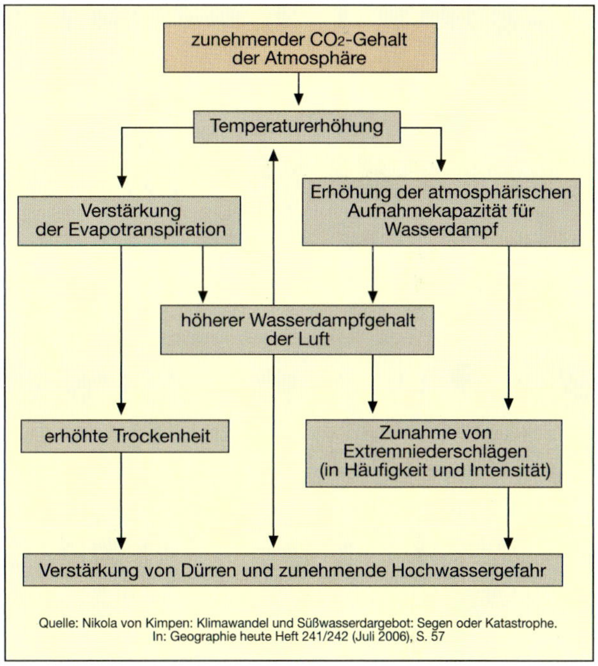

6 Auswirkungen des Temperaturanstiegs auf den Wasserkreislauf

Emissionen	gesamt	davon anthropogen
Kohlenstoffmonoxid (CO)	2000	700
Kohlenstoffdioxid (CO_2)	5500	5500
Methan (CH_4)	550	300–400
NO_X-Gase	30–50	20–30
Distickstoffmonoxid (N_2O)	25	6
Schwefeldioxid (SO_2)	150–200	100–130
Flourkohlenwasserstoffe (FCKW)	1	1

7 Klimawirksame Emissionen von Spurengasen (in Mio. Tonnen pro Jahr)

1 **Morteratschgletscher (Schweiz) 1911 …**

4 **… und heute**

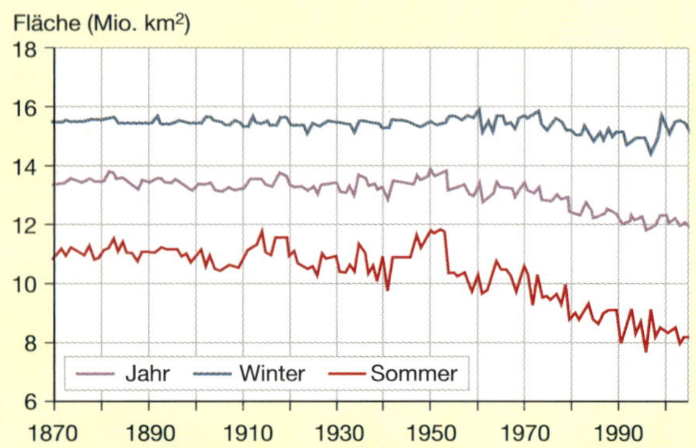

Fläche des arktischen Meereises im Sommer, Winter und über das Jahr gemittelt. Der Rückgang des arktischen Meereises macht sich besonders stark während des Minimums im Sommer bemerkbar. Hier ist die Fläche von rund 11 Millionen km² zu Beginn des 20. Jahrhunderts auf rund 8 Millionen km² zurückgegangen. Dieser Rückgang entspricht ungefähr der Fläche der Europäischen Union vor dem Beitritt der zehn neuen Mitgliedsländer 2004.

Quelle: Kromp-Kelle, H. und Formayer, H.: Schwarzbuch Klimawandel. Salzburg 2005, S. 13

2 **Rückgang der Meereisfläche**

Mögliche Folgen des Klimawandels

Die Folgen einer Klimaerwärmung können sehr vielfältig sein. Deuten die extremen Hochwasserereignisse der Oder (1997), der Theiß (2000), der Weichsel und des Po (2001) sowie der Elbe und ihrer Nebenflüsse (2002) bereits den Klimawandel an? Waren der „Jahrhundertsommer" 2003 sowie der wärmste Winter 2006/2007 seit 1860 bereits Anzeichen für Klimaveränderungen? Wissenschaftler prognostizieren für die Zukunft ab dem Jahr 2050 alle zwei Jahre derartig heiße Sommer. Ihren Aussagen zufolge wird es eine Zunahme von Wetterextremen, wie Hitzeperioden, Starkniederschläge mit Überschwemmungen, Trockenperioden oder verheerende Stürme, geben (M6). Auch der Meeresspiegel ist seit 1900 in erster Linie durch die Ausdehnung des Meerwassers aufgrund seiner Erwärmung und durch das Schmelzen von Hochgebirgsgletschern um 10 bis 20 Zentimeter gestiegen. Durch die Gletscherschmelze und häufigere Niederschläge gelangt immer mehr Süßwasser in den Nordatlantik. Der Salzgehalt des Wassers nimmt ab und schwächt die thermoha-

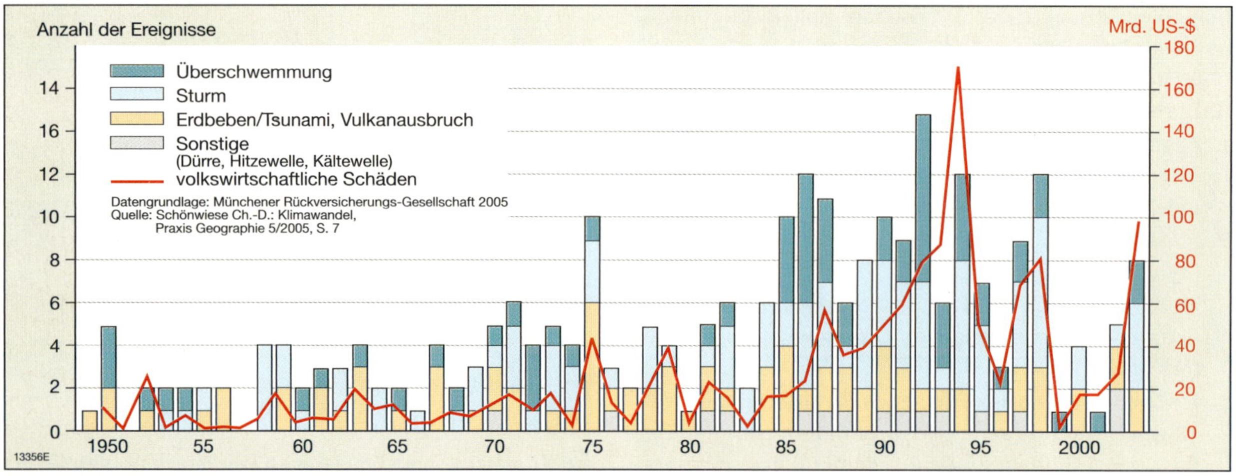

3 **Große Naturkatastrophen 1950 – 2004**

line Zirkulation, die das Golfstromsystem aufrechterhält. Wissenschaftler befürchten sogar ein mögliches Zusammenbrechen des Golfstromes in circa 80 bis 100 Jahren.
Auch die schneebedeckte Fläche der Erde hat seit 1960 um zehn Prozent abgenommen. Bisher schneesichere Gebiete der Alpen haben Schwierigkeiten, Touristen im Winter anzulocken, da immer häufiger der Schnee ausbleibt. Die Folge ist ein vermehrter Einsatz von umweltschädlichen Schneekanonen. Dies gilt auch für die sächsischen Mittelgebirge, wo im Dezember 2006 viele Wintersportler vergeblich auf Schnee warteten, während es gleichzeitig in Südspanien zu einem Schneechaos kam.
Am meisten betroffen von den Folgen des Klimawandels sind jedoch die Menschen in den Entwicklungsländern, besonders in den Ländern der Tropen. So bedroht der Meeresspiegelanstieg viele flache Inseln Ozeaniens. Das Ansteigen der Meerwassertemperaturen führt zum Absterben von Korallen, die bisher einen natürlichen Schutz vor der Brandung boten. Korallen leben zudem in Symbiose mit wärmeempfindlichen Algenarten, die nun nach und nach absterben.
In den Tropen gibt es aufgrund der Klimaänderungen zunehmend Missernten. Immer mehr Menschen leiden in Entwicklungsländern so an Unter- und Mangelernährung, werden dadurch anfälliger für Krankheiten. Vermehrte Dürreperioden durch den Rückgang der Niederschläge in den ariden Gebieten Mittelasiens, Afrikas, Australiens und in den mediterranen Regionen rufen immer häufiger Waldbrände sowie Wasserknappheit hervor und verstärken so die Desertifikation. Insektenarten, die bisher in den Tropen lebten, wandern in außertropische Regionen, auch in gemäßigte Breiten, aus, wodurch es dort zur Ausbreitung tropischer Krankheiten kommen kann. So befürchten Wissenschaftler zum Beispiel eine Rückkehr der Malaria in Mitteleuropa.

Aufgaben

1. Stellen sie Ursachen (Seite 62 f.) und Folgen des Klimawandels (M1 bis M6) in Kausalketten dar.
2. Informieren Sie sich in den Medien über weitere Folgen des Klimawandels.

- Erwärmung der unteren Atmosphäre (global bis 2100 um 1,4 – 5,8 °C; Maxima vermutlich im subarktischen Winter, in Mitteleuropa ebenfalls im Winter)
- Abkühlung der Stratosphäre (mit Begünstigung des dortigen Ozonabbaus)
- Niederschlagsumverteilungen (z. B. Mittelmeerregion generell trockener, Mitteleuropa im Sommer trockener und im Winter feuchter, Südskandinavien sowie Polargebiete generell feuchter)
- Meeresspiegelanstieg (bis 2100 um ca. 10 bis 90 Zentimeter, aufgrund der thermischen Ausdehnung des oberen Ozeans und des Rückschmelzens außerpolarer Gebirgsgletscher)
- möglicherweise häufigere Extremereignisse wie Hitzewellen und Dürreperioden, aber auch Gewitter-, Hagel- und Starkniederschlagsepisoden (regional unterschiedlich), tropische Wirbelstürme, Tornados u.a. (dies im Einzelnen aber sehr unsicher)

Quelle: IPCC

6 Die wichtigsten Klimamodell-Zukunftsprojektionen zum „anthropogenen Treibhauseffekt“

Mechanismus	Anstieg in Metern
thermische Ausdehnung	0,4 – 0,9
Abschmelzen von Gebirgsgletschern	0,4
Abschmelzen von Grönlandeis	0,9 – 1,8
Abschmelzen von Eis der West-Antarktis	1 – 2
Summe	2,7 – 5,1

Quelle: nach Rahmstorf, S. und Schellnhuber, H.J.: Der Klimawandel. München 2006, S. 66

7 Geschätzter globaler Meeresspiegelanstieg bis 2300 bei einer auf 3 °C begrenzten Erwärmung

Mittelgebirge	Zahl der Tage mit Schneehöhe > 10 cm	Verringerung Schneetage in vorangegangenen 25 Jahren	Zahl der Tage geeignet für Beschneiung [mit Schneekanonen]	Verringerung Beschneiungstage in den vorangegangenen 25 Jahren
Bayerischer Wald	88	– 20	45	– 11
Erzgebirge	74	– 20	44	– 16
Harz	80	– 18	40	– 10
Südschwarzwald	47	– 39	32	– 12

Quelle: Schneider, Ch., Saurer, H. und Schönbein, J: Schneesport ohne Schnee? In: Praxis Geographie 05/2005, S. 22

5 Veränderung der Wintersportbedingungen

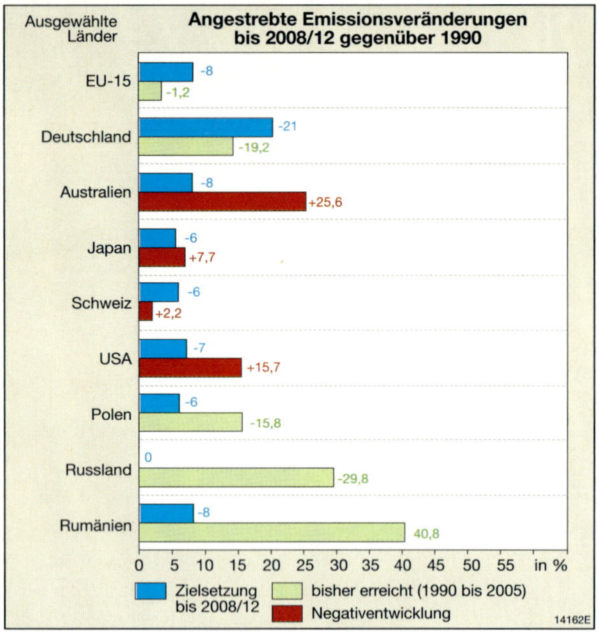

1 Angestrebte Emissionsveränderungen

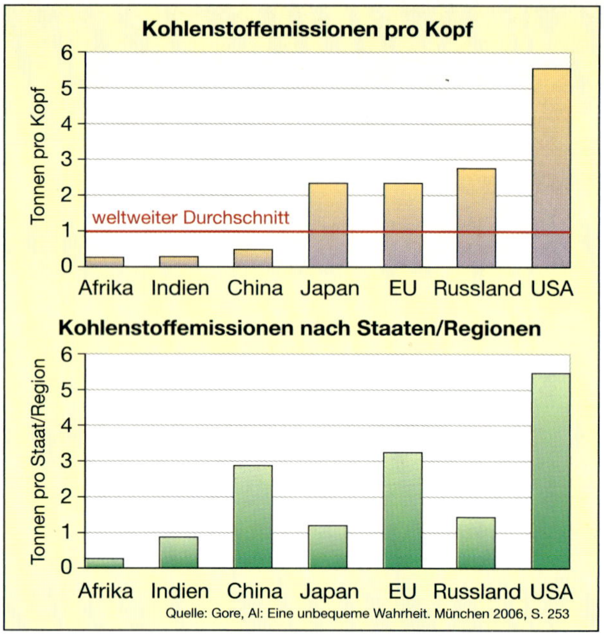

2 Kohlenstoffemissionen pro Kopf / nach Staaten

Klimapolitik

Auf einer Konferenz 1971 in Stockholm wurde erstmals die Frage nach der Rolle des Menschen im natürlichen Klimahaushalt der Erde auf internationaler Ebene erörtert. Seitdem bemüht sich die Weltgemeinschaft, das anstehende Klimaproblem zu lösen. Dabei gibt es zwei Denkansätze, einen naturwissenschaftlichen, der von der Ursache-Wirkung-Beziehung ausgeht, und einen ökonomischen, der die Kosten-Nutzen-Relation zum Gegenstand hat. Nach dem ersten Denkansatz gibt es drei Möglichkeiten des Handelns:

- die Vermeidung (Mitigation) von negativen Klimabeeinflussungen durch den Menschen
- die Anpassung (Adaption) an den Klimawandel
- das willkürliche Ignorieren des Klimawandels (Laisser-Faire-Strategie).

Die erste Möglichkeit zielt auf eine Reduzierung der Treibhausgasemissionen durch technologischen Fortschritt (Dekarbonisierung der Wirtschaft) ab. Sie sollen in ferner Zukunft sogar völlig vermieden werden. Da dies aufgrund der langen Verweildauer von Treibhausgasen in der Atmosphäre und der Zähigkeit internationaler Verhandlungen ein langwieriger Prozess wäre, kommt gegenwärtig auch der zweiten Möglichkeit eine gewisse Bedeutung zu. So gibt es zum Beispiel Pläne, die Bevölkerung, die vom Meeresspiegelanstieg betroffen ist, nach Australien oder Indonesien umzusiedeln. Es wird sogar über die Einführung einer Klimapflichtversicherung für jeden Erdenbürger je nach Anteil an der gesamten Treibhausgasemission diskutiert, um in Zukunft Anpassungsmaßnahmen finanzieren zu können. Die dritte Möglichkeit, den Klimawandel zu ignorieren, entbehrt jeglicher Nachhaltigkeit.

Zur Umsetzung der auf der Weltklimakonferenz 1992 in Rio de Janeiro getroffenen Vereinbarungen soll nun das damals von den USA erzwungene Kyoto-Protokoll aus dem Jahr 1997 erfüllt werden. Die USA und Australien haben es bis 2007 jedoch noch nicht ratifiziert. Der langfristig von 2008 bis 2012 angelegte Vertrag verpflichtet die Staaten zur Reduzierung von Treibhausgasemissionen. Bei einer Kohlenstoffdioxidkonzentration von 400 bis 450 ppm in der Atmosphäre bleiben die Auswirkungen einer Erwärmung (Grenze bei 2 Grad Celsius) in einem vertretbaren Rahmen. Das Kyoto-Protokoll ist demnach nur ein kleiner Schritt zum Fernziel, die globalen Emissionen bis 2050 zu halbieren. Ein sogenanntes „Post-Kyoto-Regime“ wird deshalb bereits nach 2012 geplant. Der Kyoto-Vertrag ist jedoch sehr flexibel und gestattet sogar einen Emissionshandel unter den Staaten (M4).

Aufgaben

1. Erläutern Sie Ziele und Erfolge der globalen Klimapolitik (M1, M2).
2. Nennen Sie die Staaten, die die höchsten Emissionen von CO_2 verursachen, und beschreiben Sie deren Rolle bei der Bekämpfung des Klimawandels.
3. Vergleichen Sie die Rolle der Industrie- und der Entwicklungsländer in der Klimapolitik und im Klimaschutzprozess.
4. Erklären Sie das System des Emissionshandels und nehmen Sie zu seiner Bedeutung und Wirksamkeit Stellung (M4).

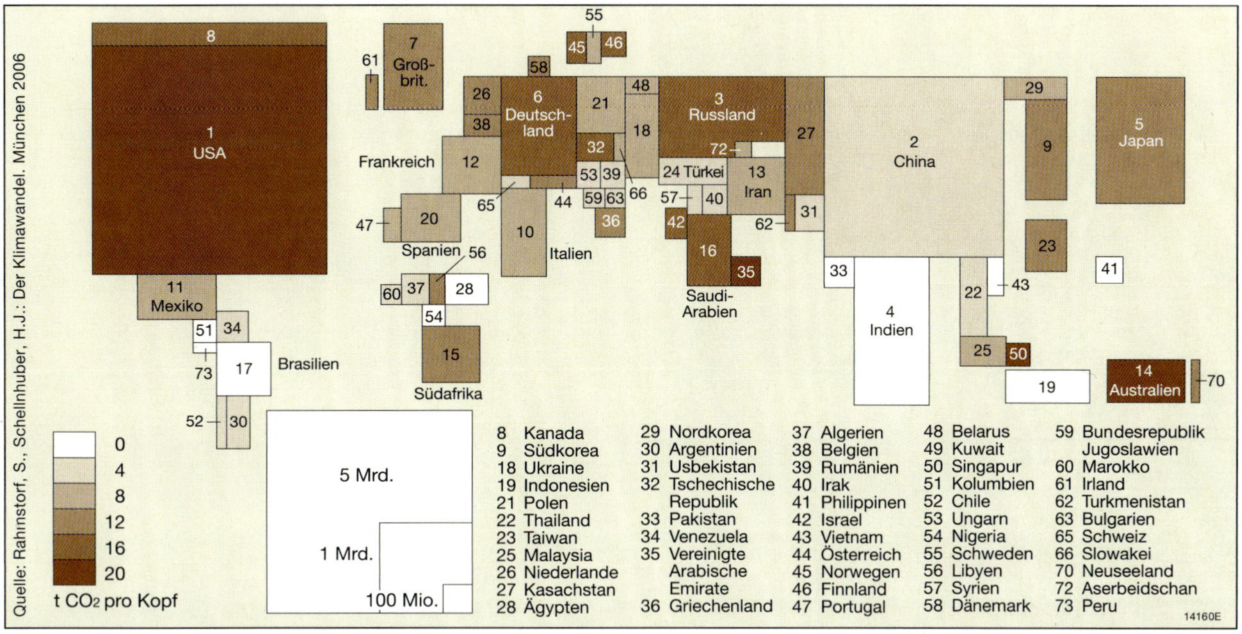

3 Weltkarte der CO_2-Emissionen (2002)

Der Emissionshandel ist ein marktbasierter Ansatz zum Erreichen von Zielen im Bereich des Umweltschutzes, welche im Rahmen des Kyoto-Protokolls definiert sind. Dieser Ansatz ermöglicht es Staaten, die ihre Treibhausgasemissionen stärker als erforderlich senken, ihre überschüssigen Reduktionen zu nutzen bzw. mit diesen zu handeln, um sie mit Emissionen aus anderen Quellen innerhalb oder außerhalb des Landes zu verrechnen. Der Handel kann auf nationaler oder internationaler Ebene stattfinden bzw. von Unternehmen untereinander abgewickelt werden. Artikel 17 des Kyoto-Protokolls ermöglicht den Annex-B-Ländern, das sind die OECD-Staaten, die Länder Mittel- und Osteuropas sowie die GUS, den Handel mit Emissionsrechten.

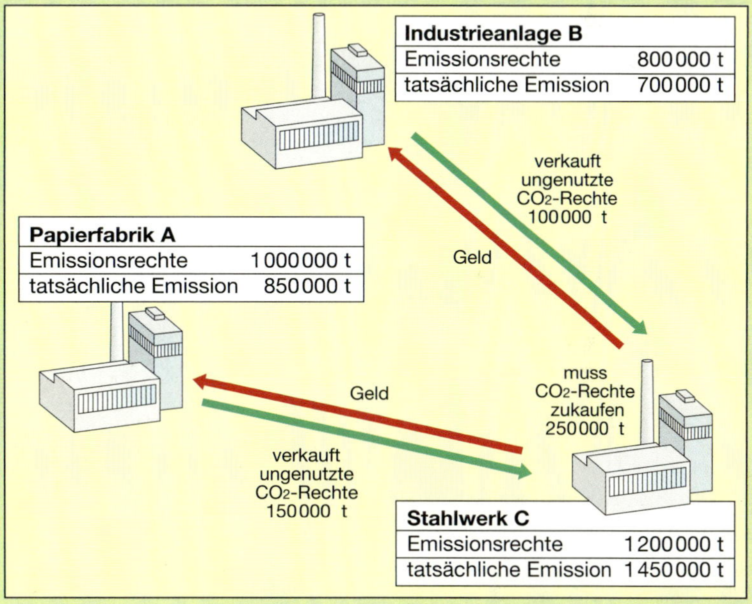

Eine EU-Richtlinie regelt den Start des Emissionshandels in Europa ab dem 1. Januar 2005. Unternehmen bekommen eine bestimmte Menge an Zertifikaten zugeteilt, die von Periode zu Periode abnimmt. Unternehmen, die bereits größere Anstrengungen zum Klimaschutz geleistet haben oder sich als besonders innovativ zeigen, können überschüssige Zertifikate verkaufen. Sie haben eine zusätzliche Einnahmequelle. Umweltsünder müssen zusätzliche Anstrengungen unternehmen oder Rechte zukaufen, um ihre Verpflichtungen zu erfüllen. Wer diese nicht einhält, muss eine Strafe zahlen. Dadurch erfolgen die Emissionsminderungen dort, wo die Vermeidungskosten am niedrigsten sind. Die Effizienz des Klimaschutzes wird erhöht, die ökologische Zielerreichung sichergestellt.

(Quelle: Umweltbundesamt, Deutsche Emissionshandelsstelle)

4 Emissionshandel

3 Globale Disparitäten und Verflechtungen

1 Manila / Philippinen: Slumsiedlung in Pasay und Hochhäuser des Geschäftszentrums Makati

1 **Karikatur**

3.1 Globale Disparitäten

„Wir leben in einer Welt ungeheurer Ungleichheiten in der Verteilung von Handlungsmöglichkeiten. Selbst grundlegende Lebenschancen sind unterschiedlich verteilt: Während weniger als ein halbes Prozent der in Schweden geborenen Kinder vor ihrem ersten Geburtstag sterben, sind es fast 15 Prozent aller in Mosambik zur Welt gekommenen Kinder. Innerhalb von El Salvador liegt die Säuglingssterblichkeit bei Kindern gebildeter Mütter bei zwei Prozent, aber bei zehn Prozent, wenn die Mütter keine Schulen besucht hatten. Die Kinder können nichts für die Lebensumstände zum Zeitpunkt ihrer Geburt, und doch wird ihr Leben – wie auch ihre Fähigkeit, zur Entwicklung ihrer Länder beizutragen – in hohem Maß von ebendiesen Umständen geprägt."

Paul D. Wolfowitz, Präsident der Weltbank (Vorwort zum Weltentwicklungsbericht 2006: Chancengerechtigkeit und Entwicklung)

Als Disparitäten werden in den Raumwissenschaften *„Abweichungen von einer gedachten, je nach Fragestellung auf unterschiedliche räumliche Maßstabebenen (Regionsabgrenzung) bezogene Referenzverteilung von als relevant erachteten Merkmalen"* verstanden (Handwörterbuch der Raumordnung).

Der Disparitätenbegriff ist für Merkmale (auch als Indikatoren bezeichnet) aus verschiedensten Bereichen (z.B. Politik, Wirtschaft, Ökologie, Gesellschaft) offen, wobei ein Trend von der Verwendung quantitativer hin zu qualitativen Merkmalen erkennbar ist.

Die Kenntnis räumlicher Disparitäten ist eine wichtige Voraussetzung für eine gezielte Einflussnahme auf Entwicklungsprozesse insbesondere durch die Politik. Wichtig ist hierbei die Beachtung der Maßstabsebene. In der lokalen oder regionalen Ebene sind die Fragestellungen und damit auch die Indikatoren andere als in der globalen Dimension.

Es ist aber nicht nur die Geographie, die sich mit räumlichen Disparitäten beschäftigt. In der globalen Dimension gibt es eine Vielzahl von internationalen Organisationen, die sich mit globalen Disparitäten auseinandersetzen, mit dem Ziel, diese zu verringern.

Globale Disparitäten haben verschiedene Ursachen. Diese lassen sich in vier Ursachenkomplexen zusammenfassen. Dies sind:

- naturgeographische Ursachen (zum Beispiel Naturbedingungen oder Naturressourcenausstattung),
- wirtschaftliche Ursachen (zum Beispiel wirtschaftliches Entwicklungsniveau, Wirtschaftsstruktur, Wirtschaftsweise),
- politische Ursachen (zum Beispiel politisches System),
- kulturell/gesellschaftliche Ursachen (zum Beispiel Wertesystem, Geschichte).

Die einzelnen Ursachen wirken nicht losgelöst voneinander, sondern bilden ein System, das mehr oder weniger stark zeitlichen Veränderungen unterliegt.

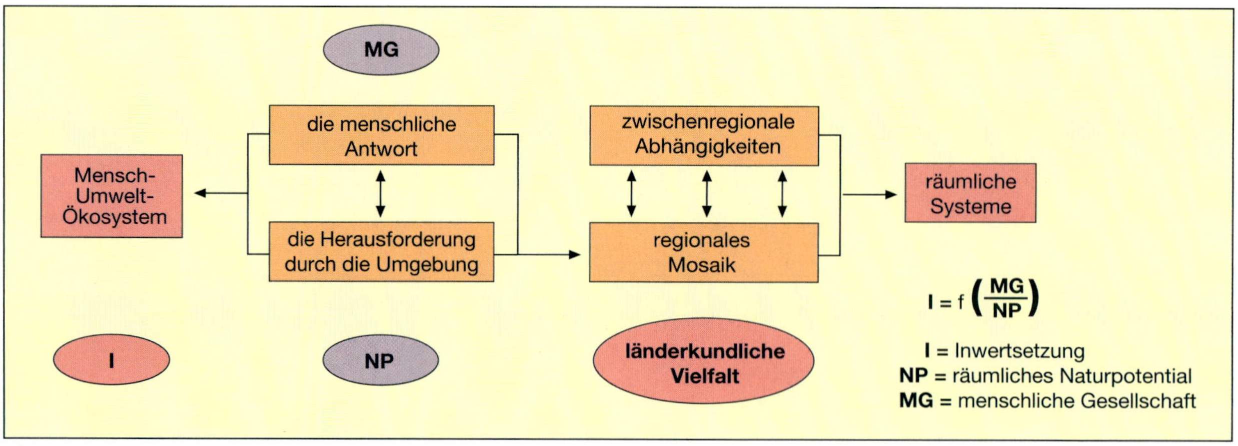

2 **Das System der Synthese in der Geographie (nach Haggett)**

3 **Karikatur**

Gliederung der Erde

Die Gliederung der Erde in rangniedere Einheiten ist eine Problematik, mit der sich die Geographie seit ihrem Bestehen als Wissenschaft beschäftigt. Auch andere Wissenschaften nehmen solche Untergliederungen vor. Die Geographie bedient sich dabei häufig dieser. Solche Gliederungen erfolgen nicht zum Selbstzweck, sondern es wird immer ein bestimmtes Ziel verfolgt. Methodisch gehen Geographen dabei so vor, dass entsprechend der Zielstellung ein oder mehrere Merkmale (Indikatoren) ausgewählt und die Ausprägung dieser in der regionalen Differenzierung betracht werden. Traditionell kommt dabei der Länderbetrachtung eine besondere Rolle zu; dies nicht nur, weil statistische Daten für Länder am besten zugänglich sind (z.B. Daten der Weltbank, der OECD, des IWF), sondern auch deshalb, weil Länder als politische Souveräne trotz aller Internationalisierungs- und Globalisierungsprozesse nach wie vor im internationalen Geschehen eine große Bedeutung haben. Durch die Vielzahl der Gliederungsmöglichkeiten ist es sinnvoll, eine Gruppenbildung vorzunehmen. Häufig werden dabei vier Gruppen gebildet. Dies erfolgt nach wirtschaftlichen, politischen, sozialen und ökologischen Gesichtspunkten.

Aufgaben

1. Erläutern Sie das Modell „System der Synthese in der Geographie" und wenden Sie dieses Modell auf ein selbst gewähltes Beispiel an (M2).
2. Interpretieren Sie die Karikaturen M1 und M3.
3. Diskutieren Sie die in der Tabelle M4 dargestellten Gliederungsmöglichkeiten der Erde und die zugehörigen Gliederungsmerkmale. Klären Sie Ihnen unbekannte Begriffe mithilfe des Internets.
4. Begründen Sie die Notwendigkeit, sich mit globalen Disparitäten auseinanderzusetzen.

Gliederung/Gruppierung	Gliederungsmerkmale
traditionelle Kontinentgliederung (Afrika, Europa etc.)	naturgeographische Merkmale, z.B. Land-Wasser-Verteilung
Kulturerdteilgliederung, KET (Indochinesischer KET, Orient etc.)	kulturgeographische Merkmale, z.B. normatives Leitsystem
tropische / außertropische Länder	naturgeographische Merkmale, z.B. Zirkulation
Agrar-, Industrie-, Dienstleistungsländer	wirtschaftliche Merkmale, z.B. Anteil der Wirtschaftssektoren am Gesamtwirtschaftsergebnis
arme / reiche Länder	wirtschaftliche, naturgeographische und soziale Merkmale, z.B. BIP pro Kopf
Öl-, Bergbau-, Tourismusländer etc.	wirtschaftliche Merkmale, z.B. Spezialisierung
Endländer, Binnenländer, Inselstaaten, Transitländer	Lagemerkmale, z.B. Lage zum Meer
Länder des Nordens/ Länder des Südens	wirtschaftliche und politische Merkmale
1., 2., 3. ... Welt	wirtschaftliche und politische Merkmale
A-, B-, C-, D-Länder	wirtschaftliche, politische und Lagemerkmale
Staatenbündnisse (AKP-Staaten, ASEAN, GUS, OPEC-Länder, NATO-Staaten etc.)	wirtschaftliche, politische und Lagemerkmale
abhängige / unabhängige Länder, souveräne Länder, Kolonien, Halbkolonien etc.	politische Merkmale
Entwicklungsländer / (hoch) entwickelte Länder	wirtschaftliche, politische und soziale Merkmale
Schuldnerländer / Gläubigerländer	wirtschaftliche Merkmale, z.B. Finanzverflechtungen

4 **Ausgewählte Gliederungsmöglichkeiten der Erde**

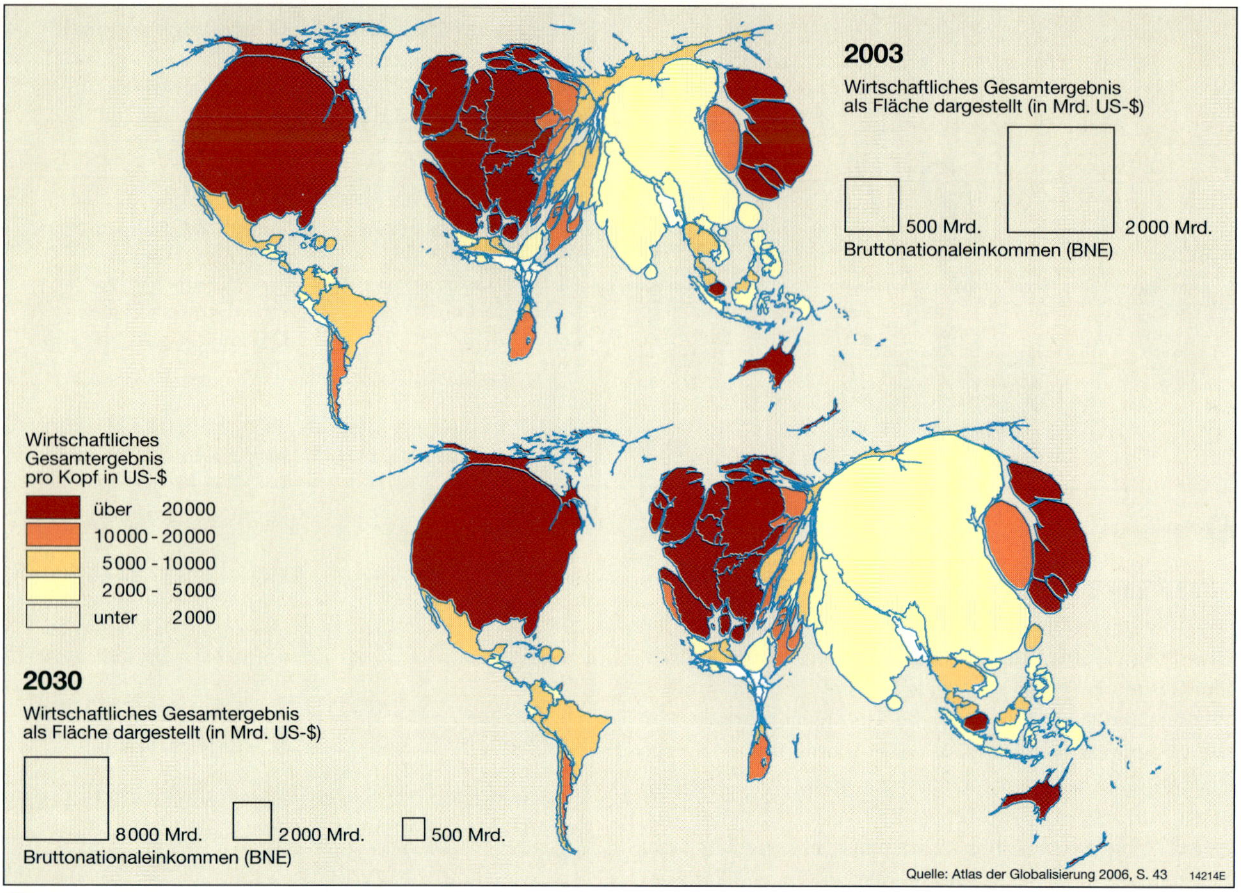

1 Wirtschaftliche Bedeutung (BNE) und wirtschaftliches Entwicklungsniveau (BNE pro Kopf)

Wirtschaftliche Entwicklungsindikatoren

Ein wichtiger Indikator zur Kennzeichnung wirtschaftlicher Disparitäten in der globalen Dimension ist das in einem bestimmten Zeitraum (meist ein Jahr) durch die Wirtschaft erbrachte Gesamtergebnis. Damit lassen sich Aussagen zur **wirtschaftlichen Bedeutung** eines Landes oder einer Region treffen. Gemessen wird dieses Ergebnis mit der Kennziffer Bruttonationaleinkommen (BNE), mitunter auch als Bruttosozialprodukt (BSP) bezeichnet. Diese Größe sagt aber noch nichts zur Leistungsfähigkeit einer Wirtschaft aus. Um diese zu ermitteln, wird das BNE ins Verhältnis zur Bevölkerung gesetzt. Diese Pro-Kopf-Werte ermöglichen Grundaussagen zum **wirtschaftlichen Entwicklungsniveau**. Häufig findet sich für diese Kennziffer auch die Bezeichnung Pro-Kopf-Einkommen. Das ist aber nicht ganz richtig, denn es handelt sich hierbei nur um einen statistisch ermittelten Durchschnittswert und nicht um eine reale Einkommensverteilung. Nach dieser Größe ordnet die Weltbank die Länder der Erde bestimmten Gruppen zu (M2).

Einkommensgruppen nach BNE pro Kopf (in US-$)	Bevölkerung		Bruttonationaleinkommen		
	in Mio.	Weltanteil	in Mrd. US-$	Weltanteil	BNE / Kopf
Länder mit niedrigem Einkommen: ‹ 876	2353	36,6 %	1364	3,0 %	580
Länder mit unterem mittleren Einkommen: 876 – 3465	2475	38,4 %	4746	10,5 %	1918
Länder mit oberem mittleren Einkommen: 3466 – 10 725	599	9,3 %	3368	7,5 %	5625
Länder mit hohem Einkommen › 10 725	1011	15,7 %	35 529	79,0 %	35 139
Welt	6438	100 %	45 007	100 %	6987

Quelle: Weltbank: World Development Report 2007

2 Verteilung des Welt-Bruttonationaleinkommens und der Bevölkerung (2005)

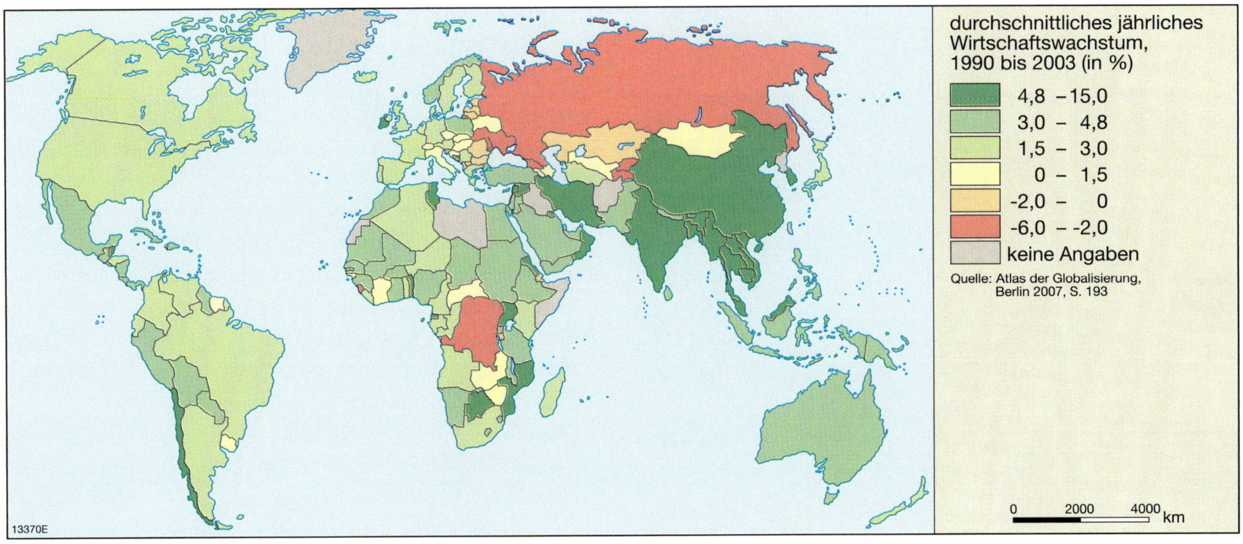

3 Dynamik der wirtschaftlichen Entwicklung

Ein weiterer wichtiger Indikator zur Charakterisierung der Wirtschaft ist die **Dynamik der wirtschaftlichen Entwicklung**. Als Kennziffer werden hier die jährlichen Veränderungen des Bruttonationaleinkommens verwendet. Diese sollten sinnvollerweise über einen längeren Zeitraum betrachtet werden, um Zufälligkeiten auszuschließen.

Eine Differenzierung zwischen den Ländern und Regionen besteht auch hinsichtlich ihrer **Wirtschaftsstruktur**. Das ist erkennbar am unterschiedlichen Beitrag der einzelnen Wirtschaftssektoren an der Wertschöpfung. In den letzten Jahrzehnten ist es hier zu deutlichen Veränderungen gekommen. So erbringt heute in den wirtschaftlich am höchsten entwickelten Ländern der Dienstleistungssektor den größten Anteil am BNE, in Ländern auf einem niedrigen Entwicklungsniveau besitzt dagegen die Landwirtschaft noch eine relativ hohe Bedeutung. Noch deutlicher wird dies, wenn die Anteile der Beschäftigten nach den Wirtschaftssektoren analysiert werden.

Aufgaben

1. Beschreiben und begründen Sie heutige und zu erwartende Unterschiede in der wirtschaftlichen Bedeutung sowie im wirtschaftlichen Entwicklungsniveau (M1).
2. Erläutern Sie die Tabelle M2.
3. Beschreiben und begründen Sie Unterschiede in der Wirtschaftsdynamik und Wirtschaftsstruktur zwischen Ländern und Erdteilregionen (M3, M4).

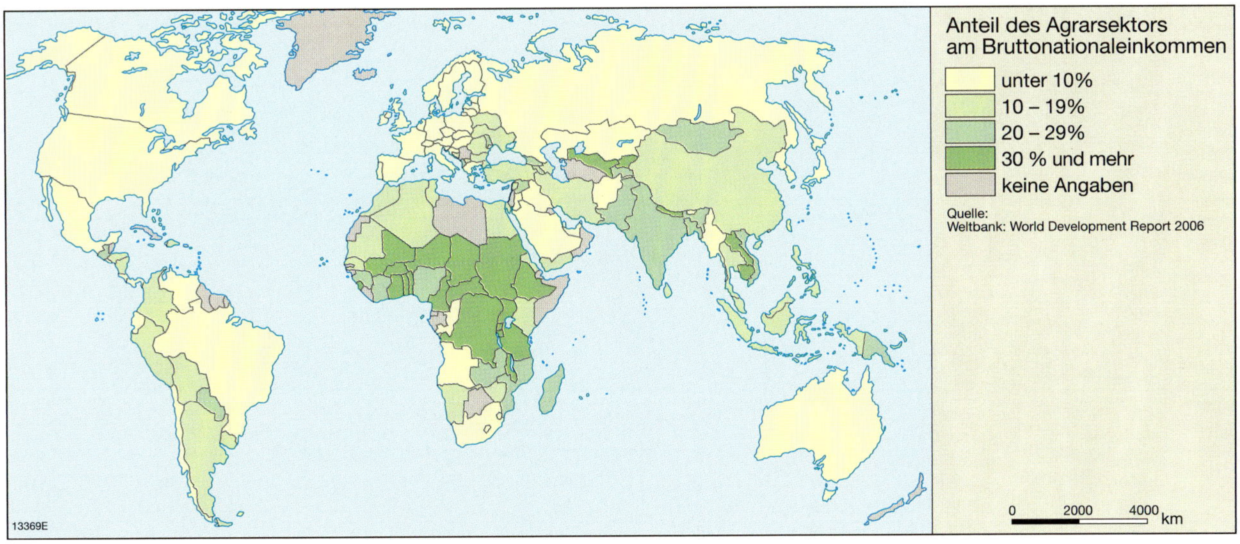

4 Anteil des Agrarsektors am Bruttonationaleinkommen

Rang	Land	HDI
1	Norwegen	0,965
2	Island	0,960
3	Australien	0,957
4	Irland	0,956
5	Schweden	0,951
6	Kanada	0,950
7	Japan	0,949
8	USA	0,948
9	Schweiz	0,947
10	Niederlande	0,947
	...	
21	Deutschland	0,932
	...	
168	Mosambik	0,390
169	Burundi	0,384
170	Äthiopien	0,371
171	Tschad	0,368
172	Zentralafrikan. Republik	0,353
173	Guinea-Bissau	0,349
174	Burkina Faso	0,342
175	Mali	0,338
176	Sierra Leone	0,335
177	Niger	0,311

1 HDI ausgewählter Länder (2005)

Soziale Entwicklungsindikatoren

Seit 1990 gibt die UNDP (United Nations Development Programme – Entwicklungsprogramm der Vereinten Nationen), die für Entwicklungsfragen zuständige UN-Organisation, jährlich eine Veröffentlichung mit dem Titel „Bericht über die menschliche Entwicklung“ heraus. In ihm wird mit dem **Human Development Index (HDI)** ein wichtiger Indikator zur sozialen Entwicklung behandelt. Errechnet wird der HDI aus den drei Faktoren:

- die Lebenserwartung bei Geburt,
- die Alphabetisierungsrate bei den über 15-Jährigen und die Einschulungsquote sowie
- die reale Kaufkraft pro Kopf.

Für jedes Land werden zunächst diese drei Faktoren, die jeweils zwischen 0 und 1 liegen, ermittelt. Dann werden sie addiert und der Mittelwert gebildet. Somit erhält man einen HDI, der dann zwischen 0 und 1 liegt. Je weiter sich dieser Wert der 1 nähert, umso höher ist der soziale Entwicklungsstand (auch als Stand der menschlichen Entwicklung bezeichnet). Die UNDP fasst die Länder in folgende Gruppen zusammen:

- hohe menschliche Entwicklung (57 Länder): HDI größer 0,800
- mittlere menschliche Entwicklung (88 Länder): HDI zwischen 0,500 und 0,800
- geringe menschliche Entwicklung (32 Länder): HDI kleiner 0,500.

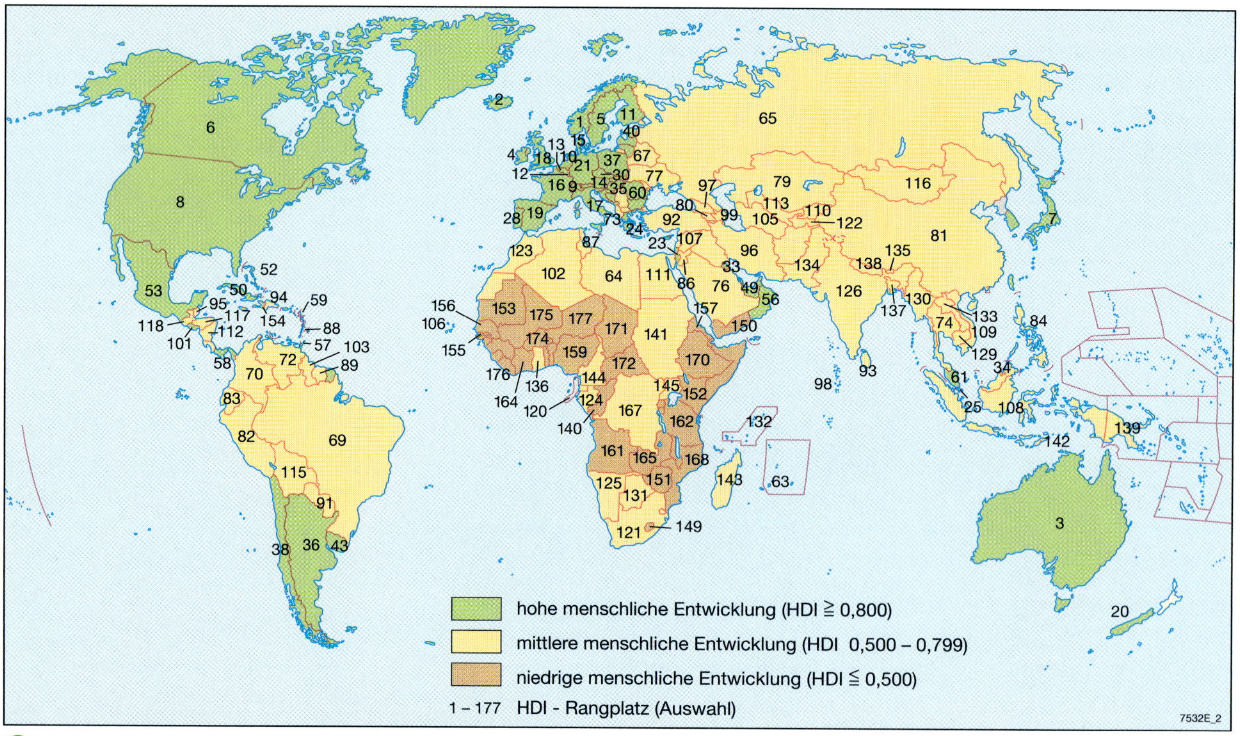

2 Index der menschlichen Entwicklung (HDI) 2006

Bei der Analyse und Bewertung globaler Disparitäten im sozialen Bereich wird häufig auch als Indikator die **Armut** betrachtet. Dies ist allerdings schwierig, denn Armut umfasst eine Vielzahl von Erscheinungen. Das verdeutlicht auch der folgende Armutsbegriff, der unter Armut die ungenügende Versorgung mit lebenswichtigen Gütern und Dienstleistungen sowie die mangelnde Teilhabe an lebenswerten Dingen versteht und für den Armut der Grund ist, warum Menschen unterernährt, krank, obdachlos, ungebildet und kaum zur Selbsthilfe fähig sind.

Armut ist auf der ganzen Welt anzutreffen, auch in sogenannten reichen oder wohlhabenden Ländern. Dort tritt sie aber im Gegensatz zu den armen, wirtschaftlich schwachen Ländern als Einzelerscheinung und nicht als Massenproblem auf. Die Weltbank hat trotz der Komplexität des Armutsproblems eine Kennziffer zum Messen von Armut bestimmt. Für sie ist ein Mensch absolut oder extrem arm, wenn ihm weniger als ein US-Dollar am Tag zur Verfügung steht. Das sind heute immerhin noch über eine Milliarde Menschen.

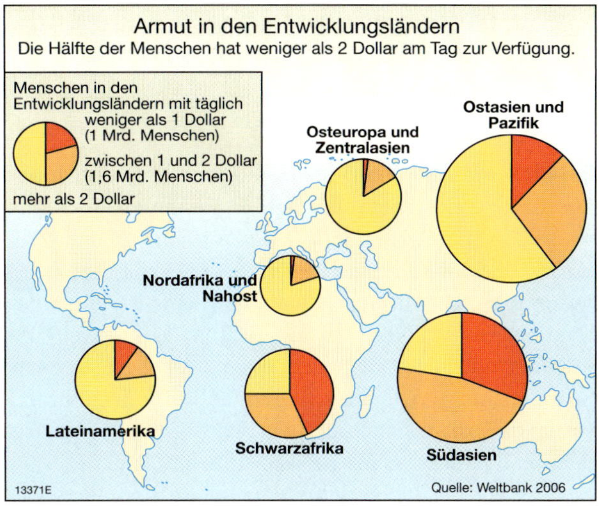

4 Regionale Verteilung von Armut

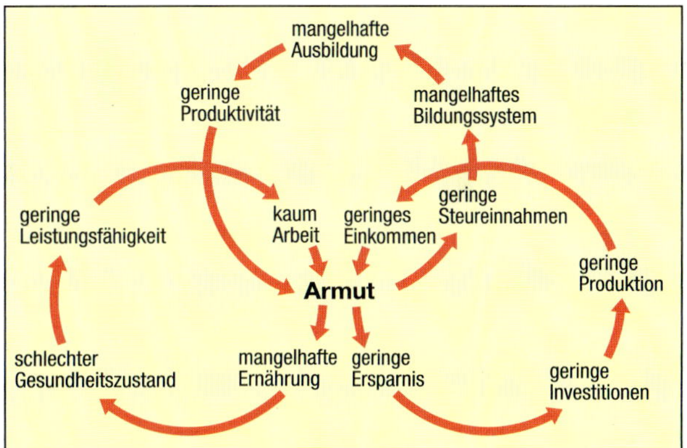

Das Modell der Teufelskreise der Armut ist in der Wissenschaft stark umstritten, weil solche Zirkelschlüsse suggerieren, dass es kein Entkommen gibt. Außerdem lassen sich Ursachen und Wirkungen nicht klar voneinander trennen. Dennoch ist dieses Modell von Nutzen. Dieser liegt in der starken Vereinfachung und damit Verdeutlichung der in Wirklichkeit natürlich wesentlich komplexeren Zusammenhänge.

5 Teufelskreise der Armut

Aufgaben

1. Erklären Sie die entscheidenden Unterschiede zwischen dem BNE pro Kopf und dem HDI als Entwicklungsindikatoren.
2. Beschreiben Sie die globalen Unterschiede des HDI (M1, M2).
3. Erläutern Sie die Tabelle M3 und leiten Sie Konsequenzen für die Entwicklungszusammenarbeit ab.
4. Werten Sie die Karte M4 aus.
5. Erklären Sie die Teufelskreise der Armut (M5).

	Zahl der Armen in Mio.				Anteil der Armen in Prozent			
Region	**1990**	**1998**	**2015 A**	**2015 B**	**1990**	**1998**	**2015 A**	**2015 B**
Ostasien insgesamt	452	267	65	101	27,6	14,7	3,2	4,8
Ostasien ohne China	92	54	9	20	18,5	9,4	1,3	2,8
Osteuropa und Zentralasien	7	18	6	9	1,6	3,7	1,3	1,9
Lateinamerika und Karibik	74	61	43	58	16,8	12,1	6,9	9,4
Mittlerer Osten und Nordafrika	6	6	5	6	2,4	2,1	1,3	1,6
Südasien	495	522	297	411	44,0	40,0	17,7	24,5
Afrika südlich der Sahara	242	302	361	426	47,7	48,1	39,5	46,7
Welt	1276	1175	776	1011	29,9	23,4	12,6	16,4
Welt ohne China	916	961	721	931	28,1	25,6	15,0	19,4

Quelle: Weltbank

3 Regionale Verteilung von Armut (A = optimistische Variante, B = pessimistische Variante)

3.2 Ursachen von wirtschaftlichen und sozialen Entwicklungsdefiziten – eine Raumanalyse

Entwicklungsländer – eine homogene Ländergruppe?

Für Länder, die gegenüber den sogenannten hoch entwickelten Industrieländern wirtschaftliche und soziale Entwicklungsdefizite aufweisen, wird seit den 1950er-Jahren die Bezeichnung Entwicklungsländer verwendet. Mitunter werden diese Länder auch als „Dritte Welt" bezeichnet oder auch als der „Süden". All diese Bezeichnungen sind problematisch und teilweise irreführend. Das trifft übrigens auch auf den Industrielandbegriff zu, denn in den meisten der so bezeichneten Länder erbringt heute nicht der Industriesektor, sondern der Dienstleistungssektor den höchsten Anteil an der Wertschöpfung.

Für den Entwicklungsländerbegriff gibt es keine klare Definition und damit auch keine eindeutigen Kriterien für die Einordnung eines Landes in diese Ländergruppe. Aus diesem Grund gibt es auch keine weltweit verbindliche Liste von Entwicklungsländern. Unterschiedliche Organisationen haben unterschiedliche Listen von Entwicklungsländern zusammengestellt, wobei allerdings die Zuordnung von Ländern nur geringe Abweichungen aufweist. Die offizielle deutsche Entwicklungspolitik orientiert sich in der Entwicklungszusammenarbeit an der Liste des Entwicklungshilfeausschusses (DAC = Development Assistence Committee) der OECD (Organization for Economic Cooperation and Development).

Für die Zuordnung von Ländern in diese Ländergruppe wird eine Vielzahl von vor allem wirtschaftlichen, aber auch zunehmend sozialen Merkmalen in ihrer Ausprägung betrachtet. Im Allgemeinen weisen Entwicklungsländer folgende Merkmale auf (Auswahl):

- niedriges Pro-Kopf-Einkommen,
- ungenügende Versorgung mit Nahrungsmitteln,
- schlechter Gesundheitszustand der Bevölkerung,
- zu wenig Bildungsmöglichkeiten,
- hohe Arbeitslosigkeit,
- niedriger Lebensstandard bei oft extrem ungleicher Verteilung der vorhandenen Güter und Dienstleistungen,
- Struktur der Wirtschaft verharrt einerseits in traditionellen Formen (vornehmlich in der Landwirtschaft) und verfügt andererseits über einen modernen dynamischen Sektor (meist im Industriebereich),
- Kapitalmangel für Investitionen,
- wachsende außenwirtschaftliche Schwierigkeiten aufgrund hoher Verschuldung bei gleichzeitigem Verfall der Exporterlöse.

Bei genauer Betrachtung fällt auf, dass diese Merkmale von Entwicklungsland zu Entwicklungsland sehr unterschiedlich ausgeprägt sind. Kaum eines der „Verwandtschaftsmerkmale" trifft auf jedes der über 150 Entwicklungsländer (M1) gleichermaßen zu.

Europa
Albanien
Bosnien-Herzegowina
Kroatien
Mazedonien
Moldau
Montenegro
Serbien
Türkei
Ukraine
Weißrussland

Afrika nördl. Sahara
Ägypten
Algerien
Libyen
Marokko
Tunesien

Afrika südl. Sahara
Angola
Äquatorialguinea *
Äthiopien *
Benin *
Botsuana
Burkina Faso *
Burundi *
Côte d'Ivoire
Dschibuti *
Eritrea *
Gabun
Gambia *
Ghana
Guinea *
Guinea-Bissau *
Kamerun
Kap Verde *
Kenia
Komoren *
Kongo
Kongo, Dem. Rep. *
Lesotho *
Liberia *
Madagaskar *
Malawi *
Mali *
Mauretanien *
Mauritius
Mayotte
Mosambik *
Namibia
Niger *
Nigeria
Ruanda *
Sambia *
São Tome & Principe *
Senegal *
Seychellen
Sierra Leone *
Simbabwe
Somalia *
St. Helena
Sudan *
Südafrika
Swasiland
Tansania *
Togo *
Tschad *
Uganda *
Zentralafrikanische Republik *

Naher und Mittlerer Osten
Irak
Iran
Jemen *
Jordanien
Libanon
Oman
Palästinensische Gebiete
Saudi-Arabien
Syrien

Ostasien
China
Indonesien
Kambodscha *
Korea, DVR
Laos *
Malaysia
Mongolei
Philippinen
Thailand
Timor-Leste *
Vietnam

Süd- und Zentralasien
Afghanistan *
Armenien
Aserbaidschan
Bangladesch *
Bhutan *
Georgien
Indien
Kasachstan
Kirgisistan
Malediven *
Myanmar *
Nepal *
Pakistan
Sri Lanka
Tadschikistan
Turkmenistan
Usbekistan

Ozeanien
Cookinseln
Fidschi
Kiribati *
Marshallinseln
Mikronesien
Nauru
Niue
Palau
Papua-Neuguinea
Salomonen *
Samoa *
Tokelau
Tonga
Tuvalu *
Variuatu *
Wallis und Futuna

Nord- und Mittelamerika
Anguilla
Antigua und Barbuda
Barbados
Belize
Costa Rica
Dominica
Dominikan. Rep.
El Salvador
Grenada
Guatemala
Haiti *
Honduras
Jamaika
Kuba
Mexiko
Montserrat
Nicaragua
Panama
St. Kitts und Nevis
St. Lucia
St. Vincent und die Grenadinen
Trinidad und Tobago
Turks- und Caicosinseln

Südamerika
Argentinien
Bolivien
Brasilien
Chile
Ecuador
Guyana
Kolumbien
Paraguay
Peru
Suriname
Uruguay
Venezuela

* LDC-Länder

1 DAC-Liste der Entwicklungsländer (Stand: 2005 – 2007)

Schon deshalb ist eine Differenzierung dieser Ländergruppe sinnvoll. Aber auch die internationale Entwicklungspolitik braucht Differenzierungen, um mit unterschiedlichen Instrumenten auf unterschiedliche Problemlagen reagieren zu können. So gibt es eine Vielzahl von Untergruppen von Entwicklungsländern in Abhängigkeit von der Zielsetzung für eine solche Untergliederung.

Eine wichtige Untergruppe bildet die Gruppe der LDC-Länder (Least Developed Countries). Hierbei handelt es sich um die am wenigsten entwickelten Länder, also um die ärmsten Entwicklungsländer. 50 Länder mit etwa 500 Millionen Menschen gehören zu dieser Ländergruppe. Diese Länder werden im Rahmen der öffentlichen Entwicklungszusammenarbeit bevorzugt behandelt, weil sie aus eigenen Kräften ihre Entwicklungsprobleme nicht lösen können. Für die Einstufung als LDC-Land müssen sie bestimmte Kriterien erfüllen:

- BIP pro Kopf im Durchschnitt der letzten drei Jahre unter 900 US-$,
- niedriger Index für die physische Lebensqualität (APQLI: Augmented Physical Quality of Life Index: Indikatoren für Ernährung, Gesundheit, schulische Erziehung sowie Alphabetisierungsrate der erwachsenen Bevölkerung),
- hoher Index der wirtschaftlichen Verwundbarkeit (EVI: Economic Vulnerability Index: Indikatoren für die Instabilität der Agrarproduktion sowie des Exports von Gütern und Dienstleistungen, für den Anteil von Industrie und modernen Dienstleistungen am BIP, für die Konzentration auf wenige Exportgüter, für den Nachteil kleiner Märkte etc.),
- Einwohnerzahl (maximal 75 Millionen).

Die in ihrer Entwicklung am weitesten vorangeschrittenen Entwicklungsländer werden als Schwellenländer (NIC/NIE: Newly Industrializing Countries / Newly Industrializing Economies) bezeichnet. Der Schwellenlandbegriff stammt aus den 1970er-Jahren und meint, dass sich ein Land an der Entwicklungsschwelle zu einem Industrieland befindet, also typische Merkmale eines Entwicklungslandes bereits überwunden, aber noch nicht das Entwicklungsniveau eines hoch entwickelten Industrielandes erreicht hat. Die Entwicklungsschwelle ist aber nicht genau definiert, sodass eine Einordnung in diese Ländergruppe schwierig ist. So gibt es international keine verbindlich festgelegte Liste von Schwellenländern. Schwellenländer weisen folgende Merkmale auf:

- hohes Wirtschaftswachstum (über einen längeren Zeitraum, häufig zweistellig),
- deutlich höheres BIP pro Kopf als Masse der Entwicklungsländer,
- hoher Stellenwert des Industriesektors am Wirtschaftsergebnis (höher als in „Industrieländern"),
- diversifizierte Industriestruktur und hohes technisches und technologisches Niveau der industriellen Erzeugnisse,
- Exportstruktur von industriellen Fertigerzeugnissen geprägt
- hohe soziale Standards (Bildungs- und Gesundheitswesen etc.).

Mitunter werden heute schon mehr als 20 Länder als Schwellenländer bezeichnet, ohne dass für alle die genannten Merkmale zutreffen. Besser ist es, nach Schwellenländern der ersten (Hongkong, Südkorea, Singapur, Taiwan, Brasilien, Mexiko) und zweiten Generation (Thailand, Malaysia, Indien, China etc.) zu unterscheiden.

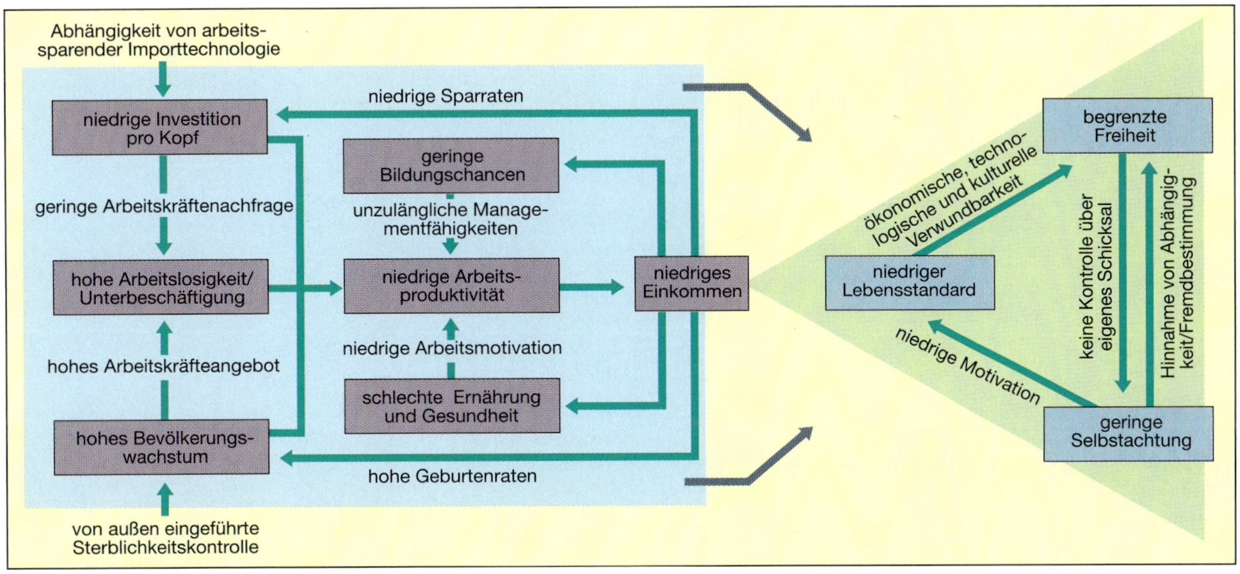

2 Unterentwicklung im Modell

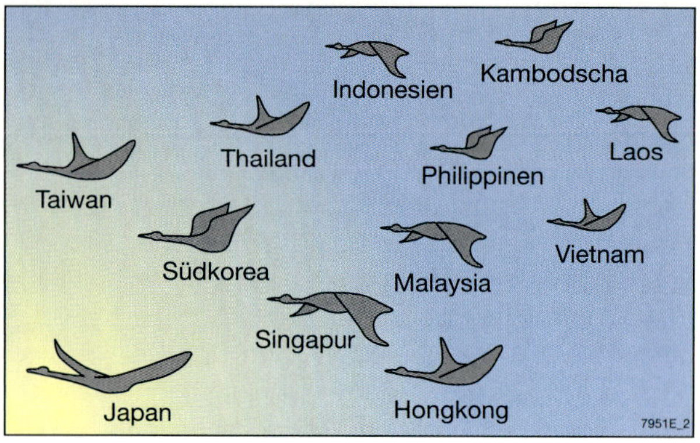

1 Gänseflugmodell

3 Skyline von Kuala Lumpur

Malaysia – Schwellenland der zweiten Generation auf dem Weg zum Industrieland?

Das Gänseflugmodell

Malaysia liegt in dem sich seit einigen Jahrzehnten am dynamischsten entwickelnden Wirtschaftsraum der Erde. Zunächst war es Japan, das nach dem Zweiten Weltkrieg mit seinem steilen Wirtschaftsaufstieg international für Aufsehen sorgte. In den 1960er-Jahren sprachen viele sogar vom „japanischen Wirtschaftswunder“ und Japan etablierte sich nach der Europäischen Union und Nordamerika zu einem dritten Zentrum der Weltwirtschaft. In den 1980er- und 1990er-Jahren erzielten weitere ost- und südostasiatische Länder Wirtschaftswachstumsraten im zweistelligen Bereich. Das waren die sogenannten vier „kleinen Tiger“ (Südkorea, Taiwan, Singapur und Hongkong). Sie entwickelten sich in kurzer Zeit von klassischen Entwicklungsländern hin zur „Schwelle“ zu den Industrieländern, was ihnen den Namen „Schwellenländer“ einbrachte.

Dem japanischen Beispiel folgend, setzten sie auf Industrialisierung und Exportorientierung. Als Standortvorteil nutzten sie geschickt ihr Humankapital in Form von billigen, hoch motivierten und zunehmend hoch qualifizierten Arbeitskräften. Dabei schafften sie sehr schnell den Übergang von der Herstellung traditioneller leichtindustrieller Güter (zum Beispiel Textilien und Bekleidung) hin zu Hightech-Erzeugnissen.

Mit Malaysia, Thailand und mit Abstrichen Indonesien und den Philippinen orientierten sich weitere Länder Ost- und Südostasiens an der Entwicklung Japans und der „kleinen Tiger“. Diese Länder werden gelegentlich als „Pantherstaaten“ bezeichnet. Inzwischen gibt es mit China und Vietnam eine dritte Generation von Ländern mit hohen wirtschaftlichen Wachstumsraten.

Entwicklungstheoretiker haben sich mit dem Phänomen der zeitlich „nachholenden“ wirtschaftlichen Entwicklung der Länder auseinandergesetzt, daraus ein Entwicklungsmodell abgeleitet und dieses als „Gänseflugmodell“ bezeichnet. Die „Leitgans“ ist dabei Japan und dieser folgen im „Formationsflug“ entsprechend ihrer zeitlich versetzt verlaufenden Entwicklung die anderen Länder. Dieses Entwicklungsmodell ist bereits in den 1930er-Jahren von dem japanischen Ökonomen Akamatsu Kaname (1896–1974) entworfen worden. Nach diesem Modell beruht wirtschaftliche Entwicklung immer darauf, dass ein führendes Industrieland auslaufende Industrien und das entsprechende Know-how an Länder der nächsten Entwicklungsgeneration weitergibt, die sich in seinem Windschatten entwickeln.

Land	BIP (Mrd. US-$)		BIP-Wachstum (jährlich in %)			BIP/Ew. (US-$)		
	1995	2005	1980–1990	1990–2000	2000–2005	1993	2000	2005
Südkorea	456	788	9,4	5,7	4,6	7660	8910	15830
Taiwan	273	346	7,6	k. A.	4,2	10550	k. A.	15120
Hongkong	144	178	6,9	4,0	4,3	18060	25950	27670
Singapur	85	117	6,4	7,8	4,2	19850	24740	27490
Thailand	167	177	7,6	4,2	5,4	2110	2010	2750
Malaysia	85	130	5,2	7,0	4,8	3140	3380	4960
Philippinen	74	98	1,0	4,6	4,5	850	1040	1300
Indonesien	198	287	6,1	4,2	4,7	740	570	1280
OECD	–	–	3,2	2,4	2,2	23850	27510	35131

Quelle: Weltbank: World Development Report (verschiedene Jahrgänge)

2 Wirtschaftswachstum und wirtschaftliches Entwicklungsniveau

Wirtschaftsstruktur Malaysias

Malaysias Wirtschaft hat nach der Erringung der politischen Unabhängigkeit (bis 1957 britische Kolonie) einen großen Strukturwandel durchlebt. Zunächst knüpften die Verantwortlichen an den wirtschaftspolitischen Kurs der ehemaligen Kolonialmacht an. Die Ausbeutung von Rohstoffen und ihr Export, insbesondere von Zinn und Kautschuk und seit 1960 zunehmend auch von Palmöl, prägten die wirtschaftlichen Aktivitäten. Diese geringe Diversifizierung der Wirtschaftsstruktur, die einseitige Struktur der Exportgüter und ein hoher Anteil von ausländischem, insbesondere britischem Kapital an der Plantagenwirtschaft führten zu starken Abhängigkeiten Malaysias vom Weltmarkt. Daher fördert seit den 1960er-Jahren die malaiische Regierung erfolgreich den Industrialisierungsprozess. Zunächst ging es darum, durch Industrialisierung Importe zu substituieren und die Wirtschaft zu diversifizieren. Hierbei erwies sich allerdings der Binnenmarkt als zu klein. Deshalb orientierte die Wirtschaftspolitik der Regierung zunehmend auf die Entwicklung von Kapazitäten der verarbeitenden Industrie für den Export. Malaysia ahmte mit dieser exportorientierten Industrialisierung die Entwicklung Japans und der „kleinen Tiger" nach und passte dieses Entwicklungsmodell an die spezifischen Verhältnisse des Landes an.

Die hohe wirtschaftliche Dynamik und die Veränderungen in der Wirtschaftsstruktur spiegeln sich in den außenwirtschaftlichen Beziehungen wider. Im Jahr 2005 hatte Malaysia einen Anteil an den Weltexporten von 1,35 % bei 0,4 % der Weltbevölkerung. Der Wert des Exportvolumens ist größer als der von Österreich oder Brasilien. Malaysia steht bei den Exporten an 19. und bei den Importen an 24. Stelle aller Länder. In den letzten Jahren wurden hohe Zuwachsraten im Warenaußenhandel erzielt. Außerdem veränderte sich die Warenstruktur des Exports. Heute wird diese von industriellen Fertigerzeugnissen bestimmt, die auf einem hohen technischen und technologischen Niveau stehen. So machten 2006 Produkte der Elektrotechnik / Elektronik mehr als zwei Drittel des Exportwertes aus.

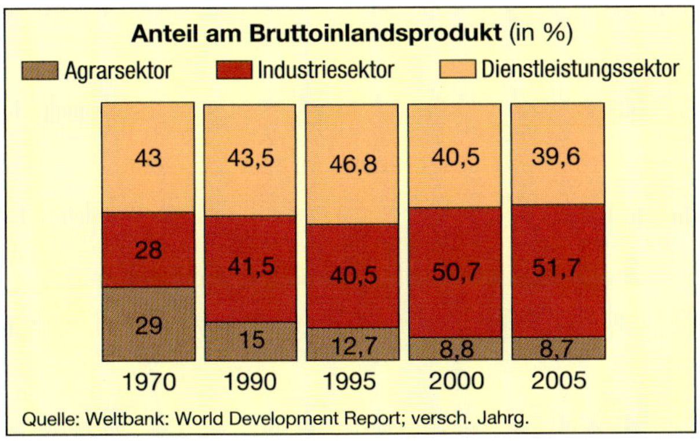

4 Anteil der Wirtschaftssektoren am BIP Malaysias

Land	Anteil am BIP 2005 (in %)		
	I. Sektor	II. Sektor	III. Sektor
Südkorea	4	41	55
Taiwan	2	25	73
Thailand	10	47	44
Philippinen	14	33	53
Indonesien	14	41	45
Vietnam	22	40	38
Japan	1	31	68

(Quelle: Weltbank: World Development Report; verschiedene Jahrgänge)

5 Anteil der Wirtschaftssektoren am BIP ausgewählter Länder Ost- und Südostasiens

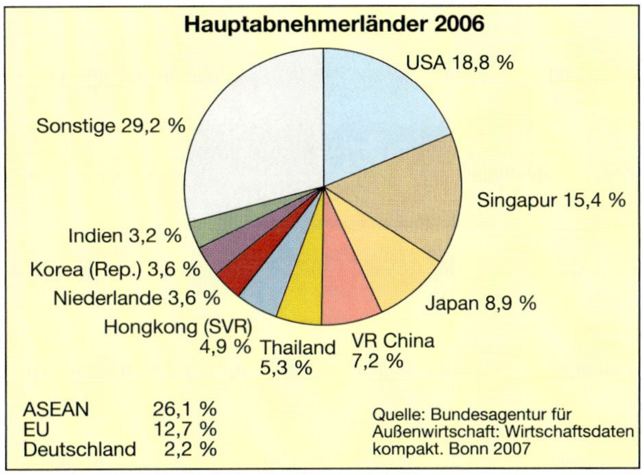

6 Malaysia – Handelspartner (2006)

	1990	1995	2001	2002	2003	2004	2005
Export	29,4	73,7	88,2	93,3	104,9	126,5	161,5
Import	29,2	77,6	73,4	79,5	82,7	104,3	126,8
Bilanz	0,2	-3,9	14,8	13,8	22,2	22,2	33,7

Quelle: Asian Development Bank: Key Indicators 2006

7 Entwicklung des Außenhandels von Malaysia (in Mrd. US-$)

	Agrarprodukte	Brennstoffe und Bergbauprodukte	Produkte der verarbeitenden Industrie
Malaysia	9,5	14,4	74,4
Südkorea	1,9	7,2	90,7
Indonesien	16,7	36,1	46,9
Japan	1,0	2,1	91,9

Quelle: WTO: Statistics Database

8 Warenstruktur des Außenhandels (Export) nach Warengruppen 2005 (in Prozent)

Rolle des malaysischen Staates

Malaysia wird von Wirtschaftsexperten ähnlich wie Südkorea als ein Land mit einer staatlich gelenkten Marktwirtschaft bezeichnet. Seit Mitte der 1960er-Jahre verfolgt die Regierung in ihrer Wirtschaftspolitik eine Entwicklungsplanung in Fünfjahresschritten. Der First Malaya Plan (1966 – 1970) war auf eine Diversifizierung der ökonomischen Strukturen hin ausgerichtet. Der Second Malayia Plan (1971 – 1975) setzte auf eine stärker exportorientierte Industriepolitik. Im Zentrum standen in erster Linie arbeitsintensive Industrien des Textil- und Elektrobereiches mit hohen Anteilen an ausländischen Direktinvestitionen. In dieser Zeit kam es zur Verlagerung dieser arbeitsintensiven Industrien von Singapur nach Malaysia. Das niedrige Lohnniveau spielte dabei eine wichtige Rolle.
In den 1980er-Jahren orientierte sich die Wirtschaftspolitik auf den Aufbau weiterer Industriezweige wie Maschinen- und Fahrzeugbau und chemische Industrie. Seit den 1990er-Jahren erfolgte eine Hinwendung zu technologie- und kapitalintensiven Industrien mit hoher Produktivität sowie zu modernen Dienstleistungen. So ist Malaysia zum Beispiel heute einer der weltweit größten Chiphersteller, hat eine führende Position als regionales Informations- und Kommunikationszentrum und erschließt mit dem Einstieg in die Flugzeug- und Raumfahrtindustrie oder in die Biotechnologie neue Aufgabenfelder.

1 Malaysia: Verteilung von Freihandelszonen und Industrieparks

1995	2000	2001	2002	2003	2004	2005	2006
4178	3788	554	3203	2473	4624	4700	5512

Quelle: Asian Development Bank: Key Indicators 2006

2 Ausländische Direktinvestitionen in Mio. US-$

Land	Anteil	Land	Anteil
Japan	21,8	Singapur	9,3
Niederlande	16,2	GB	3,2
Australien	12,7	Südkorea	2,2
USA	12,2	Taiwan	2,0

Quelle: bfai

3 Anteil der Auslandsinvestitionen nach Malaysia 2006 in Prozent

Malaysias Wirtschaftspolitik war stark auf die Schaffung einer wirtschaftsfreundlichen Umgebung ausgerichtet. Wesentliche Elemente dieser Politik waren die Ausweisung von Freihandelszonen und der Aufbau von Industrieparks. Mit dem 1971 von der Regierung in Kuala Lumpur erlassenem „Free Trade Zone Act“ wurde hierfür die rechtliche Grundlage geschaffen. Besonders kennzeichnend für diese staatlich geförderten Zonen ist die hohe Konzentration ausländischer Direktinvestitionen. So entfielen 1987 etwa 80 % der Gesamtinvestitionen in den Freihandelszonen auf ausländische Unternehmen. Überdurchschnittlich hohe Anteile verzeichneten dabei der Textilbereich mit 98 % und der Elektroniksektor mit 90 %. Zu dieser Zeit wirkten die niedrigen Lohnkosten als ein wichtiger Standortvorteil. Vor allem junge Frauen fanden in diesen beiden Bereichen Arbeitsplätze. Großzügige Steuervergünstigungen für ausländische Unternehmen waren ein weiterer Anreiz für das Auslandskapital.
Die Umsetzung der Industrialisierungspolitik hatte bereits in den 1960er-Jahren zu einer Zunahme regionaler Disparitäten im Land geführt. Daran änderte auch der Third Malaysia Plan (1976 – 1980) nichts, der auf eine regional ausgeglichenere Verteilung der industriellen Entwicklung abzielte. Beim Übergang zu technologieintensiven Industrien ab Mitte der 1980er-Jahre kam es sogar noch zu einer Verstärkung der Disparitäten zwischen den industriellen Zentren und der Peripherie des Landes. Diese neuen Produktionen nutzen die Agglomerationsvorteile wie die Nähe zu Produzenten und hochrangigen Dienstleistungsanbietern, das Vorhandensein einer hochwertigen Infrastruktur und Netzwerkbeziehungen zu ausländischen Partnern.

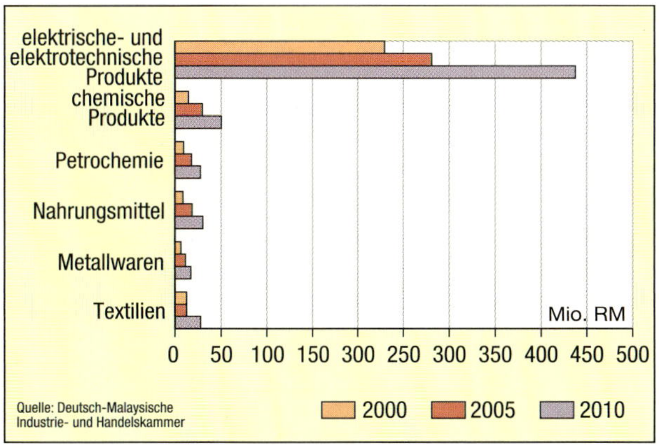

4 Exporte der verarbeitenden Industrie (in Mio. Malaysische Ringgit; 1 RM = 0,21 Euro, 16.07.2007)

Malaysias Zukunft

1991 hat der damalige Premierminister Tun Dr. Mahathir Mohamad ein Konzept mit dem Namen „Vision 2020" vorgestellt. Bis zum Jahr 2020 soll Malaysia in wirtschaftlicher, politischer, sozialer und kultureller Hinsicht ein selbstbewusstes, fortschrittliches Industrieland werden. Der 2006 beschlossene 9. Malaysia Plan (2006–2010) setzt die Wirtschaftspolitik fort und passt sie an veränderte Rahmenbedingungen an. Fünf Entwicklungsstrategien stehen im Mittelpunkt: höhere volkswirtschaftliche Wertschöpfung, Förderung von Wissen und Innovation, Beseitigung von sozialen und wirtschaftlichen Disparitäten, Verbesserung und Erhaltung des allgemeinen Lebensstandards und Stärkung der institutionellen und administrativen Rahmenbedingungen.

Der Export soll die Wachstumslokomotive der verarbeitenden Industrie bleiben. Als zukünftige, gewinnträchtige Branchen für die gesamtwirtschaftliche Entwicklung werden technologie- und knowhowintensive Sektoren, Informations- und Kommunikationstechnologie, Biotechnologie und industrienahe, qualifizierte Dienstleistungen definiert. Auch der internationale Tourismus soll an Bedeutung gewinnen, zum Beispiel mit Angeboten für Studienreisen zu historischen Stätten und Angeboten zum Ökotourismus. Des Weiteren ist geplant, die technische Infrastruktur qualitativ zu verbessern, ohne dabei Prestigeprojekte zu entwickeln.

Land	Bruttolohn	Land	Bruttolohn
Japan	3259	VR China	184
Südkorea	2348	Thailand	178
Singapur	2069	Philippinen	151
Hongkong	1352	Indonesien	94
Taiwan	1108	Vietnam	90
Malaysia	473		Quelle: bfai

5 Monatliche Bruttolohnkosten 2005 in US-$

1996 veranlasste Malaysias damaliger Ministerpräsident die Schaffung des sogenannten Multimedia Super Coridor (MSC), eines 50 mal 15 Kilometer großen Areals bei Kuala Lumpur, in das führende Unternehmen der Multimediabranche investieren sollten. Geleitet wird der Korridor von der staatlichen Multimedia Development Cooperation (MDC). Wenn sich ein Unternehmen im MSC ansiedeln möchte, bewirbt es sich bei der MDC um den MSC-Status. Erhält es diesen, so kann das Unternehmen von speziellen Rechten profitieren, unter anderem die Einstellung von Arbeitskräften aus dem Ausland, uneingeschränktes Eigentumsrecht und eine Steuerbefreiung von bis zu zehn Jahren. In der ersten Projektphase von 1996 bis 2003 ging es um den Aufbau der technischen Infrastruktur und die Ansiedlung von 50 Unternehmen (60 führende Unternehmen der Informationsbranche wie Dell, IBM und Microsoft konnten gewonnen werden). Die zweite Phase (2004–2010) hat die Verringerung des digitalen Gefälles zwischen Stadt und Land durch den Aufbau von Diensten wie e-Government zum Ziel. In Phase 3 (2010–2020) soll Malaysia zu den führenden Technologienationen gehören. 500 führende Unternehmen sollen angesiedelt werden, die Malaysia den Status eines Nettoexporteurs von IT-Dienstleistungen verleihen soll.

(Quelle: Südostasien aktuell. H.1/06, S.66 f. u. H.3/06, S.95)

6 Malaysias Sprung in die Wissensgesellschaft

Anfang November 2006 wurde die sogenannte South Jahor Economic Region (SJER) von Premierminister Badawi und dem Sultan des Bundesstaates Johor initiiert. Die Laufzeit des Projektes beträgt 20 Jahre und hat die Schaffung von 800 000 Jobs zum Ziel. Das 2217 Quadratkilometer große Gebiet umfasst die Stadt Johor sowie den Hafen Port of Tanjung Pelepas (PTP). Durch eine großzügige staatliche Förderung, die in den ersten fünf Jahren zehn Milliarden Euro betragen wird, soll sich die SJER mit dem Seehafen PTP und dem Flughafen Senai Airport zu einem Handels- und Logistikzentrum entwickeln. Darüber hinaus soll die Region zu einem Zentrum der Computerindustrie und der Informations- und Kommunikationstechnologien avancieren.

(Quelle: Südostasien aktuell. H.5/06, S. 145 u. H.1/07, S.144)

7 Die South Jahor Economic Region

1 Okavango-Delta – eine Touristenattraktion

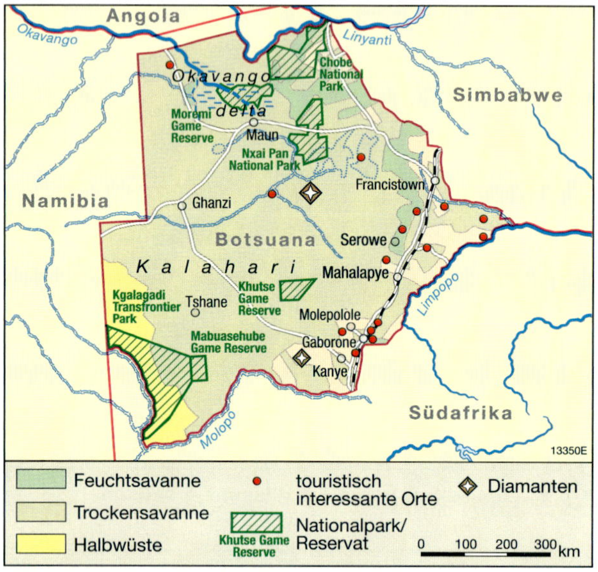

2 Botsuana – Wirtschaft und Topographie

„Obwohl Botsuana über einen langen Zeitraum ein sehr hohes Wirtschaftswachstum gehabt hat und der Wohlstand im Durchschnitt stark angestiegen ist, ist Armut vor allem auf dem Lande weit verbreitet und steigt zudem an. Die Herausforderungen der HIV/Aids-Katastrophe, die zunehmende Armut, anwachsende urbane Arbeitslosigkeit, eine „Missing Middle“ von Unternehmern, die Schulabgänger und Arbeitslose beschäftigen könnten, die schwach entwickelte Landwirtschaft und die steigende Ungleichheit verdeutlichen, dass Botsuanas Erfolg gefährdet ist.“

(Kappel, R.: Wirtschaftsreformen und Armutsbekämpfung in Afrika. www.bpb.de/publikationen/J2GC4Z.html, 27.08.2007)

3 Probleme des Landes

4 Diamantenmine in Botsuana

Botsuana – ein typisches Entwicklungsland?

Das im südlichen Afrika liegende Binnenland Botsuana gehört zu den dünn besiedeltsten Ländern der Erde: Auf 600 370 Quadratkilometer Fläche leben nur etwa 1,7 Millionen Menschen (drei Einwohner pro Quadratkilometer). Der Staatsname leitet sich vom Volk der Tswana ab. Botsuana erhielt erst 1966 seine Unabhängigkeit. Bis dahin war es unter dem Namen Betschuanaland eine Kolonie Großbritanniens. Bis heute gehört das Land zum Commonwealth of Nations, die Amtssprache ist Englisch.

Botsuana gilt als afrikanisches Musterland. Dennoch finden sich auch hier – neben einem im subsaharischen Vergleich einzigartigen Wohlstand – zahlreiche gesellschaftliche und umweltbezogene Probleme.

Botsuana war bis zum Ausbruch der HIV/Aids-Epidemie eine der am schnellsten wachsenden Volkswirtschaften der Welt (Durchschnitt neun Prozent). Es hat sich innerhalb von 40 Jahren von einem der ärmsten Länder der Welt zu einem Land mit mittleren Einkommen entwickelt. Dabei waren die Aussichten zur Zeit der Unabhängigkeit alles andere als positiv. Der Staat war auf britische Subventionen angewiesen, es gab kaum Wirtschaftsunternehmen und die Infrastruktur war unterentwickelt. Die Wende trat mit dem Beginn der 1970er-Jahre ein. Die Entdeckung von Bodenschätzen (Diamanten, Kupfer, Nickel, Kohle), die kommerzielle Entwicklung der Rinderzucht für den Exportmarkt und die Infrastrukturentwicklung aus den Erlösen des Bergbaus führten zu schnellem Wirtschaftswachstum. Damit öffnete sich aber auch die Schere zwischen Stadt und Land.

Botsuana besitzt mittlerweile die größte Einkommensschere der Welt. Die oberen 20 Prozent verdienen vierundzwanzigmal mehr als das untere Fünftel. Über 42 Prozent der Menschen leben unterhalb der Armutsgrenze, der größte Teil davon auf dem Lande.

Wirtschaft

Das Bruttoinlandsprodukt Botsuanas beträgt elf Milliarden US-Dollar (2005), bezogen auf die Bevölkerung bedeutet dies eine Wirtschaftsleistung von 6111 US-Dollar pro Einwohner. Damit liegt Botsuana in der Spitzengruppe der Länder südlich der Sahara. Das Land verfügt über einen Leistungsbilanz-Überschuss von etwa 1,3 Milliarden US-Dollar.

Die Wirtschaftsstruktur besitzt zwei Schwerpunkte: Diamanten und Tourismus. Bei der Rohdiamantenproduktion liegt Botsuana mit 40 Prozent Weltanteil (entspricht 31 Millionen Karat) deutlich vor Russland an erster Stelle. Auch bei der Produktion von Schmuckdiamanten und dem Diamantenexport nimmt das Land die führende Position ein. Der Diamantenbergbau liegt in den Händen von Debswana (6000 Beschäftigte), einem Gemeinschaftsunternehmen von De Beers (Südafrika) und dem Staat Botsuana.

Beim Tourismus orientiert die Regierung auf einen qualitativ hochwertigen Fremdenverkehr. Rund zwei Millionen Touristen zählt das Land jedes Jahr. Die Highlights für die Besucher sind das Okavango-Delta, das größte Binnendelta der Welt, und der Chobe-Nationalpark.

Aber auch die Landwirtschaft ist für die Wirtschaft des Landes bedeutend. Sie konzentriert sich auf die Versorgung der eigenen Bevölkerung und auf die Produktion von Exportgütern, wird aber von häufigen Dürreereignissen bedroht.

Seit einigen Jahren orientiert sich die Regierung Botsuanas auf eine Diversifizierung der Wirtschaft. Damit soll die Abhängigkeit vom Bergbau vermindert werden.

Ein nennenswerter Inlandsmarkt für Konsum- und Investitionsgüter existiert in dem bevölkerungsarmen Land nicht. Attraktive Nachbarmärkte, abgesehen von Südafrika, fehlen, und die nächsten Häfen in Maputo (Mosambik) und Walvis Bay (Namibia) sind jeweils über 1000 Kilometer entfernt.

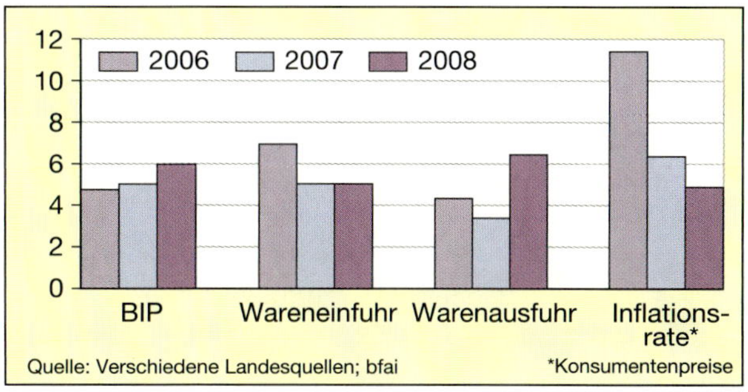

6 Botsuana – wirtschaftliche Eckdaten (in Prozent)

	2002	2003	2004
Touristen gesamt	1 917 819	2 006 519	1 976 749
davon aus Südafrika	658 648	648 798	718 830
davon aus Simbabwe	533 421	658 357	781 914
	2004	**2005**	**2006**
Rinder (Stück)	130 320	117 962	137 337
Getreide (1000 t)	17 050	18 316	38 406
Mais (1000 t)	1884	1608	1928
	2004	**2005**	**2006**
Diamanten (1000 K*)	31 036	31 834	31 011
Steinkohle (1000 t)	911	985	817

* Karat — Quelle: Central Statistic Office

7 Tourismus, Landwirtschaft und Bergbau in Botsuana

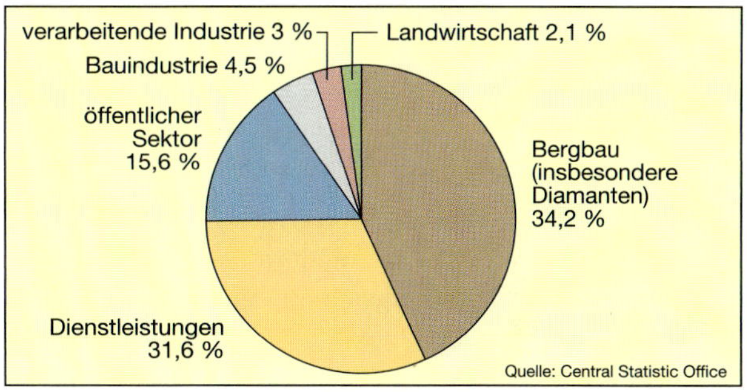

8 Wirtschaftsstruktur Botsuanas (BIP, 2005)

Importe (in Mio. Pula *)		Exporte (in Mio. Pula *)	
Nahrungsmittel, Getränke und Tabak	2275	Diamanten	16 979
Treibstoffe	2202	Kupfer, Nickel	2300
Chemie und Gummiwaren	1972	Fleisch	309
Holz- und Papierprodukte	1358	Sodaasche	332
Textilien und Schuhe	775	Textilien	1117
Metalle und Metallprodukte	1255	Kfz	570
Maschinen und elektr. Ausrüstungen	2705	Gesamt	21 607
Kfz und Transportausrüstungen	2067		
andere Güter	1982		
Gesamtimport	16 591		

* 7,39 Pula = 1 Euro (2006)
Quellen: Bank of Botsuana, Central Statistic Office

5 Wichtige Import- und Exportgüter Botsuanas

„Es dauert eine Weile, bis man sieht, was Botsuanas Hauptstadt so außergewöhnlich macht. Als „langweiligste Stadt Afrikas“ wird Gaborone gerne bezeichnet, als Ort, dem jegliche Anziehungskraft fehlt. Alles ist hier so sauber, so ruhig, so unaufgeregt, dass es fast schon gespenstisch wirkt. Nicht mal Zigarettenkippen liegen am Boden, die Abfalleimer sind geleert, die Straßenlaternen funktionieren (...). Dann aber fällt auf, was der große Unterschied zu jeder anderen afrikanischen Stadt ist: Es gibt keinen einzigen Bettler zu sehen, kein einziges Straßenkind – so etwas gibt es sonst nirgendwo auf dem Kontinent.
So langweilig Gaborone mit seinen 250 000 Einwohnern deshalb auch sein mag – die Stadt ist das Zentrum eines Landes, das gemeinhin als das leuchtende Beispiel Afrikas beschrieben wird, als Beweis dafür, dass es ein bettelarmer Staat alleine schaffen kann, ohne Entwicklungshilfe, Weltbank, Internationalen Währungsfonds oder UN-Gipfel zur Halbierung der Armut. Als das einstige britische Protektorat Betschuana-Land 1966 unabhängig wurde, gehörte der Staat zu den zehn ärmsten der Welt. (...) Heute verzeichnet Botsuana (...) das höchste Pro-Kopf-Einkommen in Afrika (...).
Botsuana (...) blickt auf 40 Jahre Demokratie zurück und auf ein ebenso ununterbrochenes Wirtschaftswachstum, das seit Jahrzehnten zu den höchsten der Welt zählt. In diesem Land darf jedes Kind kostenlos zur Schule gehen, jeder Student kostenlos zur Universität und jeder Bürger kostenlos zum Arzt. Und selbst die Krankenhausgebühren sind verschwindend gering: Für zwei Pula Eigenbeitrag, das sind 30 Cent, werden selbst aufwändige Operationen gemacht.
Diese Liste könnte lange fortgesetzt werden, und wenn man mit Kabelo Binns spricht, dann ist er über diese Errungenschaften so stolz, dass er gar nicht aufhören will, weitere Zahlen zu nennen (...) Der 31-Jährige ist Sprecher beim Konzern Debswana, ein Gemeinschaftsunternehmen des Staates Botsuana und des südafrikanischen Bergbaukonzerns De Beers, das Diamanten fördert. Davon besitzt das Land mehr als jedes andere Land der Welt. Jeder dritte Edelstein kommt von hier, und die Vorräte scheinen noch lange nicht aufgebraucht zu sein. 2004 stellte Debswana mit 6000 Kilogramm einen neuen Rekord auf, und in diesem Jahr sollen noch mehr Diamanten gefördert werden.
Nun ist ein Land mit solch einem Reichtum natürlich gesegnet, noch dazu, wenn es ungefähr so groß ist wie Frankreich und gerade mal 1,7 Millionen Einwohner hat. Aber selbst das ist noch keine Garantie für Wohlstand und Wachstum. Die jüngere Geschichte Afrikas zeigt, dass gerade rohstoffreiche Länder in Kriege gestürzt wurden – Angola, Liberia, Sierra Leone oder Kongo. Es braucht mehr, um ein Land trotz potenziellen Reichtums aus der Armut herauszuführen: eine politische Führung, der das Wohl der Menschen am Herzen liegt. Und auch hier scheint Botsuana gesegnet zu sein. (...)
Der Erfolg gibt dieser auf Gemeinschaft und Konsens ausgerichteten Politik recht. Als die ersten Diamanten in der Heimatregion des damaligen Präsidenten Seretse Khama entdeckt wurden, erklärte er sie sofort zum Allgemeinbesitz. Schon das war ungewöhnlich, da in anderen afrikanischen Staaten wie Kongo, Nigeria oder Togo die Herrscher nicht nur die Bodenschätze, sondern gleich das ganze Land als Privatbesitz in Beschlag nahmen. Aber auch der plötzliche Reichtum führte in Botsuana nicht zur Verschwendungssucht, seit Jahrzehnten wird eine sparsame Verteilungspolitik praktiziert. Der weitgehend schuldenfreie Staat verfügt über mehr als sechs Milliarden Dollar Devisenreserven, die Korruption ist weniger ausgeprägt als in Italien oder Griechenland, und jeweils etwa 30 Prozent des Staatsetats fließen in Bildung und Gesundheit. Und sollte der Präsident auf Reisen gehen, dann kann er nicht, wie viele seiner afrikanischen Kollegen, auf einen Privatjet zurückgreifen, sondern steigt in eine Linienmaschine.“

(nach: Süddeutsche Zeitung, 15.09.2005, S. 7, Michael Bitala)

1 Der afrikanische Diamant

Rang	Land	a)	b)	c)
1	Botsuana**	31,1	94	2940
2	Russland	35,0	57	1989
3	Kanada	12,6	130	1646
4	Südafrika**	14,2	102	1458
5	Angola	7,5	173	1300
6	DR Kongo	29,0	27	790
7	Namibia**	2,0	347	698
8	Australien	20,7	17	343
	übrige Länder	4,0	153	613
	gesamt	156,1	75	11 777

a) Fördermenge in Millionen Karat*
b) durchschnittlicher Rohdiamantpreis je Karat* in Dollar
c) Gesamtwert in Millionen Dollar
* 1 Karat = 0,2 Gramm
** Hinweis: In diesen Staaten kontrolliert der Weltmarktführer „De Beers“ Förderung und Absatz der Diamanten.

Quelle: Wirtschaftswoche Nr. 17/2006, S. 65

2 Die größten Diamanten-Förderländer (2004)

Afrikanische Männer stehen dem Gebrauch von Kondomen sehr kritisch gegenüber. So glauben zum Beispiel viele, dass darin kleine Würmer leben, sie Unglück bringen oder ohnehin Löcher haben. Auch sind sie Kondomen gegenüber sehr misstrauisch, da sie von Weißen propagiert werden. Viele Afrikaner sind der Ansicht, dass die Weißen mithilfe der Kondome das Wachstum der schwarzen Bevölkerung stoppen wollen.

3 Kondome – Ängste und Mythen

Das Aids-Problem

„Wir befinden uns wirklich in einer nationalen Krise. Wir sind vom Aussterben bedroht."

Festus Mogae, Präsident Botsuanas, 2000

Zwei Fünftel der 15- bis 49-jährigen Einwohner Botsuanas sind HIV-positiv; in einigen Regionen liegt die Zahl schon bei über 60 Prozent. Besonders betroffen ist die Generation der jungen Väter und Mütter, der 15- bis 35-Jährigen, in der schon jeder Dritte die Krankheit in sich trägt. Aids ist dabei nicht nur ein Problem der Armen, es zieht sich quer durch die Bevölkerung. Jedes Jahr sterben 20 000 Menschen an der Immunschwächekrankheit. Immer größer wird somit auch die Zahl der Aids-Waisen. Internationale Organisationen schätzt sie auf 120 000. In der Wirtschaft zeigt sich bereits ein Mangel an jungen, gut ausgebildeten Arbeitskräften.
Durch die hohe Sterberate besitzt das Land ein insgesamt geringes Bevölkerungswachstum. Die Lebenserwartung lag Anfang der 1990er-Jahre bei über 60 Jahren, heute nur noch bei 35 Jahren. Vgl. dazu auch Seite 203.

4 Aufklärungsunterricht im Rahmen eines Entwicklungshilfeprojektes

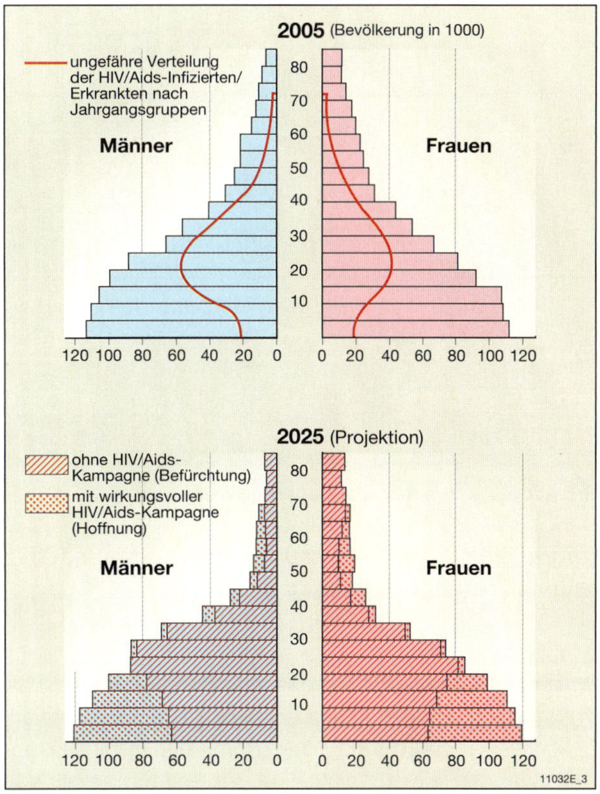

5 Bevölkerungspyramide Botsuanas 2005 und 2025

„Spätestens seit der afrikanischen Aids-Konferenz im sambischen Lusaka 1999 haben verschiedene afrikanische Regierungen Aids zu einem nationalen Desaster und einem Entwicklungshemmnis erklärt. Subsahara-Afrika ist die von der Aids-Epidemie am stärksten betroffene Region der Welt. Vier Millionen der geschätzten fünf Millionen Neuinfektionen im Jahr 2005 fanden in Subsahara-Afrika statt. Dabei verschärft die Armut Aids und Aids verschärft die Armut. Aids ist derzeit sicher der bedeutendste gesellschaftliche Einflussfaktor in Botsuana. Lange Zeit waren Aids und HIV in Botsuana kaum für „jedermann" sichtbar. Aids war eine Katastrophe im Verborgenen. Inzwischen wandelt sich das Bild: MASA, ein großflächiges staatliches Aufklärungs- und Therapieprogramm, ermöglicht seit einigen Jahren Tausenden von HIV-Infizierten und Aids-Kranken einen kostenlosen Zugang zu Beratung und Medikamenten. MASA (Setswana für „Morgendämmerung") nutzt die fast flächendeckende, für einen Staat des subsaharischen Afrikas geradezu vorbildliche Gesundheitsinfrastruktur Botsuanas."

(Quelle: nach: www.weltpolitik.net, 19.08.2007)

6 MASA – Aufklärung in Botsuana

1 **Arbeiter in einer Autofabrik in Kuala Lumpur**

Vergleich Malaysia – Botsuana: Entwicklungsdefizite und -erfolge und deren Ursachen

Malaysia

Ausgangsbedingungen (Auswahl)

- Naturbedingungen / Ausstattung mit Naturressourcen: Malaysia gehört zu den Ländern mit den größten Zinnvorkommen der Erde. Bei der Zinnförderung ist Malaysia zwar auf die achte Stelle weltweit zurückgefallen, ist aber bei der Zinnherstellung (Zinnschmelze) in der führenden Position und gehört zu den drei wichtigsten Zinnexporteuren.
  Die klimatischen Bedingungen bilden eine gute Grundlage für die tropische Landwirtschaft und für den Reichtum an tropischen Wäldern.
  Tropische Landschaften und tropische Klimabedingungen stellen ein hohes touristisches Potenzial dar, das zunehmend wirtschaftlich in wert gesetzt wird.
  Einen Bedeutungsgewinn erlangen die Erdölvorkommen und deren Förderung. Neue Ölfelder wurden entdeckt. Durch Ölexporte können somit zusätzliche Devisen erwirtschaftet werden.
- Einfluss der Kolonialzeit: Für die britische Kolonialmacht war der Naturreichtum des Landes interessant. Während der Kolonialzeit (1786 erster britischer Handelsposten auf Penang bis 1957) beuteten die Briten vor allem die Rohstoffe des Landes aus. Neben dem Erzabbau wurden der Anbau tropischer Produkte und die Tropenholzgewinnung ausgeweitet. Malaysia spielte zunehmend die Rolle eines „Rohstoffanhängsels“ des Mutterlandes. In großem Stil wurde die Plantagenwirtschaft eingeführt. Ab 1876 entstanden so riesige Kautschukplantagen zur Gewinnung von Naturkautschuk für die Gummiindustrie. 40 Jahre später (1917) folgten Ölpalmplantagen zur Gewinnung von Palmöl. Billige Arbeitskräfte für die Plantagenarbeit wurden aus China und Indien „importiert“. 1921 lag der Anteil von Chinesen in Westmalaysia bereits bei 30 Prozent.
- Besonderheiten: Malaysia ist ein multiethnisches Land. Circa 55 Prozent der Bevölkerung sind Malayen, 30 Prozent chinesischer und 10 Prozent indischer Herkunft. Eine kulturelle und religiöse Vielfalt zeichnet das Land aus, die einerseits ein gewisses Konfliktpotenzial beinhaltet und andererseits die Gesellschaft bereichert.

Entwicklungsstrategien

- Einfluss des Staates:
  Zunächst knüpfte der Staat an die kolonialen Strukturen an. Die Plantagenwirtschaft, insbesondere die Ölpalmplantagen, wurde ausgeweitet, dies allerdings auf Kosten der tropischen Wälder mit immensen ökologischen Schädigungen. Malaysia ist der weltgrößte Palmölproduzent und erbringt mit Indonesien 80 Prozent der Weltproduktion.
  Der Staat betrieb eine konsequente Industrialisierungspolitik und schuf günstige Rahmenbedingungen für das private Kapital. Diese staatlich gelenkte Marktwirtschaft war neben den billigen Arbeitskräften ein wesentlicher Standortvorteil.
  Politische Stabilität und Transparenz über Jahrzehnte trugen zur Internationalisierung der Wirtschaft bei.
- Globalisierungseffekte: Malaysia profitierte und profitiert wie die anderen Schwellenländer von der Globalisierung der Weltwirtschaft. Zum einen verfolgte der Staat die Förderung der Exportindustrien verbunden mit zum Teil aggressiven Exportstrategien. Zum anderen investierten ausländische Unternehmen in großem

Land	BNE (2005) US-$/Kopf	BIP-Anteile (%) 2005			HDI			Fertigwarenanteil am Export 2004	
		LW	Ind.	DL	1985	2004	Rang	gesamt	davon Hightec
Äthiopien	160	48	13	39	0,293	0,371	170	11	0
Botsuana	6111	3	51	46	0,636	0,570	131	k.A.	0
Malaysia	4960	9	51	40	0,696	0,805	61	76	55
Deutschland	34580	1	29	70	0,868	0,932	21	84	17
Welt	6987	4	28	68	k.A.	0,741	–	77	20

2 **Wirtschafts- und Sozialdaten im Vergleich**

Umfang in Malaysia. Von Vorteil ist hierbei die Lage des Landes zu Japan, zu den NIC Ost- und Südostasiens und zunehmend gewinnt die Nähe zum chinesischen und indischen Markt an Bedeutung.

Botsuana
Ausgangsbedingungen (Auswahl)

- Naturbedingungen / Ausstattung mit Naturressourcen: Botsuana liegt in den Randtropen. Daraus resultieren ungünstige Inwertsetzungsbedingungen für die Landwirtschaft. Da in vielen Teilen des Landes die agronomische Trockengrenze überschritten ist, bildet das Wasser einen Mangelfaktor. Botsuana importiert den größten Teil der Nahrungsmittel aus Südafrika.
  Botsuana ist reich an Bodenschätzen. Das Land ist der weltgrößte Produzent von Diamanten. Es besitzt aber auch große Vorräte an Kupfer, Nickel und Steinkohle.
  Das touristische Potenzial (naturräumliche Ausstattung, Tierwelt) konzentriert sich im Norden des Landes (Okavango-Delta, Chobe-Nationalpark, Salzpfannen). Touristen aus allen Teilen der Erde besuchen das Land. Die Besucherzahlen sind trotz einer Hochpreispolitik konstant.
  Aus dem Bergbau und dem Tourismus resultieren für das Land hohe Deviseneinnahmen.
- Auswirkungen der Kolonialzeit: Aus der Zeit der britischen Kolonialherrschaft (Unabhängigkeit 1966) resultierte eine große Rückständigkeit des Landes. Es gab kaum Industrie; Landwirtschaft und Infrastruktur waren unterentwickelt. Das Land war lange Zeit auf britische Subventionen angewiesen.
- Besonderheiten:
  Das Land verfügt über hohe Deviseneinnahmen (daraus resultierend ein hohes Bruttonationaleinkommen).
  Das HIV/Aids-Problem führt zu einem Rückgang der Lebenserwartung und damit zum Verlust an jungen und gut ausgebildeten Menschen.
  Botsuana weist eine sehr geringe Bevölkerungsdichte auf. Aus dieser resultieren große Disparitäten innerhalb des Landes, weite Regionen sind fast ohne Besiedlung; die Bevölkerung konzentriert sich auf wenige Standorte.

3 Gaborone, die Hauptstadt Botsuanas

Entwicklungsstrategien

- Einfluss des Staates: Der Staat orientiert seit Jahren auf den zielgerichteten Einsatz der Deviseneinnahmen. Oberstes Ziel ist die Diversifizierung der Wirtschaft (Industrie, Viehwirtschaft) und die Verbesserung der sozialen Bedingungen, einschließlich der Bekämpfung von HIV/Aids. Die Regierung favorisiert einen nachhaltigen Tourismus.
- Globalisierungseffekte: Das Land gilt international als politisch stabil. Ausländische Direktinvestitionen in die Bereiche Tourismus, Bergbau und Veredlung der Bergbauprodukte sind ein wichtiges Element für die Entwicklung Botsuanas. Nachteilig wirken sich die geringe Größe des Inlandsmarktes (1,7 Mio. Ew.), die immer noch ungenügende Verkehrsinfrastrukturausstattung und die große Entfernung zu den Nachbarmärkten aus.

Aufgabe

Vergleichen Sie anhand der textlichen Aussagen und der Materialien auf den Seiten 78 bis 87 die Länder Malaysia und Botsuana untereinander, aber auch mit höher und niedriger entwickelten Ländern hinsichtlich ihres ökonomischen und sozialen Entwicklungsniveaus. Finden Sie Ursachen für Entwicklungsdefizite und Entwicklungsfortschritte heraus.

l. Bev.-Wachs- n 2000-05 (%)	Stadtbevölkerung 2004 (Anteil %)	Lebenserwartung		Altersanteile 2004 (%)		Alphabetisierungsrate 2004 der über 15 J. (%)	Internetzugang 2004 (%)
		1990	2004	unter 15	65 und älter		
2,1	15,7	46	47,8	44,8	2,9	42	0,2
0,1	56,6	64	34,9	37,9	3,2	79	3,4
2,0	66,3	70	73,4	32,8	4,5	89	39,7
0,1	75,1	75	78,9	14,6	18,3	k. A.	50,0
1,2	48,3	65	67,3	28,5	7,3	80	13,8

Quelle: Worldbank: Human Development Report 2007; World Bank: Little Date Book 2006; UNDP: Human Development Report 2006

1 **Hansehafen Lübeck im Mittelalter**

3 **Globalisierungskritikter in Aktion**

3.3 Globalisierung – Wirtschaft ohne Grenzen

„Globalisierung ist sicher das am meisten gebrauchte – missbrauchte – und am seltensten definierte, wahrscheinlich missverständlichste, nebulöseste und politisch wirkungsvollste (Schlag- und Streit-) Wort der letzten Jahre, aber auch der kommenden Jahre."

Ulrich Beck (Soziologe), 1997

Globalisierung ist heute in aller Munde. Wenn über die wirtschaftlichen, politischen, sozialen und ökologischen Veränderungen und Probleme der letzten Jahre, aber auch über gegenwärtige und zukünftige Entwicklungen gesprochen wird, rückt sehr schnell das Wort Globalisierung ins Zentrum der Diskussion. Dieses Wort muss für positive wie auch für negative Erscheinungen und Entwicklungen herhalten. Oft ist vom „Phänomen Globalisierung" die Rede, womit etwas schwer Fass- und Definierbares beschrieben wird. Es gibt somit keine klare Begriffsdefinition.

Anfangs wurde Globalisierung zumeist auf den ökonomischen Bereich beschränkt. Heute sind sich die meisten Beobachter darüber einig, dass Globalisierung mehr ist als ein Prozess, der sich im rein Wirtschaftlichen vollzieht, sondern dass dieser Prozess auch eine soziale, politische und ökologische Dimension, zumindest aber Auswirkungen auf diese Bereiche hat. Dies erschwert eine sachliche Diskussion zum „Globalisierungsphänomen".

	vor dem Ersten Weltkrieg	fordistische Pause (1945 – 1973)	heutige Globalisierung
Umfang	Aufkommen transnationaler Konzerne (TNC) in Europa und Nordamerika, Rohstoffverarbeitung im Norden	TNC aktiv in den Industrienationen, zunehmend auch in Entwicklungsländern, ausgeschlossen vom sozialistischen Block	TNC aktiv in fast allen Ländern, Wachstum regionaler und globaler Produktions- und Distributionsnetzwerke
Intensität	TNC begrenzt auf einige Rohstoffländer und einige Industriebranchen	TNC breiten sich in der Industrie aus und dominieren einzelne Branchen	TNC herrschen im Welthandel vor, organisieren 25 % der Weltproduktion
Infrastruktur	Telegraf, nicht vernetzte Produktionsstätten	Telefon und Flugzeug erlauben stärkere zentrale Kontrolle	Internet erlaubt enge Verzahnung der einzelnen, räumlich getrennten Produktionsschritte
Auswirkung	wichtig für einige Rohstoffe, TNC führen in einigen Branchen neue Produktionstechniken ein	schafft globale Konkurrenz für viele Waren und verbreitet weltweit neue Technologien	zunehmende Fähigkeit, weltweit Produktionsstandorte zu verlagern
Regelwerk	weitgehende Freiheiten für TNC	unter den Industrieländern weitgehend frei, in Entwicklungsländern Auflagen für Direktinvestition, in einigen auch Nationalisierung ausländischer Investitionen	Liberalisierung der Direktinvestitionen, internationale Harmonisierung nationaler Regulierung der Wirtschaft
internat. Arbeitsteilung	Dominanz britischer und US-amerikanischer TNC, im Süden meist Investitionen in die Rohstoffgewinnung	Dominanz US-amerikanischer TNC, Aufkommen europ. und japan. TNC, Konzentration auf Industrieländer	Dominanz der OECD-TNC, Verlagerung der Produktion in einige Schwellenländer

2 **Globalisierung im historischen Vergleich (Produktion)**

Stark verallgemeinert scheiden sich die „Geister" in ein Lager der Befürworter und in ein Lager der Kritiker der Globalisierung. Die Befürworter sehen in der Globalisierung in erster Linie die Chancen. Vor allem die wirtschaftlichen Erfolge der letzten Jahrzehnte in den sogenannten hoch entwickelten Industrieländern, aber auch in einer Reihe von Entwicklungsländern (Schwellenländer) werden als Beweis angeführt. Zunehmend sehen aber die Befürworter auch bestimmte Schattenseiten. Die Globalisierungskritiker dagegen sehen vordergründig die negativen Auswirkungen, insbesondere in der Entwicklungsländerwelt, zum Teil aber auch in reichen Ländern. Solche Bereiche wie zum Beispiel die weitere Verschärfung des Armutsproblems oder der Rückgang der Einflussnahme der Politik auf negative Erscheinungen der Globalisierung werden hierbei thematisiert.
Einig sind sich beide Lager darin, dass Globalisierung ein unumkehrbarer Prozess ist. Die Forderung der Kritiker besteht somit darin, Globalisierung so zu gestalten, dass niemand davor Angst haben muss und dass es keine Verlierer geben darf. Hier ist jeder Einzelne gefragt, insbesondere die Politik und auch die Wirtschaft (M5). Im Allgemeinen wird unter Globalisierung ein Prozess zunehmender internationaler Arbeitsteilung und damit Verflechtung nationaler Volkswirtschaften durch Handel mit Waren und Dienstleistungen, grenzüberschreitende Unternehmensinvestitionen und Finanzströme verstanden. In den 1990er-Jahren erlebte der Begriff Globalisierung einen kometenhaften Aufstieg. Internationale arbeitsteilige Prozesse sind allerdings nichts Neues. Seit dem Mittelalter (M1), insbesondere im Zuge der geographischen Entdeckungen, entwickelte sich ein internationaler Handel.

„Für sich genommen ist Globalisierung weder gut noch schlecht. Worauf es ankommt, ist, was wir daraus machen, wie es uns gelingt, die Chancen zu nutzen und gleichzeitig die Risiken zu begrenzen. Ich denke, wir brauchen zur Bekämpfung der Armut in der Welt nicht weniger, sondern eher mehr Globalisierung – vor allem aber eine bessere Globalisierung als bisher. Das heißt, Globalisierung bedarf der politischen Gestaltung. Die kritische Diskussion über Globalisierung ist zu begrüßen und sollte uns helfen, ein tragfähiges Konzept für eine bessere Globalisierung zu finden."

Horst Köhler 2003 (damals Präsident des IWF)

5 Aus einer Rede Horst Köhlers in der Humboldt-Universität in Berlin

Schon vor über 160 Jahren analysierten Karl Marx und Friedrich Engels diese Entwicklung im Kommunistischen Manifest: *„Die uralten nationalen Industrien sind vernichtet worden und werden noch täglich vernichtet. Sie werden verdrängt durch neue Industrien, deren Einführung eine Lebensfrage für alle zivilisierten Nationen wird, durch Industrien, die nicht mehr einheimische Rohstoffe, sondern den entlegensten Zonen angehörige Rohstoffe verarbeiten und deren Fabrikate nicht nur im Lande selbst, sondern in allen Weltteilen zugleich verbraucht werden (...) An die Stelle der alten lokalen und nationalen Selbstgenügsamkeit und Abgeschlossenheit tritt ein allseitiger Verkehr, eine allseitige Abhängigkeit der Nationen voneinander."*

	vor dem Ersten Weltkrieg	fordistische Pause (1945 – 1973)	heutige Globalisierung
Umfang	fast alle Länder und Kolonien beteiligen sich am internationalen Handel	die sozialistischen Länder setzen auf Autarkie, viele Entwicklungsländer auf Importsubstitution	fast alle Länder beteiligen sich intensiv am internationalen Handel
Intensität	für einige Länder sehr hoch, für viele aber gering	zunächst gering, zunehmend aber das Niveau vor dem Ersten Weltkrieg erreichend	für die meisten Länder im Verhältnis zum gesamten Ausstoß sehr hoch
Auswirkung	bedeutsam für die Entwicklung von Agrar- und Rohstoffexporteuren	zunächst gering, zunehmend bedeutsam, insbesondere für das Industriewachstum	wesentlicher Bestandteil der Volkswirtschaften und zunehmend bedeutend für Einkommen und Industriestruktur
Regelwerk	zunehmend bilaterale Abkommen über internationale Marktstandards, unterschiedliches Ausmaß an Protektionismus	zunehmende Zuständigkeit des multilateralen GATT, Beginn der Liberalisierung	die Welthandelsorganisation regelt zunehmend umfassend den internationalen Handel mit dem Ziel der Liberalisierung
internationale Arbeitsteilung	Industriestaaten vs. Rohstoffe liefernde Kolonien	zunehmender Handel zwischen Industriestaaten, Rohstoffexporteure verlieren an Gewicht	hoher Industriegüteranteil bei den Exporten einiger Schwellenländer, intra-industrieller Handel

4 Globalisierung im historischen Vergleich (Handel)

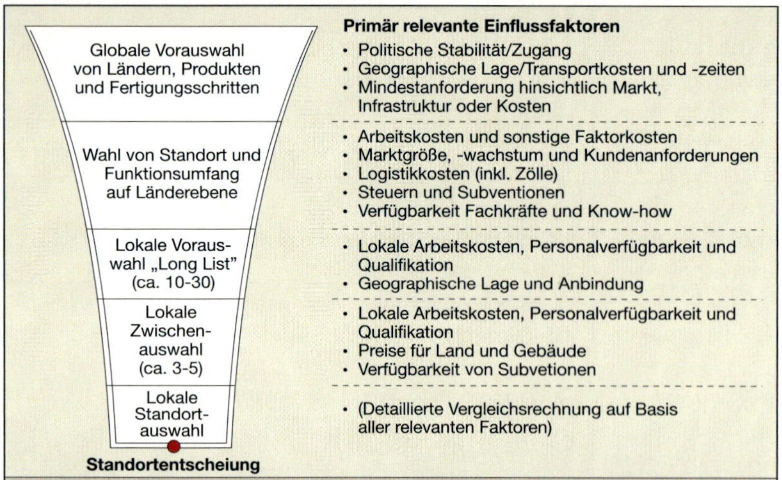

Standortfaktoren		Prozessfaktoren (produkt- und produktionsbezogene Faktoren)	
Faktorkosten	• Arbeitskostensatz (je Stunde) • Kapitalkostensatz • Beschaffungskosten für Teile, Rohstoffe, Energie usw.	**Inputfaktormengen**	• Arbeitsinhalt (nach Qualifikationsstufen) • Nominaler Kapitalbedarf für Betriebsmittel • Zukaufteile und Rohstoffe • Eigengefertigte Vorproduktion • Raumbedarf
Produktivität	• Arbeitsproduktivität (regionaler Einfluss) • Kapitalproduktivität (regionaler Einfluss)		
sonstige quantitative Faktoren	• Transportkosten • Potenzielle Restrukturierungs- und Schließungskosten • Distanzen zu Märkten u. a.	**sonstige quantitative Faktoren**	• Volumen und Gewicht • Lieferzeitanforderungen • Instandhaltungskostenanteil u. a.
qualitative Faktoren	• Verfügbarkeit von Land und Infrastruktur, Eigentumsrechte • Rechtssicherheit, Schutz von intellektuellem Eigentum • Regulierung/Schutzanforderungen u. a.	**qualitative Anforderungen**	• Prozesskomplexität • Know-how/Patente • Umweltverträglichkeit u. a.

14164E

1 Geographische Dimensionen und Einflussfaktoren (oben) / Einflussfaktoren der Standortwahl (unten)

Triebkräfte der Globalisierung

Im ausgehenden 20. Jahrhundert erlangten die internationalen arbeitsteiligen Prozesse eine völlig neue Qualität und Dynamik. Außerdem beschränkten sie sich nicht nur auf wirtschaftliche Aktivitäten. Auch sind sie in ihren Wirkungen viel stärker als vorher. Die Dynamik der Globalisierung wird von ökonomischen Kräften vorangetrieben. Kostensenkung und Markterschließung sind die beiden Hauptmotive für eine Globalisierung der Produktion.

Der Globalisierung liegt ein relativ simpler Ansatz der beiden britischen Nationalökonomen Adam Smith (1723–1790) und David Ricardo (1772–1823) zugrunde. Sie bewiesen, dass Arbeitsteilung zum Produktivitätsanstieg führt, da jeder das tut, was er am besten kann. Wenn jeder nicht alles selber tut, ist jeder auf Produkte und Dienstleistungen anderer angewiesen. Dieser Tauschprozess ist für alle vorteilhaft. Die durch diese Spezialisierung erreichte höhere Arbeitsproduktivität führt letztlich zum Anstieg des Gemeinwohls. So plädierten sie deshalb für einen freien Handel, um die Vorteile aus den unterschiedlichen Preisniveaus

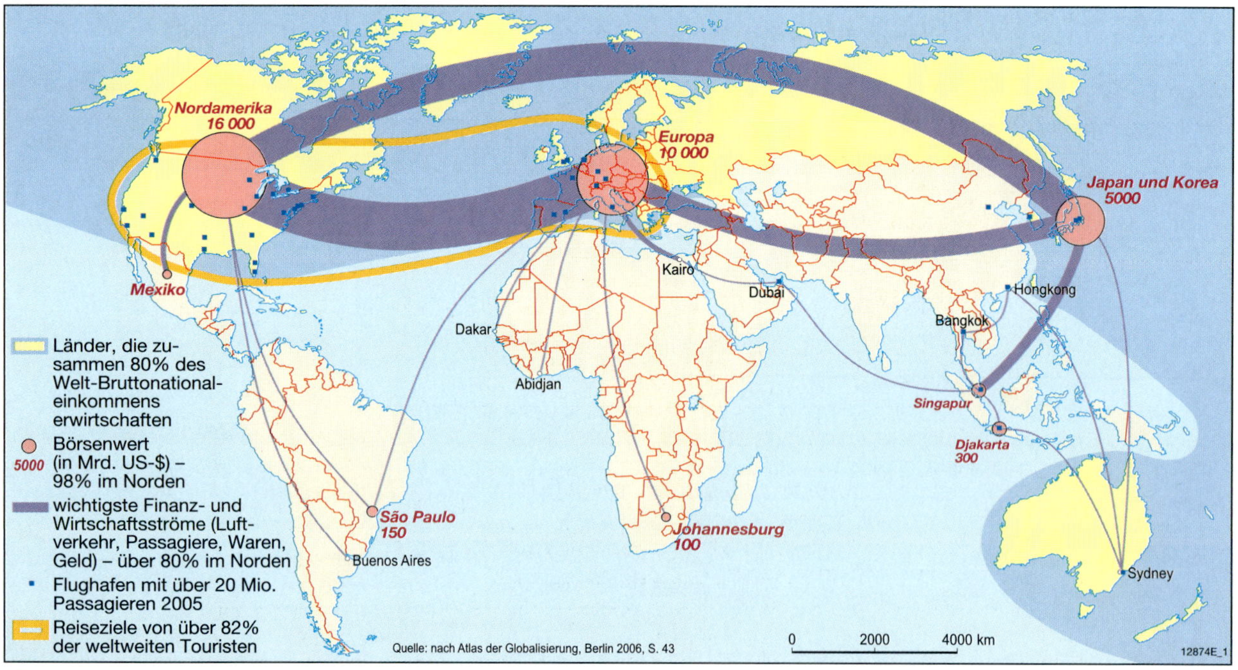

2 Globalisierte Welt

im In- und Ausland zu nutzen, die zu einem Großteil zurückzuführen sind auf die räumlich unterschiedlich hohen Produktionskosten.

Die Produktionskosten werden von vielen Faktoren beeinflusst. Eine wichtige Rolle spielen dabei die Standortfaktoren. Ein Unternehmen produziert dort am kostengünstigsten, wo die Standortbedingungen den betrieblichen Anforderungen am besten entsprechen, oder anders ausgedrückt, wo die Kapitalverwertungsbedingungen am günstigsten sind. Demzufolge erfolgt heute die Standortwahl nicht mehr vordergründig in der nationalen, sondern in der globalen Dimension.

Eine entscheidende Rolle spielen dabei **Transnationale Konzerne (TNC)**. Das sind Unternehmen, die über Produktionsstätten und Niederlassungen in mehreren Ländern verfügen, einen mehr oder weniger großen Teil ihrer Umsätze im Ausland tätigen und ihre strategische Unternehmensplanung weltweit ausrichten. Die Zahl transnationaler Konzerne ist in den letzten 25 Jahren stark angestiegen. Gab es 1980 etwa 17 000 weltweit operierende TNC, so waren es 2004 mehr als 70 000 mit etwa 800 000 Tochtergesellschaften. Die TNC wickeln mittlerweile rund zwei Drittel des Welthandels ab – die Hälfte davon innerhalb der jeweils eigenen Konzerngruppe. Neben den im produzierenden Bereich tätigen TNC spielen auch die transnationalen Unternehmen des Finanzsektors eine wichtige Rolle im Globalisierungsprozess. Aufgrund ihrer Macht und ihres Einflusses auf die Weltwirtschaft werden die Transnationalen Unternehmen auch als **Global Player** bezeichnet.

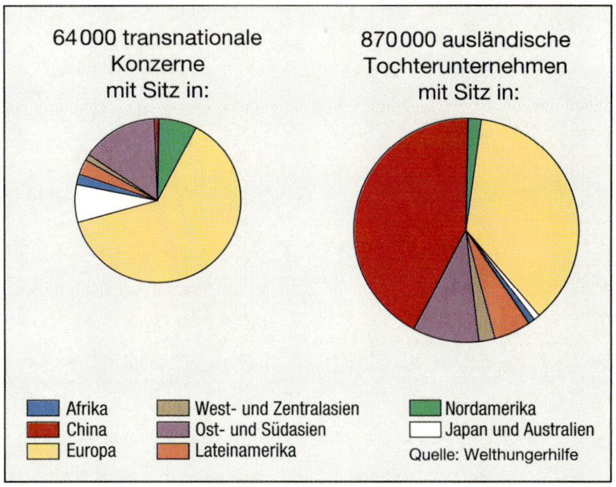

4 Verteilung der TNC

Aufgaben

1. Interpretieren Sie den Begriff Globalisierung und die Aussage, dass Globalisierung eine neue Qualität der internationalen Arbeitsteilung darstellt.
2. Begründen Sie die unterschiedlich starke Einbeziehung der Länder in den Prozess der Globalisierung.
3. Erläutern Sie die Rolle der Standortfaktoren für die Unternehmenslokalisation. Verdeutlichen Sie dies anhand von Ihnen bekannten Beispielen.
4. Interpretieren Sie die Aussage von Horst Köhler in seiner Rede im Jahr 2003 sowie die von Marx/Engels (Seite 89).
5. Erläutern Sie den Begriff „Global Player".

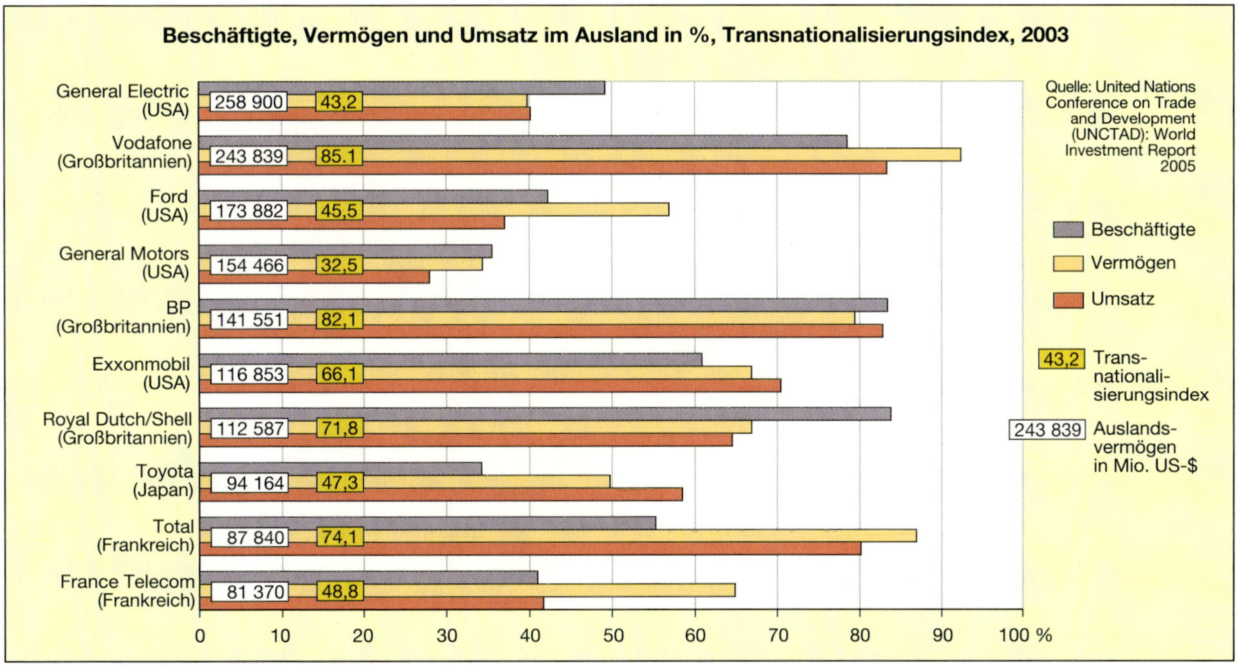

3 Die zehn größten TNC (ohne Finanzbranche)

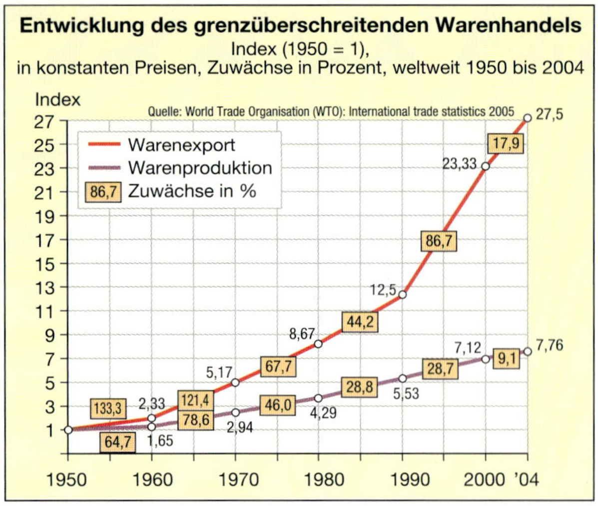

1 **Entwicklung der Warenproduktion und des Warenhandels**

Erscheinungsformen der Globalisierung

„Die heutige Ära der Globalisierung entsteht im Zuge fallender Kommunikationskosten: Durch Mikrochips, Satelliten, Glasfaserkabel und das Internet wird die Welt nahezu flächendeckend verwoben."

J. Schremp, ehem. Vorstandsvorsitzender von DaimlerChrysler, 1999

Globalisierung äußert sich nicht nur in der Entstehung von Transnationalen Konzernen, sondern in einer starken Zunahme der weltweiten Verflechtungsbeziehungen in allen Bereichen der Wirtschaft und darüber hinaus. In diesem Zusammenhang wird auch von globaler Vernetzung gesprochen. Damit der globale Fluss von Gütern, Geld, Wissen etc. funktionieren kann, müssen die technischen Voraussetzungen gegeben sein. Dies wurde ermöglicht durch die rasante Entwicklung der Informations- und Kommunikations- sowie der Verkehrstechnologien seit den 1980er-Jahren. Damit konnten räumliche Distanzen schnell überbrückt und der Kostenfaktor „Entfernung" minimiert werden.

Nachvollziehen lassen sich die Globalisierungsprozesse der Wirtschaft durch die Betrachtung der Verflechtungsbeziehungen in den vier Bereichen Handelsverflechtungen, Finanzverflechtungen, Dienstleistungsverflechtungen und Arbeitsmarktverflechtungen.

Der **Welthandel** (gemessen am Wert der Warenexporte) ist gegenüber 1950 (ca. 60 Mrd. US-$) um mehr als das 150-Fache (ca. 9120 Mrd. US-$) im Jahr 2004 gestiegen. Er ist damit schneller gewachsen als die Warenproduktion. Allerdings sind die Länder und Regionen ungleichgewichtig in den Welthandel eingebunden. Am intensivsten ist der Warenhandel innerhalb der Triade (Europa, Nordamerika, Ostasien). Ein zunehmendes Gewicht erlangen die asiatischen Schwellenländer und China.

Ähnliches trifft für die **Finanzverflechtungen** zu. Wichtige Gründe für die Zunahme der internationalen Geldbewegungen sind der Finanzierungsbedarf für den wachsenden Waren- und Dienstleistungshandel, die Vernetzung von Banken und Börsen zu einem internationalen Geld- und Kapitalmarkt sowie die gewachsenen Direktinvestitionen im Ausland zur Gründung von Tochterunternehmen oder zum Erwerb von bzw. zur Beteiligung an ausländischen Unternehmen. Der internationale Kapitalverkehr ist der seit den 1970er-Jahren am

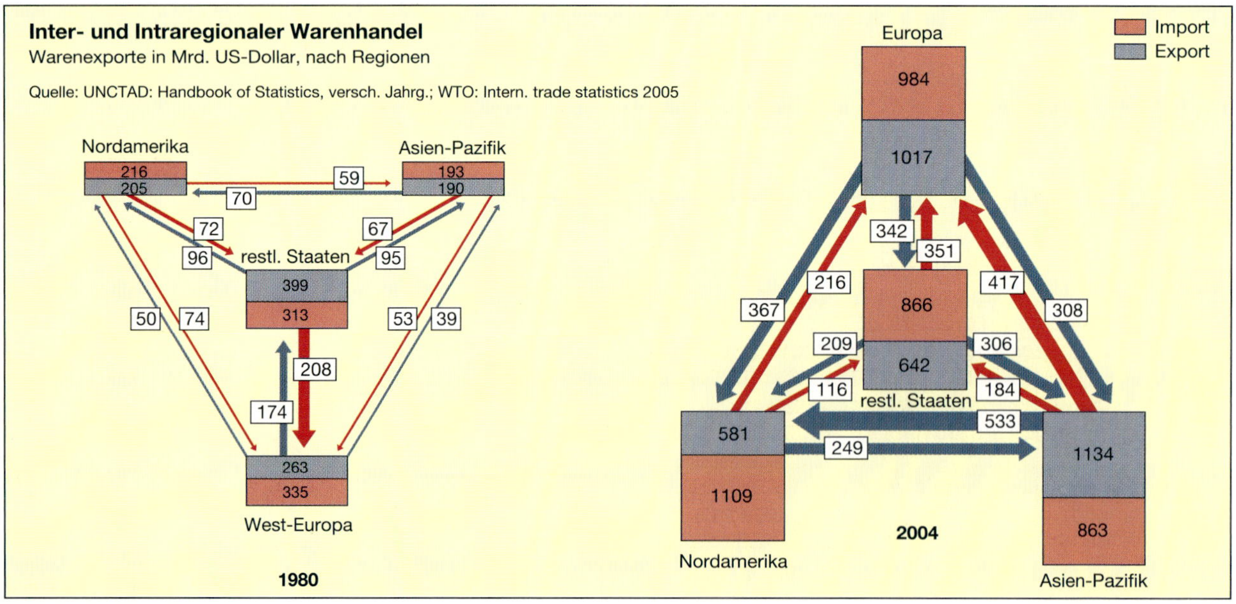

2 **Handelsverflechtungen**

raschesten gewachsene Teilbereich der internationalen Wirtschaftsbeziehungen und hat wesentlich zur hohen Dynamik der Globalisierung beigetragen.

Internationale **Dienstleistungsverflechtungen** haben in den letzten 25 Jahren ebenfalls beachtliche Zuwächse erfahren, allerdings nicht in der Dynamik der Finanz- und Warenverflechtungen. Zu diesem Bereich gehören die Nutzung von Informationen (Datenbanken, Telefondienste, E-Mail-Dienste), Transport- und Versicherungsdienstleistungen, Dienstleistungen im Tourismus, der Werbe- und Unterhaltungsbranche sowie produktionsbezogene Dienstleistungen (Lizenzen, Erstellung von Softwareprogrammen).

Eine heute noch untergeordnete Bedeutung haben die globalen **Arbeitsmarktverflechtungen**. Der Produktionsfaktor Arbeit unterliegt im Gegensatz zu den anderen Produktionsfaktoren einer stark eingeschränkten globalen Mobilität.

Aufgaben

1. Begründen Sie die unterschiedliche Einbindung der Länder in die globalen Verflechtungen (M2 – M4).
2. Erläutern Sie, wodurch die Globalisierungsprozesse beschleunigt wurden und in welchen Bereichen sie wirken.

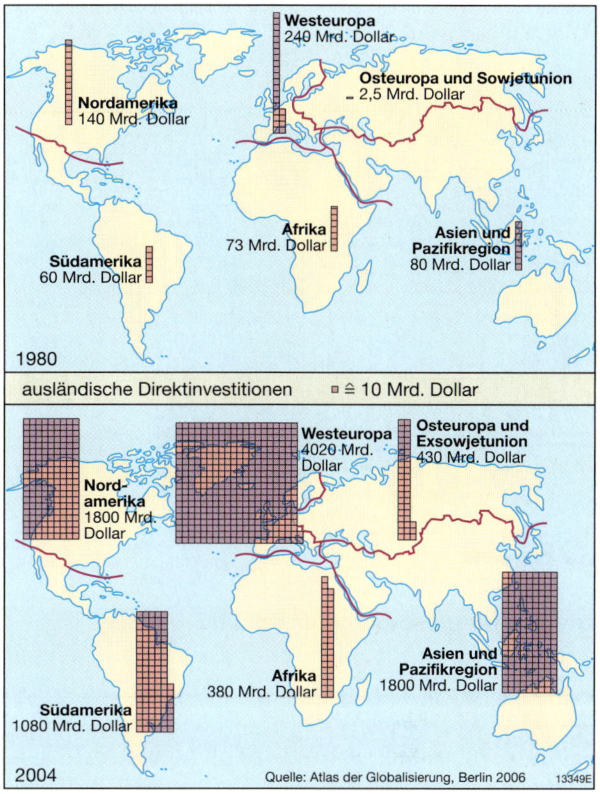

4 **Verteilung der Direktinvestitionen**

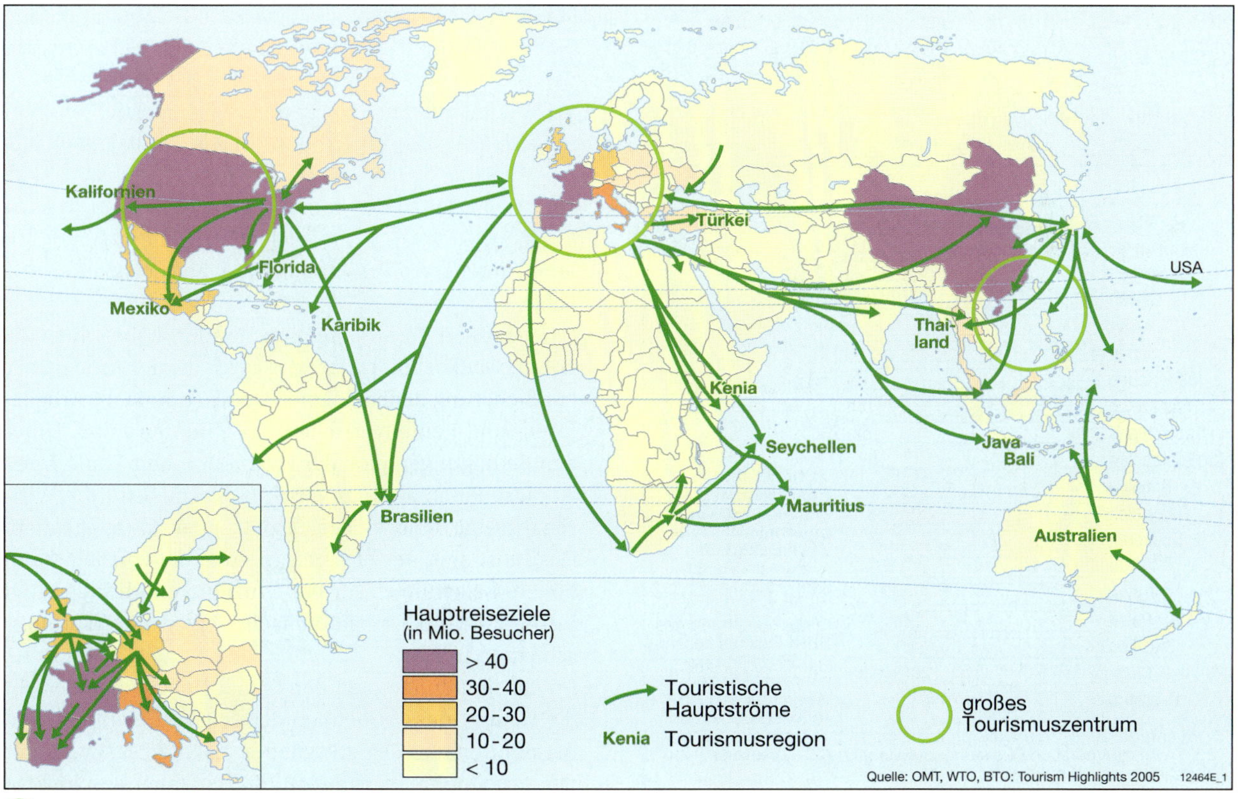

3 **Reiseströme des internationalen Tourismus**

1 Karikatur

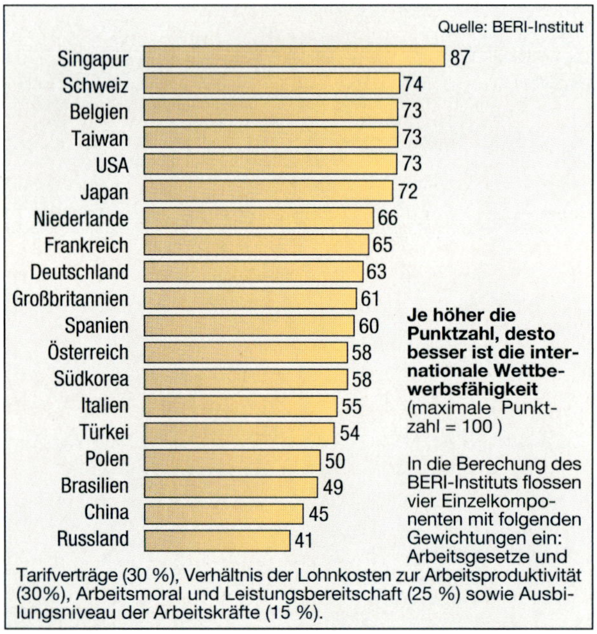

2 Wettbewerbsfähigkeit von Standorten (2004)

- Die Schere zwischen armen und reichen Ländern geht weiter auseinander. Die sozialen Ungleichheiten werden größer. Verlierer wird die „Dritte Welt" sein.
- Mit der Globalisierung werden westliche Wertvorstellungen, Lebens- und Konsumstile weltweit verbreitet und damit kulturelle Konflikte gefördert.
- Es kann zum Entstehen und einer Ausdehnung eines globalen Terrorismus kommen.
- Die Instabilität der Weltfinanzmärkte kann sich erhöhen, verbunden mit Kapitalvernichtung.
- Die ökologischen Risiken, zum Beispiel durch die Zunahme der Transporte (Treibhauseffekt), nehmen zu.

3 Globalisierung: mögliche weltweite Auswirkungen

Globalisierungsbefürchtungen und -ängste

Das Ringen um Wohlstand auf der Welt erreicht eine neue Dimension. Der nahezu ungebremste Handel mit Waren und Dienstleistungen verschiebt die globale Machtbasis auf einer Ebene, die im Westen der Erdkugel bislang als unantastbar galt: die der Wirtschaft. Längst nicht alle Nationen, ob in der Europäischen Union oder in Nordamerika, die heute noch vor Kraft strotzen, werden von dem Wandel profitieren. Und so geht in Los Angeles und in New York genauso die Angst um vor dem Abstieg wie in Paris, Madrid oder Berlin. Was passiert mit den Jobs? Was mit den Löhnen? (Handelsblatt Spezial vom 23.01.2007)

Globalisierung muss häufig als Sündenbock für wirtschaftliche und gesellschaftliche Probleme oder Schwierigkeiten herhalten. Mitunter werden mit diesem Begriff auch Ängste geschürt. Sicher sind mit den Globalisierungsprozessen Gefahren und auch negative Wirkungen verbunden, die von den Globalisierungsbefürwortern ebenfalls gesehen werden:

- Fast täglich finden in den Medien Diskussionen zum Standort Deutschland und zu den Gefahren für den Standort Deutschland statt. Hierbei geht es hauptsächlich um die Wettbewerbsfähigkeit der Unternehmen.
- Verbunden mit den Standortdiskussionen sind Befürchtungen, dass die Produktion und damit Arbeitsplätze ins Ausland verlagert werden, vor allem in solche Länder, in denen die Lohnkosten niedrig sind. Das ist durchaus Realität, insbesondere bei Unternehmen mit arbeitsintensiven Produktionen. Arbeitslosigkeit ist die Folge.
- Einen großen Einfluss auf den Standort haben auch die Lohnnebenkosten. Das sind Kosten, die der Arbeitgeber zur Sicherung der sozialen Systeme (Kranken-, Arbeitslosen- und Rentenversicherung) abführen muss. Unter den Bedingungen globaler Produktion und Konkurrenz ist diese Finanzierungsweise ein Nachteil für die Wirtschaft, eine Reform des Sozialstaates unumgänglich. Das führt zu einer höheren Eigenverantwortung, kann höhere Belastungen für den Einzelnen mitbringen und insbesondere die sozial benachteiligten Bevölkerungsschichten treffen.
- Im Zusammenhang mit den Standortnachteilen besteht die Gefahr, dass Arbeitnehmerrechte in Unternehmen beschnitten und Gewerkschaften als Interessenvertreter der Arbeitnehmer in ihrer Einflussnahme geschwächt werden. Das kann z. B. zu Lohndumping führen.

4 Karikatur

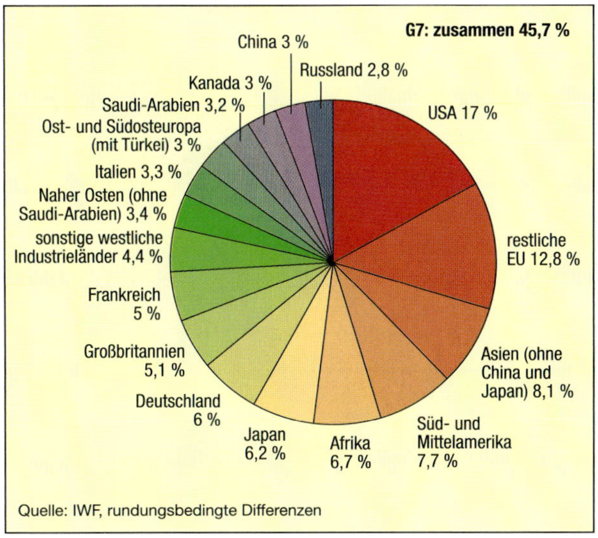

5 Stimmenanteile im IWF

Instrumente der globalen Zusammenarbeit

Um negative Folgen der Globalisierung möglichst auszuschließen, zumindest sie in ihrer Wirkung zu mildern, sind internationale Regelungen und Instrumente unumgänglich. Zum einen bedarf es der Entwicklung einer gerechten internationalen Handelsordnung und zum zweiten einer gerechten internationalen Währungsordnung. Zwei wichtige Organisationen, die in diesem Sinne auf die Gestaltung der Globalisierungsprozesse steuernd Einfluss nehmen, sind die **WTO** (World Trade Organization; Welthandelsorganisation) und der **IWF** (Internationaler Währungsfonds).

Die WTO ist 1995 an die Stelle des Allgemeinen Zoll- und Handelsabkommens (GATT, General Agreement on Tariffs and Trade) getreten. 2005 hatte die WTO 148 Mitglieds- und 33 Beobachterländer. In den Gremien der WTO hat jedes Land eine Stimme. Die WTO will dazu beitragen, dass durch die Intensivierung des internationalen Handels der Lebensstandard der Weltbevölkerung gehoben wird. Das bedeutet, dass die Handelsbeziehungen so gestaltet werden müssen, dass kein Land im Welthandel diskriminiert oder benachteiligt wird. Das heißt zum Beispiel, dass Handelshemmnisse wie Einfuhrbeschränkungen für bestimmte Waren oder Zölle, die einen freien und fairen Handel beeinträchtigen, abgebaut werden müssen. Es geht aber auch um Regelungen zum Schutz von geistigem Eigentum, wie der Schutz von Handelsmarken oder die Verhinderung von Fälschungen bzw. die Unterbindung von Handel mit gefälschten Waren.

Bei Handelskonflikten tritt die WTO als Schlichter auf und vermittelt. Sie kann bei Regelverstößen Sanktionen verhängen und hat damit eine beachtliche Macht. Für Globalisierungskritiker ist diese Machtfülle immer wieder ein Angriffspunkt gegen die WTO, die in ihren Augen vor allem die Interessen der großen Wirtschaftsmächte und der Global Player vertritt.

Der IWF wurde bereits 1944 gegründet, hat aber seine Aufgaben seitdem stark verändert. Anfangs ging es verstärkt um die Regelung der Wechselkurse. Heute konzentriert er sich auf die Abwicklung des internationalen Zahlungsverkehrs und auf die Kreditvergabe an Staaten, die sich in Zahlungsschwierigkeiten oder in wirtschaftlichen Umstrukturierungsprozessen befinden. Mit solchen Ländern werden Strukturanpassungsprogramme erarbeitet und deren Umsetzung durch den IWF finanziell unterstützt. Außerdem räumen private Kreditgeber Staaten, die die Kreditvergabekonditionen des IWF akzeptieren, günstigere Kreditbedingungen ein als den Staaten, die sich nicht den Konditionen und der Aufsicht des IWF unterstellen. Wichtig ist auch seine beratende Funktion. Er gewährt Rat und technische Hilfe beispielsweise beim Übergang der ehemals sozialistischen Länder zur Marktwirtschaft.

Dem IWF gehören mit 184 Ländern fast alle Staaten der Erde an. Es hat aber nicht jedes Land eine Stimme. Der Stimmenanteil richtet sich nach Quoten, die sich aus der Wirtschaftskraft ergeben.

Aufgaben

1. Diskutieren Sie die genannten Gefahren der Globalisierung und zeigen Sie Wege auf, wie diese möglichen Folgen in ihrer Wirkung gemindert werden können.
2. Stellen Sie die positiven Entwicklungen der Globalisierung dar.
3. Werten Sie Darstellung M2 aus.
4. Erläutern Sie, warum internationale Organisationen zur Regelung der Zusammenarbeit – bei aller Kritik an ihnen – dennoch unverzichtbar sind.

3.4 Auswirkungen der Globalisierung auf den Standort Deutschland

„Globalisierung gleich Jobabbau – die Mehrheit der Deutschen verbindet den Begriff Globalisierung mehreren Studien zufolge mit dem Verlust oder der Verlagerung von Arbeitsplätzen."

Focus, 25.10.2006

„Wahrnehmung und Wahrheit gehen stark auseinander. Deutschland ist ein Globalisierungsgewinner. Kein EU-Land verdankt seinen Wohlstand so dem Export wie wir."

Th. Straubhaar, Leiter des Hamburgischen Weltwirtschaftsinstituts

„Deutschland überrascht uns sehr positiv – knapp drei Prozent Wachstum im letzten Jahr (...) und auch für die nächsten Jahre wird das Wachstum anhalten."

OECD-Generalsekretär Angel Gurria, 31.03.2007

„Deutschland erneut Exportweltmeister. Nie zuvor hat Deutschland so viele Waren exportiert und solch einen hohen Überschuss erzielt. Deutschland bestreitet heute 9,3 Prozent der weltweiten Exporte."

Spiegel online, am 20.06.2007

Globalisierung zeigt sich in Deutschland in einer Reihe von Entwicklungen. Neue Technologien, vor allem im Kommunikationsbereich, ermöglichen neue Formen des Warenverkehrs und damit einhergehend neue Organisationsformen der internationalen Produktion. Im östlichen Mitteleuropa, in Ost- und Südosteuropa und im asiatischen Raum finden deutsche Unternehmen neue Handelspartner, neue Absatzmärkte und neue Produktionsmöglichkeiten. Ein Gutachten der Bundesregierung (2006) zeigt auf, dass sich in den letzten zehn Jahren der deutsche Außenhandel verdoppelt, die internationalen Kapitalströme Deutschlands verdreifacht und die Direktinvestitionen deutscher Unternehmen im Ausland sogar vervierfacht haben. Nach Angaben des Statistischen Bundesamtes lieferten deutsche Unternehmen im Jahr 2006 für 893,6 Milliarden Euro Waren in andere Länder, während sie nur für 729 Milliarden Euro Waren einkauften. Daraus resultiert ein Außenhandelsüberschuss von 164,6 Milliarden Euro. Die deutschen Exporte erbringen knapp 40 Prozent der gesamten wirtschaftlichen Leistung des Landes bezogen auf das BIP.
Fast jeder dritte Arbeitsplatz hängt in Deutschland direkt oder indirekt am Export. Dies gilt vor allem für drei Industriebranchen: Automobilindustrie, Maschinenbau und chemische Industrie. Die deutsche Wirtschaft profitiert dabei von einem hohen technologischen Standard der Herstellungsverfahren, von einem ebenso hohen Qualifikationsstandard der Arbeitskräfte und von hohen Qualitätsstandards in der Produktion. Die Globalisierung sichert und schafft somit Arbeitsplätze in Deutschland. Zum hohen Lebensstandard in Deutschland tragen auch – als eine Folge der Globalisierung – verbilligte Importe bei. Aus der aufgezeigten Situation ergibt sich aber auch eine Schattenseite: Die deutsche Wirtschaft hängt sehr stark von der außenwirtschaftlichen Entwicklung ab und ist damit anfällig für Schwankungen.

In den letzten zehn Jahren ist der Handel mit den ehemaligen sozialistischen Ländern stark angestiegen. Neben dem traditionellen Handel mit Endprodukten wird die Außenhandelsstatistik in den letzten Jahren im Rahmen der internationalen Arbeitsteilung immer stärker durch den Handel mit Zwischenprodukten bestimmt. Häufig ist der vertikale intrasektorale Handel (Handel mit Zulieferteilen z.B. innerhalb der Automobilbranche, die dann in Deutschland weiterverarbeitet werden) eng verbun-

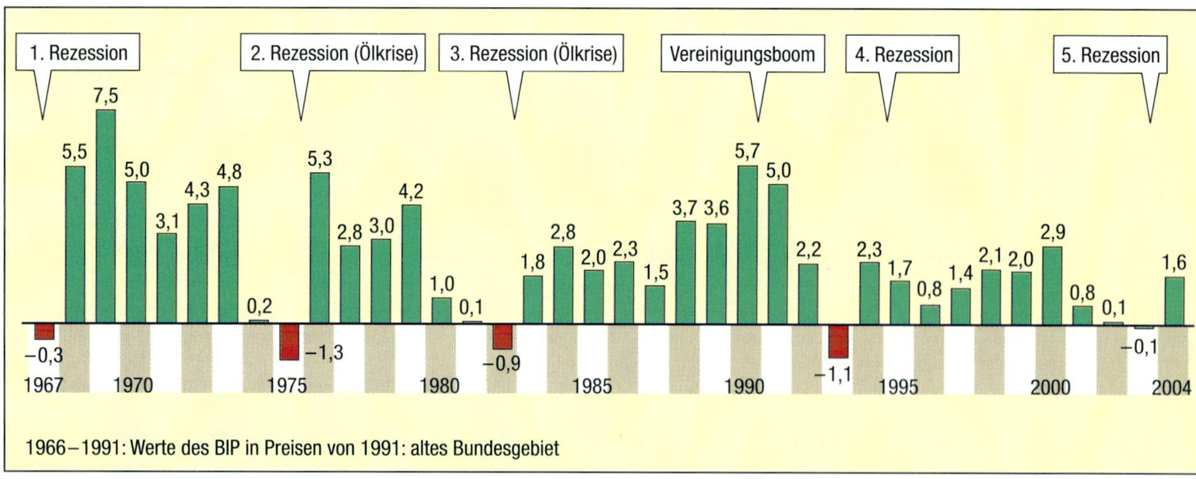

1 Reale Wachstumsraten des Bruttoinlandproduktes Deutschlands

den mit der Verlagerung einzelner Produktionsstufen in ausländische Tochterunternehmen (offshoring). Im Handel Deutschlands mit den EU-Staaten, die 2004 und 2007 dem Integrationsbündnis beigetreten sind, beträgt beim Import der Anteil von Zwischenprodukten bereits etwa 40 Prozent. Diese importierten Vorleistungen erhöhen die Wettbewerbsfähigkeit der deutschen Produzenten auf dem Weltmarkt und tragen nicht zuletzt zum wirtschaftlichen Erfolg bei.

Lange Zeit hielten sich in Deutschland die Schaffung neuer Arbeitsplätze durch steigende Exporte und die Verlagerung von Arbeitsplätzen in Niedrig-Lohn-Länder die Waage. Durch sich verändernde Rahmenbedingungen (EU-Osterweiterung, Vergrößerung der Schere der Lohn- und Produktionskosten) drohen jedoch in den nächsten Jahren mehr Arbeitsplätze durch Verlagerung ins Ausland verloren zu gehen. Der Grund: Der Zuwachs in der Exportindustrie schafft nicht so viele zusätzliche Arbeitsplätze, da diese Branchen im internationalen Wettbewerb stark auf Technik setzen. Die Verlagerung bedroht dagegen die arbeitskräfteintensiven Industriezweige. Dort gehen mehr Arbeitsplätze verloren, als in den Exportbranchen neu entstehen.

Während die durchschnittlichen Arbeitskosten in der Industrie in Deutschland knapp 28 Euro (alte Bundesländer) bzw. 18 Euro (neue Bundesländer) betragen, liegen sie in den neuen EU-Ländern (Polen und Slowakei vier Euro, Tschechien und Ungarn fünf Euro) und in Asien (China 0,5 Euro) deutlich darunter.

Aufgaben

1. Erläutern Sie die Verlagerung von Arbeitsplätzen deutscher Unternehmen in die neuen EU-Staaten. Welche Vorteile ziehen sie daraus, welche Risiken gibt es?
2. Erklären Sie die Zunahme des Handels mit Zwischenprodukten der Industrie in den letzten Jahren.

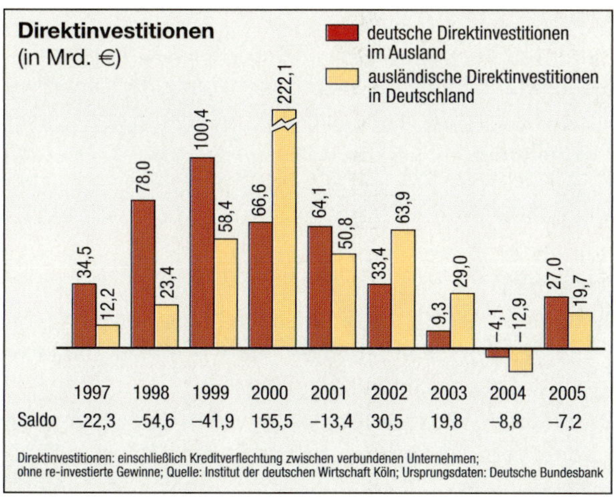

2 Direktinvestitionen

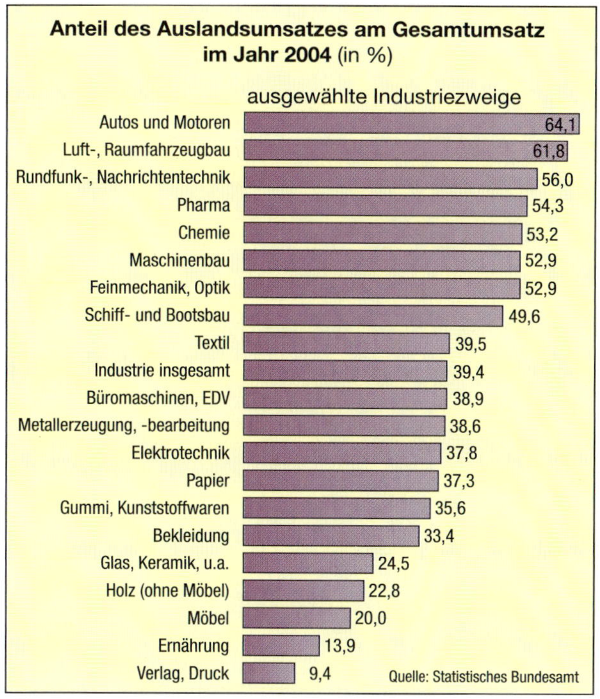

3 Absatzmärkte im Ausland

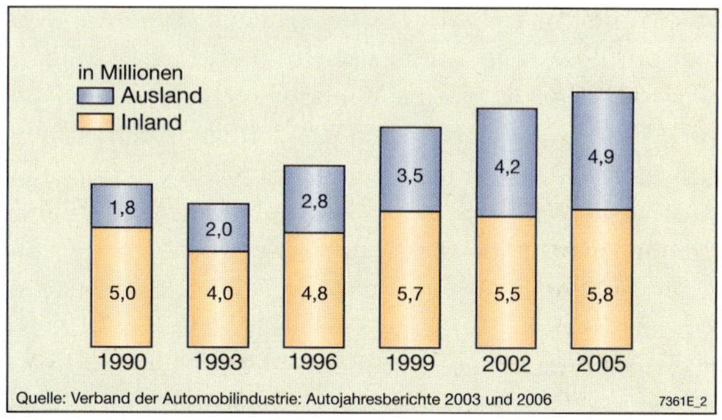

4 Automobilproduktion deutscher Hersteller

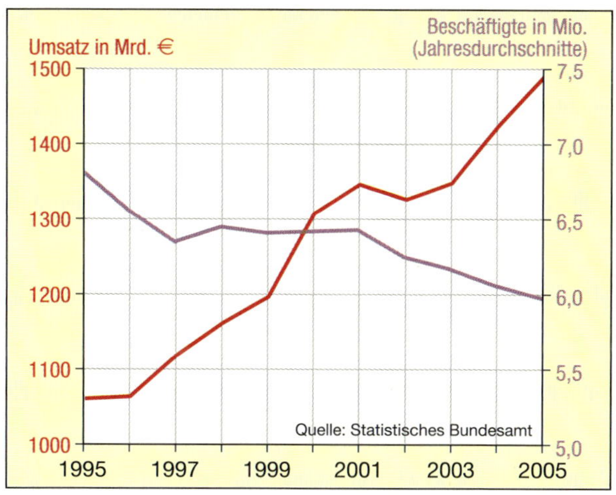

5 Umsatz und Beschäftigte der deutschen Industrie

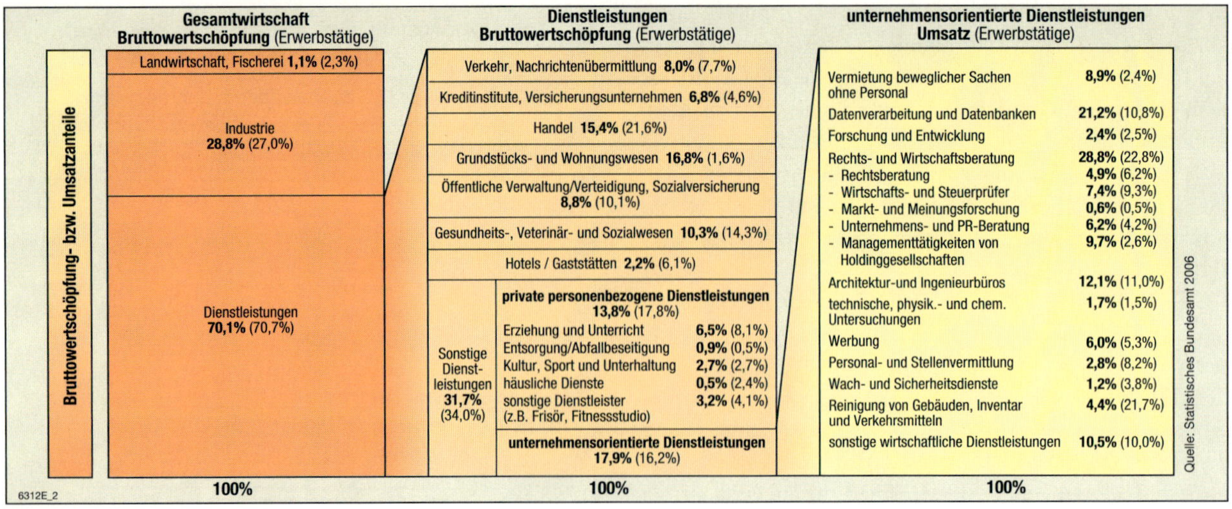

1 **Die Struktur des tertiären Sektors in Deutschland (2003)**

Globalisierung und Strukturwandel der deutschen Wirtschaft

Die Globalisierung führt zu mehr internationalem Wettbewerb. Die neuen Akteure auf dem Weltmarkt, vor allem die neuen EU-Staaten Ost- und Südosteuropas sowie China und Indien, stellen die deutsche Wirtschaft heute und in Zukunft vor große Herausforderungen. Neue Anbieter machen deutschen Unternehmen international Konkurrenz. Gleichzeitig stehen deutsche Arbeitnehmer jetzt verstärkt im Wettbewerb um Beschäftigung mit Arbeitnehmern aus diesen Regionen der Erde.

Aus dieser Veränderung der internationalen Rahmenbedingungen resultiert für die deutsche Wirtschaft die Notwendigkeit, mit Produkt- und Prozessinnovationen im internationalen Wettbewerb bisherige Marktpositionen zu erhalten und neue zu erobern. Dies setzt voraus, dass die Wirtschaft den dafür notwendigen Strukturwandel erfolgreich meistert.

Ein grundlegender Entwicklungsprozess ist die Tertiärisierung der Wirtschaft (vgl. Modell von Fourastié, Exkurs Seite 99). Motoren dafür sind die Wandelprozesse innerhalb der Bevölkerung (Veränderung der Bedürfnisstrukturen durch Individualisierung, Motorisierung, Zunahme an Freizeit und frei verfügbarem Kapital, Veränderungen der Alters- und Sozialstruktur) und der Produktion (Technologiewandel, Branchenstrukturwandel, Auslagerung von Abteilungen, die nicht direkt zum Produktionsprozess gehören).

Im Ergebnis dieser Entwicklung nimmt die Bedeutung des Dienstleistungssektors deutlich zu. Über 70 Prozent der Beschäftigten in Deutschland sind in diesem Bereich tätig, mehr als zwei Drittel des Bruttoinlandsprodukts werden hier erwirtschaftet. Die Anforderungen, die aus der Globalisierung resultieren, erfordern aber ein differenziertes Wachstum der einzelnen Branchen des Dienstleistungssektors. Eine große Dynamik besitzen international die unternehmensorientierten Dienstleistungen (in der Fachliteratur wird dafür der Terminus quartärer Sektor verwendet) im Vergleich zu den personenbezogenen Dienstleistungen (tertiärer Sektor).

Nicht übersehen werden darf bei der Diskussion um den wirtschaftlichen Strukturwandel die Rolle der Industrie bei der Globalisierung. Die relative Bedeutung sinkt (circa 27 Prozent der Beschäftigten sind in Deutschland heute noch in diesem Wirtschaftsbereich tätig), aber die Bedeutung für die Stellung eines Landes im internationalen Rahmen steigt. Hier ist vor allem der Strukturwandel innerhalb der Industrie wichtig. Er lässt sich an drei Merkmalen festmachen:

- dem Wandel von traditionellen, arbeitskräfteintensiven zu modernen kapital- und wissenschaftsintensiven Branchen,
- dem Wandel der Betriebsgrößen (Zunahme der Bedeutung der klein- und mittelständischen Unternehmen),
- der Veränderung der Standortverteilung der Unternehmen bedingt durch die Bedeutungsänderung der Standortfaktoren.

Aufgaben

1. Erläutern Sie den Zusammenhang zwischen dem Tempo des wirtschaftlichen Strukturwandels in Deutschland und der Globalisierung.
2. Erläutern Sie die Unterschiede der beiden Ansätze der Drei-Sektoren-Theorie von Fourastié.
3. Interpretieren Sie den Begriff „quartärer Sektor". Ordnen Sie Branchen zu.

Drei-Sektoren-Theorie von Fourastié

Der französische Ökonom Jean Fourastié (1907 – 1990) ist der Hauptvertreter der Drei-Sektoren-Hypothese. In seinem Werk „Die große Hoffnung des zwanzigsten Jahrhunderts“ (1949) entwickelt er eine Theorie zur Erklärung der unterschiedlichen Entwicklungsverläufe der Wirtschaftssektoren. Dabei stellte er die These auf, dass sich in allen Ländern der Erde im Laufe der Zeit Veränderungen in der Struktur der Wirtschaft, speziell dabei in der Bedeutung der Wirtschaftssektoren an der Gesamtwirtschaft, ergeben. Im Laufe dieses Strukturwandels findet eine kontinuierliche Entwicklung von der Agrar- („primäre Zivilisation“) über die Industrie- („sekundäre Zivilisation“) hin zur Dienstleistungsgesellschaft („tertiäre Zivilisation“) statt. Die produktivitätssteigernde Wirkung des technischen Fortschritts stellte für Fourastié den zentralen Faktor für die wirtschaftliche Entwicklung seit Beginn der Industrialisierung dar. Deshalb steht in seiner Abgrenzung der drei Wirtschaftssektoren die Entwicklung der Arbeitsproduktivität im Zentrum. Mit seiner Hypothese wollte er die Voraussehbarkeit zukünftiger Entwicklungen nachweisen. Als Kriterien für die Abgrenzung der Sektoren dienten Fourastie zum einen die Intensität des technischen Fortschritts gemessen an der Produktivität (angebotsorientierter Ansatz), andererseits das Verbrauchskriterium (nachfrageorientierter Ansatz).

Der Ausgangspunkt für den angebotsorientierten Ansatz stellt die Entwicklung der Arbeitsproduktivität durch technischen und wissenschaftlichen Fortschritt dar. Dieser macht sich überwiegend in Form von Prozessinnovationen oder von Produktinnovationen bemerkbar.

Ausgangspunkt für den nachfrageorientierten Ansatz ist die als „Engelsches Gesetz“ bekannte Hypothese, dass bei steigendem Einkommen die Nachfrage nach Nahrungsmitteln unterproportional, die Nachfrage nach nicht lebensnotwendigen Gütern hingegen überproportional wächst.

Diese Theorie hat sich bis heute – trotz einer Vielzahl von Kritiken – grundsätzlich bestätigt. Bei dem Vergleich der Wirtschaftsstruktur von Ländern muss dabei aber beachtet werden, dass die Beschäftigten vielfach nicht nach ihrer Tätigkeit, sondern nach ihrer Arbeitsstätte zugeordnet werden. Durch diese statistischen Effekte können Verfälschungen entstehen.

Gottmann schlug 1961 eine Erweiterung des Drei-Sektoren-Modells vor. Er argumentierte, dass die entscheidende ökonomische Basis der modernen Entwicklung durch den sogenannten „quartären Sektor“ gebildet wird. Dieser umfasst Dienstleistungsaktivitäten, für deren Ausübung höhere Ausbildung und Schulung erforderlich sind. Dies sind insbesondere Arbeitsplätze bei Banken und Versicherungen, in der Forschung und Entwicklung sowie in öffentlichen und privatwirtschaftlichen Verwaltungen, die in erster Linie unternehmensorientiert sind.

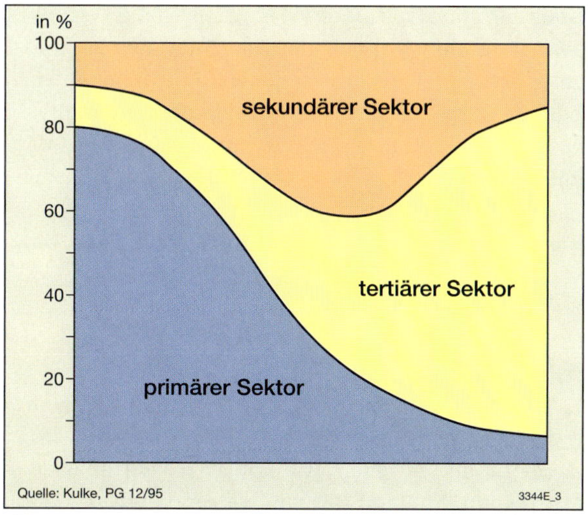

2 Entwicklung der Beschäftigtenanteile der Wirtschaftssektoren nach Fourastié (1949)

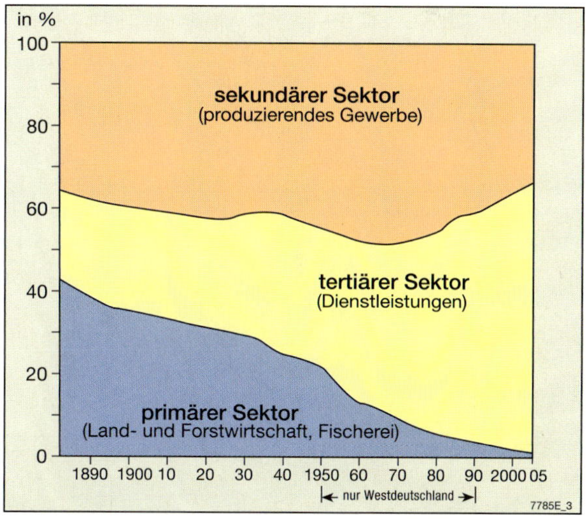

3 Entwicklung der Beschäftigtenanteile der Wirtschaftssektoren in Deutschland 1882 – 2005

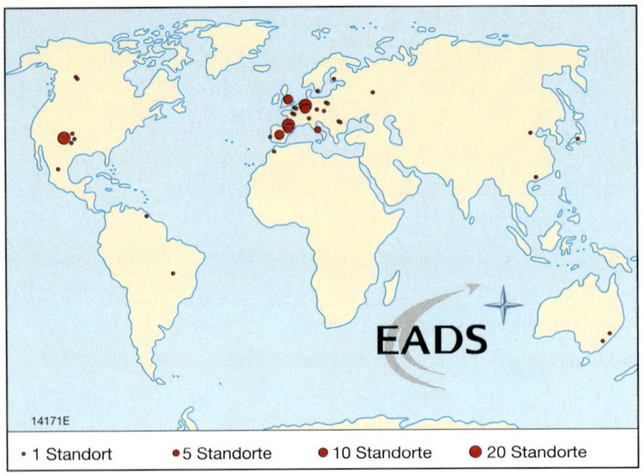

1 **EADS-Standorte weltweit**

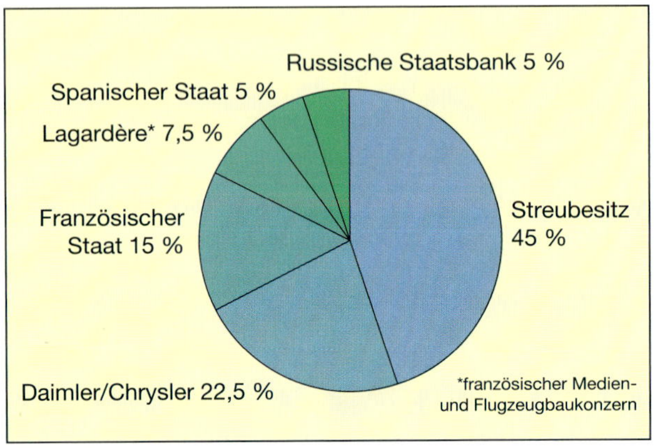

2 **EADS-Konzernbeteiligung**

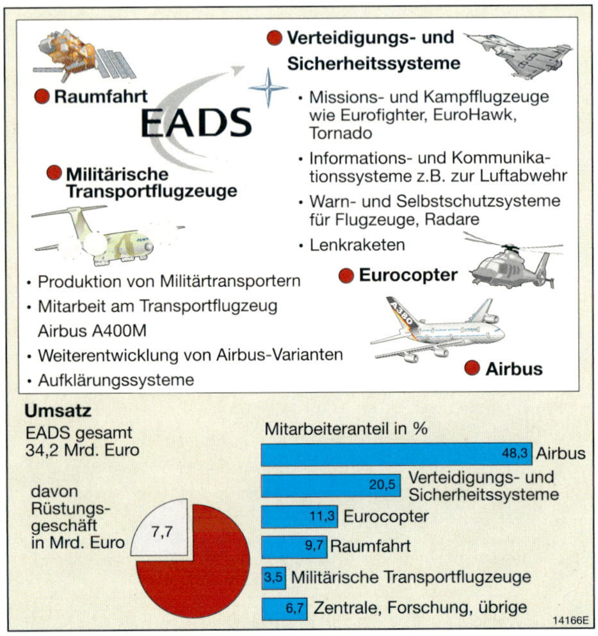

3 **Umsatz, Mitarbeiter und Produktpalette von EADS**

Der europäische Luft- und Raumfahrtkonzern EADS – ein Global Player

Mit einem Umsatz von knapp 35 Milliarden Euro ist die European Aeronautic Defence and Space Company (EADS) nach Boeing das zweitgrößte Luft- und Raumfahrtunternehmen der Welt. Der Konzern beschäftigt an mehr als 70 Entwicklungs- und Produktionsstandorten in Europa und in elf Ländern weltweit knapp 120 000 Mitarbeiter. Die EADS ging 1998 aus einer Fusion der DaimlerChrysler Aerospace AG (DASA), der französischen Aerospatiale-Matra und der spanischen Construcciones Aeronautcas (CASA) hervor. Der Sitz der deutschen Zentrale des Konzerns ist Ottobrunn bei München.
Die Produktpalette des Unternehmens reicht von Flugzeugen über Hubschrauber, Satelliten, Elektronik bis zu Raketen und Lenkflugkörpern.

Airbus ist die größte Abteilung des Unternehmens. Der Flugzeugbauer entstand im Jahr 1970 als deutsch-französisches Gemeinschaftsunternehmen; die spanische CASA trat 1971 und British Aerospace 1979 bei. Es gibt heute Standorte in Großbritannien, Frankreich, Deutschland, Spanien, USA, Russland und in der Schweiz. In diesen arbeiten rund 55 000 Beschäftigte. In Deutschland produzieren derzeit neun Betriebe mit 21 000 Mitarbeitern. Die größten sind Hamburg (11 500), Bremen (3300), Nordenham (2000), Stade (1200) und Lampheim (1100). Die Typenfamilie von Airbus reicht vom kleinsten A 318 bis zum größten Passagierflugzeug der Welt, dem A 380.

Seit 2006 ist Airbus in die „roten Zahlen gerutscht“. Im internationalen Wettbewerb mit Boeing ist Airbus gezwungen zu rationalisieren. Der Co-Chef Tom Enders sagte im Juni 2007 in einem Interview: „Langfristig werden nur die Produktionsstätten überleben, die an der Endfertigung beteiligt sind oder in denen Teilkomponenten wie Rumpf, Leitwerk oder Flügel hergestellt werden.“ Dies bedeutet den Abbau von bis zu 15 000 Arbeitsplätzen und den Verkauf von Betrieben. Im Februar 2007 genehmigte der Verwaltungsrat den Sanierungsplan „Power 8“. Dies bedeutet für den Standort Deutschland den Verkauf der Werke Nordenham, Varel und Lampheim.

Aufgaben

1. Erläutern Sie die Bedeutung von Global Playern im Rahmen der Weltwirtschaft.
2. Begründen Sie die Ansiedlung der Flugzeugwerke in Dresden. Stellen Sie dazu in einer Tabelle die harten und weichen Standortfaktoren zusammen.

EADS-Werk Elbe Flugzeugwerke GmbH

Im Freistaat Sachsen gibt es drei Standorte, an denen für EADS produziert wird: die Elbe Flugzeugwerke Dresden, Olutex in Seifhennersdorf und die Industrieanlagen-Betriebsgesellschaft (IABG) in Dresden.
Die EADS Elbe Flugzeugwerke GmbH in Dresden ist zu hundert Prozent eine Tochterfirma des EADS-Konzerns und innerhalb des Konzerns das Kompetenzzentrum für die Umrüstung von Airbus-Passagiermaschinen in Frachtflugzeuge sowie für Komponenten aus Verbundwerkstoffen (Fußbodenplatten, Wandverkleidungen etc. für alle Flugzeuge der Airbus-Familie). An diesem Standort sind mehr als 1000 Beschäftigte tätig, die einen Umsatz von jährlich über 200 Millionen Euro erwirtschaften.
Der Dresdner Standort ist ein Traditionsbetrieb im Flugzeugbau. Die Flugzeugwerke wurden 1955 auf dem Gelände einer früheren Luftwaffenschule gegründet, in Lizenz wurde dort das sowjetische Flugzeug Iljuschin Il 14P gebaut. Von 1958 bis 1961 entstand hier das erste strahlgetriebene Verkehrsflugzeug Deutschlands.
Bereits 1990 erfolgte die Gründung der Elbe Flugzeugwerke (im Konzern DASA). Seit 1996 werden hier Airbus-Flugzeuge umgerüstet. Da die Zahl der Aufträge seitdem ständig zunimmt, wurde der Standort erweitert. 2006 erfolgte die Einweihung eines neuen Hangars für zwei Großraumflugzeuge.
Pro Jahr werden bei EADS in Dresden 20 Flugzeuge der Airbus-Familie umgerüstet. Im März 2007 gab die Elbe Flugzeugwerke GmbH bekannt, dass sie u.a. zusammen mit dem russischen Hersteller IRKUT ein Gemeinschaftsunternehmen gründen will, um in Deutschland und Russland die Kapazitäten für die Flugzeugumrüstung ausbauen zu können.

Die Olutex GmbH in Seifhennersdorf wurde im Dezember 2004 gegründet. Sie ist alleiniger Hersteller von Isoliermatten für das weltgrößte Passagierflugzeug A 380. 85 Beschäftigte erwirtschafteten im Jahr 2005 einen Umsatz von 13 Millionen Euro. Im Oktober 2005 wurde das Unternehmen von der Kaefer Aerospace übernommen, wodurch sich neue Marktfelder ergeben (A 350, A 400M).
Die Industrieanlagen-Betriebsgesellschaft mbH (IABG) wurde 1961 gegründet und besitzt heute zwölf Standorte. In Dresden testet die IABG seit September 2005 in einer eigens für die Tests errichteten Halle neben dem Flughafen gemeinsam mit der IMA Materialforschung und Anwendungstechnik GmbH den A 380-800 auf Materialermüdung. Es ist der weltweit größte Gesamtzellentest an einem Zivilflugzeug.

Flugzeughalle in Dresden

4 Airbus in Sachsen

4 Ressourcen und ihre Nutzung

1 Neft Dachlari im Kaspischen Meer, die größte künstliche Ölstadt vor der Küste Aserbaidschans

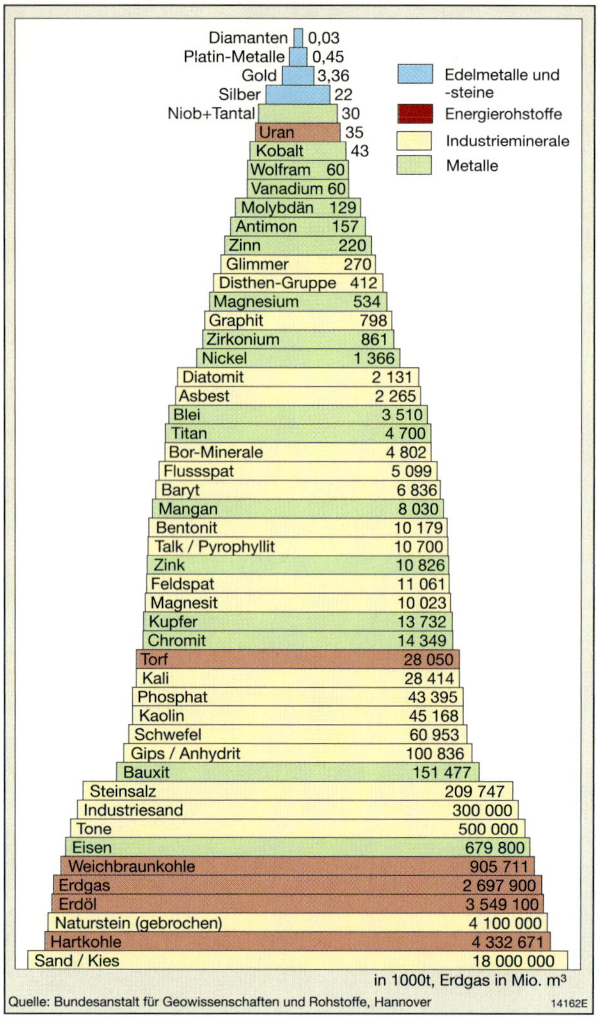

1 **Weltproduktion min. Rohstoffe nach Menge (2003)**

4.1 Rohstoffe und Ressourcen

„Rohstoffe sind einfach da“ – vielfach wird immer noch so gedacht. Wenige machen sich darüber Gedanken, woher sie kommen, wozu man sie braucht und ob es genug von ihnen gibt. Rohstoffe, das sind die Energierohstoffe, die für die Grundbedürfnisse Transport, Heizen und Nahrungszubereitung entscheidend sind, die Steine- und- Erden-Rohstoffe, aus denen Häuser und Straßen gebaut werden, oder die Metallrohstoffe, aus denen Autos, Fahrräder oder Haushaltsgeräte bestehen – Rohstoffe, auf denen unser hoher Lebensstandard beruht. Als (Primär-)**Rohstoffe** werden von Menschen genutzte Stoffe bezeichnet, die bis auf ihre Loslösung von ihrer natürlichen Umgebung unverarbeitet sind.

Jährlich verbraucht der Mensch weltweit 35 Milliarden Tonnen an mineralischen und Energierohstoffen. Dieses entspricht einem Wert von circa 800 Milliarden Euro. Stellt man die weltweite Förderung in einer Werte- und Mengenpyramide dar, so wird die Basis in beiden Fällen von den Energie- und Massenrohstoffen gebildet, also von den Rohstoffen, die für die Elementarbedürfnisse Wohnen, Heizung und Transport benötigt werden. Am wertvollsten in der Wertpyramide sind die Energierohstoffe Erdöl, Erdgas und Kohle an der Basis. Die Spitze der Wertpyramide wird durch die Edelmetalle und Edelsteine gebildet sowie durch die „elektronischen“ Metalle, die aufgrund ihrer Bedeutung in der Informationstechnologie auch als strategische Metalle bezeichnet werden. In der Mengenpyramide sind es die Baurohstoffe, die die Basis bilden. Diese Rohstoffe werden für die Elementarbedürfnisse benötigt, die Rohstoffe an der Spitze der Pyramide für die Steuerung des effizienten Einsatzes dieser Rohstoffe.

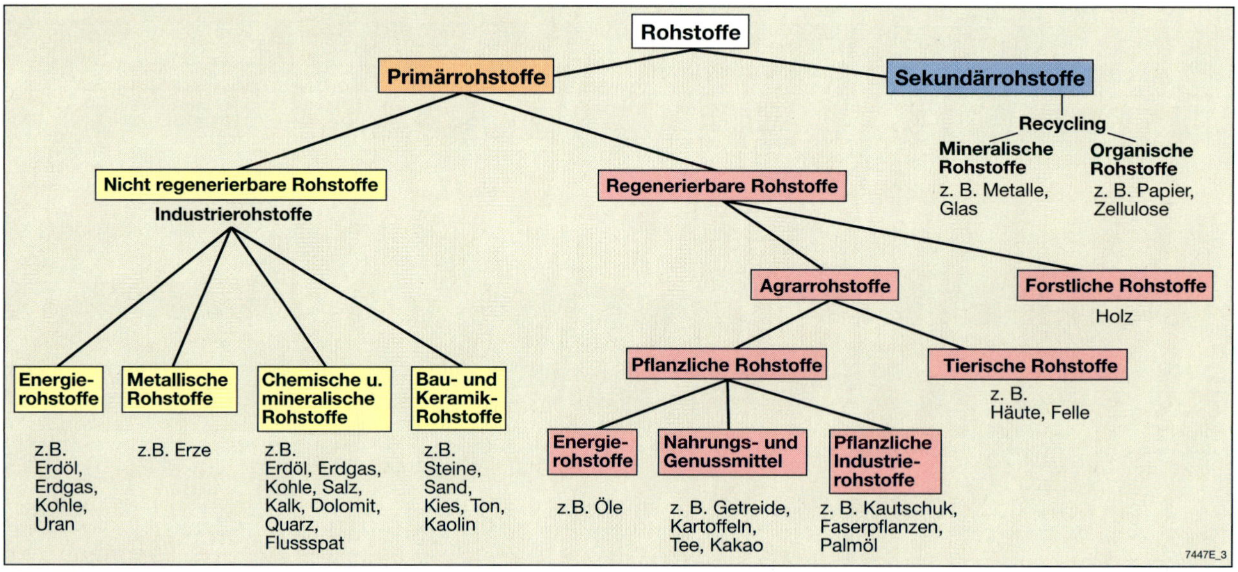

2 **Das System der Rohstoffe**

Bei der Frage nach der zukünftigen Rohstoffversorgung können einzelne Rohstoffe nicht isoliert betrachtet werden. Denn häufig wird nicht der Rohstoff selbst benötigt, sondern nur eine Eigenschaft des Rohstoffes. So wird zum Beispiel nicht das Metall Kupfer gebraucht, sondern seine Leitfähigkeit und in der Kommunikationstechnologie die Möglichkeit, über Stromimpulse Nachrichten zu übermitteln. Dieselbe Funktion kann zum Beispiel auch durch Glasfaserkabel erreicht werden. Jeder dieser Lösungswege hat ein eigenständiges Rohstoffprofil.

Der Begriff **Ressourcen** stammt aus dem englischen Sprachraum und leitet sich von „natural resources“ ab. Darunter werden die von Menschen genutzten beziehungsweise potenziell nutzbaren Stoffe gefasst, unabhängig davon, ob sie momentan wirtschaftlich gewonnen werden können oder nicht. Ebenso wie die Rohstoffe können Ressourcen unterschiedlich klassifiziert werden. Sie können nach ihrer Regenerierbarkeit, nach ihrer Verwendung, ihrer Zuordnung zu Natursystemen (belebt, unbelebt), ihrer Einbindung in die Geosphäre und nach der zeitlichen Verfügbarkeit gegliedert werden.

Aufgaben

1. Erklären Sie die Positionen der Edelmetalle, der Energierohstoffe und der Baurohstoffe in der Mengen- und der Wertepyramide (M1, M4).
2. Die mittlere und die Grenzkonzentration der Abbauwürdigkeit vieler Metalle unterscheiden sich erheblich. Erläutern Sie die Ursachen (M5).
3. Nehmen Sie zu folgender These Stellung: „Ressourcen bilden die Grundlage unseres Lebens“ (M3).

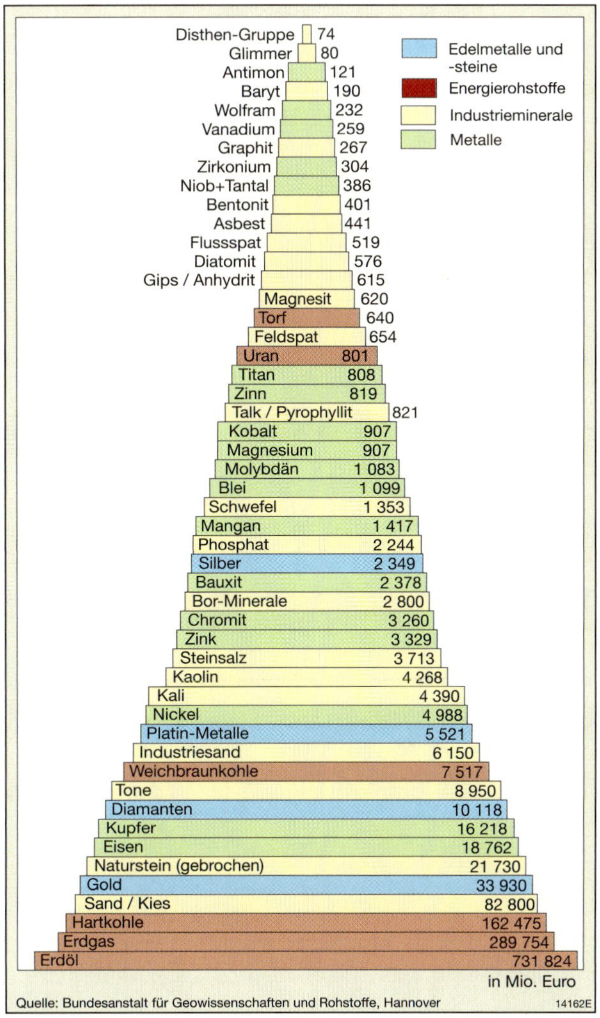

4 **Weltproduktion min. Rohstoffe nach Wert (2003)**

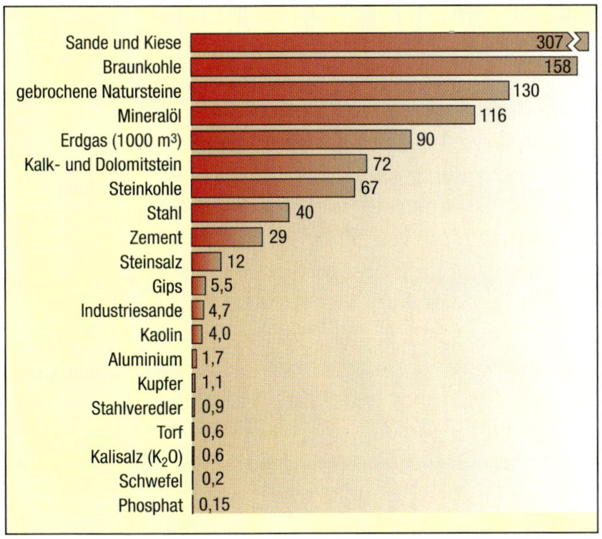

3 **Rohstoffverbrauch einer Person in Deutschland im Laufe seines Lebens von 78 Jahren (in Tonnen)**

Metall	mittlere Konzentration (%)	abbauwürdige Konzentration (%)	Verhältnis
Quecksilber	0,0000089	0,1	11200
Wolfram	0,00011	0,45	4000
Blei	0,0012	4,0	3300
Chrom	0,011	23	2100
Zinn	0,00017	0,35	2000
Silber	0,00000075	0,01	1330
Gold	0,0000035	0,00035	1000
Zink	0,0094	3,5	370
Mangan	0,13	25	190
Nickel	0,0089	0,9	100
Kobalt	0,0025	0,2	80
Kupfer	0,0068	0,35	56
Titan	0,64	10	16
Eisen	5,820	20	3,4
Aluminium	8,3	18,5	2,2

5 **Mittlere Konzentration in der Erdkruste und abbauwürdige Konzentration (Grenzkonz.) wichtiger Metalle**

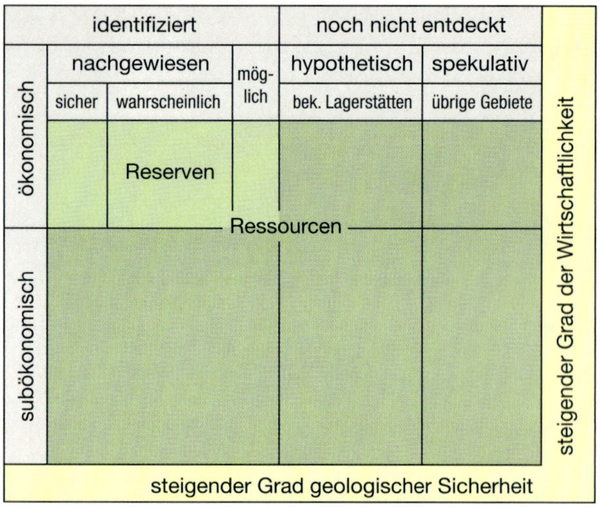

1 Rohstoffreserven und -ressourcen der Erde

Energieträger	Reserven (Gt SKE) 1997	Reserven (Gt SKE) 2005	Ressourcen (Gt SKE) 1997	Ressourcen (Gt SKE) 2005
Erdöl	216	231	109	117
Erdgas	166	194	245	224
Ölsand/Schwerstöl	47	93	110	94
Ölschiefer	1	1	678	184
Hartkohle	487	626	5021	3569
Weichbraunkohle	71	70	1089	348
fossile Energieträger gesamt	558	1217	6110	6275
Uran	34	27	83	74
Thorium	31	31	34	34
nicht erneuerbare Energierohstoffe	1199	1275	11 077	6489

Quelle: Bundesanstalt für Geowissenschaften und Rohstoffe (BGR), Hannover

2 Reserven / Ressourcen der Energieträger 1997 / 2005

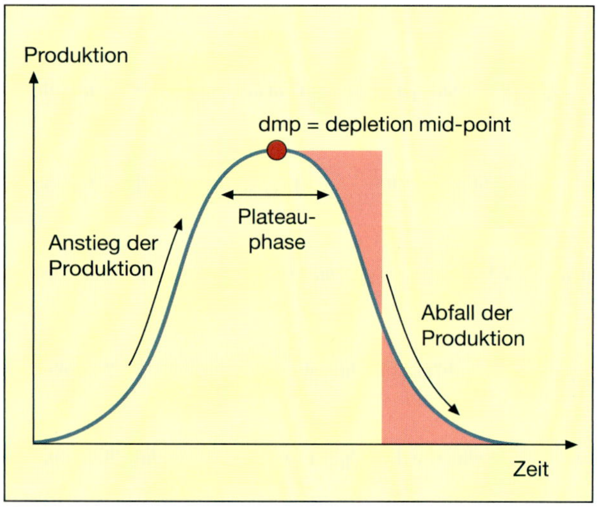

3 Hubbert-Kurve

4.2 Reichweite von Rohstoffen

Die Weltbevölkerung hat seit Ende des Zweiten Weltkrieges mehr Rohstoffe verbraucht als in der gesamten Menschheitsgeschichte zuvor. Daraus ergibt sich die Frage, wie lange Rohstoffe noch verfügbar sind. Daher wird häufig das Reserven-/Verbrauchsverhältnis (R/V-Verhältnis) aufgestellt. Damit wird die Reichweite (in Jahren) einer Rohstoffreserve dargestellt. Die so ermittelten Reichweiten können aber nur bedingt verwendet werden, um die zukünftige Verfügbarkeit von Rohstoffen zu beurteilen. Da sich sowohl der Verbrauch als auch die Höhe der bekannten Reserven ständig verändern, ist das R/V-Verhältnis nur ein statistischer Wert in einem dynamischen System. Diese Maßzahl wird auch als statische Reichweite bezeichnet. Beispielsweise hatte Zink seit Ende des Zweiten Weltkrieges immer Reichweiten von etwa 25 Jahren, obwohl sich der Verbrauch von 1955 bis heute um das Zweieinhalbfache gesteigert hat.

Die Größe der Reserven wird stets auf einen bestimmten Stichtag bezogen. Sie ist davon abhängig, ob es seit der vorangegangenen Reservenermittlung große Neufunde gab, ob sich das Preisniveau oder die Kostenstruktur der für den Rohstoff wichtigsten Gewinnungsstellen verändert hat. Ein weiterer wichtiger Aspekt ist die technologische Innovation. Was heute wegen fehlender Technik nicht gewonnen werden kann, ist morgen vielleicht abbaubar.

Eine Möglichkeit, die zukünftige Verfügbarkeit abzuschätzen, bietet dagegen die „Hubbert-Kurve“. Jede Produktion durchläuft vom Beginn der Produktion bis zum Ende eine glockenförmige Lebenskurve (M3). Diese gilt sowohl für eine einzelne Lagerstätte als auch für alle Lagerstätten eines Landes, eines Kontinents oder der ganzen Erde. Bei einer globalen Betrachtung ist im Hinblick auf die zukünftige Versorgungssituation nicht das Ende der Produktion entscheidend, sondern das Fördermaximum, der sogenannte „Depletion Midpoint“.

Aufgrund der Verringerung der Kosten für den Transport von Massengütern gibt es heute keine lokalen Märkte mehr. Rohstoffmärkte sind immer globale Märkte. Die unproportionale Verteilung von Ressourcen, Reserven (zu heutigen Preisen und mit heutiger Technik wirtschaftlich gewinnbare Menge Rohstoffe), Förderung und Verbrauch zwischen den Förderregionen lässt einen regen Rohstofftransport entstehen, der aufgrund der ungleichen Verteilung perspektivisch zunehmen wird. Die meisten Industrienationen, wie auch Deutschland, sind von Rohstoffimporten abhängig. Daraus ergibt sich aus wirtschafts- und geopolitischen Erwägungen ein nicht unerhebliches Konfliktpotenzial. Es ist also zu erwarten, dass mit abnehmenden Reserven – wie in der Vergangenheit schon geschehen – Verteilungskonflikte über die

4 **Bohrinsel vor der norwegischen Küste**

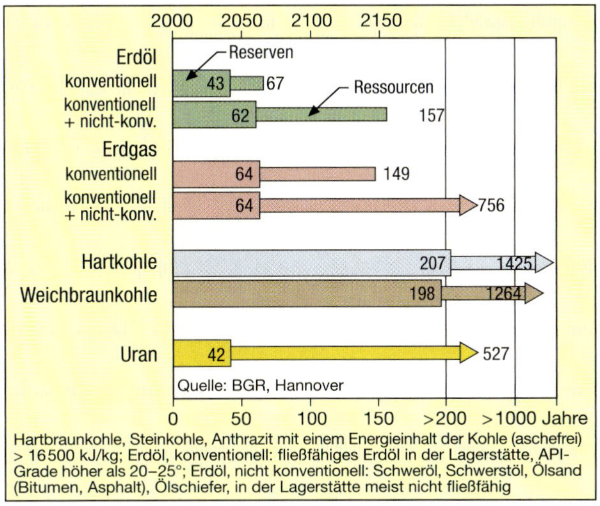

5 **Reichweite der Energierohstoffe (2004)**

Rohstoffvorräte entstehen. Die Golfkriege, die heftigen Diskussionen um die Ostseepipeline und der vorübergehende Lieferstopp russischen Erdgases für Weißrussland im Jahre 2006 sind nur einige Beispiele dafür. Der Weltmarkt für viele Rohstoffe, insbesondere für seltene Metalle und Energierohstoffe, ist in den letzten Jahren sehr angespannt und verzeichnet einen steilen Preisanstieg. Die rasante wirtschaftliche Entwicklung einiger Schwellenländer, wie zum Beispiel China, lässt vermuten, dass dieser Trend weiter anhalten wird.
Technologische Entwicklungen können eine Verbrauchsstruktur total verändern. Aluminium war einmal teurer als Gold. Nach Erfindung des Generators und der Aluminiumelektrolyse wurde Aluminium ein preisgünstiges Massenmetall, das heute billiger als Kupfer ist bei einem doppelt so hohen Verbrauch.
Veränderungen im R/V-Verhältnis können durch Neufunde von Lagerstätten und Substitution, ein verbessertes Recycling, den sparsameren Einsatz von Rohstoffen, die verbesserte Ausbeutung bekannter Lagerstätten oder die Entwicklung völlig neuer Lösungswege wie im Beispiel Satellitenfunk anstelle stationärer Verbindungen mit Kupferleitungen entstehen. Ein nachhaltiges internationales Ressourcenmanagement könnte die Risiken und Konfliktpotenziale der jetzigen Rohstoffpolitik ersetzen.

Aufgaben

1. Erklären Sie die Unterschiede bei Reserven und Ressourcen der nicht erneuerbaren Energierohstoffe zwischen 1997 und 2005 (M2).
2. Erläutern Sie die Bedeutung des „Depletion Midpoints" (M3).
3. Entwerfen Sie ein Konzept für ein nachhaltiges internationales Ressourcenmanagement.

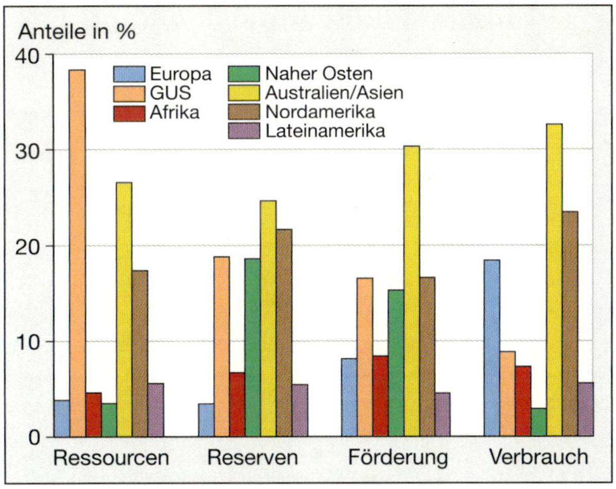

6 **Regionale Unterschiede von Ressourcen, Reserven, Förderung und Verbrauch nicht erneuerbarer Energierohstoffe (2004)**

Rohstoff	Anwendungsbereich	Preis 2001*	Preis 2005*	Preisanstieg (%)
Indium	LCD Flachbildschirme, Halbleiter	120	810	575
Molybdän	Stahlerzeugung	5	72	1340
Platin	Katalysatoren	533	890	66
Selen	Glas, Chemie	3,8	52	1268
Tellur	Stahlerzeugung	7	96	1271
Tungsten	Elektronik	64	140	118
Vanadium	Petrochemie, Metallwirtschaft	1,4	17,5	1177
Zirkon	Keramik, Chemie	340	662	95

* Angaben in US-$ bezogen auf spezifische relevante Mengen
Quelle: Berechnungen bpb auf Basis von USDI/USGS 2006

7 **Anwendungsbereiche und Preisanstieg ausgewählter Metalle**

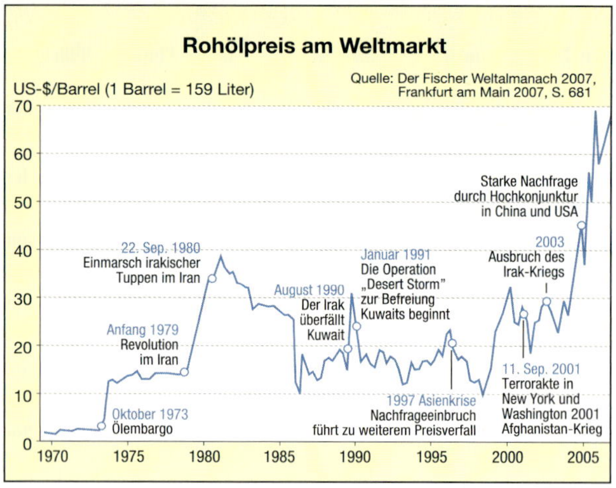

1 Entwicklung der Rohölpreise

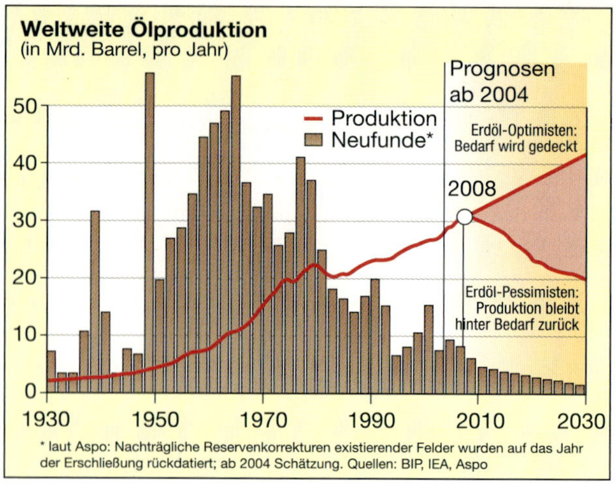

3 Erdölneufunde und Jahresförderung

4.3 Globaler Erdölhandel und Konflikte

„Wer bestimmen kann, wie die Pipeline-Karte aussieht, wird die Zukunft eines riesigen Teils der Welt bestimmen." (Frederick Starr, Leiter des Kaukasus-Instituts an der Johns-Hopkins-Universität in Baltimore, USA)

Bekannt ist Erdöl seit der Antike, aber erst seit Mitte des 19. Jahrhunderts wird es kommerziell verwendet, zunächst als Leuchtöl, später als Treibstoff. Heute prägt es durch seine vielfältige Verwendbarkeit die moderne Industriegesellschaft. Innerhalb von 150 Jahren ist Erdöl zum meistgehandelten Gut der Welt geworden, und zu einer der Haupt-Ursachen von Konflikten. Doch das Ende des Ölzeitalters hat nach Aussagen von Mike Bowlin, des Generaldirektors des US-Erdölkonzern ARCO, bereits begonnen. Vollständig erschöpft sein werden die Ölvorräte in den nächsten Jahrzehnten noch nicht. Allerdings stellen sich die Fragen, wann das billige Öl ausgeht und ab wann es Versorgungsengpässe gibt. Während angenommen wird, dass der Depletion Midpoint der Erdölproduktion 2010 erreicht ist, wird der Bedarf hingegen

Mark Leonard sieht die Welt auf eine multipolare Ordnung zusteuern, bei der Amerika, Europa, Russland/China und die "Religiosphäre" um Macht und Einfluss ringen. Zwar verläuft die Geschichte nicht geradlinig, sondern folgt überraschenden Wegen. Doch wie würde die Welt in 20 Jahren aussehen, wenn die Geopolitik die heute erkennbare Richtung fortsetzt? Im Jahr 2026 wird Chinas Volkswirtschaft größer sein als die der USA. Indien wird eine größere Wirtschaftskraft haben als jeder einzelne europäische Staat. Russland, Brasilien und Indonesien werden nur knapp dahinter liegen. Indem sich diese Staaten entwickeln, wird ihr Appetit auf Rohstoffe und Humankapital immer unersättlicher werden. Es wird erbitterte globale Auseinandersetzungen um Erdöl, Wasser und Fachkräfte geben.

(Quelle: The Economist Newspaper Limited, London ["The World in 2006"]. In: Welt am Sonntag 8.1.06 [Mark Leonard ist Direktor für Auswärtige Politik am Centre for European Reform in London]

2 Die EU hängt von Energieimporten ab

Die EU produziert nicht genügend Energie, um sich selbst versorgen zu können. In einem „Grünbuch" sucht die Union nach Wegen aus der Krise. (...) Die Kommission stellt heraus, dass der Anteil von importierter Energie in der Union von gegenwärtig 50 Prozent auf 70 Prozent steigt, falls in den nächsten 20 bis 30 Jahren nichts unternommen werden würde.

Die Konsequenzen einer solchen Abhängigkeit sind besonders in ökonomischer Hinsicht bedeutsam: 1999 standen sie für Ausgaben von 240 Milliarden Euro, also 1,2 Prozent des gemeinschaftlichen Bruttonationalprodukts. Auch in geopolitischer Hinsicht kommt der energiewirtschaftlichen Abhängigkeit große Bedeutung zu: 45 Prozent der Erdölimporte kommen aus dem Mittleren und Nahen Osten und 40 Prozent der Erdgasimporte aus Russland.

(Quelle: Die Europazeitung, www.cafebabal.com, Catherine Palpant, 14.03.2005)

4 Geopolitik im Jahre 2026

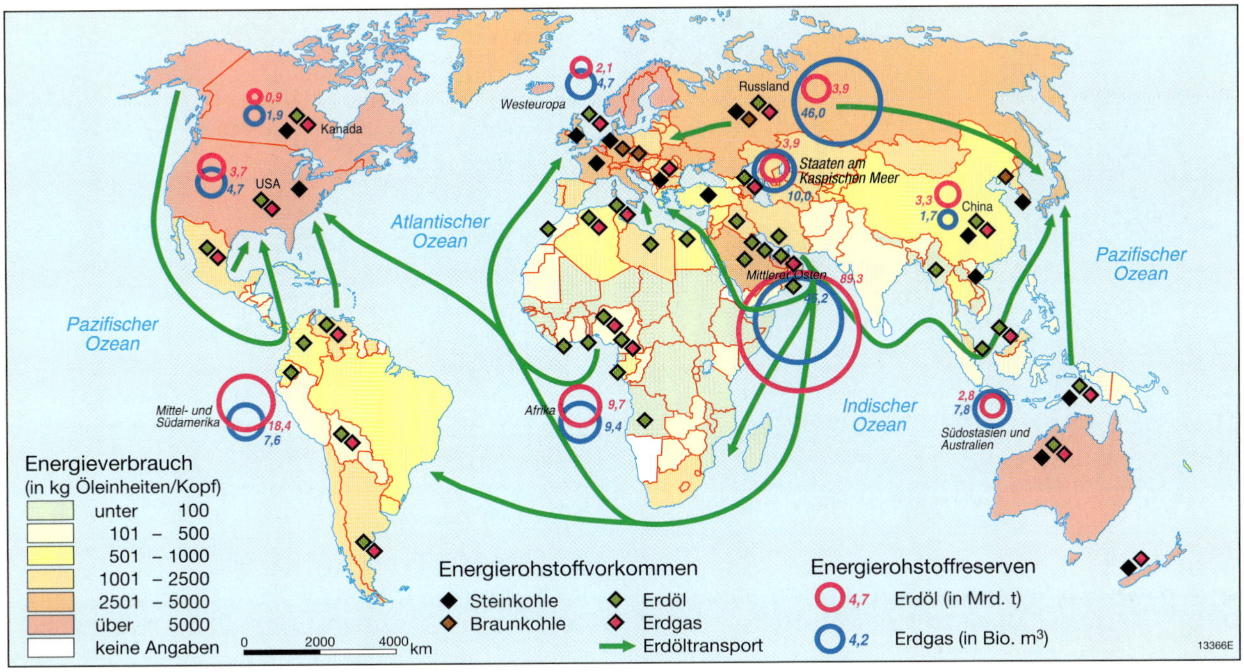

5 **Energierohstoffe und Energieverbrauch**

stetig steigen, vor allem in Ländern wie China und Indien, die sich in rasendem Tempo entwickeln. Dies wird dazu führen, dass die Nachfrage das Angebot bei Weitem übersteigt und dadurch die Preise auf bislang ungeahnte Höhen klettern werden. Öl wird es noch weitere 75–100 Jahre auf dem Weltmarkt geben, aber in stetig sinkenden Qualitäten.

Schon in den frühen 1970er-Jahren war klar geworden, dass hohe Preise zwar die Zahl der Ölbohrungen zu steigern vermögen, dass dies aber nicht zu neuen, größeren Entdeckungen führt. Seit 1981 übersteigt der Konsum die Zunahme der neu gefundenen Reserven. Mit der Verschiebung der Rohölnachfrage aus den westlichen Industriestaaten nach Asien wird sich auch der globale Anteil der Raffinerien aus den USA und Europa nach Asien und anderen Weltregionen verlagern. Dies bedeutet, dass nicht nur die steigende Nachfrage nach Rohöl aus politisch instabilen Regionen gedeckt werden muss, sondern dass sich auch 60 % des weltweiten Raffineriesystems in zumeist politisch instabileren Ländern und Regionen befinden wird. Die Folge können häufigere Produktionsausfälle mit weltweiten Auswirkungen für die Versorgungssicherheit von Rohöl sein oder zumindest zu größeren Schwankungen der weltweiten Rohöl- und Benzinpreise führen.

Libyen, Iran und Irak gehören zu den wichtigsten Erdölexporteuren auf dem internationalen Weltmarkt. Iran und Irak besitzen zusammen fast 20 Prozent der weltweit nachgewiesenen Rohölreserven. In jüngster Zeit haben zum Beispiel vor allem die Gefahren durch Anschläge terroristischer Gruppierungen und Piraten auf Tanker, Pipelines, Raffinerien oder sonstige Infrastruktureinrichtungen des Energiesektors erheblich zugenommen. Heute sind die zusätzlichen Förder- und Produktionskapazitäten in Krisen- und Konfliktzeiten begrenzter denn je, da der verschärfte globale Wettbewerb zum Abbau der freien Förderkapazitäten durch die Rohölkonzerne geführt hat. Zurzeit verfügt die Region des Mittleren Ostens über 90 Prozent der weltweit freien Förderkapazitäten – ein Potenzial, welches von US-Experten als „das Energieäquivalent von Nuklearwaffen“ bezeichnet wird.

Die asymmetrische Verteilung von Förder- und Verbraucherregionen verursacht enorme Öltransporte. Der Ausbau des Pipelinenetzes, zum Beispiel der 2006 fertiggestellte Neubau der Transportstrecke von Baku zum Mittelmeer, soll mehr Unabhängigkeit der Hauptverbrauchsregionen von den traditionellen Fördergebieten, wie Russland oder der OPEC-Länder bringen.

Aufgaben

1. Erläutern Sie das Zitat zu Beginn des Textes.
2. Stellen Sie Zusammenhänge zwischen dem Rohölpreis und den Erdölneufunden (M1, M3) her.
3. Entwickeln Sie aus Ihren Kenntnissen von der Verteilung und den Reserven der Rohstoffe Szenarien, wie die geopolitische Ordnung in 20 Jahren aussehen könnte. Diskutieren Sie verschiedene Möglichkeiten.
4. Ermitteln Sie Gebiete mit einem hohen Energieverbrauch und Gebiete mit großen Vorkommen an Energierohstoffen (M5). Erläutern Sie, welche wirtschaftlichen und geopolitischen Konsequenzen sich aus dieser Verteilung ergeben.

1 Karikatur

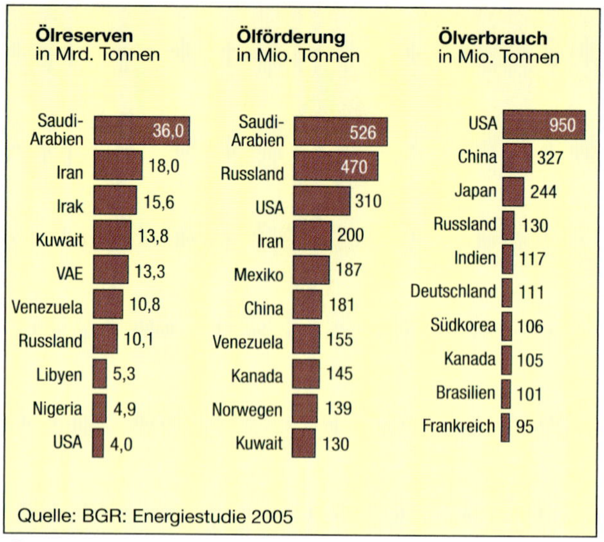

3 Öl-Reserven in wenigen Händen

OPEC – Macht und Ohnmacht eines Kartells

Die OPEC (Organization of the Petroleum Exporting Countries) wurde im Jahr 1960 gegründet und hat ihren Geschäftssitz in Wien. Ihre besondere Bedeutung für den Weltölmarkt ergibt sich daraus, dass zum einen in den Mitgliedsländern dieser Organisation knapp 80 Prozent der nachgewiesenen Weltölreserven lagern und sie zum anderen mit einer Ölförderung weit über den eigenen Bedarf hinaus einen wesentlichen Teil des Ölbedarfs anderer Länder decken. Die OPEC hatte sich bei ihrer Gründung zum Ziel gesetzt, die Mitgliedsländer gegen einen Preisverfall und eine Verringerung ihrer Einnahmen aus der Ölförderung abzusichern und im gegenseitigen Interesse eine gemeinsame Ölpolitik zu betreiben. Durch die Festlegung von Förderquoten für die einzelnen OPEC-Mitglieder soll die Erdölproduktion geregelt werden und somit, durch eine künstliche Verknappung oder eine Steigerung der Ölförderung in den Mitgliedsländern, der Preis für Erdöl gedrückt, stabilisiert oder angehoben werden. Allerdings kommt es auch vor, dass sich einzelne Mitglieder nicht an die festgesetzten Förderquoten halten, sondern ihre eigenen wirtschaftlichen und politischen Ziele verfolgen.

Herausragende politische Bedeutung erhielt die OPEC in den 1970er-Jahren, als sie durch die Nationalisierung der ausländischen Fördergesellschaften die Geschehnisse am Weltölmarkt bestimmte. Während der 1950er-Jahre sank der Ölpreis wegen der Erschließung immer neuer Quellen und des damit verbundenen Überangebots auf dem Weltmarkt kontinuierlich ab, was zu schweren Verlusten in den Staatskassen der Ölförderländer führte. Um 1960 befanden sich mehrere von ihnen deshalb in ernsten Haushaltskrisen. In dieser Situation regte Saudi-Arabien die Gründung eines Förderkartells an. Es sollte nicht nur die Fördermenge kontrollieren, sondern auch ein Gegen-

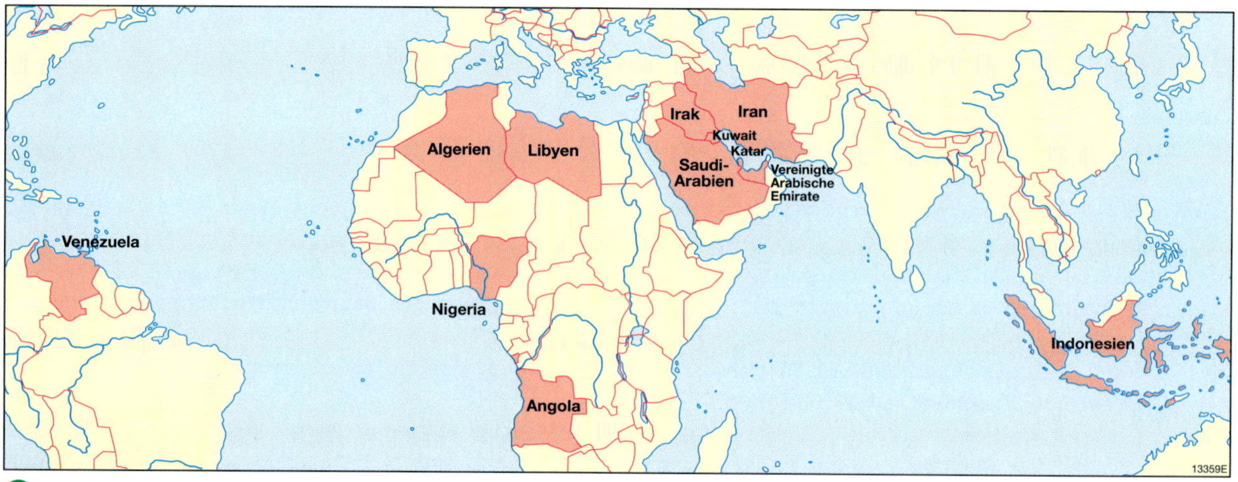

2 Mitgliedstaaten der OPEC

gewicht zu den großen Ölkonzernen bilden, die auf der Basis von Verträgen aus der Kolonialzeit ihre Gewinne weitgehend ohne Beteiligung der Staaten erwirtschafteten, auf deren Gebiet die Ölquellen lagen.
Heute besteht ein entscheidender Gegensatz zur Situation der Ölkrise 1973/74. Die OPEC-Länder konnten damals nur kurzfristig höhere Preise durchsetzen, da es viele Öl produzierende Konkurrenten gab und die westlichen Ölkonzerne neue Felder in Alaska, Kanada und in der Nordsee erschließen konnten. Bei der ersten Ölkrise 1973/74 im Zusammenhang mit dem Jom-Kippur-Krieg (israelisch-arabischer Krieg, 1973) und dem Ölboykott der arabischen Mitglieder der OPEC gegenüber westlichen Industriestaaten hatte sich der nominale Ölpreis von 2,89 auf 11,65 US-Dollar pro Barrel (US-$/b) vervierfacht. Die OPEC-Staaten erbrachten damals noch 55 Prozent der Welterdölproduktion . Die Ölpreise wurden in den Folgejahren – meist halbjährlich – um fünf bis zehn Prozent angehoben, um den Wertverlust des US-Dollars zu kompensieren. Zur zweiten Ölkrise kam es nach der islamischen Revolution im Iran (1979) Anfang der 1980er-Jahre. Der Ölpreis verdreifachte sich innerhalb von zwei Jahren von 13,30 auf einen Spitzenwert von 42,10 US-$/b. Wegen der Wirtschaftsrezession in den Industriestaaten und vor allem aufgrund der seit der ersten Ölkrise in Angriff genommenen Entwicklung alternativer Energiequellen in den Importstaaten sowie einem Ausweichen auf nicht der OPEC angehörende Erdölproduzenten kam es 1981 zu einem Absatzrückgang von OPEC-Öl. Dessen Anteil an der Weltölproduktion sank bis 1985 auf 30 Prozent, der Ölpreis rutschte 1986 auf weniger als 10 US-$/b ab. Nach zwei Ölkrisen gab es jetzt die erste OPEC-Krise. Die OPEC-Staaten versuchten in der Folge, über Produktionskürzungen wieder höhere Ölpreise zu erzielen. Spitzenwerte wie heute wurden aber nur nach dem Einmarsch des Irak in Kuwait 1990 erreicht. Seit 2002 ist die OPEC bestrebt, mit Veränderungen ihrer Fördermengen die Rohölpreise innerhalb einer Spanne zwischen 22 und 28 US-$/b zu halten. Die 28-US-$-Obergrenze ist jedoch seit Ende 2003 nie unterschritten worden. Der Preis für die US-Rohölrichtmarke West Texas Intermediate hatte im November 2007 die Marke von 99 US-$ pro Barrel überschritten – die höchste Notierung seit Beginn des Rohölhandels an der New Yorker Warenterminbörse vor 24 Jahren.
Am 31. März 2004 beschlossen die OPEC-Öl- und Energieminister auf ihrer 130. Ministertagung in Wien trotz der hohen Rohölpreise, die in den Tagen zuvor auf ein 13-Jahres-Hoch geklettert waren, eine Senkung der Ölförderung um eine Million Barrel auf 23,5 Millionen Barrel pro Tag. Diese Marke wurde jedoch wegen mangelnder Quotendisziplin der Kartellmitglieder täglich um fast zwei Millionen Barrel überschritten. Zwar ist der Anteil der OPEC an der weltweiten Rohölproduktion seit 1973 von 55 auf gegenwärtig 37 bis 43 Prozent zurückgegangen, doch dürfte er in den nächsten beiden Jahrzehnten wieder auf mehr als 50 Prozent ansteigen. Eine größere politische Rolle ist insbesondere dann zu erwarten, wenn es der OPEC gelingen sollte, eines Tages einen politischen Konsens über die Energiepolitik hinaus herzustellen. Nachdem alle Nicht-OPEC-Staaten ihr Fördermaximum überschritten haben, ist zu erwarten, dass der Einfluss der OPEC steigt.

Aufgaben

1. Nennen Sie Gründe für den Rückgang des Anteils von Rohöl aus OPEC-Staaten am deutschen Import. Erklären Sie diese (M5).
2. Erläutern Sie, inwiefern sich die energie- und weltpolitische Stellung der OPEC-Staaten verändern könnte.
3. Beschreiben und erklären Sie die Bedeutung der OPEC beim weltweiten Erdölhandel. Werten Sie dazu M3 und M4 aus.
4. Bewerten Sie die Karikatur M1.

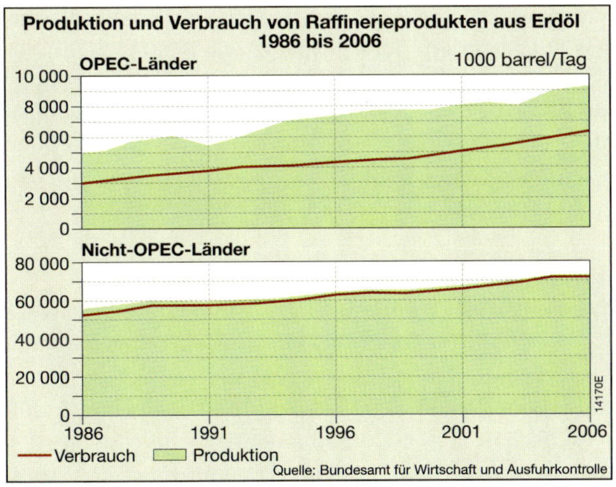

4 Produktion und Verbrauch von Raffinerieprodukten

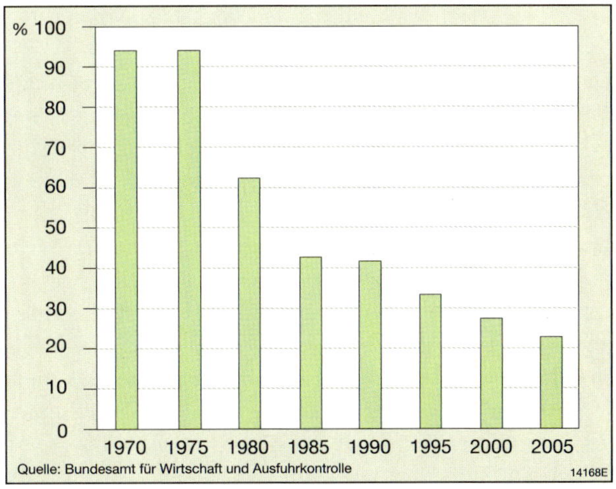

5 Dt. Rohölversorgung: Anteile der OPEC-Lieferungen

1 **Satellitenbild von Dubais Küste mit der künstlichen Insel „The Palm"**

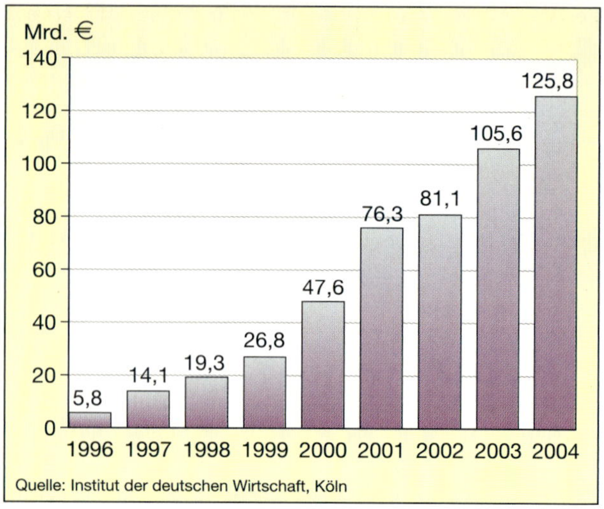

2 **Wert des staatlichen norwegischen Ölfonds am Jahresende in Milliarden Euro**

Ausgewählte regionale Auswirkungen der Erdölwirtschaft

Die wirtschaftlichen Auswirkungen für die Erdöl exportierenden Länder sind höchst unterschiedlich. Oft sind die zusätzlichen Einnahmen aus den Erdölexporten ein Segen für die Staatskassen der Förderländer. So konnte zum Beispiel Russland einen Teil seiner Auslandsschulden tilgen. Eine Triebfeder für die wirtschaftliche Entwicklung ist das Öl jedoch nicht immer. Zwar legte im Oman das BIP zwischen 1975 und 2004 jährlich um 2,3 Prozent, in Indonesien um 4,1 Prozent und in Norwegen um 2,6 Prozent zu. In Libyen dagegen schrumpfte es im gleichen Zeitraum Jahr für Jahr um 0,8 Prozent und in Kuwait um 0,7 Prozent. Zu wirklichem Wohlstand haben es nur wenige Erdöl exportierende Länder gebracht. Während Norwegen 2004 mit über 54 000 US-Dollar eines der höchsten Pro-Kopf-Einkommen der Welt hatte, brachten es in der OPEC nur Katar und die Vereinigten Arabischen Emirate auf einen Wert, der etwa halb so hoch lag. Nigeria und Sambia erreichten nicht einmal 600 US-Dollar.

Die Gründe dafür, dass viele ölreiche Länder kein angemessenes Wachstum erzielen und die Bevölkerung weiter in Armut lebt, sind vielfältig. 10 der 14 führenden Rohöl exportierenden Staaten werden als innenpolitisch instabil eingestuft, was bei aufbrechenden Konflikten zu Unterbrechungen des Rohöl- und Erdgasexportes für den Weltmarkt führen kann. In vielen dieser Länder blüht Korruption, Investitionen in Bildung und Infrastruktur werden vernachlässigt, dagegen steigen Militärausgaben. Derartige Instabilitäten haben sowohl im Mittleren Osten als auch in Süd- und Südostasien im Zuge des globalen Kampfes gegen den internationalen Terrorismus zugenommen.

Einige Förderländer, wie zum Beispiel Norwegen oder die Vereinigten Arabischen Emirate, setzen auf eine wirtschaftliche Entwicklung nach der Erdölära. In Dubai belegen der infrastrukturelle Ausbau der Städte, der Bau von immer höheren Gebäuden und immer luxuriöseren Hotels die Ambitionen, den Tourismussektor auszubauen. Prestigeobjekte wie „The Palm" oder „The World", bei denen durch Aufschüttung von Sand neue Inselgruppen geschaffen werden, sollen sicherstellen, dass die Anzahl der Touristen von 5 (2003) auf über 15 Millionen steigt. Norwegen dagegen steckt seine Ölerlöse in einen staatlichen Fonds, die Gelder werden in ausländischen Wertpapieren angelegt und nur ein geringer Teil der Zinserträge fließt in den Staatshaushalt zurück. Durch dieses Modell können auch künftige Generationen an dem vergänglichen Rohstoffreichtum teilhaben.

Nicht zu vernachlässigen sind die ökologischen Auswirkungen, die mit der Förderung, dem Transport und dem Verbrauch von Erdöl einhergehen. Durch die Verbrennung von Erdöl und Erdölprodukten wird das Treibhausgas CO_2 emittiert. Tankerunfälle, wie die der „Prestige" oder der „Exxon Valdez", oder Pipelinebrüche in Westsibirien verunreinigen ökologisch sensible Regionen. Weitgehend ungeklärt ist, wie Tausende Ölplattformen, die in den nächsten Jahren „ausgedient" haben, entsorgt werden sollen.

Aufgaben

1. Erklären Sie, warum in Dubai die Milliardenprojekte „The World" und „The Palm" in Angriff genommen wurden.
2. Stellen Sie die regionalen Auswirkungen der Erdölwirtschaft in einer Mindmap dar.
3. Analysieren Sie die Zukunftsperspektiven der Erdölwirtschaft in Aserbaidschan.

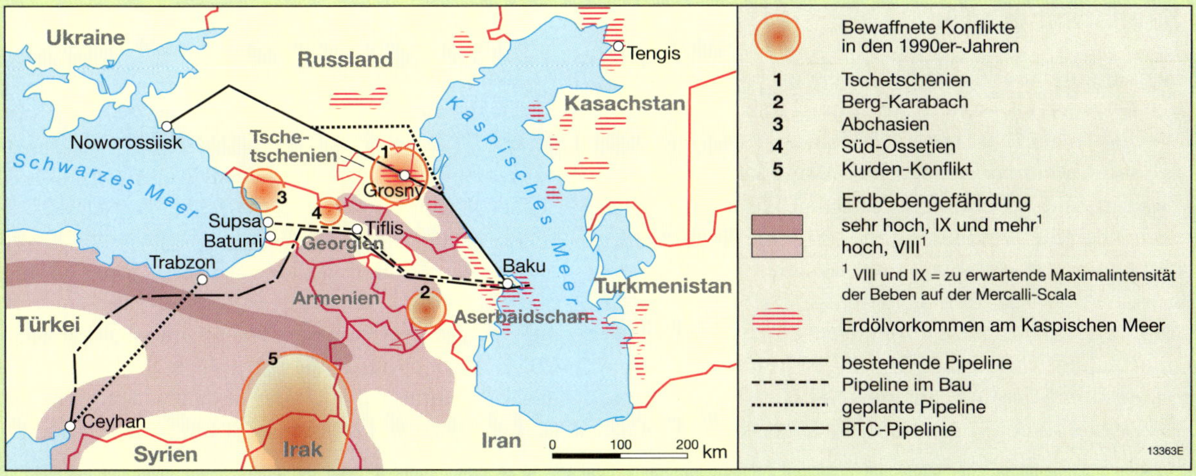

Alternative Transportmöglichkeiten für das Erdöl aus Aserbaidschan

1848 begann die industrielle Erdölförderung im Raum Baku, das bis zur Mitte des 20. Jahrhunderts der wichtigste Erdöllieferant Russlands und später der UdSSR blieb. Seit der Unabhängigkeit Aserbaidschans im Jahr 1991 strebt das Land eine Erschließung der auf bis zu 6,5 Mrd. Tonnen geschätzten hochwertigen Erdölreserven im weiter entfernten Offshorebereich des Kaspischen Meeres an. Diese Felder erfordern Bohrtiefen von teilweise mehr als 6000 m, hinzu kommen Wassertiefen von 130 – 200 m. Um die dazu erforderliche Technologie nutzen zu können, wurde zunächst ausschließlich mit westlichen Erdölgesellschaften verhandelt. Auf Druck der russischen Regierung musste Aserbaidschan jedoch den russischen Ölkonzern Lukoil mit zehn Prozent an einem internationalen Konsortium zur Erschließung der Offshorefelder beteiligen. An weiteren Förderverträgen haben auch französische, italienische und iranische Ölkonzerne teil.

Sicher nachgewiesen sind bislang mindestens zwei Milliarden Tonnen qualitativ hochwertiges Erdöl, deren Wert in Aserbaidschan mit etwa vier Billionen US-Dollar beziffert wird. Mit den Einnahmen aus der Erdölförderung hoffen viele Verantwortliche, das Entwicklungsland Aserbaidschan in kurzer Zeit modernisieren zu können. Pessimisten rechnen angesichts der erforderlichen hohen Investitionen des Staates erst ab dem Jahr 2015 mit erheblichen Gewinnen aus dem Erdölgeschäft.

Wichtig für die Rentabilität der geplanten Investitionen ist die politische Stabilität in der Region. Der Transport von Erdöl und Erdgas über Pipelines ist durch ethnische Konflikte in der Kaukasusregion gefährdet. Dazu kommen Risiken durch Tankerunfälle im Schwarzen Meer oder durch den Bruch von Pipelines in der erdbebengefährdeten Kaukasusregion. Ende 1997 begann die Erdölförderung aus den neuen Feldern im Kaspischen Meer. Zunächst wurde die Pipeline von Baku über Grosny nach Noworossiisk am Schwarzen Meer in Betrieb genommen. Diese Pipeline soll Russland langfristig 80 Millionen US-Dollar Jahreseinnahmen an Transitgebühren garantieren. Allerdings führen 153 Kilometer der Pipeline durch Tschetschenien, das die Unabhängigkeit von Russland anstrebt und an den Transitgebühren beteiligt werden will. Daher plant Russland eine nördliche Umgehung Tschetscheniens. Aserbaidschan setzt auch auf die Pipeline über Tiflis zum georgischen Schwarzmeerhafen Supsa und die Baku-Tbilisi-Ceyhan-Pipeline (BTC). Damit will sich Aserbaidschan aus der geostrategischen Abhängigkeit von Russland lösen. Am 25.05.2005 wurde nach elfjähriger Planung und dreijähriger Bauphase die BTC-Pipeline eröffnet. Sie ist mit circa 1770 Kilometern eine der längsten Ölpipelines der Welt und ermöglicht den Transport von rund einer Million Barrel Erdöl pro Tag aus dem aserbaidschanischen Teil des Kaspischen Meeres zum Mittelmeerhafen Ceyhan in der Türkei. Damit wird der riskante Transport des Erdöls durch die stark frequentierten Meerengen des Bosporus umgangen. Von Ceyhan aus wird das Erdöl auf Tanker verladen und zu den Weltmärkten transportiert. Die einen Meter dicke und einen Meter tief vergrabene Ölleitung durchquert einen 40 Meter breiten Korridor, der über 2800 Meter hohe Berge, 1500 Flüsse und Bäche führt. Ferner verläuft sie durch Erdbebengebiete, durch das politisch unruhige Kurdengebiet in Ostanatolien und den Kharagauli Nationalpark in Georgien.

3 Erdölmacht Aserbaidschan

Methode

Szenariomethode

Wie könnte die Zukunft aussehen, wenn wir mit den Ressourcen weiterhin so umgehen wie bisher? Welche Folgen hat unser Handeln in 10, 20 oder 30 Jahren? Mithilfe der Szenariomethode kann solch ein Zukunftsbild erstellt werden. Dabei werden positive und negative Veränderungen zu einem nachvollziehbaren Zukunftsbild oder Modell zusammengefasst. Sie grenzt sich gegen realitätsferne Utopien und rein quantitative Prognosen sowie pessimistische Zukunftsbilder ab. Mit dieser Methode werden quantitative Daten (zum Beispiel Rohstoffreserven, Energieverbrauch) und Informationen mit qualitativen Einschätzungen (Sensibilisierung gegenüber erneuerbaren Energien) verknüpft und als Ergebnis detaillierte Beschreibungen einer oder mehrerer Zukunftssituationen gezeigt. Mithilfe dieser Methode ist es möglich, verschiedenste Szenarien zu entwickeln, von denen, sozusagen rückblickend, Konsequenzen für gegenwärtiges Handeln und Planen abgeleitet werden können.

Ausgehend von der Gegenwart können verschiedene Entwicklungswege eingeschlagen werden. Diese Entwicklungslinien, die auf der Basis bestimmter Einflussfaktoren erstellt werden, können jedoch jederzeit durch Störereignisse verändert werden. Wird nun zu einem ausgewählten Beobachtungszeitpunkt ein „Schnitt" durch den Szenariotrichter gemacht, so zeigen sich auf der Schnittfläche verschiedene Zukunftsbilder, die zu den unterschiedlichen Entwicklungspfaden gehören. Es empfiehlt sich, wenige, möglichst unterschiedliche Szenarien zu erstellen. In den meisten Fällen reicht es aus, zwei Extremszenarien auszuarbeiten. Diese stellen die Ränder des Szenariotrichters dar. Als drittes Szenario kann auch noch das Trendszenario in der Betrachtung hinzugenommen werden, das durch einfache Fortschreibung von Vergangenheit und Gegenwart auf der Trendlinie erstellt wird. Um solche Szenarien fundiert aufstellen zu können, bedarf es intensiver analytischer Vorarbeit. Am Ende sollte eine Entwicklung von Maßnahmen und Strategien zur Problemlösung stehen. Das Erstellen eines Szenarios ist eine Aufgabe, die einen längeren Zeitraum benötigt.

Schritt 1 – Problemanalyse: Zunächst wird die gegenwärtige Situation des Untersuchungsgegenstandes betrachtet. Dabei wird das Thema sachlich, zeitlich und räumlich eingegrenzt. Nun erfolgt anhand von Leitfragen eine genaue Problembeschreibung. Danach werden aus verschiedenen Quellen Informationen gesammelt. Mit der Sichtung der Informationen sollte eine erste innere Strukturierung durchgeführt werden.

Schritt 2 – Einfluss- und Umweltanalyse: Es werden alle Bereiche bzw. Faktoren gesammelt, die Einfluss auf den zu untersuchenden Gegenstand haben. Dabei werden Wechselwirkungen zwischen den Einflussfaktoren/Einflussbereichen des Untersuchungsgegenstandes erkundet. Abschließend werden die Wechselwirkungen bewertet. Dazu kann die Vernetzungsmatrix dienen.

Schritt 3 – Ausgestaltung der Szenarien: Es werden einzelne Zeitschritte festgelegt (z.B. 2010, 2025, 2050). Die Entwicklungen bis dahin werden schriftlich festgehalten. Es wird ein positives (bestmögliche Zukunftsentwicklung), ein negatives (schlechtestmögliche Zukunftsentwicklung) Extremszenario und ein Trendszenario (Fortschreibung der heutigen Entwicklung) erstellt. Alle Erkenntnisse werden gebündelt und zu den beiden Extremszenarien zugeordnet. Abschließend werden Zukunftsbilder formuliert und das Szenario interpretiert.

Schritt 4 – Störereignisse bedenken: Bei der Ausgestaltung der Szenarien müssen plötzlich auftretende positive oder negative Ereignisse berücksichtigt werden. Sie können die Entwicklung nachhaltig beeinflussen.

Schritt 5 – sich über Auswirkungen Klarheit verschaffen: Nachdem die Szenarien ausformuliert sind, müssen die Auswirkungen der Entwicklungsverläufe betrachtet werden. Dabei sollten Chancen und Risiken gegeneinander abgewogen und Lösungsansätze entworfen werden.

Schritt 6 – Maßnahmen konzipieren: Zum Abschluss wird eine Strategie erstellt, die sichern soll, dass sich der Untersuchungsgegenstand in Richtung des positiven Extremszenarios entwickelt. Dazu können einzelne Maßnahmen auf verschiedenen Verantwortungsebenen entworfen werden.

1 Szenariomethode – Arbeitsschritte

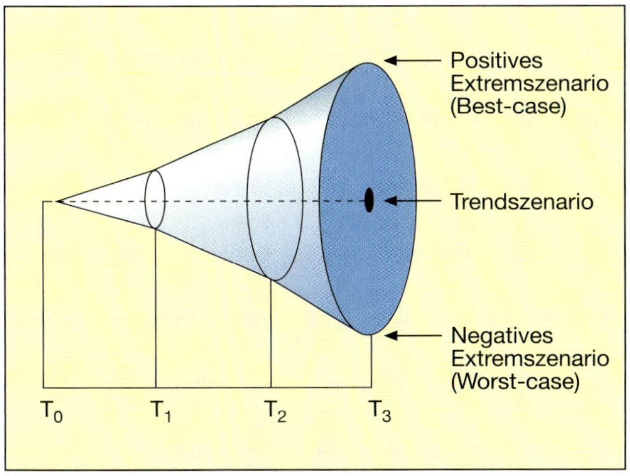

2 Szenariotrichter

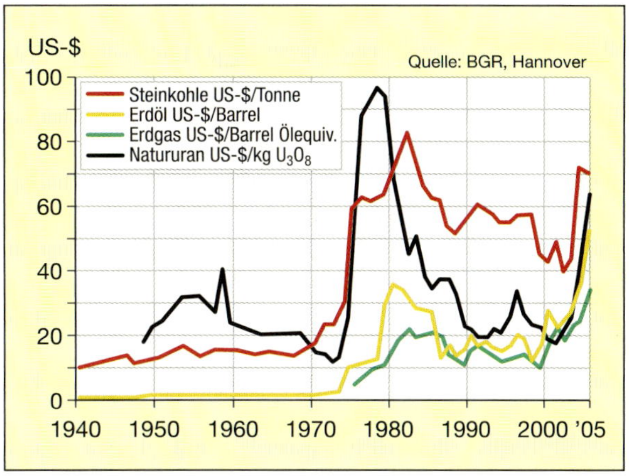

4 Entwicklung der nominalen Preise für Energieträger

Aufgaben

1. Erstellen Sie mithilfe der Schrittfolge und der Materialien auf den Seiten 114 und 115 ein Szenario zur Entwicklung der globalen Energieträger.
2. Erstellen Sie Problemfragen zur Thematik. Verwenden Sie dazu auch M4 und M5.
3. Erstellen Sie eine Vernetzungsmatrix. Wählen Sie entsprechend der Vorschläge in M3 eigene Einflussfaktoren und bewerten Sie deren Wirksamkeit.
4. Entwickeln Sie die beiden Extremszenarien und ein Trendszenario und diskutieren Sie den Einfluss von Störfaktoren.
5. Entwickeln Sie Lösungsansätze für die in Ihren Szenarien aufgestellten Probleme. Konzipieren Sie entsprechende Maßnahmen.

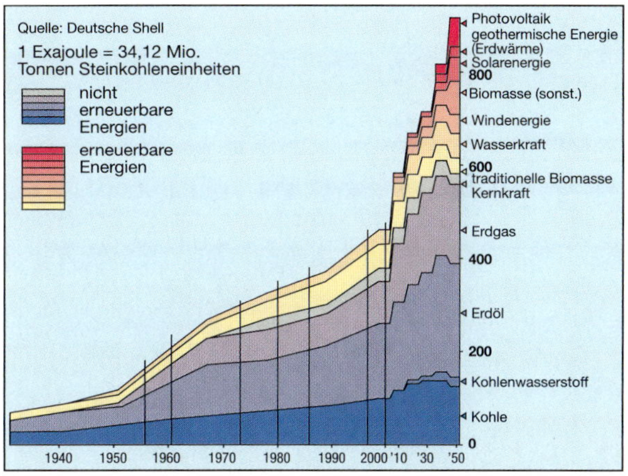

5 Weltweiter Primärenergieverbrauch (in Mio. t SKE)

Einflussbereich	1	2	3	4	5	6	7	8	9	10	11	12	Aktivsumme
1. Einflussfaktor 1													
2. Einflussfaktor 2													
3. Einflussfaktor 3													
4. …													
Natürliche Bedingungen													
5. Größe der Vorkommen													
6. Lage der Vorkommen													
7. Förderbedingungen													
8. …													
Verkehr													
9. Verkehrsträger													
10. Treibstoffe													
11. Maut/Steuern													
12. …													
Passivsumme													

Passivsumme: Wie stark wird der Bereich von den anderen beeinflusst?
Aktivsumme: Wie stark beeinflusst der Bereich andere?
Bereich: 0 = keine Wirkung; 1 = schwache Wirkung; 2 = mittlere Wirkung; 3 = starke Wirkung

3 Vernetzungsmatrix

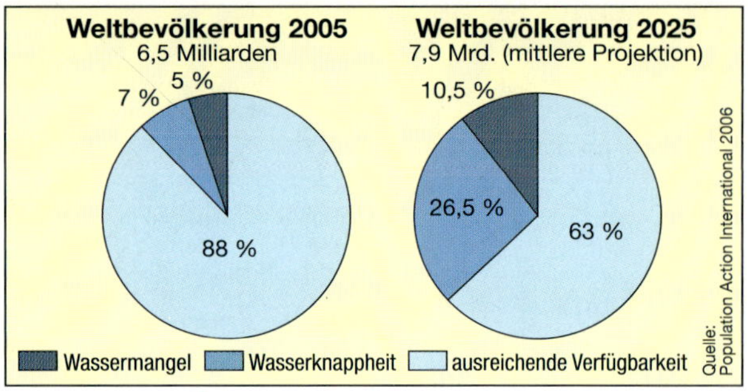

1 **Entwicklung des Wasserverbrauchs im 20. Jh.**

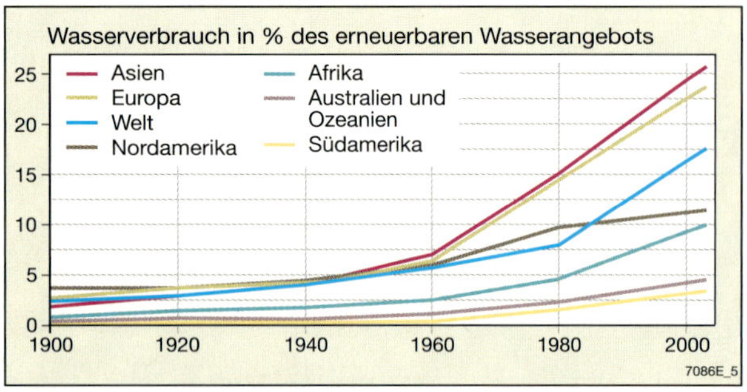

2 **Wassermangel, -knappheit und -verfügbarkeit**

- Wasserarm ist nach Angaben des „Worldwatch Instituts" ein Staat, in dem weniger als 2,74 Liter Wasser pro Person pro Tag zur Verfügung stehen.
- 1,1 Milliarden Menschen weltweit haben weniger als 20 Liter Wasser pro Tag zur Verfügung.
- Mindestens die Hälfte aller Krankheiten in den Entwicklungsländern ist auf verschmutztes Wasser zurückzuführen, so z.B. Durchfall, Cholera, Typhus, Bilharziose und Wurmbefall.
- Arme Familien in vielen Großstädten der Entwicklungsländer wenden ein Fünftel ihres Einkommens für den Kauf von sauberem Wasser auf.
- 436 Millionen Menschen leben in Ländern, in denen das Wasser bereits knapp ist.
- 1,1 Milliarden Menschen haben keinen Zugang zu sauberem Trinkwasser.
- Drei bis vier Millionen Kinder sterben jährlich an Infektionen, die durch unsauberes Trinkwasser hervorgerufen werden.
- Nur knapp ein Fünftel der Weltbevölkerung lebt in Haushalten, die an Wasser- und Abwasserleitungen angeschlossen sind.
- Mindestens 214 große Flüsse sind internationale Gewässer; 60 Prozent der Menschheit lebt in grenzüberschreitenden Flussgebieten.

3 **Tatsachen zum Thema Wasser**

4.4 Globale und regionale Wasserprobleme

Derzeit lebt etwa ein Zwölftel der Weltbevölkerung in Ländern, in denen es an Wasser mangelt (unter 1000 Kubikmeter Süßwasser pro Jahr) oder Wasserknappheit (unter 1700 Kubikmeter Süßwasser pro Jahr) herrscht. Rund 200 Millionen von ihnen leiden unter chronischem Wassermangel. Für weitere 310 Millionen Menschen ist Wasser zumindest zeitweise knapp. Im Jahre 2050 wird nach Schätzungen mindestens ein Drittel der Weltbevölkerung in Ländern mit Wassermangel leben. Wie viele Menschen in Zukunft tatsächlich von der dauerhaften Wasserkrise betroffen sein werden, hängt entscheidend von der Entwicklung des Bevölkerungswachstums ab. Während der Nahe und Mittlere Osten sowie Nordafrika am stärksten von Wasserknappheit betroffen sind, wird in den nächsten 50 Jahren vor allem in Afrika südlich der Sahara ein Mangel an Wasserreserven vorliegen. Ein wesentlicher Grund dafür ist, dass sich die Bevölkerung dort verdoppeln, möglicherweise sogar verdreifachen wird.
Zwei Drittel des weltweit verfügbaren Wassers wird in der Landwirtschaft verbraucht. Rund 60 Prozent davon gehen allerdings durch ineffiziente Bewässerung verloren. Bereits heute sind fast 40 Prozent der weltweit produzierten Nahrungsmittel von künstlicher Bewässerung abhängig. 2006 hatten mehr als 1,1 Milliarden Menschen keinen Zugang zu sauberem Trinkwasser und 2,4 Mrd. Menschen keine akzeptablen sanitären Einrichtungen. Der Konsum verschmutzten Wassers ist Hauptursache für viele Erkrankungen. Ein Teil der Abwässer aus den Metropolen der Entwicklungsländer gelangt ungeklärt in die Flüsse. Die Wasserversorgung in den Slumgebieten ist problematisch.
Dort, wo Wasserressourcen knapp sind, sind Nutzungsprobleme an der Tagesordnung. Häufig konkurrieren mehrere Länder um das Wasseraufkommen von Flüssen und Seen. Nur ein übergreifendes Wassermanagement kann eine konfliktarme dauerhafte Nutzung garantieren.
Diese Fakten belegen, dass das Wasserproblem schon heute, mehr noch in der Zukunft eines der Hauptfragen der Menschheit ist. Der globale Klimawandel wird das Wasserproblem auch in den hoch entwickelten Regionen der gemäßigten Zone noch mehr in den Mittelpunkt stellen.

Aufgaben

1. Stellen Sie die Situation der Wasserversorgung Libyens dar (Materialien S. 118, Atlas). Bewerten Sie in diesem Zusammenhang das Projekt des GKF.
2. Fassen Sie in einem Kurzvortrag die Probleme der Mena-Region hinsichtlich ihrer Wasserversorgung und möglicher Lösungen zusammen (S. 117 – 119).

Die Mena-Region (Middle East and North Africa) – zu drei Viertel arid

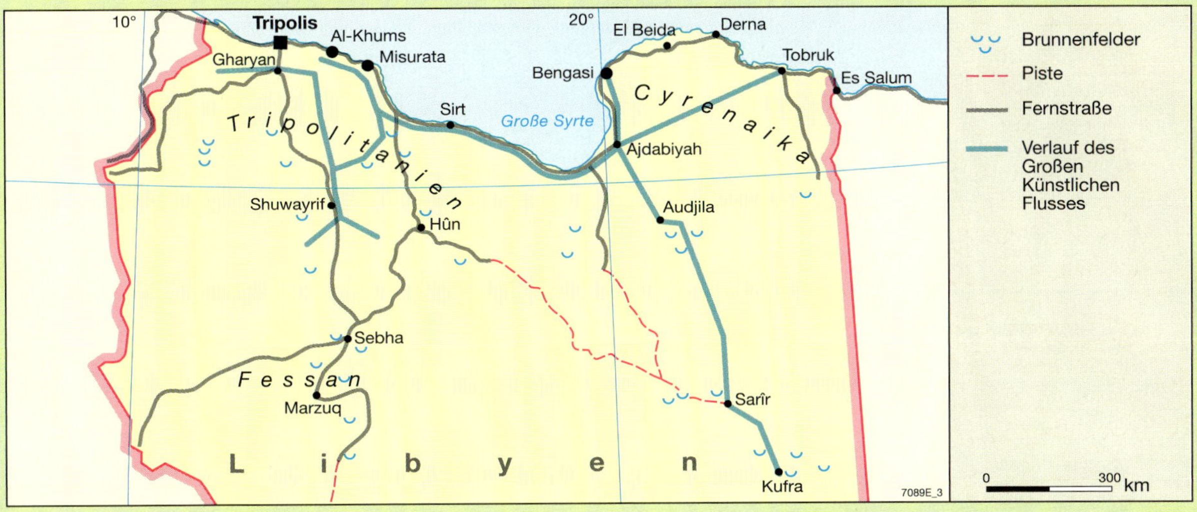

„Libyen, das trockenste Land Nordafrikas, stand Mitte der 80er-Jahre vor der Alternative, entweder aufgrund der komparativen Kostenvorteile Nahrungsmittel zu importieren oder mithilfe einer Ausweitung der Bewässerungsflächen sich selbst zu versorgen. Man entschied sich für Letzteres. Um die Bewässerungsfläche zu steigern, greift man auf fossile Grundwasservorräte in der Sahara zurück. Harte klimatische Bedingungen und die Entfernung von den Verbraucherzentren waren der Grund dafür, dass das fossile Grundwasser nicht für die Ausweitung der Bewässerung an Ort und Stelle (Sarir und Kufra) eingesetzt, sondern aus fast 700 Brunnen hochgepumpt und in einem fast 2000 Kilometer langen Netz von vier Meter dicken Röhren (‚Großer Künstlicher Fluss‘ [GKF] oder ‚Great Man-Made River‘) in die dichter besiedelte Küstenregion transportiert wird.

Allerdings kann der ‚Große Künstliche Fluss‘ das ‚Dilemma Libyens zwischen demographischem Wachstum, schrumpfenden natürlichen Ressourcen und daraus resultierender strategischer Verwundbarkeit‘ (...) wohl kaum beseitigen. Das Wasser des ‚Großen Künstlichen Flusses‘ reicht nach dessen vollständigem Ausbau nur für ein Drittel der bis dahin auf knapp acht Millionen angewachsenen Bevölkerung. Völlig offen ist zurzeit noch, wer die geplanten 47 000 neuen Farmen und die technische Infrastruktur betreiben soll. Weitgehend unbekannt sind bisher noch die ökologischen Auswirkungen. Einem Absinken des Grundwasserspiegels um Sarir und Sebha stehen positive Effekte in den neu bzw. zusätzlich zu bewässernden Küstengebieten gegenüber: Bei vorsichtiger Wassergabe und Einstellung des bisherigen intensiven Grundwasserabpumpens kann sich der früher vorhandene (süße) Grundwasserkörper regenerieren und dem unterirdischen Vordringen des Meerwassers Einhalt gebieten.“

(Quelle: Schliephake, K.: Der libysche Große Künstliche Fluss – Lösung der arabischen Wasserprobleme? In: Geographie und Schule 23, S. 31)

4 Das Great Man-Made River Project in Libyen

	1990	2000	2010
Bevölkerung in Mio.	4,47	5,76	7,8
notwendiges Bewässerungswasser in Mio. m³/Jahr (12 000 m³/ha)	4824	6216	8424
benötigtes Wasser für Haushalte und Industrie in Mio. m³ (73 m³/Ew./Jahr)	326	420	570
Gesamtverbrauch in Mio. m³	5150	6636	8994
verfügbares Oberflächenwasser in Mio. m³	700	700	700
Produktion entsalztes Meerwasser in Mio. m³	21	21	21
Produktion ‚Großer Künstlicher Fluss‘ in Mio. m³	182	1460	2080
Gesamtangebot in Mio. m³	903	2181	2801

5 Libyen – Wasserbedarf für Ernährung und Wasserangebot pro Jahr 1990 – 2010 (Wasser in Mio. m³ pro Jahr)

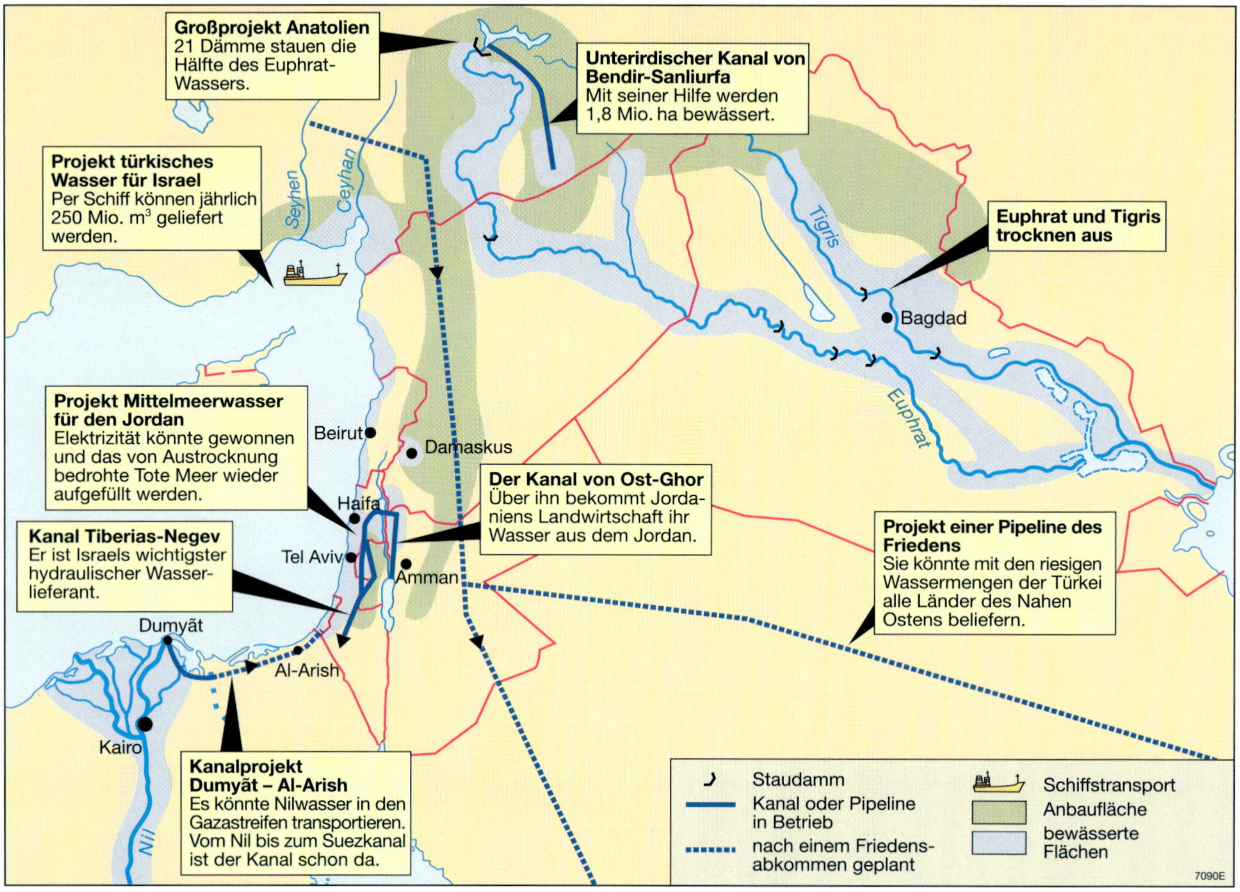

1 Der Nahe Osten – großräumige Verteilung von Süßwasser

2 Stauanlage in Ägypten

Die steigende Wasserentnahme aus den Flüssen Euphrat und Tigris hat nach UN-Angaben das Marschland von Mesopotamien im Delta der Flüsse nahezu vollständig ausgetrocknet. Die durch Satellitenauswertungen der NASA festgestellte Umweltverwüstung bedrohe das gesamte ökologische Gleichgewicht am Persischen Golf. Rund 90 Prozent der Heimat von seltenen Tieren und Pflanzen seien zerstört. Die Verwüstung der Region sei vergleichbar mit dem Umweltdesaster am Aralsee und dessen globalen Klimaauswirkungen.

(nach: dpa. In: Mannheimer Morgen vom 18.05.01)

3 Euphrat und Tigris trocknen aus

Land	Produktionswert
Ägypten	0,26
Bahrain	0,33
Saudi-Arabien	0,46
Kuwait	0,96
Israel	1,44

4 Agrarer Produktionswert pro Kubikmeter Bewässerungswasser in Euro

Land	jährlich erneuerbar (in km³)	jährl. Verbrauch in % der erneuerbaren Menge	Wasserentnahme (%) durch		
			Haushalte	Industrie	Landwirtschaft
Ägypten	58,0	97	7	5	88
Algerien	18,4	16	22	4	74
Iran	118,3	39	4	9	87
Irak	104,0	42	3	5	92
Israel	2,1	90	16	5	79
Jemen	3,0	176	5	2	93
Jordanien	0,8	125	20	5	75
Katar	0,02	750	36	26	38
Kuwait	–	–	64	32	4
Libanon	4,8	17	11	4	85
Libyen	0,7	400	15	10	75
Marokko	30,0	37	6	3	91
S.-Arabien	2,2	164	45	8	47
Syrien	5,5	60	7	10	83
Tunesien	4,4	68	13	7	80
VAE	0,3	167	11	9	80
MENA	358,0	52	6	7	87

5 Verfügbarkeit erneuerbaren Wassers und Verwendung von Wasser in der Mena-Region (Beginn 21. Jh.)

Die Region Nordafrika und Naher Osten ist die trockenste Region der Welt und am stärksten von der Wasserknappheit betroffen. Hier kumulieren die wassereinschränkenden Faktoren und erhöhen das Risiko sozialer Konflikte:

- Die Mena-Region beherbergt fünf Prozent der Weltbevölkerung, aber nur knapp ein Prozent der weltweit erneuerbaren Trinkwasservorräte. Die noch 1960 jährlich 3300 m³ betragende Wasserverfügbarkeit pro Einwohner für Verbrauch in Haushalt, Industrie und Landwirtschaft wird 2025 bei 650 m³ angelangt sein.
- Während von den 22 Ländern der Mena-Region 1955 lediglich drei unter Wasserknappheit litten, wird deren Zahl 2025 bei 18 liegen.
- Die Landwirtschaft erhält 85 Prozent des verbrauchten Wassers (Weltdurchschnitt ca. 69 %).
- In der Region herrschen überwiegend Trockenklimate. Dürreperioden lassen die Wasservorräte sehr schnell schrumpfen, so z.B. im Sommer des Jahres 2000 mit der schwersten Dürre seit 60 Jahren.
- Der Wasserpreis ist wegen der sehr hohen Subventionen entsprechend gering. Etwa die Hälfte des für die öffentliche Versorgung bereitgestellten Wassers geht verloren (z.B. schadhafte Rohre, unerlaubtes Anzapfen).
- Die Bevölkerung wächst schnell. In den ersten dreißig Jahren des 21. Jh. wird sie sich auf 560 Mio. verdoppeln. Schon jetzt haben 50 Mio. Menschen keinen Zugang zu sauberem Trinkwasser.
- Nach einer Studie der Weltbank müssen bis 2005 voraussichtlich 45–60 Milliarden Dollar in die Verbesserung der Ver- und Entsorgung von Wasser investiert werden.

(aus: Worldbank (Ed.): From Scarcity to Security)

6 Daten zur Mena-Region

Land	Anteil der aus anderen Ländern bezogenen Wassermenge in Prozent
Turkmenistan	98
Ägypten	97
Mauretanien	95
Botsuana	94
Usbekistan	91
Niederlande	89
Deutschland	51
Israel[1]	21 bzw. 60

[1] Wasserströme, die ihren Ursprung jenseits der derzeitigen bzw. der international anerkannten Grenzen haben

7 Abhängigkeit von eingeführtem Oberflächenwasser in ausgewählten Ländern

1 **Palästinenserin beim Wasserholen**

„In den vergangenen 25 Jahren hat die Regierung die Wasserkrise ignoriert. Auf einmal wollen sie, dass ich als einfacher Bürger den Preis dafür zahle. Das können sie vergessen. Ich gieße weiterhin mit gutem Gewissen meinen Rasen", empört sich Danny Rahmin. Er wohnt in einem Kibbuz, in der Nähe des Gaza-Streifens. Das Grün helfe ihm, die Schwierigkeiten um ihn herum zu vergessen. Wie die meisten Israelis kümmert er sich nicht um die neuen Vorschriften, die die Regierung Mitte August 2001 erlassen hat. Rasen dürfen zwischen sieben und neunzehn Uhr nicht bewässert, neue Gärten nicht angelegt werden. Zudem ist es verboten, Autos mit fließendem Wasser zu waschen. Doch für viele ist der zuständige Infrastrukturminister Liebermann mit diesem Schritt schon zu weit gegangen. „Liebermann hat einen offenen Nerv getroffen. Sicher fehlt es überall an Trinkwasser, aber die Israelis können es einfach nicht leiden, wenn sich jemand an ihrem Rasen zu schaffen macht", fasst die Zeitung „Jerusalem Post" den jüngsten Aufschrei zusammen. Mit ein wenig Grün vor der Haustür versuchen viele jüdische Einwanderer aus Europa, die karge Umgebung wenigstens ein bisschen so aussehen zu lassen wie ihre alte Heimat.

(Quelle: Frankfurter Allgemeine Zeitung vom 03.09.2001)

2 **Dem Nahen Osten geht das Wasser aus**

Konflikte ums Wasser

„Wir führen einen Wasserkrieg mit den Arabern. Die Zukunft des jüdischen Staates ist abhängig vom Ausgang dieser Schlacht."

(Ben Gurion, israelischer Ministerpräsident, 1956)

Israelische und palästinensische Städte liegen zwar in der gleichen Klimazone, doch bieten sie dem Besucher trotz räumlicher Nähe völlig verschiedene Bilder: hier viele grüne Straßenalleen, öffentliche und private Grünflächen, Schwimmbäder; dort kahle Freiflächen, verdorrte Bäume und defekte Wasserleitungen. In den palästinensischen Gemeinden kann sauberes Trinkwasser oft nur bei den Wasserhändlern auf der Straße für teures Geld gekauft werden. Der Konflikt um Wasser in dieser Region ist so alt wie der entschiedene Widerstand der Araber gegen den im Jahr 1948 gegründeten Staat Israel.

Nach dem sogenannten Sechstagekrieg besetzte Israel 1967 die gesamte Sinaihalbinsel, den Gazastreifen und die Westbank (Westjordanland), Ostjerusalem und die syrischen Golanhöhen. Die besetzten Gebiete sind für Israel auch aufgrund ihrer großen Grundwasserreserven, die die Versorgung der wachsenden Bevölkerung und der Bewässerungslandwirtschaft sichern sollen, bedeutsam.

Heute fließen 80 % des Westbank-Wassers in jüdische Siedlungen und ins israelische Kernland. Hier liegt der Pro-Kopf-Verbrauch sieben- bis zehnmal höher als in den annektierten Gebieten. So leisten sich die Israelis einen Wasserverbrauch von 350 Litern pro Person und Tag, während sich die Palästinenser in der gleichen Region mit nur 60 l zufrieden geben müssen. Im Westjordanland sind 218 Orte nicht an das öffentliche Wasserleitungsnetz angeschlossen. Die Bewohner müssen Wasser aus Tankwagen kaufen und diese kommen wegen der zahlreichen Straßensperren und Abriegelungen oft nicht in alle Dörfer. Damit bleibt nur die zeitraubende und mühevolle Versorgung aus öffentlichen Brunnen.

Innerhalb der Staatsgrenzen Israels von 1948 ist Wasser Mangelware. In diesem ariden bis semiariden Raum wird das Wasserpotenzial auf circa 2200 Millionen Kubikmeter pro Jahr (Oberflächenwasser und erneuerbares Grundwasser) geschätzt. Davon stammen aber über 30 Prozent aus den Aquiferen der heute besetzten Gebiete und weitere 30 Prozent aus umstrittenen Wassersystemen, vor allem dem Jordan und dem See Genezareth. Von Letzterem führt der „National Water Carrier" zum Nord-Negev. Dieser Kanal ließ die Wasserführung des Jordans südlich des Sees von 650 Millionen Kubikmeter pro Jahr auf 40 Millionen Kubikmeter pro Jahr sinken. Die syrische und die jordanische Seite begannen daraufhin mit dem Bau von Staudämmen am Jarmuk und weiteren Nebenflüssen. Nach mehreren niederschlagsarmen Wintern war der Seespiegel im Sommer 2001 auf einen alarmie-

3 **East-Chor-Kanal in Jordan Valley**

renden Tiefstand gesunken. Das Wasser wird zunehmend salziger. Der Jordan gleicht im Süden nur noch einem Abwasserbach und der Pegel des Toten Meeres sinkt bedrohlich. Die Grundwasserspeicher im Küstenbereich des Mittelmeeres schrumpfen um mehr als 20 Zentimeter pro Jahr, Meerwasser dringt ein. Inzwischen fehlen Israel 500 Millionen Kubikmeter Wasser im Jahr.

Das vorhandene Wasser wird durch einsickerndes Abwasser und ausgewaschene Pestizide, unter anderem aus dem Baumwollanbau und aus der Industrie, stark verschmutzt. In Tel Aviv und Umgebung war das Trinkwasser im Sommer 2001 so stark verschmutzt, dass sogar das Duschen verboten wurde. Die Wasservorräte in den Läden waren binnen Stunden ausverkauft, obwohl der Preis drastisch angehoben worden war. Als Sparmaßnahme ließ die Regierung den Druck in den Wasserleitungen senken, doch dies brachte nicht den erwünschten Effekt. Weder die Kommunen noch die privaten Gartenbesitzer folgen neuen Vorschriften zum Wassersparen.

Aufgrund der tradierten Vorstellung, dass Israel in der Nahrungsmittelproduktion autark sein müsse, besitzen die Bauern so großen politischen Einfluss, dass der Wasserpreis für sie künstlich niedrig gehalten wird. Zu einem Viertel der privaten Verbraucherpreise dürfen sie mehr als 60 Prozent des Wassers nutzen. Also werden weiterhin am Rande der Wüste Cocktailtomaten, Zitrusfrüchte und Bananen angepflanzt, die einen sehr hohen Wasserbedarf haben.

Sollte die Wasserverschwendung weiter fortgesetzt werden, müsse man am See Genezareth nicht mehr lange auf ein biblisches Wunder warten, witzeln manche Anwohner. Wenn nichts geschehe, könne ihn bald jeder zu Fuß überqueren.

Aufgabe

Erläutern Sie mithilfe von Text und Abbildungen (Seite 120 f.) die Zeitungsüberschrift „Mangel im Meer des Überflusses“.

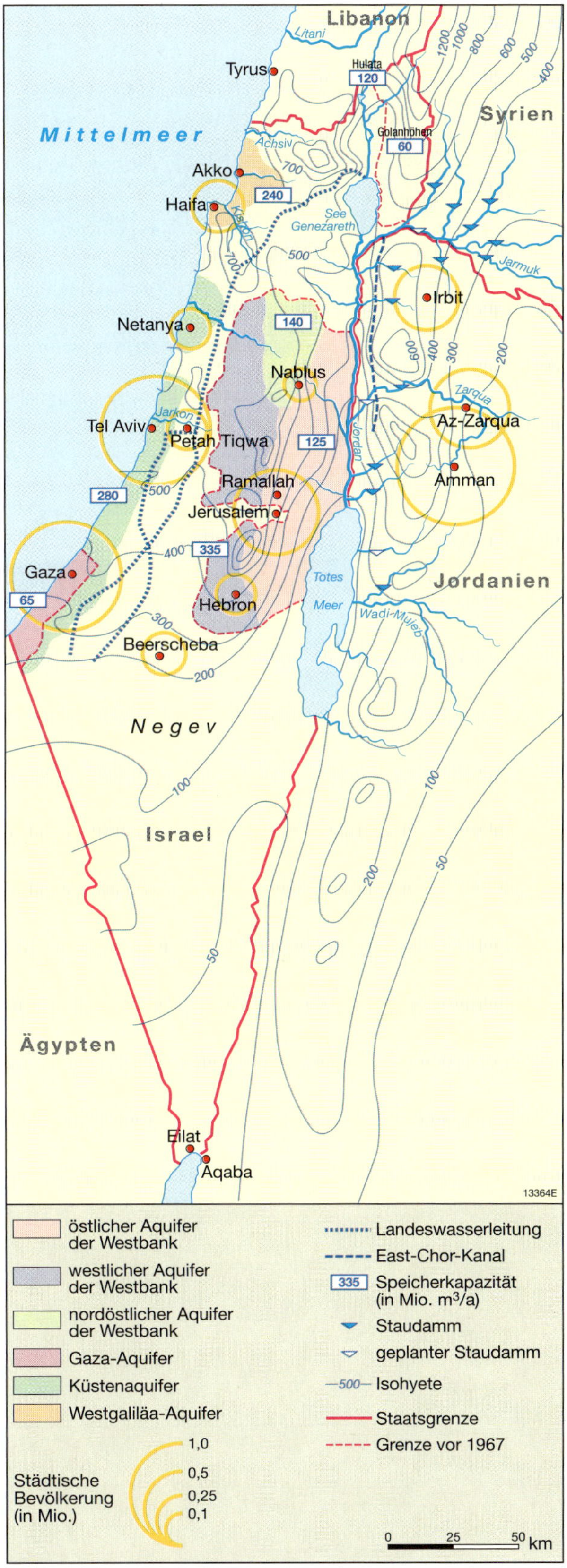

4 **Wasserpotenziale und Infrastruktur im Nahen Osten**

5 Wahlpflicht

1 Flüchtlingslager in Darfur / Planet Erde / Entwicklungshelfer beim Brunnenbau auf Madagaskar

5.1 Wahlpflicht: Entwicklungszusammenarbeit zum Abbau globaler Disparitäten

1 Interessengegensätze

„Wir leben in einer Welt, die immer schneller zusammenwächst und gleichzeitig immer weiter zerfällt. Eine Vielzahl von Ländern – vor allem Industrie- und fortgeschrittene Entwicklungsländer – hat es in den vergangenen 20 Jahren geschafft, grenzüberschreitende Handels- und Finanzströme, ausländische Direktinvestitionen und das Internet erfolgreich zu nutzen. Doch 40 Prozent aller Menschen profitieren davon nicht: Sie leben in den ärmsten Ländern der Welt. Die ungesteuerte Globalisierung, wie sie sich bisher vollzog, hat die neoliberalen Verheißungen nur für wenige erfüllt. Sie verstärkt im Gegenteil Ausgrenzung und Marginalisierung sowie den Verlust demokratischer Kontrolle. Diese zunehmende Ungleichheit ist nicht tragbar. Sie stellt unsere gemeinsame Zukunftsfähigkeit infrage und birgt ein enormes Gefährdungspotenzial für internationale Sicherheit und Stabilität. Wir brauchen politische Gestaltung auf allen Ebenen: lokal, national, regional und weltweit. Nur dann kommen wir zu einer Globalisierung, die den Menschen in den Mittelpunkt stellt. Es ist unsere besondere Verantwortung, Entwicklungsländer in ihrem Bemühen um Reformen und Fortschritte in allen Bereichen zu unterstützen. Entwicklungspolitik ist hier stärker gefragt denn je.“

(Heidemarie Wieczorek-Zeul, Bundesministerin für wirtschaftliche Zusammenarbeit und Entwicklung; Aus dem Vorwort in Materialien Nr. 125: Globalisierung gestalten – Entwicklungspolitik konkret. 2004)

2 Globalisierung gerecht gestalten

Entwicklungshilfe, Entwicklungszusammenarbeit, Entwicklungspolitik

Die Begriffe, in denen das Wort Entwicklung steckt, sind schwer klar definierbar und in ihrer Anwendung nicht ganz unproblematisch. Das hängt vor allem mit einem unterschiedlichen Verständnis hinsichtlich der Begriffe Entwicklung beziehungsweise Unterentwicklung zusammen. Der Entwicklungsbegriff ist in den 1950er-Jahren auf Länder übertragen worden, die seit dieser Zeit als Entwicklungsländer bezeichnet werden. Dabei handelt es sich um Länder, die vor allem hinsichtlich ihres ökonomischen, aber auch sozialen Entwicklungsniveaus zurückgeblieben waren. Viele von ihnen waren über Jahrzehnte oder gar Jahrhunderte abhängige Kolonien, meist von europäischen Kolonialmächten. Sie waren mehr oder weniger „Rohstoffanhängsel“ ihrer „Mutterländer“. Viele Beobachter gingen damals davon aus, dass diese Länder relativ rasch in ihrer Entwicklung vorankommen und in einem überschaubaren Zeitraum Anschluss an das Niveau der sogenannten hoch entwickelten Länder finden werden. Das ist allerdings bis heute nur wenigen dieser Länder tatsächlich gelungen. Es war bereits damals klar, dass diese Länder nicht über die Kraft verfügen, um die Defizite ihrer Entwicklung allein aufholen zu können. Unterstützungen durch die „reicheren“ Länder waren unabdingbar. In diesem Zusammenhang wurde der Begriff **Entwicklungshilfe** geprägt.

Unterdessen ist dieser aus dem offiziellen Sprachgebrauch verschwunden. An seine Stelle ist der Begriff **Entwicklungszusammenarbeit** getreten. Darunter werden all jene Maßnahmen in der Zusammenarbeit mit Entwicklungsländern verstanden, die zur Verringerung beziehungsweise Beseitigung der Merkmale von Unterentwicklung in diesen Ländern führen. Mit diesem Begriff soll verdeutlicht werden, dass es sich nicht um ein Abhängigkeitsverhältnis der Form handelt, dass der „Reichere“ dem „Ärmeren“ etwas abgibt, was möglicherweise zu Diskriminierung und Minderwertigkeitsgefühlen führen kann. „Zusammenarbeit“ drückt aus, dass es sich um gleichberechtigte Partner handelt, die eine bestimmte Beziehung eingehen, von der letztlich beide profitieren.

Diese Zusammenarbeit kann aber nicht dem Zufall überlassen werden, sondern sie muss zielgerichtet erfolgen, damit sich auch die entsprechenden Erfolge einstellen können. Dies ist die Aufgabe der **Entwicklungspolitik**. Dabei ist Entwicklungspolitik ein komplexer Bereich, der mit anderen Politikbereichen, wie der Finanz-, der Wirtschafts- oder der Außenpolitik, verknüpft ist.

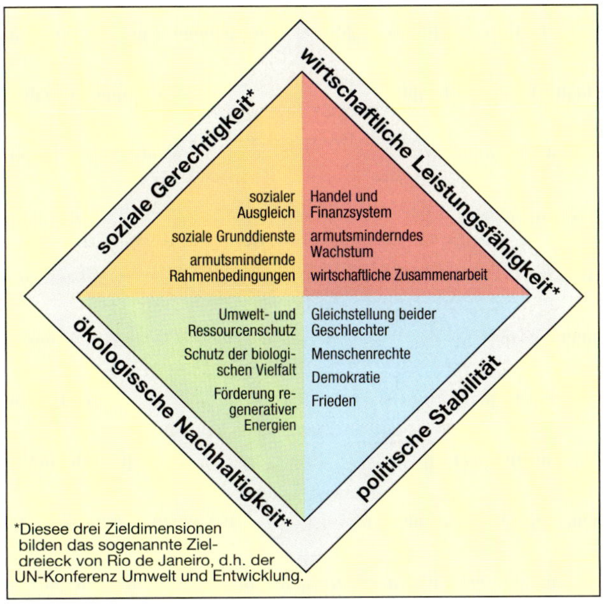

3 Zieldimensionen der deutschen EZ

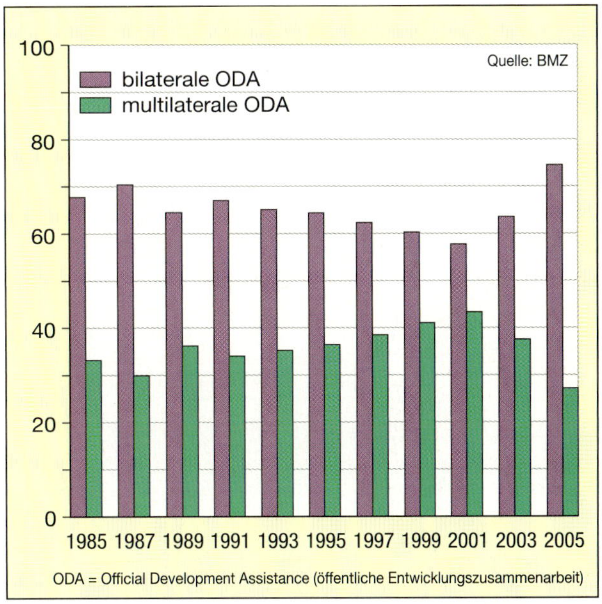

4 Verteilung der öffentlichen Mittel der EZ (ODA)

Ziele der Entwicklungszusammenarbeit (EZ)

Das Hauptziel der deutschen, aber auch der internationalen Entwicklungszusammenarbeit besteht in einer nachhaltigen und gerechten Gestaltung der globalen Strukturen. Dabei lassen sich vier Zieldimensionen untergliedern, die in einem engen Zusammenhang stehen. In einem Bereich allein lassen sich keine Erfolge erzielen, wenn die Wechselwirkungen mit anderen Bereichen außer Acht gelassen werden.

Ursprünglich standen die ökonomischen Belange der Entwicklungsländer im Zentrum der Entwicklungszusammenarbeit. Viele Verantwortliche waren davon ausgegangen, dass ökonomisches Wachstum alle anderen Probleme lösen kann – Entwicklung wurde mit ökonomischem Wachstum gleichgesetzt. Das erwies sich aber bald als Trugschluss.

Im Ergebnis der 1992 in Rio de Janeiro stattgefundenen Konferenz der Vereinten Nationen (UN) über Umwelt und Entwicklung wurde der Begriff der **ökologischen Nachhaltigkeit** in die Entwicklungszusammenarbeit eingebunden. Im Vorfeld des Weltgipfels von Rio definierte die von den Vereinten Nationen eingesetzte „Weltkommission für Umwelt und Entwicklung“ unter Leitung der norwegischen Ministerpräsidentin Gro Harlem Brundtland den Begriff der ökologisch nachhaltigen Entwicklung wie folgt: *„Nachhaltige Entwicklung ist eine Entwicklung, die den Bedürfnissen der heutigen Generation entspricht, ohne die Möglichkeiten künftiger Generationen zu gefährden, ihre eigenen Bedürfnisse zu befriedigen.“*

1995 wurden die beiden Ziele im Ergebnis des UN-Weltgipfels für soziale Entwicklung in Kopenhagen um die Forderung ergänzt, dass menschliches Wirtschaften dem Gebot sozialer Gerechtigkeit folgen müsse. Seitdem wird auch von einem Zieldreieck in der Entwicklungszusammenarbeit gesprochen. Dieses ist unterdessen zu einem Viereck (M3) erweitert worden. Hinzugekommen ist das Ziel der politischen Stabilität, denn ohne diese können die drei anderen Ziele nicht erreicht werden.

Formen der Entwicklungszusammenarbeit

Leistungen, die ein Land im Rahmen der Entwicklungszusammenarbeit einem Entwicklungsland oder einer Gruppe von Entwicklungsländern direkt gewährt, werden als **bilaterale Entwicklungszusammenarbeit** bezeichnet. Der Vorteil dieser Form der Entwicklungszusammenarbeit besteht darin, dass der Mitteleinsatz direkt verfolgt und kontrolliert werden kann. Ein Nachteil ist, dass häufig nationale Interessen des „Geberlandes“ zu stark zum Tragen kommen. Entrichtet ein Land Beiträge an eine in der Entwicklungszusammenarbeit tätige internationale Organisation, dann spricht man von **multilateraler Entwicklungszusammenarbeit**. Diese hat den Vorteil, dass alle „Nehmerländer“ gleich behandelt werden. Ein Nachteil liegt in einem meist relativ hohen bürokratischen Aufwand.

Aufgaben

1. Begründen Sie, warum Entwicklungszusammenarbeit notwendig ist und warum durch sie allein die Probleme der Entwicklungsländer nicht gelöst werden können.
2. Erläutern Sie die Ziele der Entwicklungspolitik (M3).
3. Diskutieren Sie Vor- und Nachteile der Formen der Entwicklungszusammenarbeit.

1 **Verbesserung der Schulbildung in Mosambik**

Staatliche Entwicklungszusammenarbeit

Entwicklungspolitik hat einen hohen Stellenwert in der Gesamtpolitik der Bundesrepublik Deutschland. Das äußert sich unter anderem darin, dass bereits 1961 ein Entwicklungsministerium eingerichtet wurde. Die Aufgabenbereiche dieses Ministeriums erweiterten sich ständig und seit 1993 trägt es den Namen Bundesministerium für wirtschaftliche Zusammenarbeit und Entwicklung (BMZ). Die wichtigsten Aufgaben des BMZ sind:

- Erarbeitung von Leitlinien und Konzepten der Entwicklungspolitik der Bundesregierung,
- Bestimmung der langfristigen Strategien der Entwicklungszusammenarbeit und Festlegung der Regeln für ihre Durchführung,
- Planung, Abstimmung und Verhandlung der Programme und Vorhaben in der Zusammenarbeit mit den Entwicklungsländern sowie auf internationaler Ebene,
- Steuerung und Koordinierung der Zusammenarbeit mit nichtstaatlichen Entwicklungsorganisationen sowie deren finanzielle Unterstützung und
- Kontrolle der Verwendung der für die Entwicklungszusammenarbeit eingesetzten Mittel.

Um diese Aufgaben zu erfüllen, werden im Wesentlichen zwei Instrumente eingesetzt: Das wichtigste Instrument nach dem Volumen der eingesetzten Mittel ist das der „**Finanziellen Zusammenarbeit**" (FZ). Mit diesem Instrument sollen die Lebensbedingungen der Menschen in den Entwicklungsländern verbessert werden, indem Investitionen zum Ausbau der sozialen und wirtschaftlichen Infrastruktur, zum Umwelt- und Ressourcenschutz sowie zur Stärkung des Finanzsektors finanziert und gesamtwirtschaftliche Reformprogramme unterstützt werden. Finanzielle Zusammenarbeit erfolgt meist durch Vergabe günstiger Kredite (niedrige Zinsen, lange Rückzahlungslaufzeiten) – für die ärmsten Entwicklungsländer sogar als nicht rückzahlbare Finanzierungsbeiträge.

Das Instrument der „**Technischen Zusammenarbeit**" (TZ) zielt darauf ab, die Leistungsfähigkeit von Menschen, Organisationen und Gesellschaften in den Entwicklungsländern zu stärken und sie somit in die Lage zu versetzen, ihre Lebensbedingungen aus eigener Kraft verbessern und eigene Ziele verwirklichen zu können. Im Rahmen der Technischen Zusammenarbeit werden technische, wirtschaftliche und organisatorische Kenntnisse und Fähigkeiten vermittelt.

Für die konkrete Umsetzung der staatlichen Entwicklungszusammenarbeit, die auch als öffentliche Entwicklungszusammenarbeit bezeichnet wird (Finanzierung durch Steuermittel), beauftragt das BMZ sogenannte **Durchführungsorganisationen**. Die Hauptverantwortung im Bereich der Finanziellen Zusammenarbeit liegt bei der Kreditanstalt für Wiederaufbau (KfW). Über 1400 Projekte in mehr als 100 Ländern werden derzeit von ihr betreut. Sie führt die Projekte nicht selbst durch, sondern finanziert förderungswürdige Projekte, deren Projektträger immer eine Institution des Partnerlandes ist.

Für den Bereich der Technischen Zusammenarbeit ist die Deutsche Gesellschaft für Technische Zusammenarbeit (GTZ) zuständig. Bei ihr handelt es sich um ein privatwirtschaftliches Unternehmen, das 1974 mit dem Entwicklungsministerium einen Generalvertrag abgeschlossen hat. In diesem verpflichtet sich die GTZ, die Aufträge der Bundesregierung im Rahmen der Technischen Zusammenarbeit als gemeinnützige Gesellschaft auszuführen. Die GTZ ist in über 130 Ländern entwicklungspolitisch tätig.

Darüber hinaus gibt es noch 15 weitere Durchführungsorganisationen mit spezifischen Aufgaben. So hat sich zum Beispiel der Deutsche Entwicklungsdienst (DED) auf die Vorbereitung und Entsendung von Entwicklungshelfern spezialisiert, für Personalentwicklung und Weiterbildung vor allem die Internationale Weiterbildung und Entwicklung gemeinnützige GmbH (InWEnt).

Für eine erfolgreiche Entwicklungszusammenarbeit sind bestimmte Rahmenbedingungen notwendig. Deshalb hat die Bundesregierung 1990 Kriterien festgelegt, die von dem Partnerland erfüllt werden müssen. 2006 wurden diese aktualisiert und sind die Grundlage für alle länderbezogenen Entscheidungen des BMZ. Die Kriterien sind:

- armutsorientierte und nachhaltige Politikgestaltung,
- Achtung, Schutz und Gewährleistung aller Menschenrechte,
- Demokratie und Rechtsstaatlichkeit,
- Leistungsfähigkeit und Transparenz des Staates,
- kooperatives Verhalten in der Staatengemeinschaft.

Nichtregierungsorganisationen (NRO)

Neben den staatlichen Organisationen sind auch viele sogenannte Nichtregierungsorganisationen in der Entwicklungszusammenarbeit tätig. International werden diese als Non-Governmental Organizations (NGO) bezeichnet. Das BMZ arbeitet eng mit diesen zusammen und unterstützt deren Arbeit. Etwa zehn Prozent des BMZ-Jahreshaushaltes wird den NGO zur Verfügung gestellt. Das waren im Zeitraum von 1962 bis 2005 etwa zehn Milliarden Euro. Den NGO kommt eine wichtige Bedeutung zu. Ihre Stärke liegt in der Nähe zu armen, unterprivilegierten Bevölkerungsgruppen in den Entwicklungsländern sowie in der Mobilisierung von Selbsthilfe und Eigeninitiative. NGO ergänzen somit die staatliche Entwicklungszusammenarbeit.

NGO können in drei Gruppen zusammengefasst werden:

- Kirchen: Ihre Projekte sind stark basisbezogen und grundbedürfnisorientiert. Sie finanzieren die Entwicklungsvorhaben aus Spenden, Kollekten, Kirchensteuern und staatlichen Zuschüssen. Letztere betrugen im Jahr 2005 etwa 161 Millionen Euro.
- Politische Stiftungen: Sie leisten unter anderem wichtige Beiträge zum Aufbau und zur Festigung demokratischer Strukturen in den Entwicklungsländern sowie zur internationalen Verständigung und friedlichen Zusammenarbeit. Zu den politischen Stiftungen gehören die Friedrich-Ebert-Stiftung (SPD), die Konrad-Adenauer-Stiftung (CDU), die Friedrich-Naumann-Stiftung (FDP), die Hans-Seidel-Stiftung (CSU), die Heinrich-Böll-Stiftung (Die Grünen/Bündnis 90) und die Rosa-Luxemburg-Stiftung (Die Linke). 2005 erhielten die politischen Stiftungen 181 Millionen Euro von der Bundesregierung für ihre entwicklungspolitische Tätigkeit.
- Andere private Träger: In der Entwicklungszusammenarbeit tätig sind mehrere Hundert weitere Organisationen, die weder parteipolitisch noch amtskirchlich gebunden sind. Hierzu gehören unter anderem die Deutsche Welthungerhilfe, der Deutsche Caritasverband, Terre des Hommes, das Kolpingwerk, die Arbeiterwohlfahrt, das Komitee Ärzte für die Dritte Welt, der Deutsche Genossenschafts- und Raiffeisenverband. Diese Gruppe von Akteuren erhielt 2005 etwa 59 Millionen Euro staatliche Zuschüsse.

1988 hat das BMZ eine Beratungsstelle für private Träger in der Entwicklungszusammenarbeit (bengo) eingerichtet, die den NGO zum Beispiel Hilfestellung bei der Beantragung öffentlicher Mittel gibt oder sie in der Projektarbeit berät.

Umfang der Entwicklungsfinanzierung

Auf der UN-Generalversammlung 1970 verpflichteten sich die hoch entwickelten Industriestaaten, jährlich 0,7 Prozent ihres Bruttonationaleinkommens für die Entwicklungszusammenarbeit bereitzustellen. Dieses Ziel wurde nicht erreicht. Im Mai 2005 haben die Entwicklungsminister der EU beschlossen, dieser Verpflichtung bis 2015 gerecht zu werden. Die ODA-Mittel der EU-Mitgliedsländer sollen sich bis zum Jahr 2010 auf 0,5 und bis 2015 auf 0,7 Prozent des Bruttonationaleinkommens (BNE) gesteigert werden.

Aufgaben

1. Erläutern Sie das Verhältnis von staatlicher und nicht staatlicher Entwicklungszusammenarbeit.
2. Diskutieren Sie die Kriterien, die in den Entwicklungsländern erfüllt sein müssen, damit sie im Rahmen der Entwicklungszusammenarbeit Berücksichtigung finden.
3. Beschreiben Sie die Situation der finanziellen Beiträge der hoch entwickelten Länder zur Entwicklungszusammenarbeit (M2 und M3).

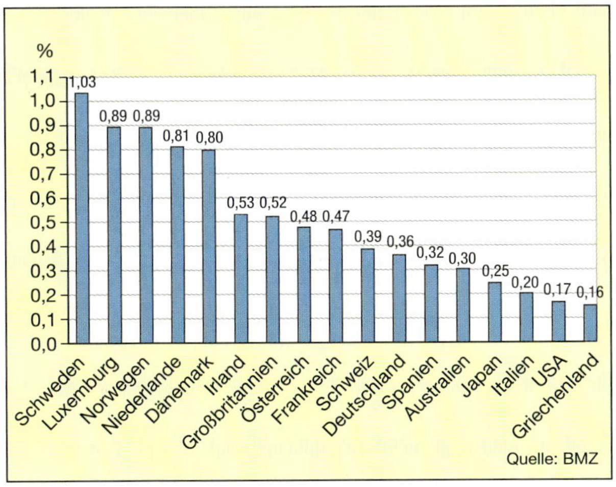

2 ODA-Anteil am BNE 2006 in Prozent

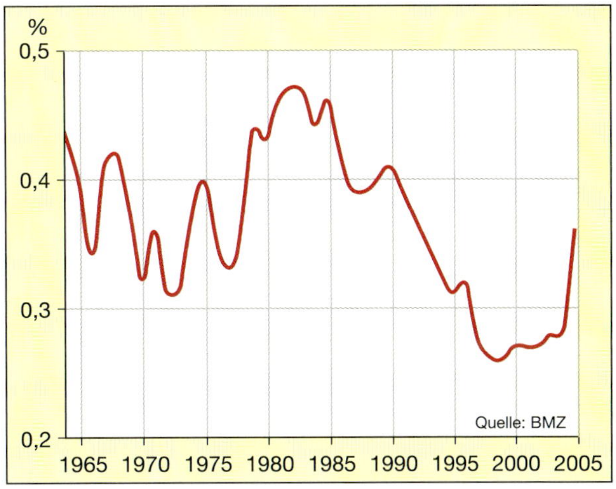

3 Entwicklung des ODA-Anteils am BNE Deutschlands

1 Zerstörte Schule in der Kaschmirregion (2005)

Zugang zu sauberem Trinkwasser – eine Herausforderung für die Zukunft

„Das Wasser in diesem Tümpel ist nicht gut. Wir verwenden es, weil wir keine andere Wahl haben. Die Tiere trinken hier aus dem gleichen Tümpel wie die Menschen. Durch das Wasser bekommen wir alle möglichen Krankheiten.“ *(Zenebech Jemel, Chobare Meno, Äthiopien)*

„Natürlich würde ich gerne in die Schule gehen. Ich will lesen und schreiben lernen. Aber wie soll das gehen? Meine Mutter braucht mich doch zum Wasserholen.“ *(Yeni Bazan, 10 Jahre, El Alto, Bolivien)*

„Die Zustände hier sind furchtbar. Überall ist Abwasser. Es verschmutzt unser Wasser. Die meisten Leute nehmen Eimer und Plastiktüten als Toilette. Unsere Kinder bekommen ständig Durchfall und andere Krankheiten wegen des ganzen Drecks.“ *(Mary Akinyi, Kibera, Nairobi, Kenia)*

„Sie [die Fabriken] verbrauchen so viel Wasser, während wir kaum genug für unsere grundlegendsten Bedürfnisse haben, geschweige denn, um unsere Felder zu bewässern.“ *(Gopal Gujur, Landwirt, Rajastan, Indien)*

Vier Stimmen aus vier Ländern, die eins verbindet: den erschwerten Zugang zu Wasser. Die Versorgung mit sauberem Wasser und angemessenen Sanitäreinrichtungen ist eine Grundvoraussetzung für die menschliche Entwicklung und ein anerkanntes Menschenrecht. Zu Beginn des 21. Jahrhunderts wird durch die Verletzung dieses Menschenrechts Not und Elend hervorgerufen: Mehr als eine Milliarde Menschen sind ohne Zugang zu sauberem Wasser und rund 2,6 Milliarden fehlt es an angemessenen Sanitäreinrichtungen. Jedes Jahr sterben dadurch fast zwei Millionen Kinder.

Daher widmete sich der jährlich von den Vereinten Nationen herausgegebene „Bericht über die menschliche Entwicklung“ im Jahr 2006 dem Wasserproblem. Danach wird es eine der größten Herausforderungen im Bereich der menschlichen Entwicklung sein, weltweit den Zugang zu Wasser zu gewährleisten. Viele Entwicklungsländer sind hierbei überfordert und können diese Probleme nur mit Unterstützung von außen lösen. Nicht immer sind groß angelegte und teure Projekte nötig, häufig erweisen sich bereits kleinere Maßnahmen als wirkungsvoll.
Hier sind es vor allem die Nichtregierungsorganisationen (NRO), die unmittelbar vor Ort gemeinsam mit der lokalen Bevölkerung an der Lösung des Wasserproblems arbeiten. Eine auf diesem Gebiet seit Anfang der 1990er-Jahre erfolgreich operierende NRO ist „arche noVa“ aus Dresden (M3).

Wasser für 50 pakistanische Dörfer – ein Entwicklungsprojekt der Dresdner NRO „arche noVa“

Am 8. Oktober 2005 zerstörte ein Erdbeben im Norden Pakistans Hunderte von Dörfern, Straßen, Elektro-, Telefon- und Wasserleitungen. 80 000 Menschen starben. Innerhalb weniger Minuten waren Tausende Existenzen vernichtet worden. Schnelle Hilfe war gefragt, zumal ein in dieser Gebirgsregion strenger Winter bevorstand und damit weitere Opfer unter der Bevölkerung zu befürchten waren. So wurde unter der Leitung der Vereinten Nationen eine der größten und zugleich erfolgreichsten humanitären Aktionen namens „Winterrace“ (Wettlauf mit dem Winter) gestartet, an der sich auch „arche noVa“ beteiligte. Sie beschloss, am Bau von winterfesten Notunterkünften mitzuwirken.

Projektdurchführung und Ergebnisse

Zunächst fehlte der Dresdner NRO das Geld für den Hilfseinsatz. Doch ein Spendenaufruf erbrachte in kurzer Zeit eine Summe von 30 000 Euro. Anfang Dezember 2005 fuhren Sven Seifert, der verantwortliche Auslandsprogrammleiter und Mitbegründer von „arche noVa“, sowie der Bauingenieur Bernd Zschätzsch nach Pakistan in die vom Erdbeben am schwersten betroffene Kaschmirregion. Innerhalb von nur einer Woche werden unter ihrer Regie winterfeste Notunterkünfte für 100 Familien errichtet und dazugehörige Öfen verteilt. Zusätzlich werden für zwei weitere Dörfer 400 Öfen für betroffene Familien gekauft (M2, Seite 130).
Der „Wettlauf mit dem Winter“ wurde gewonnen. Es gelang den Hilfsorganisationen, mehr als drei Millionen Menschen über den Winter zu bringen.
Doch nach dem Winter ging der Wiederaufbau nur mühsam voran. Noch immer fehlte den Menschen das Lebenswichtigste: Wasser. In 3000 Dörfern waren die Wassersysteme zerstört. Leitungen und Tanks waren ge-

2 Wassersuche nach der Zerstörung der Wasserversorgung durch ein Erdbeben in der Kaschmirregion

borsten, Quellen verschüttet oder versiegt. Frauen und Kinder mussten stundenlang über gefährliche Gebirgspfade laufen und Wasser suchen.
Somit lag der größte Handlungsbedarf in der Wiederherstellung der Wasserversorgung. „arche noVa" erhielt dazu zunächst Geld vom Auswärtigen Amt (M2, Seite 130), denn Spenden allein reichten dafür nicht aus. Im September 2006 unterstützte UNICEF die Dresdener Entwicklungshelfer mit weiteren 800 000 Euro einschließlich eines Eigenfinanzierungsanteils von 15 Prozent. Damit konnte die Wasserversorgung von 27 Dörfern und 74 Schulen, Toiletten für Zeltschulen und ein Hygienebildungsprogramm aufgebaut werden.
Im August 2007 wurde das Wasserprojekt beendet, das Wintereinbrüche in den über 2500 Metern hoch gelegenen Dörfern und neuerliche Zerstörungen, hervorgerufen durch Nachbeben und Schlammlawinen, immer wieder behindert hatten.

Partizipation der lokalen Bevölkerung

Der Erfolg des Projektes konnte sich nur deshalb einstellen, weil die lokale Bevölkerung schon im Planungsprozess einbezogen wurde. Zu diesem Zweck wurden Wasserkomitees gegründet, denen in der Regel der Dorfälteste, muslimische Geistliche, Lehrer und andere Ent-

arche noVa
Initiative für Menschen in Not

Die 1992 in Dresden gegründete NGO arche noVa setzt sich in erster Linie für Menschen in akuten Notsituationen ein, zum Beispiel bei Überschwemmungen, bei Erdbeben oder bei politischen Krisen. Diese entwicklungsbezogene Not- und Katastrophenhilfe macht ungefähr 80 Prozent ihres Budgets aus.
In längerfristig angelegten klassischen Entwicklungsprogrammen unterstützt arche noVa Menschen beim Aufbau einer unabhängigen und selbstbestimmten Existenz. Lokale NGOs aus den Entwicklungsländern nehmen Kontakt zu arche noVa über die deutsche Botschaft, das Internet oder das Kontaktbüro vor Ort auf und bitten um Unterstützung. Aber auch von einer Urlaubsreise zurückgekehrte sächsische Touristen engagieren sich ehrenamtlich bei arche noVa, um lokale Initiativen zu unterstützen, die sie auf ihren Reisen kennengelernt haben. Die notwendigen finanziellen Mittel für die klassischen Entwicklungsprojekte setzen sich aus Geldern des BMZ (Bundesministerium für wirtschaftliche Zusammenarbeit und Entwicklung), Spenden und einem Eigenanteil der Menschen, die unterstützt werden, zusammen. Dieser Eigenanteil in Form von Finanzen, Arbeitsleistungen oder Land beträgt mindestens zehn Prozent der gesamten Projektkosten. Spezialisiert haben sich die Dresdner auf Projekte der Trinkwasserversorgung, der Verbesserung des Hygienestandards, auf die Betreuung von Mikrokreditprogrammen und Bildungsprogrammen.
Ein dritter Aufgabenbereich umfasst die entwicklungspolitische Bildung und Öffentlichkeitsarbeit im Inland, vor allem in Sachsen. So bietet arche noVa auch fächerübergreifende Projekttage unter dem Motto „Eine Welt – deine Welt" zu verschiedenen entwicklungspolitischen und globalen Themen für Schüler und Lehrer an. Dabei fließt die Projekterfahrung, die arche noVa vor Ort sammelt, in die Gestaltung der Projekttage ein. Dieses Bildungsprojekt wurde von der UN als offizielles Projekt der Weltdekade „Bildung für nachhaltige Entwicklung 2005 – 2014 der Vereinten Nationen" ausgezeichnet.

3 arche noVa – humanitäre Hilfe aus Sachsen

1 **Pakistanische Frauen beim Wassertransport**

scheidungsträger angehörten. Mit diesem Wasserkomitee wurde anschließend ein Vertrag erarbeitet, in dem die Funktionsweise des Wassersystems genau festgehalten wurde. Zudem muss das Dorf alle Arbeiten in Eigenregie organisieren und ist später für die Wartung der Wasserleitungen und Tanks selbst verantwortlich. Auch alle einfachen Arbeiten wie das Ausheben der Gräben, den Materialtransport oder Handlangerarbeiten beim Mauern und Verlegen der Leitungen wurden von den Dorfbewohnern selbst durchgeführt. Jedes Dorf bestimmte ein bis zwei Männer, die für die Wartung und anfallende Reparaturen zuständig waren.

Um das Wasserprojekt zu realisieren, wurde ein Zeltcamp eingerichtet. Dort waren neben den beiden Dresdner Spezialisten 50 lokale Angestellte untergebracht, die für die einzelnen Dörfer zuständig waren. Im Camp wurde die Arbeit koordiniert, das Material verteilt und auftretende Probleme konnten rasch behoben werden. Im Camp wurden auch die Männer für höher qualifizierte Arbeiten wie Maurer und Klempner geschult.

Eine wichtige Rolle spielten auch die Frauen. Sie sind in Pakistan wie in vielen Entwicklungsländern die „Wasserverantwortlichen", somit auch zuständig für die Sauberhaltung des Wassers, wozu Grundkenntnisse über Hygi-

Herr Seifert, wie haben Sie es zu zweit geschafft, in so kurzer Zeit winterfeste Notunterkünfte und Öfen für so viele Menschen zu bauen?
Natürlich haben wir die Unterkünfte nicht selbst gebaut. Uns ist es gelungen, innerhalb weniger Tage Freiwillige einer lokalen Initiative hierfür zu gewinnen. Unsere Aufgabe bestand darin, diese Menschen für das Projekt zu begeistern und sie bei der Errichtung der Unterkünfte fachmännisch zu unterstützen.

Woher kam das Baumaterial? Haben Sie das aus Deutschland mitgebracht?
Nein, das Baumaterial haben wir, ebenso wie die Öfen, von den Spendengeldern auf lokalen Märkten gekauft. Damit haben wir zugleich einen kleinen Beitrag zur Stabilisierung dieser Märkte geleistet. Den Kauf organisierten wir, für den Transport waren unsere pakistanischen Partner zuständig. Beim Kauf und der Verteilung der Öfen haben wir sehr eng mit einer türkischen Hilfsorganisation zusammengearbeitet. Die Aufgabe war nicht ganz einfach, denn die Öfen mussten gerecht verteilt werden.

Herr Seifert, Sie wissen, wie man Wasserquellen findet und diese zum Sprudeln bringt. Wie beherrschen Sie aber das Anzapfen von Geldquellen? Denn für die Wiederherstellung der Wasserversorgung reichten die Spendengelder ja nicht aus.
In diesem Fall war das nicht so schwierig. Für Maßnahmen im Rahmen der Nothilfe stellt das Auswärtige Amt Finanzmittel zur Verfügung.

Was heißt Nothilfe in diesem Fall?
Nothilfe heißt nichts weiter als Notreparaturen. Die Dauer eines solchen mit Steuergeldern geförderten Nothilfeprojekts beträgt deshalb auch nur drei bis sechs Monate. Übrigens haben wir bereits drei Tage nach Antragstellung das Geld erhalten, sodass wir sofort tätig werden konnten. Insgesamt konnten wir mit diesen Geldern 25 Dörfern helfen, ihre Wasserversorgung wiederherzustellen."

Das Nothilfeprogramm wurde im Sommer 2006 beendet. Jetzt haben wir Sommer 2007. Was haben Sie in der Zwischenzeit getan?
Wir haben das Projekt weiterentwickelt, sozusagen eine zweite Phase nach der Notreparaturphase angeschlossen. Hierbei kam uns das Kinderhilfswerk der Vereinten Nationen UNICEF zu Hilfe. UNICEF ist nicht nur für den Schutz von Kindern zuständig, sondern auch in anderen

2 **Interview mit Sven Seifert, dem verantwortlichen Projektleiter von „arche noVa"**

ene notwendig sind. Diese können sie sich nur schwer selbst aneignen, denn 76 Prozent der pakistanischen Frauen sind Analphabeten. „arche noVa“ gewann moderate muslimische Geistliche, die gemeinsam mit lokalen weiblichen Hygieneberaterinnen von „arche noVa“ Bildungsprogramme über die Bedeutung von Hygiene, Bildung und Frauenrechte im Islam bei den Frauen und Mädchen der Dörfer durchführten.

Aufgaben

1. Begründen Sie, warum die Vereinten Nationen im Jahr 2006 dem Wasserproblem eine solch große Aufmerksamkeit widmeten.
2. Erläutern sie am Beispiel der Arbeit von „arche noVa“, worin die Stärke von NROs in der Entwicklungszusammenarbeit liegt.
3. Begründen Sie die Notwendigkeit der Partizipation der einheimischen Bevölkerung bei Entwicklungsprojekten.
4. Erläutern Sie, was unter „Hilfe zur Selbsthilfe“ zu verstehen ist.
5. Informieren Sie sich über weitere Projekte von „arche noVa“ (www.arche-nova.org) und anderer sächsischer NROs.

Bereichen wie zum Beispiel Bildung und Erziehung, Ernährung, Wasser und Hygiene tätig. Wir erhielten von UNICEF eine Anfrage, ob wir bereit sind, für weitere Dörfer die Wasserversorgung wiederherzustellen und Toiletten für Schulen zu bauen. Diese Anfrage war auch eine Art Anerkennung für unsere geleistete Arbeit.

Warum war das Projekt in Pakistan so erfolgreich?
Da gibt es viele Ursachen. Da sind unsere Erfahrungen in der Nothilfe zu nennen. Das Entscheidende ist unser Prinzip der Hilfe zur Selbsthilfe. Das heißt, die lokale Bevölkerung muss ihr Schicksal selbst in die Hand nehmen. Wir können dabei nur unterstützend wirken.

Häufig hört man, dass bei Entwicklungsprojekten sehr wenig von dem Geld an der Basis ankommt, Bürokratie und Korruption viel Geld verschlingen.
Das gibt es tatsächlich, weniger bei den kleinen NGOs. Bei unserem Projekt in Pakistan betrugen die Verwaltungskosten nur fünf Prozent. Wir tragen seit 1994 das Spendensiegel, eine Art Qualitätszertifikat, des Deutschen Zentralinstituts für soziale Fragen (DZI).

3 Dorfbewohner beim Verlegen einer Wasserleitung

4 Einweihung eines neuen Wasseranschlusses

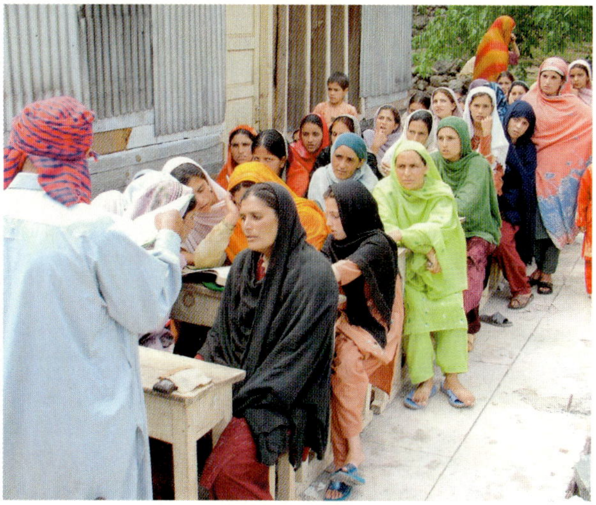

5 Unterricht für die „Wasserverantwortlichen“

1 Flüchtlinge vor Teneriffa

5.2 Wahlpflicht: Internationale Migration

Die Bewegung von Menschen im geographischen Raum wird räumliche Mobilität genannt. Dazu gehören sowohl nur kurzfristige Veränderungen des Wohnortes, wie zum Beispiel das Pendeln zum Arbeitsplatz, als auch Wanderungen, die mit einem Wohnortwechsel verbunden sind. Letzteres wird als **Migration** bezeichnet (lateinisch: migrare = wandern). Der Begriff umschreibt die beiden Prozesse der Zu-/Einwanderung (Immigration) und der Ab-/Auswanderung (Emigration). Heute wird oft der Eindruck erweckt, Migration sei ein neueres Phänomen und stark mit der Globalisierung verbunden. Doch hat sich der Mensch im Verlaufe seiner Evolution immer wieder auf Wanderungen begeben: Von den Jägern und Sammlern über die Völkerwanderung bis zu den Kriegs- und Armutsflüchtlingen unserer Zeit gehört Wanderung zur menschlichen Lebensweise.

Wanderungsursachen

Die Gründe für Migration sind vielschichtig und nicht zuletzt für jeden Einzelnen individuell. Dazu zählen unter anderem:

- materielle Not im Emigrationsland sowie Wohlstand und wirtschaftliche Blüte im Immigrationsland,
- Kriege und Verfolgungen im Emigrationsland sowie politische Stabilität und demokratische Freiheit im Immigrationsland,
- Bevölkerungswachstum und -druck im Emigrations- oder Arbeitskräftebedarf und Besiedlungsstrategien im Immigrationsland,
- Natur- und Umweltkatastrophen sowie ökologische Probleme.

Die genannten Ursachen werden als Push- und Pullfaktoren (M2) für die Migration wirksam.
Die Push-Faktoren (Schub-Faktoren) beziehen sich auf die Verhältnisse, die die Migranten in ihrer Heimat vorfinden. Die Bedingungen am Herkunftsort werden als bedrohend oder unerträglich empfunden und zwingen sie, ihr Dorf, die Region oder das Land zu verlassen.
Mit einer Auswanderung ist auch immer die Hoffnung verbunden, in der Zielregion eine bessere Lebenssituation vorzufinden bzw. schaffen zu können. Anreize wie Freiheit, Sicherheit, Gesundheit und Arbeit, die die Immigranten in die Zielländer ziehen, werden Pull-Faktoren (Sog-Faktoren) genannt. Wachsen die Disparitäten, vergrößert sich das Potenzial für die Wanderungen.

Trotz aller Unsicherheit und Ungenauigkeit in der Datenlage lassen sich Trends in der Entwicklung der internationalen Migration beobachten. So ist die Anzahl internationaler Migranten seit den 1970er-Jahren deutlich angestiegen: von 82 Millionen 1970 auf heute fast 200 Millionen (vgl. auch M3).

Wanderungen im 20. und 21. Jahrhundert

Während der Anteil der im Ausland geborenen Personen in den Entwicklungsländern in den letzten Jahren stagniert oder sogar leicht zurückgegangen ist, ist er in den entwickelten Ländern deutlich gestiegen. So nahm zwischen 1990 und 2000 der Anteil der Migranten an der Gesamtbevölkerung in Nordamerika um 48 Prozent zu (von 27 auf 40 Millionen) und in Europa um 16 Prozent (von 48 auf 56 Millionen). In Asien hingegen ging er im gleichen Zeitraum um 0,5 Prozent auf 50 Millionen zurück. Auch in Afrika blieb der Anteil der Migranten relativ konstant (16 Millionen).

Eine mit dem Bevölkerungswachstum oft nicht Schritt haltende Wirtschaftsentwicklung, Umweltprobleme wie die Ausweitung der Wüsten (Desertifikation) und damit verbundene Wasserknappheit, Kriege und allgemein instabile politische Ordnungen bilden wesentliche Schubkräfte internationaler Wanderungsbewegungen im 20. und 21. Jahrhundert. Ungleiche Entwicklungschancen, deutliche demographische Unterschiede sowie undemokratische Regierungsführung und damit verbundene politische Instabilität haben zu einem bis heute andauernden Anstieg der internationalen Migration geführt.
Insbesondere die seit den 1970er-Jahren beschleunigte Verflechtung internationaler Wirtschaftsbeziehungen im Zuge der Globalisierung hat eine verstärkte Öffnung nationaler Grenzen für den Austausch von Gütern, Dienstleistungen und Kommunikationsmedien mit sich gebracht, die internationale Wanderungsbewegungen begünstigen.

Push-Faktoren

- rasches Bevölkerungswachstum der einkommensschwachen Schichten
- dadurch Bevölkerungsdruck auf die verfügbaren Land-, Brennstoff- und Wasserressourcen
- zu kleine, unrentable Betriebsgrößen in der Landwirtschaft
- Einschränkung der Möglichkeit der Selbstversorgung
- unzureichende Ernährungsgrundlage
- Unterbeschäftigung und/oder Arbeitslosigkeit
- mangelnde Berufsmöglichkeit im sekundären und tertiären Sektor
- Verringerung der landwirtschaftlichen Nutzflächen durch Naturkatastrophen, nicht standortgerechte Nutzung
- Bürgerkrieg, Verfolgung, Diskriminierung

Pull-Faktoren

vermeintliche Aussichten

- auf einen Arbeitsplatz
- auf höheres Einkommen
- auf Bildungsmöglichkeiten (besonders weiterführende Ausbildung)
- auf Wohnkomfort
- auf höhere Qualität und bessere Erreichbarkeit der Gesundheitsdienste
- auf wirtschaftliche und soziale Unabhängigkeit
- Angebot/Konzentration von Dienstleistungs-, Kultur- und Freizeitangebot
- Sicherheit

2 Push-Pull-Faktoren-Komplex

Lösungsansätze

Die Experten gehen für die nächsten Jahre und Jahrzehnte von einer Zunahme der internationalen Wanderungen aus. Diese Szenarien basieren auf der Annahme eines weiter anhaltenden Bevölkerungswachstums, verbunden mit zunehmender Arbeitslosigkeit, Verknappung der Nahrungsmittel und wachsender Umweltbelastung. Wichtig erscheint vor diesem Hintergrund eine „Integration von Bevölkerungs- und Entwicklungspolitik". Durch die Verbesserung der sozialen Lage der Menschen, gezielte Investitionen in Bildungs- und Gesundheitssysteme, Familienplanung und Frauenförderung kann es zu einer Änderung des generativen Verhaltens (Geburtenverhaltens) kommen. Auch den genannten Fluchtursachen könnte durch gezielte Entwicklungsmaßnahmen entgegengewirkt werden.

In der Publikation „Globale Trends" der Stiftung „Frieden und Entwicklung" ist dazu zu lesen: *„Migration kann nicht verhindert werden. Die Frage ist, wie ungewollte und konfliktschaffende Migrationsvorgänge eingedämmt oder gesteuert werden können. Plausibel ist, dass das Migrationsproblem nur durch Bekämpfung seiner Ursachen entschärft werden kann. Wenn die Staatengemeinschaft aber nur einen Teil der von ihr auf den Weltkonferenzen verabschiedeten Aktionsprogramme umsetzt, könnte sie mit der Bekämpfung der Armut auch den existenziellen Zwang zur massenhaften Migration verringern."*

- Zu Beginn des 21. Jahrhunderts lebten weltweit etwa 150 Millionen Menschen außerhalb ihres Geburtslandes. Ebenso viele sind nicht dokumentiert.
- Obwohl sich die Zahl der Migranten seit der Mitte des 20. Jahrhunderts ständig erhöht hat, ist ihr Anteil an der ebenfalls wachsenden Weltbevölkerung mit circa 2,3 Prozent stabil geblieben.
- Der Großteil der Wanderungen läuft innerhalb der „Dritten Welt" ab, und nur ein sehr geringer Teil der Wanderer gelangt in die Industriestaaten.
- Im 20. Jahrhundert haben unzählige Menschen ihre Heimat auf der Flucht vor Kriegen, Verfolgung und Gewalt verlassen müssen. Noch zu Beginn des 21. Jahrhunderts stellte die UN fest, dass mit rund 50 Millionen Menschen weltweit niemals zuvor so viele Menschen betroffen waren.
- Binnenmigration setzt wesentlich mehr Menschen in Bewegung als die internationale Migration. Vor allem innerhalb vieler Entwicklungsländer sind Millionen Menschen unterwegs.

3 Migration weltweit – Fakten

Aufgaben

1. Erläutern Sie die Begriffe „Pull-Faktor" und „Push-Faktor" und bewerten Sie deren Wirkung (M2).
2. Interpretieren Sie die Aussage: „Wachsen die wirtschaftlichen Disparitäten, vergrößert sich das Potenzial für die Wanderungen."
3. Erklären Sie den Zusammenhang zwischen der Globalisierung und dem Wachstum der internationalen Migration.

„Die weltweite Arbeitsmigration verlief nach 1945 entsprechend der jeweiligen ökonomischen Entwicklung in den verschiedenen Regionen der Welt unterschiedlich. In den westlichen Industrieländern Europas entstand durch das ökonomische Wachstum eine Nachfrage nach Arbeitskräften, die das Angebot an heimischen Arbeitnehmern weit überstieg. Diese Phase der Öffnung des Arbeitsmarktes für internationale Arbeitsmigranten endete mit der im Jahr 1973 beginnenden Energiekrise. Insgesamt wanderten über 30 Millionen Menschen im Rahmen der Arbeitsmigration nach 1945 in die industriellen Zentren Westeuropas. Dabei handelte es sich in der Regel um gering qualifizierte Arbeitnehmer.
Zwar hat sich inzwischen der arbeitsrechtliche Status der Mehrheit dieser Arbeitsmigranten und ihrer nachgezogenen Familien verfestigt, doch treten in den letzten Jahren die Integrationsdefizite dieser Gruppe immer deutlicher in Erscheinung: Die Unruhen in den Pariser Vorstädten 2005 sowie die aktuelle Debatte um die schwachen Schulleistungen von Migrantenkindern in Deutschland verdeutlichen die ungelösten Folgeprobleme der Arbeitsmigration."

(Quelle: Informationen zur politischen Bildung, Heft 291/2006, S. 18)

1 Arbeitsmigration in Europa und ihre Folgen

„Eine Verlagsleiterin, ein Kabarettist, ein Starfriseur und ein Unternehmer – alle haben ihr berufliches Glück in Polen gefunden.
Heike Rosener hat das Medienunternehmen ‚Welt des Buches' zum größten Verlag in Polen ausgebaut. Die 36-Jährige will hier bleiben, sie hat in Polen ihren Lebensmittelpunkt gefunden.
Steffen Möller ist zum Studium nach Warschau gekommen und hat es als Kabarettist und Schauspieler zu großer Popularität gebracht. Er moderiert die polnische Version von ‚Wetten dass ...?'
Thomas Wolff kam vor sechs Jahren nach Warschau und hat sich als Starfriseur etabliert. Zusammen mit seiner polnischen Frau Jaga betreibt er einen Salon mit inzwischen 36 Angestellten.
Thomas Brüdigam ist Immobilien- und Projektentwickler. Er hat eine neue Herausforderung gesucht und in Polen gefunden.
‚Die Polen sind stark Richtung Westen orientiert.' Jetzt hofft Heike Rosener, ‚dass die Deutschen genauso nach Polen kommen wie die Polen nach Deutschland'. Noch ist es zwar keine umgekehrte Arbeiterwanderung, aber es gibt mittlerweile Tausende Deutsche, die in Polen arbeiten und bleiben wollen. Mehr Deutsche wandern inzwischen nach Polen aus als nach Österreich. Das Wirtschaftswachstum von 6 Prozent wirkt wie ein Magnet."

(nach: „Neue Heimat Polen", Bay. Rundfunk, 03.11.2005)

2 Neue Heimat Polen

Arbeiten im Ausland

Knapp 200 Millionen Menschen (2005) arbeiten außerhalb ihrer Heimatländer. Dies hilft nicht nur den Migranten selbst, sondern auch den Gesellschaften, die sie aufnehmen. So beschrieb der ehemalige UN-Generalsekretär Kofi Annan den Austausch von Talenten und Arbeitskräften mit dem biologischen Begriff „Cross-Pollination" (gegenseitige Befruchtung). Auch in Deutschland, wo die Bevölkerung aufgrund der niedrigen Geburtenrate schrumpft, sehen viele im Zuzug von Ausländern einen Weg zur Rettung der gefährdeten Sozialsysteme. So bieten zum Beispiel über 50 000 Geschäftsleute allein türkischer Abstammung 185 000 Stellen an, von denen jeder fünfte von einem deutschen Arbeitnehmer ausgefüllt wird.
Aber auch die Herkunftsländer profitieren von der Arbeit der Migranten. 2005 flossen 232 Milliarden US-Dollar aus dem Ausland in die Heimatländer, davon 140 Milliarden in Entwicklungsländer. Diese Gelder haben vor Jahrzehnten früheren Auswanderländern wie Irland, Griechenland, Spanien und Südkorea zum Wirtschaftsboom verholfen und ermöglichen ihnen heute, selbst Arbeitskräfte in das Land zu holen. In Irland zum Beispiel sind derzeit mehr als 300 000 Polen beschäftigt.
Auch Entwicklungsländer sind oft Ziel von Migranten. Landarbeiter aus Guatemala, Belize und Honduras ersetzen jene Mexikaner, die in den USA nach einem besseren Verdienst suchen. In Südafrika ist jeder zweite Minenarbeiter ein Ausländer. Und auch andere afrikanische Länder stellen Zuwanderer ein. Sie alle „befruchten" ihre Heimat, wenn sie mit neuen Fähigkeiten und technologischem Know-how aus dem Ausland zurückkehren.
Der UN-Weltbevölkerungsbericht berichtet, dass die Hälfte der im Ausland Arbeitenden Frauen sind. *„Indem sie ihre Familien in der Heimat materiell unterstützen, leisten diese Frauen einen wichtigen Beitrag zur Armutsbekämpfung in den Entwicklungsländern. Frauen schicken einen weitaus höheren Anteil ihres Einkommens nach Hause als Männer."*
Der Bericht stellt aber auch die Schattenseiten der Migration heraus. Danach werden jedes Jahr Millionen von Migrantinnen Opfer von Menschenhandel, Misshandlungen und Ausbeutung.

Bevölkerungswissenschaftler prognostizieren die zu erwartende Zuwanderung auf der Basis ökonomischer Erfahrungswerte: Eine Differenz der Löhne von zehn Prozent setzt im Land mit den niederen Löhnen jährlich zwischen 0,05 und 0,15 Prozent der Bevölkerung in Bewegung. Bei 20 Prozent Lohnunterschied sind es 0,1 bis 0,3 Prozent der Bevölkerung, bei noch größeren Unterschieden entsprechend mehr. Überträgt man diese Erfahrungswerte auf die EU und ihre Beitrittskandidaten, dann ergibt dies bis zum Jahr 2030 fast vier Millionen Zuwanderer aus Ostmitteleuropa in die bisherigen 15 Mitgliedsstaaten. Zu ähnlichen Ergebnissen kommen Untersuchungen, die sich auf Umfragen stützen: Von den 59 Millionen zukünftigen EU-Bürgern, die älter als 14 Jahre sind, bekunden immerhin 4,7 Millionen ihr Interesse an einer Auswanderung in den Westen.

Doch in Wahrheit sitzen die meisten keineswegs auf gepackten Koffern. Nur etwa 820 000 Menschen haben konkretere Vorstellungen, was sie im Westen tun wollen und wohin es gehen soll. Fast die Hälfte davon möchte nach Deutschland, ein Drittel nach Österreich, der Rest nach Skandinavien, in die Schweiz oder nach Nordamerika. Die potenziellen Migranten wollen in der Regel nur kurz- oder mittelfristig im Westen arbeiten. Viele würden am liebsten pendeln.

Wir können also mit 4 bis 4,7 Millionen Zuwanderern aus der östlichen Hälfte Europas rechnen, verteilt über 20 bis 30 Jahre.

(nach: Die Zeit, 46/2000)

3 Migrationspotenzial Osteuropa

„Es sollte nur eine Sache von ein paar Semestern sein. Nach ihrem VWL-Vordiplom ging Stephanie Schmitt-Grohé Ende der Achtzigerjahre an eine kleine amerikanische Uni. ‚Für mich war klar, dass ich wieder nach Deutschland zurückkehre', erinnert sie sich. (...)

Vor fünf Jahren dann kam für die Makro-Ökonomin die Stunde der Wahrheit: Die Universität Frankfurt bot ihr einen Lehrstuhl für Makroökonomie an – an sich ein ‚Traumjob', wie sie noch heute sagt. Schmitt-Grohé sagte trotzdem ab. Zu unattraktiv erschienen ihr die Arbeitsbedingungen an deutschen Hochschulen. Heute ist die Forscherin, die zu den produktivsten deutschen Volkswirten gehört, Professorin auf Lebenszeit an der Duke University in North Carolina.

Die 40-Jährige gehört zu einer stetig wachsenden Gruppe von deutschen Ökonomen, die ihr berufliches Heil in der Fremde suchen. Mehr als 120 Wirtschaftswissenschaftler haben dem Land den Rücken gekehrt, zeigt eine Untersuchung des Handelsblatts. Damit arbeitet mindestens jeder zehnte deutsche Hochschul-Volkswirt außerhalb der Landesgrenzen.

Die deutsche Wirtschaftswissenschaft erlebt einen dramatischen „Brain Drain", zeigt eine neue Handelsblatt-Studie. Immer mehr junge und ehrgeizige Ökonomen gehen ins Ausland – und kehren nur in den seltensten Fällen später wieder zurück."

(nach: Handelsblatt, 23.04.2007, Olaf Storbeck)

4 Brain Drain: Junge Top-Ökonomen wandern aus

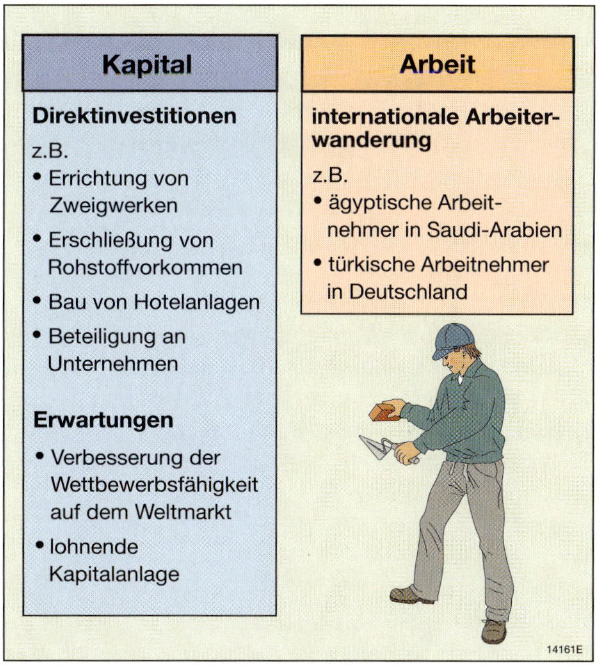

5 Austausch von Produktionsfaktoren

Aufgabe

1. Die Europäische Union hat bei der Osterweiterung 2004 und 2007 eine Übergangsfrist für eine freie Wahl des Wohn- und Arbeitsortes der Bevölkerung der neuen EU-Staaten beschlossen. Erläutern Sie.
2. Erklären Sie das Ausbleiben eines starken Zustroms nach 2004 von polnischen und tschechischen Arbeitnehmern nach Deutschland.

Tragödie vor Afrikas Küste
„Auf dem Seeweg zwischen Westafrika und den Kanarischen Inseln hat sich erneut eine menschliche Tragödie ereignet: Mindestens 84 Flüchtlinge kamen ums Leben, als ihr Holzboot vor der Küste Mauretaniens kenterte. Nur 18 Bootsflüchtlinge überlebten das Unglück. Seit Jahresbeginn sind damit mindestens 600 Afrikaner auf der Überfahrt auf die zu Spanien gehörenden Kanarischen Inseln ums Leben gekommen. Hilfsorganisationen gehen sogar von 3000 Toten aus."
(Quelle: Sächsische Zeitung 01.09.2006, dpa)

Kein Ende des Flüchtlingsstroms in Sicht
„Ein Ende des Flüchtlingszustroms in Spanien ist nach Meinung von Ministerpräsident Zapatero kurzfristig nicht in Sicht. Spanien werde auch künftig ein Anziehungspunkt für Immigranten sein, sagte er in Madrid. Das Problem sei nur mit größerer Unterstützung der EU zu lösen. Zapatero rief Brüssel deshalb auf, den Kampf gegen illegale Einwanderung zu einer Priorität der EU-Politik zu machen. Spanien brauche ausländische Arbeitnehmer. Diese müssten aber legal einreisen."
(Quelle: Sächsische Zeitung 07.09.2006, dpa)

1 Zeitungsmeldungen

Flüchtlingsmigration

Nach Angaben des Hohen Flüchtlingskommissars der UN stieg die Zahl der weltweiten Flüchtlinge in den letzten Jahrzehnten stetig an. Waren 1975 erst 2,5 Millionen, so sind heute zwischen 40 und 50 Millionen Menschen auf der Flucht.
Die Genfer Flüchtlingskonvention (1951/1967) nennt fünf Verfolgungsgründe, nach denen eine Person als „Flüchtling" anerkannt wird: Rasse, Religion, Nationalität, Zugehörigkeit zu einer sozialen Gruppe und politische Überzeugung. Nach dem 2005 in Kraft getretenen Zuwanderungsgesetz gilt in Deutschland auch eine Verfolgung aus geschlechtsspezifischen Gründen als Fluchtgrund.

Eine Sonderform ist die illegale Zuwanderung; die UN spricht neutraler von „irregulärer Migration". Das globale Ausmaß der irregulären Migration ist nicht genau zu quantifizieren. Nach Schätzungen der UN gibt es jährlich 2,5 bis 4 Millionen unerlaubte Grenzübertritte.
EU-Politiker haben vorgeschlagen, die irreguläre Zuwanderung aus Afrika durch die Einrichtung von Auffanglagern in Libyen oder anderen nordafrikanischen Staaten zu regulieren. Da jedoch die humanitären Bedingungen in diesen Lagern sowie die Praxis der Asylanerkennung nicht ausreichend von der Europäischen Union kontrolliert werden können, ist diese Maßnahme heftig umstritten.

Aufgaben

1. Informieren Sie sich mithilfe des Internets über die „Drittstaatenregelung" der EU. Welche Auswirkungen hat sie auf die Flüchtlingsströme in die EU?
2. Erörtern sie die Folgen der „irregulären Migration" für die Zielländer .
3. Aus der Wanderung beziehungsweise Flucht resultieren Wirkungen für die Quell- und die Zielländer.
   a) Stellen Sie in einer Übersicht die Folgen beziehungsweise Wirkungen zusammen.
   b) Bewerten Sie diese.

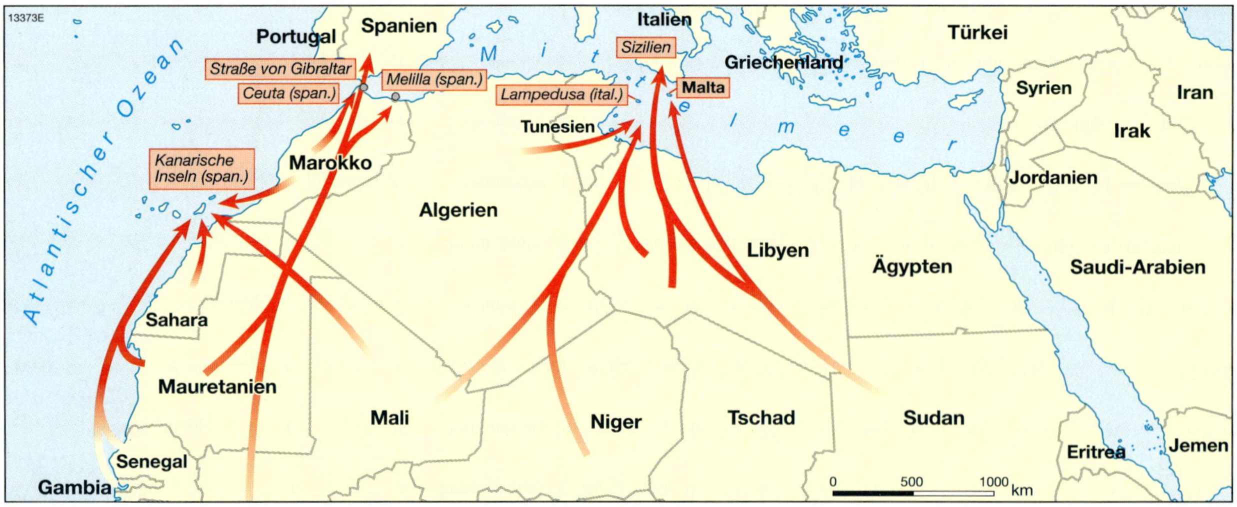

2 Flüchtlingsrouten von Afrika nach Europa

Origin	Main countries of asylum	
Afghanistan	Pakistan	960,000
	Islamic Rep. of Iran	953,000
	Germany	39,000
	Netherlands	26,000
	United Kingdom	23,000
Sudan	Chad	225,000
	Uganda	215,000
	Ethiopia	91,000
	Kenia	68,000
	Dem. Rep. of the Congo	45,000
Burundi	United Rep. of Tanzania	444,000
	Dem. Rep. of the Congo	19,000
	Rwanda	4,700
	South Africa	2,100
	Canada	1,900
Dem. Rep. of the Congo	United Rep. of Tanzania	153,000
	Zambia	66,000
	Congo	59,000
	Burundi	48,000
	Rwanda	45,000
Somalia	Kenya	154,000
	Yemen	64,000
	United Kingdom	37,000
	United States	31,000
	Djibouti	17,000
Palestinians	Saudi Arabia	240,000
	Egypt	70,000
	Iraq	23,000
	Libyan Arab Jamahiriya	8,900
	Algeria	4,000
Viet Nam	China	299,000
	Germany	21,000
	United States	12,000
	France	9,100
	Switzerland	2,200
Liberia	Guinea	127,000
	Côte d'Ivoire	70,000
	Sierra Leone	65,000
	Ghana	41,000
	United States	20,000
Iraq	Islamic Rep. of Iran	93,000
	Germany	68,000
	Netherlands	28,000
	United Kingdom	23,000
	Sweden	22,000
Azerbaijan	Armenia	235,000
	Germany	9,200
	United States	2,600
	Netherlands	1,600
	France	0,680

as of 2005 — Source: UNHCR

3 Hauptherkunftsländer von Flüchtlingen (Auswahl)

Zehntausende Schwarzafrikaner sind unterwegs nach Europa. Sie landen auf Lampedusa oder auf den Kanarischen Inseln. Tausende überwanden im Herbst 2005 die beiden sechs Meter hohen, stacheldrahtbewehrten und elektronisch gesicherten Grenzzäune der spanischen Nordafrika-Exklaven Melilla und Ceuta. Sie blieben im Land, weil Spanien mit den meisten Ländern Afrikas noch keine Rücknahmeabkommen geschlossen hat. So leben diese Flüchtlinge in einem rechtlichen Vakuum – mit dem Abschiebebefehl in der Tasche, aber geduldet. Charles Onduoa aus Kamerun ist einer von ihnen. Er nahm im November 2003 den Zug und fuhr von Südkamerun nach dem Norden. Umgerechnet 100 Euro hatte er dabei und einen Rucksack mit Habseligkeiten. Die Reise nach Europa dauerte fast zwei Jahre. Er lernte den Tschad und Niger kennen, von dort nach Algerien lief er zu Fuß, weil er kein Geld mehr hatte. Im Süden Algeriens arbeitete er ein paar Wochen auf dem Bau. Im März 2004 hatte er schließlich den Grenzzaun von Melilla erreicht. Lachend sagte er: „Und dann begann die Warterei." Am 7. September 2005 überkletterte er die Zäune von Melilla. Schließlich gelang es ihm, ein Schiff zum spanischen Festland zu erreichen. Dies brachte ihn nach Almera in der Nähe von Murcia.

Fast drei Jahre nach seinem Aufbruch aus Kamerun hat sich keiner seiner Träume erfüllt. Aber er glaubt immer noch, dass Europa ein Paradies sei. Sicher sei das Leben auch in Europa hart, aber dennoch sehe er hier, anders als in Kamerun, eine Zukunft für sich. Er sei ja noch jung, gerade 25. Irgendwann bekomme er schon Papiere. „Ich schaue nach vorn, nicht zurück. Alles Schlimme, was ich erlebte, ist nur eine Geschichte im Kopf. Denk an Nelson Mandela, der hat 25 Jahre im Gefängnis gesessen, und ist doch noch Präsident geworden."

Heute befragt, warum er all die Strapazen auf sich genommen hat, sagt er: „Weißt Du, wenn im afrikanischen Fernsehen aus Europa berichtet wird, dann sieht man die Weißen am Strand mit schönen Frauen im Arm. Keiner zeigt uns die Weißen auf den Parkbänken. Wir in Afrika glauben, das Leben in Europa sei perfekt. Ich wusste nicht, dass man ohne Papiere nicht arbeiten kann. Ich dachte mir, ich gehe zu irgendjemandem, der mir Arbeit gibt und mich bezahlt. Alles ganz einfach."

(gekürzt und verändert nach Dahms, Martin: Im Warteraum des Paradieses. In Süddeutsche Zeitung, 15.08.2006, S. 3)

4 Im Warteraum des Paradieses

Baden-Württemberg	11,9
Bayern	9,5
Berlin	13,7
Brandenburg	2,6
Bremen	13,1
Hamburg	14,2
Hessen	11,5
Mecklenburg-Vorpommern	2,3
Niedersachsen	6,8
Nordrhein-Westfalen	10,7
Rheinland-Pfalz	7,8
Saarland	8,5
Sachsen	2,8
Sachsen-Anhalt	1,9
Schleswig-Holstein	5,4
Thüringen	2,1
Deutschland	8,9

Quelle: Statistisches Bundesamt

1 Ausländeranteil (2005) in Prozent nach Ländern

Integration von Ausländern in Deutschland

Integration ist, seine Ideale einzuordnen, die Gesetze zu akzeptieren und zu respektieren, sich mit der Gesellschaft zu identifizieren, Witze zu verstehen, Gedichte aufzusagen und den Herzrhythmus der Gesellschaft zu spüren.

Berliner, afrikanischer Herkunft

„Schlimm ist, dass man nicht zur Kenntnis genommen hat, was andere Menschen (...) denken und wie sie fühlen. Deutschland wird am Ende viel gewinnen, wenn es andere Kulturen als etwas akzeptiert, was in unserer Gesellschaft seinen Platz hat. Deutschland ist ein Einwanderungsland. Wir müssen uns dazu bekennen, dass wir die Menschen, die schon lange hier sind, (...) gerne hier haben wollen und dass wir auch etwas tun müssen, damit sie sich hier wohlfühlen."

Bundespräsident Horst Köhler, 2006

Herkunftsregion	total	davon im Ausland geboren
EU-Staaten	2 108 010	1 694 881
Italien	548 194	384 158
Griechenland	315 989	228 757
Polen	292 109	277 846
Rest-Europa	3 232 334	2 398 921
Türkei	1 764 318	1 150 367
Afrika	276 973	238 338
Marokko	73 027	58 300
Amerika	202 925	194 127
USA	96 642	90 459
Asien	826 504	737 905

Quelle: Eurostat

2 Ausländer in Deutschland (2004)

6,7 Millionen Ausländer lebten 2005 in Deutschland, insgesamt besitzen von den 82,4 Millionen Einwohnern Deutschlands 15,3 Millionen einen Migrationshintergrund. Darunter werden Personengruppen verstanden, die zugewanderte Ausländer, in Deutschland geborene Ausländer, eingebürgerte Ausländer oder Spätaussiedler sind. Auch Kinder mit mindestens einem Elternteil, das eines der genannten Kriterien erfüllt, werden zu dieser Gruppe gezählt.

Seit dem 1. Januar 2005 gilt in Deutschland das Zuwanderungsgesetz. Danach müssen zukünftig Ausländer, die einen deutschen Pass haben wollen, ausreichende Sprachkenntnisse nachweisen und über ein gewisses staatsbürgerliches Grundwissen verfügen. Dazu wollen die Innenminister spezielle Einbürgerungskurse einführen. Die Kurse sind zwar nicht verpflichtend, allerdings müsse in jedem Fall eine Prüfung abgelegt werden. Das Bundesamt für Migration und Flüchtlinge soll die Kurse und die Standards für die Prüfungen entwickeln. Am Ende des Einbürgerungsprozesses wird wahlweise ein Eid oder ein staatsbürgerliches Bekenntnis stehen. Bereits im Jahr 2005 haben über 115 000 Personen einen Kurs besucht, davon 4150 im Freistaat Sachsen.

Die Bundesregierung und die Länder fördern Projekte zur Integration von Ausländern und Spätaussiedlern. Dazu gehören zum Beispiel Projekte zur sozialen Integration im Wohnumfeld, zur Förderung von Jugendlichen und von Frauen. Insgesamt stellt das Handlungsfeld der „Sozialen Beratung und Begleitung" einen Kernbereich der Integrationsarbeit dar. Die Integrationsförderung umfasst dabei alle Maßnahmen, die bei individuellen Problembereichen Hilfestellungen geben (Vorschule, Schule und Ausbildung, Beruf, Familie, Unterkunft, Gesundheit, Finanzen, Aufenthaltsrecht, Altenhilfe).

Ein wesentlicher Teil des Integrationsprozesses ist die berufliche Eingliederung von Migranten in den Arbeitsmarkt. Der Ausländeranteil an den sozialversicherungspflichtig Beschäftigten in Deutschland betrug 2005 6,7 Prozent, 1996 waren es noch 7,6 Prozent. Für diese ungünstige Entwicklung sind vor allem die Beschäftigungsverluste in der Industrie und der Bauwirtschaft verantwortlich, wo Ausländer überdurchschnittlich oft vertreten sind. Im Gegenzug stieg die Arbeitslosigkeit unter Ausländern von 17,3 Prozent (2000) auf 25,2 Prozent (2005) und lag damit etwa doppelt so hoch wie der Durchschnitt der Arbeitslosigkeit in Deutschland.

Aufgaben

1. Interpretieren Sie die Aussage: „Integration ist eine fortdauernde Aufgabe der gesamten Gesellschaft."
2. Suchen Sie im Internet Beispiele für Integrationsprojekte in deutschen Städten. Bewerten Sie deren Wirksamkeit.

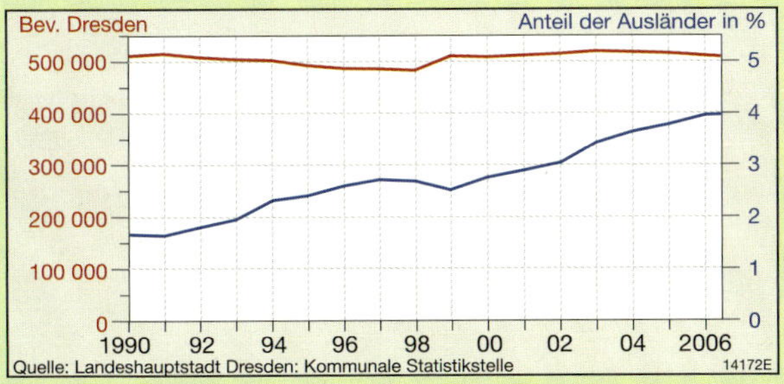

Die Stadt Dresden versteht sich als weltoffene Stadt. Hier leben etwa 20 000 Ausländer, dies entspricht einem Anteil von vier Prozent. Seit 2004 besitzt Dresden ein „Konzept zur Integration von Migrantinnen und Migranten“. Dieses benennt Grundsätze der Integrationspolitik der sächsischen Landeshauptstadt und zeigt Perspektiven, Ziele und Maßnahmen zur Integration von Zuwandernden auf.
Ziele der Integrationspolitik sind

- die Schaffung eines fremdenfreundlichen Klimas,
- die Schaffung gleicher Chancen zur Teilnahme an gesellschaftlichen Prozessen,
- die Verbesserung der Bedingungen für die Migrantinnen und Migranten.

Die Integrationspolitik der Stadt Dresden soll helfen

- Vorurteile und Ängste der Einheimischen vor den Zuwandernden abzubauen und so gegen Fremdenfeindlichkeit wirken,
- die Bereitschaft zu interkulturellen Kontakten zu stärken,
- den Zuwandernden Dresden als eine freundliche, weltoffene Stadt zu zeigen.

Herkunft der Ausländer in Dresden			
Europa			11236
darunter EU-Staaten			6469
darunter	Polen		1229
	Italien		591
	Tschechien		572
	Frankreich		542
Russland			1519
Ukraine			1334
Afrika			793
Amerika			1267
Asien			6179
darunter	Vietnam		1995
	China		1233
Australien und Ozeanien			64
staatenlos oder ungeklärt			79
gesamt			19618

Quelle: Landeshauptstadt Dresden, kommunale Statistikstelle

Dresdner Verein für soziale Integration von Ausländern und Aussiedlern e. V.

Aufbau eines Dolmetscherpools für die medizinische Betreuung von Ausländern und Migranten in Dresden

Ausländer und Migranten sind bei der ärztlichen Versorgung in Krankenhäusern wegen mangelnder Sprachkenntnisse häufig benachteiligt. Istvan Szilard von der International Organization for Migration stellt fest: „Gegenwärtig gibt es noch keine europaweite Gesundheitspolitik, die auf die speziellen Bedürfnisse von Migranten reagiert.“ Verbraucherzentralen kritisieren: „Die Brisanz der Problematik wird dabei völlig verkannt.“
Die Stadt Dresden ging einen ersten Schritt, indem sie im Jahr 2004 den Verein für soziale Integration von Aussiedlern und Ausländern e.V. beauftragte, einen „Dolmetscherdienst im medizinischen und sozialen Bereich“ in Dresden zu etablieren. Gute Erfahrungen gibt es mit solchen Einrichtungen bereits in Berlin, München und Potsdam.
Die ersten Aktivitäten zur Einrichtung eines Dolmetscherpools in Dresden reichen dabei bis in das Jahr 1998 zurück. 2005/2006 erfolgte die Förderung durch die Agentur für Arbeit Dresden. Eine Umfrage unter Ärzten bestätigt, dass 82 Prozent an der Einrichtung eines Dolmetscherpools interessiert sind. Am 1. Juli 2006 startete das Projekt in Dresden.
Wesentliche Argumente für den Einsatz von Dolmetschern im medizinisch-sozialen Bereich sind

- Kostenreduzierung durch Vermeidung von teuren diagnostischen Maßnahmen,
- rechtliche Absicherung der Ärzte,
- Wahrung des Rechts auf Hilfeleistung für Ausländer.

Dolmetscherdienste sind eine Möglichkeit zur Sicherung der Chancengleichheit im Gesundheitswesen.
Die erste Zwischenauswertung ergab im Mai 2007, dass 27 potenzielle Dolmetscher gewonnen werden konnten. Abgedeckt werden damit 17 Sprachen. Um die Teilnehmenden auf ihren Einsatz vorzubereiten, wurde ein Qualifizierungsplan mit einem aktuellen Stundenumfang von 110 Stunden zusammengestellt. Dafür konnten Dozenten aus den unterschiedlichen Bereichen gewonnen werden. Die Teilnehmer an den Kursen sind hoch motiviert. Das steigende Interesse auch nach „außerschulischen“ Aktivitäten zeigt ein gelungenes Beispiel für gelebte Integration.

3 Integration von Ausländern in Dresden

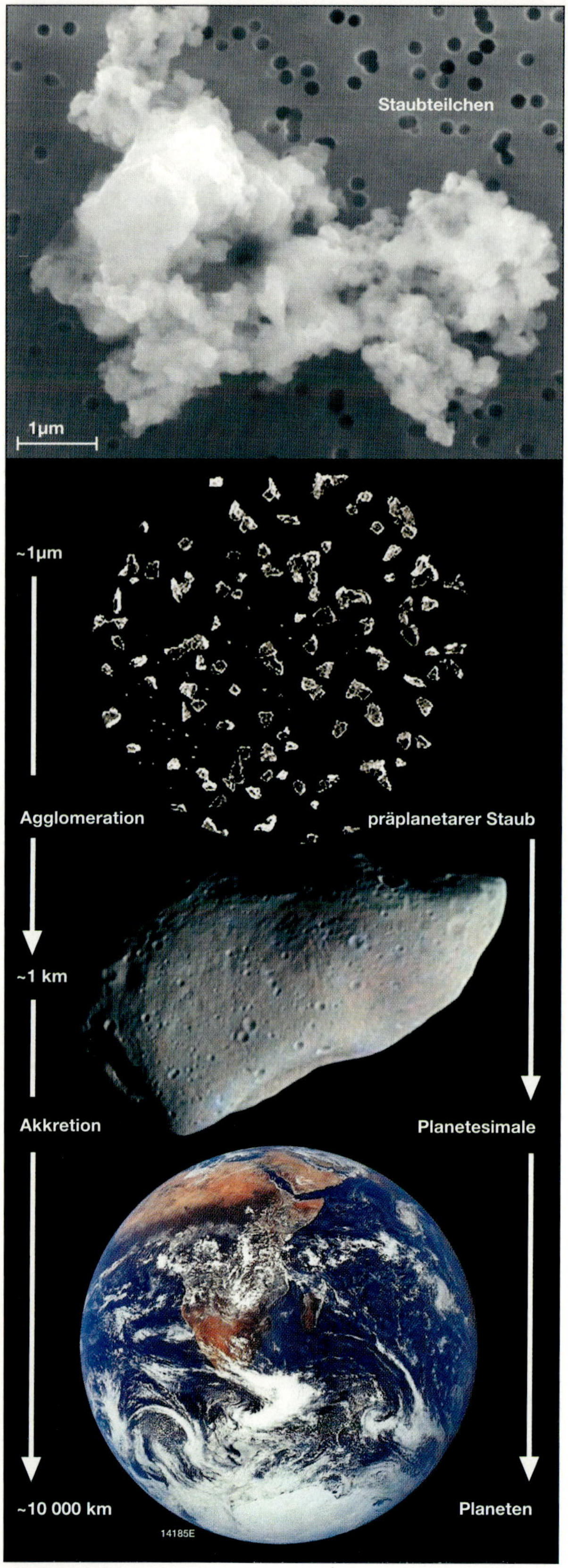

1 **Wachstumsphasen der Erde**

2 **Aufgehende Erde am Mondhorizont**

5.3 Wahlpflicht: Planet Erde

Entstehung von Erde und Mond im Sonnensystem

Die Erde ist gleichzeitig mit der Sonne und den meisten Körpern des Sonnensystems vor circa 4,6 Milliarden Jahren aus einer riesigen rotierenden kosmischen Gas- und Staubwolke entstanden. Gase und Staub sind Reste von ehemaligen gestorbenen Sternen, die durch gewaltige Explosionen vernichtet wurden. Explosionen in der Nähe dieser Gas- und Staubwolke riefen Stoßwellen im All hervor und bewirkten eine Verdichtung dieser Wolke, sodass in ihrem Zentrum der größte Körper des Sonnensystems, die Sonne, entstand. Der Zentralkörper vereint circa 99 Prozent der Gesamtmasse des Sonnensystems. Das restliche Prozent der Masse entfällt auf die Planeten, ihre Monde und alle anderen Kleinkörper wie Zwergplaneten, Planetoide, Kometen und Meteorite. Bei der Verdichtung zur Sonne entstand eine sogenannte protoplanetare Scheibe um die Ursonne, aus der die Planeten und andere Körper des Sonnensystems hervorgingen (M1, M3).

Der Erdmond dagegen hat sich zu einem späteren Zeitpunkt vor circa 3,9 Milliarden Jahren durch Kollision eines etwa marsgroßen Körpers (S. 143, M2) mit der Ur-Erde gebildet. Dabei wurde leichtes Mantelmaterial der Erde in den erdnahen Raum befördert, das sich dann zu dem heutigen Erdtrabanten formte (M3). Ein Vergleich der durchschnittlichen Materialdichte der Erde (5,5 g/cm^3) mit der des Mondes (3,34 g/cm^3) untermauert diese Hypothese.

Aufgaben

1. Erläutern Sie die Entstehung von Erde und Mond.
2. Recherchieren Sie weitere Theorien zur Entstehung von Erde und Mond und vergleichen Sie diese.
3. Erklären Sie, warum die Erde eine größere durchschnittliche Materialdichte gegenüber dem Mond aufweist.

1. Vor knapp fünf Milliarden Jahren existierte eine, aus Sternexplosionen hervorgegangene Gas- und Staubwolke, die eine Temperatur von minus 270 Grad Celsius besaß. Darin herumwirbelnde Staubkörner aus Metall und Silikatgestein waren von einer Eisschicht aus Wasser, Kohlenstoffdioxid, Methan und Schwefelwasserstoff umgeben.

2. Aus der Wolke formten sich im Zentrum die Protosonne und eine Scheibe, in der die Staubkörner rotierten. Als die Sonne zu strahlen begann, schmolzen die äußeren Schichten der Staubkörner und wurden dadurch klebrig. Die um die Protosonne rasenden Staubkörner stießen zusammen und verklumpten. Die fußballgroßen Flocken wuchsen zu kilometergroßen Planetesimalen zusammen, die im Laufe der Zeit größer wurden.

3. Die Planetesimale bestanden aus einem Metallkern, einem Mantel aus Silikatgestein und einer Kruste v.a. aus Kohlenstoff. Aus einem von ihnen entstand vor ca. 4,6 Mrd. Jahren die Protoerde. Durch weitere Einschläge von masseärmeren Planetesimalen auf die Protoerde entwich der Kohlenstoff aus der Kruste. So bestand die Erde in ihrem Anfangsstadium aus einem Metallkern, einem Mantel aus schwerem und einer Kruste aus leichtem Silikatgestein.

3 Entstehung der Protoerde

1. 700 Millionen Jahre nach der Bildung der Protoerde kam ein etwa marsgroßes Planetesimal auf Kollisionskurs. Es schlug mit einer Geschwindigkeit von etwa 36 000 km/h in einem spitzen Winkel auf dem Erdvorläufer ein.

2. Durch den Aufprall wurde ein großer Teil des noch heißen Mantelmaterials herausgeschlagen. Der metallische Kern der Protoerde blieb unversehrt. Das verdampfende Mantelmaterial und das des Einschlagkörpers sammelten sich in einer Wolke.

3. Die Wolke kühlte ab, ihr Material kondensierte zu Partikeln, die sich in einer Scheibe um die Erde zusammenfanden. Diese Partikel stießen zusammen, verklumpten und stürzten auf die Erde zurück. Ein Klumpen wuchs jedoch zu einer Größe, der ihn in einer Umlaufbahn hielt: der Mond.

4 Entstehung des Mondes

1 Planeten des Sonnensystems

Vergleich terrestrischer Planeten

Die erdähnlichen Planeten, auch terrestrische oder Gesteinsplaneten genannt, weisen gegenüber der Gruppe der größeren jupiterähnlichen beziehungsweise Gasplaneten einige Besonderheiten auf. Sie befinden sich alle im inneren Bereich des Sonnensystems, relativ nah am Zentralgestirn (M1). Bei ihrer Entstehung kondensierten so die schwerflüchtigen Elemente, und die leichtflüchtigen Gase wurden durch den starken Sonnenwind weggerissen. Aufgrund der wesentlich niedrigeren Temperaturen in Sonnenferne konnten die jupiterähnlichen Planeten (Jupiter, Saturn, Uranus und Neptun) die leichtflüchtigen Gase festhalten, sodass diese Planeten um einen vermuteten festen, etwa erdgroßen Kern eine wesentlich mächtigere Gashülle besitzen. Die terrestrischen Planeten selbst weisen auch Unterschiede hinsichtlich ihrer Atmosphären, Planetenoberflächen sowie der auf ihnen ablaufenden klimatischen, exogenen und endogenen Prozesse auf.

Aufgaben

1. Erklären Sie, warum im inneren und äußeren Sonnensystem Planetengruppen unterschiedlicher Eigenschaften entstanden (M1).
2. Erläutern Sie mögliche Stoffkreisläufe sowie Verwitterungsarten und weitere exogene Prozesse auf Merkur, Venus, Mars im Vergleich zur Erde (M2).
3. Erklären Sie die hohen Oberflächentemperaturen auf der Venus mithilfe des natürlichen Treibhauseffektes und vergleichen Sie sie mit den Bedingungen auf dem Merkur.

Merkur

Statistische Daten
Äquatordurchmesser: 4878 km
mittlere Dichte: 5,43 g/cm^3
Rotationsdauer: 58,6 Tage
Umlaufzeit um die Sonne: 87,9 Tage

Atmosphäre
- dünner als ein labortechnisch erreichbares Vakuum auf der Erde
- statt Atmosphäre – eine Exosphäre, die ständig aufgrund der Sonnennähe durch den Sonnenwind erneuert wird

Oberfläche und innerer Bau
- mondähnliche Oberfläche
- keine Plattentektonik, kein aktiver Vulkanismus, keine endogenen Prozesse
- sehr großer Nickel-Eisen-Kern (drei Viertel des Planetendurchmessers), geringmächtiger Mantel (600 Kilometer), dünne Kruste (10 Kilometer); dadurch zweithöchste Dichte aller Planeten nach der Erde
- sehr viele, gleichmäßig verteilte Einschlagkrater (aufgrund der äußerst dünnen Atmosphäre und der Nähe zur Sonne)
- starke Temperaturgegensätze zwischen Tag- und Nachtseite (– 180 Grad Celsius bis + 470 Grad Celsius)

2 Merkur, Venus und Mars im Vergleich

Venus

Statistische Daten
Äquatordurchmesser: 12 102 km
mittlere Dichte: 5,24 g/cm³
Rotationsdauer: 243 Tage (rückläufig)
Umlaufzeit um die Sonne: 224,4 Tage

Atmosphäre
- sehr dichte Atmosphäre (50-mal dichter als Erdatmosphäre)
- 95 % CO_2, 3,5 % Stickstoff
- starker Treibhauseffekt, dadurch gleichmäßige Oberflächentemperaturen zwischen 440 °C und 470 °C
- undurchsichtig (aufgrund der dichten Wolkendecke)
- Sichtweite nur circa drei Kilometer, da Atmosphäre zu dicht

Oberfläche und innerer Bau
- dunkelrot glühend, keine Gewässer
- sanft gewellte vulkanische Ebenen, bis 2 km tiefe Niederungen, Erhebungen
- Einschlagkrater, Vulkane
- 90-fach höherer Luftdruck im Vergleich zur Erdoberfläche
- kleiner Eisen-Nickel-Kern, mächtiger Mantel, mächtige Lithosphäre
- vermutlich keine Plattentektonik
- ein Venustag ist länger als ein Venusjahr
- lebensfeindlichster terrestrischer Planet

Mars

Statistische Daten
Äquatordurchmesser: 6787 km
mittlere Dichte: 3,93 g/cm³
Rotationsdauer: 24 h 37 min 23 sec
Umlaufzeit um die Sonne: 686,98 Tage

Atmosphäre
- dünne Atmosphäre
- 95 % CO_2, 2,7 % Stickstoff, 1,6 % Argon
- große Temperaturunterschiede zwischen 20 °C (Tag) und −85 °C (Nacht), dadurch heftige Staubstürme und Windhosen
- Atmosphäre vom Sonnenwind früher abgetragen

Oberfläche und innerer Bau
- trockener Wüstenplanet, Polkappen vereist
- sandige, steinige Böden
- basaltähnliche Gesteine
- vermutlich flüssiger Kern, 40 bis 70 km mächtige Kruste
- höchster Berg des Sonnensystems: Mount Olympus (Schildvulkan, 27 km hoch)
- keine Plattentektonik
- rotfarbene Gesteine (hoher Fe_2O_3-Anteil)
- starke Staubstürme aufgrund der dünnen Atmosphäre und dadurch große Luftdruckgegensätze an der Oberfläche
- erdähnlichster Planet

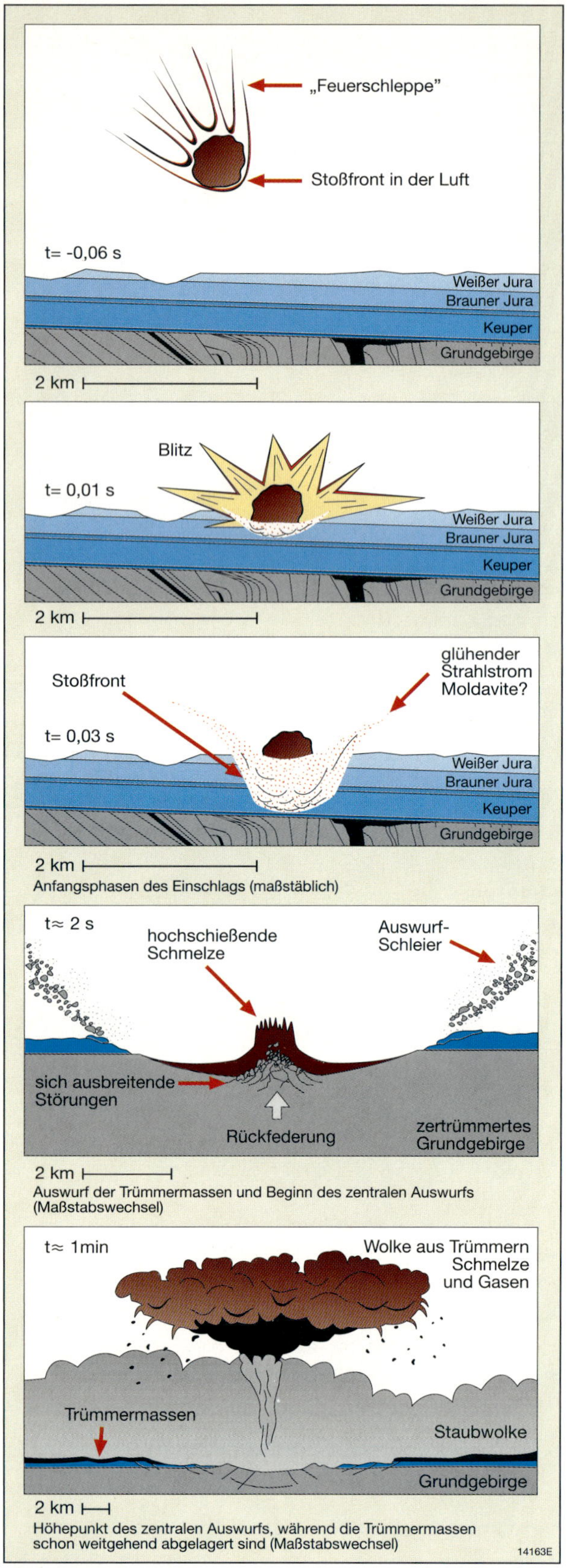

1 **Der Ries-Impakt**

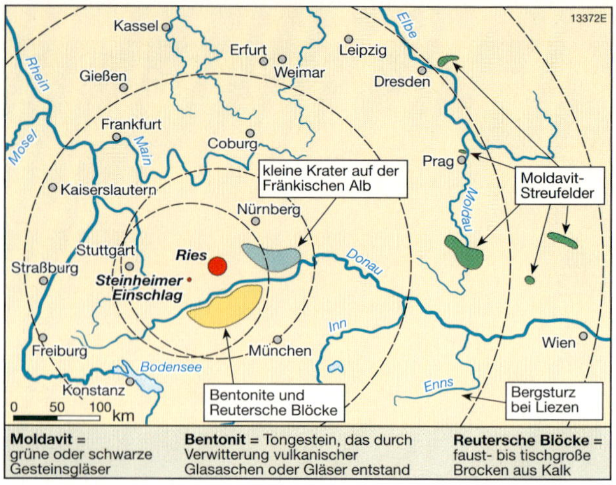

2 **Fernwirkung der Einschläge des Ries-Impakts**

Kosmische Einflüsse auf die Erde

Die innerhalb des Systems Erde ablaufenden Prozesse wären ohne äußere kosmische Einflüsse oft undenkbar. Die Erde hat ihre kosmische Heimat im Sonnensystem und existiert in Wechselwirkung mit anderen Körpern dieses Systems. Den größten Einfluss übt die Sonne aus. Sie hält die Erde in ihrer Bahn und bewahrt so den günstigen Abstand zu ihr, der maßgeblich die Entwicklung des Lebens auf unserem Planeten mitprägte. Die Mehrzahl der irdischen Stoffkreisläufe wird von ihr verursacht und in Gang gehalten. Lediglich die Energie aus dem Erdinneren, erzeugt durch den noch nicht ausgekühlten Erdkern und den Zerfall radioaktiver Elemente, kann nicht der Sonne zugeschrieben werden. Die Sonnenstrahlung hat zwar die Evolution des Lebens auf der Erde vor ca. 400 Millionen Jahren hervorgerufen, kann aber in der heutigen Zeit auch lebensgefährlich sein. Vor der lebensbedrohlichen Sonnenstrahlung schützen Erdatmosphäre und Erdmagnetfeld.

Einen entscheidenden Einfluss auf das irdische Leben hat der Erdmond, der als Klimastabilisator fungiert und die Gezeiten gemeinsam mit der Sonne auf der Erde bewirkt. Auch Meteoriten können das Leben auf der Erde beeinflussen. Täglich kreuzen mehrere Tausend Tonnen meteorisches Material die Erdbahn. 99 Prozent der Meteoritenmasse verglüht beim Eintritt in die dichten Schichten der Atmosphäre, aber 19 000 größere Meteoriten fallen jährlich auf die Erdoberfläche.

Aufgaben

1. Geben Sie einen Überblick über die kosmischen Einflüsse auf die Erde (Seite 62, Fachliteratur, M1).
2. Beschreiben Sie Verlauf und Ausmaß des Ries-Impaktes und daraus resultierende Landschaftsveränderungen (M1 bis M4).
3. Erläutern Sie Maßnahmen, die das Risiko eines großen Impaktes auf der Erde vermindern sollen.

- Impaktor: vermutlich ein Steinmeteorit mit einem Durchmesser von 500 bis 900 Metern und einer Masse von 500 Millionen Tonnen, Meteoritenmaterial vollständig verdampft
- Impaktzeitpunkt: vor 14,5 bis 15 Mio. Jahren
- Impaktort: zwischen Fränkischer Alb und Schwäbischer Alb (Süddeutsches Schichtstufenland)
- Impakttiefe: bis 1000 m
- Aufprallgeschwindigkeit: 20 km/sec.
- kinetische Energie des Impakts: ca. 18 000 Megatonnen TNT = 250 000 Hiroshima-Bomben
- Energieumsatz: 10^{20} Joule
- Gesamtmenge des ausgeworfenen Gesteinsmaterials: 100 bis 170 Kubikkilometer
- Kraterdurchmesser: äußerer Krater: ca. 25 Kilometer, innerer Krater: ca. 12 Kilometer
- Gesteinsneubildung: Gemisch aus Schmelzfetzen mit zermalmtem Granit und Gneis
- Gesteinsneubildung von Suevit (graues, tuffartiges Gestein): in feiner Grundmasse sind Gesteinsfetzen aus dem Grundgebirge sowie Keuper-Sandsteine und Jurabrocken eingelagert; Glasanteile im Gestein zwischen 15 und 70 % (= völlig aufgeschmolzene Gesteinspartikel aus Glasbomben oder Glasfladen); Coesit-Minerale im Gestein (= Hochdruckmodifikation der Kieselsäure bei einem Druck von mehr als 300 kbar)
- Gesteinsneubildung von Bunten Trümmermassen: Gemenge von Gesteinen aus verschiedenen Erdzeitaltern (siehe Geologische Tabelle, Einbandseite)
- Zone der Verwüstung: im Umfeld von 100 Kilometern Durchmesser
- Untergrenze des zertrümmerten Gesteins: in 6000 Meter Tiefe

3 Daten zum Ries-Impakt

1. Einschlag (0,1 Sekunden): schlagartige Komprimierung und Erhitzung des Gesteinsmaterials
2. Wellendurchlauf (2 – 4 sec.): schalenartige Stoßwellenausbreitung überträgt Energie auf den Untergrund
3. Bodenbewegung (2 – 3 min.): Gesteinsauswurf
4. Kraterbildung
   - zentraler Auswurf: Ausschleudern bis in 20 km Höhe und danach Zurückfallen in den Krater, dabei Suevitbildung; Gesteinslagerung: Suevit (ca. 400 m mächtig) lagert über kristallinem Trümmergestein, darunter leicht bewegtes Kristallin, in 1500 m Tiefe unbewegtes Kristallin; in späterer Phase der Kraterbildung Ausgleichsbewegung des Gesteins zum Kraterinneren und Auffüllung des Kraters; kristalline Schollen bilden inneren Hügelring (innerer Krater: Durchmesser von 8 bis 12 km, äußerer Krater: Breite von 5 bis 7 km)
   - randlicher Auswurf: gegenläufige Bewegung am Kraterrand, Zerbrechen des Deckgebirges, Ablagerung von Bunten Trümmermassen (bis 100 m mächtige Schicht) auf ungestörtem Untergrund im Umkreis von ca. 40 km
5. Riesseebildung: Entstehung des Ries-Sees mit einer Fläche von 400 Quadratkilometern im Krater, bis 170 m tief, Bildung der Rieskalke im Flachwasserbereich am Seerand, spätere Verlandung des Sees nach 2 Mio. Jahren – dadurch zunächst Verschwinden der Strukturen des Einschlagkraters
6. Späteres Einschneiden des Flusses Wörnitz in das Ries: Ausräumung der 100 Meter mächtigen Riesablagerungen, härtere Gesteinskomplexe sind heute als Überreste der inneren Hügelzone erhalten geblieben (z.B. Wallersteiner Felsen)

5 Landschaftsveränderung nach dem Ries-Impakt

Auf der Erde sind circa 150 Einschlagkrater von Meteoriten und Asteroiden mit einem Durchmesser größer als einem Kilometer bekannt. Deshalb findet seit 1995 eine systematische Durchmusterung des Himmels nach potenziell für die Erde gefährlichen Asteroiden, den sogenannten NEA's (Near Earth Asteroids) bzw. NEO's (Near Earth Objects) statt. Heute sind etwa 2000 derartiger Objekte, die in Zukunft die Erdbahn kreuzen könnten, bekannt. Ihre geschätzte Zahl liegt jedoch mit 100 000 bis 500 000 weitaus höher. Auch über mögliche Abwehrstrategien denken die Wissenschaftler bereits intensiv nach. So könnten nukleare Distanzsprengungen die Asteroiden von ihrer Bahn abbringen. Große Sonnenreflektoren könnten mit einem konzentrierten Sonnenstrahl ebenfalls Kursänderungen der Himmelskörper bewirken. Es wird sogar daran gedacht, durch das großflächige Auftragen von Ruß oder Kreidepulver die Reflexivität des Asteroiden so zu beeinflussen, dass diese ihre Bahn ändern. Derzeit gibt es aber weder zuverlässige Abwehrsysteme noch internationale Katastrophenpläne für mögliche Impaktszenarien auf der Erde.

4 Abwehrsysteme gegen Impakte

6 Landschaft als System

1 Mittelgebirgslandschaft in Rheinland-Pfalz (rechts das Dorf Lindelbrunn)

1 **Elbehochwasser 2002 in Dresden**

6.1 Die Landschaft als materielles System

Dresden (12. August 2002): Heute fällt so viel Regen wie sonst in drei Monaten: 127 Liter pro Quadratmeter. Um 19.20 Uhr wird Katastrophenalarm ausgelöst. Die Weißeritz überflutet Tharandt, Freital und Teile Dresdens. Das Friedrichstädter Krankenhaus wird evakuiert, der Hauptbahnhof stillgelegt. Die Müglitz reißt in Weesenstein neun Häuser in die Fluten, vor Glashütte bricht der Damm eines Rückhaltebeckens, die berühmte Uhrmacherstadt wird überflutet. Katastrophenalarm auch im Mittleren Erzgebirgskreis, in Zwickau und in Freiberg. Erste Todesopfer und zahlreiche Verletzte sind zu beklagen.

2 **Die Flut bricht los**

Grimma (13. August 2002): Die Fluten der Mulde überschwemmen die Kreisstadt, die Strömung ist so stark, dass Dutzende von Menschen in die Frauenkirche flüchten, wo das Wasser bald zwei Meter hoch steht und die Menschen auf der Orgelempore auf ihre Retter warten.

Meißen (15. August 2002): Die Triebisch zieht sich zurück, aber die Gefahr ist nicht gebannt, der Elbepegel steigt unaufhörlich weiter.

Dresden (17. August 2002): Gegen 7.00 Uhr erreicht der Scheitel der Elbehochwasserwelle mit einem Rekordpegelstand von 9,40 m die Stadt. Die flussnahen Teile der Stadt, einschließlich der barocken Altstadt, gleichen einer Seenlandschaft, das Flussbett der Elbe ist nur zu erahnen. Während hier am nächsten Tag der Wasserstand zu sinken beginnt, werden die Elbeanlieger unterhalb von Dresden noch Stunden beziehungsweise Tage auf das Schlimmste warten müssen.

Über Tage hielt dieses gewaltige Naturereignis die Menschen der Region, ja ganz Deutschlands und über die Grenzen hinaus in Atem, löste eine Welle der Solidarität und Hilfsbereitschaft aus und warf viele Fragen für Wissenschaft und Gesellschaft auf, vor allem die Frage: Welchen Anteil an dieser Katastrophe hat der Mensch zu verantworten?

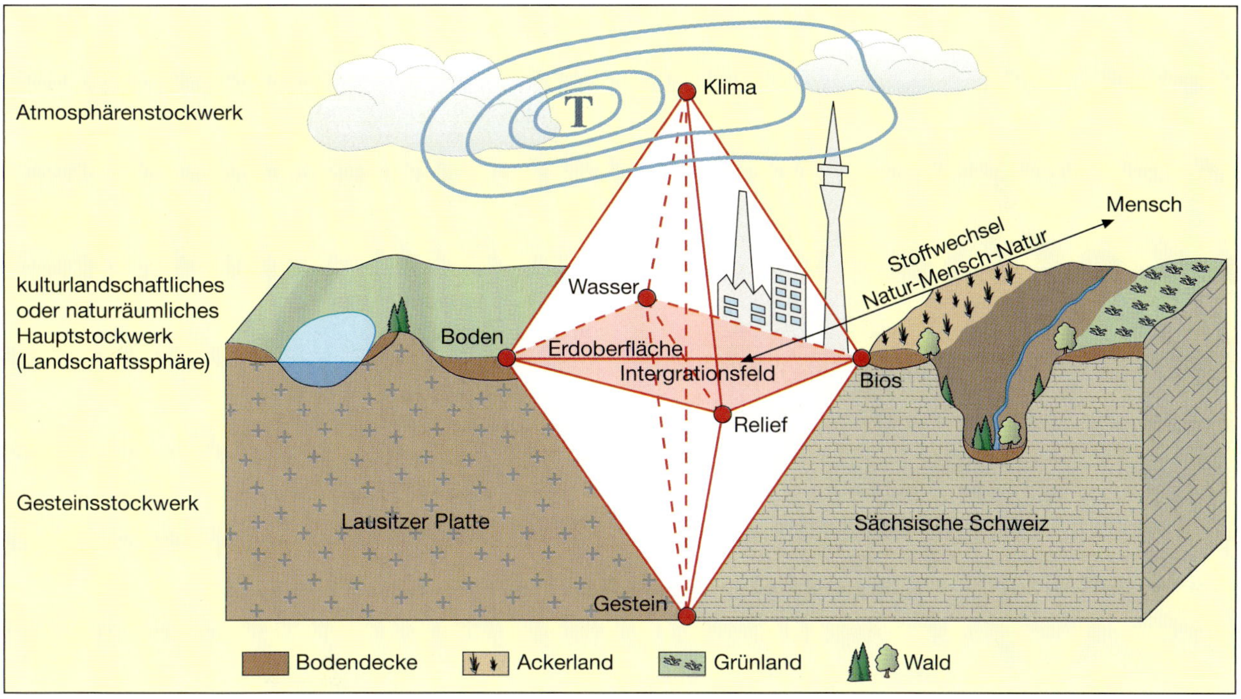

3 Strukturmodell der Landschaft

Das Hochwasser an Elbe, Donau und anderen Flüssen im Jahre 2002 hat gezeigt, wie anfällig das Ökosystem einer Flusslandschaft ist, wenn ein Merkmal der in enger Wechselwirkung stehenden Landschaftskomponenten aus dem Gleichgewicht gerät.

Es waren die überdurchschnittlich hohen und lang anhaltenden Niederschläge, die zu extrem starken Abflüssen in den betroffenen Regionen führten. Auslöser war eine sogenannte Vb-Wetterlage, die in der Zeit vom 11. bis 13.08.2002 weite Teile Zentraleuropas beherrschte (Geo-Exkurs, Seite 57). Das Kerngebiet der Niederschläge lag im Raum Zinnwald/Altenberg, wo in diesen zwei Tagen über 400 Millimeter Niederschlag gemessen wurden. Die gewaltigen Wassermassen konnten weder vom Boden und Gesteinsuntergrund aufgenommen werden, noch konnten sie geordnet in den Flussbetten der Täler abfließen. Auch die bremsende Kraft der natürlichen Vegetation konnte nicht genügend wirksam werden, da diese in ihrer ursprünglichen Ausbildung kaum noch vorhanden ist. Dies und die zusätzliche Versieglung der Oberfläche durch Verkehrsanlagen, in Gewerbe- und Wohngebieten führen zu einer Beschleunigung des Abflusses. Talsperren und Rückhaltebecken helfen somit auch nur zum Teil. Dort, wo der Mensch durch Gebäude oder Brücken Hindernisse für den Abfluss schafft oder das Wasser in künstlich begradigte Flussbetten zwängt, gibt es bei solch großen Abflussmengen Probleme. Entweder reißt die Strömung die Hindernisse weg oder die vom Fluss mitgeführte Fracht wird aufgestaut und verstärkt die Überflutungsgefahr oder das Wasser sucht sich neue Wege, oft die ehemaligen Flussbetten.

Die Landschaftsökologie erforscht die Zusammenhänge im Naturhaushalt einer Landschaft. Diese ist ein beliebig großer räumlicher Ausschnitt der Landschaftssphäre, der durch einheitliche Struktur und gleiches Wirkungsgefüge seiner Komponenten bestimmt ist. Landschaft ist aber auch der durch den Menschen genutzte und geprägte Naturraum, in dem durch die Eingriffe der Gesellschaft in den Naturhaushalt Stoff- und Energiegrößen einer ständigen Veränderung unterliegen. Um die Vielfalt der in der Natur ablaufenden Prozesse und den stofflichen und energetischen Haushalt in der Landschaft besser erfassen zu können, werden Modelle entwickelt, wie zum Beispiel das Strukturmodell der Landschaft (M3).

Aufgaben

1. Beschreiben Sie Ablauf und Auswirkungen des Hochwasserereignisses vom August 2002 in ihrem Heimatgebiet. Befragen Sie betroffene Personen.
2. Begründen Sie die Anordnung der Landschaftskomponenten Klima, Boden, Wasser, Relief, Bios und Gestein in M3. Nennen Sie konkrete Merkmale für die Landschaftskomponenten.

Dimension / Rangstufe	Beispiel
topisch	Talhang eines Mittelgebirgstales
chorisch	Mittelgebirgstal
regionisch	mitteleuropäisches Mittelgebirge
geosphärisch	mitteleuropäische Mittelgebirgszone

1 Dimensionsstufen der Landschaft

Biotopgruppe	Beispiel
Wald- und Forstbiotope	Altholzinsel, Buchenwald
sonstige Gehölzbiotope	Wallhecke, Allee
trockene Offenbiotope	Halbtrockenrasen, Felsen
Ackerbiotope	Ackerrandstreifen, -brache
Grünlandbiotope	Bergwiese, Pfeifengraswiese
Moorbiotope	Niedermoor, Torfstich
Stillgewässer-Biotope	Weiher, Altwasser
Fließgewässer-Biotope	Wasserfall, Quelle
Küstenbiotope	Küstendüne, Salzwiese
alpine Biotope	Almwiese/-weide, Felsspalte
Siedlungsbiotope	Dorfkern, Zierhecke
Industriebiotope	Halde, Mülldeponie

2 Liste ausgewählter Biotope Deutschlands

Landschaftskomponenten	Merkmal
(1) Klima	bodennahes Bestandsklima
(2) geolog. Bau	ton- und schluffarme Dünensande
(3) Wasser	Austrocknungsgefährdung
(4) Relief	Kleinkuppe, z. T. längserstreckt
(5) Bios	Strandhafer, arme Kiefernbestände
(6) Boden	Sand-Podsol

3 Merkmalstabelle des Ökotops Küstendüne (Ostsee)

6.2 Ökotope

Landschaften sind beliebig große räumliche Ausschnitte der Landschaftssphäre. Entsprechend ihrer Größe (Dimensionsstufe) besitzen sie verschiedene Strukturen und Wirkungsgefüge. Je kleiner die Dimension ist, desto detaillierter und konkreter sind die Komponentenmerkmale erkennbar und umso einfacher ist die Struktur und das Erfassen der Prozessabläufe zwischen den Komponenten. Eine Wanderung durch das Georgenfelder Hochmoor im Osterzgebirge dauert zum Beispiel knapp eine Stunde, eine Durchquerung der Alpen von Nord nach Süd oder von West nach Ost Tage oder Wochen. Im Vergleich zur nur knapp vier Quadratkilometer großen Fläche des Hochmoores nehmen die Alpen eine Fläche von fast 200 000 Quadratkilometern ein. Das Hochmoor ist nur ein kleiner Ausschnitt aus der Landschaftssphäre, eine dazugehörige Karte im Maßstab 1:5000 enthält alle Details des Reliefs. Eine Karte der gesamten Alpen besitzt dagegen einen Maßstab von 1:2 000 000; sie enthält zum Beispiel nur die einzelnen Gebirgsketten, große Gletscher, breite, tiefe Flusstäler und größere Städte.

Beides sind Landschaften (Ausschnitte der Landschaftssphäre) und für beide lassen sich typische Merkmale der Landschaftskomponenten erfassen und modellartig abbilden. Als Landschaften unterschiedlicher Größenordnung repräsentieren sie innerhalb der Landschaftsgliederung verschiedene Dimensionen (Rangstufen). Solche Rangstufen werden als topisch, chorisch, regionisch und geosphärisch bezeichnet (M1).

Die Tope sind die elementaren Grundeinheiten der Landschaftssphäre, sie bilden die Bausteine für größere Landschaften. Inhaltlich zeichnen sie sich durch gleichartige (homogene) Merkmale aus. Zur exakten Erfassung und Kennzeichnung der Inhalte solcher landschaftlicher Grundeinheiten werden zunächst Biotope und Geotope unterschieden (M4, M5). Biotope sind abgrenzbare Lebensräume oder Lebensstätten einer spezifischen Lebensgemeinschaft von Pflanzen und/oder Tieren (Bio-

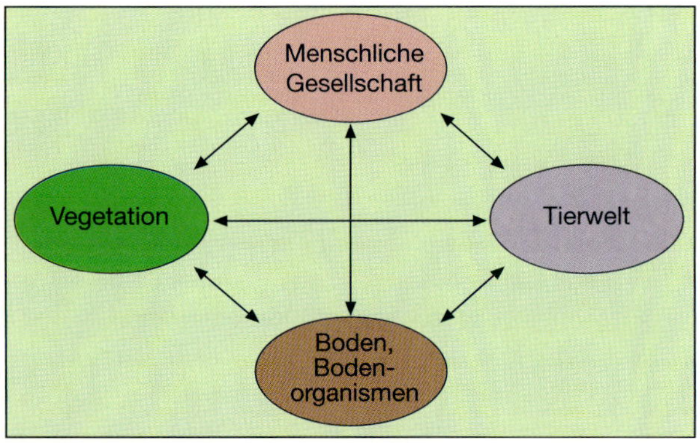

4 Biotop-Modell

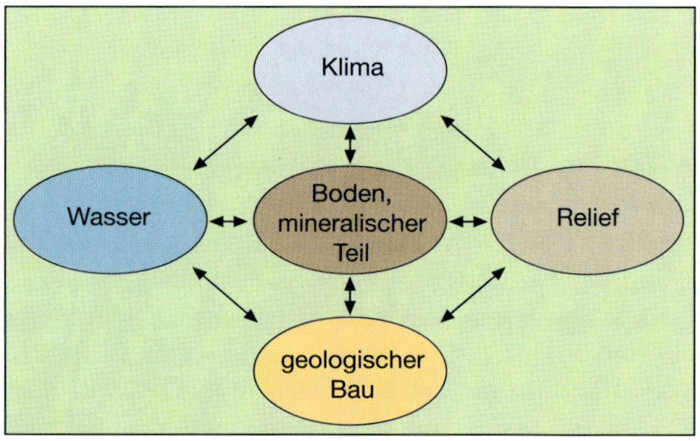

5 Geotop-Modell

zönosen) (M2). Geotope sind dagegen die kleinsten landschaftsökologisch relevanten Raumeinheiten, in denen die abiotischen Landschaftskomponenten in naturgesetzlicher Wechselwirkung verbundenen sind (M5 bis M8). Im Gegensatz zu den Biotopen zeichnen sich diese durch stabilere, wenig veränderbare Merkmale (wie zum Beispiel Gestein oder Relief) aus. Ökotope erfassen die Gesamtheit von biotischen und abiotischen Merkmalen und sind somit die kleinsten landschaftsökologischen Raumeinheiten (M3). Der Ökotopbegriff ist der zentrale Begriff in der Landschaftsökologie.

Die nächsthöhere Dimensionsstufe, die sogenannten Choren, stellen eine Agglomeration von in Wechselbeziehung stehenden Topen dar. Die gegenüberliegenden Hänge eines Mittelgebirgstales, die Flussaue, das Flussbett und eventuell vorhandene Flussterrassen sind Ökotope mit sehr unterschiedlichen Merkmalen. Alle sind aber durch das Einschneiden eines Flusses, durch Erosion, Hangabtragung und Aufschotterung miteinander verbunden. Dieser übergeordnete Prozess der Talbildung verbindet die Ökotope miteinander. Das gesamte Tal stellt eine größere, ranghöhere Landschaftseinheit dar, eine Chore.

Zwischen zwei solchen Tälern erstrecken sich Mittelgebirgshochflächen, die ebenfalls Choren sind und aus solchen Ökotopen wie Kuppen, Hochflächenhängen, Dellen u.a. bestehen. Diese Hochflächen stehen in enger Wechselwirkung mit den Tälern, denn von ihnen geht der Transport von Wasser oder Verwitterungsmaterial in die Täler aus. Gleichzeitig erfolgt zum Beispiel die weitere Zerschneidung der Hochflächen von den tiefer gelegenen Tälern aus. Die Abfolge mehrerer Täler und Hochflächen bildet eine weitere, ranghöhere Zusammenfassung in der regionischen Dimensionsstufe. Hierzu gehören die mitteleuropäischen Mittelgebirge.

Werden neben den Mittelgebirgen noch die Tiefländer im Norden und das Hochgebirge im Süden Mitteleuropas einbezogen, wird im geosphärischen Rang die gesamte mitteleuropäische Mischwaldzone erfasst.

Aufgaben

1. Beschreiben Sie die Bildinhalte (M6 bis M8) und erläutern Sie das Besondere des jeweiligen Bio- oder Geotops (M4, M5).
2. Geben Sie Beispiele für Merkmale der Landschaftskomponenten des biotischen und abiotischen Teils eines Ökotops an und begründen Sie, warum die Komponente Boden in beiden Modellen auftritt (M4, M5).
3. Erklären Sie den Zusammenhang zwischen den Merkmalen im Ökotop Küstendüne und erläutern Sie den Begriff Merkmalskorrelation (M3).

6 Küstenbucht mit Steilküste – topische Dimension

7 Gebirgshochmoor – chorische Dimension

8 Elbsandsteingebirge – regionische Dimension

6.3 Ziele und Aufgaben landschaftsökologischer Forschung

Das Hauptziel der landschaftsökologischen Forschung besteht im Erkennen der naturgesetzlichen Prozesse und Zusammenhänge, die in der natürlichen Umgebung des Menschen, seiner Umwelt, stattfinden. Diese Umwelt ist nicht nur die Landoberfläche, auf der der Mensch lebt und arbeitet, sondern sie wird geprägt durch das Ineinandergreifen von Merkmalen des Reliefs, des Klimas, des geologischen Untergrundes, des Bodens, des Wasserhaushaltes, von Flora und Fauna und nicht zuletzt durch den Menschen selbst. Je besser der Mensch diese Zusammenhänge erkennt, umso sicherer, effektiver und nachhaltiger kann er sein Leben in der natürlichen Umwelt gestalten. Ihm obliegt eine besondere Verantwortung im Umgang mit Naturressourcen. Von ihm hängt in starkem Maße ab, wie der Klimawandel abläuft, wie einschneidend Hochwässer zur Katastrophe werden, wie schnell Bodenschätze aufgebraucht sind und wie lange die ihn umgebende Landschaft noch sehens- und lebenswert bleibt.
Das landschaftsökologische Denken und die Einsicht in landschaftsökologische Zusammenhänge erfordern umfangreiches Wissen aus geographischen Wissensgebieten, aber auch aus Biologie, Physik und Chemie. All diese Erkenntnisse nutzen nur dann etwas, wenn die Gesellschaft solche Bedingungen schafft, dass sie im Sinne eines vernünftigen Umweltschutzes umgesetzt werden können.

In Deutschland sind auf der Grundlage des Grundgesetzes, des Bau- und Raumordnungsgesetzes und anderer Gesetze Aufgaben und Leitvorstellungen der Raumordnung festgeschrieben. Für das Land Sachsen bilden das Landesplanungsgesetz, der Landesentwicklungsplan und das Sächsische Naturschutzgesetz die rechtlichen Grundlagen für alle Planungs- und Entwicklungsentscheidungen. Oberste Raumordnungs- und Landesplanungsbehörde ist das Sächsische Staatsministerium des Inneren. Die Regionalplanung als Teil der Landesplanung untersteht den Regierungspräsidien (Höhere Raumordnungsbehörde). Diese erstellen als Raumordnungspläne für die einzelnen Planungsregionen Regionalpläne und in den Braunkohlegebieten sogenannte Braunkohlenpläne.
Raumordnungsverfahren, Umweltverträglichkeitsprüfungen und Nachhaltigkeitskonzepte sind nur einige Maßnahmen, um einen sinnvollen und schonenden Umgang mit der natürlichen Umwelt zu sichern, um Nutzungs- und Interessenkonflikte, meist zwischen Ökonomie und Ökologie, vernünftig zu lösen oder auch soziokulturelle Aspekte zu berücksichtigen. Anwendung finden solche Verfahren bei der Planung oder dem Ausbau von Verkehrswegen (Brücken, Tunnel, Autobahntrassen, Schienenwege etc.), bei der Anlage von Gewerbegebieten oder neuen Wohngebieten, bei der Errichtung von Windkraftanlagen (M1), Müllverbrennungsanlagen oder Abfalldeponien, bei der Erschließung neuer Steinbrüche oder Sandgruben und vielen anderen.

Deutschland setzt zunehmend auf die Entwicklung alternativer Energien, wie Nutzung der Sonnenenergie, der Erdwärme oder die Energieversorgung durch Windenergie. Windkraftanlagen sind in den letzten Jahren wie „Pilze aus dem Boden geschossen". Allein in der Planungsregion „Oberes Elbtal" sind bis Ende 2006 112 Windräder mit einer Leistung von 100,7 Megawatt aufgestellt worden. Windkraftanlagen sind als erneuerbare Energiequellen gewollt, auch wenn ihre Effizienz noch in keiner Relation zu den anderen Energieträgern steht, weil sie abhängig vom notwendig vorhandenen Wind sind und kaum Entlastung für die konventionellen Energieproduzenten schaffen.
Immer wieder gibt es Bürgerinitiativen oder Protestaktionen, die sich gegen die Errichtung dieser gigantischen Masten in der Landschaft richten. Hier ist es notwendig, durch eine Umweltverträglichkeitsprüfung als Bestandteil eines Genehmigungsverfahrens Klarheit zu schaffen. Es muss abgewogen werden, ob die Belange der Umwelt beeinträchtigt werden (Rast- und Durchzugsgebiete von Zugvögeln), ausreichend Immissionsschutz gewährleistet ist oder ob das Landschaftsbild bzw. die Lebensqualität der Anwohner beträchtlich gestört wird. Um solchen Konflikten vorzubeugen, werden deshalb in den regionalen Entwicklungsplänen fast aller Bundesländer Eignungsgebiete für die Anlage von Windparks als Vorbehalts- oder Vorrangflächen ausgewiesen bzw. Ausschlussflächen, sogenannte Taburäume, festgelegt. Dadurch werden die Belange des Umweltschutzes berücksichtigt und trotzdem eine nachhaltige Energieentwicklung ermöglicht.

1 Windkraftanlagen in Sachsen

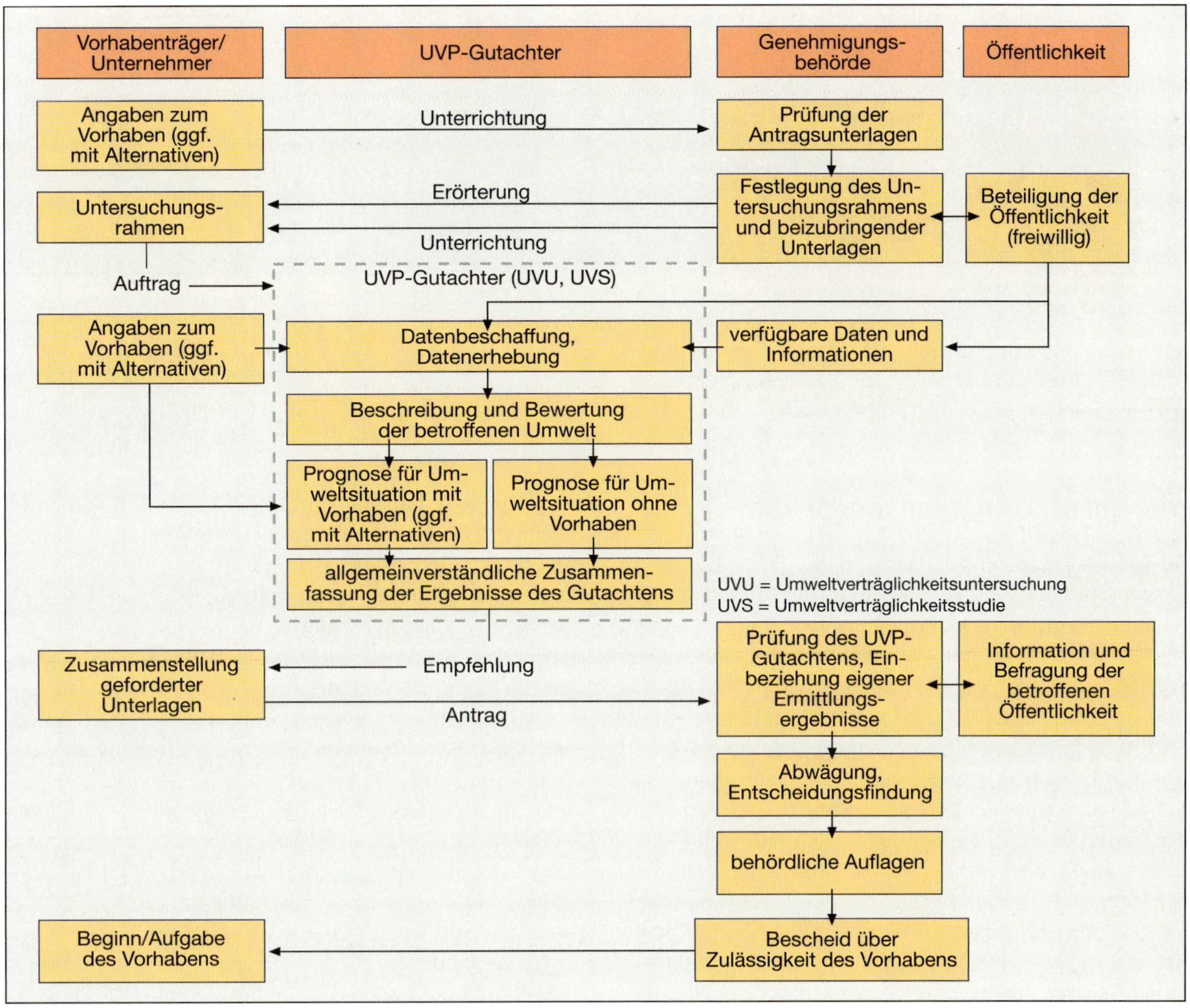

2 Ablauf einer Umweltverträglichkeitsprüfung (UVP)

Die Bedeutung des Umweltschutzes und damit die Berücksichtigung der naturräumlichen Merkmale und Besonderheiten in den Landschaftsregionen werden zunehmend in die Pläne zur Landesentwicklung und Raumplanung einbezogen. Alle geplanten Eingriffe in die natürliche Umwelt (zum Beispiel größere Bauvorhaben) müssen hinsichtlich ihrer Auswirkungen auf die Umwelt analysiert, geprüft und bewertet werden, um den Schutz von Menschen, Tieren und Pflanzen, aber auch Landschaft, Klima, Wasser, Luft und Boden zu gewährleisten. Dies erfordert vom Prüfer und Begutachter landschaftsökologische Fachkenntnisse, um auf deren Grundlage die richtige Entscheidung für die Genehmigung oder Ablehnung des jeweiligen Vorhabens zu treffen. Diese Vorsorgemaßnahmen sind durch eine Umweltverträglichkeitsprüfung (UVP), wie sie durch das Bundesgesetz über die UVP vom 12. Februar 1990 festgesetzt wurde, vorgeschrieben (M2).

Aufgaben

1. Erläutern Sie die besondere Stellung der Landschaftsökologie in den geographischen Disziplinen.
2. Zeigen Sie an Beispielen, dass die Wechselwirkung zwischen einzelnen Landschaftskomponenten bei verschiedenen Landschaftstypen (z. B. Hochgebirgstal, Schichtstufenlandschaft, Flachküste, Glaziallandschaft) unterschiedlich stark ausgeprägt sind.
3. Informieren Sie sich, ob in Ihrem Heimatraum Windparks vorgesehen sind oder bereits errichtet wurden. Dokumentieren Sie, wie der Umweltschutz berücksichtigt wird.
4. Erläutern Sie den allgemeinen Ablauf einer Umweltverträglichkeitsprüfung (M2) und begründen Sie die Notwendigkeit von Umweltverträglichkeitsprüfungen bei größeren Bauvorhaben.
5. Erkundigen Sie sich über Umweltverträglichkeitsprüfungen zu Bauvorhaben in Ihrem Heimatgebiet.

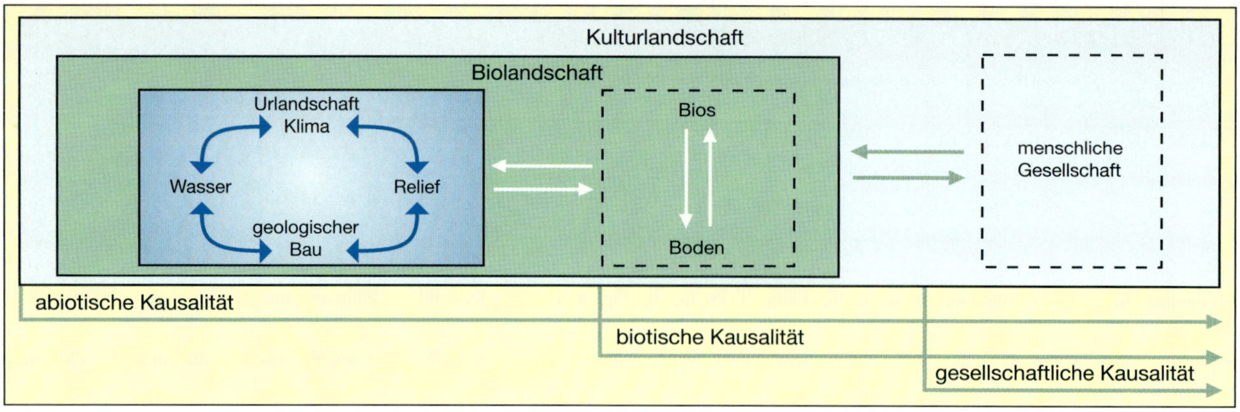

1 Das Geosystem der Kulturlandschaft

6.4 Entwicklung der Landschaft

Im Kontaktbereich von Atmosphäre und Lithosphäre an der Oberfläche des neu entstandenen Planeten Erde beginnt die früheste Landschaftsentwicklung in einem sogenannten Urzustand. Mit dem Auftreten des Wasserkreislaufes und der viel späteren Entwicklung des Bodens sowie Flora und Fauna setzen jeweils neue Entwicklungsstufen in der Landschaftsgenese ein (M2).

Das gegenseitige Durchdringen der Einzelsphären der Landschaftskomponenten Klima, geologischer Bau, Wasser, Boden und Bios in einer schmalen Hülle zu beiden Seiten der Erdoberfläche führt zur Ausbildung der Landschaftssphäre. Diese ist vor allem durch sehr komplexe Wechselbeziehungen sowie den energetischen und stofflichen Austausch zwischen den einzelnen Komponentenmerkmalen geprägt und besitzt einen eigenen Landschaftshaushalt. Jede größere Veränderung bei einer der Landschaftskomponenten (zum Beispiel Klimawandel) wirkt sich auf die anderen aus und führt zwangsläufig zu einer neuen Phase der Landschaftsentwicklung. Mit dem Eintritt des Menschen in den Stoffaustausch mit der Natur wird der bisher letzte bedeutende Abschnitt der Landschaftsentwicklung erreicht.

Die Entwicklung der heutigen Landschaften hängt sehr eng mit den Geschehnissen während der pleistozänen Eiszeit zusammen. Die extreme Abkühlung um über 10 Grad Celsius am Ende des Tertiärs vor mehr als einer Million Jahre führte nicht nur in Mitteleuropa zu einschneidenden Umweltveränderungen. Am deutlichsten werden die landschaftlichen Veränderungen innerhalb Mitteleuropas im Verbreitungsgebiet des Inlandeises im Norden Deutschlands sichtbar. Die Landschaften Norddeutschlands haben nichts mehr gemein mit denen des Tertiärs. Heute bestimmen die Formen der Glazialen Serie das ebene bis hügelige Landschaftsbild. Aber auch die lockeren Sedimente an der Oberfläche, die Böden sowie die Wasserhaushaltsmerkmale haben sich völlig neu gebildet. Ebenso veränderten sich die Vegetation und die Tierwelt in ihrer Artenzusammensetzung. Sie haben sich den neuen Bedingungen angepasst.

Die Entwicklung der Landschaft, die Landschaftsmetamorphose, läuft zwar nicht gleichmäßig, aber stetig ab. Vor allem globale Ereignisse, wie Klimaänderungen, Gebirgsbildungen mit intensivem Vulkanismus, Meteoriteneinschläge u.a. führen zu größeren Veränderungen oder neuen Abschnitten in der Landschaftsentwicklung. Ebenso können katastrophale Naturereignisse in kleineren Gebieten (Sturmfluten, Flusshochwässer, Lawinen und Murenabgänge, einzelne Vulkanausbrüche etc.) zu Landschaftszerstörung und -veränderung führen.

In immer stärkerem Maße wird der Mensch mit seinen Eingriffen in die Landschaft zur gestaltenden und verändernden Kraft. Damit trägt er wesentlich zur Entwicklung der Landschaft bei. Dort, wo aus Unkenntnis oder bewusst aus ökonomischen Gründen das ökologische Gleichgewicht durch Eingriffe beeinträchtigt oder gestört wird, geht eine nicht im Einklang mit der Natur stehende Landschaftsentwicklung vor sich. Als Folgen stellen sich oft nicht voraussehbare Zerstörungen oder Veränderungen im Landschaftshaushalt und im Landschaftsbild ein, die meist irreversibel sind und sich für den Menschen als großer Nachteil erweisen.

Aufgaben

1. Beschreiben Sie die Prozesse, die für die Evolutionsstufen der Landschaft bestimmend waren (M1, M2).
2. Erklären Sie, warum die Entwicklung der Landschaftssphäre vom Ur- bis zum Kulturlandschaftszustand nur auf dem Planeten Erde möglich war (vgl. auch Seite 142 und 143).
3. Begründen Sie: „Um Umweltprobleme zu lösen, sind Kenntnisse über die Landschaftsgeschichte notwendig."

1. Evolutionsstufe: Urlandschaft
Aus Litho- und Atmosphäre entwickelten sich die ersten landschaftlichen Strukturen. Sie wurden durch das Zusammenwirken der vier Landschaftskomponenten geologischer Bau, Klima, Wasser und Relief bestimmt. Folgende Prozesse führten zum Urlandschaftszustand der Erde: Verfestigung der äußeren Erdhülle durch Abkühlung vor ca. vier Milliarden Jahren, Differenzierung der Erde in Kruste und Mantel, Entstehung einer Atmosphäre durch Entgasung des Erdmantels, Bildung der Hydrosphäre mit Ozeanen, Wasserdampf und Wolken. Mit dem Entstehen des Wasserkreislaufs und der atmosphärischen Zirkulation war der Zustand der Urlandschaft vor circa 3,8 Milliarden Jahren erreicht, die Komponenten Boden und Bios waren noch nicht vertreten.

Urlandschaft

2. Evolutionsstufe: Biolandschaft
Drei Milliarden Jahre ging die Entwicklung des Lebens nur in den Meeren vor sich. Erst ab der Wende Silur / Devon vor etwa 400 Millionen Jahren erfolgte die Besiedlung des Festlandes. Zunächst wurden die küstennahen Sümpfe durch Sporenpflanzen, wie z. B. Farne, Bärlappe oder Schachtelhalme, besiedelt. Den Pflanzen folgten die Tiere. Im Karbon entwickelten sich Nadelbäume, wie Siegel- und Schuppenbaum. Seit dem Jura, vor allem aber seit dem Tertiär, erfolgte eine rasche Ausbreitung der Blütenpflanzen, Gräser, Kräuter, Laub- und Nadelbäume. Damit waren die Komponenten Bios und Boden zu der Urlandschaft hinzugekommen und es entwickelten sich immer intensivere Beziehungen zwischen den Merkmalen der abiotischen und biotischen Komponenten.

Biolandschaft

3. Evolutionsstufe: Kulturlandschaft
Mit dem Auftreten des Menschen vor circa vier Millionen Jahren begann eine neue Etappe, die Kulturlandschaftsentwicklung. Zur Zeit der Jagd- und Sammelwirtschaft nutzte der Mensch seine natürliche Umwelt und veränderte den Zustand der Biolandschaft nur wenig. Erst mit dem Übergang zum Pflanzenbau und zur Viehhaltung begann die zielgerichtete Umgestaltung der Natur zur Kulturlandschaft. Bewässerungssysteme, großflächige Rodungen von Wald und Umbruch von Steppen waren die ersten einschneidenden Eingriffe. Seit der Industriellen Revolution sind die technologischen Möglichkeiten zur Umgestaltung der Natur zunehmend größer geworden. Die natürliche Umwelt wird immer mehr durch eine vom Menschen gestaltete Umwelt ersetzt. Die nutzungsbedingten Eingriffe führen jedoch auch zu ungewollten negativen Nebenwirkungen (Desertifikation, Bodenerosion, Gewässerbelastung, Luftverschmutzung etc.).

Kulturlandschaft

2 **Von der Urlandschaft zur Kulturlandschaft: Evolutionsstufen der Landschaftsentwicklung**

Methode

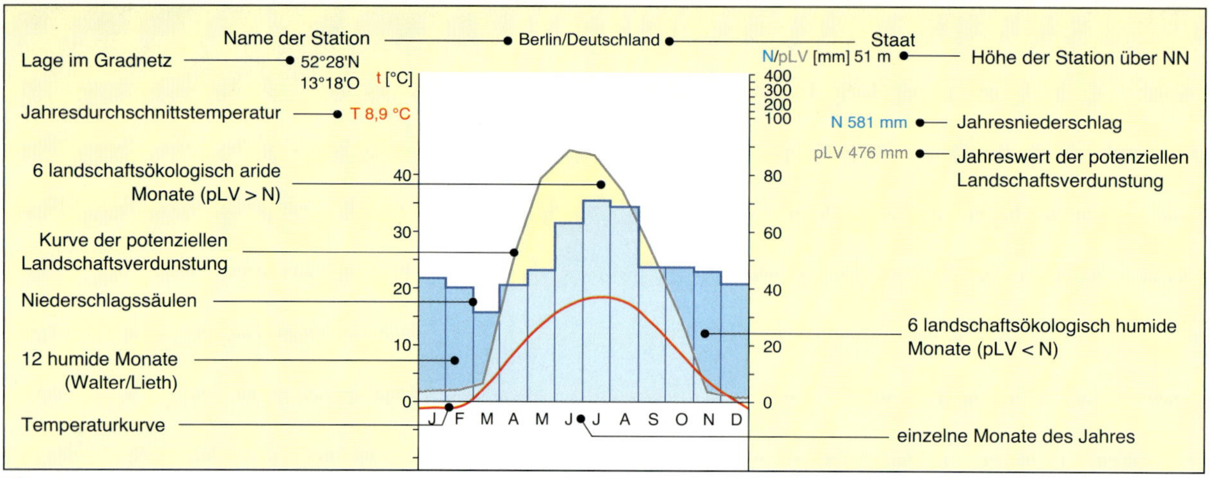

1 Klimadiagramm mit potenzieller Landschaftsverdunstung (pLV)

Interpretation von Klimadiagrammen

Klimadiagramme stellen in einer übersichtlichen und einheitlichen Form die wichtigsten klimatischen Kennzeichen einer Station dar. Jedes Klimadiagramm baut sich aus drei Achsen auf. Die waagerechte gibt die einzelnen Monate des Jahres wieder. Auf der linken senkrechten ist die Temperatur in Grad Celcius, auf der rechten der Niederschlag in Millimeter (= Liter pro Quadratmeter) eingezeichnet. In modernen Diagrammen ist rechts außerdem auch die potenzielle Landschaftsverdunstung (pLV) verzeichnet, die ebenfalls in Millimetern angegeben wird (M1).
Die Temperatur- und Niederschlagswerte auf den beiden senkrechten Achsen werden im Verhältnis 1:2 gegenübergestellt. Dieses Verhältnis beruht auf empirischen Untersuchungen und bringt annähernd die Abhängigkeit der für Pflanzen zur Verfügung stehenden Niederschlagsmenge von der jeweiligen Temperatur zum Ausdruck. Damit lassen sich humide (N über T) und aride (N unter T) Klimaverhältnisse grob ablesen.
Korrekte Werte sind bei der Gegenüberstellung der monatlichen Niederschläge (N) zu den pLV-Werten zu erkennen. Auf diese Weise lassen sich humide (N ≥ pLV, dunkelblaue Fläche) und aride Zeiträume (N < pLV, gelbe Fläche) exakter definieren.
Zeichnen Sie das Klimadiagramm von Dresden und eines weiteren Ortes (M3). Werten Sie diese aus (M2) und vergleichen Sie.

1. Beschreibung der Lage des Ortes: Geographische Breite und Länge (Nord- oder Südhalbkugel!), Höhenlage, Lage zum Meer, Nähe zu Gebirgen etc., regionale Besonderheiten (Tal-, Hang-, Berglage, Landnutzung etc.)
2. Untersuchung der Temperaturwerte: Jahresdurchschnittstemperatur, Maximum/Minimum der Temperatur (Wert, Monat) sowie Besonderheiten im jahreszeitlichen Temperaturverlauf (z.B. Maximum vor/nach sommerlicher Regenzeit usw.), Jahresamplitude (Maximum – Minimum), Zuordnung zu einem Typ des Jahresganges der durchschnittlichen Lufttemperatur (M4)
3. Untersuchung der Niederschlags- und pLV-Werte: Jahressummen, Maxima/Minima der Niederschläge (Regen- und Trockenzeiten) und der pLV (Werte, Monate), Anzahl und jahreszeitliche Verteilung der humiden und ariden Monate, Zuordnung zu einem Typ des Jahresganges der durchschnittlichen Niederschlagssumme (M5)
4. Zuordnung der Station zu einer Klimazone und zu einem Klimatyp: Kombination Typ des Jahresganges der durchschnittlichen Lufttemperatur und des Jahresganges der durchschnittlichen Niederschlagssumme
5. Erklärung möglicher Ursachen für die klimatischen Gegebenheiten des Ortes: Globale atmosphärische Zirkulation, regionale/lokale Besonderheiten
6. Beurteilung der Auswirkungen der klimatischen Gegebenheiten auf Böden, natürliche Vegetation und landwirtschaftliche Nutzungsmöglichkeiten

2 Algorithmus zur Interpretation eines Klimadiagramms

Klimastation			J	F	M	A	M	J	J	A	S	O	N	D	Jahr
Dresden (Deutschland)	t	°C	−1	−1	3	8	13	16	18	18	14	9	4	0	9
51° N, 13° O, 246 m	N	mm	38	36	37	46	63	68	109	72	48	52	42	37	648
	pLV	mm	2	2	5	43	68	80	95	89	59	40	20	11	549
Assuan (Ägypten)	t	°C	16	17	21	26	31	33	33	33	31	28	23	17	26
24° N, 32° O, 111 m	N	mm	0	0	0	0	2	0	0	0	0	1	0	0	3
	pLV	mm	24	28	36	46	54	58	60	59	55	47	34	26	526
Alice Springs (Australien)	t	°C	28	27	25	20	15	12	12	14	18	23	25	27	21
24° S, 133° O, 579 m	N	mm	44	34	28	10	15	13	7	8	7	18	29	39	252
	pLV	mm	50	48	41	32	23	17	17	22	29	38	43	47	407
Cuzco (Peru)	t	°C	16	16	16	15	16	15	15	15	15	16	16	16	16
20° S, 80° W, 3312 m	N	mm	151	139	106	39	12	2	5	6	27	52	77	134	750
	pLV	mm	44	42	43	31	31	31	30	32	34	36	53	48	456

3 Klimawerte ausgewählter Stationen

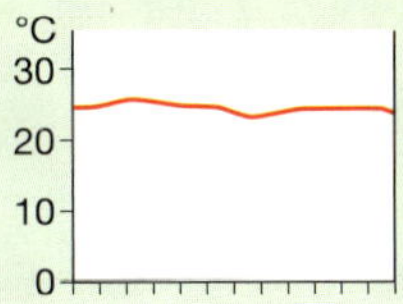

Äquatorialtyp: alle Monate über 18°C

sehr geringe Jahresschwankungen, schwache Doppelwelle, Tageszeitenklima, Sonnenhöhe sehr steil bis senkrecht, zwei Zenitdurchgänge, Tageslänge gleichbleibend 12 Stunden

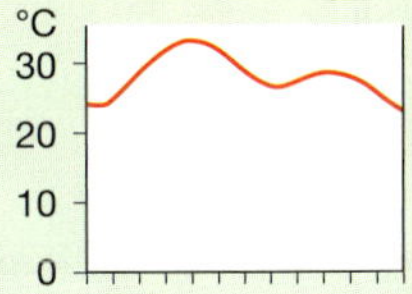

Indischer Typ: alle Monate über 18°C

Doppelwelle, Hauptmaximum bei Zenitstand vor Einsetzen der Regenzeit, Nebenmaximum nach Ende der Regenzeit

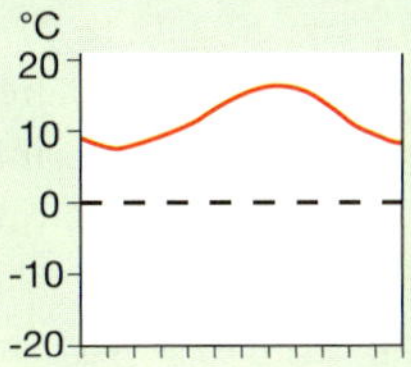

Ozeanischer Typ

einfache Jahreswelle mit geringer Jahresschwankung, starke Verzögerung des Maximums gegenüber dem Sonnenhöchststand. Begründung: vertikaler Wärmetransport im Meer infolge Durchmischung, hohe spezifische Wärme des Wassers (Ozeane als hervorragende Wärmespeicher), Verbrauch von Verdunstungswärme (Wasser schluckt Sonnenenergie)

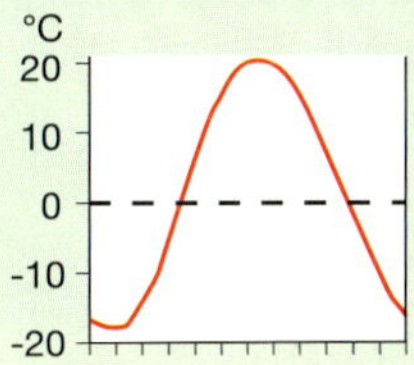

Kontinentaler Typ

einfache Jahreswelle mit großer Jahresschwankung, geringe Verzögerung des Maximums gegenüber dem Sonnenhöchststand. Begründung: vertikaler Wärmetransport und spezifischer Wärmeverbrauch an der Festlandoberfläche sowie Verbrauch an Verdunstungswärme gering, deshalb im Sommer starke Erhitzung, im Winter starke Abkühlung

4 Typen des Jahresganges der durchschnittlichen Lufttemperatur

Passattyp

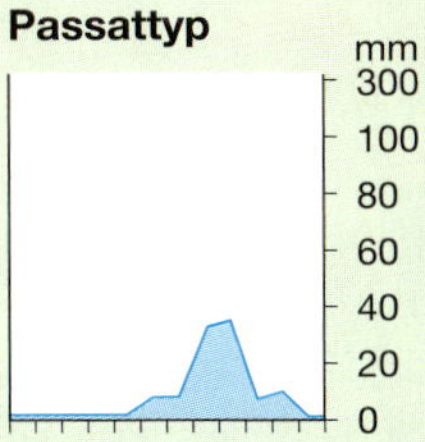

ständig niederschlagsarm, im Ostteil der tropischen Ozeane und in den angrenzenden Kontinenten mit stabiler Temperaturschichtung in der Passatströmung

Monsuntyp

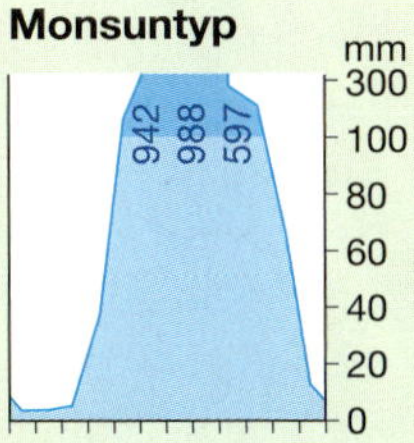

ausgeprägte Regenzeit in der labilen Luftschichtung der Äquatorialluft, Konvektionsniederschlag, Trockenzeit während der Passatströmung

Äquatorialtyp

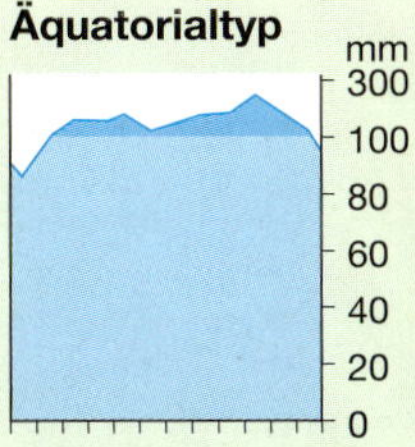

ganzjährig hoher Niederschlag in der labilen Luftschichtung der Äquatorialluft, Konvektionsniederschlag, zwei Maxima nach den Zenitdurchgängen der Sonne

Ozeanischer Typ

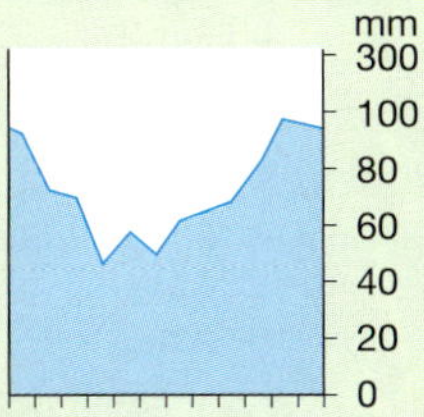

ganzjährig hoher Niederschlag, Maximum im Herbst und Winter. Begründung: ganzjährig Zyklonen mit Aufgleitniederschlag und Steigungsregen

Kontinentaler Typ

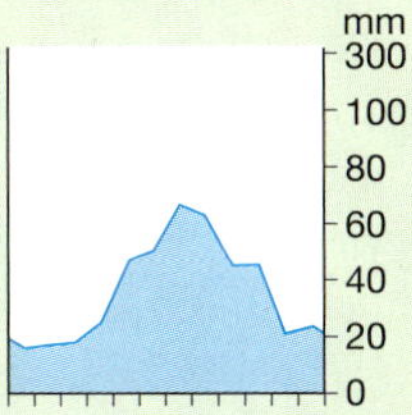

ganzjährig mäßiger Niederschlag, Maximum im Sommer. Begründung: ganzjährig Zyklonen mit Aufgleitniederschlag, im Sommer auch Konvektionsniederschlag

Subtropischer Typ

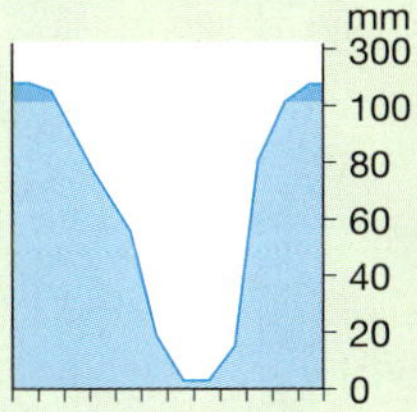

Niederschlagsmaximum im Winter, im Sommer geringer Niederschlag. Begründung: Zyklonen im Winter mit Aufgleitniederschlag, subtropisches Hoch mit Konvektionsniederschlägen im Sommer

5 Typen des Jahresganges der durchschnittlichen Niederschlagsmenge

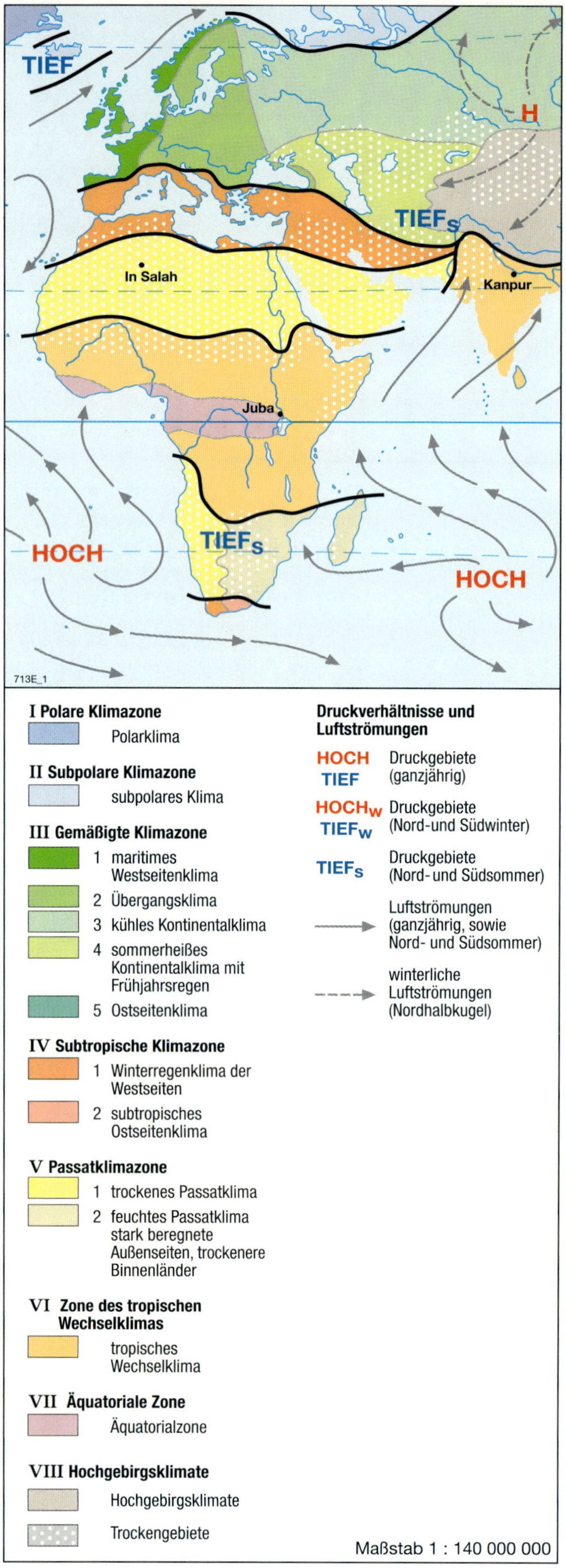

1 **Klimaklassifikation von E. Neef (Ausschnitt)**

6.5 Die klimatische Großgliederung der Erde

Unter Klima wird der durchschnittliche Witterungsablauf innerhalb eines längeren Zeitraumes definiert. Mithilfe von Klimaklassifikationen können die langjährig charakteristischen Merkmale eines Klimas systematisch dargestellt werden.

Die Klassifikation nach Neef (M1) bringt die Zusammenhänge zwischen der planetarischen Zirkulation und der Klimazonenanordnung zum Ausdruck. Ausgangspunkt für die Klimazonengliederung sind die Verteilung der Luftdruckgebiete und die Anordnung der Windgürtel. Entsprechend einer ganzjährigen Vorherrschaft oder einem jahreszeitlichen Wechsel von Windgürteln werden vier Hauptklimazonen oder stetige Klimate und drei Subklimazonen oder alternierende Klimate unterschieden.

In den Hauptklimazonen dominieren ganzjährig einheitliche Windgürtel, die Luftmassen mit charakteristischen Eigenschaften heranführen. In den Subzonen wechseln die Luftströmungen zwischen Winter- und Sommerhalbjahr und damit treten verschiedene Luftmassen auf. Entsprechend dem Sonnenstand verlagern sich die Luftströmungen im Nordsommer nordwärts, im Südsommer südwärts.

Aufgrund der thermischen Gegensätze zwischen Ozeanen und Kontinenten werden vor allem in den Bereichen großer Kontinentmassen (Eurasien, Nordamerika) die Zonen in Klimagebiete mit stärker ozeanischem und stärker kontinentalem Einfluss unterschieden. Ein weiteres Gliederungskriterium sind die klimatischen Unterschiede zwischen den West- und Ostseiten der Kontinente, die durch kalte und warme Meeresströmungen und wechselnde Strömungsrichtungen der Luft hervorgerufen werden.

Die großen Hochgebiete der Erde (zentralasiatisches Hochland, Anden, Kordilleren) werden als selbstständige Klimaregionen angegeben.

Neben der Verbreitung und Abgrenzung der Klimazonen sind in der Karte jeweils über den Ozeanen die ganzjährig ausgebildeten Hochdruckzellen (zum Beispiel Azorenhoch) und die subpolaren Tiefdruckgebiete (zum Beispiel Islandtief) mit den entsprechenden Strömungspfeilen der Zellen dargestellt. Als weitere Druckgebiete enthält die Karte das winterliche thermische Kältehoch über Sibirien sowie die sommerlichen subtropisch / tropischen Hitzetiefs über den Kontinenten. Außerdem sind wesentliche Bestandteile des planetarischen Windsystems durch Pfeile dargestellt.

Aufgabe

Nennen Sie stetige und alternierende Klimate und erklären Sie deren Entstehung (M1).

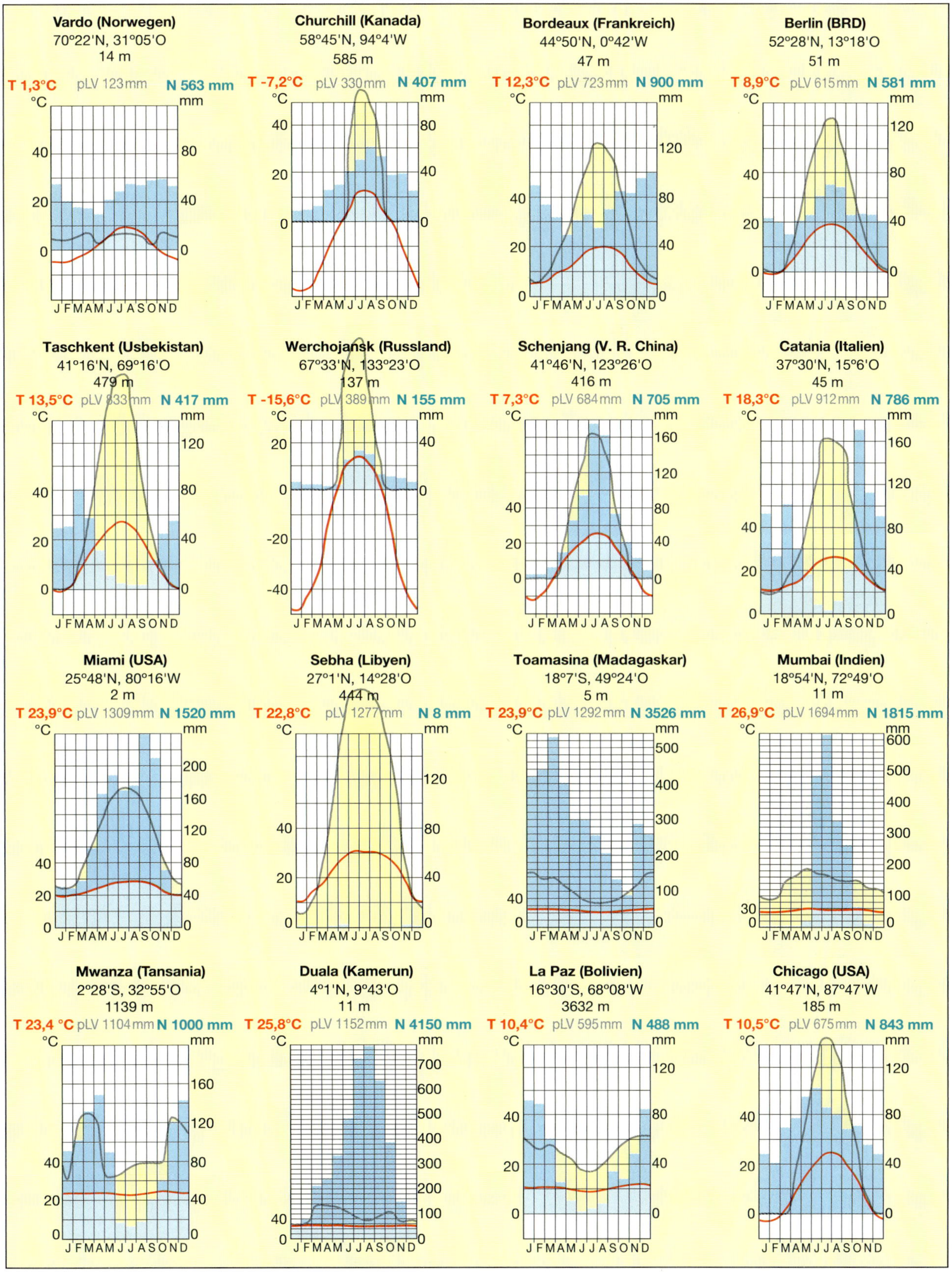

2 Klimadiagramme aus verschiedenen Klimazonen der Erde

6.6 Die geographischen Zonen nach Bramer

Die Beleuchtungszonen der Erde sind die Rahmenbedingungen für die Ausbildung geographischer Zonen. In Abhängigkeit von der geographischen Breite und dem Strahlungshaushalt erfolgt die Einteilung der Erdoberfläche in drei geographische Gürtel: Im tropischen Gürtel (40% der Erdoberfläche) zwischen den Wendekreisen bei 23,5° n. Br. und 23,5° s. Br. steht die Sonne zweimal im Jahr im Zenit. Im polaren Gürtel zwischen den Polen und den Polarkreisen bei 66,5° n. Br. bzw. 66,5° s. Br.

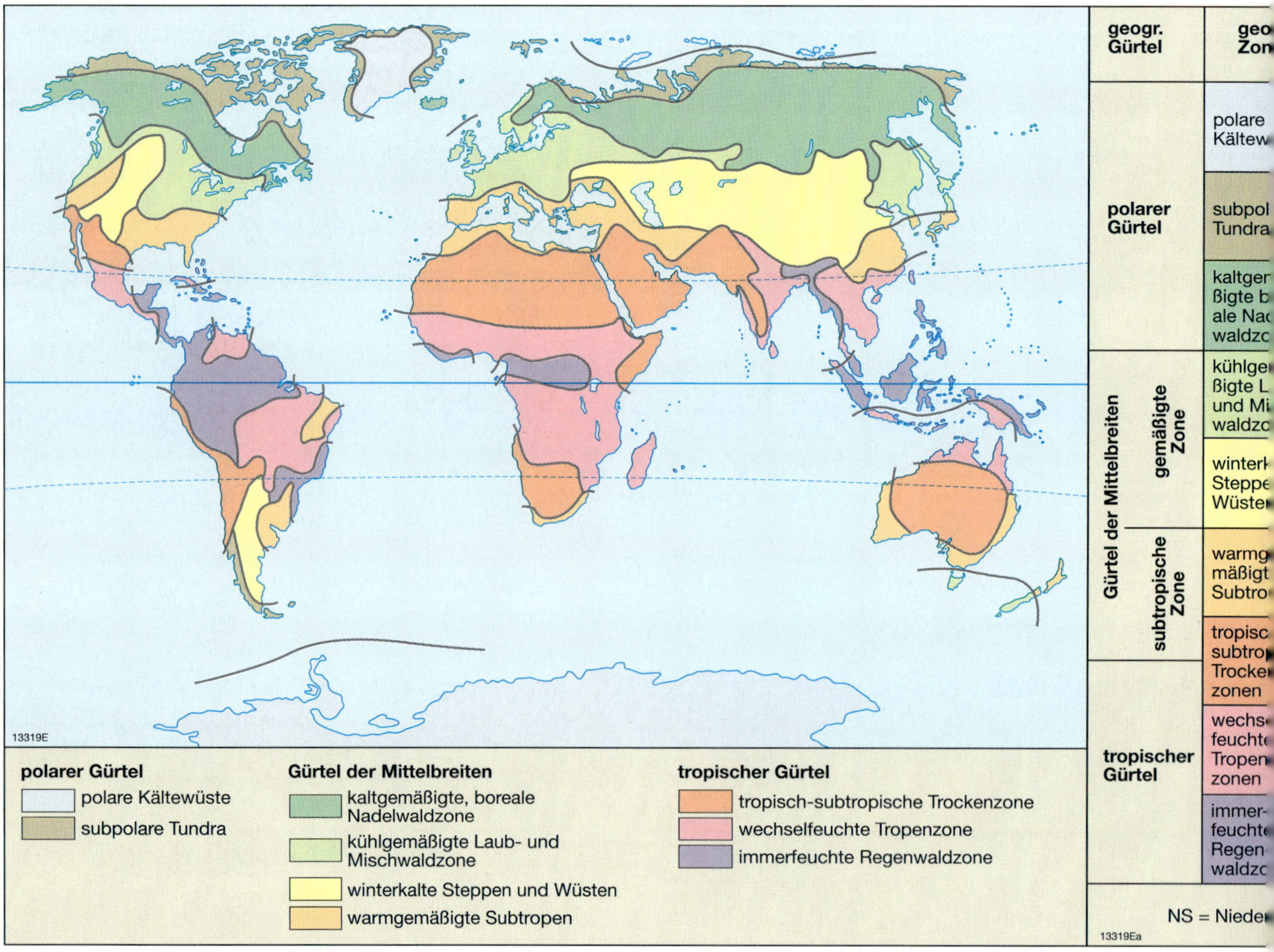

1 **Die geographischen Zonen der Erde nach H. Bramer**

ngemäßigte Subtropen

Winterkalte Steppen und Wüsten

Kühlgemäßigte Laub- und Mischwaldzone

(8 % der Erdoberfläche) beträgt der Einfallswinkel dagegen maximal 47°. Während der Polarnacht bleibt die Sonne sogar ganztägig unter dem Horizont. Im Gürtel der Mittelbreiten (52 % der Erdoberfläche) treten vor allem sehr große Tageslängenschwankungen auf und im Jahresverlauf kommt es zur Ausbildung von Jahreszeiten.

Die Einteilung in geographische Zonen der Erde beruht allerdings im Wesentlichen auf der klimatischen Großgliederung. Zur Einteilung werden weiterhin die davon abhängigen Merkmale des Wassers, der Vegetation und des Bodens sowie ihre Wechselwirkungen herangezogen.

mazone :) NS (mm)	humide Monate	Boden	natürliche Vegetation	agrare und forstliche Nutzung	Abflusskoeffizient (Q/NS)	Vergleich von Zonenmerkmalen: potenzielle jährliche Verdunstung	Abflusshöhe (Q)	Länge der Vegetationsperiode	Biomasseproduktion
es Eisklima <200	12	Strukturböden weitgehend ohne Bodenbildung	weitgehend pflanzenfrei, Kältewinde	ohne landwirtschaftliche Nutzung	0,60	○	◔	○	○
olares Klima <300	12	Tundragleye und braune arktische Böden, Moorböden	Tundra, subpolare Wiesen, flechtenreich	ohne Anbau, nomadische Weidewirtschaft	0,55	○	◔	◔	◔
mäßigte Zone 300 – 600	12	Podsole und Moorböden	Taiga, artenarme Nadelwälder, Moore	Waldwirtschaft, kleinflächige Landwirtschaft mit schnellreifenden Kulturpflanzen (Roggen, Kartoffeln)	0,5	◔	◑	◑	◔
emäßigte Zone 400 – 700	12	Braunerden, Parabraunerden	sommergrüne Laub- und Mischwälder mit Heiden	großflächig Ackerbau, Mischviehhaltung, Waldwirtschaft, Sonderkulturen	0,35	◑	◑	◕	◑
em. Steppen /üstenklimate 100 – 500	2–8	Schwarzerden, Salzböden, Wüstenböden	kalte Steppen (artenreich, Gräser und Kräuter bis Zwergstrauch), Halbwüsten	großflächig Ackerbau, Getreide und Sonderkulturen, extensive Weidewirtschaft	0,2 bis < 0,03	◕	○	◔	◔
gemäßigte openzone 1 400 – 1200	6–12	braune und rote mediterrane Böden, Rendzinen	artenreiche Hartlaubflora, Hochgrasfluren	Landwirtschaft mit frostempfindlichen und trockenresistenten Kulturen z.T. Bewässerungswirtsch.	0,15–0,25	◕	◔	◕	◑
p.-tropische enklimate 8 <100 – 400	0–4	braune und rotbraune Böden, Vertisole, Wüsten- und Halbwüstenböden	Dornstrauch- und Sukkulentenflora, artenarm, offene Kurzgrasfluren	Anbau mit Bewässerungswirtschaft, nomadische Viehhaltung, Anbau trockenheitsresistenter Pflanzen	0,08 bis < 0,03	●	○	○	○
erfeuchtes nklima 8 400 – >1000	4–10	rotbraune Böden Roterden	Trocken- und Feuchtsavanne mit halbimmergrünen Regenwäldern, Hochgrasfl.	Wanderfeldbau-, Mischkulturen mit wärmeliebenden Kulturpflanzen	0,25 bis 0,35	◕	◕	●	◕
ches waldklima 9 >1500	12	Rotlehme, Laterite	artenreicher immergrüner Regenwald, Mangrove	Wanderfeldbau, Plantagenwirtschaft, feuchte- und wärme-liebende Kulturpflanzen	0,50	◕	●	●	●

ahresdurchschnitts- mperatur — ● sehr hoher Wert — ◕ hoher Wert — ◑ mittlerer Wert — ◔ kleiner Wert — ○ sehr kleiner Wert

Kaltgemäßigte boreale Nadelwaldzone

Subpolare Tundra

Polare Kältewüste

Die Möglichkeiten der Landnutzung sind in den einzelnen geographischen Zonen sehr verschieden. Ihre Nutzung hängt in starkem Maße von den Merkmalen der landschaftlichen Ausstattung ab. Diese sind vor allem die geoökologischen Hauptmerkmale, wie die klimatisch bedingten Wärme- und Feuchtigkeitsangebote, die Bodenbildungen mit ihrem von der Verwitterung und den Bodenbildungsprozessen abhängigen Nährstoffhaushalt, aber auch Relief- und Gesteinseigenschaften. Daraus ergeben sich für einzelne Zonen Nutzungsbeschränkungen.

So ist der Wärmemangel in der polaren Kältewüste so groß, dass keinerlei landwirtschaftliche Nutzung möglich ist, während in den kalt- oder kühlgemäßigten Mittelbreiten eine durch Wärmemangel nur jahreszeitlich auftretende Einschränkung vorliegt. In Abhängigkeit von der Länge der Vegetationsperiode sind somit unterschiedliche land- und forstwirtschaftliche Nutzungen möglich.

In den tropisch-subtropischen Trockengebieten ist es der Wassermangel, der nur eine extensive Wanderweidewirtschaft zulässt. Nur bei künstlicher Bewässerung kann Feldbau betrieben werden. In den Randgebieten erfolgt eine kleinbäuerliche Landnutzung mit trockenheitsresistenten Kulturpflanzen, wie Hirse und Erdnuss. Auch in den winterkalten Steppen und Wüsten der mittleren Breiten ist der Wassermangel der entscheidende einschränkende Faktor, sodass die Landwirtschaft nur mit großem natürlichen Risiko betrieben werden kann, obwohl zum Beispiel die Wärme- und Nährstoffversorgung sehr gut ist.

Optimale Bedingungen für das Pflanzenwachstum gibt es in der immerfeuchten Regenwaldzone. Erst in der Folge von Rodungen kommt es durch den Eingriff des Menschen in die Natur zu Veränderungen im Wasserhaushalt, zu Bodenerosion und zu Veränderungen im Nährstoffkreislauf. Sie führen zu Ertragsminderungen oder Ertragsausfällen.

Die primären Ökosysteme der geographischen Zonen wurden durch das menschliche Wirtschaften derart verändert, dass heute vor allem sekundäre Ökosysteme vorherrschen.

Räume mit einem bestimmten ökologischen Potenzial bieten bestimmten Kulturpflanzen bessere Standortbedingungen als andere. Die natürliche Konkurrenz unter den Pflanzen wird durch den Menschen weitgehend ausgeschaltet. Düngung, Zucht, wirtschaftliche Bedürfnisse, Entwicklung der Agrartechnik und Bevölkerungswachstum prägen immer stärker die standörtlichen Bezüge der Landnutzung.

Aufgaben

1. Begründen Sie, warum man bei der Charakteristik der geographischen Zonen immer von der Klimacharakteristik ausgeht.
2. Erklären Sie die Beziehungen zwischen Temperatur, Niederschlagsmenge und Verdunstung.
3. Nennen Sie die Merkmale, von denen die Bioproduktion abhängig ist.
4. StellenSie die wichtigsten Merkmale der heimischen Zone (kühlgemäßigte Laub- und Mischwaldzone) nach dem Landschaftskomponentenmodell zusammen und beschreiben Sie die Zusammenhänge (M3, Seite 149).
5. Überlegen Sie, wie sich die Werteverteilung für die einzelnen Zonen bezüglich der Merkmale jährliche Globalstrahlung, Jahresniederschläge und Jahresmitteltemperaturen von Nord nach Süd und von West nach Ost verändert. Begründen Sie Merkmalszusammenhänge.
6. Erläutern Sie die verschiedenen einschränkenden Faktoren der Landnutzung in den einzelnen Zonen. Stellen Sie die Grenzen landwirtschaftlicher Nutzung auf einer Erdkarte graphisch dar.
7. Nennen und begründen Sie, welche geographischen Zonen lebensfeindlich sind.

Geo-Exkurs

Grundlagen der geographischen Zonierung

Unter geographischen Zonen versteht man große Naturräume des Festlandes mit charakteristischen Merkmalen der Naturausstattung und Naturprozesse, die im Wesentlichen auf die breitenkreisparallele Ausbildung des Strahlungshaushaltes und des klimatischen Wasserhaushaltes zurückzuführen sind. Daraus ergibt sich der grundlegende nordsüdliche Anordnungsaspekt der geographischen Zonen, der mehr oder minder durch die anderen Ordnungskriterien modifiziert werden kann. Diese sind in der geosphärischen Dimension:

- der zonale Aspekt: Der zonale Wandel beruht vor allem auf dem vom Pol zum Äquator hin sich ständig ändernden Einfallswinkel der Sonnenstrahlen und der unterschiedlichen Niederschlagsverteilung. Dies führt in der Abhängigkeit von der Land-Meer-Verteilung sowie der Anordnung großer Gebirge zu Veränderungen in den klimatischen Merkmalen, im Wasserhaushalt, in der Bodenbildung und der Vegetation.
- der West-Ost-Seiten-Gegensatz: In ihm kommen die unterschiedlichen Klimaerscheinungen in Abhängigkeit von kalten und warmen Meeresströmungen zur Geltung (M1).
- der zentral-periphere Gegensatz: Der zentral-periphere Gegensatz drückt die Veränderungen mit dem zunehmenden Vordringen vom Rand in das Innere eines Kontinents aus. So verändern sich zum Beispiel bei großen Kontinentmassen die Niederschlagsverhältnisse und die Temperaturen trotz gleicher Breitenlage und gleicher Sonneneinstrahlung zwischen Kontinentrand und Kontinentinnerem beträchtlich (M1).
- der höhenabhängige (hypsometrische) Gegensatz: Der hypsometrische Gegensatz zeigt die Abhängigkeit und den Wandel geographischer Sachverhalte mit zunehmender Höhenlage, wie zum Beispiel die Höhenstufen der Vegetation (M2).

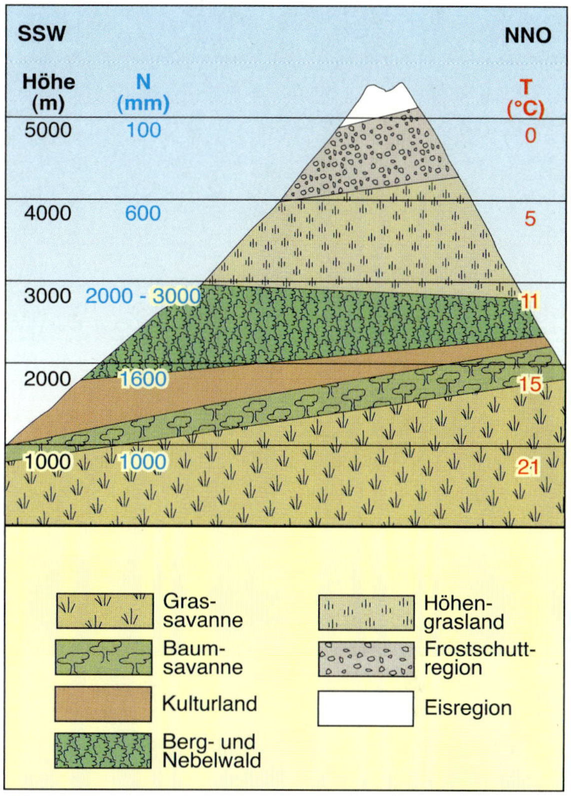

2 Höhenstufen der Vegetation am Kilimandscharo

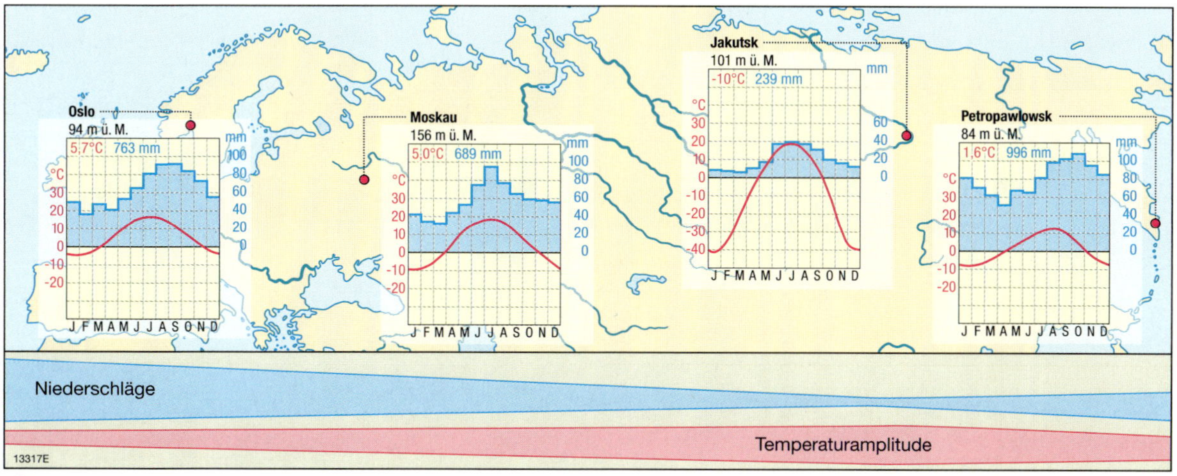

1 West-Ost-Seiten- und zentral-peripherer Gegensatz

7 Analyse der Raumnutzung in Landschaftszonen

1 Holzernte in der kaltgemäßigten Nadelwaldzone Kanadas / Olivenhain in den mediterranen Subtropen (Hinterland

Aufgaben für Raumanalyse

1. Formulieren Sie mithilfe der Materialien auf den Seiten 166/167 sowie 178/179 jeweils eine problemorientierte Leitfrage zur Raumanalyse der kaltgemäßigten Nadelwaldzone beziehungsweise der mediterranen Subtropen.
2. Finden Sie für die Materialien der jeweiligen Folgeseiten geeignete Teilfragen.
3. Werten Sie die Materialien hinsichtlich der Teilfragen aus. Beziehen Sie das Strukturmodell der Landschaft in Ihre Arbeit ein. Beantworten Sie abschließend die Leitfrage.
4. Präsentieren Sie Ihre Arbeitsergebnisse in einer geeigneten Form.

r Costa Brava, Spanien)

Noch gibt es in Europa unberührte Urwälder. Wälder, die ein wildes Stück Natur geblieben sind. In ihnen sterben die Bäume noch an Altersschwäche, Braunbären mit ihren Jungen stromern durch das Unterholz und abends heulen die Wölfe. Doch diese scheinbar unbegrenzte Natur schrumpft rapide – besonders auch in Russland. Holznutzung, Straßenbau und Pipelines, Bergbau oder Ölförderung zerschneiden die Urwälder in kleine Fragmente. Nur noch knapp 2,9 Millionen der einst 9 Millionen Quadratkilometer borealer russischer Waldlandschaften sind intakt. Im europäischen Teil Russlands sind es sogar gerade noch neun Prozent oder 320 000 Quadratkilometer der gesamten Waldfläche.

Finnische Unternehmen gehören zu den weltgrößten Papier- und Zellstoffherstellern. Trotz zahlreicher Proteste und Verhandlungen verkochen Holz verarbeitende Firmen bis heute Holz aus den nördlichen Urwäldern Finnlands zu Zellstoff, der auch nach Deutschland, Finnlands wichtigstem Papierkunden, geliefert wird. So verlässt zum Beispiel jede Woche ein großer Papierfrachter voll beladen mit Papierrollen und Papierbögen die finnischen Ostseehäfen Kemi und Oulu und läuft drei Tage später in Lübeck-Travemünde ein. Es ist daher anzunehmen, dass auch die aktuell eingeschlagenen finnischen Urwälder zu Papier für deutsche Wochenmagazine, Kataloge, Werbebroschüren, Briefumschläge oder Klopapier verarbeitet werden.

In Quebec (Kanada) gibt es noch intakte Urwaldlandschaften von über 660 000 Quadratmetern – einer Fläche fast doppelt so groß wie Deutschland. Die borealen Waldlandschaften von Kanada und Russland binden als größte Kohlenstoffspeicher an Land weit über 50 Prozent des Kohlenstoffs. Ihr Erhalt ist daher für das globale Klima sehr wichtig. Darüber hinaus sind die über zehn Millionen Ureinwohner Kanadas vom intakten Wald und sauberen Flüssen in den Waldregionen abhängig. Trotz ihrer hohen Bedeutung sind nicht einmal zehn Prozent der kanadischen Wälder geschützt. Die Öl- und Gasförderung, Bergbau oder der Bau von Wasserkraftanlagen zerstören weiter die Urwälder. Kahlschläge von über 100 Quadratkilometern sind bis heute traurige Realität.

1 Drei Meldungen aus der borealen Nadelwaldzone

2 Boreale Nadelwaldzone – Naturwald

7.1 Fragengeleitete Raumanalyse – Beispiel: kaltgemäßigte Nadelwaldzone

„Habt Ehrfurcht vor dem Baum, er ist ein einziges großes Wunder; Euren Vorfahren war er heilig. Die Feindschaft gegen den Baum ist ein Zeichen der Minderwertigkeit eines Volkes und von niederer Gesinnung des Einzelnen.“
Alexander von Humboldt

„Viele Bäume sind ein Wald.“ Obwohl Bäume das äußere Erscheinungsbild der Wälder prägen, ist diese auf den ersten Blick einsichtig erscheinende Volksmeinung ungenau, denn Wälder sind komplexe Ökosysteme, die sich aus den verschiedenen Lebensformentypen und unterschiedlichen Tiergemeinschaften zusammensetzen.

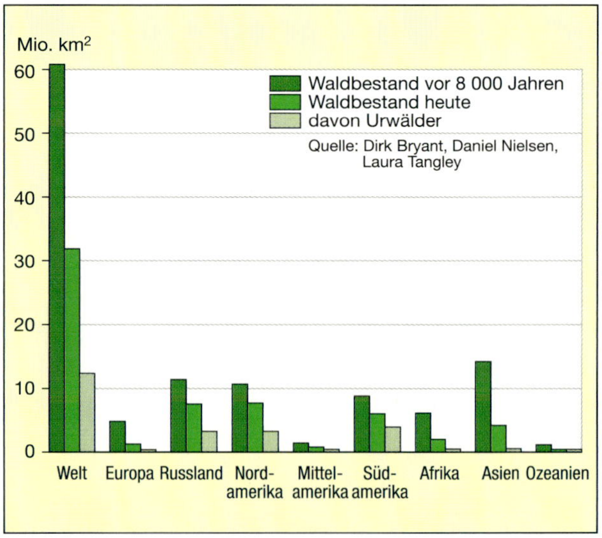

3 Weltweite Entwicklung des Waldbestandes

4 Eingriff des Menschen: Ölverschmutzung in Sibirien

6 Umweltschützer in Aktion

Die Lebewesen des Waldes sind dabei durch Wechselwirkungen und Kreisläufe eng mit den abiotischen Umweltfaktoren und untereinander verflochten.

Wälder sind auf der Erde die dominierende Vegetationsformation: Über 90 % der gesamten Biomasse ist in Wäldern gespeichert, mehr als die Hälfte der gesamten jährlichen Biomasseproduktion erfolgt in ihnen und etwa ein Drittel der Landfläche wird von ihr eingenommen. Auf der Erde sind zwei geschlossene natürliche Waldformationen zu unterscheiden: Die Wälder der gemäßigten Zone, dazu gehören die kaltgemäßigten bzw. borealen Nadelwälder und die sommergrünen Laub- und Mischwälder, und die immergrünen tropischen Regenwälder in Äquatornähe.

Doch diese Wälder sind in ihrer Existenz beziehungsweise ihrer natürlichen Ursprünglichkeit bedroht. Die sommergrünen Laub- und Mischwälder sind seit dem Mittelalter nahezu vollständig forstwirtschaftlichen Nutzwäldern oder Ackerland gewichen. Heute dringt der Mensch immer schneller und weiter in die letzten riesigen Urwälder im Norden Amerikas und Eurasiens sowie in den immerfeuchten Tropen vor. Während die Abholzung des Regenwaldes in den Medien allgegenwärtig ist, bleibt der Raubbau in der kaltgemäßigten Nadelwaldzone von den meisten Menschen nahezu unbemerkt. Dabei wandert die Einschlaggrenze in Kanada täglich auf breiter Front zwischen Atlantik und Pazifik nach Norden und die sibirische Taiga wird mit Kahlschlägen vom Fernen Osten her aufgerissen. Von den europäischen nördlichen Nadelwäldern sind nur noch wenige Prozente der Fläche im naturnahen Zustand vorhanden.

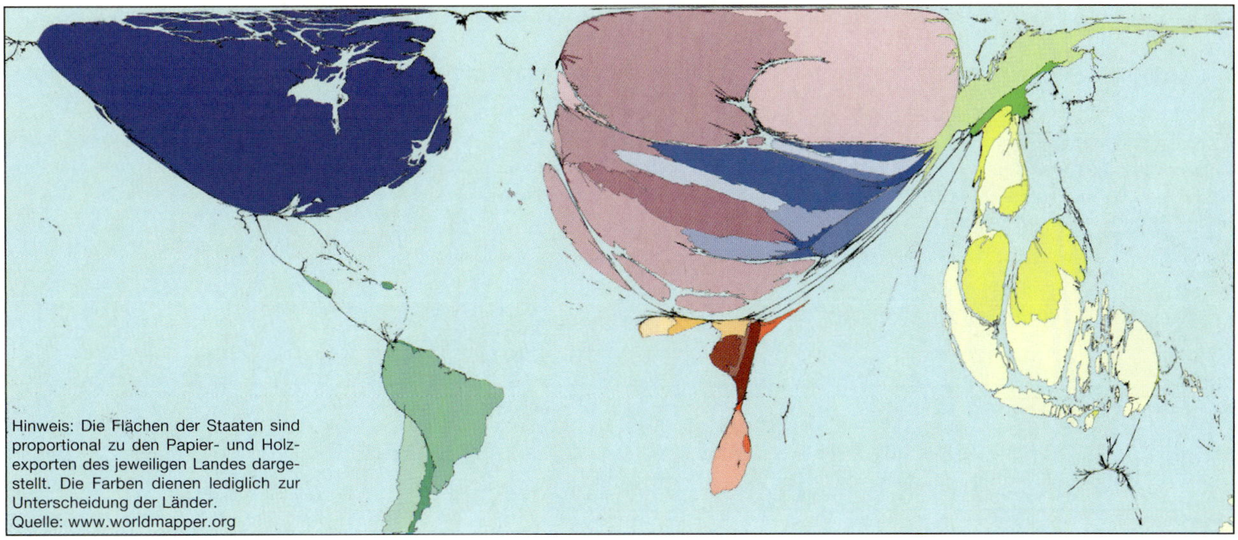

5 Holz- und Papierexporte weltweit

1 **Natürlicher borealer Nadelwald**

Länder mit borealem Nadelwald	Waldfläche (Mio. ha)	davon Moorfläche (Mio. ha)	wirtsch. produktive Waldfläche (Mio. ha)	Anteil borealer N.-Wald an der Ges.-waldfläche (%)
Norwegen	9,6		8,1	80
Schweden	28,0	20	23,1	75
Finnland	23,4		20,1	98
Russland	886,0	136	600,0	90
Kanada	453,3	89	227,0	75
Alaska/USA	52,2	11	8,5	k. A.
Mongolei	15,0	k. A.	14,0	78
Hokkaido/Japan	5,6	k. A.	k. A	k. A.
Nordost-China	47,4	k. A.	28,5	k. A.

Quelle: Fenner, R.: Taiga. Die borealen Wälder – Holzmine für die Welt?

2 **Verbreitung des borealen Nadelwalds**

Klima und Vegetation

Große Temperaturunterschiede zwischen Sommer und Winter, lange und extreme Fröste und eine maximal fünfmonatige Vegetationsperiode – nur wenige Baumarten können bei solchen klimatischen Verhältnissen wachsen. Dennoch bildet der boreale Nadelwald (griech.: boreas = Norden, Nordwind) einen nahezu geschlossenen und unterschiedlich breiten Waldgürtel zwischen 45° und 70° N aus (M3). Dieser im sibirischen Teil auch als Taiga (jakutisch = Wald) bezeichnete Wald wird von Nadelbäumen dominiert. Nur vier Nadelholzgattungen bestimmen das Aussehen des flächengrößten Waldgebietes der Erde: Fichte, Kiefer, Tanne und Lärche, wobei häufig über Tausende Quadratkilometer nur eine Baumart vorherrscht.

Immergrüne Nadelbäume können im Frühjahr wesentlich schneller mit der Fotosynthese beginnen als Laubbäume und nutzen so die kurze Vegetationsperiode vollständig aus. Außerdem sind die wachsüberzogenen Nadeln frost-

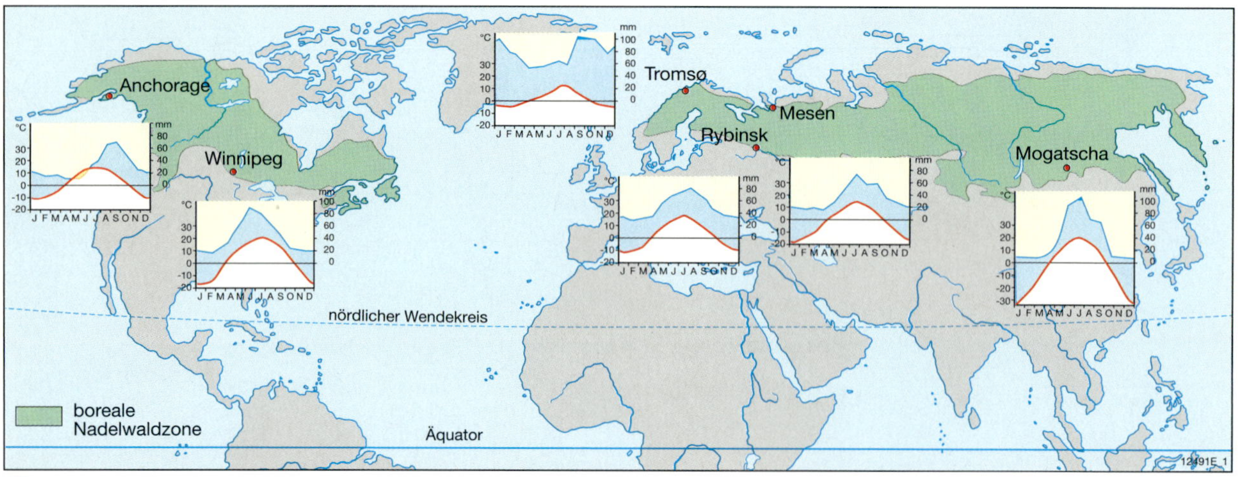

3 **Verbreitung der borealen Nadelwaldzone auf der Erde**

härter als Laubblätter und können der sommerlichen Trockenheit und der Frosttrocknisgefahr im Frühjahr besser widerstehen. Im extrem kalten kontinentalen Sibirien mit Wintertemperaturen bis maximal -60 °C können nur noch Lärchen wachsen, die durch ihren Nadelabwurf diese extremen Wintertemperaturen überleben. In den borealen Wäldern kommen aber auch Laubbäume wie Pappeln und Birken als laubabwerfende Arten vor. Sie sind häufig Pionierpflanzen nach Feuerereignissen. Die Kraut- und Strauchschicht dieser Wälder ist ebenfalls artenarm und wird wie bei den Bäumen häufig über große Flächen von einer Art geprägt. Die Waldflächen werden immer wieder durch großflächige Sümpfe unterbrochen. Ein Fünftel der borealen Nadelwaldzone wird durch Moore bestimmt, die in Nordwest-Kanada und der westsibirischen Tiefebene ihre größte Ausdehnung besitzen (M1, M2).

Aufgrund der kurzen Vegetationsperiode ist der jährliche Holzzuwachs sehr gering und die Bäume erreichen kaum Höhen über 20 Meter. Totes organisches Material wird nur sehr langsam zersetzt. Mit zunehmendem Alter eines Waldbestandes sind dadurch fast alle Nährstoffe in der Vegetation oder in der Streu gebunden, sodass der Nährstoffkreislauf unterbrochen wird. Erst durch Feuer wird dieser wieder in Gang gesetzt. Durch die Feuer, aber auch Insektenschäden oder Windwurf werden immer wieder neue Sukzessionsprozesse ausgelöst, sodass der boreale Nadelwald ein großflächiges Mosaik verschiedener Waldbestände nach Dichte, Höhe, Schichtung und Alter bildet.

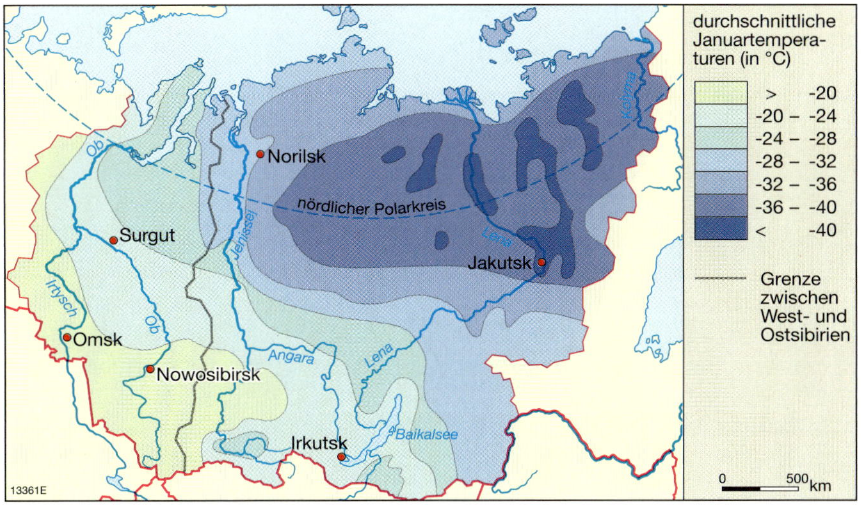

4 **Sibrien: durchschnittliche Januartemperatur**

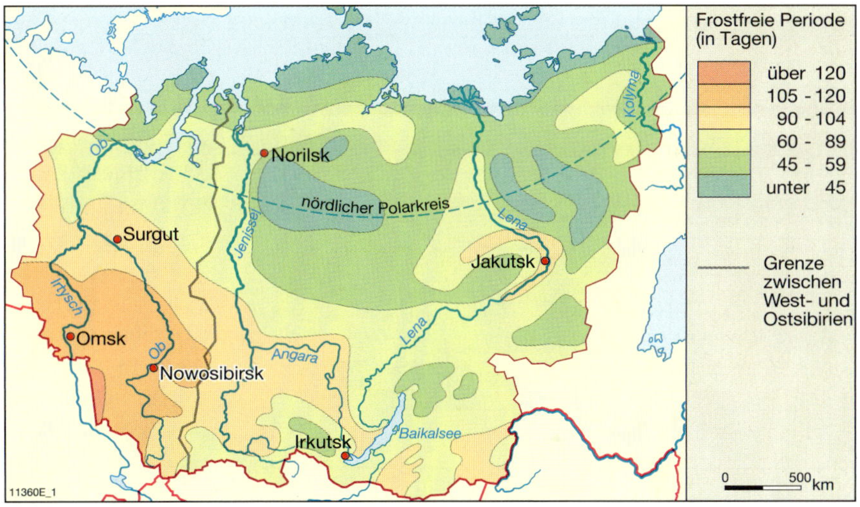

5 **Sibirien: frostfreie Periode (in Tagen)**

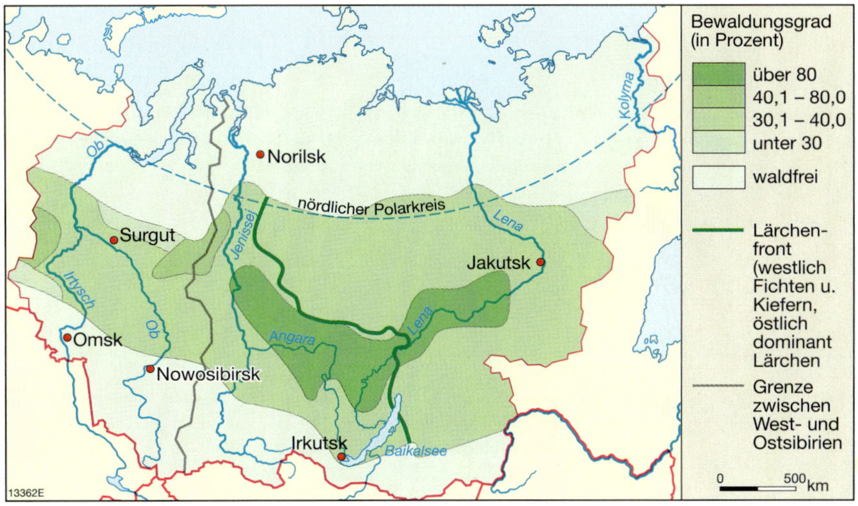

6 **Sibirien: Bewaldungsgrad**

	Wolga	Nördl. Dwjna	Ob
Januar	0,42	0,31	0,36
Februar	0,33	0,25	0,32
März	0,31	0,22	0,26
April	1,99	0,68	0,24
Mai	4,36	4,09	0,84
Juni	1,23	2,13	2,74
Juli	0,61	0,84	2,46
August	0,49	0,66	1,98
September	0,53	0,72	1,02
Oktober	0,57	0,91	0,84
November	0,62	0,77	0,56
Dezember	0,52	0,44	0,36

Zahlen = mittlerer monatlicher Abfluss geteilt mittlerer Jahresabfluss

Im Vergleich zu anderen humiden Regionen der Erde sind die Jahresniederschläge mit 250 bis 500 mm relativ gering. Die insgesamt kühle Witterung reduziert die Verdunstung, sodass ganzjährig humide bzw. nivale Verhältnisse herrschen. Die höchsten Niederschlagsmengen fallen im Sommer. Im Winter hemmen dagegen die dominierenden kontinentalen Kältehochs die Wolkenbildung.

Die Flussdichte ist in den borealen Gebieten sehr hoch. Die Fließgewässer haben jedoch eine sehr unausgeglichene Wasserführung. Der Seen- und Sumpfreichtum ist unter anderem auf die Vielzahl der während der Inlandvereisung entstandenen Hohlformen und den gefrorenen Untergrund zurückzuführen.

1 Geofaktor Wasser

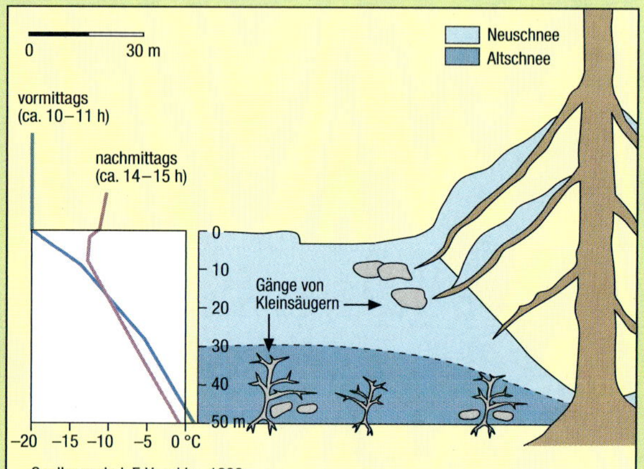

Quelle: nach J. F. Venzkke, 1998

Je nach Region ist die boreale Zone zwischen 130 und 240 Tage mit einer 50 cm, in Wehen bis zwei Meter hohen Schneeschicht bedeckt. Der Schnee besitzt durch seinen hohen Luftgehalt und seine geringe Wärmeleitkapazität eine beträchtliche isolierende Wirkung. Im Winter finden aktive Tiere hier während extremer Kälteperioden Schutz. Die Schneedecke verhindert bzw. verzögert in Gebieten ohne Permafrost auch das Gefrieren des Bodens. Im Frühjahr kann das Schmelzwasser auf diesen Flächen leichter versickern. In den Wäldern taut die Schneedecke aufgrund der geringeren Einstrahlung bis zu vier Wochen länger ab als z. B. auf freien Moor- oder Kahlschlagflächen. Das verzögert den oberirdischen Abfluss.

2 Geofaktor Schnee

Der Podsol ist der vorherrschende Bodentyp in der borealen Nadelwaldzone. Die Fruchtbarkeit ist sehr niedrig, denn dieser tonarme Boden besitzt einen hohen Anteil an sandigen Substraten, sodass Austauschkapazität und Wasserhaltevermögen sehr gering sind. Die abgestorbenen Nadeln der Bäume sind nur schwer zersetzbar. Der Abbau der Streuschicht wird außerdem durch lange Kälteperioden unterbrochen. Die bei der Zersetzung der Nadelstreu gebildeten Huminstoffe gelangen mit dem Sickerwasser in den Boden. Dieses aggressive Gemisch löst Aluminium- und Eisenoxide aus dem mineralischen Substrat des Oberbodens, sodass der typische aschgraue Bleichhorizont des Podsols entsteht.

3 Geofaktor Boden

Feuer setzen die in der schwer abbaubaren Nadelstreu gebundenen Nährstoffe frei und führen sie dem Nährstoffkreislauf wieder zu. Die basische Asche verringert zudem den Säuregehalt des Bodens und erhöht so dessen Fruchtbarkeit. Bei manchen Kiefernarten stimulieren Feuer das Öffnen der Zapfen, denn nach den Bränden haben die Samen bzw. Sämlingswurzeln bessere Chancen, auf dem dann nährstoffreichen und flechtenfreien Mineralboden zu keimen. Weiterhin erhalten die nach Feuerereignissen von wärmeisolierenden Auflagen befreiten und vorübergehend schwarzen Bodenoberflächen eine höhere Wärmeeinstrahlung, die zu einem längeren und tieferen Auftauen des Dauerfrostbodens führt.

4 Feuer

Dauer- bzw. Permafrost sind die Bereiche der oberen Lithosphäre, deren Temperaturen immer unter dem Gefrierpunkt liegen. Sie können bis mehrere Hundert Meter mächtig sein. Während der Sommermonate taut nur die obere Schicht zwischen 30 cm bis maximal 5 m auf. Das erklärt die Dominanz flachwurzelnder Bäume in der borealen Nadelwaldzone. Die Permafrostschicht wirkt wasserstauend für das im Frühjahr und Sommer anfallende Tau- bzw. Niederschlagswasser und erhöht somit den oberirdischen Abfluss. Die entstehende Staunässe beeinflusst darüber hinaus die Bodenbildung. Während waldbedeckte Gebiete durch die Beschattung den Permafrost fördern, kommt es in offenen Bereichen zu einem tiefgründigeren Auftauen.

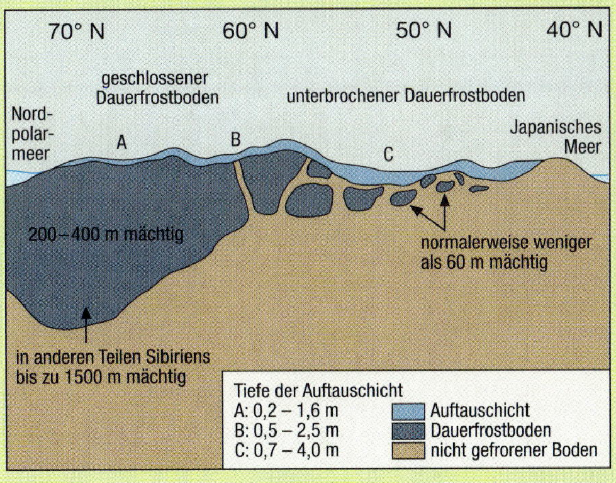

5 Permafrost

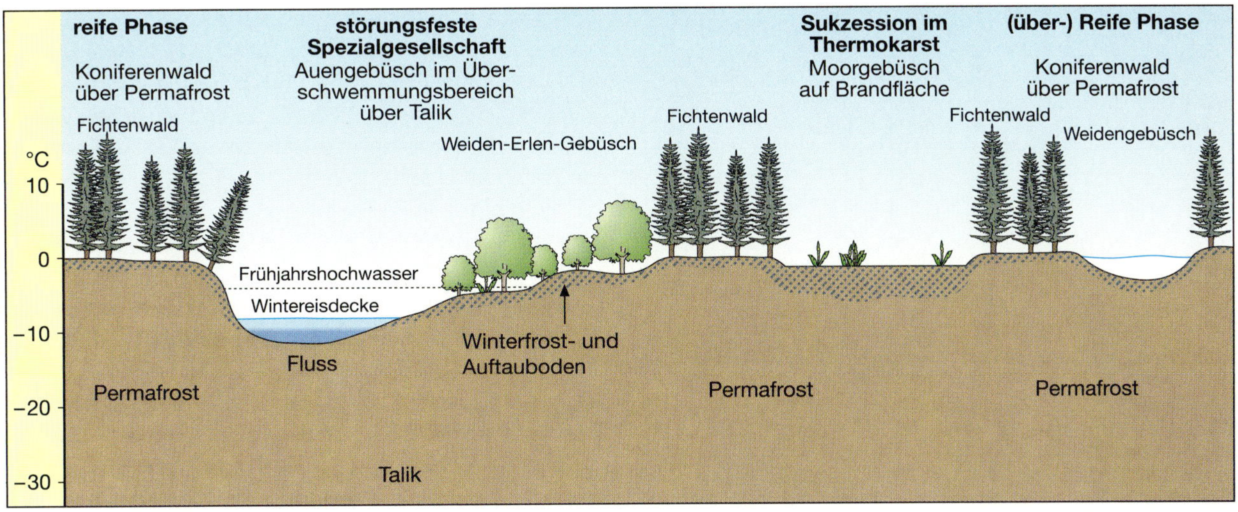

6 Feuer – Vegetation – Permafrost

Pro Jahr werden in den borealen Nadelwäldern etwa eine halbe Milliarde Kubikmeter Holz eingeschlagen, genug um zum Beispiel 4,5 Millionen Einfamilienhäuser zu bauen. Das bedeutet, dass etwa alle zehn Sekunden Wald von einer Fläche eines Fußballfeldes kahlgeschlagen wird. Die für den Abtransport notwendige LKW-Kolonne reicht aneinandergereiht dreimal um die Erde.
Die Hälfte der Bäume wird zu Zellstoff bzw. Papierprodukten verarbeitet. Die Nachfrage steigt seit Jahrzehnten kontinuierlich an. Verbrauchte zum Beispiel jeder Deutsche in den 1950er-Jahren jährlich nur 32 Kilogramm Papier, so sind es heute deutlich über 200 Kilogramm. Das meiste davon bezieht Deutschland aus Finnland – 41 Prozent der Zellstoff- und 20 Prozent der finnischen Papierproduktion finden sich in Zeitschriften, Broschüren, Briefumschlägen, Klopapier und Verpackungsmaterial deutscher Haushalte wieder.

1 Waldnutzung in Zahlen

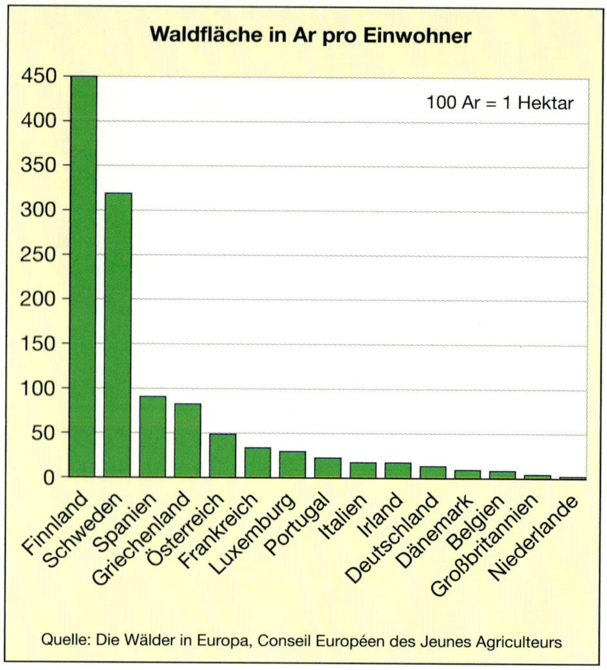

3 Waldfläche pro Einwohner ausgewählter Länder

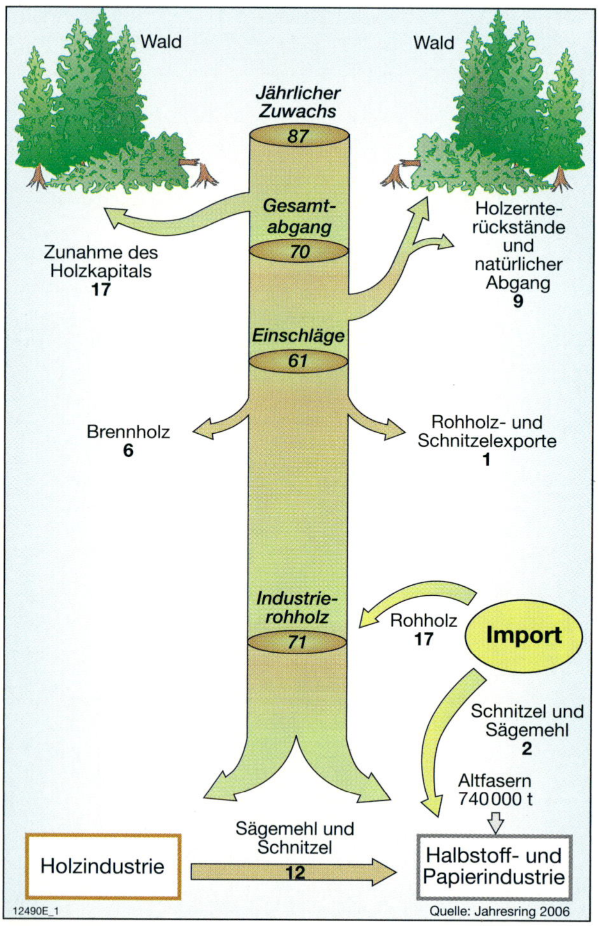

2 Jährlicher Holzfluss in Finnland 2006 (in Mio. m³)

Finnland

Finnland ist das dichtbewaldetste Land Europas. 66 Prozent der Staatsfläche sind mit Wald bedeckt, der überwiegende Teil davon wird forstwirtschaftlich genutzt. Von den ursprünglichen Urwäldern Finnlands sind nur noch knapp fünf Prozent erhalten. Sie befinden sich vor allem in den nördlichen Regionen.
Der Wald ist die Basis der holzverarbeitenden Industrie, die in der finnischen Wirtschaft eine wichtige Rolle spielt. Nach Kanada ist Finnland der zweitgrößte Papier- und Kartonexporteur der Welt (M1). Darüber hinaus ist das Land heute führender Hersteller von Papiermaschinen oder Holzerntemaschinen.
Lange Zeit wurde in Finnland ein rücksichtsloser Waldraubbau betrieben. Erst Mitte der 1980er-Jahre kam es zu einem Umdenken. 1998 verabschiedete das finnische Parlament das National Foresty Programm (Forest-2000-Programm). Dieses sieht nicht nur die Ausweitung der Holzproduktion bis zum Jahr 2010 vor, sondern zielt auch auf eine nachhaltige Forstwirtschaft. So muss der Waldzuwachs immer höher als die Einschlagsmenge sein. Statt radikaler Kahlschläge sollen der Einsatz moderner GPS-Systeme und weiche Forstmethoden zu naturnahen und artenreichen Waldökosystemen führen (M7). Ein Beispiel für eine weiche Forstmethode ist die Schachbrett-Methode, bei der Flächen von maximal 20 Hektar gerodet und dazwischen mindestens ebenso große Waldflächen stehen gelassen werden. Umweltschutzorganisationen bezweifeln jedoch, dass die eingeleiteten Maßnahmen ausreichen, um die letzten Urwälder zu erhalten.

4 **Sami mit Rentierherde bei der Fütterung**

6 **Holzvollernter (Harvester)**

Die Sami sind das einzige indigene Volk Europas. Ihr Auskommen finden viele Sami in Finnland vor allem durch die Rentierhaltung. Um eine Herde zu jeder Jahreszeit und bei jeder Wetterlage ernähren zu können, sind viele unterschiedliche und sehr große Areale nötig. In den späten Wintermonaten, wenn eine vom Eis bedeckte Schneedecke von einem Meter und auf dem Boden liegt, sind sie besonders auf die Baumflechten angewiesen. Darum müssen die Herden zum Winter in die Urwälder umgeweidet werden. Die Wälder aber verschwinden in beängstigendem Tempo. Ist eine Region erst einmal in das staatliche Programm des Forstmanagements aufgenommen worden, ist sie für die Sami-Rentierhalter praktisch verloren. Durch den Holzeinschlag werden die Winterweidegründe zerstückelt und sowohl Boden- als auch Baumflechten zerstört. Es dauert Jahrhunderte, bis die Urwälder als Weidegründe sich erholt haben. Zwar hat der finnische Staat aus ökologischen Gründen Schutzgebiete eingerichtet, aber häufig nicht dort, wo das gewinnträchtigste Holz zu holen ist, in den Urwäldern Nordfinnlands, die gleichzeitig die besten Winterweiden der Rentierherden sind. So werden die lebenswichtigen Futtergründe der Sami-Kooperativen immer weiter dezimiert. Verlust an Winterweide bedeutet: mehr Arbeit und höhere Kosten. Es bedeutet auch, dass die Kooperativen weniger Tiere halten können. Das Einkommen sinkt, immer weniger Sami können von der Rentierhaltung leben. Viele sind gezwungen, die Rentierhaltung als Vollerwerb aufzugeben und ihre Region zu verlassen.

(nach: Salge, O.: Sami, Rentierhaltung und Abholzung, www.greenpeace.de, 26.08.2003)

5 **Sami, Rentierhaltung und Abholzung**

Wo eine neue Forststraße angelegt und welches Waldstück „durchforstet“ werden soll, überlässt man nicht dem Zufall. Minutiös werden alle Eingriffe in den Wald geplant. Die Basis aller Entscheidungen sind Datensammlungen, die man im Laufe der Jahre zusammengetragen und immer wieder verfeinert und aktualisiert hat. Die Summe der Informationen hilft zu entscheiden, wann die Parzelle durchforstet oder komplett abgeholzt werden soll bzw. ob und wann wertvolle Einzelbäume entnommen werden sollen. Um das Einschlaggebiet im Rechner festzuhalten, bedienen sich moderne Forstbetriebe in Finnland seit geraumer Zeit des satellitengestützten Ortungssystems GPS. In einem Rucksack trägt der Forstmann ein GPS-Gerät nebst Mini-Notebook durch den Wald und lässt alle zehn Meter (mit einer Genauigkeit von einigen Zentimetern) die jeweiligen Koordinaten auf dem Rechner eintragen. Über ein Touchscreen-Display kann der Förster in die Informationsbeschaffung eingreifen und zum Beispiel Bäume, die nicht gefällt werden sollen, entsprechend markieren. Selbst das präzise Erfassen der Nester seltener Vögel ist möglich. Die digital gespeicherten Karten des Einschlaggebietes lenken anschließend den Vorwärtsdrang der Holzvollernter (Harvester), deren Fahrer auf ihren Displays die zuvor gesammelten Informationen – einschließlich der von ihnen zu schonenden Bereiche – präsentiert bekommen. Dabei ist die Datenmenge bereits so umfassend, dass man darüber nachdenkt, die Harvester künftig unbemannt in den Wald zu schicken.

(nach: Frankfurter Allgemeine Zeitung, 27.01.2004, kff.)

7 **Waldfläche pro Einwohner ausgewählter Länder**

Eisiger Wind fegt über „Verband 4081“. Auf der mehrere Fußballfelder großen Erhebung im westsibirischen Nichnewartowsk treiben der Bohrmeister Sorokin und seine Kollegen von der englisch-russischen Ölfirma TNK-BP ein neues Förderloch in die gefrorene Taiga. 2800 Meter unter der Oberfläche liegt das Samotlor-Feld, eines der größten Ölvorkommen der Welt.
An diesem unwirtlichen Ort, knapp 2500 Kilometer nordöstlich von Moskau, beginnt eine lange Reise. Auf den Weg in Richtung Westen macht sich eine zähflüssige, süßlich riechende, anfangs 60 Grad warme Masse. Von ihrer Quelle jenseits des Ural bis nach Deutschland wird sie 5000 Kilometer zurücklegen, drei Ländergrenzen überschreiten, vielfach verfeinert und verhökert an eine Tankstelle gelangen und bis dahin eine phänomenale Wertsteigerung erfahren. (...)
31 Millionen Tonnen pumpen Ölfirmen jedes Jahr aus dem Samotlo-Feld. Aus 16 000 Bohrlöchern strömt der grünlich schwarze Rohstoff zu den Sammelpunkten – riesige Industrieanlagen mit Tanks, so groß wie Mehrfamilienhäuser. Die zentrale Sammelstelle speist das Öl in das 200 000 Kilometer lange Leitungsnetz des staatlichen Pipeline-Monopolisten Transneft. Die Förderkosten für das Barrel (159 Liter) betragen nur 3,30 Euro – umgerechnet etwa zwei Cent pro Liter Rohöl.
In Rohren mit bis zu 120 Zentimeter Durchmesser fließt das Öl über den Ural nach Samara an der Wolga. Von dort aus geht es weiter durch Weißrussland und Polen. (...) Da die Rohre meist zwei Meter unter der Erde liegen, gerät der Energiefluss selbst im strengsten sibirischen Winter nicht ins Stocken. Sechs Kilometer pro Stunde beträgt die Durchschnittsgeschwindigkeit, ein gemächliches Jogging-Tempo. Mehr als vier Wochen dauert die Reise bis zur deutschen Grenze. (...)
Der Transport eines Liters von Westsibirien nach Deutschland kostet etwa einen Cent. Der Preis ist so niedrig, weil das Transneft-Röhrensystem bereits in den 1960er-Jahren verlegt worden ist und sich die Baukosten längst amortisiert haben. Die Kehrseite der betagten Infrastruktur: Umweltschützer schätzen, dass rund fünf Prozent der jährlichen Fördermenge aus lecken Leitungen in Böden und Gewässer sickern.

(Quelle: Focus 05/2006, S. 116 ff., Imke Henkel, Boris Reitschuster, Thomas Röll und Jochen Schuster)

1 Von Westsibirien nach Deutschland

Sibirien

Sibirien (tatarisch = schlafendes Land) ist mit zehn Millionen Quadratkilometern größer als jedes andere Land der Erde und nimmt 56 Prozent der Fläche Russlands ein. Noch Anfang des 20. Jahrhunderts war Sibirien wirtschaftlich kaum erschlossen. Nur dort, wo seit 1891 die Transsibirische Eisenbahn die mächtigen sibirischen Flüsse kreuzte, entwickelten sich erste Industrien. Mit der Machtübernahme Stalins erfolgte die verstärkte Industrialisierung, die vor allem mit Strafgefangenen vorangetrieben wurde. 1934 befanden sich fünf Millionen Häftlinge in den Gulags, die erst nach dem Tod Stalins 1953 aufgelöst wurden. In den folgenden Jahren, vor allem seit den 1970er-Jahren, erfolgte mit hohem Investitionsaufwand die weitere Industrialisierung und die Erschließung der Rohstoffvorkommen bis in den hohen Norden.

Sibirien ist eine wahre Schatzkammer an Bodenschätzen. Kein anderes Land der Welt verfügt über so große Ressourcen wie Russland. Die Öl- und Gasvorkommen im westsibirischen Tiefland wurden 1963 entdeckt und gehören zu den größten der Welt. Wegen der extremen Naturbedingungen war und ist ihre Erschließung äußerst schwierig. Der wirtschaftliche Erfolg wurde allerdings mit großen ökologischen Problemen erkauft.

Erdgas (Mrd. m^3)	**1990**	**2005**
Welt-Gesamt-Reserven	119 328	172 977
Reserven Russland *	45 280	47 544
Reserven Iran	16 990	27 484
Reserven Katar	4619	25 768
Welt-Förderung	2051	2728
Förderung Russland *	641	641
Förderung USA	499	513
Förderung Kanada	107	187
Verbrauch Russland *	706	481
Erdöl (Mio. t)	**1990**	**2005**
Welt-Gesamt-Reserven	135 734	175 384
Reserven Saudi-Arabien	35 164	36 094
Reserven Kanada	779	24 070
Reserven Iran	12 694	18 109
Reserven Russland *	7755	8163
Welt-Förderung	3164	3921
Förderung Saudi-Arabien	341	533
Förderung Russland *	571	472
Förderung USA	417	315
Verbrauch Russland *	250	127

* Daten 1990 für Sowjetunion — Quelle: ExxonMobil: Oeldorado 2006

2 Erdöl / Erdgas weltweit

Schon 2005 haben Judith Marquand (Universität Oxford / England) und Sergei Kirpotin (Universität Tomsk / Russland) vom zunehmenden Auftauen des Permafrostbodens in Sibirien in verschiedenen internationalen Wissenschaftszeitschriften berichtet. In Russland selbst nahm man davon kaum Notiz. (...) Teile der gegenwärtigen Hauptfördergebiete für Erdgas in Westsibirien und die zukünftigen Erdgasregionen auf der Jamal-Halbinsel und in Ostsibirien werden demnach vom Tauen des Permafrostbodens betroffen sein.

Wenn die Torfmoore Sibiriens auftauen, und dies geschieht seit einigen Jahren in unerwartet hohem Tempo, wird nicht nur das in ihnen gebundene CO_2 freigesetzt, sondern der Boden verliert an Festigkeit. Dann versinken die Installationen der Erdöl- und Ergaswirtschaft sowie Gebäude jeder Art im Morast. Die mit hohem Druck betriebenen Öl- und Gaspipelines könnten wegen der auftretenden Bodenbewegungen platzen.

Um die Folgen des wohl unabwendbaren Auftauens des sibirischen Permafrostbodens für die russische Wirtschaft, insbesondere die Energiewirtschaft, zu minimieren, müssen die bestehenden Anlagen (Fördereinrichtungen, Pipelines, Kompressorenstationen, Tanks, Hilfsgebäude) und die zu den Erdöl- und Ergasfeldern führenden Straßen und Eisenbahnlinien in den betroffenen Gebieten neu konstruiert werden.

(Quelle: Götz, Roland: SWP-Aktuell 58, Dezember 2006, Stiftung Wissenschaft und Politik, Deutsches Institut für Internationale Politik und Sicherheit)

3 Sibirien taut auf

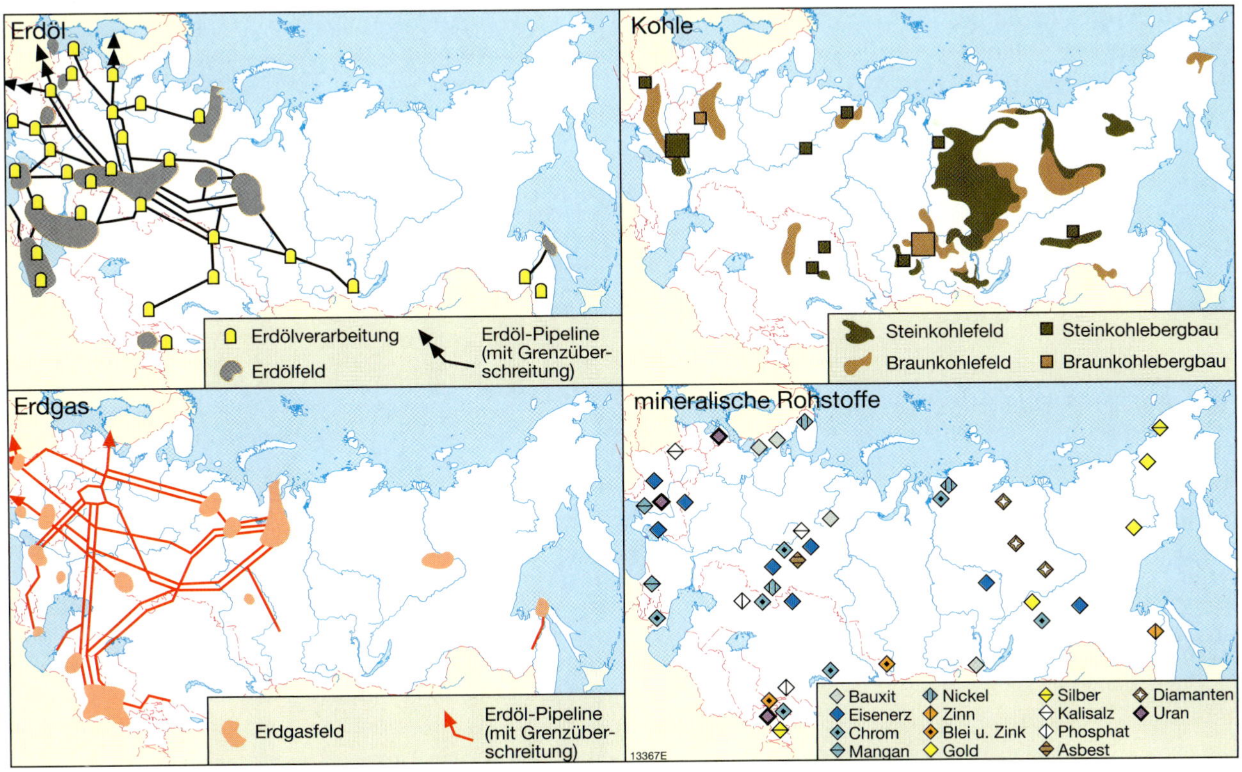

4 Russland – Verteilung wichtiger Rohstoffvorkommen

1 Baikalsee

Greenpeace hat Grund zum Feiern: Das Jahr 2006 hat sich doch noch zu einem guten Jahr für den Baikalsee entwickelt. Die heftig umstrittene Pazifik-Ölpipeline, die den See akut bedroht hätte, bekommt eine andere Trasse. Ursprünglich sollte die Pipeline auf einer Länge von 100 Kilometern bis auf 800 Meter ans Ufer des Weltnaturerbes Baikal heranführen. Nun wird sie mindestens 250 Kilometer entfernt gebaut.

Der russische Konzern Transneft hatte unter Missachtung von Umweltauflagen die Route geändert. Sie sollte durch das erdbebengefährdete Gebiet nördlich des Baikalsees führen, in dem auch eines der Wassereinzugsgebiete des Sees liegt. Greenpeace protestierte gegen die neue Trasse und erhielt im Januar 2006 Unterstützung von Experten der russischen Umweltbehörde Rostechnadsor. Sie bescheinigten Transneft, bei der Planung russische und internationale Gesetze missachtet zu haben. Die Massenmedien starteten eine ganze Serie von Artikeln zur Geschichte der Pipeline. Eine Protestwelle ging durch Russland. Am 26. April 2006 ordnete Präsident Putin an, die Trasse aus dem Wassereinzugsgebiet des Baikalsees herauszuhalten.

(Quelle gekürzt: Totz, S., www.greenpeace.de, 12.12.2006)

2 Neuer Pipeline-Verlauf am Baikalsee

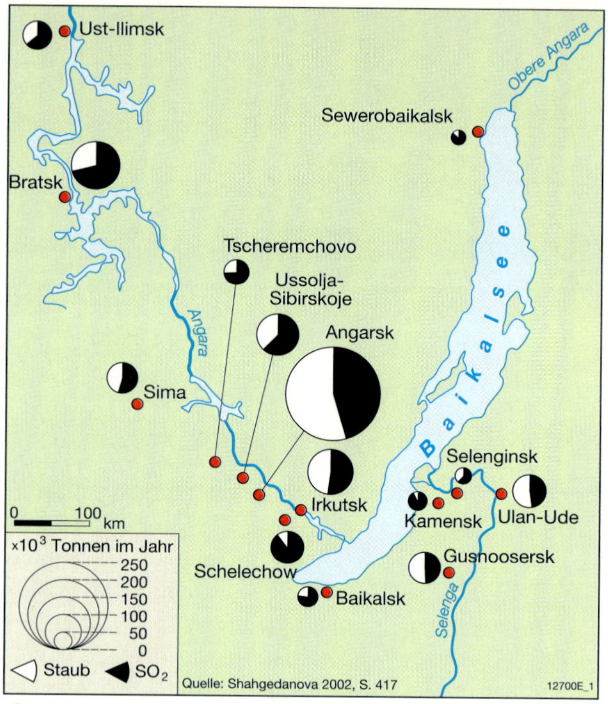

3 Umweltschäden am Baikalsee

Es stinkt, aber Juri Schmajew scheint von dem üblen Geruch nichts zu merken. In seinem dunklen Anzug steht der stellvertretende Geschäftsführer des Baikalsker Zellulosekombinats über den Becken mit der braunen Masse. Zwei Meter unter ihm gluckern Fäkalien des 16 000-Einwohner-Städtchens, vermischt mit dem Abwasser des Kombinats. „Natürlich verstehen wir, dass die Zelluloseproduktion nicht das Beste ist, was man für den Baikal machen kann", sagt Schmajew schuldbewusst. Etwa 100 000 m³ Wasser werden tagtäglich aus der Kläranlage des Kombinats in den See abgeleitet, verschmutzt mit chlororganischen Verbindungen, die beim Bleichen der Zellulose entstehen. Emissionen aus seinem Werk machen heute mehr als die Hälfte der Verschmutzung des Baikals aus. In spätestens vier Jahren soll sich das aber ändern – bis 2007 soll im Kombinat ein geschlossener Wasserkreislauf entstehen, dann werden keine giftigen Abwässer mehr in den größten See der Welt abgeleitet. Diese Modernisierung kostet 33 Mio. US-$. Zwei Drittel der Summe kommen aus einem Kredit der Weltbank, mit weiteren 11 Mio. beteiligt sich das Werk selbst.

(Quelle: Essipov, V., www.russland-aktuell.de, 26.08.2003)

[Anmerkung: Durch verspäteten Baubeginn ist der Zeitplan jedoch nicht mehr einzuhalten; Stand: Januar 2008]

4 Neue Abwasserreinigung im Zellulosewerk

5 **Kahlschlag in Kanada**

7 **Blickschutz vor Naturschutz?**

Kanada

Ähnlich wie im südamerikanischen Regenwald fällt in Kanada seit Jahrzehnten großflächig Urwald der **Kahlschlagwirtschaft** nationaler und transnationaler Holzkonzerne zum Opfer. Der Raubbau an den kanadischen Nadelwäldern hat dem Land den Beinamen „Brasilien des Nordens" eingebracht. Zwar haben sich in den letzten Jahren Zahl und Größe der Schutzgebiete erhöht, jedoch liegen diese überwiegend in Regionen, die für die Holzindustrie kaum interessant sind. Die profitablen Wälder in den Tiefländern sind dagegen nur gering geschützt.

Zwar schreibt das kanadische Forstgesetz von 1995 vor, dass Kahlschläge eine maximale Größe von 60 Hektar haben dürfen, Kritiker weisen jedoch darauf hin, dass sich damit die jährliche Einschlagrate nicht verringert. Die Urwälder fallen also weiter der Kettensäge zum Opfer.

An die Stelle eines intakten Waldes mit seinen Funktionen als Wasserfilter, Luftreiniger und Kohlenstoffspeicher tritt ein instabiles, erosions- und erdrutschgefährdetes Brachland. Die Bodenschäden auf den Kahlflächen können an einigen Stellen so groß sein, dass auch nach vielen Jahrzehnten dort kein neuer Wald aufwächst. „Kahlschläge ahmen doch nur den natürlichen Prozess der Walderneuerung nach", argumentieren Forstkonzerne. Doch es gibt gravierende Unterschiede. Im einen Fall bleibt das tote Holz als Nährstofflager im Wald, Flora und Fauna im Waldboden bleiben erhalten und ermöglichen eine allmähliche Selbstregeneration. Im anderen Fall wird das Holz abtransportiert oder verbrannt, das Ökosystem Urwald also vollständig entfernt.

(Quelle: Arbeitskreis nördliche Urwälder, www.naturschatz.org/kanada, 03.02.2007)

6 **Ökologische Folgen der Kahlschlagwirtschaft**

Unser Bild vom Urlaubsland Kanada ist geprägt von der Schönheit der Schutzgebiete. Die Natur in den National- und Provinzparks ist gerade für europäische BesucherInnen beeindruckend. Sie laden zudem zu vielen Outdoor-Aktivitäten ein und ermöglichen mit ihrer Infrastruktur an Wanderwegen und Campingplätzen ein Naturerlebnis, das viele fasziniert.

Außerhalb der Schutzgebiete geht der großflächige Raubbau an den Urwäldern ungebremst weiter. Dies geschieht meist unbemerkt von den Reisenden und auch von der kanadischen Öffentlichkeit, denn in diesem Fall kommt die Weite des Landes den Holzkonzernen zu Hilfe: Insbesondere die noch unerschlossenen Urwaldgebiete liegen weitab der größeren Städte, sind schwer zugänglich und nicht selten nur mit Schiff oder Hubschrauber zu erreichen. Fernab von der Öffentlichkeit werden hier mit riesigen Kahlschlägen selten gewordene Urwälder abgeholzt. (...)

In viel besuchten Tourismusgebieten sollen nach Vorgaben des Forstgesetzes sogenannte „scenic corridors" für eine optische Verschönerung sorgen und nach dem Motto „Blickschutz vor Naturschutz" die Straßen säumen. Ein schmaler Vorhang aus Bäumen soll das wahre Gesicht der kanadischen Forstwirtschaft verbergen. Diese Blickschutz-Korridore entlang von Straßen, Wanderwegen und Küstenlinien genügen vielleicht manchen als „Urwalderlebnis", reichen aber für eine Erhaltung der Prozesse und Gleichgewichte im Ökosystem nicht aus.

(Quelle: Arbeitskreis nördliche Urwälder, www.naturschatz.org/kanada, 3.2.2007)

8 **Holzwirtschaft und Tourismus**

7.2 Fragengeleitete Raumanalyse – Beispiel: mediterrane Suptropen

„Die Erde ist sein Bruder nicht, sondern sein Feind, und wenn er sie erobert hat, schreitet er weiter. Er stiehlt die Erde von seinen Kindern und kümmert sich nicht." Häuptling Seattle (Stamm der Duwamish im Gebiet Washington, 1786 – 1866)

1 Unberührte Natur in den mediterranen Subtropen

Hier findet der sonnenhungrige Urlauber alles, was er sich nur wünschen kann. Das mediterrane Klima, romantische Strände in malerischen, einsamen Buchten, gemütliche Städtchen und die südländische Lebensart machen die Mittelmeerregion vom Frühjahr bis in den Spätherbst zu einem idealen Reiseziel für Touristen. Am Mittelmeer können die Touristen nicht nur ausgiebig die Sonne genießen, sondern außerdem die vielfältigen sportlichen Angebote, wie zum Beispiel Wandern, Rad fahren, Surfen, Segeln und Tauchen im klaren Wasser, nutzen.

(nach Reiseprospekt)

2 Sommerträume am Mittelmeer

3 Urlaubsparadies am Mittelmeer

4 Landschaftsdegradation

Während Havarien von Öltankern rasch Schlagzeilen machen, bleibt die alltägliche Verschmutzung durch Millionen Plastiktüten, Zigarettenkippen sowie Industrie und Landwirtschaft fast unbemerkt. „Das Mittelmeer ist unser Mülleimer, es kann aber nicht alles aufnehmen. Das Meer erbricht all das auf den Strand, was es nicht verdaut hat", beschreibt eine französische Umweltschützerin die Situation. Vier Fünftel der Verschmutzung gelangt von den Küsten ins Meer und täglich wirft das Meer pro Küstenkilometer zwei Kubikmeter „Unverdaubares" auf die Strände zurück.

(nach: Leipziger Volkszeitung, 27.07.2006)

5 „Das Mittelmeer erbricht sich"

6 Umweltverschmutzung am Mittelmeer

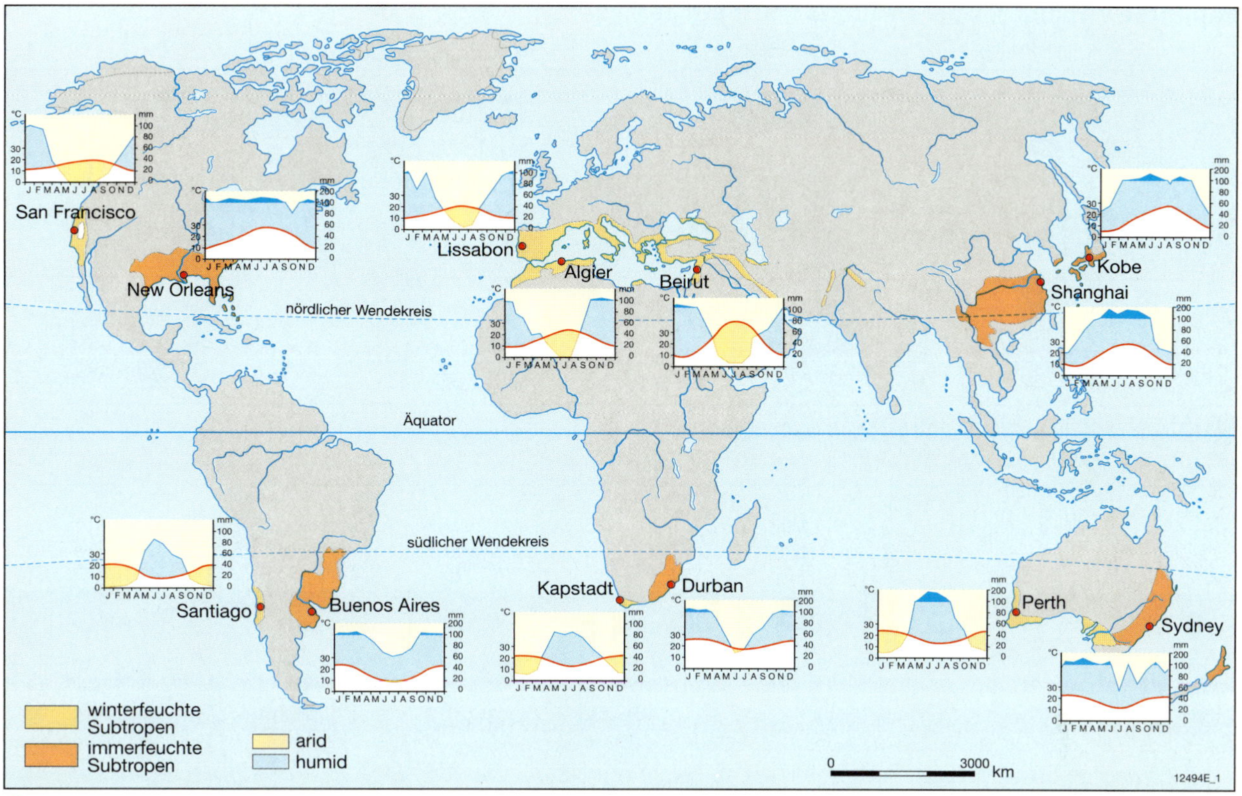

7 Verteilung der Subtropen

Subtropen

- Lage zwischen den gemäßigten Mittelbreiten und den sehr warmen Tropen
- thermische Jahreszeiten mit geringeren Jahresschwankungen der Temperatur als in den gemäßigten Breiten
- hohe Strahlungsintensität (50 bis 70 kcal/cm²/Jahr)
- Jahresmitteltemperatur > 15 °C
- thermisch bedingte Periodizität des Pflanzenwachstums, aber schwächer ausgeprägt als in Mittelbreiten
- keine Kälteruhe der Vegetation

besonders durch hygrische Verhältnisse bestimmte innere Differenzierung der Subtropen

winterfeuchte, sommertrockene Subtropen

- Lage zwischen 30 und 40 Grad Nord bzw. Süd an Westflanken der Kontinente
- rund 2,5 Mio. km² des Festlandes (= 1,7 %) → fast 50 Prozent davon entfallen auf den Mittelmeerraum (= mediterrane Zone im engeren Sinn)
- Hartlaubvegetation
- Wechsel von Polarluft der gemäßigten Zone (Winter) und Tropikluft der Passatzone (Sommer)

immerfeuchte Subtropen

- zwischen 25 und 35 Grad Nord bzw. Süd an den Ostseiten der Kontinente
- rund 5,7 Mio. km² der Festlandsfläche(= 4,1 %)
- artenreiche subtropische Feucht- und Lorbeerwälder
- starker Einfluss des außertropischen Monsuns
- ganzjährig humide Verhältnisse
- intensive landwirtschaftliche Nutzung (Anbau frostempfindlicher Kulturpflanzen wie Reis, Zuckerrohr)

8 Innere Differenzierung der Subtropen

Natürliche Verhältnisse der mediterranen Subtropen

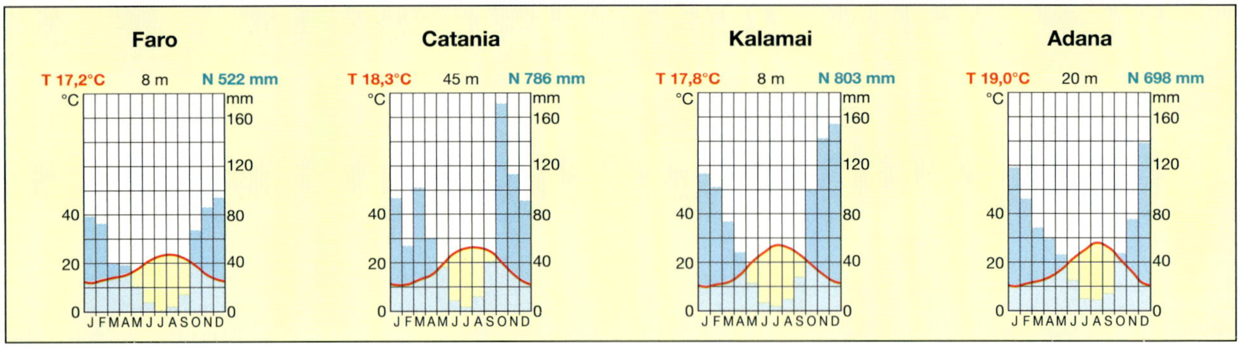

1 Klimadiagramme der mediterranen Subtropen

2 Regionalwinde im Mittelmeerraum

Winde aus nördlicher Richtung
- kalte Fallwinde
- abhängig vom Relief
- nur für begrenzte Gebiete wetterwirksam
- Beispiel Bora: im Winter Windgeschwindigkeiten von 50 – 60 m/s; bringt niedrige Temperaturen

Winde aus südlicher Richtung
- warme Winde
- entwickeln sich unabhängig vom Relief bei bestimmten Wetterlagen
- entstehen meist an Vorderseiten von Zyklonen
- Beispiel Schirocco: bewirkt von Frühjahr bis Herbst schwüles, trockenes und im Winter mildes, regenreiches Wetter; transportiert mitunter Staub aus Sahara über das Mittelmeer; beim Zug über Gebirge föhnartig ausgebildet

3 Differenzierung der Regionalwinde

Regionalwinde im Mittelmeerraum

Keine Region wird durch so viele häufig und regelmäßig auftretende Winde beeinflusst wie der Mittelmeerraum. Diese Regionalwinde fanden schon immer eine große Beachtung, weil das Mittelmeer und die Schifffahrt für das Leben der Bevölkerung dieser Region eine wesentliche Rolle spielten. Die Winde erhielten Eigennamen, das heißt, sie wurden nicht nach den Himmelsrichtungen, aus denen sie kommen, bezeichnet. Ihre „Hochzeit“ haben die Regionalwinde im Winterhalbjahr, wenn die Druckunterschiede zwischen Land und Meer Maximalwerte erreichen, während der Mittelmeerraum im Sommer durch stabile Hochdruckwetterlagen gekennzeichnet ist. In den Sommermonaten kommt es außerdem zur Entwicklung von tagesperiodischen Winden. Die durch die Land-Meer-Windzirkulation entstandenen Lokalwinde besitzen eine große Mächtigkeit und Reichweite. Während der Seewind die drückende Hitze am Tag lindert, führt der Landwind zu einer angenehmen nächtlichen Abkühlung.

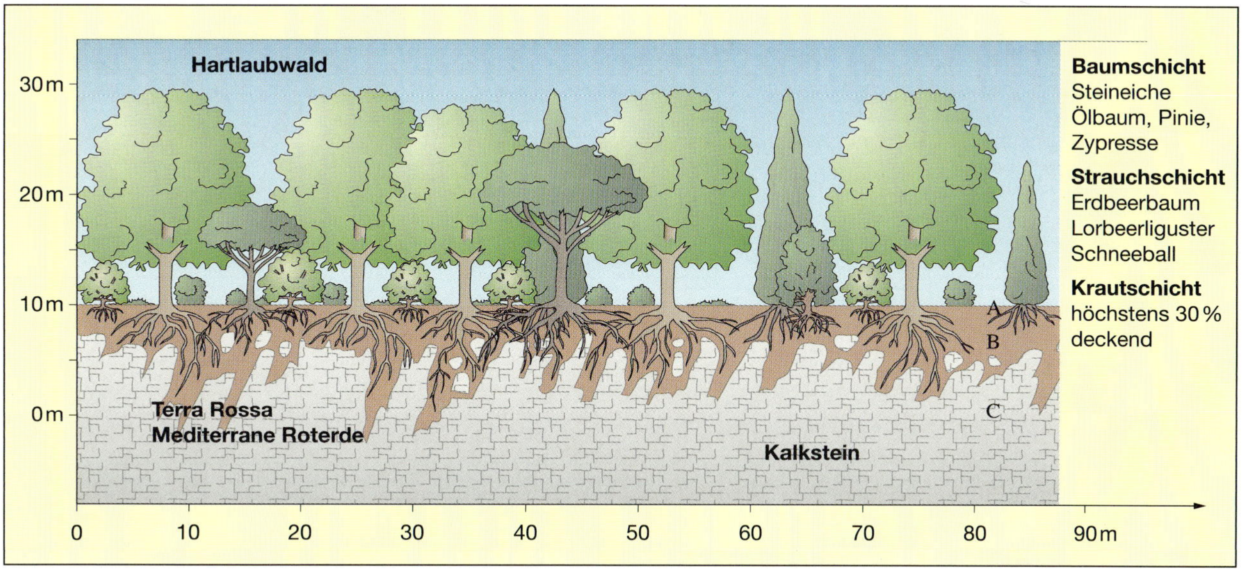

4 Vegetation und Boden in den mediterranen Subtropen

Merkmale der Vegetation

Die Grundlagen für die Pflanzenwelt in den winterfeuchten Subtropen wurden bereits im Tertiär gelegt. Als sich zum Ende des Tertiärs das Klima änderte, kam es zu einer klimatischen Selektion der Vegetation. Es konnten sich nur Arten ausbreiten, die die genetischen Voraussetzungen mitbrachten, um dem geringeren Angebot an Niederschlägen zu trotzen (z. B. Oliven). Heute ist die Vegetation durch einen hohen Artenreichtum, immergrüne Hartlaub- und Nadelwälder sowie Hartlaubsträucher gekennzeichnet. Einige Pflanzen haben als Anpassung an den Umweltfaktor Waldbrand eine Feuerresistenz (widerständige Borke, Knospenschutz) und hohe Regenerationsfähigkeit entwickelt. In den Gebirgen hat sich eine differenzierte Höhenstufung der mediterranen Vegetation ausgebildet, im Norden und Westen eine eher humide, im Süden und Osten eine eher aride Stufenfolge.

Relief und Wasserregime

Große Teile der mediterranen Subtropen sind durch Gebirge gekennzeichnet. Davon weisen einige vulkanische Formen oder Karsterscheinungen auf. Die Tiefländer der mediterranen Subtropen erstrecken sich entlang der Küste und an Flussläufen. Viele Flüsse sind durch eine periodische Wasserführung gekennzeichnet, wobei das Abflussmaximum im Winter und Frühjahr liegt. Einige Gewässer trocknen im Sommer aus. Bei einer hohen Reliefenergie und/oder geringer Pflanzendecke kommt es im Winterhalbjahr zum verstärkten Oberflächenabfluss und zu Erosionsprozessen in den Hangbereichen. Auch die Bodendurchfeuchtung variiert im Jahresgang beträchtlich.

Boden

In der Zone der winterfeuchten Subtropen lassen sich mediterrane Braunerden und Mediterranböden finden, deren Verbreitung sich nach der Hangneigung sowie dem Klima der Region richtet. Der kleinräumige Wechsel von flachen Abschnitten und Hangbereichen führt zu einer sehr fleckenhaften Verteilung der einzelnen Bodentypen. Das Vertikalrelief ermöglicht nur die Ausbildung von flachgründigen und skelettartigen Böden. In den Ebenen herrscht eine größere Bodenmächtigkeit vor. Der Nährstoffgehalt der Böden und das Speichervermögen sind mäßig bis gut. Auffällig ist die leuchtend rotbraune oder rote Farbe der Böden. Sie werden unter den Bezeichnungen „Terra Rossa“ und „Terra Fusca“ zusammengefasst. Die rote Farbgebung wird durch die Eisenoxide oder Roteisenstein bewirkt. In den langen sommerlichen Trockenperioden kann der Boden stark austrocknen und verhärten.

5 Steineichenwald

1. Phase: Neolithische Revolution vor ca. 8000 J.
- Übernahme des Getreideanbaus aus Vorderasien
- Kultivierung der Weinrebe und des Ölbaums
- Haustierhaltung von Ziegen und Schafen
- Sesshaftwerdung mit starker Zunahme der Bevölkerung
- keine nachweisbare Schadwirkung in der Natur

2. Phase: Beginn im 8. Jahrhundert v. Chr.
- griechische Kolonisation der süditalienischen Küstenebenen
- Ausweichen der Bevölkerung in die Bergländer: Rodung der Wälder, Ausweitung der Weidewirtschaft, verstärkte Bodenerosion, Aufschüttungen in Flussniederungen
- römische Kolonisation vervielfacht Holzbedarf
- Verkarstung der Kalkgebiete (z. B. Dalmatien)

3. Phase: Frühes Mittelalter (ca. 640 n. Chr.)
- Bevölkerungszuwachs gemindert
- Erhaltung von Restwäldern
- geringere Eingriffe durch den Menschen

4. Phase: Hochmittelalter
- starkes Wachstum der Bevölkerung in europäischen Mittelmeerländern
- rigorose Entwaldung in Griechenland, Italien, Spanien führt zu Flächenabspülungen, Bodenerosion, Rutschungen (Frana), Schlammströmen
- extreme Akkumulation in Flussmündungsbereichen führt zu Funktionsverlust von Hafenstädten (Ostia, Pisa)
- intensiver Ackerbau auf den neu entstandenen Schwemmlandflächen an der Küste
- im südl. Mittelmeerraum nur geringe Veränderungen wegen geringer Bevölkerungszunahme

5. Phase: etwa seit 1850
- koloniale Entwicklung im südlichen Mittelmeerraum: Übernutzung der Gebirgsregionen, extreme Bodenerosion, Interessenkonflikte zwischen Sesshaften und Nomaden

6. Phase: seit 1950er-Jahren
- Entwicklung des Massentourismus in Südeuropa: Zunehmende Verstädterung und Siedlungswachstum, verstärkte Flächenversiegelung durch Küstenverbauung
- Regenerations- und Rekultivierungsprojekte (z. B. Aufforstung, Naturschutzgebiete)

1 Phasen der Kulturlandschaftsentwicklung

Landschaftswandel

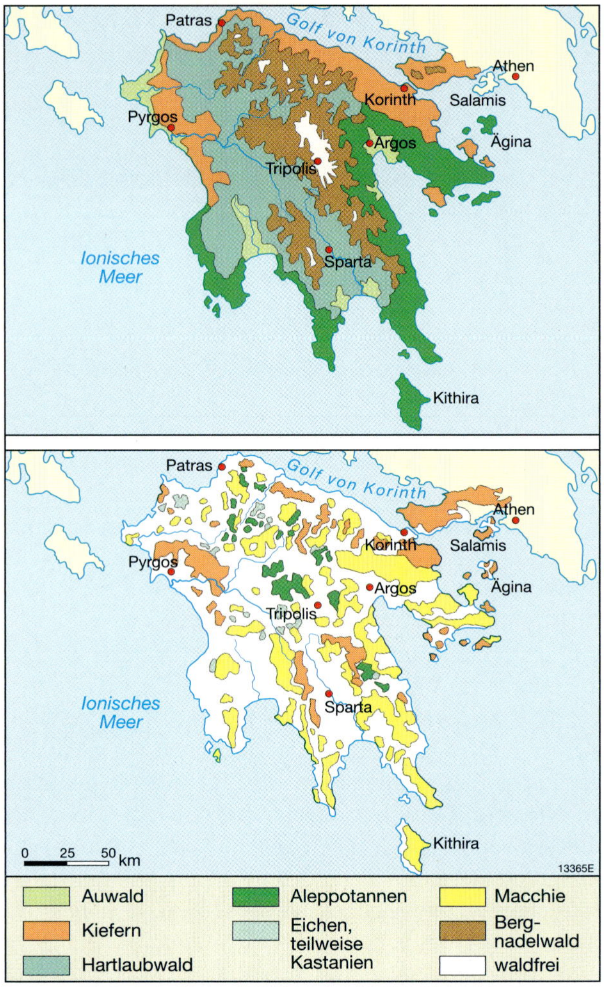

2 Natürliche / heutige Waldverbreitung (Peloponnes)

3 Macchie

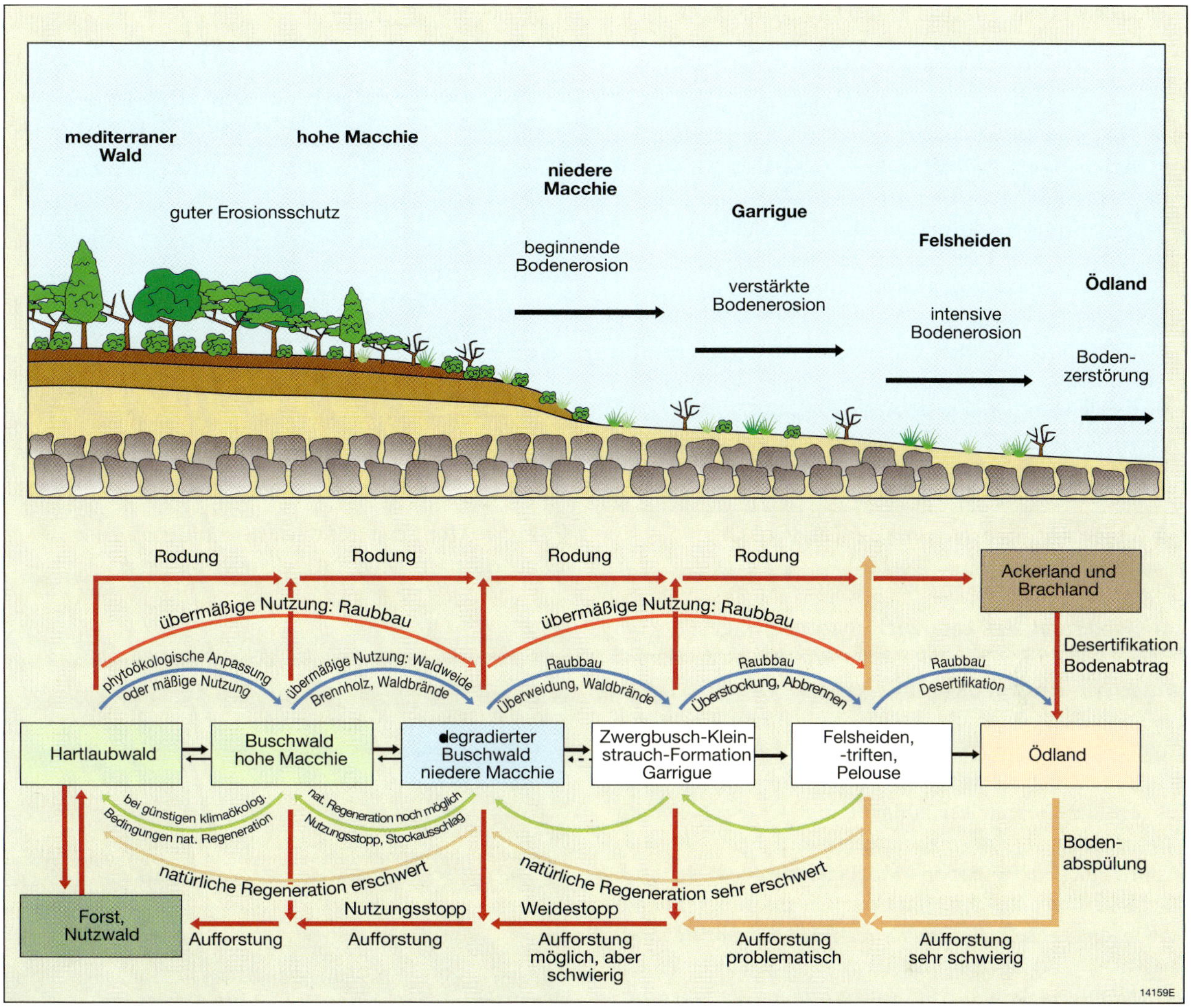

4 **Degradationsstadien der Hartlaubvegetation und des Bodens sowie Regenerationsmöglichkeiten**

5 **Garrigue**

6 **Ödland**

Landschaftsdegradation durch Landwirtschaft

- unkontrollierte Überbauung der Flächen mit Folien-Gewächshäusern (rund 30 % illegale Neubauten, zum Teil im Naturschutzgebiet)
- Terrassierung als Eingriff in den Naturhaushalt
- Zerstörung ursprünglicher Landschaftsbilder
- nur circa 60 Prozent der jährlich anfallenden 28 000 Tonnen Kunststoffabfälle werden recycelt
- verstärkter Schädlingsbefall
- hoher Verbrauch an Wasser und Pestiziden
- Zunahme räumlicher und sozialer Disparitäten zwischen Küstengebieten und Hinterland
- Anstieg illegaler Zuwanderungen (90 Prozent der Gewächshausarbeiter sind Ausländer)

1 Folgen der Intensivierung der Landwirtschaft

Jahr	Niederlande	Spanien	Almería
1904	30	–	–
1946	3254	–	–
1968	6946	546	30
1970	7236	1220	920
1975	7906	4400	2975
1980	8760	11 270	7150
1985	8973	18 680	11 850
1990	9769	28 100	16 500
1995	13 887	31 170	23 150*
2000	14 981	43 700	33 100
2005	15 660	65 218	35 270

* Wert für 1993
Quellen: Praxis Geographie 3/2002, S. 20, Eurostat, Statistisches Amt der Niederlande

3 Entwicklung der mit Gewächshäusern bebauten landwirtschaftlichen Nutzflächen (in Hektar)

Intensivierung der Landwirtschaft in Almería

In den vergangenen Jahrzehnten erfolgte in der Landwirtschaft ein Landnutzungswandel. Ehemals durch traditionelle Formen der agrarischen Nutzung geprägte Gebiete sind heute mit Folien-Gewächshäusern überbaut. Im Mittelmeerraum verschwanden so bisher mehr als 110 000 Hektar Anbaufläche unter den Foliendächern. Auch an Extremstandorten wird heute intensiv Landwirtschaft betrieben. Möglich wurde dies durch Terrassierung und den Bau von Bewässerungskanälen sowie die Umsetzung moderner Bewässerungstechnologien. Der Prozess der Intensivierung ist auf einen exportorientierten, monokulturellen Anbau, der einen hohen Bedarf an Düngemitteln und Pestiziden erfordert, ausgerichtet.

4 Terrassierung in der oberen Vega von Motril

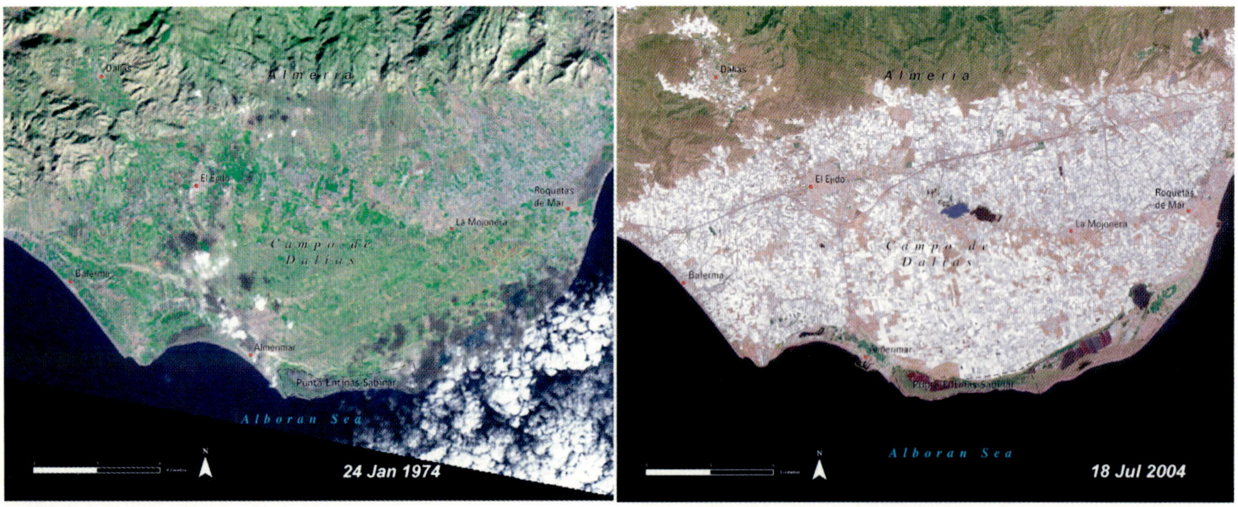

2 Landnutzung in Almería 1974 und 2004

Agrarbrachen in Spaniens Hinterland

Besonders in den abgelegenen Gebirgsregionen des Hinterlandes setzte bereits vor mehr als 100 Jahren das Brachfallen von Agrarflächen ein. Eine Ursache für das Anwachsen von Brachflächen ist die Landflucht der Bevölkerung, die in den Industriezentren bessere Arbeits- und Verdienstmöglichkeiten erhofften. Diese Binnenwanderung wird gegenwärtig noch forciert, weil die von der EU geförderte Industrialisierung zu einem Bedeutungsverlust der Landwirtschaft führt. Die Entwicklung des Massentourismus in den Küstenregionen bewirkt eine weitere Vernachlässigung und Marginalisierung ländlicher Gebiete im Hinterland. Zurück bleiben verfallene Geisterdörfer und unbebaute Felder. Mit dem Beitritt Spaniens zur EU (1986) wurde der Prozess des Brachfallens stark beschleunigt, weil sich das Land an Flächenstilllegungsprogrammen beteiligen konnte. Die EU zahlt zum Teil hohe Prämien für die Stilllegung von Agrarflächen. Einige Brachen nutzt man jetzt als Weideflächen für Schafe, da die Schafzucht von der EU subventioniert wird.

Flächenstilllegungen

im Tiefland
- Bodenverschlämmung führt zu reduzierter Infiltrationskapazität und erhöhtem Oberflächenabfluss
- Bodendegradation durch Verkrustung und Bodenerosion
- verlangsamte oder verhinderte Regeneration der Vegetation

im Gebirge
- auf verbuschten Brachflächen verstärkte Bodenerosion als
  - Flächenspülung auf jüngeren Brachen
  - Rinnenerosion und Rillenbildung auf älteren Brachen
- verstärkter Materialeintrag in die Flüsse

7 Auswirkungen von Flächenstilllegungen auf Boden und Vegetation

Ort	1987	1990	1993	1995	2000	2003	2005
Küstenorte							
El Ejido	37154	41080	43466	45354	53008	61265	68828
Níjar	12248	13093	13754	14414	16269	20810	24435
Adra	19536	20306	20238	21147	21505	21704	23195
Orte im Hinterland							
Senés	529	472	366	369	325	309	311
Cóbdar	306	284	278	264	227	233	214
Chercos	366	335	308	295	300	286	294

Quelle: Spanisches Statistisches Bundesamt

5 Bevölkerungsentwicklung in der Provinz Almería

6 Brachflächen unterschiedlichen Alters in Spanien

8 Bodenerosion in Spanien

Bis 2025 Hälfte der Uferfläche zugebaut

Beton und Teer kommen an den Mittelmeer-Küsten Tag für Tag ein Stück weiter voran. Neue Flughäfen werden aus dem Boden gestampft. Campingplätze und Parkhäuser brauchen Land. Einst beschauliche Fischerdörfer wuchern heute als Kleinstädte bis an die Grenze zur Nachbargemeinde. Fachleute schlagen Alarm, warnen vor einer immer mehr besiedelten und zubetonierten Küste in den 22 Anrainerstaaten des Mittelmeeres. „Denn wenn das so weitergeht, dann fressen die Aktivitäten des Menschen bis zum Jahr 2025 nochmal 5000 Kilometer, und die Hälfte der gesamten Küste wäre bebaut", erläutert Guillaume Benoît vom Umwelt- und Entwicklungsprogramm Plan Bleu. „Das ist eine unserer ganz großen Sorgen." Plan Bleu arbeitet im Auftrag der EU an einem Bericht zur Zukunft des Mittelmeerraumes.

Auch wenn die Konjunktur mal schwächelt, die Touristen zieht es in ständig steigender Zahl an die mediterranen Strände. Appartements und Yachthäfen werden gebaut. Das Straßennetz, die Abwassersysteme sowie die Energieversorgung müssen verbessert, die Freizeitanlagen erweitert werden. „Bis 2025 wird es noch 137 Millionen Touristen mehr als im Jahr 2000 in den Küstenregionen geben", so sagen die Fachleute von Plan Bleu voraus.

Bau-Boom herrscht vor allem in Andalusien, Frankreich und Italien sowie in Israel und im Libanon. Der Flughafen von Malaga (Spanien) beispielsweise zählte im Jahr 1980 etwa sieben Millionen Reisende, 2000 waren es bereits neunzehn Millionen.

Doch es sind nicht allein die Urlauber, die für die Zuwächse verantwortlich sind. In zwei Jahrzehnten dürfte es etwa 20 Millionen mehr Stadtbewohner am Mittelmeerraum geben. Die Region von der Provence über die Côte d'Azur bis zu den Südalpen ist seit 1999 jährlich um 30 000 Einwohner gewachsen – stärker als der Schnitt in Frankreich. Die Rentnerresidenzen und Zweitwohnsitze nehmen stark zu.

„Achtung, die Küste ist in Gefahr", warnte auch der französische Nationalrat für Raumordnung und -entwicklung. Die Bebauung dränge nicht nur die Natur zurück. Sie hinterlasse auch ein austauschbares Allerweltsbild von Sand, Strand und Hotels.

Leipziger Volkszeitung, 20.8.2004, Hanns-Jochen Kaffsack, dpa

1 Mittelmeerküste wird zur tristen Betonwüste

Tourismus

- Der wachsende Verkehr strapaziert die Nerven der Inselbewohner. Viele Touristen mieten sich einen der über 60 000 Leihwagen und kämpfen sich im gut ausgebauten Straßennetz durch Dauerstaus und Abgaswolken. Palma de Mallorca besitzt die höchste Fahrzeugdichte in Spanien.
- Es kommt immer häufiger zu Trinkwasserengpässen (besonders im Sommer). Trotzdem wird aus Angst, die Urlauber zu verschrecken, kaum gespart.
- Jedes Jahr fallen rund acht Prozent mehr Abfälle an. Das führt zu großen Entsorgungsproblemen.

2 Mallorca – Folgen des Tourismus

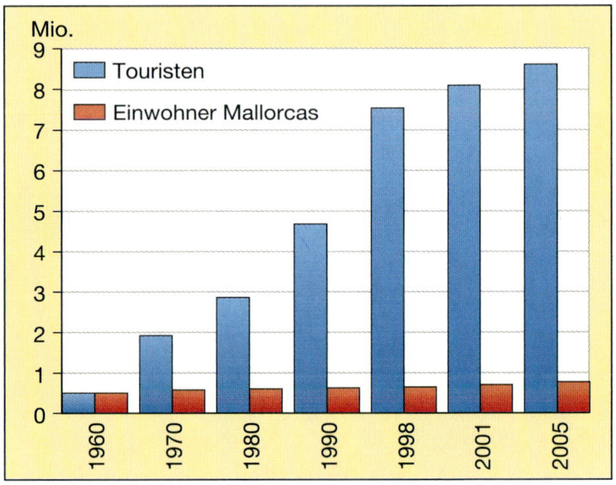

3 Mallorcas Einwohner und Besucher 1960 – 2005

4 Karikatur: Südliche Landschaft

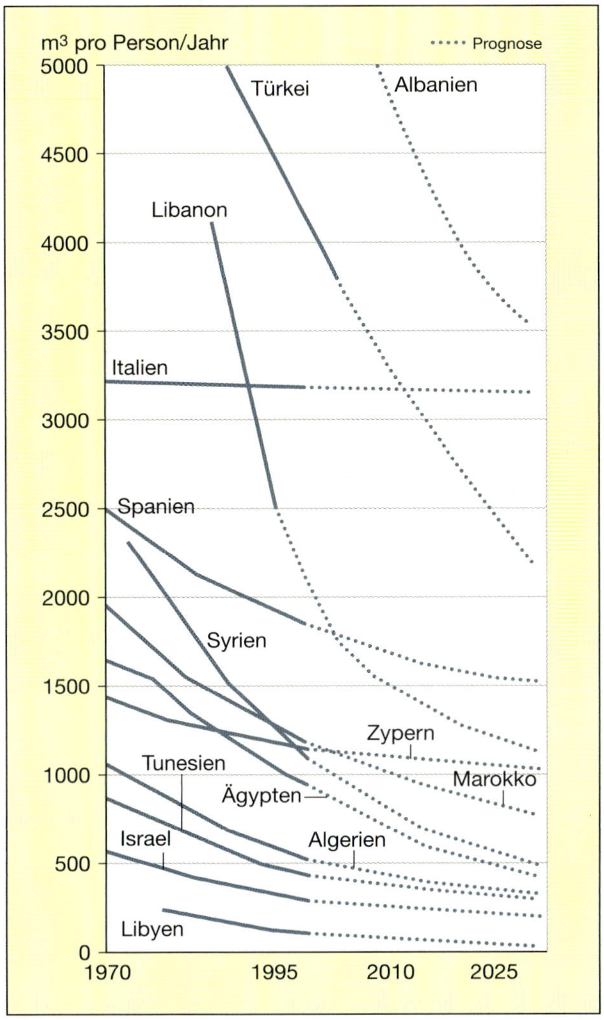

5 **Wasserverfügbarkeit ausgewählter Mittelmeerländer 1970 – 2025**

6 **Tabernas-Wüste in Spanien**

Wenn, wie prognostiziert, im Jahr 2025 jährlich rund 665 Mio. Urlauber den Mittelmeerraum bevölkern, dann bedeutet das nicht nur das Todesurteil für die zahlreichen Feuchtgebiete der Region. Einige Staaten, z. B. Griechenland, Italien und Spanien haben bereits 50 % ihrer Feuchtgebiete eingebüßt. Mit dem Massentourismus stieg der Bedarf an Wasser enorm an. Urlauber im spanischen Ort Granada verbrauchen täglich bis zu 440 Liter Wasser am Tag und damit rund das Siebenfache der Einheimischen (Deutschland: 140 Liter pro Kopf und Tag). Obwohl sich die Wasserversorgung in einigen Ländern der mediterranen Subtropen zunehmend kompliziert gestaltet, plant und baut man weiterhin Swimmingpools und Golfplätze. Ein 18-Loch-Golfplatz schluckt durchschnittlich 2,3 Mio. Liter Wasser am Tag. Der Jahresverbrauch von etwa einer Million Kubikmeter Süßwasser entspricht dem Bedarf einer Kleinstadt von 12 000 Einwohnern. Um die Versorgung mit Trinkwasser abzusichern, müssen neue Brunnen angelegt werden, was zur weiteren Grundwasserspiegelabsenkung führt. Dies kann eine Salzwasserintrusion [Eindringen von Salzwasser in das Grundwasser] bewirken. Eine Nutzung als Trinkwasser wird somit unmöglich. Deshalb transportiert man sogar Ebrowasser mit Tankschiffen nach Mallorca.

Rund 80 Prozent des Trinkwassers auf der Iberischen Halbinsel nutzt die Landwirtschaft. Illegale Brunnen, veraltete Leitungssysteme, ineffiziente Bewässerungsmethoden sowie der durch die EU subventionierte Anbau von Kulturpflanzen wie Reis, Mais, Zuckerrüben, die Unmengen an Wasser benötigen, führt besonders im Sommer zu Engpässen in der Bereitstellung von Wasser. Für ein Kilogramm spanischer Erdbeeren werden durchschnittlich 115 Liter, für ein Kilogramm türkischer Baumwolle mehrere Tausend Liter Wasser verbraucht.

Unter den Folgen der Wasserverschwendung und Niederschlagsdefizite leidet vor allem die Iberische Halbinsel. Spanien ist der trockenste Staat Europas. Rund zwei Drittel der Fläche des Landes könnten zur Wüste werden. Im Osten der spanischen Provinz Andalusien befindet sich die einzige Wüste Europas. In Italien sind vor allem die südlichen Regionen von der Desertifikation bedroht. Für Portugal prognostiziert man, dass in 20 Jahren rund zwei Drittel des Landes Desertifikationserscheinungen aufweisen werden.

(nach www.wwf.de, 15.07.2007)

7 **„Kein Frosch trinkt den Teich leer, den er bewohnt“**

1 **Korkeichen-Ernte**

Korkproduktion und Nachhaltigkeit

Die Korkwirtschaft ist ein wesentlicher Beitrag zur nachhaltigen Nutzung der mediterranen Eichenwälder in peripheren Räumen. Sie stellt einerseits eine Form der Landschaftspflege dar und bietet andererseits Arbeits- und Verdienstmöglichkeiten, was der Landflucht entgegenwirkt. Ein dauerhafter Bestand der Korkeichenwälder kann nur durch ihre Nutzung garantiert werden. Unbewirtschaftete Wälder fallen schnell Rodungstrupps zum Opfer.

Rund 99 Prozent der weltweiten Korkernte stammen aus dem Mittelmeerraum, vor allem aus Portugal und Spanien. Ein in regelmäßigen Abständen von neun Jahren geschälter Baum produziert während seiner bis zu 200 Jahre dauernden Nutzung wesentlich mehr Kork als ein ungeschälter Baum. Kein Baum muss gefällt werden.

In Andalusien befinden sich die meisten Korkeichenflächen innerhalb vieler neu geschaffener Schutzgebiete. Im Westen Andalusiens wurden drei Nationalparks in ihrer Gesamtheit 2002 zum UNESCO-Biosphärenreservat „Dehesas de Sierra Morena“ erklärt. Neben der Erhaltung noch vorhandener Bestände gibt es auch Aufforstungsprogramme in den Mittelmeerländern.

Der Naturpark Los Alcornocales (dt. „Korkwald“) beherbergt den weltweit größten Korkwald und zählt zu den größten naturnahen Wäldern im Mittelmeerraum. Und das soll auch so bleiben. Deshalb wurde hier das einzige Schutzgebiet der Erde eingerichtet, das auf die Erhaltung und Nutzung der Korkeichenwälder ausgerichtet ist. In Besucherzentren können sich Touristen und Einheimische zur Ökologie und Bewirtschaftung der Korkeichenwälder informieren. Das artenreiche Waldgebiet spielt auch eine große Rolle für die Fauna. Es dient als Lebensraum seltener Tiere, wie zum Beispiel für den iberischen Luchs und den Königsadler. Zugvögel nutzen den Naturpark wegen seiner Nähe zur Straße von Gibraltar als Rastplatz. Im Süden des Naturparks befindet sich deshalb ein Vogelzugbeobachtungspunkt, von dem die Aufenthaltsplätze der Zugvögel beobachtet werden können.

Im Naturpark Los Alcornocales wird die Korkproduktion und Verarbeitung des Rohstoffs gefördert. Ein dort ansässiger deutscher Tischler stellt zum Beispiel Korkmöbel her und erhielt die von der Regionalregierung geförderte Marke „Park Natural de Andalucía“ für die Einhaltung bestimmter Qualitäts- und Umweltschutzauflagen.

2 **Naturpark „Los Alcornocales“**

Umweltschutz im Urlaubsparadies

Massentourismus und Umweltschutz sind schwer in Einklang zu bringen. Da eine zerstörte Landschaft im Urlaubsparadies wenig verlockend ist, bleiben die Touristen weg. Deshalb versuchen immer mehr Kommunen im Mittelmeerraum, andere Wege im Tourismusgeschäft zu gehen, ohne dabei die Natur endgültig zu zerstören. So gibt es seit einiger Zeit Bestrebungen, durch Werbekampagnen Urlauber in das weniger besuchte, aber auch reizvolle und kulturell interessante Hinterland zu locken. Auf ausgedehnten Trekking- und Radtouren können die Touristen die Natur jenseits der überfüllten Küstengebiete erleben.

Calviá auf der Insel Mallorca ist mit rund 60 000 Betten und mehr als elf Millionen Übernachtungen im Jahr der Inbegriff von Massentourismus. Aber es ist auch die erste Gemeinde mit einer lokalen Agenda 21. Diese schreibt ein verbindliches Leitbild vor, das sich an einer nachhaltigen und umweltgerechten Entwicklung orientiert. Es entstand in konstruktiver Zusammenarbeit mit Bürgergruppen, Behörden und Betrieben. Im Zuge der Umsetzung der Agenda wurden abgewirtschaftete Hotels, die den gestiegenen ökologischen und ästhetischen Anforderungen nicht mehr entsprachen, sowie andere touristisch genutzte Gebäude gesprengt (M3). Mit der anschließenden Begrünung der entstandenen Freiflächen verbesserte sich das äußere Erscheinungsbild von Calciá. Außerdem beschleunigten Verantwortliche die Ausweisung großer Flächen als Naturschutzgebiete, um den Bauboom zu stoppen.

Mit verschiedenen Maßnahmen versuchen einige Urlaubsorte, den Wasserverbrauch zu senken – und das ohne Komfortverlust. Es wird der Wasserdruck sowie die Anzahl der Duschen an den Stränden reduziert. Duschen und Toiletten werden mit Wasserzählern, Durchflussbegrenzern und Spartasten ausgestattet. Außerdem rufen die örtlichen Behörden und Reiseveranstalter die Touristen zum sparsamen Umgang mit dem kostbaren Nass auf.

4 Sanfter Tourismus in Spanien

Ist nachhaltiger Tourismus messbar?

Um über den Erfolg von Maßnahmen der Betriebe, Kommunen und Verbände hinsichtlich einer nachhaltigen Tourismusentwicklung im Urlaubsgebiet Auskunft zu erhalten, werden verschiedene Umweltindikatoren erfasst:

- Trinkwasserverbrauch und Essen pro Gast und Übernachtung,
- Stromverbrauch pro Gast,
- Abfallmenge pro Gast,
- Anteil der Gäste mit Verkehrsmittel Bahn, Bus, Rad,
- Vorkommen bedrohter Tierarten,
- Bestand an ansprechender Kulturlandschaft,
- Bestand an ökologisch wertvollen Biotopen,
- Wasserqualität.

3 Hotels werden gesprengt, weil sie ökologischen und ästhetischen Anforderungen nicht mehr entsprechen

8 Bevölkerungsentwicklung und Verstädterung auf der Erde

1 „Ausgebuchte Reisezüge“ – in Indien keine Seltenheit

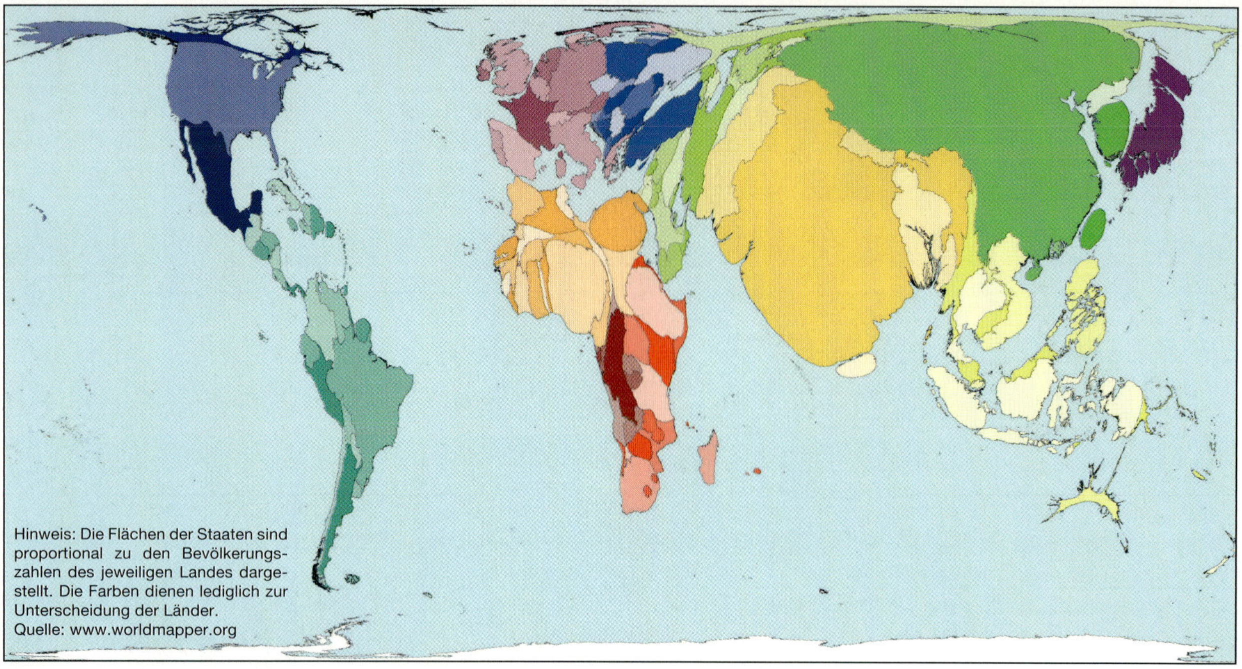

1 **Die Bevölkerungsverteilung der Erde, dargestellt als Fläche**

8.1 Verteilung der Weltbevölkerung

Von der gesamten Oberfläche der Erde stehen theoretisch etwa 29 Prozent (148 Millionen Quadratkilometer) Landfläche als potenzieller Siedlungsraum zur Verfügung. Gebiete, die zeitweise oder dauerhaft von Menschen besiedelt sind, werden als **Ökumene** bezeichnet. Insbesondere in Mittel- und Südeuropa, an der Ostküste Nordamerikas und vor allem in Süd- und Südostasien sind Dichtezentren der Besiedlung entstanden. Andere Regionen dagegen bleiben völlig unbewohnt und bilden die **Anökumene**. Im Bereich der Ökumene lebte 2007 mehr als die Hälfte der 6,6 Milliarden Menschen auf lediglich fünf Prozent der Festlandsfläche. Aber auch in diesem Raum ist die Verteilung über die Kontinente und zwischen den Staaten immer noch sehr unterschiedlich (M1, M2).

Die Ursachen für diese Ungleichverteilung sind vielfältig. Einerseits spiegeln die Siedlungsregionen die Abhängigkeit des Menschen von natürlichen Gegebenheiten wider. Ausreichend Niederschläge, günstige Temperaturen, die Fruchtbarkeit der Böden oder das Relief stellten

Land	Bevölk. (in Mio.)	Land	Bevölk. (in 1000)
China	1311	St. Kitts & Nevis	50
Indien	1121	Liechtenstein	40
USA	291	Monaco	34
Indonesien	225	San Marino	30
Brasilien	187	Palau	20
Pakistan	167	Cook-Inseln	18
Bangladesch	142	Nauru	13
Russ. Föderation	142	Tuvalu	10
Nigeria	128	Niue	2
Japan	128	Vatikanstaat	1

Quelle: DSW Datenreport 2006

2 **Die zehn bevölkerungsreichsten und bevölkerungsärmsten Länder der Erde (2007)**

	1950	2006	2025	2050
Welt	2523	6555	7940	9243
Afrika	224	924	1335	1994
Lateinamerika / Karibik	166	566	700	797
Angloamerika	172	332	387	462
Europa	547	732	717	665
Asien	1402	3968	4739	5277
Australien / Ozeanien	13	34	41	48
Industrieländer	k.A.	1216	1255	1261
Entwicklungsländer	k.A.	5339	6685	7982
Entw.-Länder ohne China	k.A.	4028	5209	6545

Quelle: DSW Datenreport 2006

3 **Veränderung der Bevölkerungszahlen 1950 – 2050 (Auswahl)**

Wenn die Welt ein Dorf mit nur 100 Einwohnern wäre...

...wären davon:

Bevölkerung
14 Afrikaner
5 Nordamerikaner
11 Europäer
9 Lateinamerikaner
61 Asiaten (davon 22 Chinesen und 17 Inder)
0 Australier/Ozeanier

29 wären Kinder unter 15 Jahren. 7 wären älter als 65.
50 Menschen im Dorf sind Frauen. 50 sind Männer.

Armut
19 Bewohner würden von weniger als 1 US-Dollar am Tag leben. 12 Menschen hätten nicht genügend Wasser zur Verfügung.

Familienplanung
Im Durchschnitt bekämen die Frauen 3 Kinder.
Von den 26 Frauen zwischen 15 und 49 Jahren, die in einer Partnerschaft leben, wenden 14 eine Verhütungsmethode an.

2050

Zukunft
Die Zahl der Dorfbewohner würde jährlich um eine Person steigen. Im Jahre 2050 würden bereits 143 Menschen im Dorf leben:
31 Afrikaner
7 Nordamerikaner
10 Europäer
13 Lateinamerikaner
82 Asiaten

14169E

4 Die Welt als Dorf

insbesondere in früheren Jahrhunderten entscheidende Kriterien für die Wahl der menschlichen Siedlungsräume dar. Nur dort, wo vor Ort in ausreichendem Maße Nahrungsmittel produziert werden konnten, war das Überleben der Menschen gesichert. Etwa 80 Prozent der Erdoberfläche weisen jedoch unzureichende Möglichkeiten für eine landwirtschaftliche Nutzung auf. Von den verbleibenden 20 Prozent (das entspricht 3,2 Milliarden Hektar) werden heute circa 1,2 Milliarden Hektar ackerbaulich meist intensiv genutzt. Übernutzung, unsachgemäße Bewirtschaftung, Versalzung, Kontamination oder Naturkatastrophen, aber auch die Ausweitung der Siedlungsfläche und infrastrukturelle Maßnahmen bewirken jedoch zunehmendend den Verlust derartiger Flächen.

Andererseits konnten durch verbesserte Technologien oder allgemeinen technischen Fortschritt im Laufe der Zeit auch neue, bis dahin nicht oder kaum von Menschen genutzte Räume besser erschlossen werden. Dadurch entstanden neue Siedlungsräume.

Auch religiöse Hintergründe stellen eine Einflussgröße auf das Wachstums und die Verteilung der Bevölkerung dar. So ist zum Beispiel Verhütung oder ein Schwangerschaftsabbruch nicht überall akzeptiert.

In der jüngeren Vergangenheit, besonders aber zukünftig wird die Verteilung der Weltbevölkerung maßgeblich durch das unterschiedliche Bevölkerungswachstum auf den Kontinenten beziehungsweise in den Industrie- und Entwicklungsländern bestimmt (M3).

Aufgaben

1. Nennen Sie Einflussfaktoren auf die Verteilung der Weltbevölkerung.
2. Beschreiben und begründen Sie die Entwicklung der Weltbevölkerungszahl.

5 Nanjing Road in Shanghai (China)

8.2 Demographische Grundlagen

Die Demographie (griechisch: demos = Volk, graphe = Schrift, Beschreibung) ist eine wissenschaftliche Disziplin und vereinigt Elemente von Soziologie, Geographie, Medizin und Ökonomie. Sie beinhaltet die Untersuchung menschlicher Populationen, analysiert deren Größe, Zusammensetzung, Verteilungen, Dichte, Wachstum sowie ihre Veränderungen und betrachtet deren Ursachen und Folgen. Grundlage demographischer Untersuchungen sind statistische Erhebungen (zum Beispiel Stichproben, Volkszählungen, Datenerhebungen von Ämtern). Da derartige Angaben häufig erst seit etwa 1850 in gesicherter Form vorliegen, beruhen Aussagen über die Bevölkerung in früheren Zeiten meist auf Kirchen- oder Steuerbüchern. Demographische Forschungen beschreiben und analysieren die Bevölkerung nach unterschiedlichen Gesichtspunkten (M1). Dies erfolgt ebenfalls unter Zuhilfenahme statistischer Kennziffern (M2) und graphischer Darstellungen (zum Beispiel Altersdiagramme). Demographische Forschungen liefern aber auch Erklärungen für bestehende Bevölkerungsstrukturen, zeigen Einflussfaktoren auf die Bevölkerungssituation oder erstellen Prognosen für künftige Entwicklungen. Aufgrund der vielfältigen Einflussfaktoren auf die Bevölkerungsentwicklung werden bei Vorhersagen meist unterschiedliche Modelle oder Szenarien erstellt. Sie basieren auf veränderten Grundannahmen und liefern so zum Teil weit auseinanderliegende Ergebnisse.

Die Bevölkerungsdynamik hängt im Wesentlichen von zwei Bereichen ab: der Migration und dem natürlichen Bevölkerungswachstum. **Migrationen** sind Wanderungsbewegungen und werden durch Zu- oder Wegzug von Personen beschrieben. Sie können innerhalb eines Landes (Binnenwanderung) oder über Ländergrenzen (Außenmigration) erfolgen. Binnenwanderungen können die Bevölkerungsverteilung oder die regionale Altersstruktur erheblich beeinflussen, haben aber keinen Einfluss auf die Gesamtbevölkerungszahl. Auch die Außenmigration ändert die Bevölkerungszahl von Ländern nur wenig.
Entscheidender ist das **natürliche Bevölkerungswachstum** (M2). Während die Zahl der Todesfälle vom Anteil der älteren Bevölkerung und den Folgen von Krankheiten oder mangelnder Hygiene abhängt, sind es bei der Geburtenzahl die sogenannten Fortpflanzungspräferenzen. Darunter verstehen Forscher die Zahl der Kinder, die eine Frau in einem Land üblicherweise bekommt. Insgesamt spielt somit die Altersstruktur eine entscheidende Rolle: Ein Land mit einem hohen Altersdurchschnitt wird normalerweise im Vergleich zu einem Land mit „junger" Bevölkerung eine geringere Geburten-, aber eine höhere Sterberate und somit ein geringeres Bevölkerungswachstum oder sogar einen Rückgang der Bevölkerungszahl aufweisen.

Aufgabe

Erläutern Sie anhand von Berechnungen für eine Beispielregion (zum Beispiel Heimatgemeinde) demographische Grundbegriffe und Bevölkerungsentwicklung.

Bevölkerung	**Verteilung**	z.B. Dichte in Einwohner/km²
	Struktur	natürliche (z.B. Geschlecht, Rasse, Alter, ...)
		gesellschaftliche (z.B. Beruf, Bildung ...)
	Bewegungen	räumliche (z.B. Zuzug, Wegzug von Personen)
		natürliche (z.B. Anzahl von Geburten, Todesfällen)
	Entwicklung	z.B. Zuwachs, Rückgang

Bevölkerungszahl am Ende eines Zeitraumes = Ausgangsbevölkerung + Geburten – Todesfälle + Zuwanderer – Auswanderer

1 Aspekte der Bevölkerungsanalyse

Geburtenrate: Zahl der Lebendgeburten pro 1000 Einwohner pro Jahr
Sterberate: Zahl der Todesfälle pro 1000 Einwohner pro Jahr
Wachstumsrate: Geburtenrate minus Sterberate
Säuglingssterblichkeit: Anzahl der Todesfälle bei Säuglingen im ersten Lebensjahr pro 1000 Lebendgeborene
Gesamtfruchtbarkeitsrate (Total Fertility Rate, TFR): Zahl von Kindern, die eine Frau in ihrem Leben im Alter von 15 bis 49 Jahre gebärt
Lebenserwartung bei Geburt: auf Grundlage heutiger Sterberaten berechneter Durchschnittswert für Neugeborene
Bevölkerungsdynamik: Geschwindigkeit des Anwachsens oder Schrumpfens der Bevölkerungszahl eines Landes oder einer Region
natürliches Bevölkerungswachstum: Differenz zwischen der Anzahl an Geburten und Todesfällen

2 Wichtige demographische Begriffe

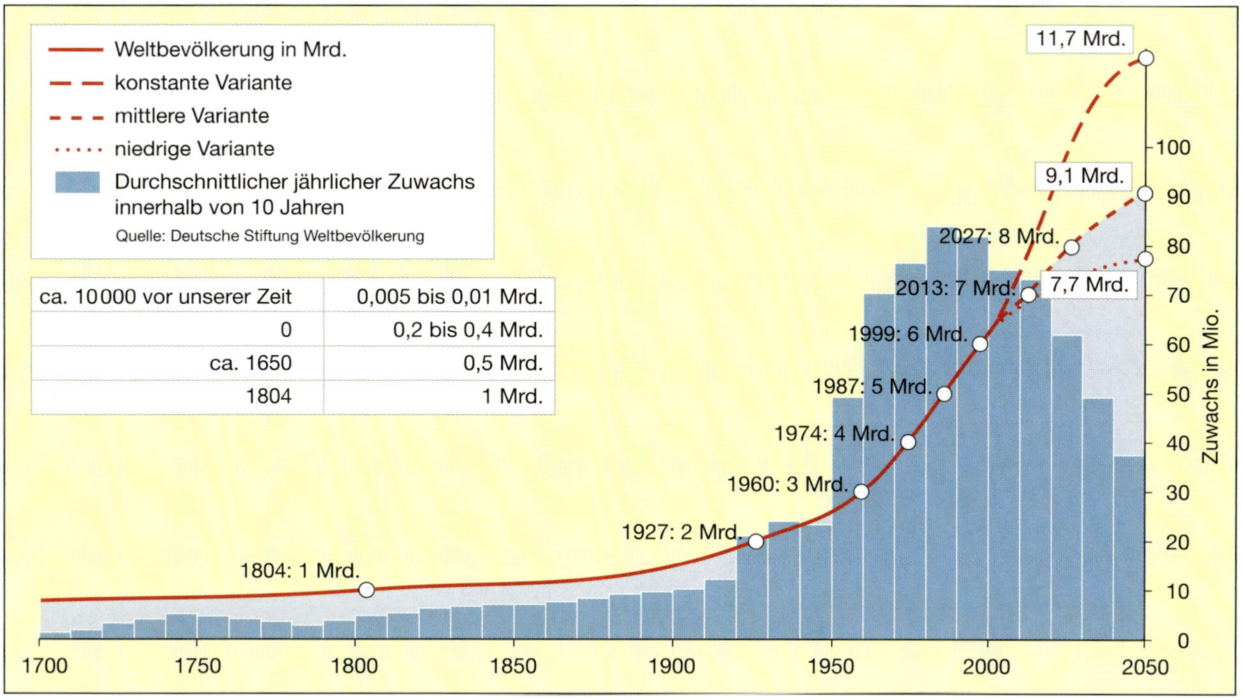

3 **Entwicklung und Zuwachs der Weltbevölkerung**

8.3 Das historische Wachstum der Weltbevölkerung

Neuere Schätzungen besagen, dass zum Beginn des Neolithikums (Jungsteinzeit) höchstens zehn Millionen Menschen auf der Erde lebten. Mit dem Wandel von nomadischer zu sesshafter Lebens- und Wirtschaftsweise ab circa 7000 v. Chr. (Zweistromland) verbesserte sich die Nahrungsmittelversorgung der Menschen. Auf dieser Basis konnte die Bevölkerungszahl erstmals in größerem Ausmaß anwachsen, veränderte sich danach aber bis zum Ende des ersten Jahrtausends n. Chr. nur wenig. Bis in die Mitte des zweiten Jahrtausends verhinderten Missernten, Hungerkatastrophen, Epidemien oder Kriege ein weiteres Ansteigen der Weltbevölkerungszahl. Experten sind heute der Auffassung, dass die Weltbevölkerung erst in der Mitte des 17. Jahrhunderts die 500-Millionen-Grenze überschritten hat. Danach dauerte es nur etwa 150 Jahre bis zum Erreichen der ersten Milliarde und somit einer weiteren Bevölkerungsverdoppelung. Seitdem hat der Prozess des Anwachsens der Weltbevölkerung weiter an Dynamik gewonnen: Die Verdoppelung der Bevölkerungszahl erfolgte in immer kürzeren Zeitabständen, sodass Ende 2006 über 6,5 Milliarden Menschen auf der Erde lebten (M3). Diese Entwicklung, die in ihrem Gesamtverlauf einer Exponentialfunktion ähnelt, hat dazu geführt, sie medienwirksamer als „Bevölkerungsexplosion“ zu bezeichnen. Der Prozess des Bevölkerungswachstums war auch rasch von Fragen nach den Auswirkungen des Wachstums und der Tragfähigkeit der Erde (M4) begleitet, zum Beispiel: „Ist eine Versorgung mit Nahrungsmitteln, Wasser oder Rohstoffen für alle möglich? Werden reiche Länder durch Zuwanderung von Menschen aus ärmeren Staaten überlastet und dadurch verarmen?“ Bei der Suche nach Antworten konnte bis heute kein internationaler Konsens erzielt werden. Unbestritten ist jedoch, dass eine Eindämmung des weiteren Bevölkerungswachstums eine wesentliche Aufgabe für die Menschheit darstellt.

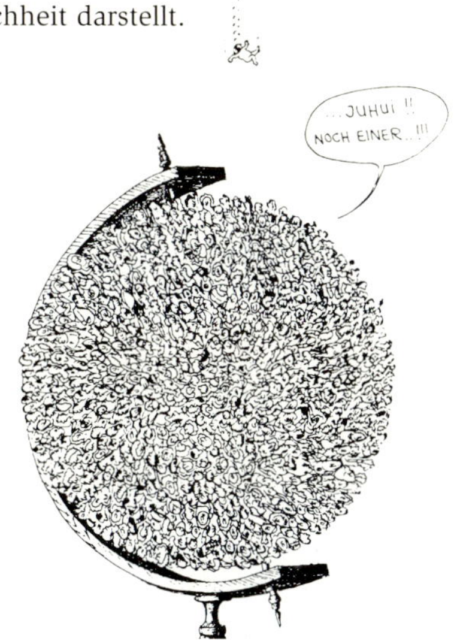

4 **Karikatur: „Juhu!! Noch einer!!“**

8.4 Ursachen des globalen Bevölkerungswachstums

Demographischer Wandel in Industrieländern

Basierend auf der Bevölkerungsentwicklung Englands stellten Wissenschaftler im Vergleich mit anderen Ländern Ähnlichkeiten fest und erstellten daraus das „Modell des demographischen Übergangs“ (M1). Es beschreibt den durch Modernisierung ausgelösten Wechsel von einer Gesellschaft mit hohen zu einer mit deutlich niedrigeren Geburten- und Sterberaten. Bei diesem Übergang verändert sich auch das Wachstum der Bevölkerung.

In der vorindustriellen Zeit gab es durch mangelnde hygienische Bedingungen, Nahrungsmittelknappheit und fehlende medizinische Versorgung eine niedrige Lebenserwartung sowie Sterberaten von drei bis vier Prozent. Diese schwankten zudem durch Missernten, Seuchen oder Kriege in erheblichem Maße. Gleichzeitig waren die bäuerlichen Familien auf die Mithilfe der Kinder angewiesen, sie stellten zudem die „Altersvorsorge“ für viele Familien dar. Neben fehlender Empfängnisverhütung und religiösen Gründen führte dies zu einer ähnlich hohen Geburtenrate. Folge dieses „Gleichgewichts“ war eine nur gering anwachsende Bevölkerungszahl.
Mit der zum Ende des 18. Jahrhunderts einsetzenden Industrialisierung begann eine langsame, sich zum Teil über ein Jahrhundert erstreckende Veränderung dieser Verhältnisse. Bessere Anbaumethoden sowie neue Transport- und Lagerungsmöglichkeiten bewirkten eine weitgehende Sicherung der Nahrungsmittelversorgung. Der steigende Lebensstandard ging einher mit dem Aufbau eines öffentlich zugänglichen Gesundheitssystems, erste Sozialsysteme übernahmen die Altersvorsorge und drängten die Bedeutung der Großfamilie zurück. Als Folge begannen insbesondere die Sterberaten zu sinken. Geburtenüberschuss, verbesserte Lebensumstände und eine wachsende Zahl an Frauen im gebärfähigen Alter ließen das Bevölkerungswachstum in diesem Zeitraum auf Werte zwischen 1 und 1,5 Prozent ansteigen. Durch ausreichend zur Verfügung stehende Siedlungsflächen, den gleichzeitigen Anstieg der Nahrungsmittelproduktion und die Möglichkeit, von Europa auf andere Kontinente auszuwandern, konnte dieses Wachstum aufgefangen werden.
Da Kinderarbeit verboten und die Sozialsysteme ausgebaut wurden, verloren Kinder als Alterssicherung zunehmend an Bedeutung. Zudem verbesserten sich die sozialen und beruflichen Aufstiegsmöglichkeiten, auch für Frauen. Diese Veränderungen bewirkten zusammen mit einer bewussten Familienplanung nun auch ein Absinken der Geburtenrate und damit einen Rückgang des Wachstums.
In der letzte Phase des Überganges stabilisiert sich die Geburtenrate auf niedrigem Niveau, fällt teilweise sogar unter die Sterberate. Der Einsatz neuer Verhütungsmittel, Karrieredenken, Spätehen oder auch kinderunfreundliche gesellschaftliche Bedingungen sind einige Gründe dafür.

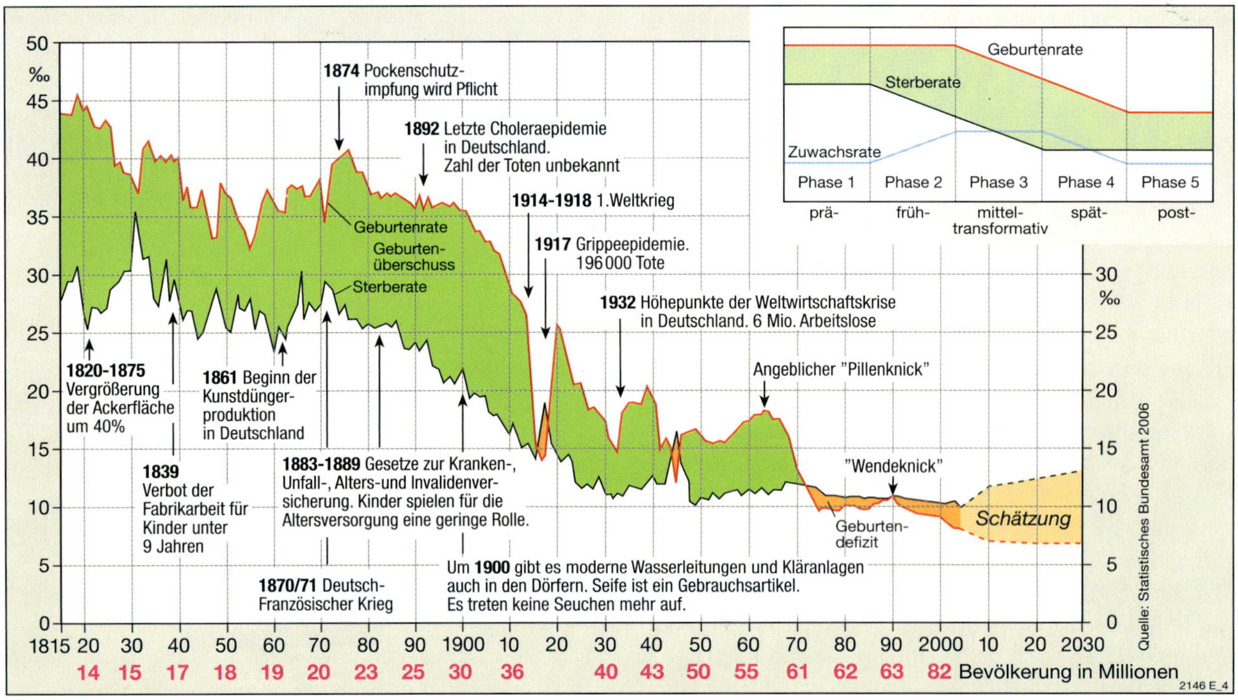

1 **Der demographische Übergang in Deutschland / idealtypischer Verlauf des demographischen Übergangs**

Demographischer Wandel in Entwicklungsländern

In den heutigen Entwicklungsländern lagen insbesondere die Geburtenraten höher als im vorindustriellen Europa. Häufig blieb diese Situation bis in die Mitte des 20. Jahrhunderts erhalten. Eine Ursache dafür war die ausbleibende wirtschaftliche Modernisierung. Erst nach dem Ende des Zweiten Weltkrieges und mit dem Erreichen der staatlichen Unabhängigkeit setzte auch in diesen Ländern der demographische Wandlungsprozess ein. Allerdings verlief er dort nun wesentlich schneller als in Europa (M2). Ursachen dafür waren die nach Vorbild der Industrieländer geschaffene Gesundheitsversorgung und die schnell zur Verfügung stehenden Möglichkeiten der modernen Medizin. Dadurch sanken vor allem die Sterberaten sehr rasch. Diese Fortschritte gingen jedoch in nur wenigen Fällen mit einer durchgreifenden wirtschaftlichen Weiterentwicklung einher. So blieben die hohen Geburtenraten bestehen. Vor allem im ländlichen Raum hat die Großfamilie mit einer hohen Kinderzahl weiter Bestand. Aber auch fehlende Bildungsmöglichkeiten oder religiöse und traditionelle Vorstellungen verhinderten ein Absinken der Geburtenzahlen.
Als Ergebnis dieser Veränderungen stieg das Bevölkerungswachstum auf Werte zwischen zwei und drei Prozent. Einen derartigen Zuwachs an Menschen hatte es bisher nirgendwo auf der Erde gegeben. Obwohl die Geburtenrate heute in vielen Entwicklungsländern wieder sinkt, bestehen zwischen diesen noch große Unterschiede. Die weitere, möglichst rasche Senkung der Geburtenrate wird maßgeblich mit darüber entscheiden, wie groß die Bevölkerungszahl in den Regionen künftig tatsächlich wird. Durch die Vielzahl regionaler Einflussfaktoren gestalten sich auch Vorhersagen über die künftige Entwicklung sehr schwierig und schwanken sehr stark.

Aufgaben

1. Erläutern Sie Abbildung M1.
2. Vergleichen Sie die Ursachen für das historisch unterschiedliche Bevölkerungswachstum auf der Erde.
3. Setzen Sie die folgenden Datenreihen zur Geburten- und Sterberate in Schweden in eine Darstellung nach dem demographischen Übergang um. Grenzen Sie erkennbare Phasen des demographischen Übergangs ab und begründen Sie Ihre Entscheidungen. Ergänzen Sie die Kurve des natürlichen Bevölkerungswachstums.

Geburten- und Sterberate von Schweden 1860 – 2005

Jahr	1860	1880	1900	1920	1940	1960	1980	2005
GR	3,45	2,94	2,69	2,35	1,50	1,36	1,17	1,12
SR	1,75	1,81	1,68	1,32	1,14	1,00	1,10	1,01

Quelle: Statistisches Landesamt Schweden, www.scb.se

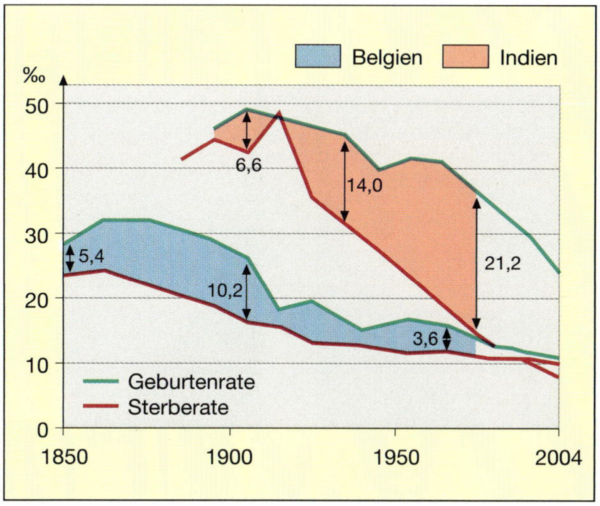

2 Der demographische Entwicklung im Vergleich

Obwohl das Modell des demographischen Übergangs häufig genutzt wird, ist es nicht unumstritten. Kritiker bemängeln zum Beispiel die häufig monokausalen Erklärungen für die eingetretenen Veränderungen bei Geburten- und Sterberaten in den Industrieländern. Aber auch die in einigen Industriestaaten deutlich vom Modell abweichenden Bevölkerungsprozesse bieten Anlass, die Allgemeingültigkeit anzuzweifeln. Ungeklärt bleibt auch, ob der Übergang stetig erfolgt und ob er einmalig und unwiderruflich ist.
Unter diesem Aspekt ist die Anwendung des Modells auf die Entwicklungsländer sehr schwierig. Hierbei bildet auch seine Grundlage Ansatz für Kritik, denn es werden die Verallgemeinerungen westlicher Bevölkerungsentwicklung auf andere Kulturkreise übertragen. Zudem gibt es keine allgemeingültigen Aussagen über die Dauer und die Ausprägung des Bevölkerungswachstums. Auch erreicht es in den Entwicklungsländern ein in den Industrienationen nicht gekanntes Ausmaß.
Trotz der kritischen Bewertung erfüllt das Modell wichtige Funktionen. Anerkannt sind seine Beschreibungs- und Klassifizierungsmöglichkeiten bei der Betrachtung von Bevölkerungsentwicklungen. Für Prognosen, insbesondere für die weitere Bevölkerungsentwicklung in den Ländern der sogenannten Dritten Welt, ist es aufgrund der veränderten Rahmenbedingungen im Vergleich zu den früheren Prozessen in den Industrieländern jedoch wenig geeignet.

3 Grenzen des Modells des demographischen Übergangs

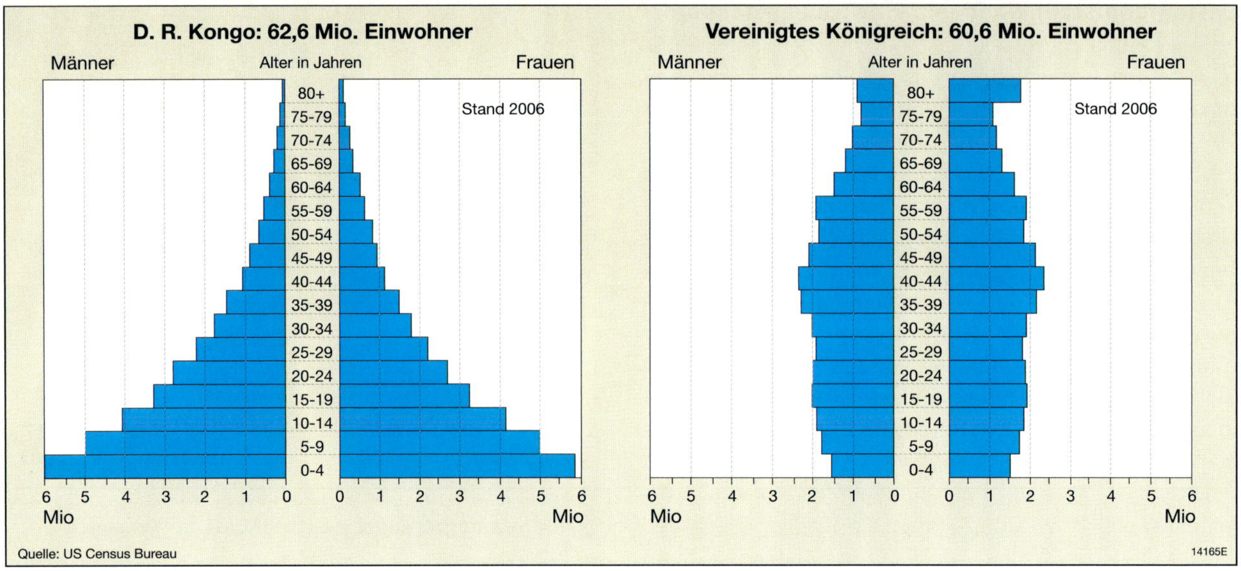

1 **Bevölkerungspyramiden der Demokratischen Republik Kongo und von Großbritannien**

8.5 Folgen der globalen Bevölkerungsentwicklung

Veränderung von Altersstrukturen

Die Alters- oder Geschlechterstruktur einer Bevölkerung gibt Auskunft über die Anzahl oder den Anteil der männlichen und weiblichen Personen in den Altersgruppen sowie den Anteil einzelner Altersgruppen an der Gesamtbevölkerung. Sie gehört zu den bedeutendsten Merkmalen einer Bevölkerung. Die Altersstruktur wird durch die natürliche Bevölkerungsbewegung (Seite 194) und durch Migration (Zu- und Abwanderung) in vorangegangenen Jahren bestimmt. Kenntnisse zur Altersstruktur sind wichtig für die momentane Situation (zum Beispiel schulpflichtige Kinder, Arbeitskräftepotenzial), ermöglichen aber auch Prognoseszenarien.

Altersstrukturen werden häufig durch Bevölkerungsdiagramme veranschaulicht. Obwohl die Altersstrukturen der Länder als Folge großer Unterschiede in wirtschaftlichen, medizinischen und sozialen Bereichen erheblich variieren, lassen sich einige Grundtypen unterscheiden (M2). Allerdings treten solche idealtypischen Formen nur sehr selten auf, da durch Kriege, Krankheiten oder politische Einflüsse „Deformationen" auftreten.
Die Altersstruktur eines Landes hat große Auswirkungen auf die gesellschaftlichen Bedingungen, das ökonomische Entwicklungspotenzial oder die sozialen Systeme. So stellen zum Beispiel die Strukturen vieler Länder Afrikas mit einem Bevölkerungsanteil der unter 15-Jährigen von bis zu 45 Prozent andere Herausforderungen dar als die Bevölkerungsstruktur der Industriestaaten. Bei ihnen beträgt der Anteil dieser Altersgruppe meist weniger als 20 Prozent (M1).

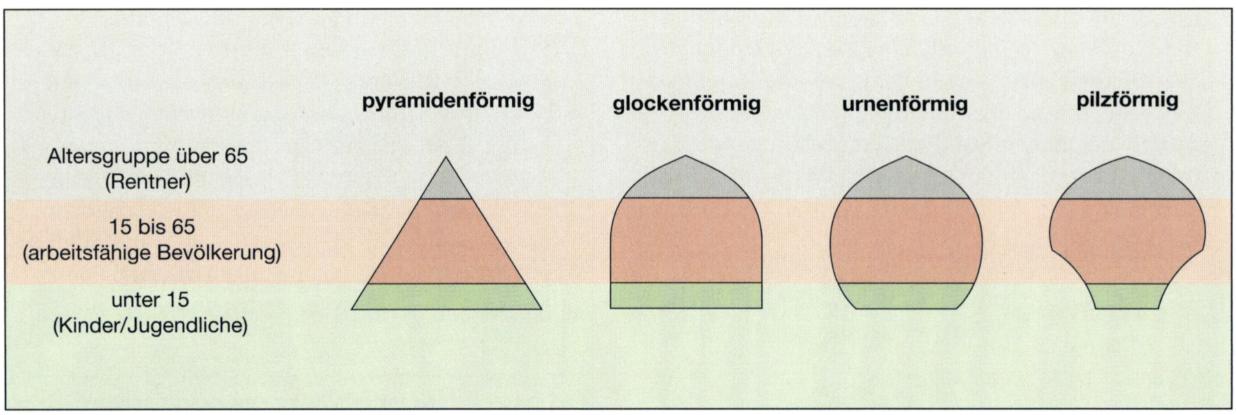

2 **Grundformen von Bevölkerungsdiagrammen**

Alterung der Weltbevölkerung

„Nicht exponentielles Bevölkerungswachstum wird die Herausforderung des 21. Jahrhunderts sein, sondern im Gegenteil die Alterung der Bevölkerungsstruktur, die im Norden bereits in vollem Gange ist und sich auf den Süden ausdehnen wird." (G.-F. Dumont)

Demographische Alterung bedeutet das Ansteigen des Durchschnittsalters der Bevölkerung. Weitere Indikatoren sind das Medianalter (Alter, welches die Hälfte der Bevölkerung überschreitet) oder der Altenquotient. Er setzt die Zahl der über 65-Jährigen zur Zahl der 15- bis 65-Jährigen ins Verhältnis und wird meist in Prozent angegeben. Obwohl das Bevölkerungswachstum in Industrie- und Entwicklungsländern schon seit längerer Zeit völlig unterschiedliche Werte aufweist, ist eines allen Regionen der Erde gemeinsam: Die Weltbevölkerung altert (M3, M4). Für alle Staaten ist es deshalb wichtig, rechtzeitig Szenarien für den Umgang mit einer „alternden und alten" Bevölkerung zu schaffen. Die Sicherung der medizinischen Versorgung, der steigende Pflegebedarf, der Aufbau oder Erhalt sozialer Systeme sind nur einige der Probleme, die gelöst werden müssen.

	Altersdurchschnitt in Jahren		
	1950	**2000**	**2050**
Welt	23,5	26,6	37,8
Afrika	18,7	18,4	30,7
Asien	21,9	26,3	39,3
Europa	29,3	37,8	47,4
Südamerika	20,1	24,5	37,8
Nordamerika	29,8	35,1	42,1
Australien/Ozeanien	27,9	30,7	39,3
gut entwickelte Länder	28,6	37,5	45,6
wenig entwickelte Länder	21,3	24,4	36,7

Quelle: Engelhard, Karl: Welt im Wandel, S. 39

4 Veränderung des Durchschnittsalters

Aufgaben

1. Vergleichen Sie die Bevölkerungsdiagramme (M1). Erläutern Sie Ursachen für die Unterschiede und leiten Sie mögliche Konse-quenzen in den Ländern ab.
2. Analysieren Sie den Prozess der globalen Alterung und diskutieren Sie mögliche Auswirkungen.

Was „Jugendwahn" genannt wird, ist ein Kaufkraftphänomen. „Diese Generation gräbt sich durch die Gesellschaft wie ein Trüffelschwein", schreibt die Anthropologin Helen Fischer, „und verändert die Geschichte mit jedem Tag, den sie älter wird." Die Boomer haben alles verändert, was je unter dem Begriff Kindheit und Jugend verstanden wurde. Sie haben die Welt durch ihre pure Masse verwandelt; denn ihre Masse schuf eine Kaufkraft, wie sie noch niemals zuvor in den Händen einer Jugend lag. (...) Die Boomer-Generation, jene Alterskohorte, die seit Ende der 40er-Jahre bis Mitte der 60er-Jahre auf die Welt kam, hat die Welt nicht durch Krieg, sondern durch ihr Dasein verändert:

- Boomer haben nicht nur Nahrung gegessen – sie haben die Snacks, die Restaurants und die Supermarktindustrie umgewandelt.
- Boomer haben nicht nur Kleidung getragen – sie haben die Modeindustrie verändert.
- Boomer haben nicht nur Autos gekauft – sie haben die Autoindustrie transformiert. (...)
- Boomer haben nicht nur geheiratet – sie haben nach Jahrtausenden das Wesen der menschlichen Beziehungen und ihrer Institution verwandelt.
- Boomer haben nicht nur Geld geliehen – sie haben die Finanzmärkte verändert. (...)

Diese Menschen, die einen ganzen Planeten umgeformt und nach ihrem Antlitz geprägt haben, gehen vom Jahre 2010 an in Rente. Der Verrentungsprozess dauert mindestens bis 2029. Dann erst beginnt der Ruhestand für die 1964 Geborenen, den geburtenstärksten Jahrgang. Dieser Ruhestand wird alles durcheinander wirbeln. (...) Zwar hat es in Deutschland weniger Boomer gegeben als in Amerika. (...) Aber das ändert nichts daran, dass sich für das viel stärker alternde Deutschland die kulturelle Erfahrung der 50er- und 60er-Jahre wiederholen wird. Die alternden und auch die sterbenden Boomer Amerikas werden eine neue Kultur hervorbringen, die uns prägen wird. Die USA bereiten sich auf das große Beben in gewaltigem Umfang vor. (...) Die Babyboomer haben auf ihrer Lebensbahn alles verändert. Wir erleben jetzt das letzte und größte Beispiel der Veränderung, das Altern der Boomer. (...) Werbemanager und Filmindustrie haben die veränderte Lage offenbar noch immer nicht begriffen. Von ihnen hängt es aber ab, wie die künftigen Älteren ihre gesellschaftliche Rolle leben – und was noch wichtiger ist: wie die nachwachsende Jugend in den großen Umformungsprozess der Gesellschaft einbezogen wird.

(Quelle: Schirrmacher, F.: Das Methusalemkomplott, S. 70–73)

3 Das Potenzial der Alten

Eden wird in Äthiopien geboren. Sie hat sechs Geschwister.	**1992**	Julia wird in Deutschland geboren. Sie hat einen älteren Bruder.
Eden bricht die Schule ab, als sie 8 Jahre alt ist. Sie muss Wasser holen, Brennholz suchen und sich um ihre jüngeren Geschwister kümmern.	**2000**	Mit acht Jahren geht Julia in die 3. Klasse. Nachmittags spielt sie mit ihren Freundinnen. Zweimal die Woche geht sie zum Ballettunterricht.
Eden ist 11 Jahre alt, als ihr Vater an Aids stirbt.	**2003**	Julia ist elf Jahre alt. Sie hat zum ersten Mal Sexualaufklärung im Unterricht.
Mit 16 Jahren heiratet Eden einen Mann, den ihre Mutter für sie ausgesucht hat. Sie bekommt ihr erstes Kind. Über Familienplanung weiß sie kaum etwas.	**2008**	Mit 16 Jahren geht Julia noch zur Schule. Sie hat ihren ersten Freund und weiß, wie sie eine Schwangerschaft verhüten und sich vor Aids schützen kann.
Mit 19 Jahren hat Eden schon zwei Kinder.	**2011**	Nach der Schule beginnt Julia mit 19 Jahren zu studieren. Sie zieht in eine andere Stadt.
Bei ihrer fünften Schwangerschaft ist Eden 29 Jahre alt. Es treten schwere Komplikationen auf. Ihr Baby stirbt bei der Geburt.	**2021**	Julia ist 29 Jahre alt, als sie heiratet. Ihr Studium hat sie vor drei Jahren beendet. Seither ist sie berufstätig.
Nach der Geburt ihres sechsten Kindes erfährt Eden mit 35 Jahren von ihrer Hebamme, wo sie kostenlose Verhütungsmittel erhalten kann. Sie bekommt keine weiteren Kinder mehr.	**2027**	Mit 35 Jahren bekommt Julia ihr zweites Kind.
Mit 38 Jahren hat Eden bereits vier Enkel.	**2030**	Als ihr Jüngster in den Kindergarten kommt, beginnt Julia mit 38 Jahren wieder halbtags zu arbeiten.
Eden stirbt mit 46 Jahren.	**2038**	Mit 46 Jahren steigt Julia wieder Vollzeit in ihren Beruf ein.
	2054	Sie wird Großmutter, als sie 62 Jahre alt ist.
	2073	Julia stirbt mit 81 Jahren.

nach: Deutsche Stiftung Weltbevölkerung

1 Leben in zwei Welten

8.6 Unterschiede zwischen hoch entwickelten Staaten und Entwicklungsländern

Im 20. Jahrhundert hat sich die Lebenserwartung der Menschen in den Industrieländern fast verdoppelt. Während sie zum Beispiel in Deutschland um 1900 für Frauen 40 und Männer 35 Jahre betrug, sind es heute 81 bzw. 76 Jahre. Gleichzeitig sanken die Geburtenraten der Industriestaaten von 2,8 (1950) auf 1,6 Geburten pro Frau (2007). Diese Entwicklungen wirken sich auf die Altersstrukturen aus: Je niedriger die Geburtenrate, umso geringer ist in Zukunft der Anteil der Erwerbspersonen und desto intensiver erfolgt später die demographische Alterung bzw. der Rückgang der Bevölkerungszahl. Vor allem Europa war und ist davon besonders betroffen. Auch unter den zehn Ländern der Erde mit dem höchsten Medianalter befinden sich mit Ausnahme von Japan nur europäische Staaten. Die Konsequenzen dieser Veränderungen sind vielfältig und werden allen modernen Industrieländern große Anstrengungen abverlangen: Mangel an Arbeits- und Fachkräften, Veränderungen bei Wirtschaftsstrukturen und öffentlichen Finanzen, Schulschließungen, Aufgabe von Siedlungsräumen und Infrastrukturen, spezielle Anforderungen an das Gesundheits- und Pflegewesen, neue Wege der Sicherung von Sozialsystemen, Wirkungen auf das Verhältnis zwischen den Generationen oder Partnerschaft und Familie.

Geburtenüberschuss, durchschnittlich 2,9 Kinder pro Frau und eine mit 65 Jahren (2007) deutlich geringere Lebenserwartung prägen das Bild in den Entwicklungs-

	Entwicklungsländer	
	niedrigster Wert	höchster Wert
Geburtenrate (%)	1,1 (Kuba)	5,5 (Niger)
Sterberate (%)	0,4 (Malaysia)	2,8 (Swasiland)
Wachstumsrate (%)	0,2 (Mazedonien)	3,4 (Niger)
Säuglingssterblichkeit (%)	0,9 (PuertoRico)	16,3 (Sierra Leone)
Gesamt-Fruchtbarkeitsrate (%)	2,0 (Tunesien)	7,9 (Niger)
Verhütung bei Frauen im Alter von 15 – 49 Jahren (%)	8 (Mali)	81 (Südkorea)
Lebenserwartung (Jahre)	37 (Sambia)	79 (Costa Rica)

2 Beispiele für Entwicklungsunterschiede

ländern. Dabei existieren nicht nur große Unterschiede zu den Industrieländern, sondern auch zwischen einzelnen Entwicklungsländern (M2).

Dagegen finden sich Gemeinsamkeiten bei der Altersstruktur der Entwicklungsländer. Im Mittel beträgt der Anteil der unter 15-Jährigen 32 Prozent, während der Anteil der über 65-Jährigen lediglich 5 Prozent aufweist. Auch diese Bevölkerungssituation bringt soziale Probleme mit sich. Denn sowohl die Jüngeren als auch die Älteren sind von der Bevölkerung im arbeitsfähigen Alter abhängig. Dieser „Abhängigkeitsanteil" bremst oft das Wirtschaftswachstum des Landes, da viel Geld für eine Grundversorgung (Ernährung, Schule, Ausbildung) benötigt wird. Auf der anderen Seite öffnet sich in dieser Phase auch ein „demographisches Fenster": Gelingt es, in den jungen Generationen die Fruchtbarkeitsrate merklich zu senken, bestehen gute Aussichten, das künftige Bevölkerungswachstum zu verringern und wirtschaftliche Fortschritte zu erzielen. Dazu sind aber auch Veränderungen der Gesellschaft notwendig. Die Stärkung der Position der Frau oder eine verbesserte Bildung zählen dazu. So ist es zum Beispiel Südkorea, Mexiko oder Brasilien gelungen, dieses Fenster zu nutzen.

Aufgaben

1. Beschreiben Sie Entwicklungsunterschiede zwischen einzelnen Staaten bzw. Staatengruppen (M1, M2).
2. Erläutern Sie die Herausbildung und die unterschiedlichen Folgewirkungen der Altersstrukturen in Industrie- und Entwicklungsländern (M2).

	Industrieländer		
telwert	niedrigster Wert	höchster Wert	Mittelwert
	0,8 (D)	1,4 (USA)	1,1
	0,7 (Kanada)	1,6 (Russ. Föd.)	1,0
	−0,6 (Russ. Föd.)	0,6 (USA)	0,1
	0,2 (Schweden)	1,1 (Russ. Föd.)	0,6
	1,3 (D)	2,0 (USA)	1,6
	56 (Japan)	84 (Großbritannien)	68
	65 (Russ. Föd.)	82 (Japan)	77

Quelle: DSW Datenreport 2006

8.7 Die Millenniumsentwicklungsziele

Im Jahr 2000 haben sich die 189 Mitgliedsstaaten der UNO in der Millenniumserklärung verpflichtet, die Probleme der Weltbevölkerung gemeinsam anzugehen, und ihre Zielstellungen in acht Entwicklungszielen formuliert (M3). Diese Ziele werden durch 18 inhaltliche Zielvorgaben präzisiert und ihre Umsetzung mit festgelegten Indikatoren überwacht (M4). Ein zentrales Anliegen stellt vor allem die Bekämpfung der Armut dar.

Aufgabe:

Wählen Sie eines der Millenniumsziele auf den Seiten 202 bis 205 aus und stellen Sie dieses in einer Präsentation vor.

Ziel 1: Hunger und extreme Armut beseitigen
Ziel 2: Grundschulbildung für alle Kinder
Ziel 3: Förderung der Gleichbehandlung der Geschlechter und Stärkung von Frauen
Ziel 4: Senkung der Kindersterblichkeit
Ziel 5: Verbesserung der Gesundheit von Müttern
Ziel 6: Bekämpfung von HIV/Aids und anderen Krankheiten
Ziel 7: Sicherung des nachhaltigen Umgangs mit der Umwelt
Ziel 8: Aufbau einer weltweiten Entwicklungspartnerschaft

3 Millenniumsentwicklungsziele

Zielvorgabe	Indikatorbeispiel
von 1990 bis 2015 den Anteil der Menschen halbieren, deren Einkommen weniger als 1 $/Tag beträgt (Ziel 1)	• Anteil der Bevölkerung mit weniger als 1$/Tag • Anteil des ärmsten Fünftels am nationalen Konsum
zwischen 1990 und 2015 die Müttersterblichkeitsrate um drei Viertel senken (Ziel 5)	• Anteil von medizinischem Fachpersonal begleiteter Geburten
bis 2015 Ausbreitung von HIV/Aids zum Stillstand bringen und allmählich umkehren (Ziel 6)	• HIV-Prävalenz bei schwangeren Frauen • Anteil der Kondombenutzung
die Grundsätze nachhaltiger Entwicklung in einzelstaatliche Politiken und Programme einbauen und Verlust von Umweltressourcen umkehren (Ziel 7)	• Anteil der Flächen mit Waldbedeckung • Anteil der feste Brennstoffe nutzenden Bevölkerung

4 Zielvorgaben und Indikatoren

1 Eine Warnung

Armut zwingt viele junge Frauen dazu, ihren Körper zu verkaufen. Dieser Austausch von Sex gegen Geld, die Übernahme der Schulgebühren oder die Unterstützung der Familie nimmt in manchen Fällen die Form der sogenannten Sugar-Daddy-Beziehung an. Sie sind besonders in der Karibik und im südlichen Afrika verbreitet. Sugar Daddys sind zumeist wohlhabende und verheiratete ältere Männer, die jüngere Frauen im Austausch gegen Sex finanziell unterstützen. Diese Männer suchen sich zunehmend jüngere Mädchen, weil sie glauben, dass diese nicht mit HIV infiziert sind. Je größer der Alters- und der wirtschaftliche Unterschied, umso unwahrscheinlicher ist es, dass Kondome benutzt werden. Hinzu kommt, dass ältere Männer zu häufigen Partnerwechseln neigen und deshalb einem höheren HIV-Risiko ausgesetzt sind. Umfragen unter schwangeren Teenagern in Ländern Afrikas südlich der Sahara ergaben, dass 73 Prozent der befragten Mädchen Sexualpartner hatten, die älter als 30 Jahre waren.

(Quelle: Weltbevölkerungsbericht 2005, S. 62)

2 Das Sugar-Daddy-Problem

Millenniumsziel 6: Bekämpfung von HIV/Aids

Aus der neueren Geschichte ist kein Beispiel einer Infektionskrankheit bekannt, die so viele Menschenleben gefordert hätte, wie durch Aids zu befürchten ist. Man muss weit in der Geschichte zurückgehen, etwa bis zum Massensterben der Indianer durch Pockenviren im 16. Jahrhundert oder bis zur Beulenpest, die im 14. Jahrhundert rund ein Viertel der Bevölkerung dahinraffte. Die HIV-Epidemie sollte als das angesehen werden, was sie ist – eine ungeheure Epidemie, die, wenn sie nicht bald eingedämmt wird, im frühen 21. Jahrhundert mehr Menschenleben fordern könnte als der Zweite Weltkrieg.

(Quelle: Brown, L., Gardner, G., Halweil, B.: Wie viel ist zu viel? S. 114)

Seit Anfang der 1980er-Jahre die ersten Symptome beschrieben wurden, starben rund 32 Millionen Menschen an Aids (Acquired Immune Deficiency Syndrome). 2005 infizierten sich jede Minute zehn Menschen, lebten weltweit etwa 40,3 Millionen mit dem HI-Virus (Humanes-Immundefizienz-Virus). Aids hat also bereits heute ein enormes Ausmaß angenommen (M3). Da der HI-Virus vor allem unter jüngeren Erwachsenen verbreitet ist, treten in einigen Staaten 60 Prozent aller Todesfälle in der Altersgruppe der 20- bis 49-Jährigen auf. Aids gefährdet somit genau die Generationen, die für die wirtschaftliche Produktivität im Land von Bedeutung sind.

Mit etwa 26 Mio. Menschen (2006) ist die Zahl der infizierten Erwachsenen besonders in Afrika südlich der Sahara sehr hoch. Prognosen zufolge wird es bis 2010 in einigen Staaten dieser Region im Landwirtschaftssektor bis zu einem Fünftel weniger Arbeitskräfte geben und im nächsten Jahrzehnt die Lebenserwartung um 15 Jahre zurückgehen. Häufig wurden auch bereits Kinder infiziert.
Im Kampf gegen Aids stoßen Politik und Gesellschaft aller Länder auf große Hindernisse. Die Bekämpfung der Krankheit mit Medikamenten verursacht hohe Kosten und belastet die ohnehin oft armen Staaten zusätzlich. Bei der Prävention erschweren häufig mangelnde Bildung, herrschende Tabus und Vorurteile sowie soziale Ausgrenzung und Verleugnung der Betroffenen größere Erfolge. Auch die Tatsache, dass sich der Virus durch Geschlechtsverkehr und Drogennadeln verbreitet, hat lange Zeit Reaktionen in der Öffentlichkeit verhindert.

In Botsuana (vgl. S. 85) sind circa 36 Prozent aller Erwachsenen mit dem HI-Virus infiziert. Die mangelnde medizinische Betreuung und der Krankheitsverlauf verursachen eine völlige Deformation der Altersstruktur des Landes. Obwohl die Lebenserwartung bereits 2006 nur bei 35 Jahren lag, wird bis 2016 ein weiterer Abfall auf unter 30 Jahre erwartet. Im Jahr 2025 wird der Anteil der über 40-Jährigen im Land nur noch bei 15 Prozent liegen.

	HIV-Positive gesamt (in 1000)	HIV-positive Frauen (in 1000)	Neuinfektionen gesamt (in 1000)	Aids-Tote (in 1000)
Welt	40 300	17 400	4940	3164
Afrika südlich der Sahara	25 800	13 500	3200	2400
Ostasien	870	2000 (Asien gesamt)	110	41
Süd- und Südostasien	7400		990	480
Osteuropa und Zentralasien	1600	440	270	62
Karibik	300	140	30	24
Lateinamerika	1800	580	200	66
Nordamerika	1200	490 (beide Regionen)	43	18
West- und Mitteleuropa	720		22	12
Naher Osten / Nordafrika	510	220	67	58
Ozeanien	74	39	8	4

Quelle: UN: Aids-Bericht 2005

3 Globale Aidsbilanz (2005)

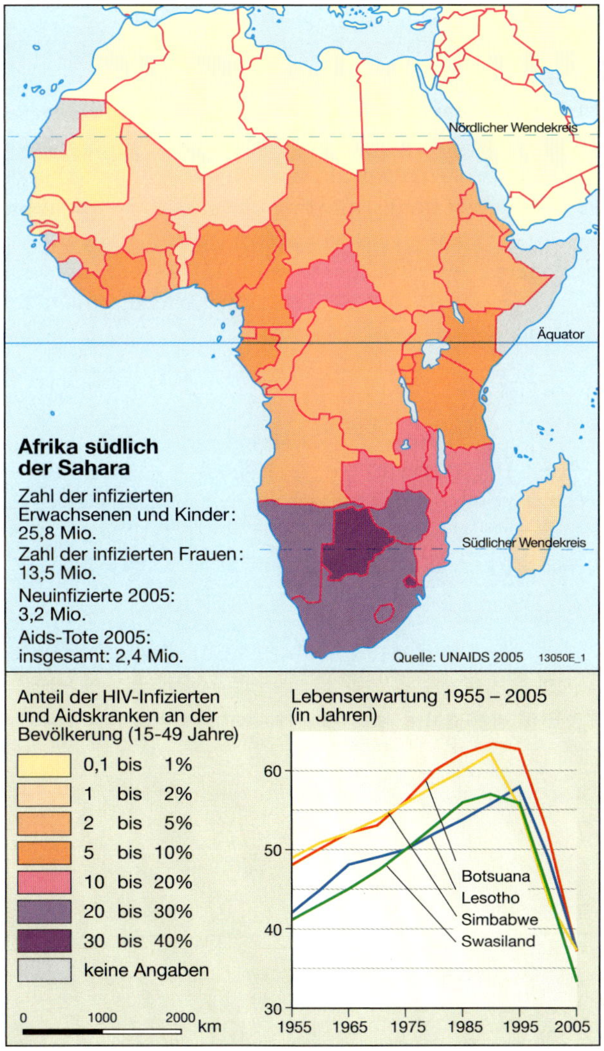

4 Verbreitung von Aids in Afrika / Lebenserwartung in stark von Aids betroffenen Ländern Afrikas

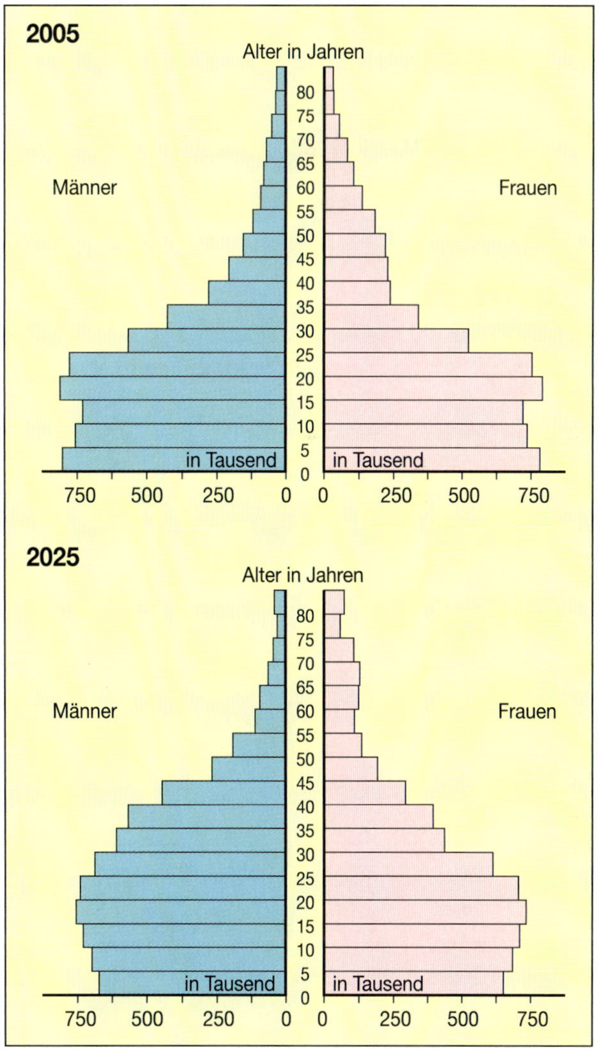

5 Bevölkerungspyramide von Simbabwe 2005 und 2025

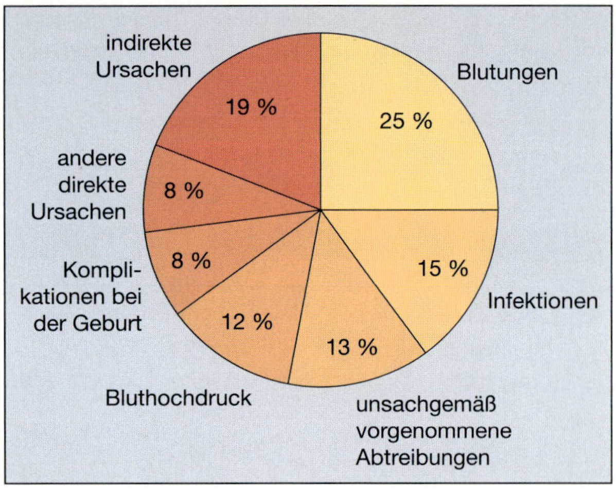

1 Ursachen der Müttersterblichkeit in Entwicklungsländern

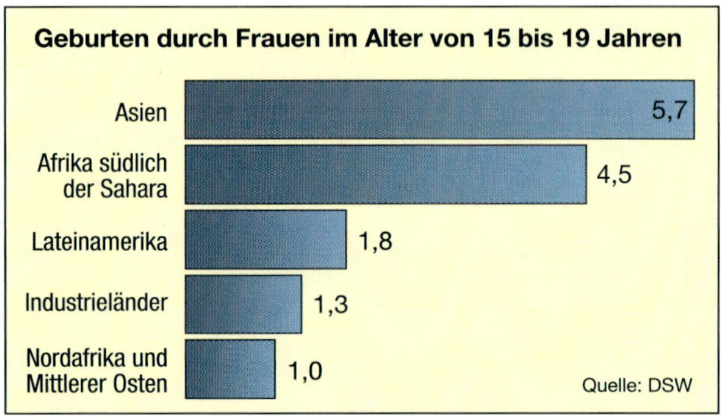

2 Teenagerschwangerschaften (Angaben in Mio.)

„Reproduktive Gesundheit bedeutet, dass Menschen ein befriedigendes und ungefährliches Sexualleben, die Fähigkeit zur Fortpflanzung und die freie Entscheidung darüber haben können, ob, wann und wie oft sie hiervon Gebrauch machen wollen. Dazu gehört das Recht von Männern und Frauen, informiert zu werden sowie Zugang zu Methoden der Familienplanung und anderer Fertilitätsregulierung ihrer Wahl zu haben. Diese müssen sicher, wirksam, erschwinglich und akzeptabel sein und dürfen nicht gegen rechtliche Bestimmungen verstoßen. Eingeschlossen ist ebenso das Recht auf angemessene Gesundheitsdienste, die es Frauen ermöglichen, Schwangerschaft und Geburt sicher und gesund zu erleben, und für Paare die bestmöglichen Voraussetzungen zu schaffen, ein gesundes Kind zu bekommen."

(Quelle: Bundesministerium für wirtschaftliche Zusammenarbeit und Entwicklung, Material Nr.132)

3 Definition „reproduktive Gesundheit"

Millenniumsziel 5: Reproduktive Gesundheit

Abrahams Lincolns Mutter starb, als sie fünfunddreißig und er neun Jahre alt war. Vor ihrem Tod schenkte sie drei Kindern das Leben: Abrahams Bruder starb als Säugling, seine Schwester mit Anfang zwanzig. Seine erste Liebe, Anne, starb mit neunzehn. Von den vier Söhnen, die Abraham und seine Frau Mary bekamen, erreichte nur einer das Erwachsenenalter.

(Quelle: Haub, Carl: Dynamik der Weltbevölkerung 2002, S. 70)

Von den Auswirkungen mangelnder reproduktiver Gesundheit am stärksten betroffen sind Menschen in gering entwickelten Staaten. In keinem anderen Gesundheitsbereich sind die Unterschiede zwischen reichen und armen Menschen derartig ausgeprägt. Jede Minute stirbt weltweit eine Frau an Komplikationen während der Schwangerschaft oder Geburt, erleiden 20 weitere schwere Gesundheitsschäden. 99 Prozent dieser Fälle treten in Entwicklungsländern auf. Betroffen sind auch die Neugeborenen, denn mutterlose Säuglinge sterben mit einer bis zu zehnmal höheren Wahrscheinlichkeit.
Hinzu kommen rund 20 Millionen unsichere, das heißt unsachgemäß durchgeführte Abtreibungen, die jedes Jahr in Entwicklungsländern vorgenommen werden. Bis zu 70000 Frauen sterben jährlich an den Folgen einer unsicheren Abtreibung. Das sind 13 Prozent aller mit Schwangerschaft und Geburt zusammenhängenden Todesfälle.

Schul-jahre	Afrika (8 Länder)	Lateinamerika (13 Länder)	Asien und Ozeanien (13 Länder)
0	7,0	6,8	7,0
1-3	7,2	6,2	6,4
4-6	6,2	4,8	5,8
≥ 7	5,0	3,2	3,9

Quelle: Bundesminist. f. wirtschaftl. Entwicklung u. Zusammenarbeit, Mat. 132

4 Bildungsstand und Geburtenrate (Kinder pro Frau)

Region	Müttersterblichkeitsrisiko
Welt	1 : 74
Europa	1 : 2400
Nordafrika	1 : 210
Afrika südl. der Sahara	1 : 16
Asien	1 : 94
Lateinamerika u. Karibik	1 : 160

Quelle: DSW-Infoblatt Millenniumsziele

5 Müttersterblichkeitsrisiko (über ges. Lebenszeit)

Millenniumsziel 7: Nachhaltiger Umgang mit der Umwelt

Unser Leben hängt entscheidend von den natürlichen Ressourcen der Erde ab. Sie stehen jedoch nur begrenzt zur Verfügung. In der Vergangenheit wurden Süßwasser, Ackerland oder Wälder in immer stärkerem Umfang genutzt und dabei zum Teil geschädigt. Gleichzeitig wächst die Menschheit jährlich weiterhin um fast 80 Millionen und die Nachfrage nach natürlichen Ressourcen steigt.

Die Frage nach der „Tragfähigkeit" der Erde wurde bereits mit dem Erreichen der ersten Milliarde Menschen aufgeworfen. Eine 1798 vom Engländer Thomas Malthus veröffentlichte Theorie beruhte auf der Annahme, dass das Bevölkerungswachstum exponential, die Steigerung der Nahrungsmittelproduktion jedoch nur linear erfolgt. Auf dieser Basis müsse innerhalb weniger Jahrhunderte eine Grenze der Versorgung mit Nahrungsmitteln erreicht sein. Rückblickend hat sich diese These bisher nicht erfüllt.
Dennoch finden sich regional große Unterschiede. 1978 produzierten China und Indien beide knapp 200 Kilogramm Getreide pro Person und Jahr. Während China heute circa 300 Kilogramm erreicht, liegt Indien nach wie vor unter 200 Kilogramm, obwohl auch dort die Gesamtproduktion erheblich angestiegen ist. Die Gründe sind vor allem politischer Art: China konnte durch zum Teil rigide Maßnahmen das Bevölkerungswachstum vermindern und den Getreideanbau fördern. In Indien wurde ein Großteil der Ertragssteigerungen durch die rasch wachsende Bevölkerung kompensiert. So leben heute immer noch viele Inder am Existenzminimum.

1 Sicherung der Ernährung

In diesem Jahrhundert wird die Weltbevölkerung voraussichtlich auf 8 – 12 Mrd. Menschen anwachsen. Viele Experten befürchten, dass eine solche Bevölkerungsgröße die Kapazitäten mancher Ökosysteme, von denen der Mensch abhängig ist, übersteigen wird. (...) Zweifellos werden die Verbesserung des Lebensstandards von Milliarden Menschen und die zusätzliche Versorgung von weiteren Milliarden den weltweiten Bedarf an Nahrung, Wasser, Energie, Holz, Unterkünften, Sanitäranlagen und Abfallentsorgung deutlich steigern. Die Wechselwirkungen zwischen der Bevölkerungsentwicklung und Umweltfaktoren, wie etwa Waldverlust, Süßwasserknappheit oder Klimawandel, sind komplex. (...) Das Verhältnis zwischen menschlichen Aktivitäten und den Ökosystemen der Erde wird über die Zukunft der Menschheit entscheiden. Es geht dabei nicht nur um das eher technische Problem, Milliarden Menschen zusätzlich zu ernähren. Wir müssen uns vielmehr darüber klar werden, wie unsere Zukunft aussehen soll: Wird noch Platz sein für Wildnis, wilde Tiere und andere Arten? Oder soll es nur noch Pflanzen und Tiere geben, die dem Menschen als Nahrung dienen?

(Quelle: DSW Newsletter 5 Sept./Okt. 2000)

3 Umweltgestaltung

„Lassen Sie uns unsere Anstrengungen bündeln, das Wissen und die Technologien nutzen, die uns zur Verfügung stehen und unser Äußerstes tun, um die wertvollen Süßwasserressourcen der Welt zu schützen. Sie sind unsere Rettungsleine für das Überleben und die nachhaltige Entwicklung im 21. Jahrhundert." (Kofi Annan)
Diese Worte vom ehemaligen UN-Generalsekretär in einer Erklärung zum Internationalen Jahr des Süßwassers 2003 zeigen eindringlich die Bedeutung auf, die dem Wasser international zugemessen werden sollte. Der „Anspruch auf ausreichendes, sicheres, erreichbares und bezahlbares Wasser für persönliche und häusliche Zwecke" gehört deshalb auch zu den Menschenrechten und vorrangigen Millenniumszielen. Nicht wenige Wissenschaftler sehen im neuen Jahrhundert das Wasser als einen noch größeren Konfliktstoff als Öl oder Gas. Prognosen gehen davon aus, das 2050 jeder Mensch mit nur noch einem Viertel der 1950 zur Verfügung stehenden Frischwassermenge auskommen muss und schlimmstenfalls sieben Milliarden Menschen unter Wasserknappheit leiden werden. Bereits heute haben rund eine Milliarde Menschen in Entwicklungsländern keinen Zugang zu sauberem Trinkwasser. Düngemittel, Industrie- und Haushaltabwässer verschmutzen Flüsse, Grundwasserstände sinken weltweit, Flüsse trocknen aus. Neben Bevölkerungswachstum und wirtschaftlicher Entwicklung trägt auch der Klimawandel zur Zunahme der Wasserknappheit bei. Weltweit wurden 2005 etwa 70 % des genutzten Süßwassers in der Landwirtschaft, 20 % in der Industrie und nur 10 % in privaten Haushalten verwendet.

2 Sicherung der Wasserversorgung

8.8 Ursachen und Verlauf des Verstädterungsprozesses in Industrie- und Entwicklungsländern

„Einst waren Städte wie Babylon, Rom oder Jerusalem das Symbol einer ganzen Welt. Heute ist die ganze Welt im Begriff, eine Stadt zu werden.“
(L. Mumford, britischer Stadthistoriker)

Zu Beginn des 19. Jahrhunderts lebten etwa drei Prozent der Weltbevölkerung in Städten. Im 20. Jahrhundert stieg die städtische Bevölkerung global gesehen aber sehr rasch von 200 Millionen auf etwa drei Milliarden Menschen. Um die Jahrtausendwende lebte daher bereits knapp die Hälfte der Weltbevölkerung in Städten – und schon im Jahr 2025 werden sich zwei von drei Menschen als „Städter“ bezeichnen können. Für die große Mehrheit der Menschheit wird daher schon in naher Zukunft „die Stadt“ das alltägliche Lebensumfeld sein: Das dritte Jahrtausend wird das „Jahrtausend der Städte“.
Vier der bis 2025 prognostizierten fünf Milliarden Stadtbewohner werden jedoch nicht in den Städten der Industrieländer leben, sondern in den besonders seit Mitte des letzten Jahrhunderts geradezu „explodierenden“ Städten der Entwicklungsländer.

Diese rasante, in der Geschichte der Menschheit einmalige und vermutlich unumkehrbare Entwicklung zeigt eindrücklich, dass städtische Bevölkerungen bei politischen, wirtschaftlichen, sozialen und kulturellen Prozessen weltweit eine immer wichtigere Rolle einnehmen. Zugleich wird die Lebensqualität der Mehrheit der Menschen immer mehr von den Lebensumständen in „ihrer“ Stadt bestimmt werden.

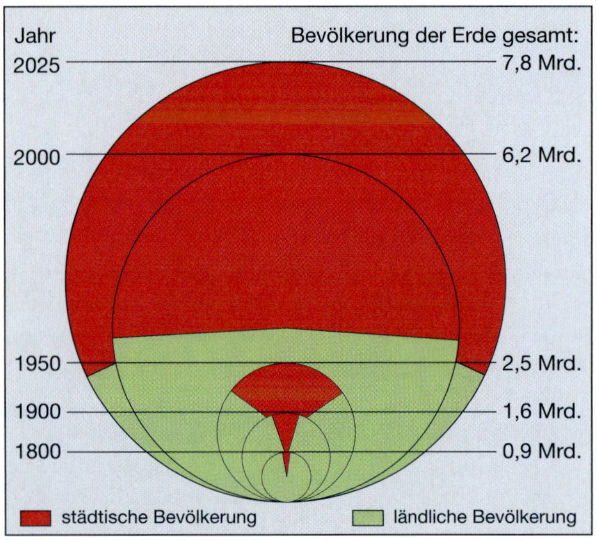

1 Anteil der städtischen Bevölkerung

Verstädterung bezeichnet das Wachstum der Städte nach Zahl, Einwohner und Fläche. **Urbanisierung** beinhaltet darüber hinaus auch die Umwandlung bestehender Siedlungen und die Herausbildung, Ausbreitung und Verstärkung städtischer Lebens-, Wirtschafts- und Verhaltensweisen. Der **Verstädterungsgrad** (= Verstädterungsquote) bezeichnet den prozentualen Anteil der Stadtbevölkerung an der Gesamtbevölkerung, die **Verstädterungsrate** (= Zunahme des Verstädterungsgrades) gibt das prozentuale Wachstum der Stadtbevölkerung im Vergleich zur Gesamtbevölkerung an.

2 Definitionen

In den Industrieländern zeichnet sich das Ende einer 200-jährigen Epoche ab, in der Bevölkerung, Wirtschaft, Wohlstand und Städte meist kontinuierlich und rapide gewachsen sind. Hier wird sich der bereits hohe Verstädterungsgrad nicht mehr verändern. Neue Städte entstehen – außer in China – kaum noch. Flächenmäßig wachsen viele Städte dennoch weiterhin, besonders durch die **Suburbanisierung** (= Stadt-Rand-Wanderung). Die „boom-town“ Atlanta zum Beispiel verdoppelte allein in den 1990er-Jahren ihre Ausdehnung.
Häufig bedeutet der Flächenfraß durch den sogenannten Urban Sprawl die Versiegelung landwirtschaftlich hoch produktiven Bodens: In den USA beispielsweise bedecken Städte rund drei Prozent des Landes. Auf dieser winzigen Fläche könnten fast ebenso viele Agrargüter produziert werden wie auf den 29 Prozent des Bodens, die heute tatsächlich für die Landwirtschaft genutzt werden.

3 Shanghai: Hochhaussiedlungen im Bau

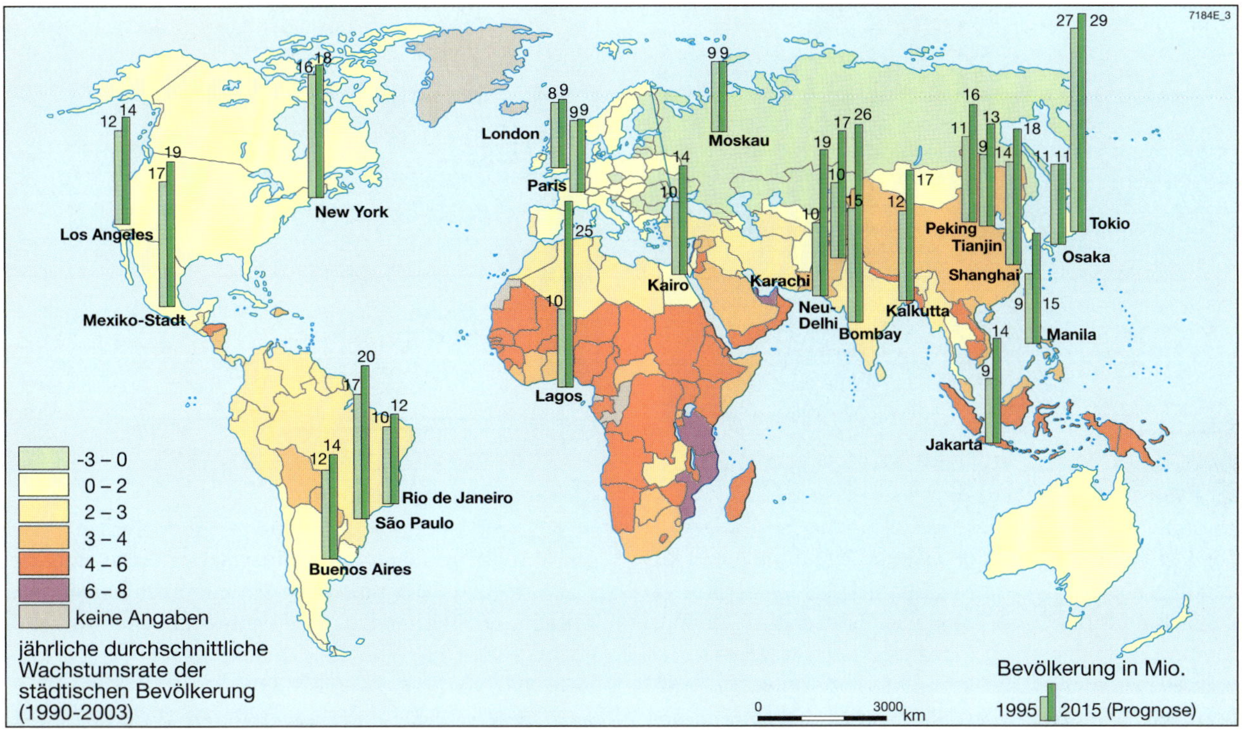

4 **Megastädte und Verstädterungsraten weltweit**

Vielfach schrumpfen jedoch die Stadtbevölkerungen der Industrieländer wegen rückgängiger Geburtenraten oder Migrationen, wie zum Beispiel Bevölkerungsverlagerungen von Großstädten in kleinere Städte oder in ländliche Gebiete.

Die Brennpunkte der Bevölkerungsdynamik und der Verstädterung haben sich daher in die Entwicklungs- und Schwellenländer verlagert. Seit 1970 entfallen auf diese Länder rund 90 Prozent des Städtewachstums nach Fläche und Einwohnerzahl. Die Ursachen für die explosionsartige Zunahme der Stadtbevölkerung liegen nur zum kleineren Teil in der Veränderung administrativer Grenzen oder in Umklassifizierung von Siedlungen, die bis dato nicht als Städte gezählt wurden. Dabei sind die Schwellenwerte für die statistische Einstufung als „Stadt“ jedoch regional höchst unterschiedlich. Sie liegen zum Beispiel in Island bei 200, in Deutschland und den USA bei 2000, in Mexiko bei 15 000 und in Japan bei 50 000 Einwohnern.

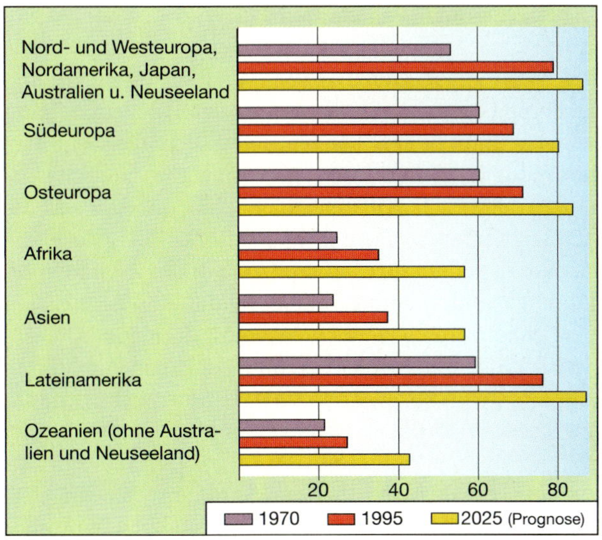

5 **Verstädterungsgrad in ausgewählten Regionen**

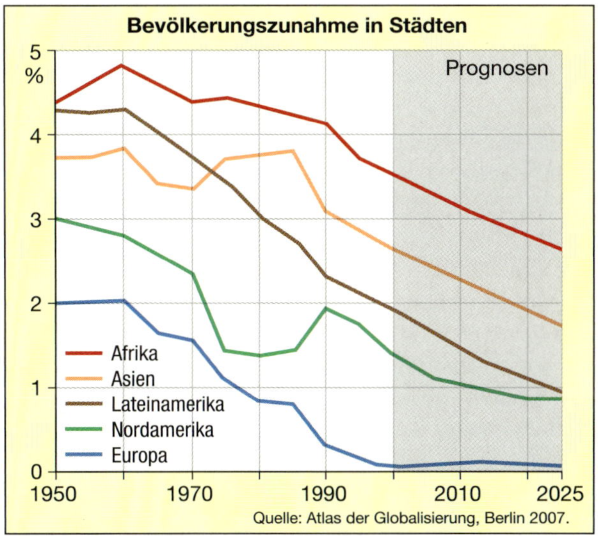

6 **Bevölkerungszunahme in Städten (in Prozent)**

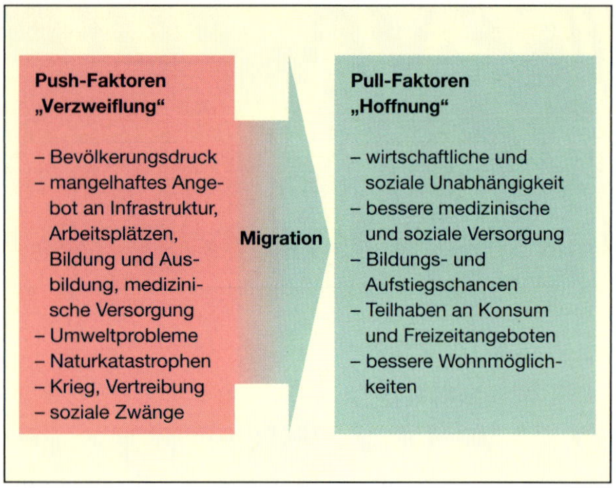

1 Push- und Pull-Faktoren

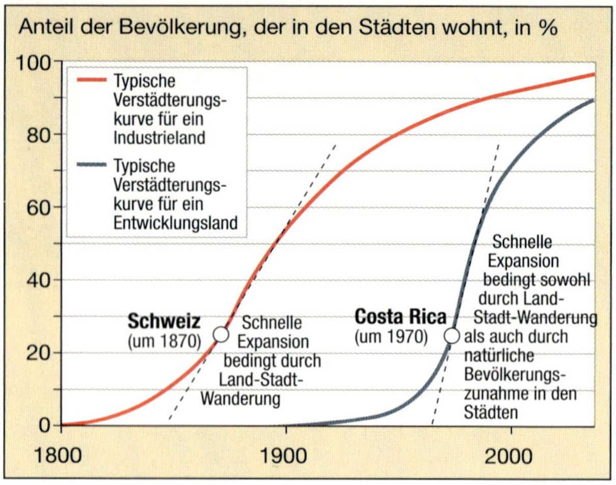

2 Verstädterungsvergleich

Die bedeutendsten Ursachen für die Zunahme der Stadtbevölkerung sind jedoch das natürliche Bevölkerungswachstum durch Geburtenüberschüsse und die Zuwanderung. In den heutigen Industriestaaten war das starke Städtewachstum im 19. Jahrhundert vor allem auf Wanderungsgewinne zurückzuführen. Obwohl heute in den Entwicklungsländern pro Tag insgesamt etwa 200 000 Menschen in die Städte ziehen, bewirken die Migrationsgewinne dort nur noch selten mehr als 50 Prozent des Bevölkerungswachstums. Inzwischen spielen die anhaltend hohen Geburtenüberschüsse der Stadtbevölkerung selbst die wichtigste Rolle.
Beide Ursachen sind jedoch eng miteinander verwoben, da die Altersgruppe zwischen 15 und 35 Jahren besonders stark an der Landflucht beteiligt und damit auch der Anteil der Frauen im gebärfähigen Alter überproportional hoch ist. Insgesamt liegt daher die Wachstumsrate der Stadtbevölkerung (vier bis sieben Prozent pro Jahr) deutlich höher als die ohnehin noch hohe Zuwachsrate der Gesamtbevölkerung. Die Mehrzahl der Länder mit rasch anwachsender städtischer Bevölkerung befindet sich noch mitten in der Wachstumsphase des demographischen Übergangs. Nur wenige dieser Länder können jedoch adäquat auf den Bevölkerungsdruck reagieren, der auf ihren Städten lastet.

Für das die Migrationen auslösende Ursachengeflecht wird vereinfachend meist das sogenannte **Push-Pull-Modell** verwendet (M1). Aus ihm wird auch deutlich, dass die Sogwirkung der Städte die vorhandenen regionalen Disparitäten verstärkt. Wie stark die Motivation der von Hoffnung und Verzweiflung in die Städte getriebenen Landbewohner ist, zeigt das Beispiel China: Jahrzehntelang machte die kommunistische Führung Umzüge in die Städte durch strenge Regeln und Kontrollen nahezu unmöglich, weil sie dort eine Liberalisierung der Denk- und Verhaltensmuster und politische Unruhen befürchtete. Als 1985 die Migrationseinschränkungen aufgehoben wurden, erlebte das Land die weltweit rasanteste Landflucht: Allein bis zum Jahr 2000 zogen etwa 100 Mio. Menschen vom Land in die Stadt.

Mit dem Wachstum der Städte ändert sich meist auch ihre Bedeutung. Städte, die innerhalb eines nationalen Siedlungssystems gegenüber der zweit- oder drittgrößten Stadt eine um ein Vielfaches höhere Einwohnerzahl besitzen, werden **Primatstädte** (**primate cities**) genannt. Sie zeigen meist auch eine **funktionale Dominanz** (functional primacy), das heißt, sie besitzen innerhalb eines Städtesystems eine nach ihrer Bevölkerungszahl überproportional starke Konzentration politisch-administrativer, wirtschaftlicher und kultureller Funktionen. Europäische Beispiele solcher Metropolen sind London, Paris oder Madrid.
Die sogenannten **Weltstädte** besitzen dagegen eine globale Primacy oder beeinflussen zumindest große Teile der Welt. Diese **Global Cities** sind die Motoren und Steuerungszentren der modernen, globalisierten Weltwirtschaft. In ihnen konzentrieren sich die Zentralen transnationaler Konzerne (vgl. Kapitel 3.3) und internationaler politischer Organisationen, hier bündeln sich die größten Verkehrs-, Finanz- und Informationsströme. Sie sind die Produktionsstandorte und Innovationszentren führender Unternehmen, Standorte der einflussreichsten Medienkonzerne, Nachrichten- und Informationsdienste und Zentren kultureller Begegnungen. Hinzu kommt ihre große Bedeutung als Absatzmarkt. New York, London, Paris und Tokio sind Weltstädte der höchsten Rangstufe. Auf der zweiten Rangebene der Global Cities liegt neben zum Beispiel Brüssel, Chicago, Frankfurt, Los Angeles, Zürich und Singapur mit São Paulo bisher erst eine Stadt aus einem Nicht-Industrieland.

3 **São Paulo – Stadtlandschaft**

4 **Moloch Großstadt**

Ein weiteres besonderes Merkmal des globalen Verstädterungsprozesses ist die **Megapolisierung** (= Vergroßstädterung). Anfang des 19. Jahrhunderts war London die einzige Millionenstadt der Welt. Um 1900 gab es erst 13 Städte mit über einer Million Einwohnern, 1950 bereits 83 und im Jahr 2000 schon 370. Bis 2010 werden 475 Millionen- und 55 Fünf-Millionenstädte prognostiziert. **Megastädte** sind die nach Bevölkerungszahl und Fläche größten Städte. Sie haben zehn Millionen und mehr Einwohner und besitzen innerhalb der jeweiligen nationalen Ökonomie eine Primatstellung, sind mit Ausnahme von London und Tokio jedoch keine Global Cities. Im Jahr 2005 gab es etwa 25 Megastädte. Rund 100 Mitgliedstaaten der Vereinten Nationen haben weniger Einwohner als jede einzelne dieser Städte!

Auch bei der Verstädterung der Industrieländer gab es „städtische Explosionen", „**shock cities**" wie Manchester oder Chicago, die in einem kurzen Zeitraum einen dramatischen Wandel ihrer ökonomischen, sozialen und kulturellen Verhältnisse erlebten. Chicagos Einwohnerzahl kletterte zum Beispiel von 30000 in 1850 über 500000 (1880) und 1,7 Millionen (1900) auf 3,3 Millionen im Jahr 1930.

Soziale und hygienische Missstände, Umweltbelastungen und Verkehrschaos waren auch in den Industrieländern lange Zeit die Begleiterscheinungen der Verstädterung. Daneben gab es aber auch eine schon früh einsetzende Stadtplanung, die je nach Epoche zum Teil ganz unterschiedliche Lösungen entwickelte und zu realisieren versuchte. Insgesamt war das durch die Industrialisierung ausgelöste Städtewachstum zudem begleitet von einem Anstieg der Arbeitsplätze, einem raschen Ausbau der technischen Infrastruktur, der sozialen Versorgungs- und Sicherungssysteme und einer funktionierenden Verwaltung. Steigender Wohlstand, größere Mobilität und das lange vorherrschende Leitbild der räumlichen Trennung von Arbeiten und Wohnen in „autogerechten" Städten haben in den Ballungsräumen jedoch zu Problemen geführt: In US-Städten zum Beispiel werden heute 50 Prozent der Fläche vom Autoverkehr beansprucht, doch ihre Zentren sind nachts fast völlig verwaist. Wegen der Zersiedlung des Umlands und seines Lebensstils beansprucht ein US-Städter heute eine zehnmal größere Stadtfläche als ein Städter in Entwicklungsländern. Damit verbunden sind kaum mehr zu bewältigende Verkehrs- und Materialströme, Umweltbelastungen und eine soziale Fragmentierung der Stadt.

Besonders schwierig wird die Situation dort, wo durch das Zusammenwachsen von bis zu einem Dutzend Städten unterschiedlicher Größe auf engem Raum hoch vernetzte **Agglomerationen** (= Ballungsräume) von bis zu 20 und 30 Millionen Einwohnern entstanden sind. Beispiele dafür sind in den USA das fast 1000 Kilometer lange Städteband „BosWash" und die Stadtlandschaften „ChiPitts" beziehungsweise „San-San", in Japan der Tokaido-Korridor zwischen Tokio und Fukuoka und neuerdings der Cluster im Delta des Perlflusses zwischen Hongkong und Guangzhou sowie der Jakarta-Surabaya-Korridor auf Java.

Aufgaben

1. Erklären Sie: Verstädterung, Metropole, Megacity, Global City, Agglomeration.
2. Charakterisieren Sie auf der Basis von M1, Seite 206, und M4 bis M6, Seite 207, den aktuellen Stand und die prognostizierte Entwicklung des Verstädterungsprozesses.
3. Erläutern Sie das sogenannte Push-Pull-Modell (M1).
4. Erstellen Sie in Tabellenform einen Vergleich des Verstädterungsprozesses in den Industrie- beziehungsweise Entwicklungsländern.

❶ **Geschäftszentrum in Abidjan (Côte d'Ivoire)**

❷ **Slum in Johannesburg (Südafrika)**

8.9 Auswirkungen des Verstädterungsprozesses in Entwicklungsländern

Besonders die Megastädte der Entwicklungs- und Schwellenländer zeigen, dass die Verstädterung dort rasanter und chaotischer, unplanbarer und unkontrollierbarer verläuft als jemals in den Industrieländern. Sie zeigen zudem eindrücklich, dass und wie der Verstädterungsprozess polarisiert, vorhandene Disparitäten verschärft und zugleich neue hervorbringt.

- Der Sog des vielschichtigen Faszinosums „Stadt" verursacht zwar keine Entvölkerung der ländlichen Regionen, da deren Bevölkerungswachstum ihre Migrationsverluste in der Regel ausgleicht. Aber sie verlieren durch die „soziale Erosion", die Abwanderung meist junger Menschen oder Familien, die sich auf eine neue, oft höchst ungewisse Zukunft einlassen, wichtige Entwicklungspotenziale – zugunsten der Städte.
- Diese demographische und soziologische Problematik wird meist noch dadurch verschärft, dass die Stadtbevölkerungen nicht nur durch ihre wachsende Anzahl, sondern auch wegen ihrer besser organisierbaren Netzwerke und ihrer Nähe zu den Machtzentren auf politische Entscheidungen größeren Druck ausüben können – zulasten des ländlichen Raums.
- Die Städte selbst sind mit ihren oft ineffizienten und korrupten Planungs-, Verwaltungs- und Ausführungsorganen bei dem von ihnen verlangten mehrfachen Spagat meist überfordert: Sie müssen sich nicht nur lokalen und oft auch nationalen Aufgaben stellen, sondern sich auch innerhalb des internationalen Städtesystems möglichst Erfolg versprechend positionieren.

„Irgendwie" gleichen sich dennoch die Großstädte der Welt: Hochhäuser, Glaspaläste und Betonburgen, Plätze, Prachtstraßen und Einkaufsboulevards prägen die optisch meist uniformen Cities und beherrschen zusammen mit quirlenden Menschenmassen und einem mehr oder weniger gut organisierten Verkehrschaos den Stadtkern. Hinzu kommen noch „irgendwo" Wohngebiete verschiedener Qualität, Industrie-, Gewerbe-, Verkehrs- und Freizeitflächen.

Bei genauer Betrachtung ist es in den Entwicklungsländern jedoch „etwas" anders: Hier quillt auch die City nachts noch über von Obdachlosen und Gestrandeten; hier ist das Verkehrschaos größer, hier liegen außerhalb des historischen Kerns oft auch emissionsstarke Industriebetriebe neben Wohnsiedlungen und Märkten; hier grenzen „no-go-areas" direkt an die durch Mauern und Privatmilizen geschützten „gated communities", die Enklaven der gehobenen Mittel- und Oberschicht. Segregation (= räumliche Trennung aufgrund sozialer oder wirtschaftlicher Unterschiede) ist hier greifbarer als anderswo.

Fehlende Kläranlagen, die zunehmende Motorisierung, die Industrialisierung, Schwelbrände auf Müllkippen schaffen zudem Umweltprobleme – und am Rande der Stadt staut sich die „Lawine der Landflüchtigen". Rings um die expandierenden Großstädte entstehen immer weiter ausufernde Hütten- und Elendsviertel. Dort und in den innerstädtischen Slums wohnen heute bereits 40 bis 65 Prozent der großstädtischen, von der **Marginalisierung** (lateinisch: margo = Rand) betroffenen Bevölkerung. Dort enden oft auch die Hoffnungen der Zuwanderer und der dort Geborenen. Es gibt kaum Arbeitsplätze, dafür aber Massenarmut, Hunger und Fehlernährung. Dort liegen die Brennpunkte von Drogenkonsum, Kriminalität, Prostitution, HIV-Infektion und familiärem Zerfall.

Da die Marginalsiedlungen ohne behördliche Genehmigung und Planung entstehen, fehlen zumindest für einen längeren Zeitraum nahezu alle Einrichtungen der technischen und sozialen Infrastruktur. Die unzureichende Wasserversorgung sowie die unkontrollierte Abwasser- und Müllbeseitigung begünstigen indes die Ausbreitung von Krankheiten.

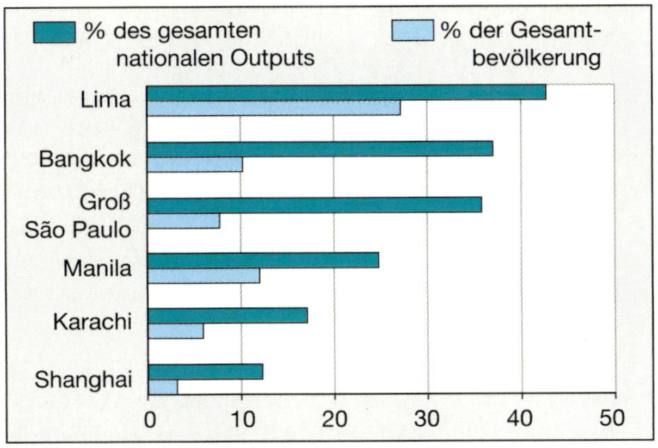

3 Ökonomische Bedeutung von Großstädten

Stadt	informelle Beschäftigung (in %)
Bamako (Mali)	83,4
Lagos (Nigeria)	69,0
indische Städte	65,0
La Paz (Bolivien)	57,1
Bogotá (Kolumbien)	50,0
Lima (Peru)	48,0
Santiago (Chile)	22,0
Ankara (Türkei)	5,5

Quelle: URBAN 21, S. 106

5 Bedeutung des informellen Sektors (Auswahl)

Beschäftigung finden ihre Bewohner meist nur im informellen Sektor, als fliegende Händler, Autowäscher an Ampeln, Botengänger, Zauberer, Hausmädchen, Müllverwerter. Weil sie keine Steuern zahlen, verdienen sie unter Umständen zwar mehr als in einer regulären Stellung – aber ohne Registrierung, Arbeitsvertrag, Kündigungsschutz oder Versicherung.

Vielfalt und Disparitäten kennzeichnen so die Städte der Entwicklungsländer. Sie zerfallen zunehmend in einzelne, nur lose miteinander verbundene Lebenswelten von Gruppen, die über ethnische Zugehörigkeit, Einkommen und/oder den Zugang zu städtischen Dienstleistungen definiert sind. Außer in Hongkong und Singapur sind die Stadtregierungen kaum mehr in der Lage, das Wachstum zu lenken, denn eine Konsensgemeinschaft aller Bürger fehlt. An die Stelle von „Bürgern" treten „Akteure", die je nach ökonomischer oder politischer Macht beziehungsweise Ohnmacht Stadtentwicklung im eigenen Interesse erfolgreich betreiben oder leer ausgehen. Die räumliche Zersplitterung der Städte in unüberschaubare und ungeordnete, legal oder illegal genutzte Flächen ist daher auch Ausdruck der sozialen und ökonomischen Fragmentierung der Stadtgesellschaften.

Aufgabe

Stellen Sie in einer Mindmap die Problematik des Verstädterungsprozesses in Entwicklungsländern dar.

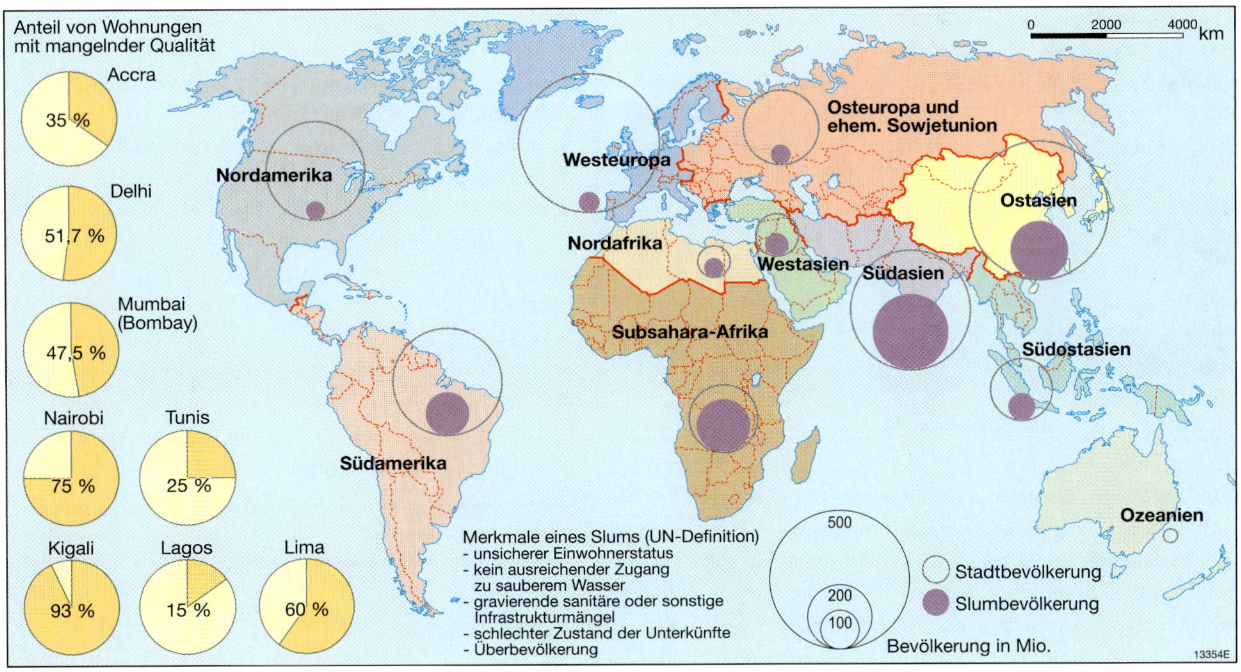

4 Städte und Slums

8.10 „Urban 21“: Trendszenarien

Diskussionsgrundlage der „Weltkonferenz zur Stadtentwicklung Urban 21“ (Berlin, 2000) war der sogenannte Expertenbericht zur Zukunft der Städte. Die global angelegte Studie charakterisierte dabei drei grundsätzlich unterschiedliche Stadttypen:

1. Die von informellem, übermäßigem Wachstum geprägte Stadt: In diese Kategorie fallen einige Städte von Subsahara-Afrika, des indischen Subkontinents, in den islamisch geprägten Ländern des Mittleren und Nahen Ostens sowie in einigen der ärmeren Länder Lateinamerikas und der Karibik. Charakteristisch sind ein rasantes Bevölkerungswachstum als Folge hoher Zuwanderungs- und Geburtenraten, eine vom informellen Sektor dominierte Wirtschaft, weit verbreitete Armut mit in hohem Maße informellen Siedlungen, fundamentale Umwelt- und Gesundheitsprobleme sowie massive Defizite in der Verwaltung.

2. Die dynamisch wachsende Stadt: Städte der sich rasant entwickelnden Länder mit mittlerem Einkommensniveau, wie sie für weite Teile Ostafrikas, Lateinamerikas, der Karibik sowie des Nahen und Mittleren Ostens typisch sind. Das Bevölkerungswachstum schwächt sich ab, und für einige Städte ist eine Überalterung der Bevölkerung zu erwarten. Das Wirtschaftswachstum geht weiter, wobei der Druck von Seiten anderer Länder wächst. Der ansteigende Wohlstand bringt aber Umweltprobleme mit sich.

3. Die reife Stadt der Überalterung mit abnehmender Dynamik: die meisten Städte in Nordamerika, Europa, Asien, Australien und Teilen Ostasiens. Typisch sind stagnierende oder rückläufige Einwohnerzahlen, Überalterung, Haushaltsverkleinerung, niedriges Wirtschaftswachstum und häufig eine wieder zunehmende Polarisierung der Gesellschaft. Diese Städte verfügen jedoch über ausreichende Ressourcen zur Lösung von Umweltproblemen, sofern der Wille dazu besteht. Sie sind durch starke Zersiedlung geprägt, aber auch durch lokale Konzentrationsprozesse. Durch das Wachstum kleinerer Städte kann daher die Lebensfähigkeit der älteren Zentren bedroht werden.

Für diese sehr generalisierten Stadttypen entwirft die Studie jeweils ein negatives und ein positives Szenario (S. 213–215). Die Negativszenarien beruhen auf der Annahme, dass es trotz großer Anstrengungen auf den entscheidenden politischen Ebenen nicht gelingen wird, die bestehenden Trends zu verändern. Die Positivszenarien sind dagegen „Umkehrszenarien“. Sie zeigen, welche Ergebnisse mit mutigen und kreativen Weichenstellungen vermutlich erzielt werden können.

Methode

Podiumsdiskussion

Bei einer Podiumsdiskussion stellen Experten zu einem möglichst aspektreichen Thema ihre jeweiligen Sichtweisen dar. Damit möglichst viele Zuhörer und Zuschauer der Diskussion folgen können, findet die Diskussion, unterstützt durch eine Moderation, auf einer erhöhten Fläche, dem Podium, statt.

Vorbereitung:
Auswahl des Themas und der nach Sachkenntnis, Prominenz und Redegewandtheit etwa gleichwertigen Diskussionsteilnehmer; Vorbereitung des Podiums (Sitze und Tische, Namensschilder, evtl. Mikrofone) und des Publikumsraums

Aufgabe der Moderation:
Eröffnung und Beendigung der Veranstaltung; Begrüßung und Vorstellung der Teilnehmer; Bekanntgabe und Durchsetzung fairer Diskussionsregeln und etwa gleicher Redeanteile; kurze Einführung in das Thema mit möglichst prägnant formuliertem Problemaufriss; Anregung und Steuerung der Diskussion durch provokante Fragen, Präzisierung von Standpunkten (hilfreich daher Stichwortzettel mit Fakten und Hintergrundinformationen bzw. mit Fragen an die einzelnen Diskussionsteilnehmer); Hilfestellungen bei der Suche nach gemeinsamen Lösungen; Einbeziehung des Publikums

Ablauf:
- Einleitungsrunde
- freier, durch die Moderation gesteuerter Austausch von Standpunkten und Ideen
- nach maximal einer Stunde Einbeziehung auch von Fragen oder Einwänden aus dem Publikum
- Abschlussrunde mit jeweils persönlichem Fazit der Teilnehmer und Resümee der Moderation

Tipps:
- Dauer etwa anderthalb Stunden
- etwa vier bis sechs Diskussionsteilnehmer
- Bereithalten von Karten, auf denen schriftliche Anfragen aus dem Publikum für das Podium gesammelt werden können

Aufgabe

Gestalten Sie vor dem Hintergrund von „Urban 21“ (Seite 213–215) eine Podiumsdiskussion zum Thema „Droht ein Kollaps der Städte?“

Negativszenario

Basistrends: Wissensdefizite, mangelhafte Ersparnisse und Investitionen, Produktionsmängel; der Bedarf der übermäßig wachsenden Städte beherrscht sämtliche politischen Aktivitäten.
Demographie: Eine große Zahl junger Familien stellt eine demographische Zeitbombe dar. Zwar lassen sich durch eine bessere soziale Absicherung große Familien als Vorsorge gegen Altersarmut weitgehend ersetzen, doch die Geburtenraten bleiben aufgrund von Unwissenheit und niedrigem Bildungsstand der Frauen weiterhin zu hoch. (...)
Wirtschaft: Durch Zuwanderung und hohe Geburtenraten entsteht auf lange Sicht ein Überangebot an gering qualifizierten Arbeitskräften, was kleinere Einkommenszuwächse und große soziale Gegensätze nach sich zieht. (...) Die Sicherung der Lebensgrundlagen für die riesige junge Generation drängt alle anderen Überlegungen in den Hintergrund. (...) Der Überlebenskampf im informellen Sektor mit weithin geschlossenen lokalen Märkten dauert an.
Gesellschaft: Es findet eine Verstädterung ohne Steuerung und Kontrolle statt; die Städte wachsen ohne eine offizielle wirtschaftliche Grundlage; Kriminalität und Gewaltbereitschaft nehmen zu. (...) Neu entstehende Wohngebiete sind in der Mehrzahl nicht genehmigt. Da jedoch auch die genehmigten Stadtgebiete wachsen, nehmen Zersplitterung und Inkohärenz noch zu. Die informellen Wohnsiedlungen wachsen explosionsartig und ungebremst oft in unmittelbarer Nachbarschaft zu guten oder sehr guten Wohnlagen.
Wohnraum/Infrastruktur: Infrastruktur- und Dienstleistungskapazitäten stoßen angesichts des sprunghaft steigenden Bedarfs an Wohnraum, Entsorgungsanlagen, Trinkwasser, Abfallbeseitigung und Verkehrsinfrastruktur an ihre Grenzen. (...) Doch selbst unter Bedingungen extremer Armut kommt es zu einem allmählichen Akkulturationsprozess. Wohngebäude und Infrastruktur sind in den älteren, gefestigten informellen Siedlungen wertvoller als in den jüngsten Ansiedlungszonen. Die meisten Städte erkennen daher die Notwendigkeit an, die Rechtspositionen der informellen Eigentümer zu stabilisieren.
Umwelt: Der Kampf ums bloße Überleben erzwingt oft einen verschwenderischen Umgang mit natürlichen Ressourcen. (...)
Verkehr: Die arme Stadtbevölkerung kann sich zu wenig Beförderungsmittel leisten. (...) Viele arme Stadtbewohner bleiben gleichsam Gefangene ihrer Wohngebiete.
Stadtbild: Chaotische Aneinanderreihungen informeller Siedlungen mit geringer wirtschaftlicher und ökologischer Leistungsfähigkeit treiben permanent am Rande einer Katastrophe. Ein fragmentiertes Erscheinungsbild und fragmentierte Wachstumsprozesse vermitteln den Eindruck eines vollkommenen Durcheinanders, das sich nur langsam ordnet.

Positivszenario

Demographie: Radikale Verbesserung des Ausbildungssystems und entschlossene politische Maßnahmen zur Senkung der Geburtenraten und somit des Bevölkerungsdrucks. Besonders bedeutsam: bessere Schulbildung der Frauen und spätere Geburt des ersten Kindes. (...)
Wirtschaft: (...) Die Städte entwickeln wirksamere Strategien, um die informelle Wirtschaft an die formelle heranzuführen. (...) Die Ausweitung der Mikrokredite spielt bei der Entwicklung des informellen Sektors eine zentrale Rolle. Die sich rasch verbreiternde Palette der Angebote stärkt v. a. die Position der in Armut lebenden Frauen. (...) Schulen in ärmeren Gegenden werden besser vernetzt; (...) Die Analphabetenquote geht zurück, die Zahl der Abschlüsse an weiterführenden Schulen und der Studienanfänger erhöht sich. Durch zahlreichere gut ausgebildete Arbeitskräfte und wettbewerbsfähige Löhne erhöht sich die Attraktivität der Städte für ausländische Direktinvestitionen. Die Beschäftigung im Sektor II der formellen Wirtschaft steigt sprunghaft an (...)
Gesellschaft: Die meisten Städte sorgen dafür, dass effektivere politische Maßnahmen zur Aufwertung informeller Wohnungsbestände konzipiert und auch umgesetzt werden. (...) Der Schlüssel: einfache Planungsmethoden zu niedrigen Kosten. (...) Dabei spielt die Unterstützung lokaler Repräsentanten eine zentrale Rolle, um lokale Kooperationen in den Nachbarschaften zu stärken.
Wohnraum/Infrastruktur: Die private Wasserver- und Abwasserentsorgung wird zu einer Wachstumsbranche, unterstützt durch internationale Organisationen und eine weit verbreitete Nachahmung von Best-Practice-Beispielen. Der Schlüssel: mehr privat bereitgestellte Infrastruktur im formellen Sektor, insbesondere bei der Kanalisation, den zentralen Wasser- und Energieleitungen, ergänzt durch Selbsthilfelösungen in den informellen Wohngebieten...
Umwelt: Durch die Steigerung des Bildungsniveaus lässt sich erreichen, dass Umwelt- und Gesundheitsfragen mehr Bedeutung zugemessen wird. (...) Starkes Wirtschaftswachstum, früher ein Negativfaktor, ist jetzt eine Chance und zugleich ein wichtiger Motor für eine nachhaltige Entwicklung, da die Bevölkerung infolge zunehmender Umweltverschmutzung, Verkehrsstaus, Verstädterung und Gesundheitsgefahren bereit ist, die Umweltgefahren zu verringern und die Lebensbedingungen zu verbessern. (...)
Verkehr: Die Städte erteilen privaten Anbietern den Auftrag zur Einrichtung kostengünstiger Busverbindungen auf wichtigen innerstädtischen Verkehrswegen. (...)
Stadtbild: (...) Die Städte sind weiterhin fragmentiert und inkohärent, wachsen jedoch durch Ausweitung und bessere Abstimmung der einzelnen Wirtschaftssektoren allmählich zusammen. (...)

Negativszenario

Basistrends: Steigende Produktivität führt zu höherem Lebensstandard und mehr Möglichkeiten der Problembekämpfung, schafft aber auch neue Probleme im Hinblick auf Nachhaltigkeit.
Demographie: Trotz einer großen Zahl junger Menschen gehen die Geburtenraten (...) drastisch zurück. Das Wissen über Verhütung steigt, während die Kinder wirtschaftlich an Wert verlieren und die Kosten für Ausbildung und Lebenshaltung schneller steigen als die Einkommen. (...)
Wirtschaft: Eine duale Wirtschaft: wohlhabende Nachbarschaften des formellen Sektors und informelle Gebiete mit niedrigen Einkommen. Das Problem des formellen Sektors: eine drohende Deindustrialisierung, weil Kapital in Städte mit niedrigerem Einkommen und Kosten abwandert. (...)
Gesellschaft: Die größeren Städte ziehen weiterhin Zuwanderer an und entwickeln sich dezentraler durch ein peripheres Wachstum oft weit entfernt von den Stadtzentren. Dieses wird getragen von formellen neuen Wohngebieten für höhere Einkommensschichten und parallel dazu wachsenden informellen Siedlungen der ärmeren Zuwanderer. Eine bildungsorientierte Mittelschicht wächst besonders rasch. (...)
Wohnraum/Infrastruktur: Informelle Siedlungen wachsen in ihrem absoluten Umfang. (...) Sie entstehen jedoch häufig an gefährlichen und auf Dauer ungeeigneten Stellen, die von Arbeits- und Dienstleistungsstandorten weit entfernt sind, keine oder nur wenig Infrastruktur aufweisen und deshalb eine Gefahr für Gesundheit und Umwelt darstellen.
Umwelt: Im Prozess der Stadt- und Wirtschaftsentwicklung steigen die Einkommen. Daraus entsteht durch die Motorisierung mehr Verkehr und ein wachsender Flächenbedarf. Die Verbrauchsmengen bei Heizungs- und Kühlenergie nehmen zu mit der Folge höherer Umweltbelastungen. In ärmeren Gegenden setzen die Industrieanlagen in der ersten Generation weiterhin giftige Schadstoffe frei. (...) Eine disperse Entwicklung von Wohnen und Arbeit bringt gering verdichtete Gebiete hervor, was wiederum zu Umweltbelastungen und höherem Energieverbrauch durch die vermehrte Nutzung privater Pkws führt.
Verkehr: (...) Die Infrastrukturmaßnahmen bleiben zurück, insbesondere Straßenbahnen bleiben knapp. Die Abhängigkeit von Buslinien mit oft niedriger Qualität wächst. Als Ergebnis bleiben viele Haushalte auf das Auto angewiesen. (...) Massive Verkehrsstaus, durch den Verkehr erzeugte Luftverschmutzung, lange Wege zur Arbeit sind die Negativ-Symptome.
Stadtgestalt: In Ostasien verlagert sich das Wachstum von den größeren in nahe gelegene kleinere Städte. Es entstehen Megastadtregionen mit 10–30 Mio. Einwohnern. In Lateinamerika und der Karibik erzeugt die höchst ungleiche Einkommensverteilung eine duale städtische Wirtschaftsstruktur und ein hoch segregiertes städtisches Sozialgefüge. (...)

Positivszenario

Demographie: Die Politik zur Senkung der Geburtenraten, besonders durch ein verbessertes Bildungsniveau der Frauen, hat Erfolg gezeigt. Allerdings kommt in 20 bis 30 Jahren Besorgnis über die Folgen der Alterung auf, da ausufernde staatliche Alterssicherungssysteme vermieden werden.
Wirtschaft: (...) Eine Anzahl Städte hat sich wie Singapur und Hongkong als voll entwickelter Wirtschaftsraum etabliert, andere wiederum steigen in die mittlere Einkommenskategorie auf. Die Fertigungsbetriebe stellen auf kapital- und wissensintensive Produktionsmethoden um. Die Großstädte wandeln sich zunehmend zu Dienstleistungszentren. (...) Ein leichterer Zugang zu preiswerter Bildung wird für die Entwicklung besonders relevant. (...)
Gesellschaft: Der wirtschaftliche Wandel bringt für viele Erwerbstätige Verbesserungen mit sich. Sie erzielen allmählich regelmäßige Einkommen, schenken der Ausbildung ihrer Kinder mehr Beachtung und verbreiten die Werte der Mittelschicht, die weiter expandiert und die informellen Siedlungen weiter formalisiert.
Wohnraum/Infrastruktur: Als Reaktion auf vielfach zersplitterte kommunale Verwaltungen fordern die Bewohner einzelner Stadtviertel eine effektivere lokale Selbstverwaltung. (...) Die Bewohner informeller Nachbarschaften gründen lokale Organisationen zur Gestaltung ihres Wohnumfelds und zur Erfüllung sonstiger lokaler Bedürfnisse. Modellprojekte zur baulichen Aufwertung informeller Siedlungsgebiete auf der Basis örtlicher politischer Selbstbestimmung und örtlicher Steuereinnahmen finden durch Nachahmung rasch Verbreitung. (...)
Umwelt: (...) Einige Städte entwickeln für ihre Probleme fantasievolle Lösungen. Dazu gehören beispielsweise Recyclingprogramme, die Einführung hochwertiger öffentlicher Verkehrsmittel und Förderprogramme zugunsten einer nachhaltigen Stadtentwicklung.
Verkehr: (...) Die Best-Practice-Städte vermarkten ihre intelligenten Systeme (Preissteuerung beim Erwerb und der Lizensierung von Pkws, elektronische Straßenpreise, Anreize für Gemeinschaftsnutzung von Autos, elektronisch buchbare Mitfahrgelegenheiten). (...) In Randgebieten, deren Bewohner auf das Auto angewiesen sind, lassen sich Verkehrsprobleme jedoch nur durch Einführung des Hyperautos mit Brennstoffzelle und eines Superbus lösen, der eine Beförderung in Bahnqualität zu niedrigen Preisen ermöglicht.
Stadtbild: Sehr unterschiedliche Stadtgestalt. (...) Der Trend bewegt sich jedoch hin zu größerer Dichte und zu leistungsfähigeren öffentlichen Verkehrsmitteln. Das bedeutet in der Regel nicht den Bau von U-Bahnen, die kostspielig und in ihrem Wirkungsgrad begrenzt sind, sondern vielmehr den Aufbau leistungsfähiger Busnetze oder auch die Anlage getrennter Fahrspuren für Fahrräder (...).

Negativszenario

Demographie: (...) Die reifen Städte sind wenig familienfreundlich. Dementsprechend ist die Zahl der Kinder niedrig und die Erwerbsquote der Frauen hoch. Die Familie ist nur noch begrenzt in der Lage, Ältere zu versorgen. (...) Die Sozialausgaben des Staates steigen. Außerdem kann es zu Spannungen zwischen den jüngeren und den älteren, schon länger ansässigen Einwohnern kommen.

Wirtschaft: (...) Reife Städte können sich auf früher schon langfristig akkumulierte Investitionen in Infrastruktur und Gebäude, die erst allmählich abgeschrieben werden, stützen. Bei rückläufigen Einwohner- und Erwerbstätigenzahlen wird die Unterhaltung einer hoch ausgebauten kapital- und wartungsintensiven Infrastruktur (U-Bahnen, Abwassersysteme) schwierig. (...) Bei einer niedrigen Wirtschaftsleistung verringert sich die Nachfrage nach Büro- und in noch höherem Maße nach Produktionsflächen mit entsprechenden Problemen auf dem Immobilienmarkt. Deshalb muss zugunsten von Umbaumaßnahmen auf Neubauten und Großprojekte verzichtet werden.

Gesellschaft: (...) Die Arbeitslosigkeit konzentriert sich auf innerstädtische Gebiete mit geringer Qualität, die sich zunehmend von den Mittelschichten segregieren. Die wohlhabende Bevölkerung wandert in attraktivere Gebiete ab (...). Es kommt zu einer geographischen und gesellschaftlichen Teilung der Bevölkerung ... Das Bildungsgefälle zwischen wohlhabenden Stadtvierteln und ärmeren Gegenden, in denen Schulschwänzen und Ausschluss vom Unterricht an der Tagesordnung sind, vergrößert sich. Arbeitslose und Gruppen mit niedrigem Einkommen (...) richten ihren Zorn und ihre Enttäuschung gegen die Reichen. Junge Erwachsene nehmen vermehrt harte Drogen. Damit schließen sie sich von regelmäßigen Beschäftigungen und einem sozialen Aufstieg auf Dauer aus. Ein weiteres Merkmal ist die hohe Kriminalität mit einer deutlichen Zunahme von Einbrüchen, Autodiebstahl, Körperverletzung und Beschaffungskriminalität; dies führt so weit, dass man bestimmte Straßen besser meidet. ...

Umwelt: Die reifen Städte haben den höchsten Energie- und Wasserverbrauch, die höchsten Wohnflächen und den höchsten Rohstoffkonsum je Einwohner. (...) Die Umweltbelastung wird trotz technischer Fortschritte weiter zunehmen.

Stadtbild: Ausgewachsene Städte sind weder jetzt noch in Zukunft homogen: hoch verdichtete Städte europäischer Ausprägung mit einer gut funktionierenden Planung, die der Neigung der Märkte, den vorhandenen Raum durch zu geringe Dichten übermäßig zu beanspruchen, durch die Vorgabe von Mindestdichten, Grüngürteln und anderen bebauungsfreien Flächen begegnet; zersiedelte amerikanische Städte mit so geringer Dichte, dass die öffentlichen Verkehrsmittel teilweise eingestellt werden.

Positivszenario

Demographie: (...) Wie Beispiele in Schweden und Finnland gezeigt haben, lässt sich die Geburtenrate in Städten durchaus erhöhen. Allerdings zeitigt ein familienfreundlicheres Umfeld erst nach 25 Jahren die ersten Erfolge, zu spät, um dieses Szenario noch zu beeinflussen. Deshalb versuchen die Städte, durch Zuwanderung gut ausgebildeter junger Menschen insbesondere aus Schlüsselbranchen (z. B. Pflegepersonal) sich zu verjüngen. (...)

Wirtschaft: Komplexe Konzepte zur Lösung der Probleme einer alternden Bevölkerung werden die Arbeitsmärkte nachhaltig beeinflussen, und zwar durch stärkere Arbeitsanreize, durch Verringerung des Abstands zwischen Brutto- und Nettoeinkommen; ein größeres Arbeitskräfteangebot infolge einer längeren Lebensarbeitszeit; lebenslanges Lernen und die Integration des Lernvorgangs in den Arbeitsprozess; preisgünstigere Dienstleistungen infolge gesunkener Abgaben auf das Einkommen. (...)

Gesellschaft: (...) Die Beteiligung an gemeinsamen Projekten von Staat und Privatwirtschaft sowie an Programmen zur Nachbarschaftshilfe nimmt zu. Durch die gezielte Mittelvergabe an Schulen in armen Stadtvierteln werden bildungspolitische Ungleichgewichte weitgehend abgebaut, sodass die innerstädtischen Gebiete ihr Kainsmal allmählich verlieren. (...) Die zu niedrige Zahl junger Menschen erhöht die Bereitschaft, in jeden Einzelnen zu investieren und das Humankapital für einen hohen Lebensstandard und insbesondere zur Alterssicherung einer wachsenden Zahl älterer Menschen zu stärken. (...) Neue informelle Beziehungen zwischen Nachbarn sowie Verbindungen von Selbsthilfegruppen bieten nach und nach einen Familienersatz. (...)

Umwelt: (...) Neue Verkehrsleitsysteme – unter Einbeziehung von Straßennutzungsgebühren, neuen Logistiksystemen mit starkem Anreiz für voll besetzte Fahrzeuge, wirtschaftliche Belieferung von Unternehmen – entlasten die Straßen und beschleunigen den Verkehrsfluss (...) Preise werden vermehrt als Lenkungsinstrumente für einen sparsamen Umgang mit Wasser, Strom und Heizenergie eingesetzt. (...) Hohe Preise für fossile Brennstoffe und Atomenergie unterstützen den energiepolitisch revolutionären Übergang in das Zeitalter von Sonnenenergie und Wasserstoff (...) .

Stadtbild: Städte und Nachbarschaften arbeiten daran, die homogenen, für Familien gebauten Wohnungsbestände den Bedürfnissen einer alternden Bevölkerung anzupassen. (...) Auf diese Weise werden Mehrgenerationennachbarschaften gefördert. (...) Diese flexiblen Drei-Generationen-Viertel benötigen weniger Etatmittel und Raum als segregierte Wohngebiete. Die Städte bekämpfen, gestützt auf ihre Planungskompetenz, die Neigung der Immobilienmärkte zu niedrigen Dichten und zu stark auf das Auto ausgerichteten Lebensweisen. (...)

9 Stadtstrukturen und Stadtentwicklung in Deutschland

1 Dresden – Landeshauptstadt Sachsens an der Elbe

Stadt: was für ein knappes Wort für eine Vielfalt von Wirklichkeiten: das sündige Babel, das heilige Jerusalem, Oldenburg (...), Kalkutta, Athen, die deutschen Städte des frühen Mittelalters mit im Durchschnitt 500 Einwohnern und Mexico City heute mit über dreißig Millionen. Die Stadt, die uns noch auf Merian-Stichen gegenübertritt, war früher eine mauerbewehrte Insel der Zivilisation im Meer der Natur. Heute bildet die Natur kleine, sorgfältig gehegte Inseln im Siedlungsbrei des Ruhrgebiets oder von Boswash (...) Macht es da noch einen Sinn, gleichermaßen von Stadt zu sprechen? (...) Nur bezogen auf eine bestimmte historische Epoche und eine bestimmte Gesellschaft lässt sich sinnvoll über Stadt sprechen.

(Häußermann, H., Siebel, W.: Neue Urbanität. Frankfurt 1987)

1 Was ist eine Stadt?

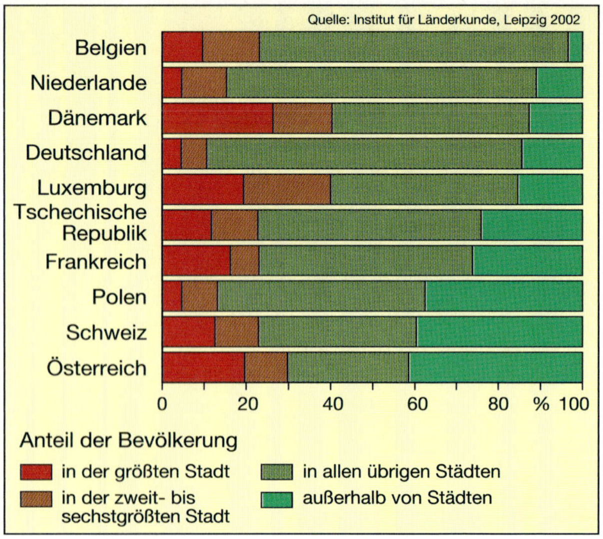

2 Verstädterungsstruktur europäischer Länder

9.1 Merkmale des geographischen Stadtbegriffs

„Städte sind die Zukunft. Sie sind attraktiv, ziehen Menschen an, die hier ihre Chancen nutzen wollen. Unsere Städte sind reich an Bildung, Wissenschaft und Kultur. Hier entscheiden sich wichtige Themen für die Welt von Morgen, zum Beispiel Immigration, Integration, Infrastruktur, Wirtschaft, Bildung und Wissenschaft. Städte sind Kraftwerke, weil in ihnen Menschen mit Ideen leben und arbeiten, die Lösungen für Alltags- und Zukunftsprobleme finden."

(Klaus Wowereit zur Eröffnung des Deutschen Städtetages 2005)

In der Siedlungsgeographie wird zwischen ländlichen und städtischen Siedlungen unterschieden. Die Weltbevölkerung verteilt sich heute jeweils etwa zur Hälfte auf beide Siedlungsformen (Seite 206, M1). In Europa dagegen leben gegenwärtig bereits drei von vier Menschen in Städten, und in Deutschland sind fast 90 Prozent der Bevölkerung Stadtbewohner. Weltweit geht der Trend immer mehr in Richtung städtischer Wohn- und Lebensformen. So wird prognostiziert, dass bereits im Jahr 2025 der Anteil der städtischen Bevölkerung auf zwei Drittel steigt.

Allerdings existieren verschiedene Vorstellungen zu dem Begriff Stadt. Schon bei der Festlegung der unteren Schwellenwerte hinsichtlich der Einwohnerzahlen einer Stadt gibt es länderweit große Unterschiede. In Deutschland, Frankreich und in vielen anderen Ländern sind 2000 Einwohner notwendig, um einen Ort als Stadt zu klassifizieren. In Norwegen, Island und Spanien reichen dagegen 200 Bewohner, in Japan hingegen liegt der Schwellenwert bei 50 000. Manche Länder verzichten gar auf derartige Kriterien und nutzen stattdessen administrative (zum Beispiel Verwaltungseinheiten) oder funktionale Gesichtspunkte.

In der aktuellen geographischen Diskussion wird festgestellt, dass es keinen für alle Zeiten und Länder gültigen Stadtbegriff geben kann. Nach Bähr und Jürgens (2005) werden für den auf die Gegenwart bezogenen **geographischen Stadtbegriff** mehrere Kriterien herangezogen. Es sind dies in erster Linie bauliche, demographische, soziale, wirtschaftliche und funktionale Gesichtspunkte, die sich in folgenden Merkmalen bündeln lassen:

- Die Stadt stellt einen kompakten Siedlungskörper dar und zeichnet sich durch eine Geschlossenheit der Ortsform aus. Besonders in den zentralen Bereichen, dem Stadtkern, ist eine hohe Bebauungsdichte zu verzeichnen, die an der Mehrstöckigkeit der Gebäude bis hin zu Hochhäusern zu erkennen ist. Allerdings resultiert aus dieser weitgehend künstlichen Umweltgestaltung sowie der Bündelung wichtiger Verkehrswege, verbunden mit einer starken Verkehrsdichte, ein hoher Versiegelungsgrad der Erdoberfläche sowie eine große Umweltbelastung.
- Aufgrund der hohen Bebauungsdichte handelt es sich bei der Stadt um eine größere Siedlung, gemessen an der Einwohnerzahl, an der überdurchschnittlich hohen Bevölkerungsdichte und an der flächenmäßigen Ausdehnung. Kennzeichnend ist in vielen größeren Städten eine hohe Einwohner-Arbeitsplatzdichte im City-Bereich. Infolge von Zuwanderungen besitzen viele Städte eine multiethnische Struktur, die sich oft in geschlossenen Wohnquartieren einzelner Gruppen widerspiegelt.

3 Amberg – Stadtkern

- Beschäftigung finden die Menschen in der Stadt vor allem im sekundären und tertiären Sektor, wobei die Arbeitsteilung im Industrie- als auch im Dienstleistungsbereich sehr hoch ist. Nur vereinzelt dominiert in sogenannten Agrostädten die landwirtschaftliche Produktion. Wegen des hohen Arbeitsplatzangebotes in der Stadt herrscht ein Einpendlerüberschuss durch die auswärtig wohnenden Beschäftigten.
- Für das Leben der Menschen in der Stadt ist **Urbanität**, das heißt eine hohe Intensität städtischer Lebensformen, typisch. Sie entsteht aus der Begegnungsmöglichkeit verschiedener Lebensstile sowie mit vielfältigen Kulturen. Daraus resultiert eine besondere Bevölkerungs- und Sozialstruktur, die sich zum Beispiel in überproportional vielen Einpersonenhaushalten und nichtehelichen Lebensgemeinschaften, im Freizeit- und Konsumverhalten sowie in kulturellen Aktivitäten äußert.
- Die Stadt zeichnet sich durch eine ausgeprägte funktionale innere Gliederung in Stadtviertel mit der City oder dem Hauptgeschäftszentrum, mit Industrie- und Gewerbegebieten, mit Mischzonen sowie Wohnvierteln

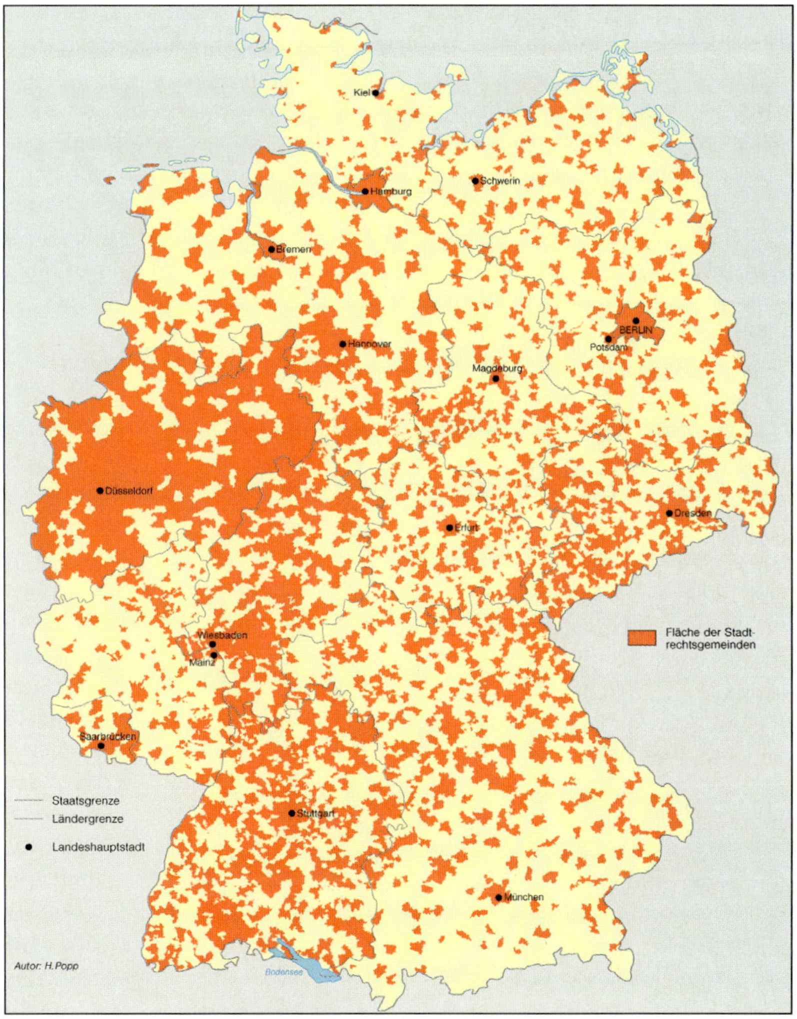

4 Fläche der Gemeinden mit Stadtrecht

1 Schildergasse in Köln – Deutschlands meistbesuchte Einkaufsstraße mit fast 15 000 Passanten pro Stunde

aus. Darüber hinaus ist in den Wohngebieten eine sozioökonomische Differenzierung nach dem sozialen Status wie Einkommen, beruflicher Tätigkeit oder Bildungsniveau kennzeichnend. Die einzelnen Schichten leben zumeist in getrennten Stadtvierteln.

- Die in der Stadt konzentrierten zentralen Einrichtungen des Angebotes an Waren und Dienstleistungen (zum Beispiel Handel, Verwaltung, Bildung, Gesundheitswesen, Kultur) dienen nicht nur der eigenen Bevölkerung, sondern auch der Versorgung im zugehörigen Umland. Insofern ist ein **Bedeutungsüberschuss** seitens der Stadt gegeben (M1). Als Ausgleich bietet das Umland zahlreiche Funktionen an, wie unversiegelte Flächen, Natur-, Wasserschutz- und Naherholungsgebiete sowie Mülldeponieplätze oder Flughäfen.

Ausgehend von den Grunddaseinsfunktionen als grundlegende menschliche Daseinsäußerung sind in der Stadt aufgrund ihrer geographischen Merkmale besondere Möglichkeiten gegeben, diese auszuüben. Dabei besitzen Umfang und Qualität der Ausstattung des städtischen Raumes mit materiellen Einrichtungen der öffentlichen, aber auch privatwirtschaftlichen Daseinsvorsorge eine Schlüsselfunktion.

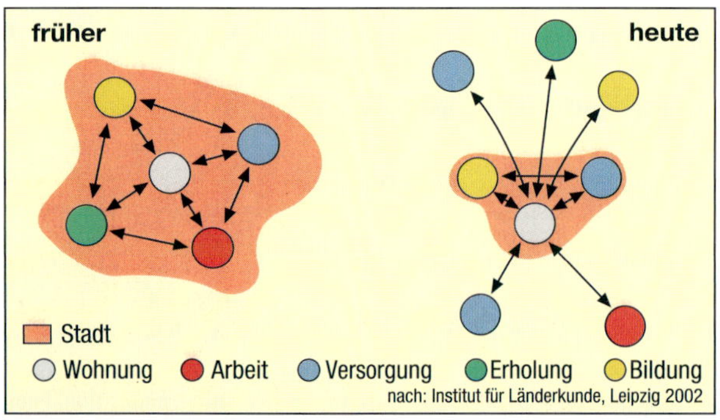

2 Grunddaseinsfunktionen

Aufgaben

1. Stellen Sie in einer Mindmap die Potenziale und Stärken deutscher Städte ihren drängenden Problemen gegenüber.
2. Begründen Sie die These: „Unsere Welt ist zu einer städtischen Welt geworden, und dieser Prozess beschleunigt sich weiter."
3. Werten Sie den Städtetest (Seite 221) aus:
   a) Nennen Sie Städte, in denen es sich deutschlandweit am besten leben und arbeiten lässt. Begründen Sie Ihre Antwort.
   b) Prüfen Sie, inwieweit sich regionale Differenzierungen hinsichtlich des Niveau-Rankings, aber auch des Dynamik-Rankings ergeben, und nennen Sie Ursachen.
   c) Erklären Sie das Abschneiden von Städten der neuen Bundesländer in den Rankings.
   d) Untersetzen Sie für eine Stadt Ihres Bundeslandes die angegebenen Indikatoren durch weitere Gesichtspunkte wie Wirtschaftsfreundlichkeit, Leistungsangebot, Reformfreude oder Verwaltungseffizienz.

Rang	Stadt	Wohlstand	Arbeitsmarkt	Standortqualität	Wirtschaftsstruktur	Sozialstruktur	Kommunalfinanzen	Dynamik
		Niveau-Ranking						D.-R.
1	München	1	1	3	3	1	24	13
2	Frankfurt/Main	2	6	2	1	31	3	1
3	Stuttgart	4	3	4	4	2	18	2
4	Mainz	8	2	6	6	5	16	8
5	Düsseldorf	5	7	1	2	36	1	11
6	Wiesbaden	3	8	7	10	17	12	7
7	Karlsruhe	10	9	9	8	7	13	5
8	Münster	19	10	8	17	8	8	12
9	Hamburg	6	17	11	5	40	22	15
10	Mannheim	16	19	20	9	26	31	9
11	Köln	9	15	13	7	37	35	19
12	Augsburg	14	5	25	27	3	21	24
13	Freiburg	35	30	5	23	6	28	4
14	Nürnberg	11	13	14	12	11	43	26
15	Bonn	15	18	18	11	12	37	22
16	Mühlheim/R.	12	16	22	28	10	15	25
17	Leverkusen	7	4	34	19	9	9	39
18	Braunschweig	20	29	29	15	23	5	14
19	Bremen	28	26	23	18	47	42	3
20	Aachen	31	31	15	16	18	23	18
21	Oldenburg	36	32	17	26	28	38	10
22	Hannover	21	12	26	20	30	11	27
23	Solingen	13	11	35	41	4	32	34
24	Osnabrück	37	23	12	22	27	7	17
25	Essen	18	25	16	13	33	30	29
26	Krefeld	27	34	31	31	21	27	21
27	Dortmund	32	41	42	25	34	29	16
28	Bielefeld	23	21	43	33	14	17	33
29	M'gladbach	22	28	39	44	20	2	30
30	Kassel	34	46	41	24	45	19	6
31	Ludwigshafen	25	14	24	14	16	4	41
32	Oberhausen	29	24	45	32	25	14	31
33	Hagen	24	27	28	40	15	10	38
34	Saarbrücken	42	38	33	36	29	20	20
35	Bochum	26	37	27	30	22	33	37
36	Wuppertal	17	20	40	35	19	6	43
37	Hamm	40	39	49	48	13	25	23
38	Duisburg	30	36	47	39	35	49	28
39	Kiel	33	33	10	21	46	36	35
40	Dresden	44	22	30	34	24	50	40
41	Gelsenkirchen	39	44	50	42	39	26	36
42	Herne	38	48	46	45	38	34	32
43	Lübeck	41	35	37	38	42	45	42
44	Erfurt	45	43	19	43	41	44	44
45	Chemnitz	49	40	32	49	32	47	45
46	Rostock	46	42	21	46	43	39	46
47	Magdeburg	47	45	38	47	44	41	47
48	Berlin	43	49	48	29	49	40	49
49	Leipzig	50	47	44	37	48	48	48
50	Halle/Saale	48	50	36	50	50	46	50

Indikatoren (Auswahl) zum Test der 50 größten deutschen Städte

Wohlstand
- Einkommen am Wohnort
- Einkommenssteuer pro Einwohner

Arbeitmarkt
- Arbeitslosenquote
- Arbeitsplatzangebot

Standortqualität
- Arbeitskosten
- Zahl hoch qualifizierter Arbeitnehmer
- Wohnungs- und Büromieten
- Gewerbesteuerhebesätze
- Entsorgungsgebühren
- Ausbildungsplatzdichte
- soziale Infrastruktur (Ärzte, Kindergärten)
- Bevölkerungsdichte

Wirtschaftsstruktur
- BIP je Einwohner
- Beschäftigte in schnell wachsenden Branchen
- Gründungsintensität
- Saldo aus Gewerbean- und abmeldungen

Sozialstruktur
- Kriminalität
- Zahl der Sozial- und Arbeitslosenhilfeempfänger
- Beschäftigungsrate von Frauen
- Anteil der Langzeitarbeitslosen
- Einwohnerzahl der unter 15-Jährigen

Kommunalfinanzen
- Schulden und Personal je Einwohner
- Investitions- und Selbstfinanzierungsquote

Bemerkung: Beim Dynamik-Ranking (D.-R.) wurde die Entwicklung ökonomischer Kennziffern in den letzten sechs Jahren erfasst.

Quelle: Wirtschaftswoche Nr. 17/2004

3 Städtetest der 50 größten Städte Deutschlands

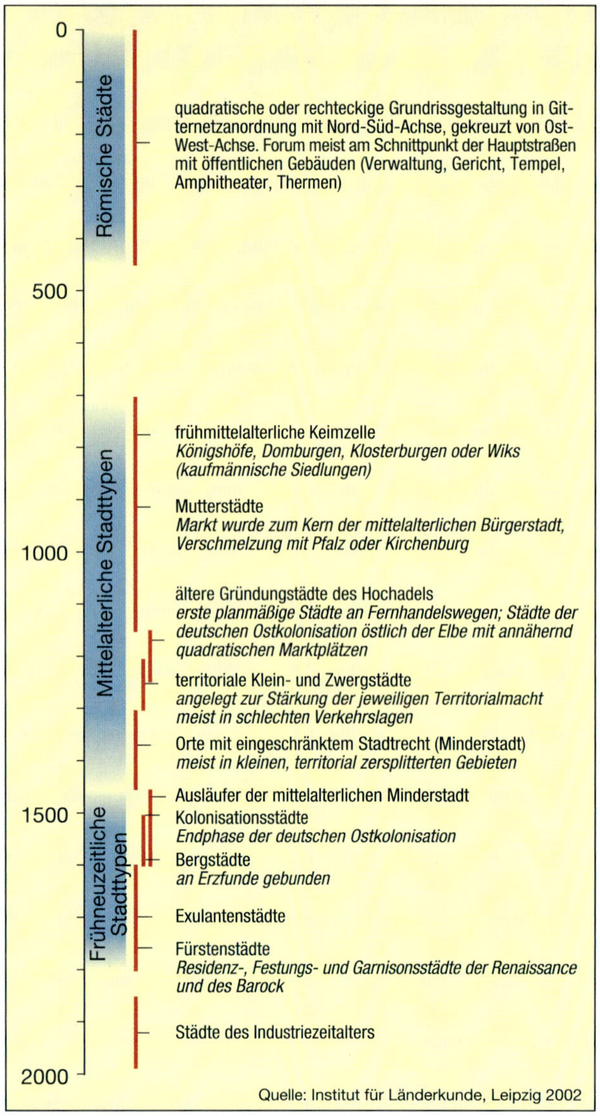

1 Stadtentstehungsphasen

2 Porta Nigra in Trier (ehemaliges römisches Stadttor)

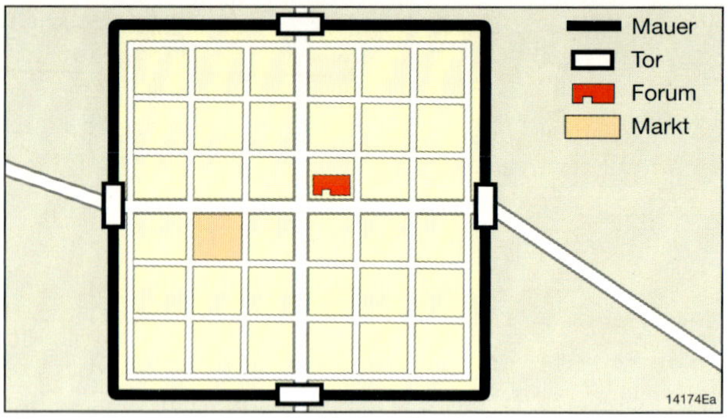

3 Römische Stadt (Grundriss)

9.2 Etappen der Stadtentwicklung in Deutschland

Unter **Stadtentwicklung** sind alle zeitlich gebundenen Prozesse zu verstehen, die die physische Struktur einer Stadt in verschiedener Weise verändern (FASSMANN, 2004). Zu den Faktoren, welche die Stadtentwicklung in Gang setzen oder maßgeblich beeinflussen, gehören insbesondere

- Bevölkerung und Gesellschaft,
- Wirtschaft,
- Verkehrs- und Bautechnologie,
- Politik und Planung.

Diese Faktoren beinhalten eine Vielzahl von Einzelaufgaben, die nicht nur gegenwärtig, sondern auch in historischer Zeit die Stadtentwicklung steuerten. So hat beispielsweise jede Gesellschaft eigene Vorstellungen über das Wohnen, das Zusammenleben oder die Verwendung des städtischen Raumes.

Das historische Entstehen der Städte in Deutschland lässt bestimmte Regelhaftigkeiten erkennen, die in Stadtentwicklungsetappen gegliedert werden können (M1). Dabei ist festzustellen, dass die Stadtentwicklung in Deutschland erst relativ spät vor etwa 2000 Jahren einsetzte, während die ersten Städte vor knapp 10 000 Jahren im Vorderen Orient entstanden sind. Im Industal gab es städtische Siedlungen bereits seit 2500 v. Chr., in China seit 2000 v. Chr., im europäischen Mittelmeerraum seit 1500 v. Chr., in Amerika dagegen erst seit 500 n. Chr.

Römische Stadtgründungen

Die ältesten Städte auf deutschem Boden wie Köln, Koblenz, Mainz, Trier (M2) oder Regensburg wurden durch die Römer entlang des Limes, aber auch in dessen westlichem und südlichem Hinterland angelegt. Sie hatten eine schachbrettartige Grundrissgestaltung, wobei im Schnittpunkt der Hauptstraßen das Forum mit öffentlichen Gebäuden (Verwaltung, Gericht, Tempel, Amphitheater, Thermen) angeordnet war.

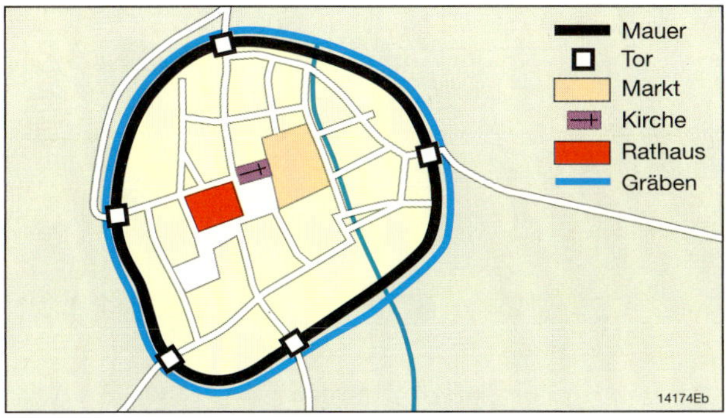

4 **Mittelalterlicher Marktort (Grundriss)**

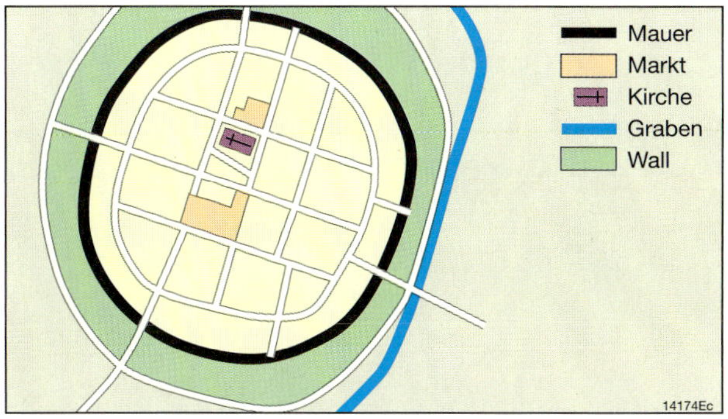

6 **Mittelalterliche Gründung des Adels (Grundriss)**

Mittelalterliche Stadttypen

Ab dem 10. Jahrhundert setzte die Phase der **mittelalterlichen Stadtgründungen** ein. Sie entstanden auf der Basis **frühmittelalterlicher Keimzellen**, die sich ab dem 7. Jahrhundert in Form von Königshöfen, Domburgen, Klosterburgen oder Wiks (Kaufmannsniederlassungen) bildeten.

Auch Bischöfe wurden zu Wegbereitern städtischer Entwicklungen, weil sie in Städten leben mussten. Oft wurden **Bischofsstädte** in günstiger Verkehrslage an Flussübergängen oder alten Handelswegen gegründet, wie im Falle von Fulda, Erfurt oder Görlitz (M5).

In den **mittelalterlichen Marktorten**, wie in Nürnberg, Braunschweig oder Magdeburg, wurde der Markt zum Kern der mittelalterlichen Bürgerstadt, ebenso wie die Kirche oder das Rathaus. Um das Stadtzentrum bestand ein eng verzweigtes Straßennetz (M4).

Im Jahre 1120 gründeten die Zähringer (eine Siedlergilde) mit Freiburg im Breisgau die erste planmäßige Stadtanlage Deutschlands. Wie zum Beispiel Offenburg, Goslar, Lübeck oder Hagen gehört auch die Zähringerstadt zu den **mittelalterlichen Gründungen des Adels**. Merkmale derartiger Städte sind ein regelmäßiger Straßenverlauf, mehrere und größere Marktplätze sowie ein die Stadt umgebender Mauerring (M6).

Zu den Kristallisationskeimen städtischer Siedlungen im Mittelalter gehörten außerdem weltliche Machtzentren, wie Kaiserpfalzen oder vorindustrielle Bergbaustätten (z. B. Goslar und Freiberg im Erzgebirge auf der Basis von Silberminen oder Lüneburg durch den Salzabbau).

Die mittelalterliche Stadt zählte in der Regel zwischen 2000 und 10 000 Menschen. Größte Stadt im Deutschen Reich war im Spätmittelalter Köln mit 40 000 Einwohnern. Allerdings gab es auch Kümmerformen von Städten in meist kleinen, territorial zersplitterten Gebieten, die oft kleiner als Bauerndörfer waren und nur über begrenzte städtische Privilegien (z. B. eigene Münze, Stadtsiegel sowie Gerichtsbarkeit) und Funktionen verfügten. So besaßen in Sachsen im Jahre 1550 von insgesamt 138 Städten 48 Orte weniger als 400 Einwohner, während 52 Dörfer eine größere Bevölkerungszahl hatten. Entscheidend war aber, dass die Städter ihren Broterwerb in der gewerblichen Wirtschaft suchten und sich von der Landwirtschaft unabhängig machten.

5 **Bischofsstadt Erfurt**

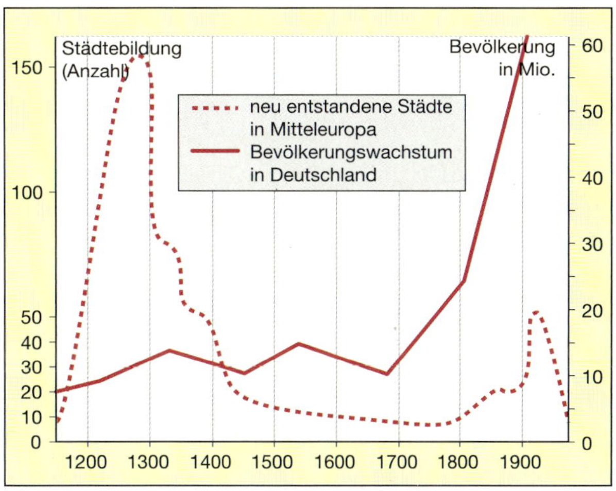

7 **Stadtentwicklung im Mittel- und Industriezeitalter**

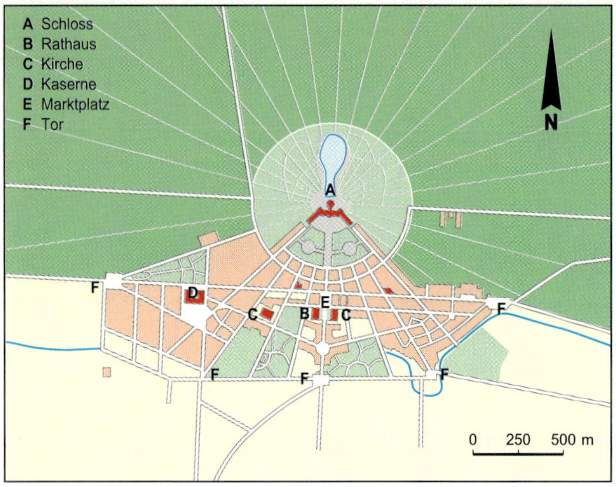

1 Karlsruhe um 1820

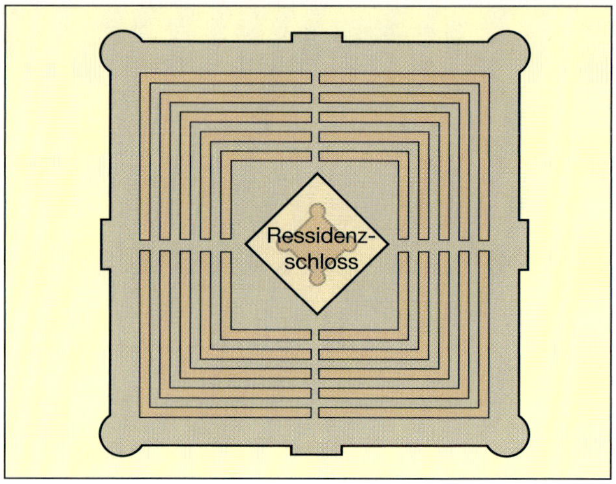

3 Freudenstadt (Plan von 1660)

Frühneuzeitliche Stadtgründungen

Nach einer sogenannten Wüstungsphase im 14. Jahrhundert, in der, hervorgerufen durch Wirtschaftskrisen, Kriege und Pest, die Einwohnerzahlen schrumpften und kaum noch Stadtgründungen stattfanden, entstanden vom 16. bis 18. Jahrhundert völlig neue Stadttypen. Die räumliche Enge mittelalterlicher Städte wurde überwunden und das Zentrum als Standort von Regierungs- und religiösen Funktionen gewann an Bedeutung.

Außerdem kam es bereits in dieser Phase der Stadtentwicklung durch die Zunahme arbeitsteiliger Prozesse zu einer räumlichen und sozialen Differenzierung, die zur Bildung von Stadtvierteln beitrug.

Frühneuzeitliche städtische Siedlungen wurden weitestgehend als **Planstädte** angelegt, wobei zwei geometrische Grundprinzipien zur Anwendung kamen. Zum einen entstand die von Albrecht Dürer entwickelte **Vierungsstadt**, eine aus der Grundform des Quadrats gewonnene Stadtanlage mit optimaler Baugrundnutzung. Hanau, Dömitz, Mannheim oder Friedrichstadt sind dafür typische Beispiele. Zum anderen wurde die aus einem Kreis entwickelte **Radialstadt** gebaut. Sie ist durch ein strahlenförmig-konzentrisches Straßensystem geprägt. So entstand 1715 Karlsruhe, wobei von einem im Zentrum gelegenen Schlossturm insgesamt 32 Straßen strahlenförmig ausgreifen (M1). Auch Oranienburg oder Neustrelitz weisen ähnliche Stadtgrundrisse auf. Oft wurden aber die geometrischen Grundprinzipien miteinander verschmolzen, wie zum Beispiel im sächsischen Herrnhut, das 1722 gegründet wurde, oder in Potsdam, Wolfenbüttel, Kiel und Freudenstadt (M3). Eine Besonderheit stellt Putbus dar, in der beide Grundformen nebeneinander zu finden sind (M2).

Bezüglich ihrer Funktionen waren diese frühneuzeitlichen Planstädte **Fürstenstädte**, wobei der Residenz-, Festungs- und Garnisonscharakter durch die unterschiedliche Zweckbestimmung zu Modifikationen in der Stadtanlage führte. Allerdings haben viele deutsche Städte zu Beginn des 19. Jahrhunderts die Einwohnerzahlen des Mittelalters noch nicht wieder erreicht.

2 Putbus – Stadtanlage

4 **Ringstraßen in Erfurt**

Städte des Industriezeitalters

Mit Beginn des 19. Jahrhunderts vollzogen sich im Zuge der Industrialisierung und Verkehrsentwicklung erhebliche soziale und wirtschaftliche Umbrüche. Aufgrund des enormen Bevölkerungswachstums, begünstigt durch stabilere Ernten und bessere medizinische Versorgung, stieg die Bevölkerungszahl von 1816 bis 1914 in Deutschland von 25 auf 68 Millionen an (M7, Seite 223). Zudem führte die Nachfrage nach Arbeitskräften an den sich entwickelnden Industriestandorten zu erheblichen Zuwanderungsraten aus dem ländlichen Raum in die Städte. Die bis dahin gewachsene Stadtlandschaft veränderte sich grundlegend: Neben einem starken Anstieg der Bevölkerungzahl kam es auch zu einer Ausdehnung der Fläche vieler Städte. Vereinzelt fanden auch Neugründungen statt, wie zum Beispiel Gütersloh 1825, Bremerhaven 1851, Wilhelmshaven 1853, Oberhausen 1861, Ludwigshafen 1863 und Leverkusen 1860/1930.

Das starke Wachstum bestehender Städte machte das Schleifen der durch die Entwicklung der Waffentechnologie ohnehin bedeutungslos gewordenen mittelalterlichen und absolutistischen Befestigungsanlagen, welche die Ausweitung und Entwicklung der Städte behinderten, notwendig. Derartige Entfestungen geschahen zum Beispiel in Frankfurt am Main zwischen 1804 und 1812, in Berlin 1867, in Erfurt 1873 und in Köln 1875. Anstelle der Stadtmauern, Tore, Wälle und Gräben wurden breite Ringstraßen, Promenaden und Parkanlagen gebaut (M4). Bereits bestehende Vorstädte konnten so in die Stadt einbezogen werden, neu entstehende Vorstädte nahmen die rapide anwachsende Bevölkerung auf. Ab den 70er-Jahren des 19. Jahrhunderts erfolgte durch den Bau höherer Häuser (Mietskasernen) eine zusätzliche bauliche Verdichtung. Mit ihnen sollten möglichst alle Menschen einer Stadt eine Unterkunft erhalten.

Auch wurden umliegende Dörfer eingemeindet, um Baugrund zu erwerben. Als problematisch erwies sich jedoch die Integration neuer Fabriken beim Umbau der Städte im Industriezeitalter. Sie wurden meistens am Stadtrand angesiedelt, oft im Verbund mit mehrgeschossigen Massenmietshäusern für die Arbeiterfamilien.

Bedeutsam für die sich ausweitenden Industriestädte war eine gute Verkehrsanbindung, um den Antransport der Rohstoffe, den Abtransport der Halb- und Fertigprodukte sowie die Pendelwanderungen der Arbeitskräfte ökonomisch zu gewährleisten. Das damals entstandene Eisenbahnnetz trug wesentlich dazu bei. Bahnhöfe dienten als Symbole des industriellen Fortschritts. Neben dem Ausbau öffentlicher Verkehrsmittel wurde dem Bau von Wasserleitungen sowie Kanalisations- und Müllbeseitigungsanlagen erhöhte Aufmerksamkeit geschenkt. Zudem bedurfte die zunehmend komplexere Industriegesellschaft einer modernen, mehrstufigen Bürokratie, sodass entsprechend Platz für die Ausübung von Verwaltungsfunktionen vorzuhalten war. Insofern sprechen Historiker in der Zeit nach 1830 auch vom Entstehen von Industrie- und Verwaltungsstädten.

Der Bauboom an öffentlichen Gebäuden konzentrierte sich in größeren Städten in erster Linie auf größere und repräsentativ ausgestaltete Rathäuser, Regierungsgebäude, Postämter, Theater und Opernhäuser.

Um den oftmals bedrückenden Lebensbedingungen in den Städten des 19. Jahrhunderts entgegenzusteuern, kam später, ausgehend von England, auch in Deutschland die **Gartenstadtbewegung** auf. Es handelt sich dabei um den genossenschaftlichen Bau eigenständiger, von Grünanlagen durchsetzter Siedlungen, um ein übermäßiges Wachstum in der Nähe liegender überbevölkerter Großstädte zu verhindern (M1, Seite 226). Zudem sollte der zunehmenden Landflucht entgegengewirkt werden. Typische Beispiele finden sich in der Essener

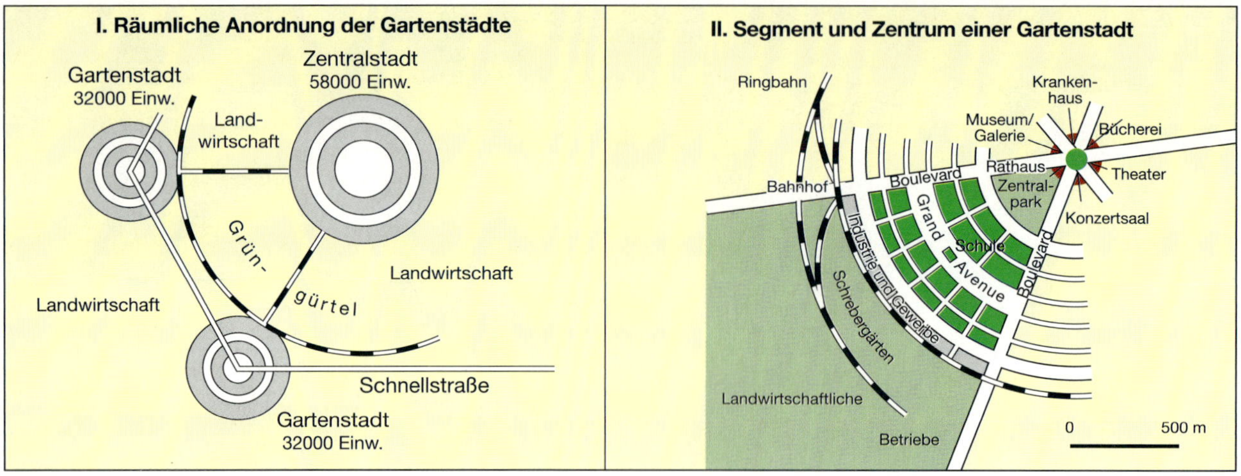

1 Das Modell der Gartenstadt von Ebenezer Howard

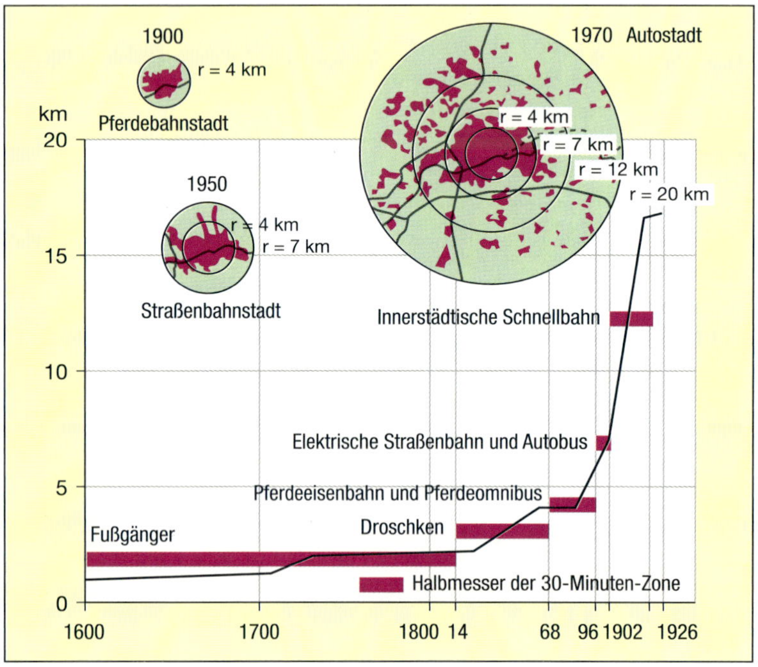

2 Wachstum und Verkehrserschließung der Stadt

Jahr	Anteil der Bevölkerung mit Gemeinden mit ...		
	weniger als 2000 Ew. (ländliche Bevölkerung)	mehr als 2000 Ew. (städtische Bevölkerung)	mehr als 100 000 Ew. (Großstädte)
1871	62,6	37,4	5,4
1900	43,9	56,1	17,2
1910	38,3	61,7	22,8
1925	35,4	64,6	26,6

Quelle: Institut für Länderkunde, Leipzig 2002

3 Zunahme der städtischen Bevölkerung 1871 bis 1925

Margarethenhöhe, in weiteren Städten des Ruhrgebiets, aber auch in Dresden-Hellerau.

Die deutschen Städte erreichten in der zweiten Hälfte des 19. Jahrhunderts ihre höchste Bevölkerungsdichte. Sie wuchsen weiter, dehnten sich aber auch in der Fläche stark aus (M2). Parallel dazu schritt die technische Entwicklung von Verkehrsmitteln und deren Verfügbarkeit zügig voran, sodass im Wesentlichen der Zeitaufwand für die täglich zurückzulegenden Wege zu den Arbeits- und Wohnstandorten bei circa 30 Minuten bleiben konnte.

1910 wohnten in Orten über 5000 Einwohner erstmals mehr Personen als in Gemeinden unter dieser Größe (M3). Im Jahr 1939 lebte bereits ein Drittel der Bevölkerung in Städten über 100 000 Einwohner, sodass von einer **Vergroßstädterung** gesprochen werden kann. Schon 1910 gab es in Deutschland 48 Großstädte, heute sind es 82, wobei gegenwärtig in den neuen Bundesländern lediglich zwölf Großstädte zu finden sind.

Wirtschaftlich gesehen wurde die Stadt im Industriezeitalter zum wichtigsten Standort. Sie löste im 19. und 20. Jahrhundert den ländlichen Raum in seiner Funktion als Hauptstandort der Produktion ab. Besonders deutlich zeigte sich dies bei späteren Stadtgründungen in industriell monostrukturierten Räumen, wie Wolfsburg 1938 und Eisenhüttenstadt 1950.

Geo-Exkurs

Das Modell der Hochhausstadt von Le Corbusier

Le Corbusier (bürgerlicher Name C.E. Jeanneret, 1887 – 1965) ist nur ein Vertreter der Avantgarde europäischer Architekten und Stadtplaner in den 1920er-Jahren. Sie alle waren fest davon überzeugt, dass menschenwürdiges Wohnen stadtplanerisch nur durch einen radikalen Bruch mit der historischen Stadt zu erreichen sei. In der Hochhausstadt glaubten sie den endgültigen Ausweg aus dem als Chaos betrachteten Gang der europäischen Stadtgeschichte gefunden zu haben. Le Corbusier entwickelte dafür detaillierte Pläne und Modelle für Städte mit bis zu drei Millionen Einwohnern.

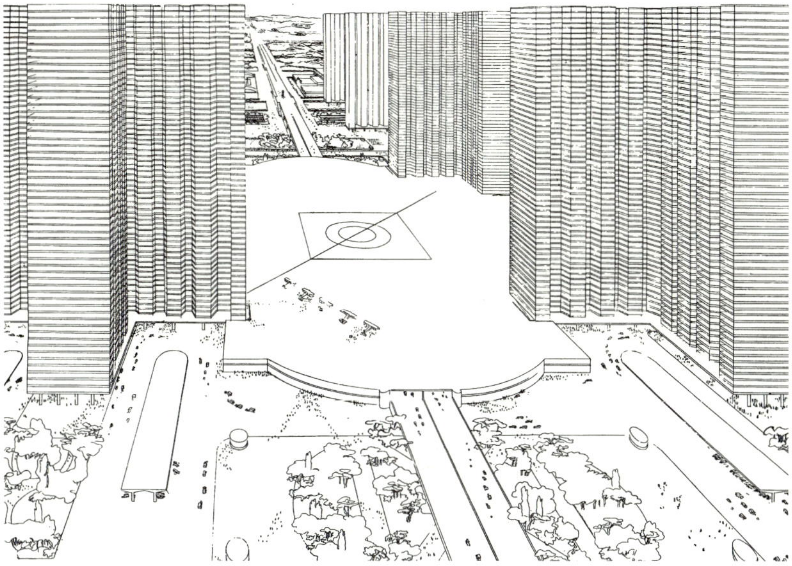

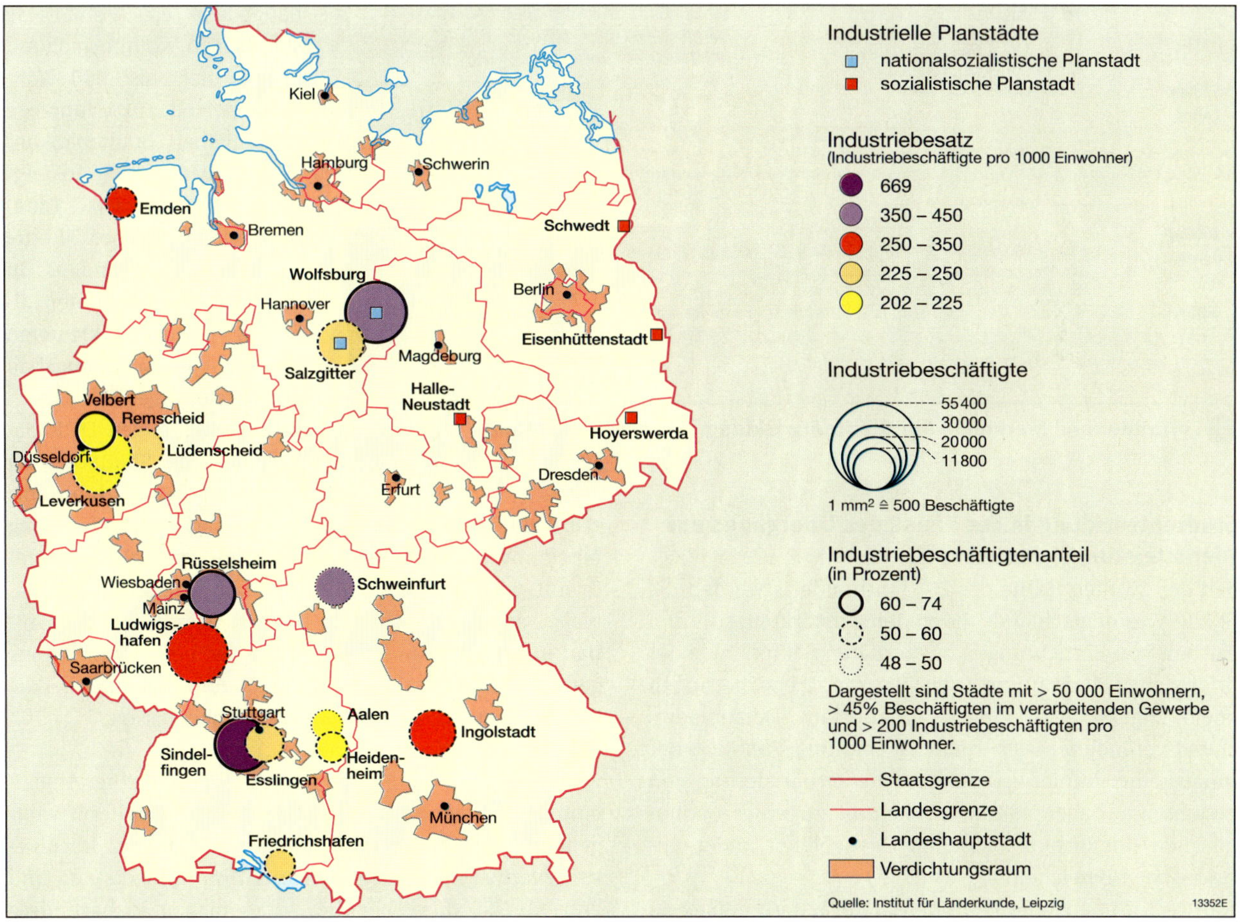

4 **Industriestädte in Deutschland zu Beginn des 21. Jahrhundert**

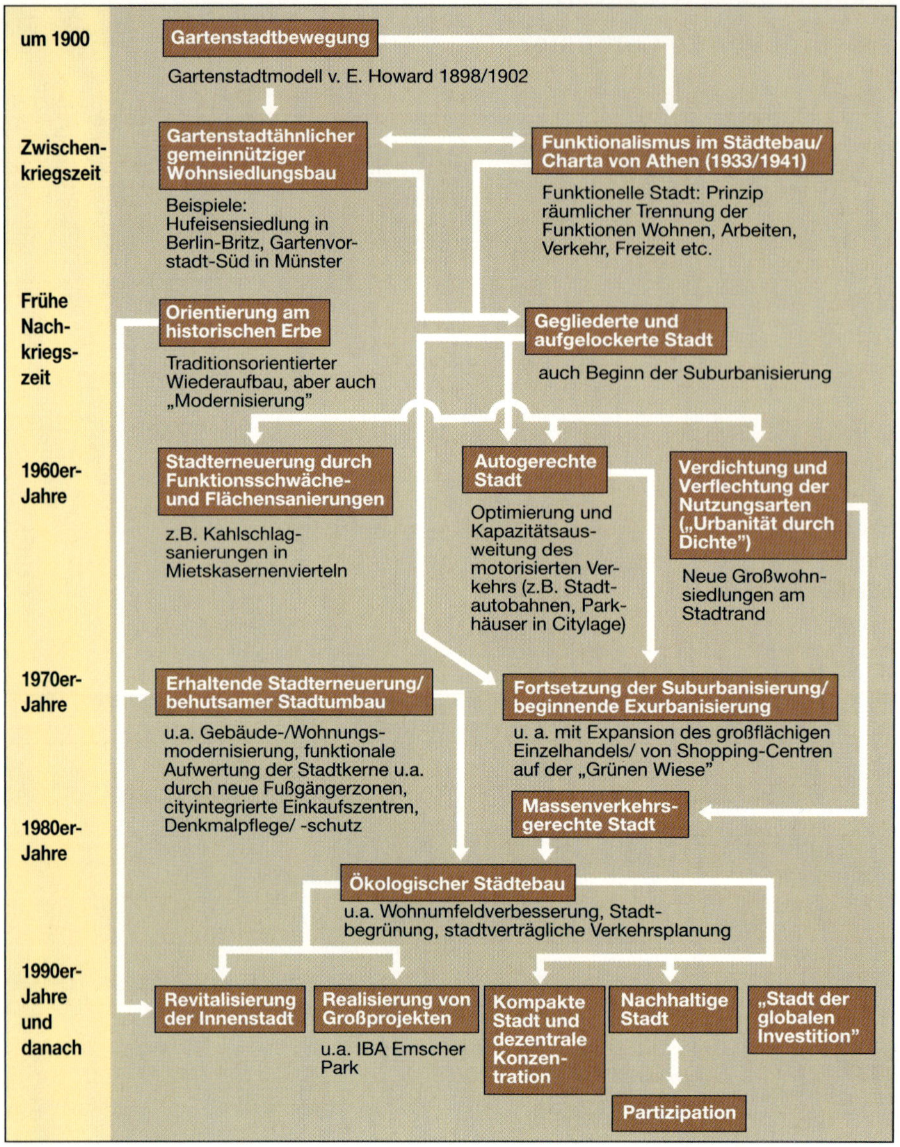

1 **Leitbilder und Merkmale der Stadtentwicklung in Westdeutschland**

Stadtentwicklung in der Phase des Übergangs zur Dienstleistungsgesellschaft

Seit der zweiten Hälfte des 20. Jahrhunderts werden die Städte Westdeutschlands durch den verstärkten Auf- und Ausbau von Einrichtungen des tertiären Sektors, wie der öffentlichen Verwaltung, von Banken, Versicherungen oder Logistikunternehmen, überformt. Dementsprechend veränderten sich zunächst Bild und Funktion der Innenstädte. Mittlerweile erfasst die Tertiärisierung den gesamten urbanen Raum. Es kommt zu einer ökonomischen Konkurrenz zwischen Citygebieten und randstädtischen Bereichen.

Auf der „grünen Wiese" an den Stadträndern entstehen in zunehmendem Maße neben Gewerbegebieten und dezentralen Bürostandorten vor allem neue Einkaufszentren, Verbraucher- und Fachmärkte. Andererseits führen spezielle Planungen zur funktionalen Aufwertung der Stadtkerne, etwa durch Anlage von Fußgängerzonen, Einkaufspassagen oder von innerstädtisch integrierten Einkaufsstätten. In vielen Städten erfolgte der Ausbau nach dem Leitbild der „gegliederten und aufgelockerten Stadt".

Zur schnellen Überwindung der Wohnungsnot in der Nachkriegszeit wurden, unterstützt durch Wohnungsbaufördermaßnahmen, in den Altbundesländern von Mitte der 1960er- bis Ende der 1970er-Jahre Großwohnbaugebiete errichtet. Diese städtischen Wohnformen mit jeweils mehr als 1000 Wohnungen sind auf Grundlage einheitlicher Städtebaukonzepte vorwiegend in Agglomerationsräumen (zum Beispiel Märkisches Viertel in Berlin) entstanden. In den letzten Jahrzehnten allerdings wird den kleineren Projekten im Wohnungsbau der Vorzug gegeben.

In der ehemaligen DDR dagegen war der Städtebau seit Mitte der 1950er-Jahre bis zur Wende durch Industrialisierung und Standardisierung bestimmt. Es entstanden an Stadträndern Trabantenstädte mit großen Mietwohnungskomplexen in Plattenbauweise, so zum Beispiel in Halle-Neustadt, Leipzig-Grünau und Berlin-Marzahn. Demgegenüber wurde infolge geringer Mieteinnahmen und aus Baumaterialmangel die Altbausubstanz der Innenstädte vernachlässigt.

Seit der Wiedervereinigung vollzieht sich eine Angleichung der Stadtstrukturen. Auch führt der mit der weitgehenden Entindustrialisierung verbundene Bevölkerungsverlust zu zunehmendem Wohnungsleerstand und zum Abriss zahlreicher Großwohnanlagen, insbesondere in den Plattenbaugebieten.

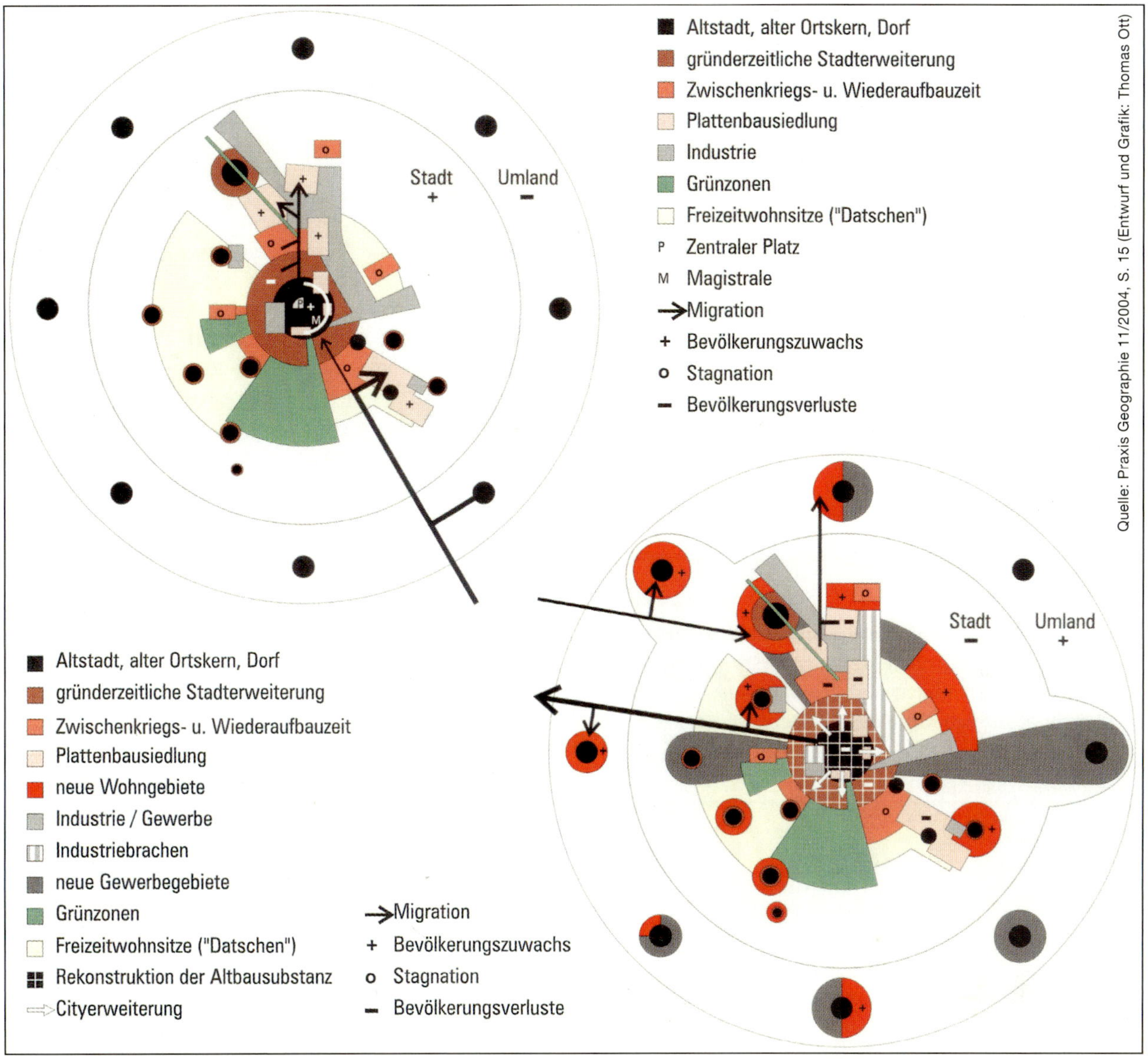

2 Funktionales Flächennutzungsmodell der mitteleuropäischen sozialistischen (oben) und postsozialistischen (unten) Stadt am Beispiel Erfurts

Aufgaben

1. Erläutern Sie die Stadtentwicklungsetappen in Deutschland anhand ausgewählter Beispiele.
2. Begründen Sie die Entstehung ausgewählter Industriestädte (Seite 227, M4).
3. Informieren Sie sich über die historische Entwicklung Ihrer Heimatstadt.
4. Vergleichen Sie die Stadtentwicklung in den alten und neuen Bundesländern.
5. Begründen Sie die These, dass die Stadtentwicklung in Deutschland zu einem ausgewogenen Städtesystem geführt hat, bezogen auf die räumliche Stadtgrößenverteilung und die funktionale Arbeitsteilung zwischen den Großstädten und Stadtregionen.

3 Abriss einer Großwohnsiedlung

9.3 Räumlich-funktionale Gliederung deutscher Städte

Obwohl sich die Städte in Deutschland insbesondere nach dem Zweiten Weltkrieg hinsichtlich ihrer räumlichen Erscheinungsform immer stärker differenziert haben, lassen sich bestimmte Ordnungsprinzipien ableiten, nach denen die funktionale sowie sozioökonomische Gliederung der Stadt erfolgt und erkennbar wird. Entsprechend der ökonomischen, sozialen und demographischen Situation einer Stadt sind verschiedene Modelle entwickelt worden, um die komplexen Zusammenhänge in vereinfachter Form abzubilden. Für viele deutsche Städte ergibt sich idealtypisch eine ringförmige Ausdehnung mit einem Altstadtkern, einem daran anschließenden Wohn- und Gewerbegürtel sowie einem äußeren Suburbanisierungsring (M1). Innerhalb dieser räumlichen Teilgebiete und zwischen diesen besteht eine spezifische Dynamik.

Das Stadtzentrum

Im zentralen Bereich der Stadt, häufig gleichzusetzen mit der Altstadt, bestand im Mittelalter ein ausgewogenes Verhältnis zwischen Wohn- und Arbeitsstätten. Im Zuge des flächenmäßigen und demographischen Wachstums kam es hier ab Mitte des 19. Jahrhunderts zur Entwicklung eines zentralen Geschäftsbezirkes, in größeren

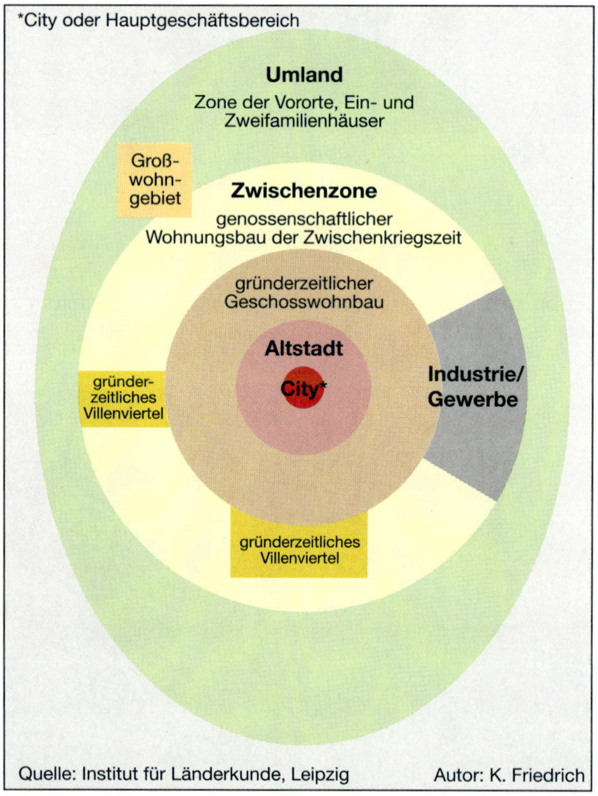

1 Modell der Gliederung der deutschen Stadt

Städten der **City**. Bedingt durch die zentrale Lage und die gute Erreichbarkeit infolge verbesserter Verkehrsanbindung konzentrieren sich im Zentrum Einrichtungen für die Versorgung der Bevölkerung mit Gütern, Dienstleistungen und Informationen. Die Gesamtheit dieser Einrichtungen kennzeichnet die **funktionale Ausstattung eines Zentrums**.

Durch die sprunghaft gestiegenen Bodenpreise setzte ein Verdrängungsprozess ein, der zu einer steten Abnahme der Wohnfunktion, aber auch von Einrichtungen des sekundären Sektors in der Innenstadt führte. Lediglich die prestigeträchtigen Dienstleistungsfunktionen konnten sich an diesem bevorzugten Standort behaupten.

So wurden im Zuge der weiteren Entwicklung Einzelhandelsfachgeschäfte zur Deckung des Grundbedarfs durch Fach- und Spezialgeschäfte, Anbieter höherwertiger Waren sowie Warenhäuser mit einem breiten und tiefen Sortiment verdrängt. Im Zuge der Stärkung der Einkaufs-City wurde in den letzten Jahrzehnten an der Verbesserung der Erreichbarkeit mit öffentlichen Personennahverkehrsmitteln, an der Gestaltung von Fußgängerzonen, Flanier- und Einkaufsmeilen bis hin zu kulturellen Einrichtungen (zum Beispiel Multiplex-Kino) gearbeitet, um die City zum integrierenden Erlebnisraum für alle Bevölkerungsschichten werden zu lassen.

Quantitativ dominieren allerdings in der City die Büroarbeitsplätze verschiedener Wirtschaftszweige, wobei Kundenverkehr sowie Repräsentativität die Notwendigkeit des zentralen Standortes begründen. Diese Arbeitsplätze bedingen auch die höchste Wertschöpfung in der City.

Der Funktionswandel im zentral gelegenen Teilraum der Stadt führte mit der räumlichen Konzentration hochrangiger zentraler Funktionen des tertiären Sektors zur Monofunktionalisierung. Dabei kommt es, zumindest in der City, häufig zur räumlichen Gliederung in **funktionale Viertel**, wie zum Beispiel Bankenviertel und Hauptgeschäftsstraßen. Letztere zeichnen sich zudem oft durch bestimmte **Funktionsgemeinschaften** aus. So sind Arztpraxen in direkter Nachbarschaft zu Apotheken, bestimmten Fachgeschäften (Optiker) oder Anbietern spezieller Dienstleistungen im Gesundheitswesen (zum Beispiel Physiotherapie) zu finden.

Weitere Merkmale der City sind die besondere Verkehrsbelastung durch den öffentlichen Personennahverkehr, den Fußgänger- und Fahrradverkehr bis hin zum motorisierten Individualverkehr, für den entsprechende Einrichtungen des ruhenden Verkehrs (Parkplätze) vorgehalten werden müssen. Darüber hinaus sind die hohe Bebauungsdichte, das Vorhandensein von Geschäftspassagen und Arkaden sowie die hohe Schaufensterdichte der verschiedensten Einzelhandelseinrichtungen in der City auffällig. Zu den typischen und bestimmenden Dienstleistungseinrichtungen der City gehören:

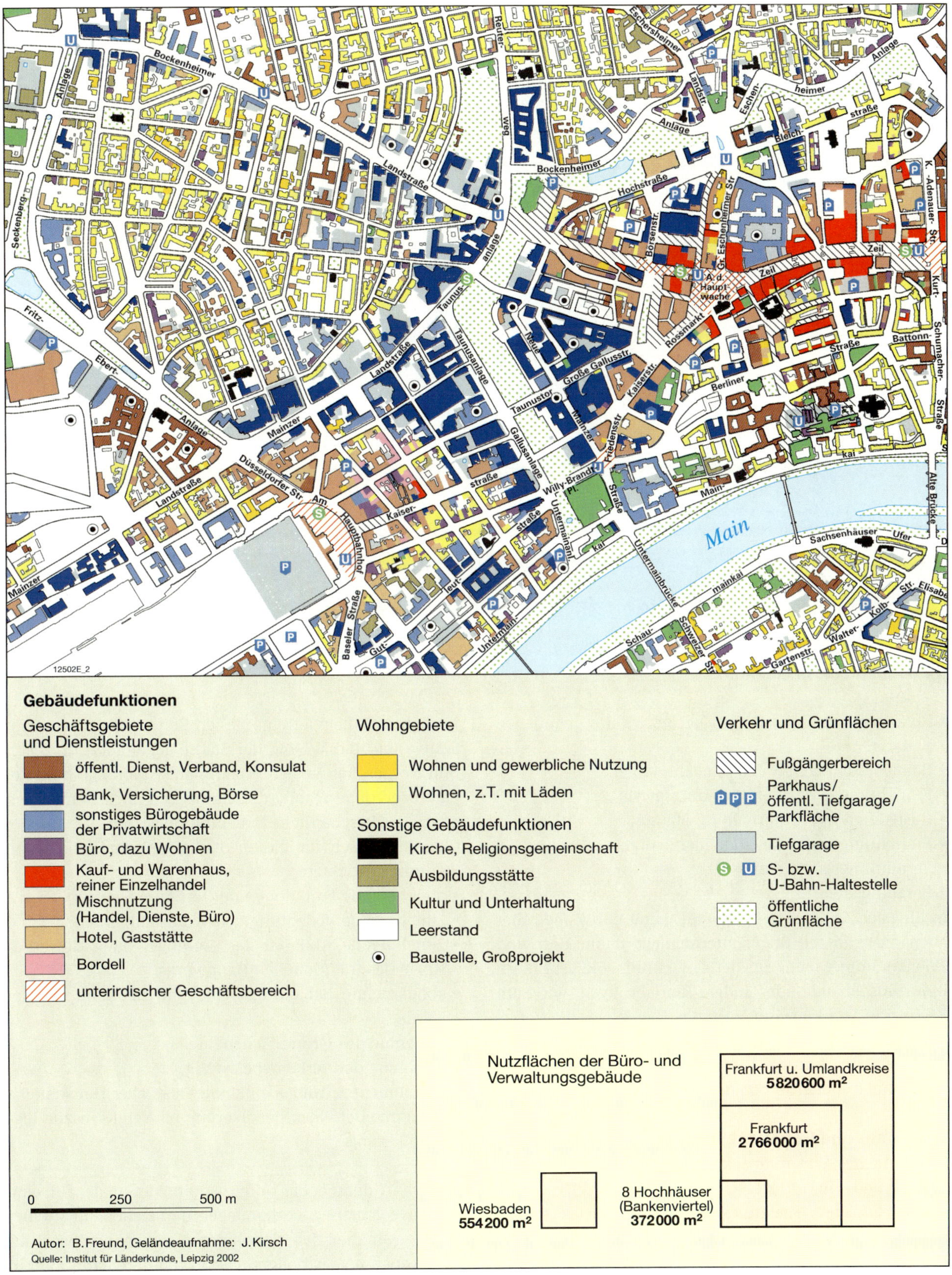

2 **Frankfurt am Main – Gebäudenutzung der Innenstadt**

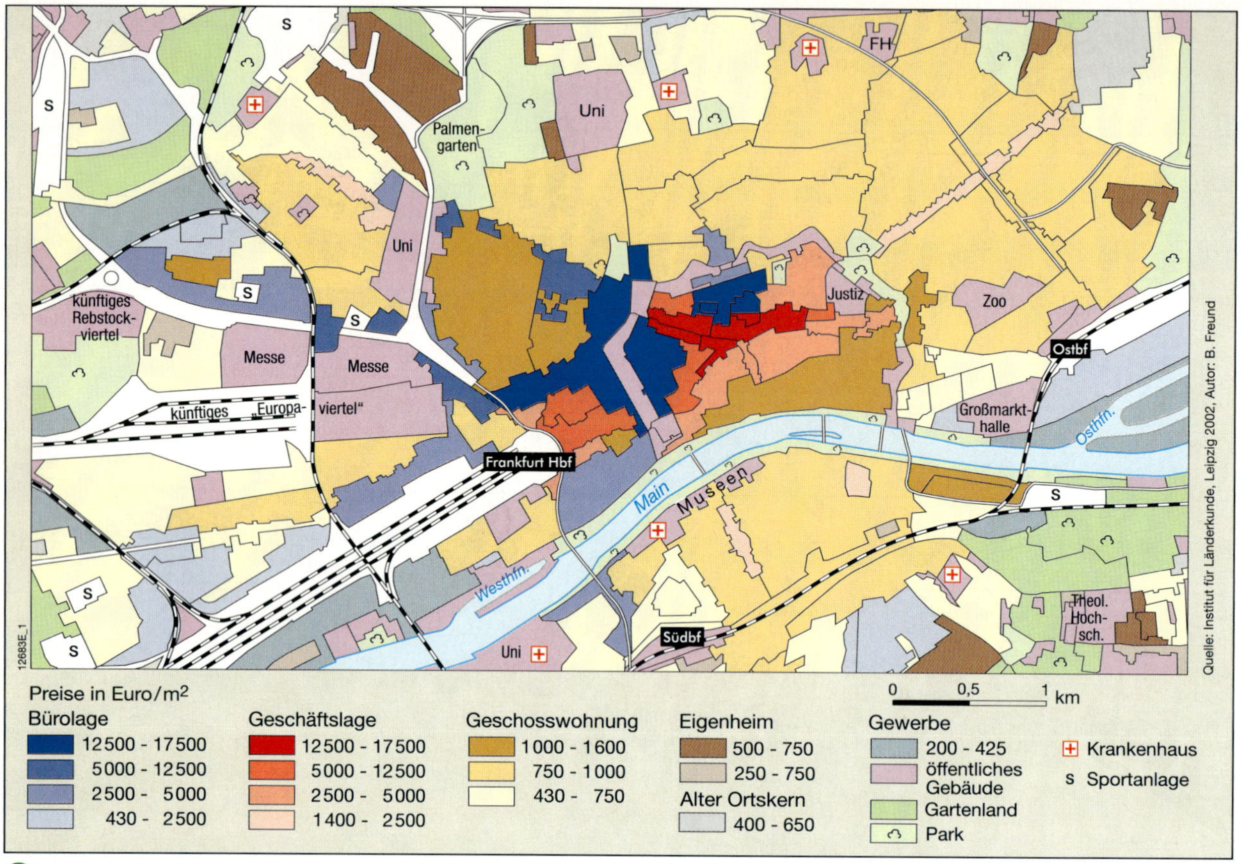

1 Bodenpreise in Frankfurt

- Einzelhandelseinrichtungen besonders des gehobenen Bedarfs,
- Banken, Sparkassen und Versicherungen,
- Einrichtungen des Beherbergungsgewerbes,
- Gaststätten und Unterhaltungsstätten,
- Einrichtungen der Gesundheitsfürsorge,
- Vermittlungsdienste und
- Beratungsdienste.

In jüngster Zeit ziehen sich Stadt, Land und Bund, aber auch die früheren Staatsunternehmen Bahn, Post und Telekom immer mehr aus der City zurück. Sie veräußern ihre Amtsgebäude oder andere Einrichtungen, wie zum Beispiel in Frankfurt am Main das Hallenbad, die Volkshochschule oder das Polizeipräsidium. Ebenso werden Geschäfts- und Bürogebäude der Nachkriegsjahre zunehmend durch moderne lukrative Neubauten ersetzt (M2).

Der Wohn- und Gebäudegürtel

Zwischen der City und dem Stadtrand gruppieren sich Wohn- und Gewerbegebiete in unterschiedlicher Zusammensetzung, Struktur und Dichte. Mietskasernen mit Hinterhöfen und Rückgebäuden in dichter, oft einförmiger Bebauung, die während der Industrialisierung des 19. Jahrhunderts entstanden sind, stehen gründerzeitlichen Villenvierteln mit großen Grundstücken im Südwesten und Westen der Städte gegenüber. Im Osten und Norden hatten sich Produktions-, Montage- und Reparaturbetriebe etabliert, die zum Teil auch heute noch zentrale wirtschaftliche Bedeutung besitzen.

Charakteristisch für diesen Stadtgürtel sind gegen den Stadtrand gerichtete

- abnehmende Funktionen des tertiären Sektors,
- zunehmende Bedeutung von Wohnfunktionen,
- zunehmende Aktivität des produzierenden Gewerbes sowie des traditionellen Handwerks,
- abnehmende Bebauungsdichte und Bauhöhe der Gebäude,
- Zunahme des Grundflächenanteils,
- Abnahme der Verkehrsbelastung,
- Abnahme des Anteils einkommensstarker Haushalte,
- Zunahme der Nachtbevölkerung im Vergleich zur Tagbevölkerung.

Insgesamt deuten die aufgezeigten Merkmale auf eine intensive Nutzung vorhandener Bauflächen im Citybereich gegenüber den peripheren Räumen hin, was auf eine Abnahme der Bodenpreise gegen den Stadtrand hin zurückzuführen ist (M1).

Die Stadtrandzone und das Umland

Zwischen der Kernstadt, die mit der geschlossenen Bebauung endet, und dem Umland außerhalb der Stadtgrenze bestehen enge Beziehungen. Sie führen dazu, dass die von FASSMANN (2004) beschriebene Außenzone in jüngster Zeit zunehmend zu einem wesentlichen Element der Stadtregion geworden ist. Die **Außenzone** der Stadtregion

- erlaubt aufgrund geringerer Bodenpreise eine großzügigere Planung und Durchführung von Bauvorhaben, die auch erheblich mehr Spielräume für architektonisch oder betriebswirtschaftlich sinnvolle Lösungen zulässt,
- zeichnet sich durch eine Zunahme der Wohnfunktionen in unterschiedlichen Ausprägungen (Einzel,- Reihenhäuser, je nach Einkommen der Haushalte) aus, wobei wegen des größeren Flächenangebotes eine geringere Bebauungsdichte erreicht wird,
- ist durchsetzt von verschiedenen Standorten mit Einrichtungen, die einen großen Flächenbedarf besitzen, wie Parkplätze, Friedhöfe, Einzelhandelsgeschäfte, Lagerräume, Freizeiteinrichtungen sowie Industrie- und Gewerbegebiete, Flughäfen bis hin zu Mülldeponien,
- wird von der Nachtbevölkerung dominiert, die tagsüber ihren Ausbildungs- und Arbeitsplatz zum großen Teil in der Kernstadt aufsucht, wodurch neben tangentialen vor allem peripher-zentrale Verkehrsströme hervorgerufen werden,
- verfügt über eine geringere Verkehrsdichte sowie ein großes Parkplatzangebot, sodass auch wegen fehlender oder unzureichender öffentlicher Massenverkehrsmittel der motorisierte Individualverkehr zur Überwindung großer Distanzen bevorzugt wird,
- bietet geschützte Freiräume, die in vielen Stadtplanungen für einen geschlossenen Grüngürtel vorgesehen sind, der zugleich eine Barriere gegen eine flächenintensive Ausdehnung der Stadt bilden kann,
- ist der Raum mit überdurchschnittlichem Wachstum an Bevölkerung und Arbeitsplätzen und gilt insofern als dynamisches Element der Stadtentwicklung.

Aufgaben

1. Wenden Sie das Modell der Gliederung der deutschen Stadt auf Ihre Heimatstadt an.
2. Kartieren Sie einige Gruppen von Dienstleistungseinrichtungen Ihres Stadtzentrums (Seite 234).
3. Charakterisieren Sie die Besonderheiten der City im Vergleich zu anderen Stadtteilen.
4. Interpretieren Sie M2 unter Nutzung der Luftbilder M3.
5. Legen Sie eine Fotodokumentation „Typische Stadtbilder“ zu einem Ort Ihrer Wahl an.

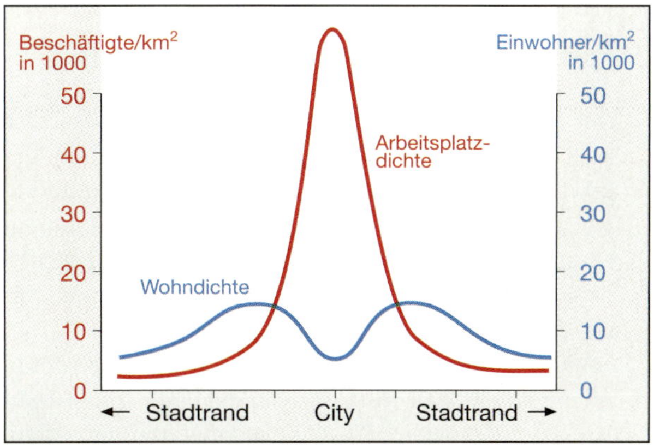

2 **Arbeitsplätze und Wohnbevölkerung**

Plattenbauten am Stadtrand von Erfurt
Neubau eines Bürostandortes am Erfurter Flughafen
Altstadt von Erfurt

3 **Städtische Einrichtungen**

Methode

Funktionskartierung und Befragung

Mit der Funktionskartierung einer Geschäftsstraße oder Innenstadt kann eine Bestandsaufnahme der gewerblichen Nutzung und der Wohnnutzung durchgeführt werden. Sie gibt Auskunft über die Innenstadtnutzung und damit auch über die zentralen örtlichen Einrichtungen. Die Ergebnisse können für die Stadtplanung wichtig sein. Werden diese Kartierungen über mehrere Jahre hinweg angefertigt, dokumentieren sie den Nutzungswandel einer Innenstadt. Darum hinterlegen Sie Ihre Ergebnisse bei Ihrem Kursleiter, damit nachfolgende Geographiekurse für einen Vergleich davon profitieren können.

Um die Bestandsaufnahme vor Ort zu erleichtern, muss für die Funktionskartierung ein Erhebungsbogen angefertigt werden, der die festzustellenden Merkmale der Kartierung enthält, z.B. Wohnfunktion, Einzelhandel, Dienstleistungen und eine weitere Unterteilung der einzelnen Branchen, für die Sie die Bedarfsgruppengliederung (unten) als Grundlage nehmen können. Ihre Ergebnisse präsentieren Sie in der hier dargestellten Weise einer Funktionskartierung.

Mit einer Befragung können Sie die Gründe für den Citybesuch bzw. die Anziehungskraft der City erforschen. Schwerpunkte dieser Befragung können sein: Herkunftsort der Passanten, Häufigkeit des Citybesuchs, Besuchszweck, gewähltes Verkehrsmittel. Die hier gesammelten Daten sind anschließend auszuwerten und in Karten, Tabellen und Diagrammen zu präsentieren (in der Schule oder auf Anfrage auch im Rathaus der Stadt).

Interessanter und für die Stadtplanung wichtiger ist eine Befragung im Hinblick auf die Zufriedenheit mit der City bzw. den Cityeinrichtungen: Beurteilung des vorhandenen Waren- und Dienstleitungsangebotes, der Erreichbarkeit der City, der Citygestaltung.

Achtung: Nicht jeder Passant gibt gerne und bereitwillig Auskunft. Doch lassen Sie sich nicht entmutigen! Eine freundliche Ansprache und eine kurze Erklärung über Sinn und Zweck ihres Vorhabens wirken oft Wunder.

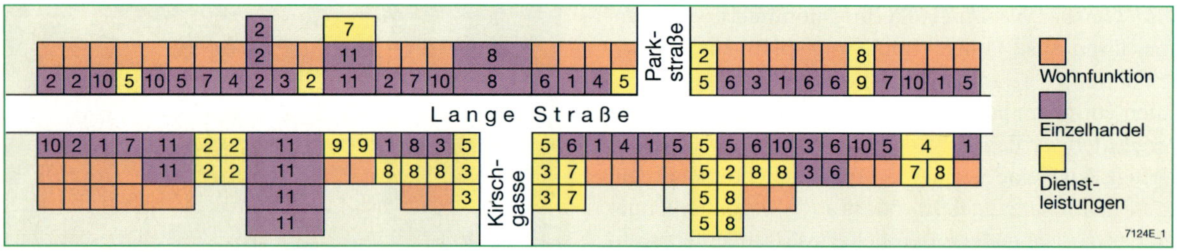

1 Beispiel einer Funktionskartierung (Zahlen beziehen sich auf die Bedarfsgruppengliederung unten)

Bedarfsgruppengliederung

Einzelhandelsbedarfsgruppen/-branchen

1. Lebens- und Genussmittel
2. Bekleidung und Textilien
3. Hausratbedarf: Haushaltsartikel und -geräte, Elektroartikel, Heimbedarf, Gartenzubehör etc.
4. Körperpflege-/Heilbedarf: Apotheke, Drogerie etc.
5. Bildung und Kunst: Kunstartikel, Bücher etc.
6. Unterhaltungsbedarf: Radio- und Fernsehgeräte, Foto- und Sportartikel, Musikalien, Spielwaren
7. Arbeits- und Betriebsmittelbedarf: Büroausstattung, Handwerkerbedarf etc.
8. Wohnungseinrichtungsbedarf: Möbel, Lampen, Bettwaren, Teppiche etc.
9. Fahrzeuge: Automobile, Fahrräder etc.
10. Schmuck- und Zierbedarf: Schmuck, Blumen
11. Warenhäuser/Einzelhandelsgeschäfte mit Waren aller Art: Kleinpreis-, normales Warenhaus, Versandhaus etc.

Dienstleistungsbedarfsgruppen/-branchen

1. Verbände und Interessengemeinschaften: politische Vereinigungen, Kultur-, Berufsverbände etc.
2. Versicherungs- und Bankwesen
3. Beherbergungswesen: Hotels, Pensionen etc.
4. Vermittlungseinrichtungen des Reiseverkehrs
5. Gaststätten- und Unterhaltungsgewerbe
6. öffentliche und private Kultureinrichtungen: Theater, Museum, Bibliothek, Universität etc.
7. private Ausbildungseinrichtungen: Fahr-, Sprach-, Tanzschulen etc.
8. weitere gehobene private Dienstleistungen: Ärzte, Rechtsanwälte, Ingenieurbüros, Verlage etc.
9. einfache Serviceleistungen und Dienstleistungen des Handwerks: Reinigungsannahme, Friseur
10. Firmenverwaltungen und -vertretungen
11. öffentliche Einrichtungen (außer 6.)
12. religiöse und soziale Einrichtungen

Die Entwicklung der Stadt-Umland-Beziehungen

Nachdem bereits Mitte des 19. Jahrhunderts, begünstigt durch Pferdeomnibusse und Eisenbahnen, wohlhabende Familien aus der Stadt in das Umland zogen und dort erste Villenkolonien errichteten, beschleunigte sich dieser Prozess seit den 1960er-Jahren erheblich. Jetzt waren es vor allem junge Familien mit mehreren Kindern, die bezahlbaren großflächigen Wohnraum am Stadtrand suchten und dabei das Auto als modernes Massenverkehrsmittel in Anspruch nehmen konnten. Nicht zuletzt durch den Ausbau des Straßennetzes kam es zum flächenhaften Ausufern von Städten, sogenannten **Stadtregionen**.

In der Folgezeit waren die Geburtenraten im Umland höher als in der Kernstadt, die selbst höhere Sterberaten als das Umland verzeichnete. Dadurch stagnierte die Bevölkerungsentwicklung in der Kernstadt oder blieb sogar zurück. Zudem etablierten sich im Umland neben bereits vorhandenen Industrien mit großem Flächenbedarf immer mehr Einrichtungen des tertiären Sektors, insbesondere Einzelhandel und Unternehmensverwaltungen. Das führte zu einem stärkeren Anstieg der Beschäftigtenzahlen. In den neuen Ländern setzte der Prozess nach 1990 ein (M2).

Durch die Verlagerung des Wachstumsschwerpunktes der Bevölkerung sowie der Beschäftigten von der Kernstadt in das Umland wandelte sich die Urbanisierungsphase städtischer Entwicklung in die **Suburbanisierungsphase** (M3).

Mit der „Charta von Athen“, die 1933 als Leitbild der Stadtplanung von vielen Ländern der Erde angenommen wurde, konnte der Suburbanisierungsprozess beschleunigt werden. Durch die Forderung nach weitgehender räumlicher Trennung von Arbeiten, Wohnen, Freizeit und Verkehr können wechselseitige Störungen vermieden werden, wobei allerdings weite Wege zwischen den Funktionen entstehen. Damit erhöht sich das Verkehrsaufkommen, aber auch der Flächenbedarf im Umland. Suburbanisierungsprozesse lassen sich differenzieren in Wohn- bzw. Bevölkerungssuburbanisierung, Industriesuburbanisierung sowie in Suburbanisierung des tertiären Sektors.

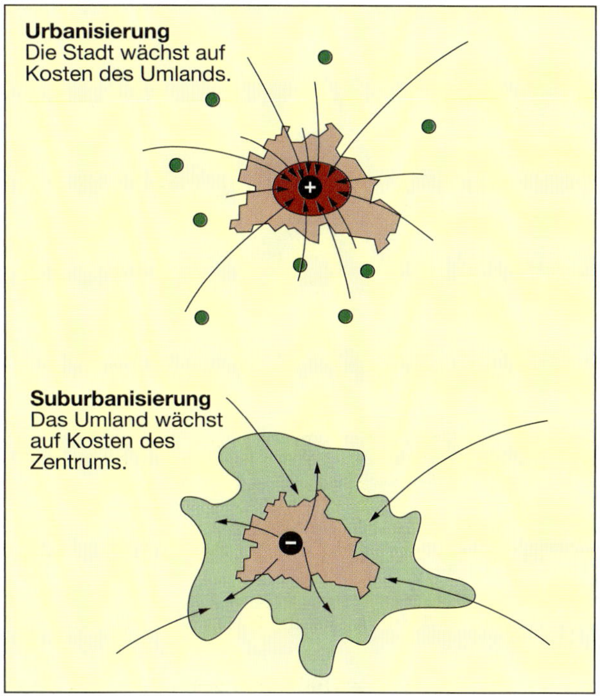

3 **Urbanisierung und Suburbanisierung**

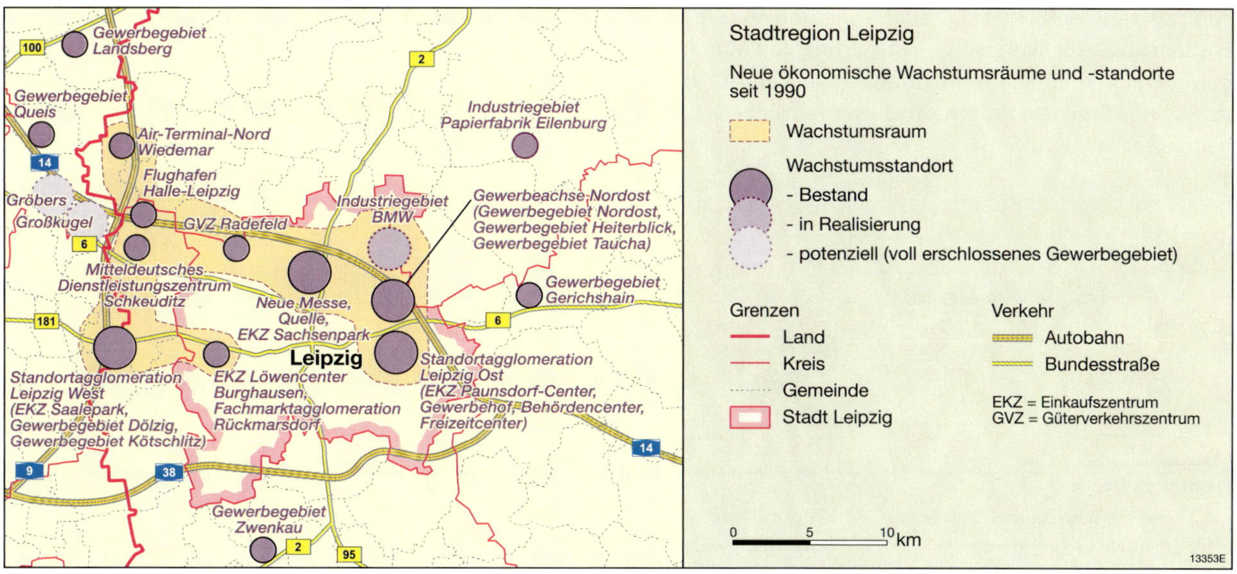

2 **Stadtregion Leipzig**

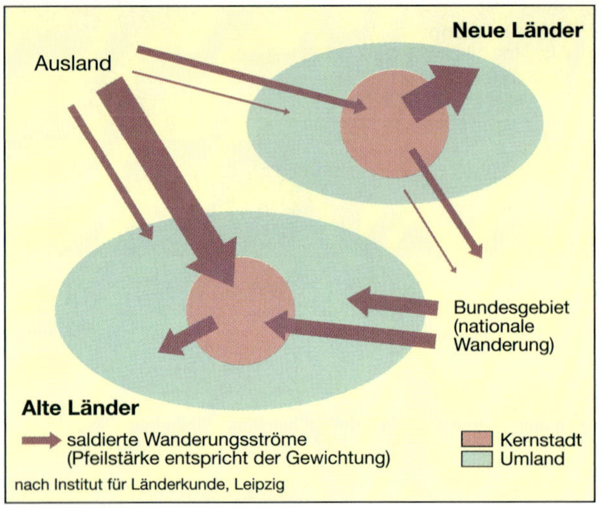

1 Wanderungsmuster nach 1990

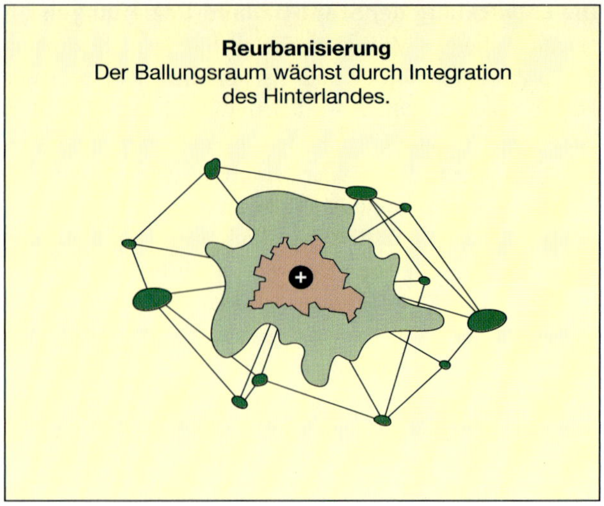

3 Reurbanisierung

Wohnsuburbanisierung

Als Teil des Suburbanisierungsprozesses lässt sich die Wohnsuburbanisierung als relativer Bedeutungsgewinn der Wohnfunktion des Umlandes gegenüber der Kernstadt definieren. Ursachen dafür sind zum einen die Verlagerung des Wohnstandortes aus der Kernstadt in das Umland, was als „**direkte Randwanderung**" bezeichnet wird. Ihre Akteure gehören zu Bevölkerungsgruppen, die unzureichenden und teuren Wohnraum sowie ungünstige Umweltbedingungen und Verkehrsbelästigungen in der Kernstadt meiden und günstigere Angebote, die zudem oft in der Nähe von Freizeit- und Erholungseinrichtungen im Umland liegen, nutzen. Oft handelt es sich dabei um tendenziell wachsende Familien, die einen Geburtenüberschuss bewirken und damit den Wachstumsvorsprung des Umlandes noch verstärken. Auf der anderen Seite trägt auch die „**indirekte Randwanderung**" zur Wohnsuburbanisierung von Migranten bei, die außerhalb des Verdichtungsraumes ihre Behausung aufgaben und sofort in den suburbanen Raum wanderten.

In den Altbundesländern gehörten die 1960er- und 1970er-Jahre zur klassischen Suburbanisierungsphase, wobei neben sozial schwächeren Bevölkerungsgruppen, die den sozialen Mietwohnungsbau nutzten, auch besser verdienende Familien mit Kindern im Umland neue Einfamilienhaussiedlungen errichteten. Mit der Wende 1989/90 hat die Wohnurbanisierung eine zunehmende Dynamik erfahren, da jetzt in den Neubundesländern nach 40-jähriger kompakter Stadtentwicklung in der DDR der Nachfragestau nach bezahlbarem Wohnraum auf der grünen Wiese des Umlandes gedeckt werden konnte (M1). Sonderabschreibungen für Immobilien, Wohneigentumsförderung von Bund und Ländern sowie Planungsvereinfachungen trugen dazu bei, dass diesbezüglich der Aufholprozess zügig erfolgen konnte. Schon 1998 trat eine Verlangsamung der Stadt-Umland-Wanderungen ein. Oft sind bereits Tendenzen der **Reurbanisierung** (M3) unverkennbar: Einzelne Kernstädte gewinnen wieder an Bevölkerung. Das spricht für Verbesserung der Wohnbedingungen sowie des Wohnumfeldes, die durch Aufwertung einzelner innerstädtischer Wohngebiete geschaffen wurden.

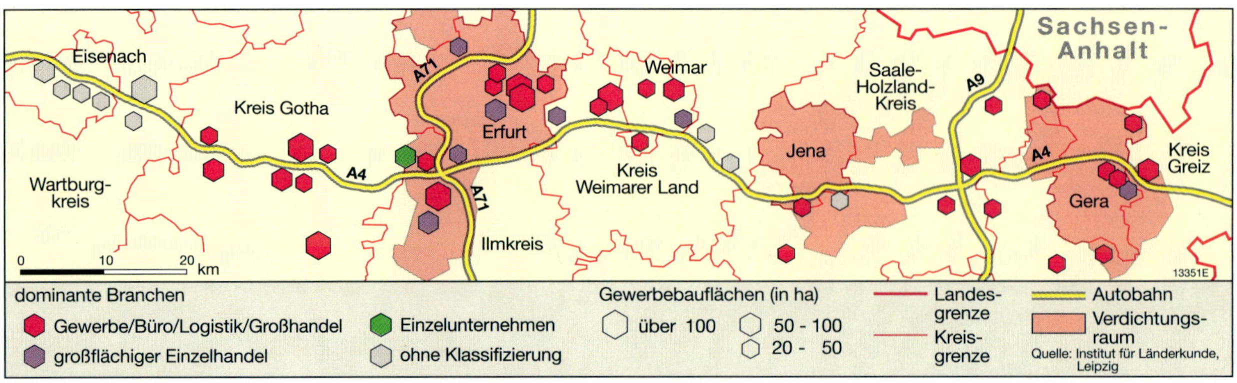

2 Thüringer Städteachse – dominante Branchen in Gewerbegebieten

Überlagert wird dieser Prozess gegenwärtig jedoch von einem Bevölkerungsexodus aus den Städten Ostdeutschlands. Gründe dafür sind neben der Suburbanisierung die Abwanderung der jungen Bevölkerung in die Altbundesländer, die fehlende Zuwanderung aus dem Ausland und ein extremer Rückgang der Geburten. Die Folge ist ein hoher Leerstand von mehr als einer Million Wohnungen in den Neubundesländern, dem nur durch Abriss und städtebauliche Aufwertung des verbleibenden Wohnungsbestandes begegnet werden kann (M4). Die „schrumpfende Stadt" wird hier zum Normalfall der Stadtentwicklung und führt zur Reorganisation des Raumes (**Deurbanisierung**).
Die politische Wende wirkte sich bezüglich der Wohnsuburbanisierung auch auf die Altbundesländer aus: Durch die extrem ansteigenden Wanderungen aus den neuen Bundesländern und dem Ausland (insbesondere aus Transformationsländern) kam es zu einer Erweiterung der Stadt-Umland-Regionen. Seit der Jahrtausendwende haben aber die interregionalen Wanderungen abgenommen, sodass die Suburbanisierungswelle abflaut. Bezüglich der Dynamik der Wohnsuburbanisierung ist somit in Deutschland inzwischen „Normalität" eingezogen.

Suburbanisierung von Industrie und Dienstleistungen
Ursache für die Verlagerung von Unternehmen aus der Kernstadt in das Umland ist steigender Flächenbedarf, der in großen, gut erreichbaren und preiswerten Gewerbe- und Industrieflächen des Suburbanisierungsringes zur Verfügung steht (M3).
Die Industriesuburbanisierung setzte in den Altbundesländern Ende der 1960er-Jahre ein, flaute aber in den 1990er-Jahren wieder ab. Demgegenüber stieg in den Neubundesländern nach der Wende an mehreren Standorten, wie zum Beispiel in Dresden und Rostock, die Zahl der Industriebeschäftigten im Umland an.
Größere Bedeutung erlangte die Suburbanisierung der Dienstleistungen, die zwar später als die der Industrie einsetzte, aber aufgrund der gesamtwirtschaftlichen Lage besonders ab Mitte der 1990er-Jahre boomte, und zwar in allen Teilen Deutschlands. Mit der Herausbildung außerstädtischer Einkaufszentren auf der grünen Wiese hat sich auch im Einzelhandel ein Suburbanisierungstrend gezeigt. Jedoch ist bei Abnahme der Beschäftigten in dieser Branche und bei den Bemühungen für eine Wiederbelebung der Innenstädte gegenwärtig ungewiss, inwieweit er sich als tragfähig erweisen wird.

Heute werden als Chance für zukunftsfähige Städte nach der „Leipzig Charta" von 2007 zur nachhaltigen europäischen Stadtentwicklung kompakte Siedlungsstrukturen mit gesunder Mischung favorisiert.

In den Stadtteilen mit besonderem Entwicklungsbedarf drohen sich Armut, Marginalisierung und Ausgrenzung zu konzentrieren. Dabei handelt es sich vielfach um hoch verdichtete, einwohnerstarke Quartiere in städtischen Räumen, die im Hinblick auf ihre Sozialstruktur, den Gebäudebestand, das Arbeitsplatzangebot sowie das Wohnumfeld deutliche Defizite aufweisen (...) Es entwickelt sich sozialer Konfliktstoff, oftmals noch verstärkt durch ethnische Probleme und Auseinandersetzungen der unterschiedlichen Gruppen. Die selektive Migration wird stärker, sozial aktive Bewohnerinnen und Bewohner verlassen die Stadtteile. Das Leben in diesen Quartieren wird selbst benachteiligend. Sichtbare Signale für solche Entwicklungen sind vernachlässigte Gebäudebestände, zunehmende Wohnungsleerstände, Verwahrlosung, Vandalismus, Drogenkonsum und wachsende Kriminalität. Um diese Entwicklung zu stoppen und nachhaltige Verbesserungen insbesondere im städtebaulichen, sozialen und wirtschaftlichen Bereich zu erreichen, bedarf es einer intensiven Stadtteilentwicklung, die insbesondere auch die Bürgerinnen und Bürger beteiligt. Besondere Aufmerksamkeit ist dabei den Kindern und Jugendlichen zu widmen. Im Vordergrund des Programms „Die soziale Stadt" steht daher nicht die Lösung baulicher Aufgabenstellungen, sondern die Frage, ob und wie unsere Städte künftig funktionsfähig bleiben.
Ziel des Programms ist es, als Leitprogramm weitere Fördermöglichkeiten aus anderen Politikbereichen, insbesondere der Wohnungs-, Wirtschafts-, Arbeits- und Sozialpolitik zu mobilisieren und zu einem integrativen und stadtentwicklungspolitisch neuen Handlungsansatz zu verknüpfen, um auf diese Weise den Defiziten in sozial benachteiligten Gebieten wirksam entgegenzutreten.
(Quelle: Bundesregierung, in: Deutscher Bundestag 2001, S. 3)

4 Bund-Länder-Programm „Stadtteile mit besonderem Entwicklungsbedarf – die soziale Stadt"

Aufgaben

1. Erklären Sie Suburbanisierungsprozesse Ihres Heimatraumes. Gehen Sie auf unterschiedliche Arten der Suburbanisierung ein und erläutern Sie deren Zusammenhänge.
2. Wenden Sie Ihre Erkenntnisse zur Suburbanisierung auf den „Speckgürtel" entlang der A4 an (M3).
3. Diskutieren Sie Ansätze der Reurbanisierung in ausgewählten Städten.
4. Interpretieren Sie das Bund-Länder-Programm (M4).

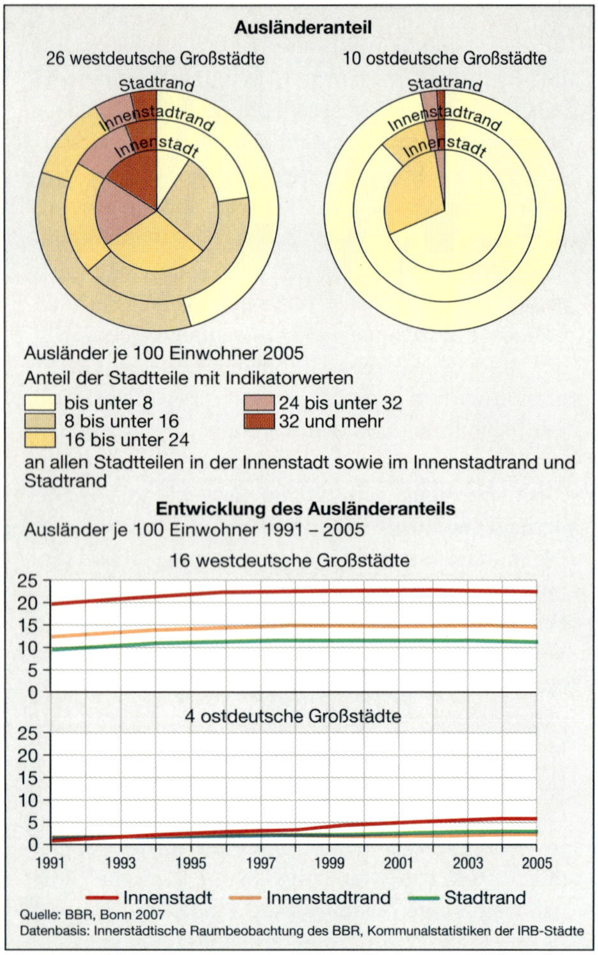

1 **Ausländeranteil in Großstädten**

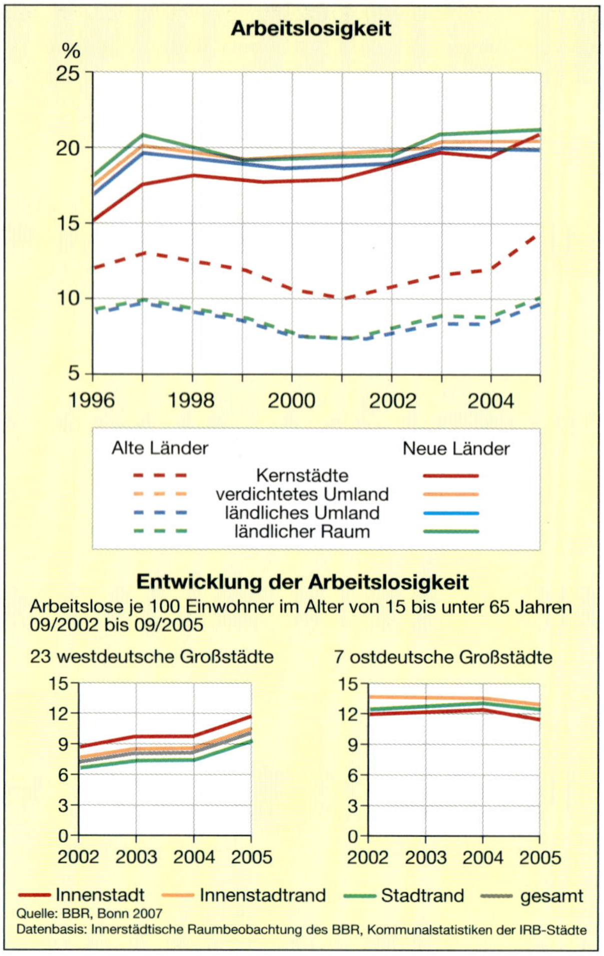

2 **Entwicklung der Arbeitslosigkeit**

Sozioökonomische Differenzierung

Die sozioökonomische Struktur einer Stadt kann unter anderem durch folgende Merkmale gekennzeichnet werden:

- Die Erwerbstätigkeit der Bevölkerung wird von der Industrie, dem Gewerbe und vor allem von Dienstleistungen geprägt.
- Die Mehrzahl der Arbeitskräfte sind Angestellte, die über unterschiedliche Qualifikationen verfügen.
- Der Anteil der erwerbstätigen Frauen ist, bedingt durch die Nachfrage im tertiären Sektor, relativ hoch.
- Der Ausländeranteil an Erwerbstätigen ist in den Großstädten höher als in Klein- und Mittelstädten.
- Entsprechend der Vielfalt der Erwerbsmöglichkeiten, der verschiedenen Qualifikationen und weiterer Faktoren ergibt sich eine breite Einkommensverteilung.
- Gegenüber dem Umland besteht in der Kernstadt ein Einpendlerüberschuss wegen der hohen Zahl an Arbeitsplätzen, die allein von den hier wohnenden Berufstätigen nicht besetzt werden können.
- Die Tagbevölkerung besitzt ein starkes Übergewicht gegenüber der Nachtbevölkerung.

Entsprechend der Ausprägung dieser Merkmale und bedingt durch die Tatsache, dass die Stadt der Ort der höchsten Arbeitsteilung und damit der größten sozialen Gegensätze ist, ergibt sich eine sozioökonomische Differenzierung. Sie kann sich unter anderem in der urbanen sozialräumlichen Differenzierung widerspiegeln. Häufig kommt es dabei zur räumlichen Trennung von Bevölkerungsgruppen im städtischen Raum (**Segregation**). Zusätzlich verstärkt wird die sozioökonomische Differenzierung durch unterschiedliche Lebenskonzepte, Lebensstile, Norm- und Wertsysteme, die aufgrund von Anonymität, Toleranz, aber auch Gleichgültigkeit der städtischen Bevölkerung nebeneinander existieren können.

Bedingt durch den sektoralen wirtschaftlichen Strukturwandel hat Mitte der 1970er-Jahre in den Altbundesländern und ab 1990 in den Neubundesländern ein grundlegender ökonomischer Wandel eingesetzt. Mit der Tertiärisierung und der vor allem im Osten Deutschlands einhergehenden Deindustrialisierung veränderte sich die Sozialstruktur der Städte innerhalb kurzer Zeit: Zahl-

3 Berlin-Kreuzberg – die größte türkische Siedlung außerhalb der Türkei

reiche Arbeitsplätze in der Industrie wurden abgebaut und die Arbeitslosigkeit stieg auch in den Städten stark an (M2, M4). Andererseits erhöhte sich der Bedarf an Arbeitskräften in den Dienstleistungsbereichen, wobei hier eine wachsende Differenzierung der Einkommen zwischen Hochqualifizierten und Arbeitnehmern ohne Qualifikation festzustellen ist. Diejenigen Gruppen, die sich den veränderten Arbeitsmarktbedingungen nicht anpassen können oder keine neue Tätigkeit finden, sind häufig auf Sozialhilfe angewiesen. Sie unterliegen meist der Armutssegregation, das heißt, sie versuchen sich abzuschotten und finden verstärkt in älteren Arbeiterwohnvierteln beziehungsweise in Plattenbausiedlungen am Stadtrand ihr Zuhause.

Zur sozioökonomischen Differenzierung in der Stadt trägt auch die vermehrte ethnische Heterogenität der Bevölkerung bei, die einerseits durch Abwanderung einheimischer Bevölkerung ins Umland und andererseits durch Zuwanderung von Ausländern in die Kernstadt verursacht wird. Ehemals heterogene innerstädtische Quartiere unterliegen zunehmend einer sozialen Entmischung, das heißt der Segregation ethnischer Minderheiten, um wachsenden sozialen Konflikten zu entgehen. Die Wohngebiete der Ausländergruppen liegen häufig in Wohnvierteln um Industriegelände oder in Innenstadtquartieren (M3).

Somit sind die deutschen Großstädte in den alten Bundesländern durch ein komplexes ethnisch-kulturelles Mosaik geprägt. Aber auch in den neuen Bundesländern sind bereits Ansätze segregativer Prozesse zu erkennen.

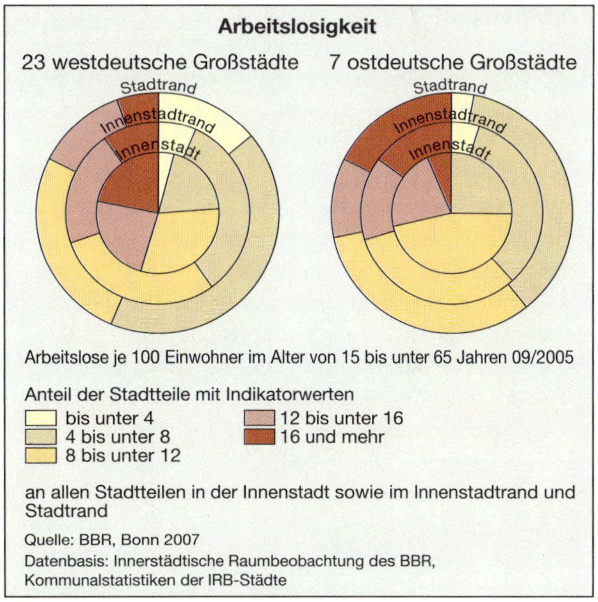

4 Arbeitslosigkeit in Großstädten

Aufgaben

1. Erklären Sie den Begriff „innerstädtische Segregation“ und wenden Sie ihn auf Ihre Heimatstadt an.
2. Charakterisieren Sie die sozialräumliche Struktur deutscher Großstädte anhand ausgewählter Beispiele aus den Alt- und Neubundesländern. Begründen Sie auftretende Unterschiede.

Der tägliche Weg zur Schule: „Fahre ich die fünf Kilometer wie immer mit dem Fahrrad oder frag ich heute doch die Eltern, ob ich das Auto nehmen kann?" Zunächst sind das einfach zwei Möglichkeiten, um zum Ziel zu kommen. Hinter jeder von ihnen verbirgt sich jedoch auch noch ein bestimmter Aufwand für die Bereitstellung von Material, Energie und Infrastruktur. Das vom kanadischen Professor für Regional- und Kommunalplanung W. Rees und seinem schweizerischen Mitarbeiter M. Wackernagel entwickelte Konzept des ökologischen Fußabdrucks ermöglicht es, den Naturverbrauch einer Person, aber auch einer Stadt oder Volkswirtschaft zu berechnen und anschaulich als Fläche darzustellen. Der „ecological footprint" fasst dazu alle konsumierten materiellen Erzeugnisse und Energiemengen sowie die anfallenden Abfallmengen zusammen und rechnet diese in biologisch produktive Land- und Wasserflächen um. Für die tägliche Fahrt mit dem Fahrrad zur Schule und zurück (angenommen 20 km) wird eine Fläche von etwa 70 m^2/Jahr benötigt. Ein Autopendler hat dagegen einen Fußabdruck von etwa 2450 m^2.

Städte hängen heute von einem riesigen Hinterland ab. So benötigt z.B. jeder Berliner umgerechnet eine Fläche von 4,4 Hektar. Der Gesamtfußabdruck Berlins ist damit 168-mal größer als die Stadtfläche, das entspricht einem Kreis mit dem Radius von 218 km. Diese 15 Millionen Hektar sind 40 Prozent der Fläche Deutschlands. Berlin lebt also weit über seine Verhältnisse.

Der ökologische Fußabdruck ist ein Rechenmodell, das ökologische Übernutzungen und ungerechte Verteilungen nachweisen kann. Er ist aber auch ein Anhaltspunkt für Einzelne sowie für Institutionen, ihren Fußabdruck zu verringern.

1 Der ökologische Fußabdruck

2 Leipzig – Stadt und Umland

9.4 Ökosystem Stadt

„Was ist Ökologie? Ein grün lackiertes Taxi? In Mexico City bezeichnet man grüne Taxis als „Öko-Taxis" und eine Gruppe mickriger Bäume, die die Autoflut überlebt haben, heißt „Ökologiepark". Die Stadtkommission zur Prävention und Kontrolle von Umweltverschmutzung empfiehlt – ich zitiere –, dass die Bewohner der Stadt an Tagen mit sehr hoher Luftverschmutzung (das sind praktisch alle) „ihre Wohnungen nur wenn unbedingt nötig verlassen, die Türen und Fenster geschlossen halten und zwischen zehn Uhr Vormittag und vier Uhr Nachmittag körperliche Anstrengungen vermeiden". (Eduardo Galeano, uruguayischer Schriftsteller und Journalist)

Neben den tropischen Regenwäldern sind die Industriestädte und Metropolen hochkomplexe Systeme mit sehr hohen Stoffumsätzen. Mit dem Lebensraum Stadt hat der Mensch ein technogenes Ökosystem geschaffen, in dem alle natürlichen Geofaktoren – Klima, Relief, Boden, Wasserhaushalt, geologischer Bau, Flora und Fauna – sowie deren Wechselwirkungen tief greifenden Veränderungen unterworfen sind (M3, M4). Während es dem tropischen Regenwald jedoch gelingt, sich selbstregulierend zu erhalten, schafft es der Mensch – trotz all seiner technologischen Möglichkeiten – bisher in keiner Stadt der Welt, einen aus ökologischer Sicht nachhaltigen städtischen Raum zu gestalten. Die daraus resultierenden positiven Rückkopplungseffekte haben zahlreiche Belastungen der urbanen, aber auch der angrenzenden naturnahen Ökosysteme zur Folge. Zum Beispiel

- ist die natürliche Oberfläche in den Städten in hohem Maße versiegelt oder verdichtet, wodurch ein Großteil der Niederschläge oberflächlich abfließt,
- sind Städte, die in großer Zahl in Meeresnähe liegen, zu einem hohen Anteil an der Verschmutzung des Weltmeeres beteiligt,

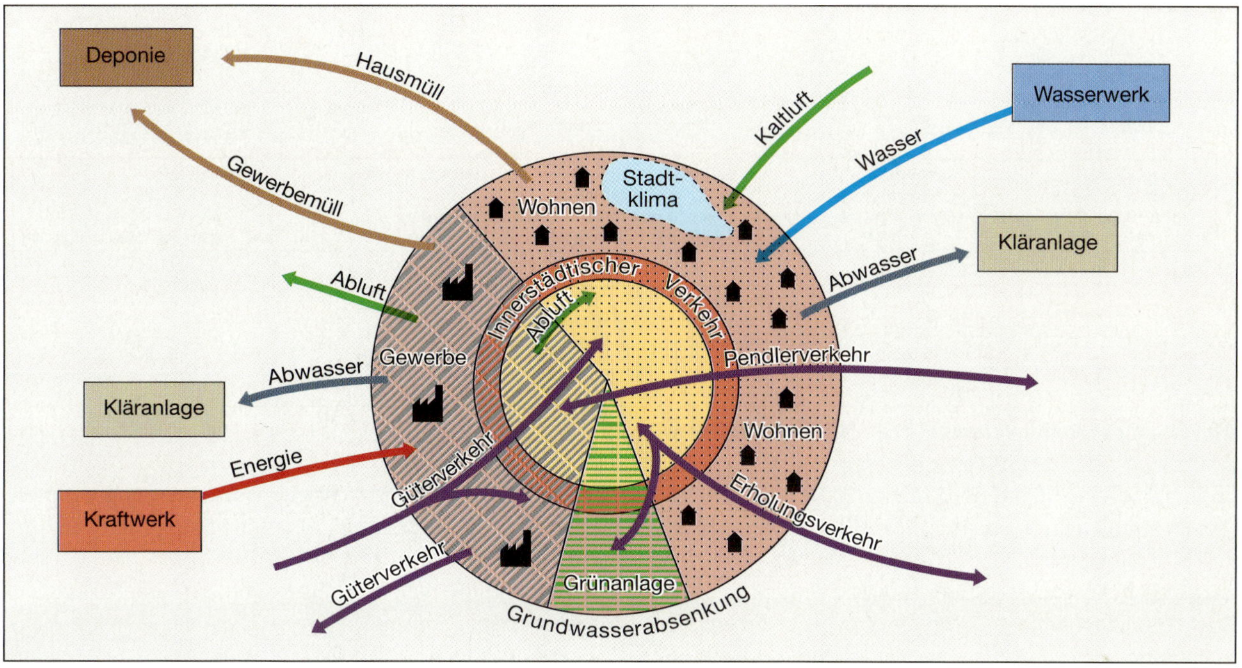

3 Ökosystem Stadt

- erfolgt die Ableitung des Niederschlagswassers und der Abwässer über die Kanalisation, wodurch die Regeneration des Grundwassers vermindert bzw. der Grundwasserspiegel absenkt wird,
- sind die offenen Fließgewässer meist kanalisiert und reguliert,
- dringt die urbane Siedlungsfläche immer weiter in Bereiche bislang unberührter Natur vor; zwischen weitläufigen Autobahnnetzen, Einkaufszentren, Fabrikgeländen, Wohngebieten in Vororten, Freizeitzentren und Gewerbeparks bleibt nur ein Flickenteppich an ehemaliger Naturlandschaft beziehungsweise gewachsener Kulturlandschaft zurück,
- ist die ursprüngliche Artenvielfalt der Tier- und Pflanzenwelt reduziert beziehungsweise durch neue Arten ersetzt,
- ist der Boden mit toxischen Stoffen verseucht,
- sind die von Städten ausgehenden Emissionen zu einem Großteil mitverantwortlich für globale Klimaveränderungen.

Stadt und Natur

Die Natur ist jedoch für den Menschen unverzichtbar. Sie ist nicht nur Standort und Quelle der benötigten Ressourcen, sondern sie ist auch für das emotionale und physische Wohlbefinden des Menschen lebensnotwendig. Gab es über Jahrhunderte vor den Stadtgrenzen „Natur im Überfluss", kam es mit der „explosionsartigen" Urbanisierung seit dem 19. Jahrhunderts zu einem flächenhaften Landschaftsverbrauch. Seitdem befinden sich

Struktur	
abiotische Komponenten	umfangreiche anthropogene Veränderungen aller Einzelkomponenten
biotische Komponenten	
• Produzenten	nur gering vorhanden; aber wichtig für seelisch-geistige Gesundheit der Menschen und zur Reduzierung der Stadtklima-Effekte;
• Konsumenten	Menschen, wenige Haus- und Wildtierarten
• Destruenten	wegen Versiegelung unbedeutend
Funktion	
Energiefluss	Sonnenenergie nicht ausreichend; externe Energiezufuhr notwendig; erhebliche anthropogene Energiefreisetzungen
Stoffkreisläufe	unterbrochen; Volumen des internen Stoffkreislaufs gering im Verhältnis zum äußeren; externe Zufuhr von Biomasse, Strom, Wasser, Baumaterialien usw. sowie externer Abbau bzw. Endlagerung von Abfällen („Ökoparasit")
Nahrungsnetze	gering entwickelt
Produktivität	unbedeutende Biomasseproduktion
Stabilität	gering; das System unterliegt permanent anthropogenen Störungen
Puffer- und Regelfähigkeit	nahezu keine; der Mensch muss Regelfunktion mit häufig zusätzlichem Stoff- und Energieaufwand übernehmen
Entwicklung	anthropogen gesteuert; abhängig von politischen Zielsetzungen und ihrer Umsetzbarkeit

4 Großstadtökologie

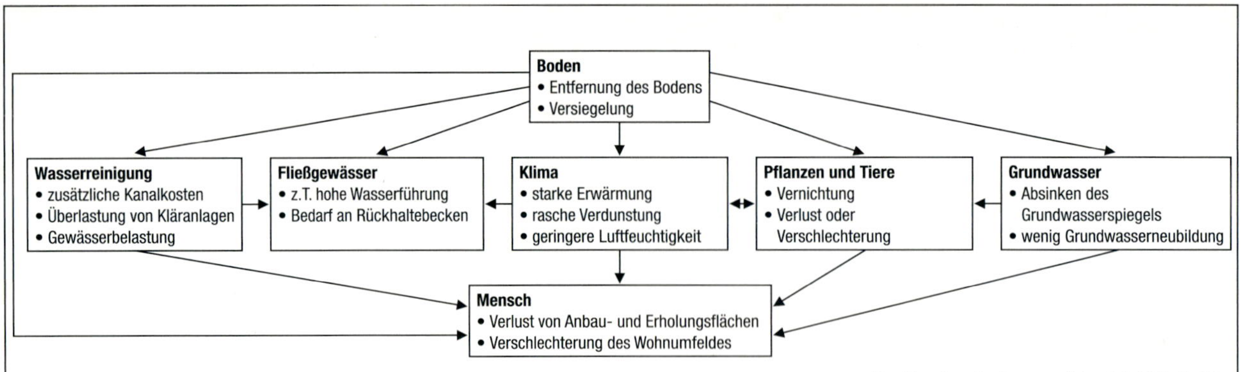

Quelle: Praxis Geographie, 6/1999, S. 12

1 Folgen der Bodenversiegelung – Wirkungsschema

arme und reiche Städte der Erde im Spannungsfeld zwischen räumlichem Wachstum des urbanen Raumes, der Ressourcenbegrenztheit und damit der Notwendigkeit, nachhaltige Entwicklungen in Gang zu setzen.

Doch trotz der großen Umweltprobleme besitzen Städte auch das Potenzial für eine nachhaltige Entwicklung. Ihr Vorteil gegenüber dem ländlichen Raum liegt dabei in der hohen Konzentration von Menschen, Produktion und Gebäuden. Zum Beispiel verbrauchen Städte große Energiemengen, oft 100-mal so viel, wie ihre Bewohner für den biologischen Stoffwechsel benötigen. Energiesparende Technologien vermögen sich in hoch verdichteten Städten leichter durchzusetzen, da sie hier effizienter umgesetzt werden können. Auch die bei der Energieproduktion anfallende Abwärme kann in urbanen Siedlungen effektiver zum Beheizen von Gebäuden genutzt werden. Allerdings besitzen reiche und arme Städte wiederum unterschiedliche Voraussetzungen, diese Potenziale zu nutzen und eine nachhaltige Entwicklung einzuschlagen.

Heute sind die meisten Städte noch Ziel- und Umsatzgebiete enormer Stoff- und Energieflüsse. Gleichzeitig verfügen die urbanen Siedlungen nicht über genügend eigene Senken, um ihre Abfälle umweltschonend zu beseitigen. Ressourcenschutz und Umweltverträglichkeit bilden daher einen Kernpunkt des Leitbildes der nachhaltigen Stadtentwicklung. Forderungen sind u.a. eine verlangsamte Flächenversiegelung und partielle Entsiegelung, die Verringerung von Bodenbelastungen, die Schaffung neuer innerstädtischer Wasser- und Grünflächen, ein verstärkter Arten- und Naturschutz, die Verminderung des hohen städtischen Energiekonsums, der Abbau gesundheitsgefährdenden Lärms, die Verringerung des Materialflusses durch Recycling und Abfallvermeidung.

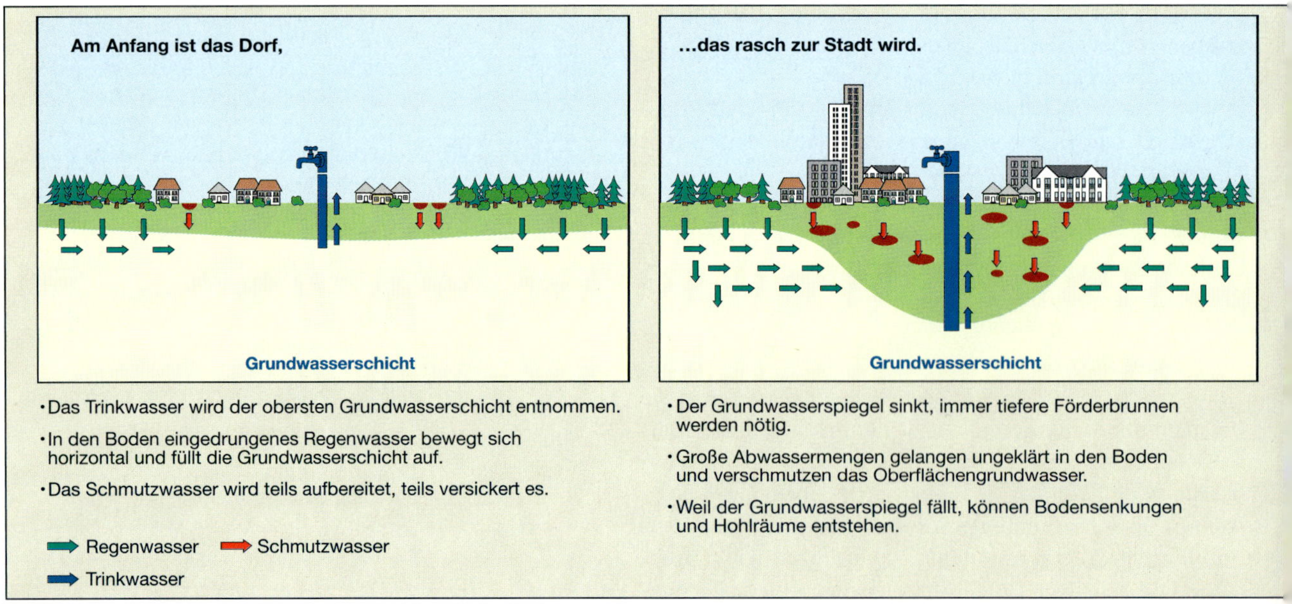

2 Vom Dorf zu Stadt

3 Karikatur

Aufgaben

1. Charakterisieren Sie Besonderheiten urbaner Ökosysteme (Seite 241, M3 und M4).
2. Ermitteln Sie Ihre persönliche „ökologische" Schuhgröße (Seite 241 M1, www.footprint.org).
3. Erläutern Sie das Wirkungsgefüge zur Bodenversiegelung (M1).
4. Beschreiben Sie die Veränderungen des Grundwasserhaushaltes und ziehen Sie Schlussfolgerungen für andere Landschaftskomponenten (M2).

Der Spatz saß im Schnee vor dem Eingang der Abfertigungshalle des Moskauer Flughafens. Bis er auf einmal zwischen eine Gruppe von vier Reisenden sprang und mit ihnen in das Innere der Flughafenhalle hüpfte. Die Glastür hätte er allein nicht aufbekommen, und wie sich drinnen herausstellte, war er auch nicht der einzige Spatz, der auf diese Art den Flughafen betrat. Sie warteten alle in der Nähe der Tische des Imbisses, bis die menschlichen Gäste aufbrachen. Dann stürzten sie sich zu viert oder fünft auf die Reste. Haussperlinge sind von den elf Sperlingsarten die Anpassungsfähigsten. Als sie hier in Mitteleuropa auftauchten, waren sie bereits als Kulturfolger an den Menschen und seine Siedlungen gebunden. Das allerdings kann ihnen jetzt zum Verhängnis werden. Denn aus Großstädten wie Paris, London und Hamburg wird teilweise ein dramatischer Rückgang der Spatzenbestände gemeldet. Das hängt mit der neuen Architektur zusammen. Die großflächige, strukturarme Glasfassadenbauweise nimmt den Spatzen Unterschlupf und Nischen, in die sie ihre Nester bauen können. Das gilt aber nicht nur für Neubauten, auch sanierte Altbauten schränken ihre Bewegungsfreiheit ein. Spatzen bevorzugen sozusagen die ornamentale Bauweise. In Höhlen, Spalten und Nischen unter Dachgiebeln bauen sie ihre Nester mit Vorliebe.

(Quelle: Welt am Sonntag, 01.05.2005, Cord Riechelmann)

4 Tiere in der Stadt

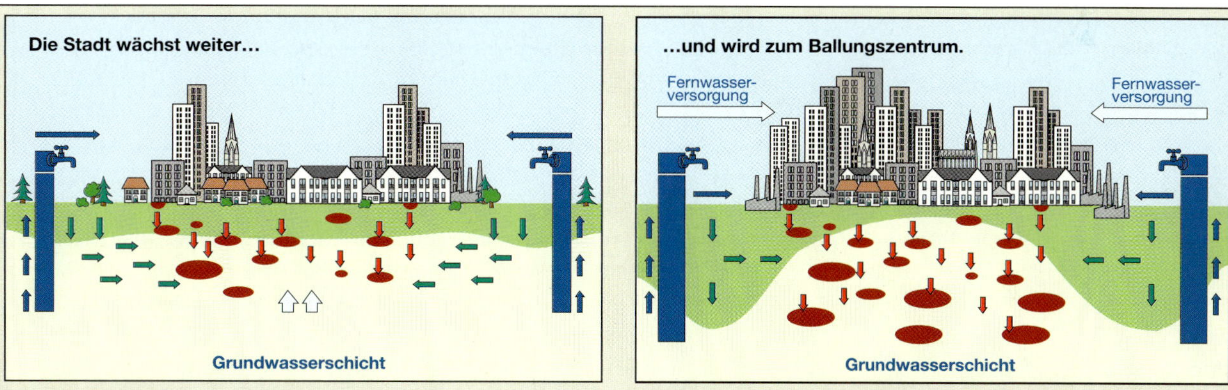

- Mit dem Verschwinden des unter der Stadt liegenden Grundwassers wird auch dessen Förderung eingestellt.
- Der Grundwasserspiegel steigt wieder an, doch die Verschmutzung durch private und industrielle Abwässer macht das Grundwasser unbrauchbar.
- Die Stadt wird aus Brunnen im Umland mit Wasser versorgt, wo der Wasserspiegel nun ebenfalls sinkt. Der Weg von der Förderstelle zum Verbraucher wird länger.

- Das Grundwasser im Umland reicht zur Versorgung der Stadt nicht mehr aus.
- Das Grundwasser unter der Stadt bleibt unbrauchbar, solange die Abwassersysteme nicht modernisiert sind und die natürliche Selbstreinigung nicht stattfinden kann.
- Die Stadt muss ihr Wasser aus größeren Entfernungen heranschaffen, was mit größeren Kosten verbunden ist.

Quelle: Atlas der Globalisierung, Berlin 2007 14167E

Ein exotisches Trio hat die Welt erobert – genauer: Es hat die Millionenstädte der Welt mit Beschlag belegt. Der chinesische Götterbaum, die nordamerikanische Robinie und das Kanadische Berufkraut sind „die weltweit erfolgreichsten Immigranten unter den Pflanzen", sagt Norbert Müller, Professor für Landschaftspflege und Biotopentwicklung an der Fachhochschule Erfurt.
In den amerikanischen Metropolen machen unter den 50 häufigsten Stadtpflanzen die einheimischen Wildpflanzen kaum noch 20 % der Stadtflora aus; 80 % sind Einwanderer. In Berlin und Rom dagegen herrschen mit 70 % immer noch die Einheimischen vor; nur 30 % sind Neuankömmlinge. Mit einem Anteil von 15 % auffällig hoch sind in den beiden europäischen Städten die sogenannten neogenen Pflanzen vertreten. Das sind neue Arten, die sich im Zuge der jahrtausendelangen europäischen Siedlungsgeschichte als neue Arten im Lebensraum „menschliche Siedlung" herausgebildet haben – darunter das Einjährige Rispengras (...).
Der Grund für die Unterschiede sieht Müller in der Stadtentwicklung selbst. Zwar ist davon auszugehen, dass seit dem 16. Jh. von Europa nach Nordamerika ebenso viele Pflanzen verschleppt wurden wie umgekehrt, aber die amerikanischen Städte sind rasant schnell herangewachsen. Die dort heimischen pflanzlichen Urbewohner hatten kaum Gelegenheit, sich an die neue ökologische Nische „menschliche Siedlung" anzupassen. Diesen Lebensraum konnten die von Menschen mitgebrachten neogenen Europäer einnehmen. In Berlin und Rom dagegen trafen die amerikanischen Emigranten nur auf ökologische Nischen, die bereits besetzt waren, und ihre Chance einer erfolgreichen Ansiedlung war wesentlich geringer.

(Quelle: Welt am Sonntag, 23.02.03, Rolf H. Latusseck)

1 Das exotische Trio

Pflanzen in der Stadt

Die Linde war früher in deutschen Städten ein besonders beliebter Baum, der meist vor dem Rathaus oder der Kirche gepflanzt wurde. Ansonsten waren die Städte der Vergangenheit jedoch meist baumfrei. Heute dagegen stehen an städtischen Straßen meist mehr Bäume als an landwirtschaftlichen Nutzwegen in Agrarlandschaften. Und fasst man die Baumbestände in Villengebieten, Mehrfamilienhaus-Siedlungen, Friedhöfen und Stadtparks zusammen, dann finden sich etwa drei Prozent der Waldflächen Deutschlands in Städten (urban forest).
Die in den städtischen Ökosystemen stark veränderten Geofaktoren Klima, Boden und Wasser haben weit reichende Auswirkungen auf die Zusammensetzung der Pflanzen-, aber auch der Tierwelt. So ist zum Beispiel die Artenzahl in größeren Städten pro Flächeneinheit größer als im Umland, da die Vielzahl von Flächennutzungen spezifische Lebensräume schafft. Außerdem sind die Städte Ausgangspunkt der Ausbreitung von Arten, die erst durch den Menschen in dieses Gebiet gebracht wurden (Hemerochoren).
Bei den Bäumen sind die Robinie aus Nordamerika und der Götterbaum aus China weltweit besonders erfolgreich (M1). Während die Robinie zum Beispiel weitgehend unempfindlich gegen Emissionen und vor allem Bodenversalzung ist und mit ihren tief reichenden Wurzeln Wasserreserven erschließen kann, hat der Licht und Wärme liebende, aber ansonsten anspruchslose Götterbaum neben einer enormen Samenproduktion auch die Fähigkeit, pro Jahr bis zu drei Meter in die Höhe zu wachsen.
Neben den meist mit viel Geld angelegten Zierpflanzen und Straßenbäumen machen die Wildpflanzen – häufig auch geringschätzig als Unkräuter bezeichnet – den Hauptanteil der Biomasse in der Stadt aus (zum Beispiel Pflasterritzenvegetation). Hier sind Pflanzen mit hoher Samenproduktion, großer Trittverträglichkeit und rascher Regenerationsfähigkeit am erfolgreichsten, wie beispielsweise die heute weltweit verbreiteten europäischen Arten Spitzwegerich und Weißklee oder die erst in den Städten neu entstandenen Arten Einjähriges Rispengras und Weißer Gänsefuß (neogene Arten).
Die urbane Vegetation spielt bei der Verbesserung der Lebensqualität in einer Stadt eine wichtige Rolle (M3, M4). Daher ist die Entwicklung einer „grünen Stadt" gemeinschaftliche Aufgabe von Stadtplanern, Behörden und Bürgern.

Aufgaben

1. Erstellen Sie eine Mindmap zur Pflanzenwelt in der Stadt.
2. BegründenSie die Zunahme der Artenvielfalt und Artenbildung von Pflanzen in Städten.

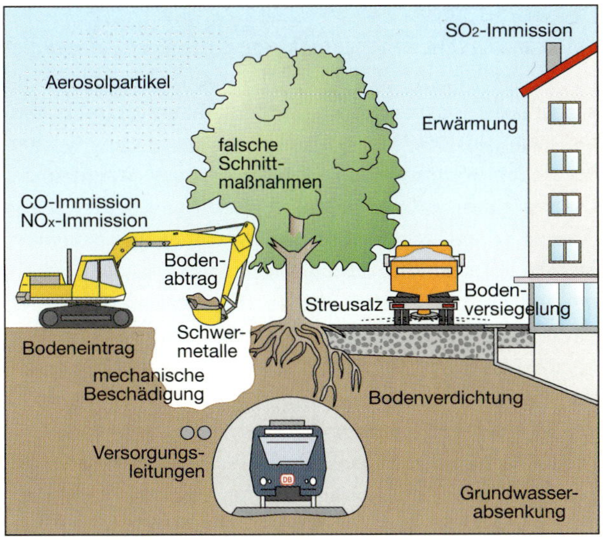

2 **Auf Straßenbäume einwirkende Stressfaktoren**

„Etwa seit 100 Jahren ist bekannt, wie wichtig Grün für das Wohlbefinden des Menschen ist", erzählt Nicola Moczek vom Institut für Architektur- und Umweltpsychologie „Psy:Plan" in Berlin. Zu diesem Zeitpunkt entstanden die ersten Gartenstädte. Bereits damals hatte man erkannt, dass zu wenig Licht und Grün der Gesundheit schaden kann. „Grüne Landschaften und Parks haben einen positiven Einfluss auf unseren Körper und unsere Psyche", erklärt Frau Moczek. „Durch Bäume und Pflanzen wird Sauerstoff erzeugt, die klimatischen Bedingungen in Grünzonen sind daher deutlich besser." Zudem bewege der Mensch sich dort mehr, weil er mehr Raum dafür habe – auch ein Pluspunkt für das körperliche Wohlergehen. Die Bewegungsfreiheit in Grünflächen ermöglicht es auch, körperliche Aggressionen abzubauen. Denn leben zu viele Menschen auf zu engem Raum, führe dies zu Spannungen. In den USA wurde in den vergangenen Jahren sogar versucht, durch die Begrünung der Städte die Kriminalität zu verringern – zum Teil mit Erfolg. Nicht zu ersetzen ist jedoch die emotionale Bedeutung der Natur. Eine natürliche Umgebung biete Abwechslung und rege die Menschen an, sagt Frau Moczek. Plötzlich fliegt ein Vogel auf, oder es raschelt im Laub. Die Natur könne eben nicht geplant oder gesteuert werden. Grünanlagen in Städten sind zudem soziale Treffpunkte. Sie fördern die Kontakte zwischen den Menschen und auch damit das seelische Wohlergehen.

(Quelle: nach: Die Welt, 27.11.2002, Barbara Witthuhn)

3 **Baum und Stadtklima**

Die Leistung eines einzigen Baumes

I. Landschaftsbild (Erlebniswert Gestaltung)

- **Orientierung**
  Unterstützung der Linienführung bei Straßen
- **Belebung**
  Gliederung des Raumes horizontal und vertikal
- **Identifikation**
  Beitrag zur Unverwechselbarkeit

II. Biologische Leistung (Klima, Boden, Wasser)

- **Lebensraum**
  für Vögel und Insekten
- **Schattenspender**
  mindert unerwünschtes Aufheizen des Straßenbelages und der Hauswände
- **Fotosynthese**
  Pro Jahr produziert eine 100-jährige Buche 4,6 t Sauerstoff und verarbeitet 6,3 t Kohlendioxid.
- **Wirkung auf den Menschen**
  - Grün beruhigt
  - Erlebnis von Natur
  - Hebung des psychischen und physischen Wohlbefindens

III. Nutzbarkeit (Wirkung)

- **Kleinklima**
  Ein ausgewachsener großer Baum kann im Sommer bis zu 500 Liter Wasser täglich verdunsten.
- **Wasserspeicher**
  Ein Baum zieht jährlich ca. 30 000 Liter Wasser durch den Boden und verzögert den Wasserabfluss.
- **Verkehrsberuhigung**
  verkehrsberuhigende Maßnahmen unterstützend
- **Kostensenkung**
  indirekt im Gesundheitswesen
- **Lärmminderer**
  Der zwischen den Häuserfronten hin- und hergeworfene Schall (Flatterecho) wird abgeschwächt.
- **Raumgestaltung**
  der Baum als das beste und einfachste Mittel
- **Staubfilter**
  Baumbestandene Straßen weisen bis zu 2/3 weniger Schmutzpartikel auf als baumlose.

Ob das Stadtklima durch Bäume verbessert wird, hängt auch davon ab, wie dicht sie gepflanzt sind, so das Ergebnis einer Bochumer Studie. Geographen der Universität Bochum hatten die Luftqualität an dicht und kaum bepflanzten Standorten ihrer Stadt miteinander verglichen. Wenn das Dach der Baumkronen in einer Straße zu dicht sei, dann könne die Luft nicht mehr richtig zirkulieren. Die Folge: abgasreiche, schlechte Luft werde unten gehalten, von der frischen Luft über den Hausdächern bekämen die Anwohner nichts ab. Eine dichte Bepflanzung ändere auch das Mikroklima in einer Straße: Bei sommerlicher Hitze sei die Luft tagsüber bis zu drei Grad kühler; nachts kühle sich die Luft aber auch langsamer ab. Die Forscher wollen jetzt mithilfe von Computersimulationen herausfinden, wie dicht Bäume gepflanzt werden müssten, um das Stadtklima zu verbessern.

(Quelle: Deutschlandfunk, 30. August 2002)

4 **Baum und Stadtklima**

Eine Infrarot-Kamera lieferte im Rahmen einer Flugmesskampagne im Mittelmeerraum Wärmebilder von Städten sowie deren Vororten. Überraschend waren die Ergebnisse selbst für Agis Papadopoulos, Professor für Energiesysteme an der Universität Thessaloniki: „Wir haben die Daten aus Athen, Tel Aviv in Israel und Thessaloniki verglichen. Und da gibt es teilweise Unterschiede von acht bis zwölf Grad vom Stadt-Vorort ins Stadtzentrum. Also: Wenn der Flughafen in Tel Aviv 30 Grad misst, dann ist es in Tel Aviv Downtown so circa 42, 43 Grad heiß".
Nach Papadopoulos' Daten ragen Athen und Paris aus dem Konzert der Mega-Städte heraus: Dort ist der Sommer im Stadtkern heute 14 Grad Celsius heißer als im Umland. In London dagegen beträgt der Unterschied zwischen der City und den Vororten lediglich drei Grad Celsius. Die Erklärung dafür: Die britische Weltstadt hat ihre „grünen Lungen" über die Zeit gerettet. Der Baumbestand wirkt wie eine natürliche Klimaanlage. Den hitzegeplagten Metropolen fehlen solche grünen Inseln. Ihre Energiebilanz fällt deshalb immer schlechter aus, so Papadopoulos: „Die Gebäude müssen immer stärker klimatisiert werden. Ein Gebäude in Marseille, in Saloniki, in Athen oder in Barcelona braucht bis zu viermal mehr Energie, um gekühlt zu werden im Sommer – verglichen zu dem, was vielleicht vor 20 oder 30 Jahren der Fall war." Engpässe, oder schlimmer noch: Blackouts in der Stromversorgung, würden dadurch immer wahrscheinlicher.

(gekürzt: Deutschlandfunk, 30.06.2004, Autor: Volker Mrasek)

1 Stadtklimaforschung

Das Stadtklima ...

„...steht dem Schlittenfahren sehr entgegen, indem es in unsern Mauern (...) immer wärmer ist als draußen", schrieb der österreichische Schriftsteller Adalbert Stifter Mitte des 19. Jahrhunderts. Zu dieser Zeit wurden die ersten kontinuierlichen Untersuchungen zum spezifischen Klima urbaner Siedlungen durchgeführt. Schon damals erkannte man, dass Städte wenigstens zeitweise wärmer sind als ihr Umland und auch, dass innerhalb der urbanen Räume deutliche Unterschiede auftreten: *„(...) Wer von uns weiß nicht, dass die Südfronte des Erzherzog-Karlschen Palastes ein mildes Italienklima hat; die nördliche aber in der Augustinergasse feucht und kühl ist wie in Miniaturdänemark?"*

Die Ursachen für die städtische Überwärmung liegen vor allen in der ausgeprägten Bebauung, die den Strahlungs- und Wärmehaushalt im Vergleich zur natürlichen Umgebung verändert. Zunächst erhalten die Städte tagsüber weniger Einstrahlung als das Freiland. Dies zeigt sich auch am Beispiel der Thermal-Infrarotaufnahmen von Freiburg, die durch einen Satelliten am späten Vormittag eines Hochsommertages aufgenommen wurden (M2 – M4, M7). Die städtische Dunstglocke vermindert die kurzwellige, energiereiche Sonneneinstrahlung. Außerdem wird durch die vergleichsweise höheren Albedowerte auch ein größerer Teil der Globalstrahlung als im ländlichen Umland reflektiert. Dennoch sind die Oberflächentemperaturen im Stadtgebiet höher. Der entscheidende Grund dafür sind die für den Bau der Stadt verwendeten Materialien. Sie zeigen bei Albedo, Wärmekapazität und Wärmeleitfähigkeit deutlich andere Werte als das Umland mit den dort vorhandenen natürlichen Oberflächen und Böden (M5). Insgesamt absorbiert der Stadtkörper die zugestrahlte Energie rascher und in weit größerem Umfang als das Umland, verteilt sie rascher

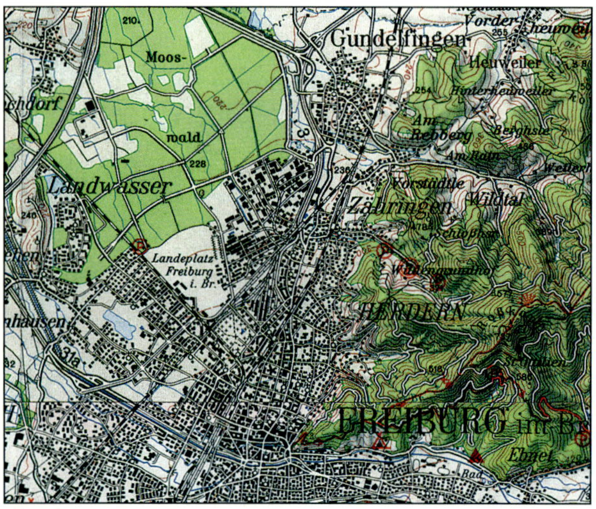

2 Topographische Karte von Freiburg

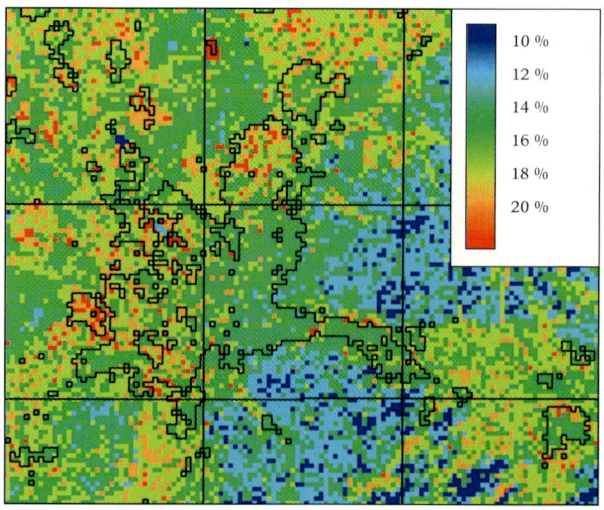

3 Albedo-Werte um 11 Uhr

auf ein größeres Volumen und speichert sie daher kurzfristig sehr effektiv: „Der Akku wird aufgeladen." Daher kann die Lufttemperatur innerhalb der Stadt am Tag sogar unterhalb der des Umlands liegen.

Am Nachmittag und in der Nacht gibt der städtische Baukörper die tagsüber gespeicherte Energie als langwellige Strahlung (Wärme) dann aber auch rasch wieder ab, was zu einer deutlichen Erhöhung der Lufttemperatur führt: „Der Akku wird entladen." Die sogenannte **städtische Wärmeinsel** ist also kein ganztägiges Phänomen. Sie ist nur bei zeitlich gemittelten Analysen beziehungsweise bei nächtlichen Klimamessungen nachweisbar (M6).

Weitere Einflussgrößen auf die fühlbare Wärme einer Stadt sind deren Vegetationsarmut und die weitgehende Versiegelung der Oberflächen, die das Regenwasser oberirdisch oder durch die Kanalisation unterirdisch rasch abfließen lassen. Es wird so weniger Energie für die Verdunstung verbraucht, die somit für eine zusätzliche Erwärmung der Luft zur Verfügung steht.

Aus der architektonischen Gestaltung des Stadtkörpers, den im Mittel höheren innerstädtischen Oberflächen- und Lufttemperaturen sowie der deutlich verringerten Verdunstung ergeben sich Konsequenzen für weitere Elemente des Stadtklimas:

- (Groß-)Städte verzeichnen häufigere und meist auch höhere Niederschläge als ihr Umland. Die Konvektion setzt über der Wärmeinsel Stadt eher ein und reicht höher. Dazu verstärkt das „raue Stadtrelief" den Luftaufstieg. Die Konzentration von Kondensationskernen ist drei- bis fünfmal höher als im Freiland. Starkregen und Gewitter treten somit in Großstädten zahlreicher und heftiger als im Umland auf. In Extremfällen kann es auch zu Problemen bei der Abführung des Niederschlagswassers durch die Kanalisation in den Städten kommen (M3, Seite 248).

Oberfläche	Albedo (%)	spez. Wärmekapazität (J/[kg*K*10³]	Wärmeleitfähigkeitskoeffizient (W/[m*K])
überwiegend im Stadtgebiet			
Asphalt	5 – 20	0,92	0,75
Beton	10 – 35	0,88	1,51
Ziegel	20 – 40	0,92	0,84
Anstrich weiß	50 – 90	k. A.	k. A.
Anstrich rot, braun, grün	20 – 35	k. A.	k. A.
überwiegend im Freiland			
Wasser	80	4,18	0,57
Ackerboden	7 – 17	8,8 – 1,6	0,25 – 1,6
Laubwälder (Sommer)	15 – 25	k. A.	k. A.
Nadelwälder	5 – 15	k. A.	k. A.
Wiese, Weide	12 – 30	k. A.	k. A.

5 **Oberflächeneigenschaften**

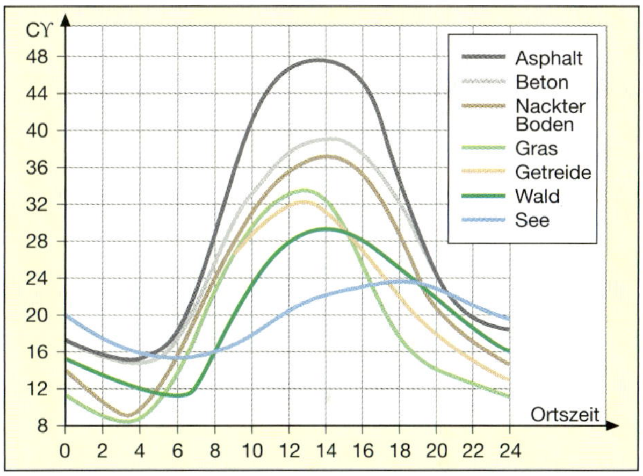

6 **Oberflächentemperaturen an einem Sommertag**

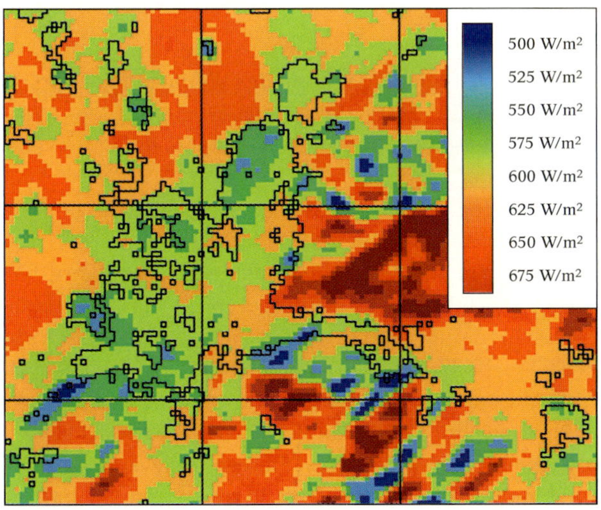

4 **Verteilung der Strahlungsbilanz um 11 Uhr**

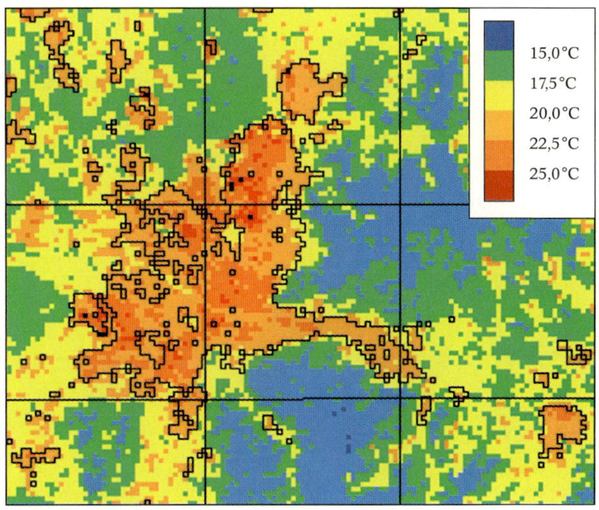

7 **Temperaturen um 11 Uhr**

1 **Smog über Mexiko City**

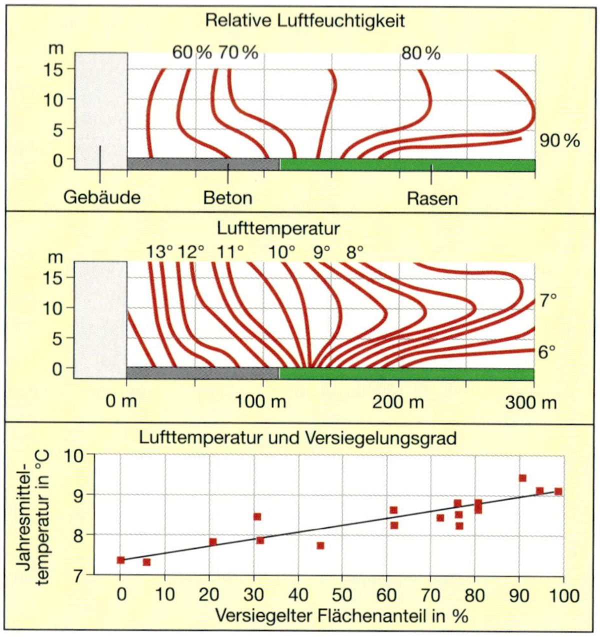

2 **Luftfeuchtigkeit, Temperatur, Versiegelungsgrad**

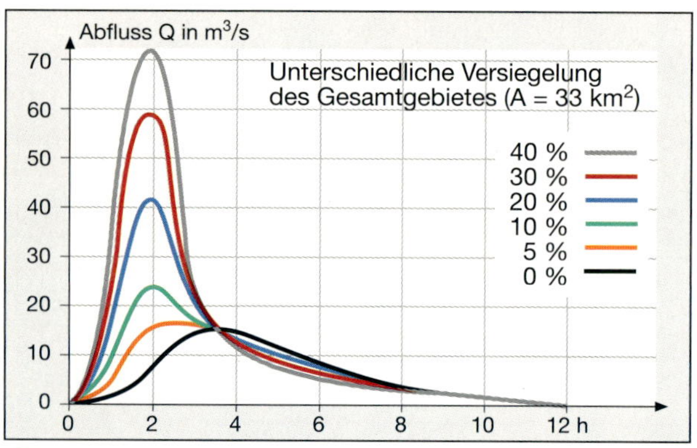

3 **Abflussverhältnisse**

- (Groß-)Städte sind nicht nur Wärme-, sondern auch **Trockeninseln**. Über versiegelten Flächen ist die relative Luftfeuchtigkeit deutlich geringer als über nicht oder nur gering versiegelten Flächen. Ein extremer Wert wurde zum Beispiel im September 1981 in München gemessen: Eine Stunde nach Sonnenuntergang betrug die relative Luftfeuchtigkeit in der Innenstadt 55 %, am Stadtrand lag sie dagegen bei 90,4 %.
- (Groß-)Städte verändern Luftmassenströmungen. Das „unruhige, raue“ Relief des Stadtkörpers verringert zwar die Windgeschwindigkeit im unmittelbaren Strömungsbereich am Rand beziehungsweise oberhalb des Stadtkörpers. Dennoch kommt es lokal zu Stau- bzw. Düseneffekten beziehungsweise zur Bildung von Luftwirbeln, besonders im Umkreis hochragender Gebäude.
- Vor allem in den Sommermonaten kann sich zwischen Stadt und umliegendem Freiland ein lokales Windsystem ausbilden: Entwickelt sich im Laufe eines Tages durch die verstärkten Konvektionsbewegungen in den Kernstadtbereichen ein bodennahes Tiefdruckgebiet, weht ein bodennaher Wind vom Umland in die Stadt, der in vielen Fällen eine wichtige Frischluftzufuhr für die Metropolen ist (Flurwind).

Stadtbewohner sind vielfältigen klimatischen und lufthygienischen Belastungen ausgesetzt. Im Vergleich zum Umland ist die Stadtluft durch eine deutlich höhere Luftschadstoffkonzentration geprägt. Vor allem für Städte mit einer geringen Luftzirkulation, zum Beispiel bedingt durch eine Beckenlage, stellt die Luftverschmutzung ein großes Problem dar. Erhöht sich die Konzentration von Gasen und Aerosolen deutlich, ist die Stadt von einer **Smog**situation betroffen (M4). Besonders während sommerlicher Strahlungswetterlagen ist die Stadtbevölkerung in den Ballungsräumen starken Wärmebelastungen ausgesetzt. Stadtplanung muss daher stets auch auf eine Verbesserung des Stadtklimas abzielen.

Aufgaben

1. Erklären Sie die Entstehung des Wärmeinseleffekts.
2. Schlagen Sie Maßnahmen zur Minderung des Wärmeinseleffekts vor und diskutieren Sie deren Umsetzbarkeit.
3. Begründen Sie unterschiedliche klimatische Verhältnisse zwischen Stadt und Umland (M5).
4. „Weltweite Analysen der vergangenen 40 Jahre haben gezeigt, dass in den Städten die Temperaturunterschiede von Montag bis Freitag geringer sind als am Wochenende. Die Ursachen müssen menschengemacht sein, da es in der Natur keinen Sieben-Tage-Rhythmus gibt.“ Begründen Sie diese Beobachtung.
5. Erklären Sie, wie es zur Smogbildung kommt, und nennen Sie Maßnahmen zur Verringerung der Luftbelastung (M4).

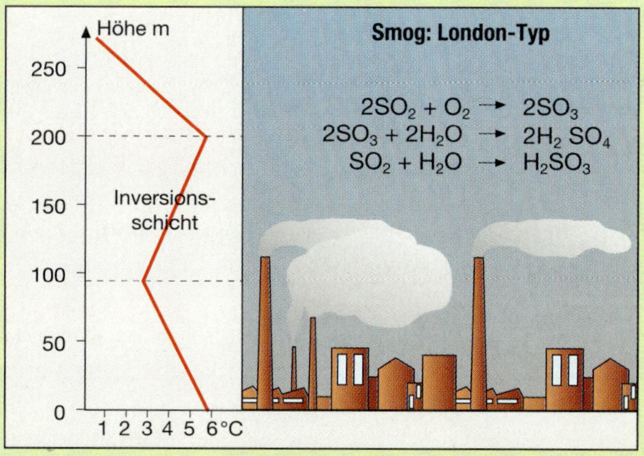

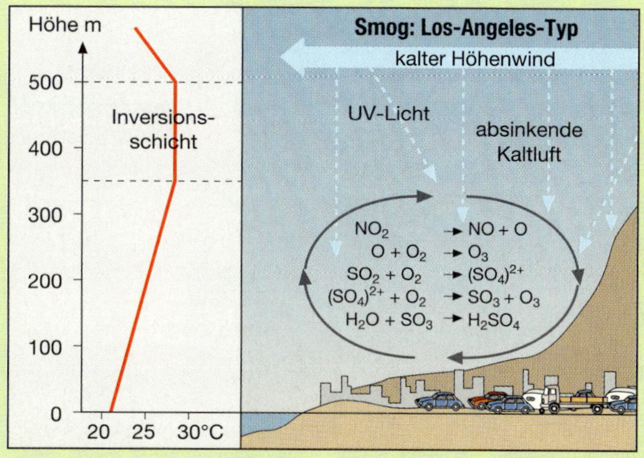

Der Dezember 1952 war für Londoner Verhältnisse ungewöhnlich kalt. Am 5. Dezember stellte sich eine Inversionswetterlage ein. Dichter Nebel kam auf, der zusammen mit den Abgasen der mit Kohle beheizten Wohnhäuser und Fabrikanlagen ein giftiges Gemisch aus Schwefeldioxid und Staub bildete. Bis zum 9. Dezember hielt dieser Smog an (von englisch **sm**oke = Rauch und f**og** = Nebel). Mehr als 4000 Menschen starben an den direkten Folgen dieser extremen städtischen Luftverschmutzungssituation. Mit der Entwicklung neuer Feuerungstechniken und verbesserter Qualität des Brennmaterials ist das Auftreten des „London-Smogs" in den Industrieländern jedoch deutlich verringert bzw. ganz beseitigt.

Dafür tritt in vielen Großstädten heute der fotochemische Smog auf. Er wurde erstmals in den 1940er-Jahren in Los Angeles beobachtet. Voraussetzung für das Entstehen des „Los-Angeles-Smog" sind sommerliche Inversionswetterlagen und ein hoher Kraftfahrzeugverkehr. Durch ihn gelangen u. a. große Mengen Kohlenwasserstoffe und Stickoxide in die Luft. Die intensive Sonneneinstrahlung spaltet das NO_2 in NO und atomaren Sauerstoff auf. Letzterer verbindet sich mit molekularem Sauerstoff zu bodennahem Ozon (O_3). Das Stickstoffmonoxid oxidiert unter Einfluss der Kohlenwasserstoffe wieder zu NO_2 und steht so erneut für die Ozonbildung zur Verfügung. Das Ozon reagiert darüber hinaus mit den Kohlenwasserstoffen zu weiteren Schadstoffen. Folgen sind Reizungen der Augen und der Schleimhäute sowie Erkrankungen der Atemwege vor allem bei Kindern und alten Menschen.

4 Smog

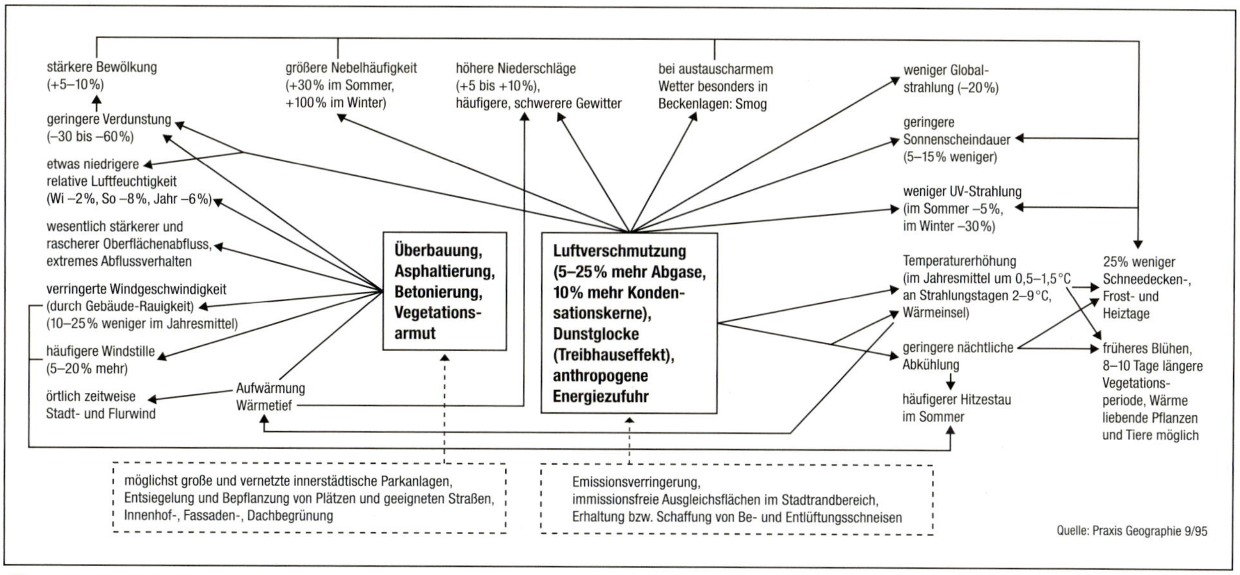

5 Das Stadklima als Wirkungsgeflecht

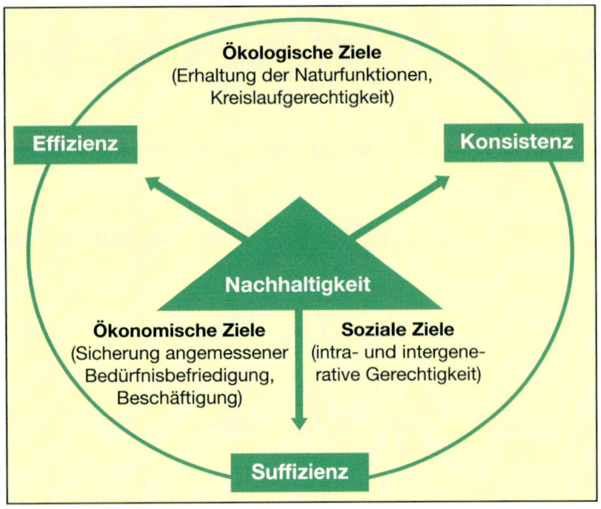

1 **Dimensionen und Strategien der Nachhaltigkeit**

9.5 Nachhaltige Stadtentwicklung

Die „Lokale Agenda 21“: Fallbeispiel Freiburg

Zentrales Ergebnis der UN-Konferenz für Umwelt und Entwicklung in Rio de Janeiro 1992 war die Verabschiedung des globalen Handlungsprogramms „Agenda 21“ („was zu tun ist für das 21. Jahrhundert“). Die 178 unterzeichnenden Regierungen vereinbarten darin – zwar nicht rechtsverbindlich, aber doch auf höchster politischer Ebene verankert –, umgehende und wirksame Maßnahmen zum Schutz und zur Pflege der Umwelt zu ergreifen und ihre zukünftigen Entscheidungen am Prinzip der nachhaltigen Entwicklung (= zukunftsfähigen Entwicklung, das heißt sozialverträglich, ökonomisch dauerhaft und ökologisch tragfähig) auszurichten. Ökologische, ökonomische und soziale Belange sind dabei als grundsätzlich gleichwertig zu berücksichtigen, auch wenn sie nicht überall und jederzeit gleichgewichtig zu realisieren sind.

Mit der Unterzeichnung hatten sich in Deutschland zum Beispiel zunächst zwar nur Bund und Länder diesem Leitbild verpflichtet. Die Umsetzung des Mottos „Global denken, lokal handeln“ wäre ohne die Beteiligung der Städte und Gemeinden jedoch nicht möglich, denn sie bilden die staatliche Ebene, die den engsten Kontakt zu den Bürgerinnen und Bürgern hat: Sie errichten, verwalten und unterhalten vor Ort die wirtschaftliche, soziale und ökologische Infrastruktur, sie entscheiden über Flächennutzungen, Versorgung mit Energie, Wasser und Wohnraum, über Verkehrskonzepte und vieles mehr.
Dies war auch der Grundgedanke der „Europäischen Konferenz über zukunftsbeständige Städte und Gemeinden“. Sie empfahl 1994 in der „Charta von Aalborg“ den europäischen Kommunen, gemeinsam mit ihren Bürgerinnen und Bürgern jeweils ein kommunales Handlungsprogramm, eine „Lokale Agenda 21“, zu erarbeiten.
Nach der Charta von Aalborg bedeutet nachhaltige Stadtentwicklung

- räumlich die Rückkehr zur Idee der kompakt gebauten Stadt, das heißt Verdichtung, Flächenrecycling, Renovierung, Instandsetzung,
- funktional die Mischung und Verflechtung verschiedener Nutzungsarten innerhalb der Stadt und ihrer Stadtteile, das heißt Aufgabe des Leitbilds der gegliederten Stadt,
- Polyzentralität, das heißt Entwicklung großräumiger Siedlungsmuster nach dem Prinzip der dezentralen Konzentration, das heißt teilweise Rückkehr zur Gartenstadt-Idee Howards (vgl. Seite 226).

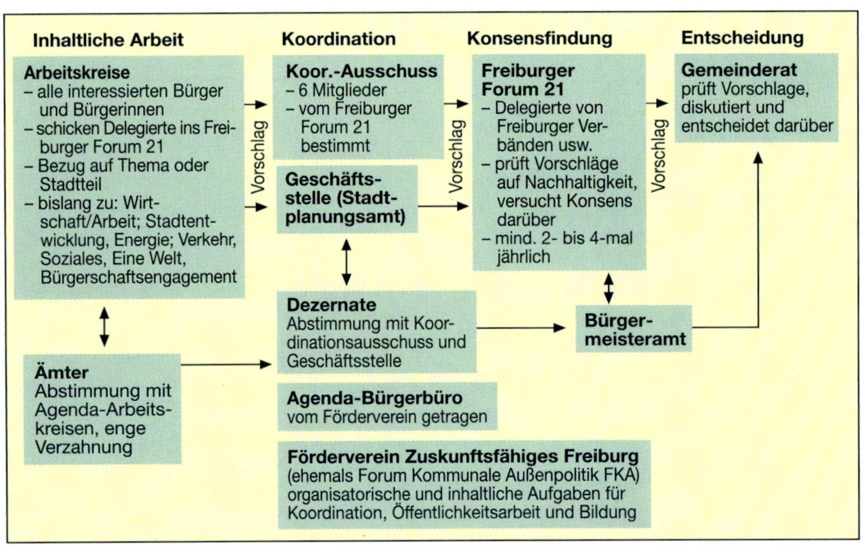

2 **„Lokale Agenda 21“ in Freiburg: Organisation und Abläufe**

Obwohl die Erstellung einer Lokalen Agenda eine freiwillige Aufgabe der Kommunen ist, haben sich inzwischen viele dieser Herausforderung gestellt. Die Stadt Freiburg im Breisgau beschloss zum Beispiel bereits 1996 mit der Unterzeichnung der Charta die Umsetzung der Empfehlungen von Rio und Aalborg.
Wie in anderen Städten konnte auch hier auf vorhandene Stadtentwicklungs- und Bauleitpläne, Klima-, Energie- und Mobilitätskonzepte oder Umweltverträglichkeitsprüfungen als Bausteine des Agenda-Prozesses zurückgegriffen werden. Grundsätzlich neu war und ist jedoch, dass es bei der Konzeption der zukunftsfähigen Entwicklung um einen kreativen gemeinsamen Such- und Lernprozess des „Magischen Dreiecks“ aus Bürgerschaft beziehungsweise gesellschaftlichen Gruppen, Gemeinderat und Verwaltung geht. Dies wurde und wird in Freiburg bis heute vorbildhaft praktiziert (M2). Für die politischen Entscheidungsprozesse sind dabei neben den Einzelprojekten der verschiedenen Arbeitskreise vor allem die Ergebnisse des AK Stadtentwicklung wichtig geworden (M4).

Aufgaben

1. Erläutern Sie die Begriffe Effizienz, Suffizienz und Konsistenz.
2. Zeigen Sie an Beispielen, wie die Freiburger Agenda versucht, das Prinzip der Nachhaltigkeit umzusetzen (M2, M3, M4).
3. Erläutern Sie die Besonderheiten der neuen Stadtteile (Seiten 252 – 253 und www.rieselfeld.freiburg.de bzw. www.vauban.de).

3 Nachhaltige Stadtentwicklung

Das Freiburger Forum beschloss folgende Leitziele für die Zukunft der Stadt: Stadtentwicklung soll sich durch eine demokratische, soziale, ökologische Stadt-, Landschafts- und Verkehrsplanung auszeichnen. Wichtig ist ein integrierter Ansatz für eine zukunftsfähige Gesamtkonzeption:

- Stadt, Umland und Landschaft bilden einen gemeinsamen Lebensraum.
- Es wird ein ausgewogenes Verhältnis von Stadtzentrum und Stadtteilen hergestellt.
- Die Integrität der Stadtteile wird berücksichtigt.
- Verkehrsplanung wird in die Ziele der Stadtplanung eng eingebunden.
- Die Einzigartigkeit von Freiburg soll bewahrt und ein gutes Lebensgefühl für seine Einwohnerinnen und Einwohner erreicht werden.

Stadtplanung wird auf der Basis von Kooperation und Beteiligung von Stadtverwaltung und Bürgerschaft stattfinden. (...) Die Attraktivität der Stadtteile soll durch den Ausbau ihrer historischen Bereiche, die Förderung von Identität und Stadtbild, der lokalen Einrichtungen und ihrer Verkehrserschließung hergestellt werden. Dies wird durch die Ausweitung von Fußgänger- und verkehrsberuhigten Zonen unterstützt. Zu den lokalen Einrichtungen in den Stadtteilen zählen Strukturen des nachbarschaftlichen Miteinanders und der Kommunikation durch Einrichtung eines Bürgertreffs zur aktiven Mitgestaltung durch ihre Bürger- und Migrant/innen. (...) Altbauten sollen sozial verträglich saniert werden und die alten Bestände nach den Regeln der Denkmalpflege erhalten werden. Neubauten sollen flexible Grundrisse haben, spätere Veränderungen ermöglichen und eine Vielfalt von Gestaltung garantieren. Großbauvorhaben sollen nur mit Verträglichkeitsprüfungen stattfinden. Die Stadtteile werden mit ihrer Mitte an das über-/regionale Verkehrs- (ÖPNV) und Straßennetz angebunden. (...) Nachbarschaften sollen eine ausgewogene soziale Mischung unterschiedlicher Gruppen von Bewohnern gewährleisten. (...) Um sparsam mit Flächen umzugehen, ist Bauen sowie Nutzung im Bestand und eine Verdichtung mit Maßstäblichkeit und Verhältnismäßigkeit bestehender Bauflächen dem Verbrauch neuer Flächen vorzuziehen. (...) Zukünftige Stadtplanung soll Qualität und Quantität garantieren und moderne Ökonomie mit Ökologie verbinden. (...) Mit Ressourcen wird sparsam umgegangen. Die kommunale Haushaltsführung wird an die Generationenverpflichtung gebunden.

(nach: Badische Zeitung, 31.05.2001, Immo Kirsch)

4 Zwischenergebnisse der Freiburger Agenda

„1. **Verdichtete Wohnquartiere**, in denen viele Dinge des täglichen Bedarfs vor Ort erledigt werden können und die eine gute Anbindung an den öffentlichen Personennahverkehr besitzen, wirken dem landschaftsfressenden „Siedlungsbrei“ entgegen. Eine an den Wünschen und Bedürfnissen der Bevölkerung orientierte Infrastruktur ermöglicht den **„Stadtteil der kurzen Wege“**.
2. **Die Wohnungen in den Quartieren sind nicht überdimensioniert** (und somit auch finanziell erschwinglich), dafür jedoch den Wohnbedürfnissen angepasst; die Räume sind vielfältig nutzbar, eine nachträgliche Erweiterung bzw. Teilung einzelner Räume oder Wohnungen ist möglich; **jede/r hat seine Privatsphäre**.
3. **Das Bedürfnis nach Kommunikation und Kontakten** ist der ausgleichende Pol zum Wunsch nach Zurückgezogenheit und Ruhe: Gemeinschaftseinrichtungen (z.B. Hobbyraum, Gemeinschaftswaschmaschine) und halböffentliche Räume (z.B. Wohnhöfe, Gemeinschaftsgärten) fördern soziale Kontakte und den Umweltschutz; die daran anschließenden öffentlichen Räume (Wege, Plätze) sind so durch das Quartier geführt und gestaltet, dass spontan Begegnungen stattfinden können; dies wirkt der Vereinzelung entgegen und erhöht die Sicherheit.
4. **Die Bewohnerinnen und Bewohner beteiligen sich** bereits bei der Planung und Gestaltung ihrer Wohnquartiere; die Mitbestimmung ist auf vielen Ebenen verwirklicht: in den Arbeitskreisen der organisierten Bürgerbeteiligung, in Eigentümergemeinschaften, in Hausgemeinschaften der Wohngenossenschaften u.a.
5. **Menschengerechte öffentliche Räume**, nicht autogerechte Planung sind Ziel der Quartiersentwicklung. Neue, **attraktive Mobilitätskonzepte** ermöglichen einen **autoarmen Stadtteil**. Barrierefreie Straßenräume und stellplatz-/autofreie Innenbereiche kommen besonders den Kindern und alten Menschen zugute. Kinder können ohne Gefährdung durch den Autoverkehr in ihrer Wohnumgebung auf Entdeckungsreise gehen. Es gibt genügend Freiräume für Grünanlagen und Spielmöglichkeiten, die gemeinsam mit der Bevölkerung fantasievoll gestaltet werden.
6. **Energiesparendes, ressourcenschonendes und ökologisches Bauen und Wohnen** sind selbstverständlich. Der verbindliche Umweltstandard ist im Bebauungsplan und den Kaufverträgen festgelegt.

(Leitbild „Nachhaltiges, sozial-ökologisches Bauen im urbanen Raum“ in: Handbuch für Vauban, Freiburg 1996)

1 Leitbild für ein neues Stadtquartier

Freiburg wächst weiter, durch Neubauten ...

Seit Jahrzehnten ist Freiburg die einzige Großstadt in Baden-Württemberg, deren Einwohnerzahl trotz Abwanderungen ins Umland stetig wächst. Verdichtungen im vorhandenen Stadtkörper konnten die steigende Wohnungsnachfrage nicht lösen und Wasser- bzw. Forstwirtschaft sowie der Naturschutz verhinderten die Ausdehnung der städtischen Siedlungsfläche.
In Abwägung ökologischer Notwendigkeiten und sozialer Verantwortung beschloss der Stadtrat daher 1991 eine Änderung des Flächennutzungsplans von 1978 und wies im Osten des stadteigenen Rieselfelds 78 Hektar als Baufläche für einen neuen Stadtteil aus. Zum Ausgleich für die schon 1994 beginnende Bebauung einer der letzten Reserveflächen der Stadt wurde der Westteil des Rieselfelds ökologisch aufgewertet, unter anderem durch die Einrichtung eines Naturschutzgebietes. Die öffentlichen Investitionen im Rieselfeld (160 Millionen Euro) müssen sich komplett über die Verkäufe der stadteigenen Grundstücke finanzieren. Das gesamte Investitionsvolumen beträgt circa 1,3 bis 1,5 Milliarden Euro.
Vor dem Hintergrund des Leitbilds einer nachhaltigen Entwicklung und unter Einbeziehung des angelaufenen Agenda-Prozesses werden bei dem um 2010 fertiggestellten, auf etwa 12000 Einwohner und circa 1000 Arbeitsplätze ausgelegten neuen Stadtteil folgende planerischen Konzepte umgesetzt:

- Umweltorientierung: alle Gebäude in Niedrigenergiebauweise mit Fernwärmeversorgung, klimatisch bedeutsamer Grünkeil im Norden, Minimierung der Flächenversiegelung, Regenwassernutzung; Vorrang für Straßenbahn, Radfahrer, Fußgänger; generell Tempo 30;
- hohe Verdichtung (drei- bis fünfgeschossige, barrierefreie Blockrandbebauung mit gemeinsamen, begrünten Innenbereichen, gleichartig dimensionierte Wohnblöcke als Mehrfamilienhäuser, zwei- bis dreigeschossige Reihenhäuser auf kleinen Grundstücken zum Rand hin);
- Vermeidung des Charakters einer Schlafstadt durch architektonisch vielfältige Gebäudetypologie (mit sehr variablen Wohnungsgrundrissen) und Ausweisung von Flächen für alle Daseinsgrundfunktionen;
- Aufbau der Basisinfrastruktur für eine familien-, kinder- und jugendfreundliche Umgebung Hand in Hand mit der Bebauung oder bereits vorweg;
- ausgewogene Sozialstruktur durch eine Mischung von frei finanziertem und gefördertem Wohnungsbau.

In dem „auf der grünen Wiese“ neu errichteten Stadtteil ist es erstmals gelungen, das soziale und kulturelle Stadtteilleben sowie ein Stadtteilbewusstsein gleichzeitig mit dem Baufortschritt zu entwickeln.

... und Konversion

Kurz nach Planungsbeginn des Rieselfelds ermöglichte ein historischer Glücks-/Zufall – das Ende des Kalten Krieges und die Auflösung der französischen Garnison – der Stadt den kostengünstigen Erwerb von Kasernen und Militärsiedlungen aus Bundesbesitz.

Die Konversion dieser Flächen und Gebäude eröffnete innerhalb des bisherigen Stadtkörpers plötzlich vielfältige Gestaltungsräume. Diese wurden umgehend genutzt für

- die schon lange gewünschte Verlagerung und Erweiterung des Messegeländes aus dem beengten Osten der Stadt auf den nördlichen Randbereich des weiterbetriebenen Stadtflugplatzes im Westteil der Stadt,
- die Erweiterung der Universität durch Gebäudesanierungen bzw. Neubauten im Süden des Flugplatzes,
- die Sanierung und Umgestaltung der altstadtnahen, ehemals französischen Kasinos und Verwaltungseinrichtungen zu Gebäuden für öffentliche und private Dienstleistungen (Universität, Banken, Versicherungen),
- die Schaffung von zusätzlichem Wohnraum durch Sanierung der über die ganze Stadt verstreuten Militärwohnsiedlungen, vor allem aber auch durch die Umgestaltung des ehemaligen Kasernengeländes zu einem völlig neuen Stadtteil, dem Quartier Vauban.

Auf diesem, zum Teil mit alten Baumbeständen durchgrünten Areal wurden von Beginn an zukunftsweisende städtebauliche Konzepte umgesetzt.

- Vauban wurde als „autofreier Stadtteil“ geplant. Die Fahrzeuge stehen in einer der beiden Quartiersgaragen am Rande des Stadtteils, zusätzlich gibt es einige Standorte für Car-Sharing-Fahrzeuge. Das Befahren der Straßen ist nur zum Be- und Entladen und nur mit Tempo 30 erlaubt, in den Sackgassen der Wohnstraßen gilt für alle Verkehrsteilnehmer Schrittgeschwindigkeit. Buslinien binden das Quartier an das nur drei Kilometer entfernte Stadtzentrum an, 2006 wurde das Quartier an das Stadtbahnnetz angeschlossen.
- Für alle Sanierungen und Neubauten ist Niedrigenergiebauweise vorgeschrieben; Fernwärmeversorgung leistet ein Blockheizkraftwerk mit Holzhackschnitzelfeuerung und Kraft-Wärme-Kopplung. Die Energie- und Umweltbilanz des Gesamtquartiers wird noch verbessert durch die Förderung von Gebäuden mit Passivbauweise oder Plusenergiehäusern, durch das „Solardach“ der größten Quartiersgarage sowie durch die ganz im Passivhausstandard mit Fotovoltaikanlagen errichtete „Solarsiedlung“ nördlich der Merzhausener Straße.
- Das Niederschlagswasser bleibt so weit als möglich im Stadtteil. In Zisternen gesammelt wird es zum Gießen oder zur Toilettenspülung eingesetzt. Teilweise begrünte Dachflächen sowie die Versickerung begünstigende Beläge von Wegen und Plätzen verzögern den Oberflächenabfluss, entlasten die Entwässerungsleitungen und unterstützen die Grundwasserneubildung.
- Die öffentliche Infrastruktur (Kindergärten, Tagesstätten, Grundschule, Stadtteilzentrum u. a.) wurde parallel zum Wohnungsbau entwickelt und hat Ausbaureserven.
- Für die privatwirtschaftlich organisierte Versorgungs- und Dienstleistungsstruktur gibt es genügend Räumlichkeiten, v. a. entlang der Vauban-Allee, die zunehmend zum Marktplatz und Stadtteilzentrum umgestaltet wird, von Beginn aber auch als „grüne Zentralachse“ für die Durchlüftung des Quartiers durch kühlende Hangabwinde vom nahen Schönberg her fest eingeplant war.
- Durch die Ausweisung von Teilarealen als Mischgebiet (Wohnen und Gewerbe) haben sich auch Handwerksbetriebe im Quartier niedergelassen und so die angestrebte funktionale Verflechtung intensiviert.

2 Das Quartier Vauban

Flächennutzungsplanung bis 2020: die Grenzen des Wachstums fest im Blickfeld

Im Außenbereich hat Freiburg nur noch geringe Expansionsmöglichkeiten. Die Stadt hat zwar in einem interkommunalen Gewerbegebiet auf einem ehemaligen, aber im Landkreis gelegenen Militärflugplatz zusätzliche Gewerbeflächen erhalten und dort auch den lange Zeit gesuchten Standort für eine nun mit Anliegern gemeinsam betriebene Müllverbrennungsanlage gefunden.

Rieselfeld und Innenentwicklungsmaßnahmen wie Vauban sowie Nachverdichtungen im bestehenden Baukörper der Kernstadt und der Teilorte haben zudem den Druck auf die Reserveflächen des seit 1980 geltenden und seitdem nur partiell geänderten Flächennutzungsplans genommen.

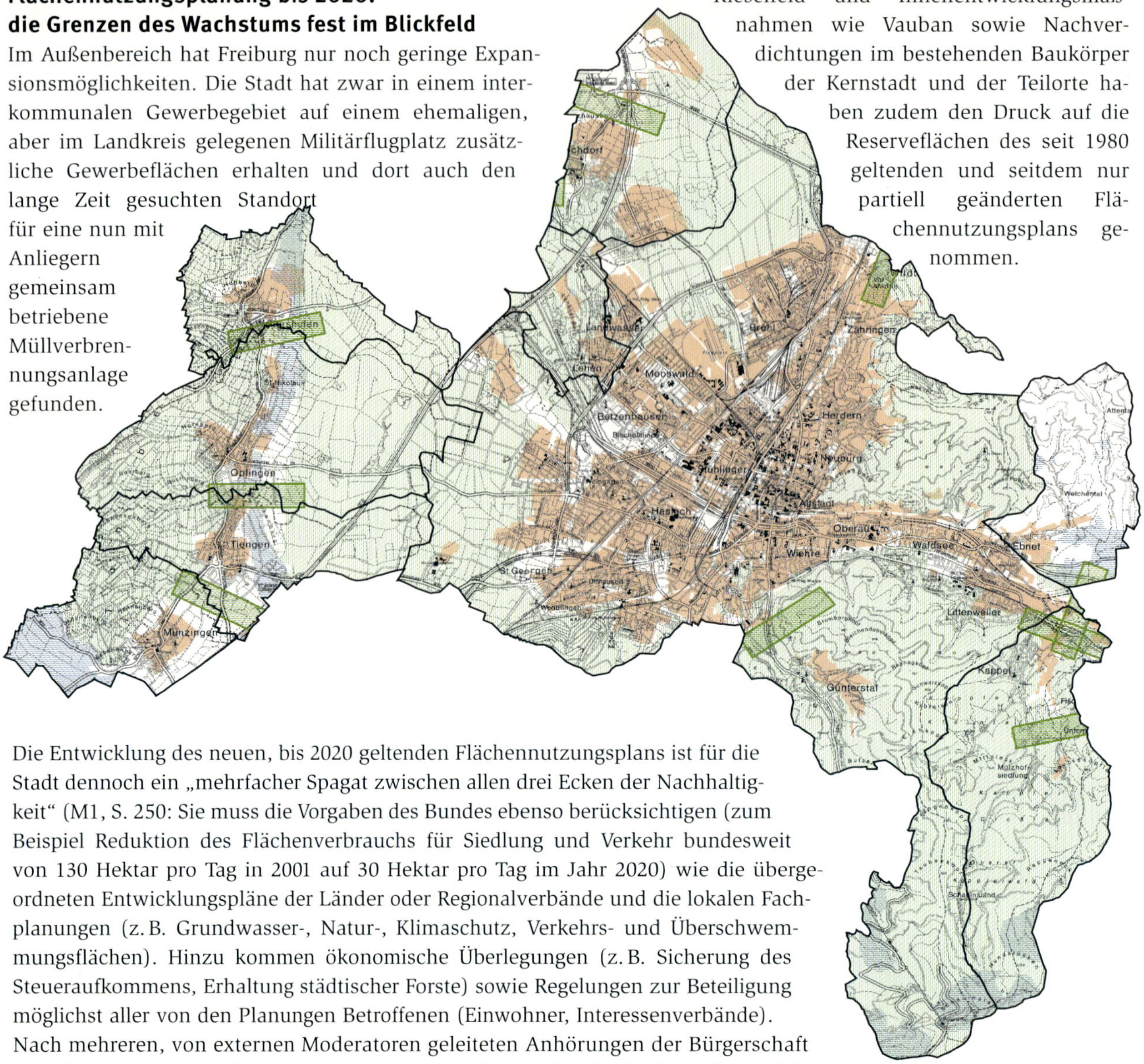

Die Entwicklung des neuen, bis 2020 geltenden Flächennutzungsplans ist für die Stadt dennoch ein „mehrfacher Spagat zwischen allen drei Ecken der Nachhaltigkeit“ (M1, S. 250: Sie muss die Vorgaben des Bundes ebenso berücksichtigen (zum Beispiel Reduktion des Flächenverbrauchs für Siedlung und Verkehr bundesweit von 130 Hektar pro Tag in 2001 auf 30 Hektar pro Tag im Jahr 2020) wie die übergeordneten Entwicklungspläne der Länder oder Regionalverbände und die lokalen Fachplanungen (z. B. Grundwasser-, Natur-, Klimaschutz, Verkehrs- und Überschwemmungsflächen). Hinzu kommen ökonomische Überlegungen (z. B. Sicherung des Steueraufkommens, Erhaltung städtischer Forste) sowie Regelungen zur Beteiligung möglichst aller von den Planungen Betroffenen (Einwohner, Interessenverbände). Nach mehreren, von externen Moderatoren geleiteten Anhörungen der Bürgerschaft zur Sichtung der verschiedenen Interessen wurde von der Stadt dazu die Projektgruppe „Integrierte Stadtentwicklung“ (PRISE) eingerichtet. Aufbauend auf einem prognostizierten geringeren Bevölkerungszuwachs und unter Berücksichtigung des parallel entwickelten Landschaftsplans erarbeitete PRISE drei Szenarien der Siedlungsentwicklung. Einer endgültigen politischen Beschlussfassung darüber ist aber wiederum die wegen ihrer hohen Transparenz und Mitwirkungsmöglichkeit bewährte „erweiterte Bürgerbeteiligung“ vorgeschaltet.

Nutzungsart	Szenario 1	Szenario 2	Szenario 3
Wohngebiet	100,9 ha	134,7 ha	100,9 ha
Gewerbegebiet	25,5 ha	25,5 ha	41,6 ha
Mischgebiet	4,2 ha	4,2 ha	7,3 ha
Gesamt	130,6 ha	164,4 ha	149,8 ha

1 Plan zur Begrenzung der Siedlungsentwicklung durch Regionalplan und Fachplanungen / Szenarien

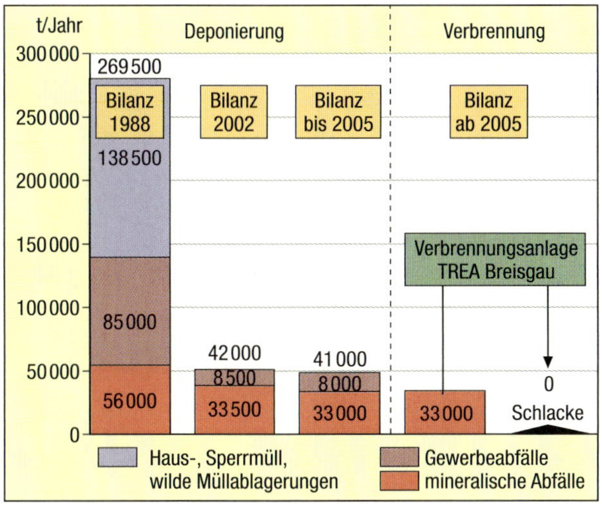

2 Abfallentwicklung in Freiburg

Wie alle Städte muss auch die „Solar- und Ökohauptstadt" Freiburg an vielen Fronten kämpfen, um dem Anspruch einer auf Nachhaltigkeit gerichteten Stadtentwicklung zu genügen. Einige Bereiche, zum Beispiel Naturschutz, Energieversorgungs- und Klimaschutzkonzept, Standortmarketing zur Stärkung des Wirtschaftsstandortes, Angebote in Kultur und Handel, kann die Stadt dabei in eigener Regie regeln. In anderen Bereichen ist die Stadt auf die Kooperation mit den Kommunen und Landkreisen ihrer Umgebung angewiesen, zum Beispiel beim Aufbau eines regionalen Flächenmanagements, beim Ausbau des vor allem schienengebundenen ÖPNV, bei der umweltschonenden Entsorgung der Abfälle aus Haushalten und Gewerbe, bei der Wasserversorgung. Die städtischen Gestaltungsspielräume sind aber durch die hohe Verschuldung sehr eng geworden und ab etwa 2012 wird die Stadt mit einem nie gekannten Problem konfrontiert werden: Durch die natürliche Bewegung und die Wanderungsbewegung wird die Bevölkerung der Stadt per saldo schrumpfen.

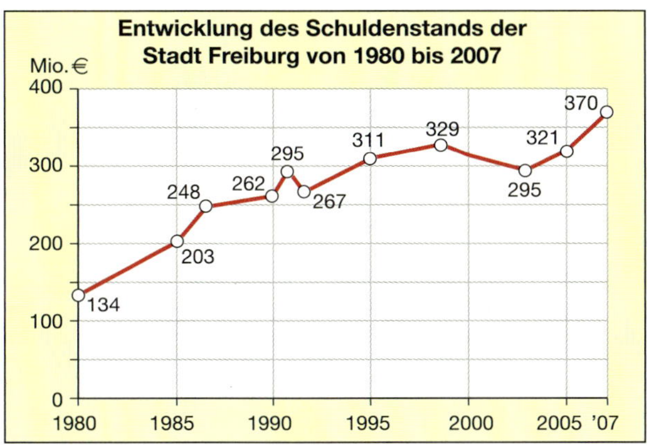

3 Schuldenstandentwicklung Freiburgs

Die Stadt Freiburg hat sich 1996 mit ihrem Klimaschutzkonzept ein ehrgeiziges Ziel gesetzt: Sie wollte bis zum Jahr 2010 den Ausstoß von CO_2 um 25 % senken. Immerhin konnte Freiburg die CO_2-Emmissionen um 5,1 % reduzieren. Allerdings: Die angepeilte Marke ist wohl nicht mehr zu schaffen. Die gestern dem Gemeinderat vorgelegte Zwischenbilanz bietet nach Ansicht des Freiburger Klimabündnisses keinen Grund, sich auszuruhen: Die errechneten Minderungen von Emissionen würden zum großen Teil auf technische Modernisierungen des Uni-Heizkraftwerks und auf den Bau des Rhodia-Wärmeverbundkraftwerkes zurückgehen. Weitere Großprojekte dieser Art seien in Zukunft nicht zu erwarten. Klimaschutz sei bislang auch in der vermeintlichen Ökohauptstadt v. a. schmückendes Beiwerk und nicht zentrales Ziel kommunaler Politik.
Auch im Gemeinderat wurde die Zwischenbilanz zwiespältig beurteilt. SPD-Stadtrat Essmann stellte die 25 %-Vorgabe infrage: „Zu hoch gesteckte Ziele können auch zur Resignation führen", mahnte er. Die Stadt habe viel unternommen, allerdings sei das Ergebnis unterm Strich bescheiden ausgefallen.
Positiver bewertete CDU-Stadtrat Bernhard Schätzle das Freiburger Zwischenergebnis: „Das kann sich im nationalen Vergleich sehen lassen." Manfred Stather (Freie Wähler) wies auf die Möglichkeiten des neuen Energieeinsparungsgesetzes hin.
„Vieles wurde erreicht, vieles ist noch zu tun", urteilte Axel de Fenne für Junges Freiburg/Die Grünen. Er diagnostizierte Nachholbedarf bei den Sonnenkollektoren – in der Solarbundesliga habe Ulm den Freiburgern die „Herbstmeisterschaft" abgeluchst. Bei der Geothermie kritisierte er die Landesregierung („Aus Stuttgart kommt nur heiße Luft, aber kein Geld"). Den Ausbau der Windkraft torpediere der Regionalverband mit seinem Vorsitzenden, dem Freiburger Bürgermeister Neideck (CDU). Ein Vorwurf, den Neideck so nicht auf sich sitzen lassen wollte: Der Regionalverband habe 13 Standorte für 50 Windanlagen in die Offenlage gegeben – diese könnten Strom für rund 200 000 Einwohner erzeugen. Bürgermeisterin Stucklick wehrte sich am Ende der Debatte gegen die „depressive Grundstimmung". Sie verwies darauf, dass der Trend umgekehrt worden sei: Statt einem Anstieg des CO_2-Ausstoßes um vier Prozent bis 2002 sei nun eine Reduktion zu melden: „Wir gehören zu den ganz wenigen Kommunen, denen das gelungen ist."
(Quelle: Badische Zeitung, 14.12. 2005, S. 17, Joachim Röderer)

4 Umweltpolitische Ziele in Freiburg

10 Wahlpflicht

1 Stadtansicht von Freiberg

Methode

Exkursion

„Des Geographen Anfang und Ende ist und bleibt das Gelände."

Eine Exkursion (lateinisch: exkursio = hervorlaufen, Ausflug) ist eine Methode im Unterricht, um einen Bezug zur geographischen Realität herzustellen. Beim Lernen am Original kann das Exkursionsthema oder Exkursionsobjekt in einem komplexen Zusammenhang und nicht nur ausschnittweise betrachtet werden.

Die Exkursion stellt eine besondere Form der Wissensvermittlung außerhalb des Klassenzimmers dar. Geographische Geländebegehungen und -untersuchungen in direkter Begegnung mit der Natur- und Kulturlandschaft sind wichtige Formen des entdeckenden Lernens. Dieses ist für das Verständnis von geographischen Prozessen und Strukturen unerlässlich.
Dabei ist es unumgänglich, selbst aktiv zu werden. Das Beschaffen von Informationen und persönliche Kommunikation sind wesentliche Grundlagen. Zu den wichtigsten Aktivitäten zählen: beobachten, protokollieren, kategorisieren, kartieren, skizzieren, fotografieren, analysieren, interpretieren und Entscheidungen treffen. Am Ende einer Exkursion steht in der Regel eine Präsentation.

Mithilfe von Exkursionen ist es möglich, geographische Phänomene, Strukturen, Funktionen und Prozesse vor Ort direkt zu erfassen. Diese Form des Unterrichts dient zur realen und originalen, räumlichen und thematischen Begegnung mit geographischen Sachverhalten. Unter Anleitung einer Lehrerin oder eines Lehrers können geographische Sachverhalte innerhalb ihres Wirkungs- und Wirklichkeitszusammenhangs unmittelbar untersucht werden.

Wichtige Ziele einer Exkursion sind:
- Anschauung und Diskussion realer geographischer Phänomene, Auseinandersetzung mit der realen Umwelt außerhalb des Klassenzimmers,
- selbstständiges und zielgerichtetes Handeln, Eigenverantwortlichkeit,
- Anwendung von Wissen und Können am realen Objekt, Anwendung verschiedener Methoden und Überprüfung dieser Methoden,
- fachübergreifendes Arbeiten.

1. Planung
- Themenfindung: Welches Thema, welche Fragestellung eignet sich für eine Exkursion?
- Vorerkundung: Bei Exkursionen in Betriebe oder Museen ist es zum Beispiel oft nötig, sich vorher anzumelden beziehungsweise einen Termin zu vereinbaren; oft muss dies schriftlich erfolgen.
- erste Informationsbeschaffung über die Stadt oder den Betrieb (zum Beispiel durch Internetrecherche)
- Erörterung interessanter Fragestellungen und Aufgaben im Unterricht
- Wenn die Exkursion in Gruppen durchgeführt wird, muss die Gruppeneinteilung vorher erfolgen.
- Festlegen eines Arbeitsplans
- Vereinbaren von Verhaltensregeln
- bei Exkursionen in Betriebe: Betriebssicherheit und Datenschutz klären
- Einüben geeigneter Dokumentations- (zum Beispiel Fotografieren) und Präsentationsmethoden (zum Beispiel Wandzeitung erstellen)

2. Durchführung
Untersuchung der zuvor festgelegten Aufgaben und Fragestellungen, eventuell in Gruppen, dabei
- Erfassen der Fragestellung
- Sammeln von Daten und Materialien
- Protokollieren und Dokumentieren der Beobachtungen
- eventuell Entwicklung von Modellen

3. Nachbereitung
- Sichten der Ergebnisse, zum Beispiel durch Kurzberichte
- Analyse und Wertung der Ergebnisse, eventuell weitere Recherche
- Vertiefung der gewonnenen Einsichten, Erkenntnisse und Vorstellungen
- Präsentation der Ergebnisse (zum Beispiel durch Wandzeitung oder Protokoll)
- eventuell Arbeitsgruppenberichte im Plenumgespräch
- Reflexion über Stärken, Schwächen beziehungsweise Lernerfolg

1 Ablauf einer Exkursion

10.1 Exkursion – Beispiel Stadt Freiberg

Die am Fuße des Erzgebirges in einer Höhenlage zwischen 340 und 490 Meter über dem Meeresspiegel gelegene Kreisstadt Freiberg hat heute 43 000 Einwohner. Aus ihrer geographischen Lage zwischen den beiden Agglomerationsräumen Dresden/Oberes Elbtal und Chemnitz-Zwickau resultieren Lagevorteile für die wirtschaftliche Entwicklung.

Die Keimzelle der Stadt war das Waldhufendorf Christiansdorph, dessen Entstehung um das Jahr 1160 anzusetzen ist. 1168 wurden die ersten Silbererze gefunden. Über 800 Jahre war das Werden und Wachsen der Stadt mit dem Bergbau und der Verarbeitung der Bergbauprodukte verbunden. 1765 wurde die Bergakademie gegründet. Seit den 1960er-Jahren erfolgte durch die Einstellung des Bergbaus ein tiefgreifender wirtschaftlicher Strukturwandel in der Stadt und der Region. Dieser zeichnete sich durch einen Bedeutungsgewinn der Industrie aus. Nach 1990 kam es einerseits zu einem Abbau von traditioneller Industrie. Auf der anderen Seite wurden moderne Branchen angesiedelt (Produktion von Siliziumscheiben und Solarzellen). Heute ist Freiberg eine Mittelstadt mit einem breiten Wirtschaftsprofil, mit einer gut ausgebauten Infrastruktur und mit vielen Entwicklungspotenzialen für die Zukunft.

2 **Stadtplan von Freiberg**

10.2 Wahlpflicht: Stadtstruktur / funktionsräumliche Differenzierung

Der Aufbau einer Stadt, das heißt ihre innere Struktur, ist das Ergebnis der Entwicklung aus mehreren Jahrhunderten. Ausgehend von den Grunddaseinsfunktionen (vgl. Seite 220, M2) entwickeln sich in den Städten Teilräume mit bestimmter Struktur und funktionaler Ausrichtung (Wohn-, Industrie-, Erholungsgebiete, Standorte der Bildung und der Versorgung). Mit wachsender Größe verstärkt sich die innere, die funktionsräumliche Differenzierung.

Mit einer Exkursion kann ein Überblick über die Gründe, die zur Stadtanlage führten, die Stadtstruktur und die Verteilung der Funktionen in der Stadt Freiberg gegeben werden. Die Exkursionsroute umfasst sechs Standorte und führt vom Schloss Freudenstein in der Altstadt über den Hauptbahnhof bis in die südlichen Stadterweiterungen des 20. und 21. Jahrhunderts. Der zeitliche Umfang beträgt circa vier Stunden.

Die Wurzeln von Freiberg liegen in der Besiedlungsphase des unteren und mittleren Erzgebirges im 12. Jahrhundert (Waldhufendorf Christiansdorph). Als in der zweiten Hälfte des 12. Jahrhunderts Silbererz gefunden wurde, erfolgte die Anlage der Stadt. 1218 taucht das erste Mal der Name „Friberch“, also „freier Berg“ auf.

Die Altstadt ist das Ergebnis eines Jahrhunderte währenden Prozesses. Sie zeigt bis heute eine noch weitgehend erhaltene Bebauung vor allem des 16. Jahrhunderts. Bis heute ist das spätmittelalterliche soziale Gefüge der Stadt ablesbar. Größere Gebäude, die dem Stadtbürgertum und den Kaufleuten gehörten, befinden sich in der Oberstadt. Die Unterstadt galt eher als das Wohngebiet der Handwerker sowie der Berg- und Hüttenarbeiter.

Zwischen der Altstadt und der Bahnhofsvorstadt befinden sich die sogenannten „Ringanlagen“, die als Grünring entlang der alten, teilweise heute noch erhaltenen Stadtmauer aus dem 13. Jahrhundert verlaufen.

Der Süden der Stadt wurde in seiner Entwicklung stark von dem Verlauf der Eisenbahntrasse beeinflusst. Es entwickelte sich ab der zweiten Hälfte des 19. Jahrhunderts neben Industriegebieten die Eisenbahnvorstadt. Daran schließen sich vor allem südlich der Eisenbahnlinie Wohngebiete aus der Zwischenkriegszeit (1918 – 1939) und der DDR-Zeit (1949 – 1990) an.

Im Norden der Stadt befindet sich das heutige Gelände der Technischen Universität Bergakademie Freiberg. Der Gebäudekomplex entstand vor allem in den 1950er- und 1960er-Jahren (vgl. Seite 259, M3).

Aufgabe

Grenzen Sie Funktionsräume in Ihrer Heimatstadt ab und vollziehen Sie die Stadtentwicklung nach.

1 Schloss Freudenstein

1 Schloss Freudenstein

Bereits im 12. Jahrhundert errichtete Markgraf Otto der Reiche am Standort des heutigen Schlosses die Burg „Freiheitsstein“. Sie diente dem Schutz des Übergangs der Frankenstraße über die Freiberger Mulde und des Silberbergbaus. Im Schutze der Burg entstand als ein Kern der späteren Stadt Freiberg ein Suburbium (Burgsiedlung der Handwerker und Händler). Im 16. Jahrhundert erfolgten der Abriss der Burg und die Errichtung des Renaissance-Schlosses „Freudenstein“. Der Funktionswandel im 18. und 19. Jahrhundert führte zum Umbau als Militärmagazin und später zum Speicher. Nach einer Verfallsphase im 20. Jahrhundert begann am 1. Juli 2004 die Sanierung und der Umbau des Schlosses. 2010 soll das Schloss die Heimat der weltgrößten Mineraliensammlung, die zurzeit beengt in Gebäuden der Bergakademie untergebracht ist, und des Sächsischen Bergarchivs werden.

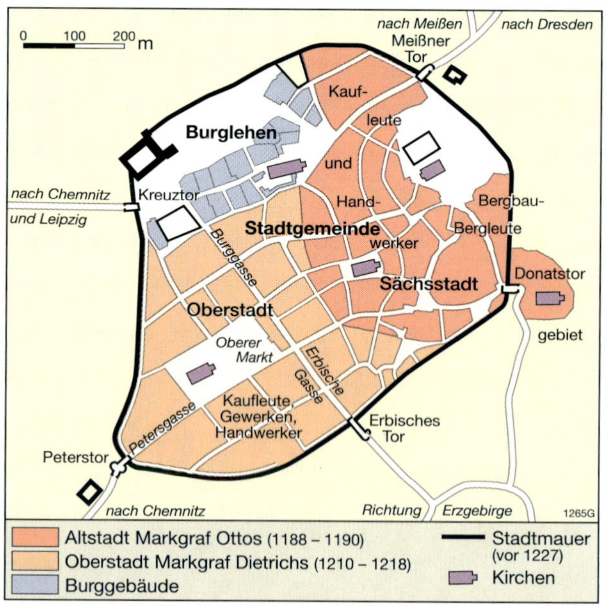

2 Topographische Entwicklung Freibergs im 12./13. Jh.

3 Untermarkt

5 Stadterweiterungen der Zwischenkriegszeit

2 Untermarkt
In der Folge der Silberfunde kam es im 12. und 13. Jahrhundert zur Anlage mehrerer Siedlungskomplexe, die zusammengefasst als Unterstadt bezeichnet werden. Der Untermarkt mit dem Dom und dem Stadtmuseum ist das Zentrum der Unterstadt. Dieser Stadtteil stellt heute ein funktionales Mischgebiet dar (Wohn-, Arbeits-, Versorgungsfunktion).

3 Obermarkt
Seine entscheidende abschließende Formung erhielt der Altstadtgrundriss zwischen 1210 und 1218 unter Markgraf Dietrich durch die planmäßige Anlage der Oberstadt mit dem Obermarkt, deren städtebauliche Hauptachse, die Burgstraße, auf die bereits bestehende Burg orientiert wurde. Die Oberstadt ist heute das Haupteinkaufszentrum der Stadt Freiberg. Hier sind neben dem Wohnen viele zentrale Funktionen konzentriert.

4 Bahnhofsvorstadt
Die Bahnhofsvorstadt bildete sich vor allem im letzten Drittel des 19. Jahrhunderts heraus. Grundlage war der Eisenbahnanschluss der Stadt (1862). Die Bahnhofstraße durchschneidet das Gebiet von Nord nach Süd und stellt die Verbindung zur Altstadt her. In der Bahnhofsvorstadt dominiert die Funktion Wohnen. Aber auch die Industrie spielt(e) eine wichtige Rolle. Das Gebiet ist heute stark sanierungsbedürftig.

5 Stadterweiterungen der Zwischenkriegszeit
In den Jahren zwischen 1919 und 1933 entstanden in Freiberg 1250 Wohnungen. Diese Gebiete befinden sich sowohl nördlich als auch südlich der Eisenbahnlinie. Sie besitzen in erster Linie Wohnfunktion. Ihre Struktur reicht von der Einfamilienhaus- über die Reihensiedlung bis zu Wohnblöcken. Typisch ist auch ein hoher Grünanteil.

6 Plattenbaugebiet Wasserberg aus der DDR-Zeit
Zwischen den Wohngebieten der Zwischenkriegszeit und der Bahntrasse wurden in den 1960er- bis 1980er-Jahren die Wohngebiete Seilerberg und Wasserberg mit den dazugehörigen Versorgungs- und Betreuungseinrichtungen angelegt. Wurde anfangs noch in der Großblockbauweise gebaut, ließen die Stadtplaner später Plattenbauten errichten. So entstanden in Freiberg von 1960 bis 1989 über 9000 Wohnungen.

4 Obermarkt

6 Plattenbauten

1 Der Energiepark „Reiche Zeche" in Freiberg

10.3 Wahlpflicht: Stadtökologie

In Freiberg und seiner Umgebung wurden 800 Jahre Bergbau betrieben. Dies hatte deutliche Auswirkungen auf die Stadtstruktur (vgl. Seite 260 f.), auf die naturräumliche Situation und auf den stadtökologischen Zustand. Ziel der Exkursion ist das Kennenlernen ökologischer Zusammenhänge in der Stadt bzw. zwischen Stadt und Umland.

Die Stadtökologie ist eine junge Wissenschaftsdisziplin. Es ist der Zweig der Ökologie, der sich mit ökologischen Zusammenhängen im unmittelbaren Umfeld des Menschen beschäftigt. Stadtökologie untersucht zum Beispiel die Wechselwirkungen des menschlichen Handelns mit der in den Städten vorhandenen Natur. Als vom Menschen stark überformter Naturraum unterscheiden sich Städte in vielfältiger Weise von ihrer Umgebung.

Ein Beispiel für eine Exkursion zur Stadtökologie in der Stadt Freiberg ist das Thema „alternative Energien". Bis zum Jahr 2020 sollen in Freiberg mindestens 15 Prozent des Energiebedarfs aus erneuerbaren Energien gedeckt werden. Regenerative Energien, die in Freiberg genutzt werden, lassen sich einteilen in Energie

- zur Stromerzeugung (Wasserkraft, Windenergie, biogene Festbrennstoffe, Deponie-, Bio-, Klärgas, Solarstrahlung, Biotreibstoffe),
- zur Wärmebereitstellung (biogene Festbrennstoffe, Umgebungswärme, Solarstrahlung),
- als Treibstoff (Biodiesel, Rapsöl).

Am Institut für Energieverfahrenstechnik und Chemieingenieurwesen der TU Bergakademie Freiberg wurde ein Energiepark eingerichtet. Er befindet sich auf dem Gelände des ehemaligen Silberbergwerkes „Reiche Zeche" im Nordosten der Stadt. Im Energiepark werden an verschiedenen Standorten anschaulich unterschiedliche Möglichkeiten der Nutzung regenerativer Energien sowie des rationellen Energieeinsatzes demonstriert.

Die Exkursion der sechs Standorte innerhalb des Energieparks dauert drei bis vier Stunden (vgl. Seite 259, M3).

Aufgaben

1. Stellen Sie für Ihre Exkursionsstadt stadtökologische Daten (Klima, Vegetation etc.) zusammen.
2. Erarbeiten Sie in Ihrer Exkursionsstadt eine Route mit stadökologisch relevanten Standorten.

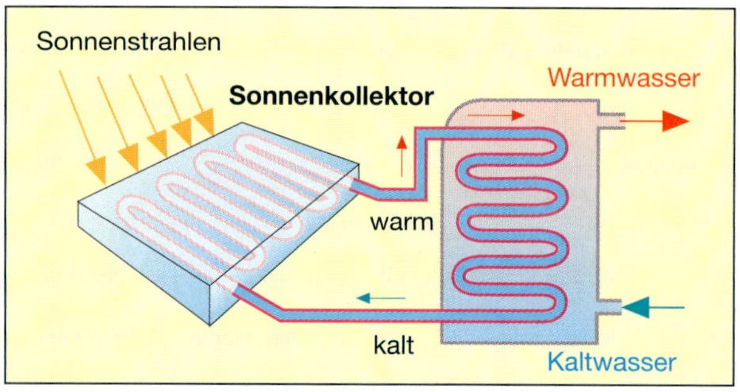

2 Prinzip der Solarthermie

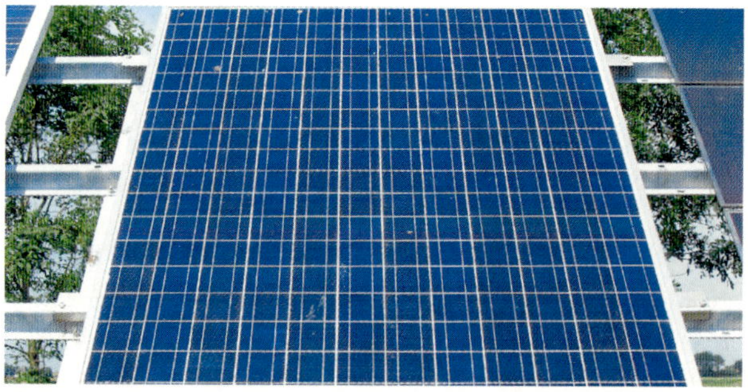

3 Fotovoltaik-Anlage

1 Solarthermie
Die Wandlung der Strahlungsenergie der Sonne in Wärmeenergie wird mit zwei in Reihe geschalteten Flachkollektoren realisiert. Die Energie wird dann vom Wärmeträger aufgenommen und mittels Pumpen zum Wärmeübertrager des ersten Solarspeichers transportiert. Dieser geschlossene Kreislauf wird auch als Solarkreislauf bezeichnet.

2 Fotovoltaik
Die direkte Umwandlung von Sonnenenergie in elektrische Energie erfolgt mittels Solarzellen, die aus einem Halbleiterwerkstoff (meist Silizium) bestehen. Durch den inneren fotoelektrischen Effekt wird aus Licht Strom erzeugt. Für die meisten Anwendungen ist die Spannung einer einzelnen Zelle zu niedrig, sodass mehrere zu Modulen zusammengeschaltet werden.

3 Brennstoffzelle
Das Prinzip der Brennstoffzelle beruht auf der direkten Umwandlung von chemisch gebundener Energie eines Brennstoffes in elektrische Energie. Vorteile dieser Technik sind hohe Wirkungsgrade und niedrige Emissionswerte. Das Funktionsprinzip wird anhand einer Brennstoffzelle mit Protonen-Austauschmembran demonstriert. Als Brennstoff dient Wasserstoff, der in der Brennstoffzelle mit Sauerstoff zu Wasser reagiert. Durch die Reaktionen entsteht ein Ladungspotenzial, das in Form von Elektroenergie genutzt werden kann.

4 Grubenwasser-Wärmepumpe
Das Prinzip der Wärmepumpe beruht darauf, Umgebungswärme durch Zufuhr von mechanischer Energie auf ein höheres Temperaturniveau anzuheben und dadurch für Heizzwecke nutzbar zu machen. Als Wärmequelle dient Grubenwasser, das aus rund 90 Meter Tiefe aus einem ehemaligen Silberbergwerk gefördert wird. Das Grubenwasser hat ganzjährig eine Temperatur von 10 °C.

5 Rapsöl-Blockheizkraftwerk
Blockheizkraftwerke sind Kraft-Wärme-Kopplungsanlagen zur dezentralen Energieversorgung, die in der Regel mit flüssigen und gasförmigen Brennstoffen betrieben werden. Als Nutzenergie werden dem Verbraucher Strom und Wärme angeboten. Sie zeichnen sich durch sehr hohe Gesamtwirkungsgrade aus und sind damit besonders ressourcenschonend und wenig umweltbelastend.

6 Biomassefeuerung
Die energetische Nutzung von Biomasse durch Verbrennung ist eine der ältesten Methoden der Energiebereitstellung. Neben Holz und Energiepflanzen werden organische Abfälle und Rohstoffe aus Haushalt, Industrie und Landwirtschaft genutzt.

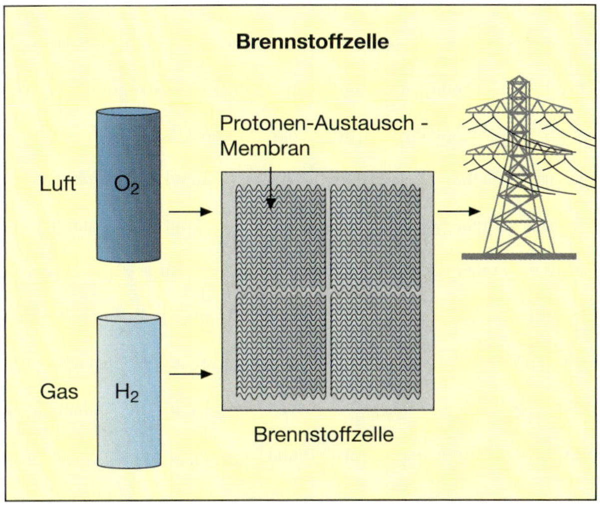

4 Prinzip der Brennstoffzelle

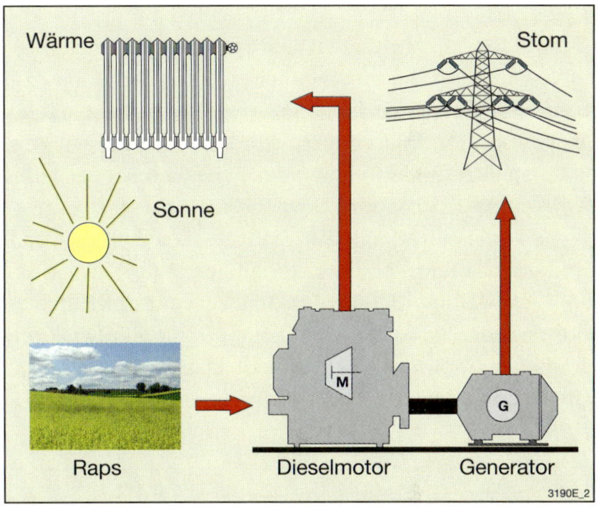

5 Prinzip des Rapsöl-Blockheizkraftwerks

6 Biomasse (Holzreste)

10.4 Wahlpflicht: Nachhaltige Stadtentwicklung

Der Begriff Nachhaltigkeit stammt ursprünglich aus der Forstwirtschaft und wurde erstmalig im 18. Jahrhundert vom Oberberghauptmann Hans Carl von Carlowitz verwendet. Er bedeutet, dass die Betreuung von Waldflächen und ihre Nutzung so erfolgen muss, dass der Wald seine biologische Vielfalt, Produktivität, Verjüngungsfähigkeit und Vitalität auch für kommende Generationen behält.

Der Begriff der Nachhaltigkeit erlebte nach 1987 im komplexen Ansatz eine Renaissance. In diesem Jahr wurde der Brundtland-Bericht „Unsere gemeinsame Zukunft" veröffentlicht, in dem „Nachhaltigkeit" definiert wird als: *„den Bedürfnissen der heutigen Generation zu entsprechen, ohne die Möglichkeiten künftiger Generationen zu gefährden".*

Übertragen wurde der Begriff der Nachhaltigkeit in den 1990er-Jahren auch auf die Stadtentwicklung. Es entstand das Leitbild der „nachhaltigen Stadtentwicklung". Dieses umfasst ein ganzheitliches Konzept für das zukünftige Leben in der Stadt. Es vereinigt soziale, ökonomische und ökologische Aspekte in sich. Eine wichtige Rolle spielen die Aktivitäten der Arbeitskreise der Lokalen Agenda 21 (vgl. auch Seite 250 ff.).

Die Exkursion verfolgt das Ziel, am Beispiel der Stadt Freiberg das Konzept der nachhaltigen Stadtentwicklung an ausgewählten Schwerpunkten zu veranschaulichen. Dort wurde 2004 ein Leitbild für die Stadtentwicklung erarbeitet (M1). Die Exkursion ist in fünf Standorte gegliedert und dauert etwa vier Stunden.

1 Leitbild der Stadt Freiberg

1 Lehrbergwerk der TU Bergakademie Freiberg „Reiche Zeche" mit Energiepark

Bis zum Jahr 2020 sollen in Freiberg mindestens 15 Prozent des Energiebedarfs aus erneuerbaren Energien gedeckt werden. Eine recht anschauliche Demonstration der Erzeugung und Nutzung regenerativer Energien in Freiberg bietet der Energiepark (Solarthermie, Fotovoltaik, Brennstoffzelle, Wärmepumpe, Biomassefeuerung). Der Energiepark befindet sich auf dem Gelände des Lehr- und Forschungsbergwerks „Reiche Zeche" im Nordosten der Stadt. Der „Reiche-Zeche-Richtschacht" wurde 1384 erstmals urkundlich erwähnt; der Aufschluss des heutigen Lehrschachts begann 1841.

2 Technische Universität Bergakademie Freiberg

Der Beschluss zur Gründung der Bergakademie in Freiberg am 13.11.1765 war das Ergebnis einer jahrhundertelangen Bergbau- und Lehrtradition und Beginn einer weltoffenen Wissenschaftsentwicklung. Die Bergakademie wurde 1899 einer Technischen Hochschule gleichgestellt und erhielt bereits 1905 das Promotionsrecht.

In den 1950er- und 1960er-Jahren entstand ein neuer Campus im Norden der Stadt. Hier sind die wichtigsten Lehr- und Forschungseinrichtungen konzentriert.

Nach der deutschen Einheit erhielt die Bergakademie den Status einer Technischen Universität. An den sechs Fakultäten studieren heute über 4000 Menschen. Die bauliche Infrastruktur wurde zu großen Teilen neu gestaltet.

Neben den Geo- und Werkstoffwissenschaften entwickelt die Einrichtung immer größeres Ansehen im Bereich der Umweltwissenschaften und der Halbleiterforschung.

3 Waferfabrik von Siltronic oder Solarworld

Freiberg ist einer der wichtigsten Standorte der Solarindustrie in Deutschland. Hervorzuheben ist eine Kombination aus Siliziumindustrie von weltweitem Rang sowie der innovativen Fertigung thermischer Großanlagen. Basis dieser Spezialisierung war der DDR-Betrieb „Spurenelemente". Die Nachfolge traten drei Unternehmen der Siliziumindustrie an (Bayer Solar, Wacker Siltronic, Freiberger Compound Materials).

Heute befindet sich am Standort Freiberg die komplette Herstellungskette vom Rohsilizium bis zu fertigen Solarmodulen. Die Produktionsanlagen sind neu entstanden und haben modernsten industriellen Standard. Eng verwoben mit der Industrie sind die Forschungsaktivitäten der TU Bergakademie Freiberg.

4 Stadtzentrum (Obermarkt/Burgstraße)

Die historisch über mehr als 800 Jahre gewachsene Altstadt ist ein funktionales Mischgebiet. Sie ist gleichzeitig kulturelles Zentrum wie Einkaufszentrum, sie ist wichtiger Sitz von Behörden und Wohnstandort.

Das in hohem Maß die Bedeutung der Stadt bestimmende Erscheinungsbild der Altstadt soll bewahrt und die Funktionsfähigkeit als Standort urbaner Vielfalt aufgewertet werden. Der Ausbau des Schlosses zum Standort der weltgrößten Mineraliensammlung ist ein Beispiel, um dieses Ziel zu realisieren.
Prognosen zufolge wird die Einwohnerzahl der gesamten Stadt Freiberg bis zum Jahr 2020 sinken, die der Altstadt jedoch steigen.

5 Großwohnsiedlung Wasserberg
Die langfristige demographische Entwicklung von Freiberg ist gekennzeichnet durch Bevölkerungsabnahme (2006: 43 000 Einwohner, 2020: 38 500 Einwohner) und zunehmende Überalterung (2006: Durchschnittsalter 45 Jahre, 2020: 48 Jahre). Verstärkt treffen diese Entwicklungen auf die Plattenbaugebiete aus der DDR-Zeit zu. Das Resultat sind Leerstände zwischen 25 und 30 Prozent.
Der bedarfsgerechte Umbau soll zur Erhöhung der stadträumlichen Qualität genutzt werden (Aufwertung der bestehenden Wohnungen, Ausweisung innerstädtischer Eigenheimstandorte, Errichtung von städtischen Grünanlagen).
Im integrierten Stadtentwicklungskonzept für Freiberg sind folgende Ziele für den Stadtumbau genannt:
- Anpassung des Wohnungsmarktes an den Bedarf,
- Sicherung der langfristigen Wohnraumversorgung für alle Bevölkerungsschichten,
- Förderung der Wohneigentumsquote durch Verkauf von Bestandsobjekten.

3 Ablauf des Stadtumbaus der Großwohnsiedlung Wasserberg

2 Technische Universität Bergakademie Freiberg

4 Solarworld

Register

O

P

R

S

T

Literaturverzeichnis / Internetadressen

Literatur

Abhandlungen zur Geographie und Regionalforschung, Band 6. Institut für Geographie der Universität Wien, Wien 1999

Akademie für Raumforschung und Landesplanung: Folgen des demographischen Wandels für Städte und Regionen in Deutschland - Handlungsempfehlungen. In: ARL-Nachrichten 1/2006

Backhaus, N.: Zugänge zur Globalisierung – Konzepte, Prozesse, Visionen. Schriftenreihe Anthropogeographie Vol. 17. Zürich 1999

Bade, K. J.: Europa in Bewegung. Migration vom späten 18. Jahrhundert bis zur Gegenwart (Europa bauen). München 2000

Bähr, J., Jürgens, U.: Stadtgeographie II. Braunschweig 2005

Barsch, H., Bürger, K. Naturressourcen der Erde und ihre Nutzung, Gotha 1996

Bauer, J. et al.: Physische Geographie. Braunschweig 2001

Bauer, J. et al.: Stadtgeographie. Braunschweig 2005

Borchert, G.: Klimageographie in Stichworten. Berlin, Stuttgart 1993

Brown, L.R.: Wie viel ist zu viel? [Hrsg.: Deutsche Stiftung Weltbevölkerung]. Balance Verlag 2000

BUND, MISEREOR (Hrsg.): Wegweiser für ein zukunftsfähiges Deutschland. München 2002

Bundesanstalt für Geowissenschaften und Rohstoffe Hrsg.; Reserven, Ressourcen und Verfügbarkeit von Energierohstoffen. Hannover 2005

Bundesministerium für Verkehr, Bau- und Wohnungswesen: Die soziale Stadt. Berlin 2002

Diez, J. R.: Malaysia zwischen Ausgleich und Konzentration. In: Geographische Rundschau 9/2007, S. 20–29

Dow, K., Dowing, T.E.: Weltatlas des Klimawandels. Hamburg 2007

Endlicher, W., Gerstengarbe, F.-W. (Hrsg.): Der Klimawandel. Einblicke, Rückblicke und Ausblicke.- Potsdam 2007

Engelhard, K.: Welt im Wandel. Grevenbroich, Stuttgart 2004

Fassmann, H.: Stadtgeographie I. Braunschweig 2004

Flannery, T.: Wir Wettermacher. Frankfurt 2006

Frisch, W., Meschede, M.: Plattentektonik. Kontinentverschiebung und Gebirgsbildung. Darmstadt 2005

Fuchs, O., Schleifnecker, T.: Handbuch ökologische Stadtentwicklung. Berlin 2001

Gaede, P.-M. (Hrsg.): Die Geburt der Erde. GEOkompakt, Nr. 1. Hamburg 2006

Gaede, P.-M. (Hrsg.): Wetter und Klima. GEOkompakt, Nr. 9. Hamburg 2006

Geozentrum Hannover (Hrsg.): Geostandpunkt Rohstoffe
Gore, A.: Eine unbequeme Wahrheit. München 2006
Grotzinger, J., Jordan, T.H., Press, F., Siever, R.: Allgemeine Geologie. Berlin, Heidelberg 2008
Gresh, Alain et al.: Atlas der Globalisierung. Le Monde diplomatique. Berlin 2007
Hall, P., Pfeiffer, U.: URBAN 21. München 2000
Haub, C.: Dynamik der Weltbevölkerung [Hrsg.: Dt. Stiftung Weltbevölkerung]. Balance Verlag 2002
Heineberg, H.: Grundriss Allgemeine Geographie: Stadtgeographie. Paderborn 2001
Hofmeister, B.: Die gemäßigte Breiten: Das Geographische Seminar zonal. Braunschweig 1985
Hupfer, P., Kuttler, W.: Witterung und Klima. Stuttgart, Leipzig 2006
Husa, K., Wohlschlägl, H. (Hrsg.): Megastädte der Dritten Welt im Globalisierungsprozess.
Institut für Länderkunde: Nationalatlas Bundesrepublik Deutschland, Bd. 5: Dörfer und Städte. Leipzig 2002
Jahn, R.: Die Böden der winterfeuchten Subtropen. In: Geogr. Rundschau, Heft 10/2000, S. 28 ff.
Killisch, W., Siedhoff, M.: Probleme schrumpfender Städte. In: Geogr. Rundschau 10/2005, S. 60–67
Kilper, H., Müller, B.: Demographischer Wandel in Deutschland. In Geogr. Rundschau 3/2005, S. 36 ff.
Kröhnert, S. et al.: Die Demographische Lage der Nation. Institut für Bevölkerung und Entwicklung. Berlin 2006
Leser, H.: Landschafsökologie. Stuttgart 1997
Lichtenberger, E.: Die Stadt. Von der Polis zu Metropolis. Darmstadt 2002
Müller-Hohenstein, K., Miotke, F.-D.: Die geoökologischen Zonen der Erde. In: Länder, Völker, Kontinente Bd. 1: Die Erde als Natur und Lebensraum. Gütersloh 1997
Nuscheler, F.: Lern- und Arbeitsbuch Entwicklungspolitik. Bonn 2006
Rahmstorf, S., Schellnhuber, H.-J.: Der Klimawandel. München 2006
Rummel, A.: Landeshauptstadt Magdeburg – Entwicklungen und Veränderungen seit 1990. In: Geogr. Rundschau 7/8 2005, S. 12–19
Sachs, J. D.: Das Ende der Armut. Schriftenreihe der Bundeszentrale für politische Bildung, Bd. 511. Bonn 2005
Schirato, T. & Webb, J.: Understanding Globalization. London 2003
Schirm, S. A. (Hrsg.): Globalisierung. Schriftenreihe der Bundeszentrale für politische Bildung, Bd. 609. Bonn 2007
Schirrmacher, F.: Das Methusalem-Komplott. München 2005
Schmincke, H.-U.: Vulkanismus. Darmstadt 2000
Scholz, F.: Entwicklungsländer. Entwicklungspolitische Grundlagen und regionale Beispiele. Das Geographische Seminar. Braunschweig, 2006
Schultz, J.: Handbuch der Ökozonen. Stuttgart 2000
Schwelien, M.: Das Boot ist voll. Europa zwischen Nächstenliebe und Selbstschutz. Hamburg 2004
Stadt. dtv-Atlas. München 1997
Stiglitz, J.: Die Chancen der Globalisierung. Bonn 2007
Taschenlexikon Weltraum. London 2006
UNFPA Weltbevölkerungsbericht 2005 [Hrsg.: Dt. Stiftung Weltbevölkerung]. Balance Verlag 2005
UNFPA, Bevölkerungsfonds der Vereinten Nationen (Hrsg.): Weltbevölkerungsbericht 2006. Der Weg der Hoffnung, Frauen und internationale Migration. Stuttgart 2006. [Herausgeber der deutschen Übersetzung: Deutsche Stiftung Weltbevölkerung]
UN-Weltklimareport. Köln 2007
Wackernagel, M., Rees, W.: Unser ökologischer Fußabdruck. Basel Boston Berlin 1997
Walch, D., Neukamp, E.: Wolken, Wetter. München 1989
Walter, H.,. Breckle, S.-W.: Vegetationen und Klimazonen. Stuttgart 1999
Weigel, O., Heinig, S.: Entwicklungsstrategien ostdeutscher Großstädte – Bsp. Leipzig. In: Geogr. Rundschau 2/2007, S. 40–47
Wissenschaftlicher Beirat der Bundesregierung Globale Umweltveränderungen (WBGU): Welt im Wandel – Wege zu einem nachhaltigen Umgang mit Süßwasser. Jahresgutachten 1997

Zeitschriften

Bundeszentrale für politische Bildung: Globalisierung. Informationen zur politischen Bildung, Heft 280. Bonn 2003
Bundeszentrale für politische Bildung: Entwicklung und Entwicklungspolitik. Informationen zur politischen Bildung, Heft 286. Bonn 2004
Bundeszentrale für politische Bildung: Bevölkerungsentwicklung. Informationen zur politischen Bildung, Heft 282. Bonn 2005
Geographie heute 205/2002: Landschaftsökologie
Geographie heute 241-242/2006: Klimawandel
Geographie heute 247/2007: Vulkanismus
Geographie und Schule 119/1999: Lithosphärenforschung
Geographie und Schule 151/2004: Erdbeben
Geographische Rundschau 10/1997: Stadtökologie
Geographische Rundschau 3/2001: Integration in Deutschland und Europa
Geographische Rundschau 1/2004: Klimawandel
Geographische Rundschau 4/2004: Global Cities
Geographische Rundschau 2/2005: Welthandel und Globalisierung
Geographische Rundschau 10/2005: Weltweite Verstädterung

Geographische Rundschau 2/2006: Wasserpolitik
Geographische Rundschau 6/2006: Großstädte in Deutschland
Geographische Rundschau 2/2007: Demographischer Wandel
Geographische Rundschau 5/2007: Globalisierung und Verkehr
Geographische Rundschau 9/2007: Schwellenländer
Praxis Geographie 12/1998: Nachhaltige Stadtentwicklung
Praxis Geographie 4/2004: Fremde Heimaten
Praxis Geographie 7 + 8/2004: Landflucht 3. Welt
Praxis Geographie 11/2004: Aktuelle Stadtstrukturen in Deutschland
Praxis Geographie 5/2005: Klimawandel
Praxis Geographie 7 + 8/2005: Welthandel
Praxis Geographie 1/2006: Der globalisierte Standort
Praxis Geographie 5/2006: Schwellenländer
Praxis Geographie 3/2007: Stadtregionen in Deutschland
Praxis Geographie 5/2007: Weltbevölkerung
Praxis Geographie 9/2007: Bildung für eine nachhaltige Entwicklung

Hinweis:

Zu den meisten Themen dieses Werkes sind in folgenden Fachzeitschriften oder Schriftenreihen weitere Aufsätze oder Themenhefte erschienen:

- Geographische Rundschau
- Praxis Geographie
- geographie heute
- Geographie und Schule,
- Informationen zur politischen Bildung

Aktuelle Materialien und Statistiken bieten u.a. folgende Periodika:

- Der Fischer Weltalmanach
- aktuell
- Globale Trends
- Statistisches Jahrbuch (auch unter: www.destatis.de)

Internetadressen

www.agenda21berlin.de/fussabdruck
(Ökologischer Fußabdruck)
www.aids-stiftung.de
(Deutsche Aids-Stiftung mit Berichten über Projekte)
www.baufachinformation.de/artikel.jsp?v = 3070
(Segregation in Deutschland)
www.baufachinformation.de/zeitschriftenartikel.jsp?z = 03109007959
(Zwischen Gentrification und Abwärtsspirale. Sozialräumliche Differenzierung in Wohnquartieren sächsischer Großstadtregionen Ende der 1990er-Jahre)
www.bgr.bund.de
(Bundesanstalt für Geowissenschaften und Rohstoffe)
www.bmz.de/de/index.html
(Bundesministerium für wirtschaftliche Zusammenarbeit und Entwicklung; darunter auch Fakten zu Millenniumszielen)
www.census.gov/ipc/www/idb
(amerikanische Seite mit umfangreichem statistischen Material zur Bevölkerung weltweit)
www.dwd.de
(Deutscher Wetterdienst)
www.ecopop.ch/a5bevoelkwelt/weltbev.html
(Seite zur Weltbevölkerung)
www.esso.de/ueber_uns/info_service/publikationen/downloads
(Broschüren zum Download, u.a. Oeldorado = jährlich aktualisiertes Datenmaterial zur weltweiten Ölversorgung, -vorkommen etc.)
www.greenpeace.de
(Startseite der Umweltschutzorganisation mit Seiten u.a. zum Zustand des borealen Nadelwalds oder zum Klimawandel)
www.isoplan.de/aid/index.htm?http://www.isoplan.de/aid/2005-2/segregation.htm
(Integration trotz Segregation)
www.megacities.org
(Metropolen – Megastädte – Global cities – Megapolis)
www.meinestadt.de
(Startseite zu allen dt. Städten)
www.nachhaltigkeitsrat.de
(Rat für nachhaltige Entwicklung)
www.neunplaneten.de/nineplanets/nineplanets.html
(Multimediatour durch das Sonnensystem)
www.opec.org
(Startseite der OPEC [Organisation Erdöl exportierender Länder])
www.poodwaddle.com/clocks2de.htm
(Weltuhr zu Bevölkerung, Erdtemperatur, Waldabholzung etc.)
www.regenwald.org
(Homepage des Vereins „Rettet den Regenwald")
www.rieselfeld.freiburg.de
(Stadtentwicklung in Freiburg)
www.soziale-stadt.de
(Bund-Länder-Programm „Soziale Stadt")
www.stadtteilarbeit.de/Seiten/Theorie/alisch/soziale_stadtentwicklung.htm
(Soziale Stadtentwicklung in Deutschland - Implementationshürden und Lösungswege)
www.statistik.sachsen.de
(Statistisches Landesamt Sachsen)
www.vauban.de
(nachhaltige Stadtentwicklung in Freiburg)
www.venro.org
(Verband Entwicklungspolitik deutscher Nichtregierungsorganisationen)
www.weltbevoelkerung.de
(Homepage der Deutschen Stiftung Weltbevölkerung DSW)
www.welthungerhilfe.de
www.werkstatt-stadt.de
(innovative Städtebau-Projekte)
www.wetter-klimawandel.de
(Übersicht zum Klimawandel)
www.wieninternational.at/de/node/4553
(UNO-Bericht: Verstädterung der Welt = größte Herausforderung)
www.wwf.de
(Naturschutzorganisation „World Wildlife Fund")

Bildquellen

A1PIX, Taufkirchen: 146/147; akg-images GmbH, Berlin: 12 M1; arche noVa, Dresden: 128 M1, 129 M2, 129 M3, 130 M1, 131 M3, 131 M4, 131 M5; Arend, J., Wedel: 152 M1, 262 M3; argus Fotoarchiv GmbH, Hamburg: 68/69 (Schwarzbach); Associated Press GmbH, Frankfurt am Main: 86 M1 (Eugene Hoshiko), 120 M1; Astrofoto, Sörth: 142 M2 oben links, 143 oben links, 143 oben rechts, 155 M2 oben; Blickwinkel Bildagentur, Witten: 165 (Thomas), 216/217 (Luftbild Bertram), 219 M3 (Luftbild Bertram); Bricks, Erfurt: 223 M5, 224 M2, 225 M4, 233 M3, 233 M3, 233 M3; Computerkartographie, Computergrafik Heidolph, Kottgeisering: 8 M2, 9 M3, 28 M1, 34 M1, 35 M2, 36 M1, 36 M2, 36 M3, 37 M4, 37 M5, 38 M1, 38 M3, 39 M4, 39 M5, 40 M2, 41 M3, 41 M4, 41 M5, 43 M1, 43 M2, 43 M3, 44 M1, 45 M2, 45 M3, 46 M1, 47 M2 unten Mitte, 47 M2 unten links, 47 M2 unten rechts, 48 M1, 50 M2, 53 M2, 60 M3, 60 M4, 61 M5, 62 M2, 62 M3, 64 M2, 66 M2, 67 M4, 70 M2, 75 M5, 77 M2, 79, 79 M4, 79 M6, 81 M4, 83 M6, 83 M8, 91 M3, 91 M4, 92 M1, 92 M2, 95 M5, 96 M1, 97 M2, 97 M5, 100 M2, 105 M3, 106 M1, 106 M3, 107 M6, 108 M3, 110 M3, 112 M3, 115 M2, 115 M3, 115 M4, 115 M5, 116 M1, 125 M3, 125 M4, 149 M3, 150 M4, 150 M5, 156 M1, 157 M4, 157 M5, 159 M2, 163 M2, 166 M3, 170 M2, 171 M5, 171 M6, 172 M3, 180 M1, 181 M4, 187 M5, 194 M1, 195 M3, 197 M2, 203 M5, 204 M2, 206 M1, 207 M5, 207 M6, 208 M1, 208 M2, 209 M4, 211 M3, 218 M2, 220 M2, 224 M1, 224 M3, 226 M1, 226 M2, 229 M2, 230 M1, 233 M2, 235 M3, 236 M1, 236 M3, 238 M1, 238 M2, 239 M4, 241 M3, 242 M1, 245 M2, 245 M4, 247 M6, 248 M2, 248 M3, 249 M4 links, 249 M4 rechts, 249 M5, 250 M1, 251 M3, 253 M2, 255 M2, 255 M3, 262 M2, 263 M4; Caro Fotoagentur, Berlin: 173 M4 (Bastian); Cartoonstock, GB-Bath: 110 M1; Christoph & Friends / Das Fotoarchiv GmbH, Essen: 87 M3 (Jaegle); Corbis, Düsseldorf: 122 M1 Dafur (Robert), 177 M5 (Lamont), 190/191 (Reuters), 210 M1 (Arthus-Bertrand); Das Luftbildarchiv Ingrid Dunse, Wennigsen: 256/257; Ddp Nachrichtenagentur GmbH, Berlin: 148 M1 (Kappeler); Drescher, A., Freiburg: 184 M4; Dresdner Verein für soziale Integration von Ausländern und Aussiedlern VIAA, Dresden: 139 oben rechts; Dziewonski, A., USA-Camdridge: 8 M1; EADS-Werk Elbe Flugzeugwerke GmbH, Dresden: 101 M4 oben, 101 M4 unten; Ecopix Fotoagentur, Berlin: 193 M5 (Lee); Eiblmaier, M., Braunschweig: 220 M1; Ernst Wrba Foto-Design, Wiesbaden: 178 M1; Focus Photo- und Presseagentur, Hamburg: 121 M3; Garten, G., Radeberg: 151 M6, 151 M7, 151 M8; Gemeinde Calvia Mallorca / ECOTRANS, Saarbrücken: 189 M3, 189 M3, 189 M3; Geotop Bildarchiv, München: 183 M5 (Gebhard), 183 M6 (Gebhard); Gerber, W., Leipzig: 29 M6; Gernandt, Peter, Göttingen: 31 M6, 31 M6, 31 M6; Getty Images Deutschland GmbH, München: 82 M4 (Essick), 206 M3; Gorzen, Radeberg: 161 oben Mitte; Greenpeace e.V. Fotoredaktion, Hamburg: 167 M4 (Gavrilov), 167 M6 (Matoff); Helga Lade Fotoagentur GmbH, Frankfurt am Main: 210 M2; Herzig, R., Wiesenburg: 182 M3; Hincks, Gary: 141 M4; IMA - Information, Medien, Agrar e.V., Bonn: 155 M2 unten; Institut für Länderkunde, Leipzig: 219 M4 (aus: Nationalatlas Bundesrepublik Deutschland - Dörfer und Städte); KNA (Katholische-Nachrichten-Agentur), Bonn: 123 (Radtke); Knecht, Freiburg: 47 M2 oben links, 160 oben rechts; Kugler, J., Freiberg: 262 M1; Kuhli, M., Oerlingshausen: 162 oben Mitte; Laif Köln, Köln: 25 rechts oben (The New YorkTimes/Redux), 85 M4 (Kuenzig), 102/103 (Prado), 126 M1 (Redux); Leipzig Tourist Service, Leipzig: 29 M5 (Schmidt); Länderpress, Mainz: 176 M1; Mager, F.-G., Gengenbach: 47 M2 oben rechts, 160 oben Mitte, 160 oben links; Marie Marcks, Heidelberg: 186 M4; Mauritius Bildagentur GmbH, Mittenwald: 6/7, 42 links oben, 78 M3 (Beck), 118 M1 (Mattes), 140 M2 (Phototake), 164 (age), 168 M1, 178 M4 (age), 178 M6 (age), 209 M3 (imagebroker); Mester, Gerhard / CCC, Pfaffenhofen: 70 M1, 71 M3, 94 M1, 95 M4, 124 M1; Mittenzwei, K., Berlin: 239 M3; Morgeneyer, F., Leipzig: 240 M2, 244 M1, 261 M3, 261 M4, 261 M5, 261 M6, 265 M2, 265 M4; Mühr, B., Karlsruhe: 41 M3 rechts oben; NASA, USA-Houston: 3 oben, 3 unten, 112 M1, 123 Mitte; NOAA - National Oceanic & Atmospheric Administration , WASHINGTON: 162 oben rechts; Pantke, Reinhardt, Braunschweig: 19 M4; Peterson, R., CAN-Vancouver: 177 M7; Picture-Alliance GmbH, Frankfurt/M.: 59 M3 (Astrium), 88 M1, 88 M3 (UPPA Chinafotopress), 132 M1 (epa efe Lerida), 148 M2, 171 M4 (Pum), 181 M5 (Okapia/Wothe), 184 M2 links (epa/Handout), 184 M2 rechts (epa/Handout), 187 M6 (Bildagentur Huber/Römmelt), 202 M1, 229 M3 (zb/Grubitzsch), 260 M1 (zb/Wolfgang Thieme); Plustech Oy, FIN-Tampere: 173 M6; Rieke, Michael, Hannover: 82 M1, 161 oben links; Ries, J., Trier: 185 M6; Sammlung Gesellschaft für ökologische Forschung: 64 M1 (Hamberger), 64 M4 (Hamberger); SASI Group (University of Sheffield) and Mark Newman (University of Michigan), GB-Sheffield: 192 M1; Schacht, S., Aachen: 188 M1; Schneider, W., Köln: 263 M6; Stadt Freiburg, Amt für Flurordnung , Freiburg: 254 M1 oben; Stadt Trier, Amt für Presse- und Öffentlichkeitsarbeit, Trier: 222 M2; Statoil, N-Stavanger: 107 M4; Stutz, Kamen: 161 oben rechts; Travelstock44 / Juergen Held , Berlin: 178 M3 (Held); Trobitzsch, Buchholz - Trelde: 162 oben links; Umweltforschungszentrum Halle-Leipzig, Leipzig: 248 M1 (Etchard); Vario images GmbH & Co. KG, Bonn: 32/33; VISUM Foto GmbH, Hamburg: 175 M3 (panos picture), 185 M8 (Rezac); Wehrs, Lüneburg: 155 M2 Mitte; Wildlife Bildagentur GmbH, Hamburg: 166 M2 (Gomersall), 189 M4 (Schinner); Wollert, K., Markt Schwaben: 47 M2 oben Mitte.

Hinweis: Für den Fall, dass berechtigte Ansprüche von Rechteinhabern unbeabsichtigt nicht berücksichtigt wurden, sichert der Verlag die Vergütung im Rahmen der üblichen Vereinbarungen zu.

Wiedergeben / Zusammenfassen

Erlerntes, Erarbeitetes oder an vorgegebenen Materialien zur Kenntnis Genommenes muss so wiederholt werden, dass die inhaltlichen Schwerpunkte deutlich aufgezeigt werden.

Beschreiben

Ein Sachverhalt wird geordnet und (fach)sprachlich so dargestellt, dass sich eine klare und deutliche Vorstellung ergibt.

Darstellen

Ein Sachverhalt wird grafisch umgesetzt. Der Maßstab soll richtig und optisch wirkungsvoll sein; eine präzise Überschrift, eine vollständige Legende und eine Quellenangabe dürfen nicht fehlen.
Einen Sachverhalt sprachlich darstellen heißt, ihn so zu beschreiben, dass Beziehungen und/oder Entwicklungen deutlich werden.

Analysieren

Auf der Basis einer konkreten Materialgrundlage wird in der Analyse ein Sachverhalt in seine Elemente zerlegt und untersucht; dabei werden ihre Beziehungen zueinander erfasst.

Interpretieren

In der Interpretation wird die Analyse unter Anwendung fachrelevanter Aspekte und Methoden fortgesetzt mit dem Ziel, ein tieferes Verständnis des Beziehungsgefüges zu erreichen.

Vergleichen

Auf der Basis beschreibender und analysierender Arbeit werden zumindest zwei Sachverhalte in ihren Eigenheiten so erfasst, dass sie aufeinanderfolgend oder gegenüberstehend miteinander verglichen werden können. Dabei sollen Unterschiede und Gemeinsamkeiten so herausgestellt werden, dass Regelhaftigkeiten und komplexe Zusammenhänge erkennbar werden.

Bewerten / Stellung nehmen

Unter Heranziehung vergleichbarer Sachverhalte wird die eigene Meinung zu einem Problem argumentativ entwickelt und dargelegt.

Überprüfen / Erörtern

Ein Sachverhalt wird von unterschiedlichen, aber sachlich und logisch vertretbaren Positionen aus betrachtet.
Sie können aufeinanderfolgend oder gegenüberstellend dargelegt werden. Eine eigene Meinung wird formuliert und begründet.

Entwickeln

Vorangegangene Vorschläge, Analyseergebnisse oder denkbar Maßnahmen werden weitergedacht. Dabei sollen realistische Perspektiven formuliert und begründet werden. Die Situation der jeweils Betroffenen darf nich außer Acht gelassen werden.